高 熵 合 金
High-Entropy Alloys
——Fundamentals and Applications

Michael C. Gao · Jien-Wei Yeh
Peter K. Liaw · Yong Zhang 编

乔珺威　编译

北 京

冶 金 工 业 出 版 社

2020

北京市版权局著作权合同登记号　图字：01-2021-0407

内 容 提 要

　　本书内容主要包括了高熵合金的原子和电子结构、相形成规律、制备和表征方法、计算模拟、力学与功能性能、前景及应用等方面。全面客观地介绍了高熵合金基础理论知识、发展状况以及潜在应用价值。

　　本书可作为材料科学与工程领域的专业教材，主要对象是高等学校材料科学与工程相关专业高年级本科生和研究生，也可供非材料科学与工程专业（如机械工程、冶金工程、金属物理）的学生以及科研和工程技术人员参考。

图书在版编目（CIP）数据

　　高熵合金/（美）高长华（Michael C. Gao）等编；
乔珺威编译 . —北京：冶金工业出版社，2020. 12
　　书名原文：High-Entropy Alloys——Fundamentals and
Applications
　　ISBN 978-7-5024-8260-2

　　Ⅰ.①高… Ⅱ.①高… ②乔… Ⅲ.①合金—研究
Ⅳ.①TG13

　　中国版本图书馆 CIP 数据核字（2020）第 030675 号

出 版 人　苏长永
地　　址　北京市东城区嵩祝院北巷 39 号　邮编　100009　电话　(010)64027926
网　　址　www.cnmip.com.cn　电子信箱　yjcbs@cnmip.com.cn
责任编辑　夏小雪　美术编辑　彭子赫　版式设计　孙跃红
责任校对　李　娜　责任印制　李玉山
ISBN 978-7-5024-8260-2
冶金工业出版社出版发行；各地新华书店经销；三河市双峰印刷装订有限公司印刷
2020 年 12 月第 1 版，2020 年 12 月第 1 次印刷
169mm×239mm；30.5 印张；594 千字；470 页
158. 00 元

冶金工业出版社　投稿电话　(010)64027932　投稿信箱　tougao@cnmip.com.cn
冶金工业出版社营销中心　电话　(010)64044283　传真　(010)64027893
冶金工业出版社天猫旗舰店　yjgycbs.tmall.com
　　　　　（本书如有印装质量问题，本社营销中心负责退换）

译 者 的 话

　　高熵合金是 21 世纪以来合金领域发展最为迅速的新材料之一。高熵合金的出现打破了传统合金的设计理念，对于高主元合金相图中成分的开发从过去的端际固溶体合金向相图中心的区域延伸。在性能上，高熵合金表现出了优异的特性，例如在液氮温度下极高的断裂韧性、离子辐照下表现出良好的抗肿胀特性等。目前，国内已经有数本有关高熵合金的专著书籍，大多以介绍高熵合金的宏观性能以及制备技术作为主要内容，而对于高熵合金微观的原子、电子结构、缺陷、力学和物理行为及机制等方面的系统性介绍还比较缺乏，《High-Entropy Alloys——Fundamentals and Applications》的出版正是填补了该项空白，同时具有很强的理论性。该书自 2016 年出版以来，深受广大科技工作者的高度关注，引用率非常高。该书的编译者乔珺威曾参与了原著的编写，与原著第一作者 Michael C. Gao 博士于 2017 年在探讨学术问题时提出将该书译为中文版的想法，当即得到了 Michael C. Gao 博士的鼓励和肯定。但书籍真正开始编译时已经到了 2018 年，历时 1 年之久，完成了本书的编译工作。

　　本书主要是在原版英文专著《High-Entropy Alloys——Fundamentals and Applications》的基础上进行编译的，大部分内容是翻译专著的原文，适当增加了高熵合金在各个方面的最新研究成果。例如，高熵合金已经由等原子比的第一代合金体系发展到以某一到两个主元占高比例浓度的、追求性能和降低成本的第二代非等原子比合金体系。再如，高熵合金的制备方法已经由传统的冶炼铸造发展到激光 3D 打印等高新技术。

　　本书由太原理工大学高熵合金研究团队的教师和研究生编译完成。

其中，第 4 章由马胜国完成；第 5、13~15 章由杨慧君完成；第 8 章由田华完成；其余章节由乔珺威完成。本书编译过程中，张敏、石晓辉、潘少鹏三位教师以及侯晋雄、刘丹、刘张全、谭雅琴、张硕、陈明、杜黎明、赵佳琪等研究生在文字翻译和校对方面作了细致的工作，编译者对此表示衷心感谢和崇高的敬意。

　　本书可作为高等学校材料科学与工程相关专业高年级本科生和研究生的教材使用，也可供非材料专业研究生以及科研和工程技术人员参考。由于编译者水平和学识有限，编译内容难免有不妥之处，敬请广大读者批评指正。

乔珺威

2020 年 6 月

前　言

　　1981 年和 1995 年，Brian Cantor 和 Jien-Wei Yeh 教授在好奇心的驱使下分别对等摩尔比和近等摩尔比的多组分固溶合金进行探究。紧接着又不约而同地在 2004 年的学术期刊上发表了各自的研究论文。与基于一种或两种主要元素的传统合金形成鲜明对比的是，这种独特的合金具有一个引人注目的特征——异常高的混合熵。因此，Yeh 教授将这些新合金命名为高熵合金（HEA），这个概念很快便引起了世界各地学术界和工业界的关注，而且这种兴趣与日俱增。本书第 1 章将介绍高熵合金的历史、定义和进展。第 15 章将描绘它们的巨大潜力和应用前景。

　　自从 2004 年当年发表 6 篇期刊论文以来，人们对高熵合金的基本理解和应用都取得了巨大的进步。编写本书是为了及时总结高熵合金领域现有的内容，引人注目的热点报道，以及仍然存在的相关挑战。特别地，本书试图解决以下问题：哪些物理和冶金手段有助于实现高熵合金独有的优异性能？“高熵合金”的熵又指什么？怎样加速单相以及多相高性能高熵合金的设计和开发？有什么合适的建模技术可用来在原子水平上模拟高熵合金的无序结构，又如何帮助人们理解高熵合金的形成和性质？

　　本书的 15 章内容涵盖了高熵合金领域的大部分范围，包括从制造、加工到高级表征，还有机械和功能特性，以及从物理冶金到不同时间和长度范围上的计算模型。本书主要介绍了我们自己的研究工作，包括大量未发表的结果。但是为了全面起见，它也包含了对同行工作的少量评论。因此，评论部分并不意味着完整性或公正性。这些章节是由在实验和建模方面具有不同背景的作者撰写的，他们决定了各自的写作风格与对章节内容的偏爱。本书的读者是大学生和研究生，以及来自学术界和行业内的专业研究人员。

高熵合金的相形成规律和块状金属玻璃（BMG）形成标准一直是研究的热点。迄今为止，已为此提出了许多经验参数，其中包括液相和固溶体相的混合焓、原子尺寸差、电负性差、价电子浓度、Ω 参数、ϕ 参数、晶格拓扑不稳定性以及均方根残余应变等。同时，还可以使用计算热力学方法（即 CALPHAD, CALculation of PHAse Diagrams），实验相图检查，从头算分子动力学（AIMD）模拟，蒙特卡罗模拟和密度泛函理论（DFT）来设计高熵合金。这些致力于理论的研究将在第 2、8、9、10、11、12 和 13 章中进行讨论。模型预测的数百种具有面心立方（FCC）、体心立方（BCC）和密排六方（HCP）结构的单相合金成分将在第 11 章中提供。

第 3 章内容是有关高熵合金物理冶金学的描述，在理解高熵合金特有的加工处理/微观结构/物理特性之间的关系中物理冶金学起着核心作用。高熵效应对热力学、动力学、相变和性质的影响显而易见。晶格畸变效应对高熵合金独特的性质同样至关重要。第 4 章概述了先进的微观结构表征工具，例如高分辨率扫描透射电子显微镜（STEM）、分析透射电子显微镜（TEM）、三维原子探针以及中子和同步加速器散射在高熵合金中的应用。第 5 章介绍了高熵合金液态、固态和气态的制造路线，包括铸锭冶金、粉末冶金、涂层、快速凝固、机械合金化、Bridgman 单晶制备、激光熔覆和薄膜溅射等。

第 6 章概述了高熵合金的力学性能，包括拉伸、压缩、硬度、磨损、断裂、疲劳和蠕变行为，以及高熵合金机械行为与成分、温度和时间的相关性。第 7 章介绍了高熵合金的功能特性，包括电、磁、电化学和储氢特性。作为高熵合金的特殊类别，第 13 章介绍了高熵金属玻璃的研究进展，涵盖了由 AIMD 模拟预测的成分组成，玻璃形成能力，力学性能以及原子结构和扩散常数。第 14 章介绍了用于保护、增强和装饰功能的不同厚度高熵合金膜在基材上的加工、微观结构和性能。

值得一提的是，这本书包含大量未出版的有关计算机建模方面的工作，分别在第 8~13 章做阐述。第 8 章首先介绍了使用簇展开方法，分子动力学模拟和蒙特卡罗模拟在绝对零度对高熵合金的相稳定性进行 DFT 计算，然后将其应用于预测三元和四元难熔高熵合金，更重要的是还计算了它们的熵源。第 9 章对相干势近似（CPA）在高熵合金中的应用进行了综述，并给出了选定高熵合金的热力学、磁、电子和弹性性质。第 10 章详细介绍了特殊准随机结构（SQS）的构造及其在给定的四元和五元 FCC、BCC 和 HCP 晶格中的结构稳定性，晶格振动，电子结构，弹性以及层错能方面的应用。同时，分别说明了所选 FCC 和 BCC 高熵合金的混合正振动熵和负振动熵。第 12 章详细介绍了用于高熵合金的 CALPHAD 热力学数据库的开发和应用，以及 FCC 和 BCC 高熵合金系统的热力学性质（熵，焓和吉布斯能量）随温度和成分变化的函数。对选定的 FCC 和 BCC 高熵合金的混合熵计算结果与在第 8 章和第 10 章中介绍的 DFT 计算一致。还着重介绍了模型预测与实验在相稳定性和凝固方面的对比。

我们非常感激以下科学家对本书的一个或多个章节进行了回顾：Dan Dorescu, Sheng Guo, Shengmin Guo, Derek Hass, Jeffrey A. Hawk, Ursula Kattner, Laszlo J. Kecskes, Rajiv Mishra, Oleg Senkov, Zhi Tang, Fuyang Tian, Levente Vitos, Weihua Wang, Mike Widom, Quan Yang, Fan Zhang 和 Margaret Ziomek-Moroz。

最后，我们要感谢所有贡献者的努力和耐心。

Michael C. Gao
Jien-Wei Yeh
Peter K. Liaw
Yong Zhang
2015 年 10 月

目　录

1　高 熵 合 金

摘　要: 随着新材料的不断发展,合金的成分也随之变得更加复杂。这些变化使得材料性能得到了显著的提高,与此同时也促进了人类文明的进步。在 20 世纪诞生了一些特殊合金,如不锈钢、高速钢和高温合金。虽然多元合金的混合熵比纯金属高,但是性能的改善主要是得益于添加合适的合金元素提高了混合熵,从而提高了合金的强度,改善了其物理和化学性质。自世纪之交以来,随着合金成分复杂化,于是就引入了更高的混合熵。这种复杂的成分并不一定会产生复杂的结构或微观组织和伴随而来的脆性。相反,伴随着更高的混合熵,反而可以大大地简化合金的组织和微观结构并赋予合金许多优良的特性。Jien-Wei Yeh 和 Brian Cantor 在 2004 年分别报道了高熵合金和等原子比多组元合金的可行性。这种合金概念上的突破大大加速了这种新材料的进一步研究,以至于在过去十年里使得对这种材料的研究迅速遍布全球。

关键词: 二元合金　多组元合金　多主元合金　高熵合金

1.1　合金的发展历史

众所周知,材料的发展史与人类的文明史息息相关。在石器时代,古代人使用的天然材料包括石头、木材、皮革、骨头和天然金属,如金、银和铜。这些材料包括了三种基本材料类别:陶瓷、聚合物和金属。在石器时代之后,青铜、铁和钢相继出现,因为从它们各自的矿石中还原出铜、锡、铅、汞和铁是相对容易的。后来随着生产技术的发展,这些材料得到了大量的使用。例如,含锡和铅的铜合金以及含碳的铁合金,即铸铁和钢。与古代的陶瓷和聚合物相比,大多数合金都表现出了良好的强度和韧性,因而在日常生活、运输、建筑和武器中都得到了广泛的使用。

由于在还原和提取方面存在很大困难,多数金属元素的发现比较缓慢。然而,在第一次工业革命之后取得了重大进展,科学家通过各种新的技术手段发现和合成一些新的元素,由此制备出了许多新的合金,这使得材料进入了快速发展阶段。之后,人们开发并商业化了大约 30 种合金系,每种合金都是以一种金属元素为主[1]。众所周知的工业合金包括高速钢、司太立合金、不锈钢、铝合金、铝镍钴合金、坡莫合金、铜铍合金、高温合金和钛合金。20 世纪中叶新开发的合金包括镍-铝，钛-铝和铁-铝金属间化合物以及金属玻璃等特殊应用的合金[2~4]。

1.2 多组元合金的概念

传统上，自然界的合金和人造合金几乎完全基于一种主要的元素或化合物。尽管在珠宝、电气、光学和其他特殊应用中欲使用具有最少杂质的纯金属材料，但加入合金元素可以显著改善其机械、物理或化学性质。因此，大多合金都是多组元成分。混合不同成分来制作美味的食物，可作为该理念可参考的实例。例如，混合水果和蔬菜以制备果汁。可以添加不同的成分来获得不同的味道和营养，但是当使用等量的不同水果或蔬菜时，混合汁一般是比较均匀的。通过类似的理念，冶金学家试图通过将许多金属元素混合在一起来合成新的合金，每种金属元素的含量都很高。然而，这种想法起初并不被看好，因为熔化和铸造金属需要很高的温度况且铸造合金通常又硬又脆。18 世纪末德国科学家和冶金学家 Franz Karl Archard 可能是目前文献中唯一已知的研究多组元等比合金的研究人员[5]。当时从八种常见元素中选择了 5 ~ 7 种元素，包括铁、铜、锡、铅、锌、铋、锑和砷，结果表明合金的性质多样但不具吸引力。很明显，这是在古代没有成功制备出优良的多主元合金的原因。

即使在现代，在物理冶金和材料科学领域中也不鼓励多元合金的研究和开发，而是更多基于一种主要元素或一种化合物的多元合金。基于二元或三元相图使这一现状持续存在了很长一段时间[6]。由于大多数相图表明这类合金通常会产生金属间化合物，其为具有等原子比或近等原子比成分的有序结构，或中间相，其为具有相对宽成分的复杂型固溶体，也称为金属间化合物[7]。例如，Al-Cu 和 Cu-Zn 二元平衡相图中分别具有 13 和 5 种金属间化合物。在各种金属间化合物中，三元相图比二元相图更复杂。例如，Al-Cu-Zn 三元相图在固态平衡相中具有超过 20 种金属间化合物，包括从 Al-Cu 和 Cu-Zn 二元相图衍生出来的其他相。除非固定一个或多个变量，否则四元相图就不能以三维形式来呈现。然而，金属间化合物数量基于从二元到三元系的上升趋势，预期四元系具有更多的金属间化合物种类。此外，具有更多组元的合金通常具有更多的平衡或非平衡金属间化合物相。例如，将少量（约4%，质量分数）的不同过渡金属（如 Fe、Co、Ti、V、Sc、Mn、Cr 和 Zr）添加到铝合金中，可以形成至少 9 个二元金属间化合物。或者根据它们各自与 Al 的二元相图在铝基质中的金属间化合物（不计算可能的三元化合物）。因此，有理由预期大量加入多种组元会得到多种金属间化合物的复杂结构。显然，这阻碍了人们开发具有更高合金元素含量的多组元合金。因此，传统概念仍然在合金开发领域占据主导地位，包括设计、生产和应用。任何违背这一概念的实验通常被认为是不合理的或毫无价值的。因此，在传统的合金化概念中，发现特殊的微观结构、性质和应用的可能性仍然受到限制。从长远来看，如果对多主元的合金没有进行彻底的了解，材料科学和工程以及固态物理相关的知识将是不完整的。

1.3 高熵合金研究的基础

2004 年由中国台湾的 Jien-Wei Yeh 和英国的 Brian Cantor 独立发表的两篇论文，以及 2003 年 S. Ranganathan 在印度的杂志发表的论文，引发了全世界对该合金的探索[8~10]。通过不断的实验和研究，进而引入了全新的合金概念——"高熵合金（HEAs）"或"多主元合金（MPEAs）"。这种新的合金概念是合金发展史上的一个重要里程碑。在之后的十年里，全世界的科研工作者对该领域进行了广泛的研究。图 1.1 表明了与高熵合金相关的期刊论文数量急剧增加。

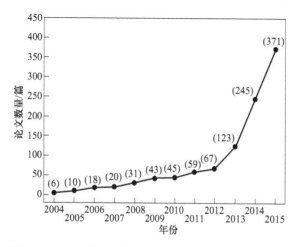

图 1.1 至 2015 年年末发表的有关高熵合金的论文数量

1.3.1 Brian Cantor 的开创性工作

1981 年，Cantor 与他的学生 Alain Vincent[11] 开始研究等原子比多组元合金。其中一种合金有 20 种组元。他们发现只有一种 $Co_{20}Cr_{20}Fe_{20}Mn_{20}Ni_{20}$（原子百分比）成分是单一的面心立方结构，这意味着这 5 种元素能完全以单一固溶体的形式存在。这项研究除了 Vincent 在苏塞克斯大学的论文外还尚未发表，牛津大学的另一名本科生 Peter Knight 在 1998 年对更大范围的合金进行了类似的研究，他的研究支持了之前的结论并且提出了新的结果，但除了他在牛津大学的论文之外，其他的研究还没有发表。2002 年，Isaac Chang 在牛津大学进一步研究这种合金，并于 2002 年在班加罗尔举行的金属快速淬火会议上讨论了这一结果。该论文于 2004 年 7 月在 Materials Science and Engineering A 上发表[9]。

在这篇题为"等原子比多主元合金的微观组织演化"[9]中，Cantor 提供了几个重要的结论。首先，含有 20 种成分的等原子比合金（即原子百分比为 5% 的 Mn、Cr、Fe、Co、Ni、Cu、Ag、W、Mo、Nb、Al、Cd、Sn、Pb、Bi、Zn、Ge、Si、Sb 和 Mg）和另一种由 16 种元素组成的等原子比合金（原子百分比为 6.25% 的 Mn、Cr、Fe、Co、Ni、Cu、Ag、W、Mo、Nb、Al、Cd、Sn、Pb、Zn 和 Mg）是多相的、结晶的和脆性的。对于在 Ar 气下感应熔炼获得的铸件和通过熔体纺丝获得的快速凝固件，在这两种条件下都观察到这一点。令人惊讶的是，他发现合金主要由单一面心立方相组成，该相含有许多元素，但特别富含过渡金属元素，特别是 Cr、Mn、Fe、Co 和 Ni。基于该发现，五组元 $Co_{20}Cr_{20}Fe_{20}Mn_{20}Ni_{20}$ 合金形成单一面心立方固溶体，其在铸态条件下具有典型的树枝状结构。此外，基于该成分，通过添加其他元素，如 Cu、Ti、Nb、V、W、Mo、Ta 和 Ge，进一步发现了宽范围的 6~9 组元合金，它们都显示出具有大量其他过渡金属（例如：Nb、Ti 和 V）的面心立方相的初级枝晶。相反，更多的电负性元素如 Cu 和 Ge，从树枝状区域被排斥到枝晶间区域。因此得出一个重要结论，即总相数总是明显小于吉布斯相规则所允许的平衡条件下的最大相数，甚至小于非平衡凝固条件下允许的最大相数。

1.3.2　Jien-Wei Yeh 的开创性工作

1995 年，Yeh 开始探索多主元合金领域[12]。他认为高的混合熵可以增强元素之间的互溶性并减少相数。图 1.2 显示了形成具有 10 种固溶原子的晶体结构的固溶体和形成由 8 种具有大尺寸差异的硬币模拟的无定形结构的"固溶体"。在这次实验中，他首先需要确保有可能将这些元素合成所需的合金。在 S. K. Chen 教授的帮助下，他指导的研究生 K. H. Huang 使用电弧熔炼法在碗形水冷坩埚中成功制备出第一块整块铸锭约 100g[12]。在此次成功之后，又通过电弧熔炼制备约 40 种等原子比的合金，每种合金具有 5~9 种组元。然后对这些合金的铸态和完全退火状态的微观结构、硬度和耐腐蚀性进行了研究。根据这些数据，选择了 20 种基于 Ti、V、Cr、Fe、Co、Ni、Cu、Mo、Zr、Pd 和 Al 的合金（添加或不添加原子分数为 3% 的 B），并于 1996 年在中国台湾国立清华大学[12]他的硕士论文中进行了讨论。基于 Cu、Al 和 Mo 的不同组合，它们可以分为三个系列，每个系列从 6 组分变为 9 组分，即 Cu、Al 或 Mo + TiVFeNiZr + Co + Cr + Pd + 0 或 3%（原子分数）B。基于该研究，在铸态组织中可以观察到典型的树枝状结构。所有合金具有 590~890HV 的高硬度，取决于成分和工艺，铸态或完全退火。完全退火处理通常保持与铸态相似的硬度水平。在每个系列中，更多数量的组元会增加硬度，但 9 组元合金的硬度会略有下降。少量添加 B 可导致硬度增加。在这种趋势下，提出了大的晶格畸变和更强的键合来解释固溶体的硬化。值得注意的是，这些合金的所有 X 射线衍射（XRD）结果都不能被鉴别，并且在论文中没有任何衍射平面指数的说明。这是由于在研究初始阶段对相关知识的缺乏所造成的，Yeh 认为他们的晶体结构在 X 射线衍射的数据库中可能是新的和找不到的。通常，所有这些合金都显示出非常好的耐腐蚀性，这主要通过浸入四种酸性溶液 HCl、H_2SO_4、HNO_3 和 HF（浓度分别为 0.01mol/L 和 1mol/L）24h 后的重量损失来评估。通过添加惰性元素如 Cr 和 Mo，以及由于高混合熵导致的低自由能的效果，来增加材料的耐腐蚀性。该研究还表明，这种合金中存在高熵效应、晶格畸变效应和缓慢扩散效应。

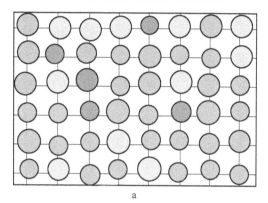 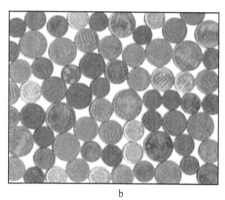

a   b

图 1.2 具有 10 种原子的晶体结构示意图（a）和具有 8 种硬币的无定形结构模拟图（b）

在这项研究之后，两篇关于类似高熵合金概念的硕士论文后续被公开发表[13,14]。接着有更多的同行，包括 S. J. Lin、T. S. Chin、J. Y. Gan 和 T. T. Shun 被邀请加入高熵合金研究。从 2000 年到 2003 年进行了 9 项不同方面的研究[15~23]：关于对高熵合金块状合金的 5 种相关变形行为的研究，关于磨损行为和退火行为的研究，两项关于磁控溅射沉积的高熵合金薄膜的研究，以及两项关于高熵合金热喷涂涂层的研究。截至 2014 年，Yeh 在这个领域共指导了 84 名硕士生和 11 名博士生。

2004 年 2 月，第一篇高熵合金论文发表在《先进工程材料》[24] 上，题目是用于热喷涂涂层的具有改进的抗氧化性和耐磨性的多组元合金。2004 年 5 月，第二篇高熵合金论文发表在同一期杂志上，题为具有多种主要元素的纳米结构高熵合金-新型合金设计理念和成果，该文首次通过提供实验结果和相关理论来阐明高熵合金的概念[8]。在这篇论文中，这些优异的性能可能有着广泛的应用，例如用于制作工具、模具、冲模和机械零件，以及化工厂、IC 铸造厂甚至船舶应用中的防腐高强度零件。此外，涂层技术可以进一步扩展高熵合金在功能薄膜上的应用，例如硬面和扩散阻挡层。因此，高熵合金概念不仅仅是一个新的成分设计理念，也许会形成一个新的未知领域，发现许多新的材料、新的现象、新的理论和新的应用。

2004年年末，两篇论文题为"添加硼的面心立方结构的合金（CoNiCrAl$_{0.5}$Fe）的耐磨性和高温抗压强度"和"在多金属元素固溶合金中形成简单的晶体结构"，发表在 Metallurgical and Materials Transactions A[25,26] 上。此外，一篇题为"通过反应性 DC 溅射的多主元高熵合金纳米结构氮化物薄膜"的论文于同年在 Surface and Coatings Technology 上发表[27]。本文也是高熵陶瓷（HECs）的发展初始阶段的一座里程碑，如 HE 氮化物、HE 碳化物、HE 碳氮化物和 HE 氧化物。截至2014年年底，Yeh 和他的同事发表了111篇与高熵合金相关的期刊文章，使用高熵合金概念，尽管高熵聚合物（HEPs）尚未发表，材料世界的发展已经扩展到高熵材料（HEM）。

1.3.3　Ranganathan 的合金化盛宴

S. Ranganathan 是高熵合金初期研究阶段的一位重要科学家。Ranganathan 是印度国家科学院的顶级科学家。他为理解界面、准晶体、块状金属玻璃和纳米结构材料的结构做出了重要的贡献。他花了大量时间研究新型多组元合金。通过与 J. W. Yeh 在这个未知领域的沟通和讨论，他的文章题为"合金盛宴——多组元金属的鸡尾酒效应"于2003年11月在 Current Science 上发表[10]。这篇文章回顾了三个新的合金领域：A. Inoue 的大块金属玻璃，T. Saito 的超弹性和超塑性合金（或胶金属），以及 J. W. Yeh 的高熵合金。因此，它是关于高熵合金的第一篇文章。

在文中，Ranganathan 在以下段落中描述了冶金学家面临的多组元合金的局限性：

冶金学家将自己局限于任何一种相中合金元素数量是有限的系统中。这部分是因为合金由越来越多的金属元素制备，因此相图信息的数据库必然急剧增加。如果加工变量叠加导致亚稳相和微观结构的改变，则相关信息将是天文数字。事实上，一位德国科学家估计了超过整个宇宙中原子数的可能性！在这种情况下，冶金学家将再次回到生产具有少量组元的合金阶段并且假设不断的增加组元是唯一可能的途径。他还表示，多组元合金代表了冶金研究领域的前沿。它们需要超维度以可视化。如果我们使用10%（原子分数）的粗网格来描绘二元系相图，则描绘相图需要的实验所涉及的工作量将急剧增加。如此，七元系相图的实验工作将是二元系相图实验工作量的10^{5}倍，并且需要在过去一百年中花费大量精力来建立约4000个二元系相图和约8000个三元系相图。虽然从第一性原理计算相图在过去十年取得了令人瞩目的进展，但计算高阶系相图的前景是一项艰巨的任务。在这种情况下，像 A. Inoue、T. Saito 和 J. W. Yeh 这样的杰出科学家指出了激动人心的新合金的应用。

2004年5月，Ranganathan 前往中国台湾访问 Yeh，以进一步了解和讨论高熵合金。2005 年 11 月，他邀请 Yeh 和他的同事 S. K. Chen 参加在印度马德拉斯技术学院举办的 "2005 年材料设计前沿" 国际研讨会。Yeh 作了题为 "高熵合金的合金概念，挑战与机遇" 的演讲。2007 年 1 月，他再次邀请 Yeh 在印度班加罗尔的印度科学研究所中的块状金属玻璃实验室作题为 "等摩尔合金玻璃成形性的多元素效应的分子动力学模拟"（BMG 2007）。通过他的邀请，高熵合金概念迅速传播到国际大型学术会议中。

1.4 高熵合金的定义（后续章节将"多主元合金"与"多组元合金"统称为"高熵合金"）

在介绍高熵合金的定义之前，需要理解合金的混合熵和混合焓，两者的差异是由纯组元的混合所引起的。根据统计热力学，玻耳兹曼方程[28,29]计算系统的混合熵：

$$\Delta S_{conf} = k_B \ln\omega \tag{1.1}$$

式中，k_B 是玻耳兹曼常数；ω 是可用能量在系统中的粒子之间混合或共享方式的数量。对于随机的 n 组分固溶体，其中第 i 组分具有摩尔分数 X_i，其每摩尔的理想构型熵是：

$$\Delta S_{conf} = -R \sum_{i=1}^{n} X_i \ln X_i \tag{1.2}$$

式中，R 是气体常数，8.314J/（K·mol）。

等原子比合金处于液态或固溶体状态的摩尔混合熵计算公式为[8,30]：

$$\Delta S_{conf} = k\ln\omega = -R\left(\frac{1}{n}\ln\frac{1}{n} + \frac{1}{n}\ln\frac{1}{n} + \cdots + \frac{1}{n}\ln\frac{1}{n}\right) = -R\ln\frac{1}{n} = R\ln n \tag{1.3}$$

尽管总混合熵有四个部分：构型熵、振动熵、磁熵和电子熵，但构型熵处于主导地位[8]，与第 8 和第 10 章提出的理论预测是一致的。因此，用构型熵通常表示总的混合熵，以避免难以计算其他三个部分。表 1.1 列出了等原子比合金就气体常数 R 而言的混合熵。随着元素数量的增加，混合熵也不断增加。熔化期间从固体到液体的摩尔熵变 ΔS_f 约为金属的一个气体常数 R，其定义为理查德规则。此外，熔化过程摩尔的焓变或潜热 ΔH_f 通过下式与 ΔS_f 相关：$T_m \Delta S_f = \Delta H_f$，因为自由能变化 ΔG_f 为零。根据固体和液体中的键数差异，ΔH_f 被认为是破坏 1mol 密堆积固体中所有键的约十二分之一所需的能量。因此，$T_m R$ 约等于 1mol 密排堆积固体中所有键能的十二分之一。这表明合金的摩尔混合熵是很高的，并且 RT 相比合金态与非合金态的键能所引起的摩尔混合焓是有差异的。因此，在将混合自由能降低一定量时，R 的摩尔混合熵非常大，特别是在高温下（例如：在 1000K 时，$RT = 8.314$kJ/mol）。

表 1.1　13 组元的等原子比合金，R 的理想混合熵[31]

n	1	2	3	4	5	6	7	8	9	10	11	12	13
ΔS_{conf}	0	0.69	1.1	1.39	1.61	1.79	1.95	2.08	2.2	2.3	2.4	2.49	2.57

如果忽略由原子尺寸差异引起的应变能效应，则混合熵和源于化学键的混合焓是决定平衡状态的两个主要因素。与负的混合焓（形成化合物的驱动力）和正混合焓（形成独立态的驱动力）不同，混合熵是形成无序固溶体的驱动力。因此，实际平衡状态取决于不同状态的相对值之间的竞争。例如，将两种典型的强金属间化合物 NiAl 和 TiAl 的形成焓除以它们各自的熔点分别得到 1.38R 和 2.06R[8]，这意味着形成这种化合物的驱动力是符合这种法则的。另一方面，Cr-Cu 和 Fe-Cu 的形成焓分别为 12kJ/mol 和 13kJ/mol。将形成焓除以铜的熔点分别得到 1.06R 和 1.15R。因此与混合焓相比，认为摩尔混合熵 1.5R 相对较大是合理的，并且认为形成固溶体的可能性更高。如表 1.1 所示，5 元系合金的理想混合熵为 1.61R[31]，具有至少 5 元系的合金将具有更大概率的形成固溶体。尽管在大多数情况下，可能不会形成无序固溶体，但更容易获得高度有序的固溶体。高的混合熵增强了元素之间的互溶性并有效地减少了相的数量，尤其是在高温下。

基于上述考虑，"高熵合金"有两种定义[31]。一个基于成分，另一个基于构型熵。对于前者，高熵合金更偏向于定义为含有至少五种主要元素的合金，每种主要元素的原子百分比在 5% 和 35% 之间。因此，每个次要元素的原子百分比（若存在）小于 5%。此定义可以表示为：

$$n_{major} \geq 5 \quad 5\% \leq X_i \leq 35\% \quad 和 \quad n_{minor} \geq 0 \quad X_j \leq 5\% \tag{1.4}$$

式中，n_{major} 和 n_{minor} 分别是主要元素和次要元素的数量；X_i 和 X_j 分别是主要元素 i 和次要元素 j 的原子百分比。

对于后者，高熵合金被定义为在原子占位无序态下的混合熵大于 1.5R 的合金，无论它们在室温下是单相还是多相。这表示为：

$$\Delta S_{conf} \geq 1.5R \tag{1.5}$$

尽管每种定义都涵盖了多个合金，但两种定义在很大程度上是重叠的。非重叠区域中的成分也被视为高熵合金。例如，$Co_{29.4}Cr_{29.4}Cu_{5.9}Fe_{5.9}Ni_{29.4}$ 被称为高熵合金，$CoCrCu_{0.2}Fe_{0.2}Ni$ 原子比（或摩尔比）也是高熵合金。然而，它们的混合熵约为 1.414R，不适用于高熵合金的定义。在这种情况下，该合金仍被认为是高熵合金。另一个例子是具有 25 种组元的等摩尔合金。尽管该成分中每种组元的原子百分比为 4%，但由于混合熵为 3.219R，该合金仍然是高熵合金。因此，具有仅适合两种定义之一的合金也可以被视为高熵合金。对于四元等摩尔合金 CoCrFeNi，它有时在文献中也被认为是高熵合金，因为其成分和构型熵接近两个定义的下限。因此，高熵合金的定义仅仅是一个指导，并不是一个准则。

根据高熵合金的两个定义，认识到具有多个主要元素的高熵合金背后的基本原理是具有高混合熵以增强固溶相的形成并抑制金属间化合物的形成。该原理对于避免高熵合金的复杂结构和脆性非常重要。它进一步保证了大多数高熵合金可以合理地制备、处理、分析、成型和使用。在各种热力学因素如混合焓、混合熵、原子尺寸差异、价电子浓度和电负性中，混合熵是随着主成分数量的增加而增加的唯一因素，因此"高熵合金"这个名称与多主元合金也是相关的。

由于 $1.5R$ 是高熵合金的下限，我们进一步定义中熵合金（MEAs）和低熵合金（LEAs）来区分混合熵效应所产生的差异。在这里由于小于 $1R$ 的混合熵与较大的混合焓相比，竞争性小得多，所以 $1R$ 是中熵合金和低熵合金的边界条件。于是有：

$$对于中熵合金： \qquad 1R \leqslant \Delta S_{conf} \leqslant 1.5R \qquad (1.6)$$
$$对于低熵合金： \qquad \Delta S_{conf} \leqslant 1R \qquad (1.7)$$

表 1.2 给出了典型传统合金在液态或无序状态下计算的混合熵[31]。该表显示大多数合金的混合熵都处于低熵范围。此外，一些高浓度合金如 Ni 基、Co 基超合金和非晶合金具有介于 $1R$ 和 $1.5R$ 之间的中等熵。图 1.3 显示了基于混合熵的合金世界中的合金类型。这表明高熵合金是从熵角度来看低熵合金和中熵合金的扩展。传统经验和概念并不能预测，高熵合金不完全是具有复杂结构和无用特性的合金。

表 1.2 传统合金在液态或无序状态下计算的混合熵

体 系	合 金	液态 ΔS_{conf}
低合金钢	4340	$0.22R$ 低
不锈钢	304	$0.96R$ 低
	316	$1.15R$ 中
高速钢	M2	$0.73R$ 低
镁合金	AZ91D	$0.35R$ 低
铝合金	2024	$0.29R$ 低
	7075	$0.43R$ 低
铜合金	7-3brass	$0.61R$ 低
镍基超合金	Inconel 718	$1.31R$ 中
	Hastelloy X	$1.37R$ 中
钴基超合金	Stellite 6	$1.13R$ 中
	$Cu_{47}Zr_{11}Ti_{34}Ni_8$	$1.17R$ 中
大块非晶	$Zr_{53}Ti_5Cu_{16}Ni_{10}Al_{16}$	$1.30R$ 中

随着高熵合金研究的逐渐深入，非等原子比高熵合金逐步出现在了大家的视野中，受降低成本和进一步提高高熵合金的某些性能的驱动，Y. H. Jo[32] 等人近

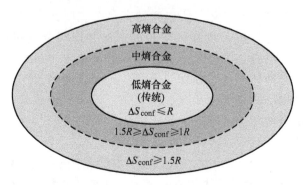

图 1.3 基于混合熵的合金世界中的合金类型

期提出 10V15Cr10Mn30Fe10Co25Ni（原子分数）的合金成分，相比 CrMnFeCoNi 合金，进一步降低了成本，提高了合金低温下的拉伸性能，结果表明屈服和抗拉强度分别为 760MPa 和 1230MPa，同时具有 54% 的塑性。目前，非等原子比高熵合金的研究已经成为目前大家最受关注的研究领域，成了当前乃至今后一段时间研究的重要方向。

1.5 对一些误解的澄清

长久以来一直存在一个普遍的误解，即高熵合金这种成分往往具有复杂的结构且本质上是脆性的，如 1.2 节中提出的。即使是现代的物理冶金同样是加剧了这种误解，因为在合金中加入大量的合金元素往往会产生金属间化合物。多种合金元素的大量添加往往倾向于在主添加元素和其他合金元素之间，甚至在其他合金元素之间（基于三元相图）形成更多的金属间化合物或相（基于二元相图）。通过高熵合金的概念，我们认识到高的混合熵可以增强固溶体的形成能力，并以此来克服这种误解。但是如果高熵合金的定义和有关的文献没有得到更深的理解，可能会出现新的误解。其中一个主要的误解是高熵合金很容易形成金属玻璃。另一个是高熵合金将是一个简单的多元固溶体。此外，有人认为高熵合金在本质上是不稳定的，而有些人认为高熵合金实际上非常稳定。

实际上，通过传统的熔融和浇铸途径制备的大多数高熵合金是晶体，并且只有某些特殊的成分才可以得到非晶结构。例如，报道的 $Pd_{20}Pt_{20}Cu_{20}Ni_{20}P_{20}$ 既是高熵合金，也是块状金属玻璃（HE-BMGs）[33]。一些特殊工艺，例如：机械合金化、快速凝固和薄膜沉积，有利于增强非晶结构的形成。然而，必须提到的是，正如分子动力学模拟结果所揭示的那样，增加元素的数量会导致更强的拓扑无序结构的趋势，如非晶结构或甚至类似液体的结构[34]。这可能与 Turnbull[35,36] 和 Greer[37] 提出的混淆原则有关。该原理认为，构成合金的多种组元将导致选择晶体结构的机会降低，因此具有更大的玻璃成型性。这都可以归结于高熵效应和缓慢扩散效应的作用，这两者都增强了原子间混合和随机化的趋势。如果原子尺寸差异足以引起拓扑结构的不稳定性，则在相对较高的冷却速率下更容易形成非晶结构。

高熵合金并不一定会形成单一的多元无序固溶体。除了高的混合熵之外，还有其他因素在阻碍无序固溶体的形成，包括混合焓、原子尺寸差异和价电子浓度，这将会在第 2 和第 3 章中讨论。高的混合熵有利于固溶体的形成，但不能保证形成单一的无序固溶体。正是出于这个原因，高长华等人开发了一种有效的开发单相高熵合金的方法，它结合了从头算分子动力学（AIMD）模拟，CALPHAD（相图计算的首字母缩写）方法，以及对现有相图的检查[38]。此外，Santodonato 等人通过研究 $Al_{1.3}CoCrCuFeNi$ 合金在室温下从液态到固态的结构演变，阐明了混合熵的重要性。为了进行观察和验证运用了多种技术手段，包括扫描电子显微镜（SEM），透射电子显微镜（TEM），能量色散光谱（EDS），电子背散射衍射（EBSD），3D 原子探针断层扫描和 AIMD 模拟[39]。总之，高熵合金可以是具有不同有序度的单相或多相，这取决于它们的成分和由加工工艺影响的动力学因素。从工程角度来看，合金开发不一定限于单相高熵合金，因为多相高熵合金也可以具有实际应用价值[40]。

高熵合金热力学稳定吗？如果进行充分退火，高熵合金可以处于平衡状态。然而，与常规合金相比，这通常是一个漫长的过程，因为它们具有较低的扩散速率和相变速率。相反，如果对高熵合金进行不完全退火，则它们的相和微观组织可能处于非平衡亚稳态。在传统合金中也发现了这种现象。由于实际生产通常不允许延长处理时间以达到平衡组织，并且亚稳态组织在实际应用中也可具有良好的性能，因此具有亚稳态组织的高熵合金同样具有其应用价值。

因此，高熵合金可具有较宽的成分范围、多种相和组织结构，因此产生广泛的物理、力学和化学性质。当然，控制亚稳态组织以获得特定应用的最佳性能是高熵合金的一个重要研究课题。

1.6 高熵合金和相关材料的近期进展

在 Yeh、Cantor 和 Ranganathan 开始研究高熵合金之后，到 2015 年年底发布了 1038 篇与高熵合金相关的期刊文章，如图 1.1 所示。然而，对高熵合金的研究和理解仍然非常有限，高熵合金研究的大片领域尚待探索和发展。最近，为回应许多团体和研究人员对该领域的兴趣，出版了 9 个关于高熵合金的特刊，如表 1.3 所列。此外，5 篇报道高熵合金研究进展的文章发表在期刊上[30,31,41~43]。2016 年 5 月 19 日出版的自然（Nature）期刊特别刊出专题报道——"多元金属合成的更强更韧更延合金"。与此同时，还举办了几次关于高熵合金的国际专题研讨会。此外，在陶瓷、高分子等高熵复合材料的研究成果也逐渐增多。美国田纳西大学 Peter K. Liaw 教授在第一届高熵材料国际会议上发言表示，高熵材料研究是目前最热门的研究领域之一，仅 2015 年就有 250 篇以上的论文发表，被引用次数超过 5000 次，今后还有机会再创新高。他预测，在未来 10~15 年之内，高熵领域将有望产生诺贝尔奖得主。关于 SCI（科学引文索引）论文对 HE 相关材料的相对贡献，图 1.4a 显示了 2004~2014 年来自中国台湾、亚洲（不包括中国台湾）、欧洲和美国的贡献比例。此外，亚洲、欧洲和美国的论文数量也在不断增长。这表明高熵合金领域对材料界具有越来越显著的吸引力。

表 1.3 高熵合金专刊

专刊	杂志	卷号	年份	编辑	出版社	国家
先进高熵合金	Annalse de Chimie Science des Mate'riaux	31	2006	J. W. Yeh，A. Davison	Lavoisier	法国
高熵合金	Entropy	15	2013	J. W. Yeh	MDPI	瑞士
高熵合金	JOM	64	2012	M. C. Gao	Springer	德国
高熵合金	JOM	65	2013	M. C. Gao	Springer	德国
高熵合金	JOM	66	2014	M. C. Gao	Springer	德国
高熵合金	JOM	67	2015	M. C. Gao	Springer	德国
高熵合金	Advances in Materials Science and Engineering	—	2015	Y. Zhang，J. W. Yeh，I. F. Sun，J. P. Lin，K. F. Yao	Hindawi	法国
高熵合金	Materials Science and Technology	—	2015	H. K. Bhadeshia	Maney	英国
高熵合金涂层		—	2015	T. M. Yue	MOPI	瑞士

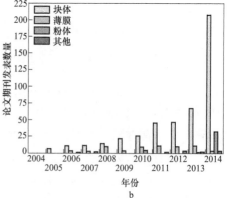

图 1.4 高熵合金在国际区域内的研究分布（a）和 2004~2014 年
高熵合金论文期刊发表数量统计图（b）

近来，为了获得高强度和良好塑性的高熵合金，学者们广泛提出了共晶高熵合金的理念。李安敏等人[44]研究了$AlCoCrFeNi_x$（$x=2.0$、2.1、2.2）共晶或接近共晶成分的高熵合金，对这系列高熵合金进行大尺寸熔炼（每个样品约2.5kg），并分别在室温、$-70℃$和$-196℃$的环境下进行拉伸试验。实验结果表明：$AlCoCrFeNi_x$（$x=2.0$、2.1、2.2）由薄层状的FCC和B2相组成，这种由硬和软相结合的薄层结构使得合金在断裂前几乎没有出现缩颈；同时，由于FCC相的存在，合金表现出良好的塑性；由于位错会在FCC/B2相界处堆积，所以在室温、$-70℃$和$-196℃$的环境下，合金的抗拉强度在$1000\sim1200MPa$的范围内。以上研究表明：$AlCoCrFeNi_x$（$x=2.0$、2.1、2.2）合金能在一个很宽的温度变化范围和一定的成分变化范围内表现出较高的抗拉强度和良好的塑性，同时，合金具有良好的流动性和铸造性能。

1.7　高熵合金中的研究领域以及与高熵相关的材料

虽然高熵合金与传统合金之间的合金成分概念存在基本差异，但高熵合金的研究领域与传统合金相似。对于制备高熵合金，主要利用三种途径：铸锭冶金（IM）、粉末冶金（PM）以及涂覆和沉积。为了研究高熵合金的组织和性能，传统合金所采用的技术方法对高熵合金也适用。然而，不同的成分决定不同的组织和性能。因此，研究高熵合金成分、工艺、组织和性能之间的关系，给科学研究带来了诸多的研究方向。

对基于制备合金路线领域进行了简单的分类，图1.4b通过SCI论文数量来反映高熵合金的研究。大多块状高熵合金都是通过熔铸法制备的，其次是通过薄膜和厚膜涂层，粉末和烧结产品占很小的比例。此外，基础科学研究，理论方法，模拟和建模非常重要，但仍然是小规模的。

1.8　本书的内容框架

虽然对高熵合金的研究仍处于起步阶段，但在过去十年中探索了不同的研究领域。显然，在这个新的研究领域中，从传统材料世界到达不同领域的途径已经开辟。这些途径有利于科研工作者进入这一新的研究领域。铺设这些道路的效率归功于材料科学和工程，现代设施，计算机化和信息网络的帮助。如果没有上述的辅助，在早期阶段进行高熵合金的研究和开发，则不可能显著减少在时间、精力和资源上的投入。

这本书涵盖了广泛的范围。第2章（相形成规律）详细介绍了高熵合金相形成的现有准则，并比较了各种材料的热力学和拓扑参数，包括高熵合金、金属玻璃和传统金属合金。第3章（物理冶金）着重于成分、工艺、微观组织和性能之间的关系。将通过分析热力学和动力学以说明高熵合金中的相变。第4章（先进表征技术）简要介绍了一些用于表征高熵合金微结构的高级表征仪器，如高分辨率扫描透射电子显微镜或分析 TEM，三维原子探针和中子散射。第 5 章（制备方法）说明了制备高熵合金的生产路线，包括熔铸、粉末冶金、涂层、快速凝固、机械合金化，使用 Bridgman 方法的单晶制备，激光熔覆和薄膜溅射。第 6 章（高熵合金的力学性能）强调高熵合金的力学性能，包括拉伸、压缩、硬度和磨损试验，还总结了断裂、疲劳和蠕变行为。第 7 章（功能性质）介绍了高熵合金的电、磁、电化学和储氢特性。第 8 章（结构和相变预测）在高熵合金领域中引入了第一性原理，用于预测绝对零度和有限温度下三个四元系统的相的稳定性。还介绍了混合蒙特卡罗/分子动力学（MC/MD）模拟的方法，并证明在体心立方高熵合金中的熵源是很明显的。第 9 章（相干电位近似在高熵合金中的应用）详细介绍了精确松饼 - 锡轨道方法中的相干电位近似，从化学和磁性角度来描述任意数量的组元系的无序相。本书介绍了该方法在预测晶格稳定性，电子和磁性结构以及单相高压混凝土弹性方面的应用。第 10 章（特殊准随机结构在高熵合金中的应用）详细介绍了可用于生成特殊准无序结构（SQS）的框架和工具。介绍了在 4 组元和 5 组元合金中面心立方、密排六方和体心立方的 SQS 的实例。讨论了 MC/MD、CPA 和 SQS 之间的比较，并预测了面心立方、体心立方和密排六方高熵合金中的熵源。第 11 章（高熵合金的设计）提供了在面心立方、体心立方和密排六方晶格中发现单相高熵合金的常用方法。这些方法包括 AIMD 模拟，DFT 计算，CALPHAD 建模和相图检查。提出了新的单相高熵合金成分。第 12 章（高熵合金的 CALPHAD 模型）强调为高熵合金系和 CALPHAD 应用量身定制的热力学数据库的开发，以了解高熵合金的形成和成分设计。第 13 章（高熵金属玻璃合金）描述了如何使用高熵的概念来生产金属玻璃。这里介绍了高熵金属玻璃及其弹性或塑性特性。第 14 章（高熵合金涂层）描述了在基底上厚度不同的高熵合金薄膜，以提供保护、增强功能或装饰目的。第 15 章（前景与应用）总结了高熵合金在未来的潜在应用。从长远角度来看，未来将陆续开发出许多具有改进性能的高熵材料。

参 考 文 献

[1] ASM International (1990). Metals handbook, vols 1 and 2, 10th edn. ASM International, Materials Park, OH.

[2] Westbrook J H, Fleischer R L (2000). Intermetallic compounds-structural applications of intermetallic compounds. Wiley, West Sussex.

[3] Westbrook J H, Fleischer R L (2000). Intermetallic compounds-magnetic, electrical and optical properties and applications of intermetallic compounds. Wiley, West Sussex.

［4］ Suryanarayana C, Inoue A （2010）. Bulk metallic glasses, 1st edn. CRC Press, West Palm Beach.

［5］ Smith C S （1963）. Four outstanding researchers in metallurgical history. American Society for Testing and Materials, Baltimore.

［6］ Baker H （ed） （1992）. ASM handbook, vol 3, Alloy phase diagrams. ASM International, Materials Park.

［7］ Reed-Hill R E, Abbaschian R （1994）. Physical metallurgy principles, 3rd edn. PWS Publishing Company, Boston, pp 353-358.

［8］ Yeh J W, Chen S K, Lin S J, Gan J Y, Chin T S, Shun T T, Tsau C H, Chang S Y （2004）. Nanostructured high-entropy alloys with multiple principal elements: novel alloy design concepts and outcomes. Adv Eng Mater, 6: 299-303.

［9］ Cantor B, Chang I T H, Knight P, Vincent A J B （2004）. Microstructural development in equiatomic multicomponent alloys. Mater Sci Eng A, 375-377: 213-218.

［10］ Ranganathan S （2003）. Alloyed pleasures: multimetallic cocktails. Curr Sci, 85: 1404-1406.

［11］ Cantor B （2014）. Multicomponent and high entropy alloys. Entropy, 16: 4749-4768.

［12］ Huang K H, Yeh J W （advisor） （1996）. A study on the multicomponent alloy systems containing equal-mole elements. Master's thesis, National Tsing Hua University, Taiwan, China.

［13］ Lai K T, Chen S K, Yeh J W （1998）. Properties of the multicomponent alloy system with equalmole elements. Master's thesis, National Tsing Hua University, Taiwan, China.

［14］ Hsu Y H, Chen S K, Yeh J W （2000）. A study on the multicomponent alloy systems with equalmole FCC or BCC elements. Master's thesis, National Tsing Hua University, Taiwan, China.

［15］ Hung Y T, Chen S K, Yeh J W （2001）. A study on the Cu-Ni-Al-Co-Cr-Fe-Si-Ti multicomponent alloy system. Master's thesis, National Tsing Hua University, Taiwan, China.

［16］ Chen K Y, Shun T T, Yeh J W （2002）. Development of multi-element high-entropy alloys for spray coating. Master's thesis, National Tsing Hua University, Taiwan, China.

［17］ Tung C C, Shun T T, Chen S K, Yeh J W （2002）. Study on the deformation microstructure and high temperature properties of Cu-Co-Ni-Cr-Al-Fe. Master's thesis, National Tsing Hua University, Taiwan, China.

［18］ Chen M J, Lin S S （2003）. The effect of V, S, and Ti additions on the microstructure and wear properties of Al（0.5）CrCuFeCoNi high-entropy alloys. Master's thesis, National Tsing Hua University, Taiwan, China.

［19］ Huang P K, Yeh J W （2003）. Research of multi-component high-entropy alloys for thermalspray coating. Master's thesis, National Tsing Hua University, Taiwan, China.

［20］ Hsu C Y, Shun T T, Chen S K, Yeh J W （2003）. Alloying effect of boron on the microstructure and high-temperature properties of $CuCoNiCrAl_{0.5}Fe$ alloys. Master's thesis, National Tsing Hua University, Taiwan, China.

［21］ Lin P C, Chin T S, Yeh J W （2003）. Development on the high frequency soft-magnetic thin films from high-entropy alloys. Master's thesis, National Tsing Hua University, Taiwan, China.

[22] Tsai C W, Shun T T, Yeh J W (2003). Study on the deformation behavior and microstructure of CuCoNiCrAl$_x$Fe high-entropy alloys. Master's thesis, National Tsing Hua University, Taiwan, China.

[23] Tsai M H, Yeh J W, Gan J Y (2003). Study on the evolution of microstructure and electric properties of multi-element high-entropy alloy films. Master's thesis, National Tsing Hua University, Taiwan, China.

[24] Huang P K, Yeh J W, Shun T T, Chen S K (2004). Multi-principal-element alloys with improved oxidation and wear resistance for thermal spray coating. Adv Eng Mater, 6: 74-78.

[25] Hsu C Y, Yeh J W, Chen S K, Shun T T (2004). Wear resistance and high-temperature compression strength of FCC CuCoNiCrAl$_{0.5}$Fe alloy with boron addition. Metall Mater Trans A, 35: 1465-1469.

[26] Yeh J W, Chen S K, Gan J Y, Lin S J, Chin T S, Shun T T, Tsau C H, Chang S Y (2004). Formation of simple crystal structures in Cu-Co-Ni-Cr-Al-Fe-Ti-V alloys with multiprincipal metallic elements. Metall Mater Trans A, 35: 2533-2536.

[27] Chen T K, Shun T T, Yeh J W, Wong M S (2004). Nanostructured nitride films of multi-element high-entropy alloys by reactive DC sputtering. Surf Coat Tech, 188-189: 193-200.

[28] Gaskell D R (1995). Introduction to the thermodynamics of materials, 3rd edn. Taylor & Francis Ltd, Washington, DC, pp 80-84.

[29] Swalin R A (1972). Thermodynamics of solids, 2nd edn. Wiley, New York, pp 35-41.

[30] Yeh J W (2006). Recent progress in high-entropy alloys. Annales De Chimie-Science des Materiaux(Euro J Control), 31: 633-648.

[31] Yeh J W (2013). Alloy design strategies and future trends in high-entropy alloys. JOM, 65: 1759-1771.

[32] Yong Hee Jo, Won-Mi Choi, Seok Su Sohn, Hyoung Seop Kim, Byeong-Joo Lee, Sunghak Lee (2018). Role of brittle sigma phase in cryogenic-temperature-strength improvement of non-equi-atomic Fe-rich VCrMnFeCoNi high entropy alloys. Materials Science & Engineering A, 724: 403-410.

[33] Takeuchi A, Chen N, Wada T, Yokoyama Y, Kato H, Inoue A, Yeh J W (2011). Pd$_{20}$Pt$_{20}$Cu$_{20}$Ni$_{20}$P$_{20}$ high-entropy alloy as a bulk metallic glass in the centimeter. Intermetallics, 19: 1546-1554.

[34] Kao S W, Yeh J W, Chin T S (2008). Rapidly solidified structure of alloys with two to eight equal-molar elements-a simulation by molecular dynamics. J Phys Condens Matter, 20: 145214.

[35] Turnbull D (1977). On the gram-atomic volumes of metal-metalloid glass forming alloys. Scr Metall, 11: 1131-1136.

[36] Turnbull D (1981). Metastable structure in metallurgy. Metall Trans B, 12: 217-230.

[37] Greer A L (1993). Confusion by design. Nature, 366: 303-304.

[38] Gao M C, Alman D E (2013). Searching for next single-phase high-entropy alloy compositions. Entropy, 15: 4504-4519. doi: 10.3390/e15104504.

[39] Santodonato L J, Zhang Y, Feygenson M, Parish C M, Gao M C, Weber R J K, Neuefeind J

C, Tang Z, Liaw P K (2015). Deviation from high-entropy configurations in the atomic distributions of a multi-principal-element alloy. Nat Commun, 6: 5964. doi: 10. 1038/ncomms69.

[40] Miracle D B, Miller J D, Senkov O N, Woodward C, Uchic M D, Tiley J (2014). Exploration and development of high entropy alloys for structural applications. Entropy, 16: 494-525.

[41] Zhang Y, Zuo T T, Tang Z, Gao M C, Dahmen K A, Liaw P K, Lu Z P (2014). Microstructures and properties of high-entropy alloys. Prog Mater Sci, 61: 1-93.

[42] Tsai M H, Yeh J W (2014). High-entropy alloys: a critical review. Mater Res Lett, doi: 10. 1080/21663831. 2014. 912690.

[43] Samaei A T, Mirsayar M M, Aliha M R M (2015). The microstructure and mechanical behavior of modern high temperature alloys. Eng Solid Mech, 3: 1-20.

[44] 李安敏. 高熵合金力学性能的研究进展[J]. 材料导报 A, 2018, 32 (2): 461-466.

2 相形成规律

<<<<<<<<<<<<<<<<<<<<<<<<<<<<<<<<<<<<<<<<<<<<<<<<<<<<

摘　要：本章概述了高熵合金现有的相形成规律。通过参考其他多组元合金（如块状非晶合金），利用包括混合焓、混合熵、熔点、原子尺寸差异和价电子浓度等物理化学参数来描述高熵合金的相形成规律。具体来说，详细描述了固溶体、金属间化合物和非晶相的形成规律；同时讨论了体心立方或者面心立方固溶体的形成规律。本章最后讨论了关于高熵合金相形成规律的一些遗留问题和未来的展望。

关键词：固溶体　混合熵　混合焓　原子尺寸差异　电负性差　价电子浓度 e/a 比值　饶塞里准则　经验规律　块体非晶合金　单相　面心立方　密排六方　体心立方　多相高熵合金

2.1　引言

高熵合金的定义一直存在很多争议。最初，高熵合金简单地由它们的组分复杂性来定义（至少由五种金属元素组成，每种元素的含量在 5%~35% 之间）[1]。最近这一概念受到了挑战，反对者的论据是当对高熵合金进行分类时，微观结构的复杂性没有被考虑到。具体地说，这种对高熵合金的严格定义要求所有的高熵合金必须是单相固溶体[2]。的确，这种关于高熵合金的狭义定义在物理上更加适当。从熵的角度来看，即使形成有序固溶体或金属间化合物，多组元合金的构型熵也可以很低（不是真的高熵）。然而，高熵合金的这个狭义定义也带来了新的问题。这些问题包括但不限于下列情况：在多主元合金中，某些合金形成了两种固溶体相，同时也没有形成金属间化合物[3]，这些合金可以归类到高熵合金吗？对于合金来说，构型熵需要多高才能被归类为高熵合金？如果非晶相的形成伴随着高构型熵[4]，这种合金可以被称为高熵合金吗？实际上，采用高熵合金的初始定义更加方便（从成分组成的复杂性来定义）［关于高熵合金的历史和发展情况，可参考第 1 章节］。

当成分复杂合金处于液态或完全随机固溶体状态时，它们的构型熵较高。为了避免混淆，以合金的构型熵大于 1.5R （R 为气体常数）作为高熵合金的可行性定义[5]。需要注意的是，高熵合金存在不同的相组成，包括固溶体、金属间化合物甚至存在非晶相，这些取决于合金的成分。如果合金是由凝固制备而成的，那么合金的相组成与冷却速率也有关[6]。正是在此背景下，本章讨论高熵合金中固溶体、金属间化合物以及非晶相之间的相形成规律。相选择将通过使用参数化的方法来进行，主要参数包括原子尺寸错配、混合焓、混合熵和元素熔点[7~10]。通过给定合金组分，这些理化参数（在第 2.2 节中介绍）可以被用来预测不同相的形成，但是金属间化合物仍然很难被预测和控制。此外，考虑到固溶体类型对高熵合金力学性能的影响，我们将在第 2.3 节中讨论面心立方和体心立方固溶体之间的相选择，在这一过程中电子浓度将扮演关键角色。在第 2.4 节中我们将讨论关于高熵合金相形成规律的一些悬而未解的问题和未来展望。第 2.5 节为整个相形成规律的总结。

2.2 热力学和几何效应

如果不涉及动力学因素，那么混合元素组成合金的相形成主要是由热力学控制。这种控制主要由吉布斯自由能 G，以及焓 H、熵 S，通过下述方程来实现：

$$\Delta G_{\text{mix}} = \Delta H_{\text{mix}} - T\Delta S_{\text{mix}} \tag{2.1}$$

这里的 ΔG_{mix} 是混合吉布斯自由能，ΔH_{mix} 是混合焓，ΔS_{mix} 是混合熵，T 是合金中不同元素混合时的温度。需要注意的是，这里的混合熵包含所有的熵源，如构型熵、振动熵、电子熵以及磁性熵［在第 8 章、第 10 章和第 12 章中，以高熵合金 Co-Cr-Fe-Mn-Ni、Al-Co-Cr-Fe-Ni 和 Mo-Nb-Ta-Ti-V-W 三个体系为例来量化熵源］。一般认为，ΔH_{mix} 和 $T\Delta S_{\text{mix}}$ 之间的竞争关系决定了高熵合金的相选择。这被认为是对相形成规律的热力学考虑。影响相形成的另一个重要因素是几何效应，更具体地说，是原子尺寸的影响。不论是描述形成二元固溶体的经典 Hume-Rothery 规则[11]，还是描述形成块体非晶材料的著名的井上三原则[12]，原子尺寸效应都发挥作用。当使用参数化的方法建立高熵合金的相形成规律时，描述词[13]自然地从与热力学和几何尺寸有关的参数中选取。毫无意外的是，有效的相形成规律通常都包含这两方面的考虑。

图 2.1 是多组元合金（包含高熵合金和非晶合金）的相选择图，此图是基于混合焓 ΔH_{mix} 和原子尺寸差 δ 来描绘的。在这里，δ 由下述公式定义[9]：

$$\delta = \sqrt{\sum_{i=1}^{N} x_i \left(1 - d_i \Big/ \sum_{j=1}^{N} x_j d_j\right)^2} \tag{2.2}$$

式中，N 是元素的数量；x_i 或 x_j 代表第 i 或第 j 种元素的含量；d_i 或 d_j 表示第 i 或第 j 种元素的原子直径。多组元合金的混合焓 ΔH_{mix} 可由以下公式来估算：

$$\Delta H_{\text{mix}} = \sum_{i=1, i \neq j}^{N} 4\Delta H_{\text{AB}}^{\text{mix}} x_i x_j \tag{2.3}$$

式中，$\Delta H_{\text{AB}}^{\text{mix}}$ 是指二元等原子比合金 AB 的混合焓。

表 2.1 列出了图 2.1 中对于高熵合金和非晶合金所估算的 ΔH_{mix} 和 δ。需要指出的是，表 2.1 中列出的相都是可以通过 X 射线衍射检测出来的，并未包含合金中所有的相。从图 2.1 中可以看出，在区域 S 中只形成了无序固溶体，在这个区

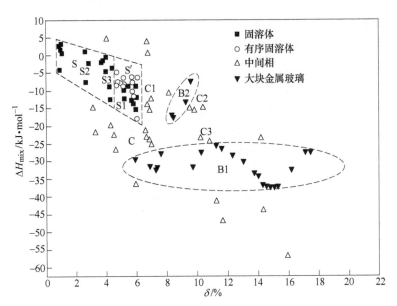

图 2.1   高熵合金与非晶合金中混合焓 ΔH_{mix} 与原子尺寸差，Delta（δ）关系图

域中，各组元的原子尺寸差异相对较小，组元原子之间的置换比较简单，有相似的概率来占据晶格以形成固溶体。同时，合金的混合焓还没有负到形成化合物的程度。在区域 S'，大部分高熵合金的主相依然是固溶体，但是在一些高熵合金中出现了有序固溶体的少量沉淀。和区域 S 相比，δ 增加促使了合金的有序化程度提高。在区域 S' 的某些高熵合金中，ΔH_{mix} 变得更负促使有序相的沉淀析出。非晶合金位于 B1 和 B2 区域。B2 包含镁基和铜基块体非晶，而 B1 包含锆基等其他种类的非晶合金。可以明显地看出，相比较于高熵合金，非晶合金有更大的 δ 和更大的负的混合焓。在图 2.1 的另一个区域 C 中主要形成金属间化合物相。

根据方程式（2.1）可知，在高温高混合焓的情况下，自由能显著降低。所以在凝固过程中可以降低合金中相的有序化和元素偏析，因而更加容易形成固溶体，且稳定性比金属间化合物或其他有序相更高。因此，对于某些高熵合金而言，由于高混合焓的影响，相比金属间化合物，固溶体更容易形成，而且相的总数大大低于吉布斯相规律所允许的最大平衡相的数量。为了更好地了解混合焓效应，在图 2.1 中引入了混合焓的一条轴线从而重新绘制成了三维图 2.2。显而易见，几乎所有高熵合金的混合焓都比非晶合金高（以▼标明）。高熵合金形成固溶体相时（以■标明），混合焓处于 12~17.5J/（mol·K）之间，同时 δ 值普遍较小。金属间化合物相（以△标明）在 δ 值较大时形成，与此同时混合焓处于 11~16.5J/（mol·K）之间。在固溶体和金属间化合相之间有一个过渡区域（以○标明），这个过渡区域主要包含有序固溶体相。需要强调的是所有提到的为高熵合金

表 2.1 相组成；价电子浓度，VEC；混合焓，ΔH_{mix}；混合熵，ΔS_{mix}；平均熔点，T_m；Ω（$\Omega = T_m \Delta S_{mix} / |\Delta H_{mix}|$）；原子尺寸差 δ，代表 HEA 和 BMG；三色编码用于区分固溶体、固溶体加金属间化合物以及非晶相形成多元合金

合金	相组成	价电子浓度	ΔH_{mix} /kJ·mol⁻¹	ΔS_{mix} /J· (mol·K)⁻¹	T_m/K	Ω	δ/%	参考文献
Cr₂CuFe₂Mn₂Ni₂	FCC	8.11	0.1	13.14	1749.11	229.83	0.91	[10]
CoCrFeMnNi	FCC	8	-4.16	13.38	1792.4	5.77	0.92	[10]
CrCu₂Fe₂MnNi₂	FCC	8.88	3.88	12.97	1680.88	5.61	0.95	[10]
CoCrCuFeMnNi	FCC	8.5	1.44	14.9	1720	17.8	0.99	[10]
CrCuFeMn₂Ni₂	FCC	8.43	0.44	12.98	1713	50.53	0.99	[10]
CoCrCu₀.₅FeNi	FCC	8.56	0.49	13.15	1804.67	48.44	1.06	[10]
CoCrFeNi	FCC	8.25	-3.75	11.53	1860.5	5.71	1.06	[10]
CoCrCuFeNi	FCC	8.8	3.2	13.38	1760	7.36	1.07	[10]
CuNi	FCC	10.5	4	5.76	1543	2.22	1.63	[10]
CoCuFeNiV	FCC	8.6	-1.78	14.9	1833.67	15.35	2.63	[10]
CrCuFeMoNi	FCC	8.2	4.64	13.38	1985	5.72	2.92	[10]
CoCrFeMo₀.₃Ni	FCC	8.09	-4.15	12.83	1932.67	5.97	2.92	[10]
Al₀.₂₅CrCuFeNi₂	FCC	8.71	0.36	12.14	1712.64	57.31	2.93	[16]
Al₀.₂₅CoCrCu₀.₇₅FeNi	FCC	8.4	-0.71	14.32	1738.78	35.07	3	[10]
Al₀.₃CoCrCuFeNi	FCC	8.47	1.56	14.43	1713.22	15.85	3.15	[10]
Al₀.₂₅CoCrFeNi	FCC	7.94	-6.75	12.71	1805.97	3.4	3.25	[10]
Al₀.₃CoCrFeMo₀.₁Ni	FCC	7.84	-7.26	13.44	1820.81	3.37	3.74	[10]
CoCrFeNiPd	FCC	8.6	-5.60	13.38	1853.8	4.43	3.76	[20]
Al₀.₃₇₅CoCrFeNi	FCC	7.8	-7.99	12.97	1781.04	2.89	3.8	[10]
Al₀.₅CoCrCuFeNi	FCC	8.27	-1.52	14.7	1684.86	16.29	3.82	[10]
Al₀.₅CrCuFeNi₂	FCC	8.45	-2.51	12.6	1677.23	8.41	3.82	[16]
Al₀.₅CoCrCuFeNiV₀.₂	FCC	8.16	-2.50	15.44	1703.01	10.52	3.87	[10]

续表 2.1

合　金	相组成	价电子浓度	ΔH_{mix} /kJ·mol⁻¹	ΔS_{mix} /J·(mol·K)⁻¹	T_m/K	Ω	δ/%	参考文献
$Al_{0.5}CoCrCu_{0.5}FeNi$	FCC	8.00	-4.60	14.54	1717.55	5.43	4.00	[10]
$Al_{0.3}CoCrFeNiTi_{0.1}$	FCC	7.8	-8.93	13.47	1799.24	2.72	4.06	[10]
$CoCrFeNiPd_2$	FCC	8.83	-6.11	12.98	1849.33	3.92	4.33	[20]
$CoCrCuFeNiTi_{0.5}$	FCC	8.36	-3.70	14.7	1776.91	7.05	4.46	[10]
$Co_{1.5}CrFeNi_{1.5}Ti_{0.5}$	FCC	8.09	-10.74	12.86	1848	2.22	4.6	[10]
$Co_{1.5}CrFeNi_{1.5}Ti_{0.5}Mo_{0.1}$	FCC	8.05	-10.64	13.38	1866.7	2.35	4.72	[10]
$Al_{0.2}Co_{1.5}CrFeNi_{1.5}Ti_{0.5}$	FCC	7.91	-12.50	13.67	1815.91	1.98	5.00	[19]
$Al_{0.25}CoCrCu_{0.75}FeNiTi_{0.5}$	FCC	8	-7.28	15.55	1757.61	3.76	5.03	[10]
$Mo_{25.6}Nb_{22.7}Ta_{24.4}W_{27.3}$	BCC	5.53	-6.49	11.5	3177.6	5.62	2.27	[10]
$Mo_{21.7}Nb_{20.6}Ta_{15.6}V_{21}W_{21.1}$	BCC	5.43	-4.54	13.33	2950.49	8.67	3.18	[10]
$Al_{0.3}CrFe_{1.5}MnNi_{0.5}$	BCC	7.19	-5.51	12.31	1747.34	3.9	3.32	[10]
$NbHfTaTiZr$	BCC	4.4	2.72	13.38	2524.2	12.42	4.01	[21]
$Al_{0.5}CrFe_{1.5}MnNi_{0.5}$	BCC	7.00	-6.77	12.67	1711.17	3.20	4.03	[10]
$AlCrCuFeMnNi$	BCC	7.5	-5.11	14.9	1580.58	4.62	4.73	[10]
$AlCoCrFeNiSi_{0.6}$	BCC	6.86	-22.76	14.78	1676.38	1.09	4.98	[22]
$AlCoCrCu_{0.5}FeNi$	BCC	7.55	-7.93	14.70	1646.27	3.05	5.02	[10]
$AlCoCrFeNiSi_{0.4}$	BCC	6.96	-19.84	14.70	1675.98	1.24	5.07	[22]
$AlCoCrCu_{0.25}FeNi$	BCC	7.38	-9.94	14.34	1660	2.39	5.13	[10]
$AlCoCrFeNiSi_{0.2}$	BCC	7.08	-16.39	14.22	1675.56	1.45	5.15	[22]
$AlCoCrFeNi$	BCC	7.2	-12.32	13.38	1675.1	1.83	5.25	[10]
$AlCoCrFeNiMo_{0.1}$	BCC	7.18	-12.13	13.92	1699.02	1.95	5.3	[23]
$AlCoCrFeNiNb_{0.1}$	BCC	7.16	-13.32	13.92	1696.18	1.77	5.50	[17]
$Al_{1.25}CoCrFeNi$	BCC	7.00	-13.42	13.34	1639.79	1.62	5.55	[10]

续表 2.1

合金	相组成	价电子浓度	ΔH_{mix} /kJ·mol⁻¹	ΔS_{mix} /J·(mol·K)⁻¹	T_m/K	Ω	δ/%	参考文献
$Al_{2.0}CrCuFeNi_2$	BCC	7.29	-9.63	12.89	1517.86	2.03	5.71	[16]
$AlCoCrCu_{0.5}Ni$	BCC	7.44	-10.17	13.15	1609.67	2.08	5.74	[10]
$Al_{1.5}CoCrFeNi$	BCC	6.82	-14.28	13.25	1607.68	1.50	5.77	[10]
$Al_{2.3}CoCrCuFeNi$	BCC	6.97	-9.38	14.35	1499.6	2.29	5.84	[10]
$Al_{2.5}CoCrCuFeNi$	BCC	6.87	-9.78	14.21	1484.5	2.15	5.91	[10]
$Al_{2.8}CoCrCuFeNi$	BCC	6.72	-10.28	14.01	1463.31	1.99	5.99	[10]
$Al_{20}(CoCrCuFeMnNiVTi)_{80}$	BCC	7.36	-15.44	17.99	1633.5	1.91	6.01	[10]
$Al_2CoCrFeNi$	BCC	6.5	-15.44	12.98	1551.5	1.3	6.04	[10]
$Al_3CoCrCuFeNi$	BCC	6.63	-10.56	13.86	1450.06	1.9	6.09	[10]
$Al_{2.5}CoCrFeNi$	BCC	6.23	-16.09	12.63	1503.96	1.17	6.19	[10]
$Al_3CoCrFeNi$	BCC	6.00	-16.41	12.26	1463.21	1.10	6.26	[10]
$AlCoCuNiTiZn$	BCC	8.17	-17.89	14.9	1680.12	1.39	6.43	[10]
$Al_{1.5}CoCrFeNiTi$	BCC	6.38	-20.73	14.78	1659.73	1.18	6.64	[18]
$Al_2CoCrFeNiTi$	BCC	6.14	-21.63	14.53	1607.86	1.08	6.64	[18]
$CoCrFeNiTi_{0.3}$	FCC+HCP	7.95	-8.89	12.83	1866.47	2.69	4.06	[10]
$CrCu_2Fe_2Mn_2Ni$	BCC+FCC	8.5	4.69	12.97	1654.88	4.58	0.83	[10]
Cr_2CuFe_2MnNi	BCC+FCC	8.00	2.61	12.89	1784.86	8.82	0.84	[10]
$CrCuFeMnNi$	BCC+FCC	8.4	2.72	13.38	1710	8.41	0.92	[10]
$Cr_2Cu_2Fe_2MnNi_2$	BCC+FCC	8.56	3.56	13.14	1729.33	6.38	0.94	[10]
$Cr_2Cu_2FeMn_2Ni_2$	BCC+FCC	8.44	2.37	13.14	1697	9.4	0.97	[10]
$CoCrFeGeMnNi$	BCC+FCC	7.33	-15.17	14.9	1695.5	1.67	3.25	[10]
$Al_{0.5}CoCrCuFeNiV_{0.4}$	BCC+FCC	8.05	-3.34	15.76	1719.92	8.12	3.8	[10]
$Al_{0.5}CoCrCuFeNiV_{1.2}$	BCC+FCC	7.69	-5.73	15.98	1777.49	4.96	3.99	[10]

续表 2.1

合金	相组成	价电子浓度	ΔH_{mix} /kJ·mol⁻¹	ΔS_{mix} /J·(mol·K)⁻¹	T_m/K	Ω	δ/%	参考文献
$Al_{0.5}CoCrCuFeNiV_2$	BCC+FCC	7.40	−7.08	15.60	1822.77	4.01	3.99	[10]
$Al_{0.5}CoCrCuFeNiV_{1.4}$	BCC+FCC	7.61	−6.14	15.91	1789.79	4.64	4.00	[10]
$Al_{0.5}CoCrCuFeNiV_{1.6}$	BCC+FCC	7.54	−6.50	15.82	1801.40	4.38	4.00	[10]
$Al_{0.5}CoCrCuFeNiV_{1.8}$	BCC+FCC	7.47	−6.81	15.72	1812.38	4.19	4.00	[10]
$Al_{0.5}CoCrFeNi$	BCC+FCC	7.67	−9.09	13.15	1757.50	2.55	4.22	[10]
$Al_{0.8}CoCrFeNi$	BCC+FCC	8.00	−3.61	14.87	1646.00	6.78	4.49	[10]
$AlCoCrCuFeNiSi$	BCC+FCC	7.29	−18.86	16.18	1631.50	1.40	4.51	[10]
$AlCoCrCuFeNiV$	BCC+FCC	7.43	−7.76	16.18	1705.07	3.56	4.69	[10]
$Al_{0.75}CoCrCu_{0.25}FeNi$	BCC+FCC	7.6	−8.47	14.32	1696.33	2.87	4.71	[16]
$AlCrCuFeNi_2$	BCC+FCC	8	−5.78	12.98	1615.25	3.63	4.82	[10]
$AlCoCrCuFeNi$	BCC+FCC	7.83	−4.78	14.9	1622.25	5.06	4.82	[10]
$Al_{0.75}CoCrFeNi$	BCC+FCC	7.42	−10.90	13.33	1714.13	2.09	4.83	[10]
$AlCo_{0.5}CrCuFeNi$	BCC+FCC	7.73	−4.50	14.7	1608.82	5.26	4.91	[10]
$AlCoCrCuFeNi_{0.5}$	BCC+FCC	7.64	−3.90	14.7	1612.64	6.08	4.91	[10]
$AlCoCrCuFeMo_{0.2}Ni$	BCC+FCC	7.77	−4.47	15.6	1633.31	5.7	4.95	[10]
$AlCoCrCuFe_{0.5}Ni$	BCC+FCC	7.82	−5.55	14.7	1605.09	4.25	5.00	[10]
$AlCoCr_{0.5}CuFeNi$	BCC+FCC	8	−5.02	14.7	1572.82	4.61	5.02	[10]
$Al_{0.875}CoCrFeNi$	BCC+FCC	7.31	−11.66	13.37	1694.12	1.95	5.06	[10]
$Al_{1.3}CoCrCuFeNi$	BCC+FCC	7.6	−6.24	14.85	1589.45	3.78	5.19	[10]
$AlCoCrCuNi$	BCC+FCC	7.8	−6.56	13.38	1584.5	3.23	5.19	[10]
$Al_{0.5}CoCeCu_{0.5}FeNiTi_{0.5}$	BCC+FCC	7.09	−10.84	15.75	1738.32	2.52	5.25	[10]
$Al_{1.5}CrCuFeNi_2$	BCC+FCC	7.62	−8.05	13.01	1562.81	2.532	5.38	[16]
$Al_{1.5}CoCrCuFeNi$	BCC+FCC	7.46	−7.04	14.78	1569.27	3.3	5.38	[10]
$Al_{1.8}CoCrCuFeNi$	BCC+FCC	7.26	−8.08	14.65	1541.22	2.79	5.54	[10]

续表 2.1

合 金	相组成	价电子浓度	ΔH_{mix} /kJ·mol^{-1}	ΔS_{mix} /J·(mol·K)$^{-1}$	T_m/K	Ω	δ/%	参考文献
AlCo$_{0.3}$CrFeNiTi$_{0.5}$	BCC+FCC	7.47	-14.93	13.49	1718.47	1.55	5.69	[10]
Al$_2$CoCrCuFeNi	BCC+FCC	7.14	-8.65	14.53	1523.86	2.56	5.71	[10]
AlCr$_3$CuFeNiTi	BCC+FCC	6.75	-9.31	13.86	1794.44	2.67	5.72	[10]
Al$_{11.1}$(CoCrCuFeMnNiVTi)$_{88.9}$	BCC+FCC	7.43	-12.74	18.27	1711.28	2.45	5.75	[10]
AlCoCuNi	BCC+FCC	8.25	-8.00	11.52	1447.40	2.08	5.77	[10]
AlCoCrCuFeNiV	BCC+FCC	7.00	-13.94	17.29	1735.19	2.15	5.87	[10]
AlCo$_2$CrFeNiTi$_{0.5}$	BCC+FCC	7.23	-16.43	14.23	1710.54	1.49	5.91	[10]
AlCr$_2$CuFeNiTi	BCC+FCC	6.86	-11.10	14.53	1746.07	2.29	5.99	[10]
AlCo$_{1.5}$CrFeNiTi$_{0.5}$	BCC+FCC	7.08	-17.17	14.54	1705.58	1.45	6.02	[10]
AlCr$_{1.5}$CuFeNiTi	BCC+FCC	6.92	-12.26	14.78	1716.31	2.08	6.14	[10]
AlCuNi	BCC+FCC	8.00	-8.44	9.13	1339.8	1.45	6.2	[10]
AlCrCuFeNiTi	BCC+FCC	7.00	-13.67	14.9	1681.58	1.83	6.29	[10]
AlCr$_{0.5}$CuFeNiTi	BCC+FCC	7.09	-15.40	14.7	1640.55	1.56	6.45	[10]
Al$_{0.75}$CoCrCu$_{0.25}$FeNiTi$_{0.5}$	BCC1+BCC2	7	-15.26	15.55	1719.02	1.75	5.83	[10]
AlCoCrCu$_{0.5}$FeNiTi$_{0.5}$	BCC1+BCC2	7.25	-13.42	15.86	1671.25	1.97	5.9	[10]
AlCoCrCu$_{0.25}$FeNiTi$_{0.5}$	BCC1+BCC2	7.09	-15.50	15.54	1684.87	1.68	6.01	[10]
AlCrFeNiTi$_{0.5}$	BCC1+BCC2	6.91	-17.92	14.7	1699.73	1.39	6.11	[10]
AlCoCrCuFeNi	BCC1+BCC2+FCC	7.29	-13.80	16.18	1668.5	1.95	6.23	[10]
AlCrCuFeNiTi	BCC1+BCC2	6.67	-21.56	14.9	1720.25	1.19	6.58	[10]
Al$_{0.5}$CoCrCuFeNiV$_{0.6}$	BCC+FCC+σ-phase	7.95	-4.07	15.92	1735.73	6.79	3.94	[10]
Al$_{0.5}$CoCrCuFeNiV$_{0.8}$	BCC+FCC+σ-phase	7.86	-4.71	16	1750.53	5.95	3.97	[10]
Al$_{0.5}$CoCrCuFeNiV	BCC+FCC+σ-phase	7.77	-5.25	16.01	1764.42	5.38	3.98	[10]
AlCoCrCuFeMnNi	BCC+FCC+unknown phase	7.71	-5.63	16.18	1607.64	4.61	4.57	[10]

合　金	相组成	价电子浓度	ΔH_{mix} /kJ · mol^{-1}	ΔS_{mix}/J · (mol · K)$^{-1}$	T_m/K	Ω	δ/%	参考文献
AlCoCrCuFeMnNi	BCC+FCC+unknown phase	7.71	−5.63	16.18	1607.64	4.61	4.57	[10]
AlCoCrFeNiSi	BCC+δ-phase	6.67	−27.33	14.9	1677.08	0.91	4.82	[22]
AlCoCrFeNiSi$_{0.8}$	BCC+δ-phase	6.76	−25.23	14.87	1676.74	0.99	4.9	[22]
AlCrMoSiTi	Ordered BCC+Mo$_5$Si$_3$	4.6	−34.08	13.38	1918.9	0.75	4.91	[10]
AlCoCrCuFeNiMo$_{0.4}$	BCC+α-phase	7.72	−4.20	15.91	1701.8	6.45	5.05	[10]
Co$_{1.5}$CrFeMo$_{0.5}$Ni$_{1.5}$Ti$_{0.5}$	FCC+σ-phase	7.92	−10.25	14.17	1935.25	2.67	5.09	[10]
AlCoCr$_2$FeMo$_{0.5}$Ni	BCC+σ	6.92	−10.27	14.23	1839.38	2.55	5.10	[24]
AlCoCrCuFeNiMo$_{0.6}$	BCC+α-phase	7.67	−3.95	16.08	1737.95	7.07	5.13	[10]
AlCoCrFe$_2$Mo$_{0.5}$Ni	BCC+σ-phase	7.23	−9.70	14.23	1789.85	2.63	5.15	[10]
CoCrCuFeMnNiTiV	FCC+BCC+σ-phase+ unknown phase	7.50	−8.13	17.29	1808.50	3.85	5.19	[10]
AlCoCrCuFeNiMo$_{0.8}$	BCC+α-phase	7.62	−3.72	16.16	1771.99	7.69	5.20	[10]
AlCoCrCuFeNiMo	BCC+α-phase	7.57	−3.51	16.18	1804.07	8.32	5.25	[10]
CoCrCuFeNiTi$_{0.8}$	FCC+Laves phase	8.14	−6.75	14.89	1785.66	3.95	5.26	[10]
AlCoCr$_{1.5}$FeMo$_{0.5}$Ni	BCC+σ	7.00	−10.83	14.53	1814.92	2.43	5.27	[24]
Co$_{1.5}$CrFeMo$_{0.8}$Ni$_{1.5}$Ti$_{0.5}$	FCC+σ-phase	7.83	−9.96	14.21	1980.95	2.83	5.28	[10]
AlCo$_2$CrFeMo$_{0.5}$Ni	BCC+FCC+σ-phase+	7.38	−10.70	14.23	1783.54	2.37	5.29	[10]
AlCoCrFe$_{1.5}$Mo$_{0.5}$Ni	BCC+σ-phase	7.17	−10.50	14.53	1788.08	2.47	5.3	[23]
AlCoCrFeMo$_{0.2}$Ni	BCC+α-phase	7.15	−11.95	14.22	1722.02	2.05	5.35	[10]
AlCo$_{1.5}$CrFeMo$_{0.5}$Ni	BCC+σ-phase	7.25	−11.08	14.53	1784.67	2.34	5.39	[23]
AlCoCrFeMo$_{0.3}$Ni	BCC+α-phase	7.13	−11.78	14.43	1744.15	2.14	5.4	[23]
AlCoCrFeMo$_{0.4}$Ni	BCC+α-phase	7.11	−11.60	14.59	1765.46	2.22	5.44	[23]
AlCoCrFeMo$_{0.5}$Ni	BCC+σ-phase	7.09	−11.44	14.7	1786	2.29	5.47	[10]

续表 2.1

合 金	相组成	价电子浓度	ΔH_{mix} /kJ·mol^{-1}	ΔS_{mix} /J·(mol·K)$^{-1}$	T_m/K	Ω	δ/%	参考文献
AlCoCrFeMo$_{0.5}$Ni	BCC+σ	7.09	−11.44	14.7	1786	2.29	5.47	[24]
AlCoCrFeMo$_{0.5}$Ni	BCC+α−phase	7.09	−11.44	14.7	1786	2.29	5.47	[23]
AlCo$_{0.5}$CrFeMo$_{0.5}$Ni	BCC+σ-phase	6.9	−11.72	14.53	1787.6	2.22	5.54	[10]
AlCoFe$_{0.6}$Mo$_{0.5}$Ni	BCC+σ-phase	7.02	−12.32	14.61	1784.04	2.12	5.61	[10]
CoCrCuFeNiTi	FCC+Laves phase	8.00	−8.44	14.9	1791	3.17	5.65	[10]
AlCoCr$_{0.5}$FeMo$_{0.5}$Ni	BCC+σ	7.2	−12.08	14.53	1750.06	2.11	5.69	[24]
Al$_{0.5}$B$_{0.2}$CoCrCuFeNi	FCC+boride	8.09	−4.00	15.44	1708.73	6.6	5.77	[10]
AlCoCrFeNb$_{0.25}$Ni	BCC+Laves phase	7.1	−14.66	14.34	1726.29	1.69	5.83	[17]
Co$_{1.5}$CrFeNi$_{1.5}$Ti	FCC+η	7.75	−15.61	13.21	1856.17	1.57	5.83	[19]
AlCoFeMo$_{0.5}$Ni	BCC+σ	7.33	−12.74	13.15	1708.89	1.76	5.93	[24]
Al$_{0.2}$Co$_{1.5}$CrFeNi$_{1.5}$Ti	FCC+η	7.60	−17.12	13.97	1826.40	1.49	6.01	[19]
Al$_{3.0}$CrCuFeNi$_2$	BCC+ordered BCC	6.75	−11.50	12.42	1444.81	1.56	6.03	[16]
Al$_{40}$(CoCrCuFeMnNiTiV)$_{60}$	BCC+Al$_3$Ti+unknown phase	5.70	−18.29	15.97	1458.50	1.27	6.09	[10]
CoCrFeNiTi	FCC+BCC+CoTi$_2$	7.40	−16.32	13.38	1877.60	1.54	6.13	[18]
AlAuCoCrCuNi	FCC+AuCu	8.33	−6.45	14.9	1543.42	3.57	6.14	[10]
AlCoCrFeNb$_{0.5}$Ni	BCC+Laves phase	7.00	−16.53	14.7	1772.82	1.58	6.24	[17]
Al$_{0.5}$CoCrFeNiTi	FCC+BCC+CoTi$_2$+FeTi	7.00	−16.79	14.7	1791.77	1.57	6.44	[18]
AlCoCrFeNb$_{0.75}$Ni	BCC+Laves phase	6.91	−18.03	14.85	1815.3	1.5	6.55	[17]
AlCoCrFeNiTi	FCC+BCC+CoTi$_2$+FeTi	6.67	−19.22	14.9	1720.25	1.33	6.58	[18]
Al$_{0.5}$B$_{0.6}$CoCrCuFeNi	FCC+boride	6.46	−23.91	15.92	1737.62	1.08	6.93	[10]
AlCoCrFeNiTi$_{1.5}$	BCC1+BCC2+Laves phase	7.75	−8.01	14.78	1751.76	3.48	8.07	[10]
Al$_{0.5}$BCoCrCuFeNi	FCC+ordered FCC+boride	7.46	−11.03	16.01	1789.5	2.6	9.52	[10]
CrCuFeNiZr	BCC+compounds	7.8	−14.40	13.38	1831.6	1.7	9.91	[10]

续表 2.1

合金	相组成	价电子浓度	ΔH_{mix} /kJ·mol^{-1}	ΔS_{mix}/J·(mol·K)$^{-1}$	T_m/K	Ω	δ/%	参考文献
$CoCrCuFeNiTi_2$	Compounds	7.43	-14.04	14.53	1813.14	1.87	6.69	[10]
$AlCoCrCuNiTiY_{0.5}$	$Cu_2Y+AlNi_2Ti+Cu+Cr$	6.85	-18.32	16.00	1935.38	1.68	7.53	[10]
$CuFeHfTiZr$	Compounds	6.2	-15.84	13.38	1949.4	1.64	9.84	[10]
$CoCuHfTiZr$	Compounds	6.4	-23.52	13.38	1941.2	1.11	10.21	[10]
$AlTiVYZr$	Compounds	3.8	-14.88	13.38	1802.1	1.62	10.35	[10]
$BeCuNiTiVZr$	Compounds	6	-24.89	14.9	1820.67	1.09	11.09	[10]
$AlCoCrCuNiTiY_{0.8}$	$Cu_2Y+AlNi_2Ti+Cu+Cr$	6.68	-19.00	16.16	1929.45	1.64	12.73	[10]
$AlCoCrCuNiTiY$	$Cu_2Y+AlNi_2Ti+Cu+$ Cr+unknown phase	6.57	-19.37	16.18	1925.79	1.62	13.45	[10]
$Cu_{47}Ti_{33}Zr_{11}Si_1Ni_6Sn_2$	Amorphous	7.65	-17.02	10.45	1645.17	1.01	8.36	[10]
$Cu_{47}Ti_{33}Zr_{11}Si_1Ni_8$	Amorphous	7.77	-17.56	10.07	1669.63	0.96	8.46	[10]
$Ti_{45}Cu_{25}Ni_{15}Sn_3Be_7Zr_5$	Amorphous	6.51	-21.22	11.9	1705.29	0.96	9.08	[10]
$Mg_{65}Cu_{15}Ag_5Pd_5Y_{10}$	Amorphous	4.3	-13.24	9.1	1074.86	0.74	9.27	[10]
$Mg_{65}Cu_{15}Ag_5Pd_5Gd_{10}$	Amorphous	4.3	-13.24	9.1	1053.49	0.72	9.27	[10]
$Mg_{65}Cu_{7.5}Ni_{7.5}Zn_5Ag_5Y_{10}$	Amorphous	4.33	-7.35	9.96	1107.24	1.50	9.53	[10]
$Zr_{57}Ti_5Al_{10}Cu_{20}Ni_8$	Amorphous	5.78	-31.50	10.18	1813.45	0.59	9.69	[10]
$Co_{64.8}Fe_{7.2}B_{19.2}Si_{4.8}Nb_4$	Amorphous	7.38	-24.16	8.83	1922.41	0.70	10.02	[30]
$Co_{57.6}Fe_{14.4}B_{19.2}Si_{4.8}Nb_4$	Amorphous	7.30	-24.27	9.88	1925.36	0.78	10.05	[30]
$Co_{50.4}Fe_{21.6}B_{19.2}Si_{4.8}Nb_4$	Amorphous	7.23	-24.34	10.54	1928.31	0.83	10.08	[30]
$Co_{43.2}Fe_{28.8}B_{19.2}Si_{4.8}Nb_4$	Amorphous	7.16	-24.37	10.91	1931.26	0.86	10.12	[30]
$CuNiHfTiZr$	Amorphous	6.6	-27.36	13.38	1932.8	0.95	10.21	[10]
$Ni_{45}Ti_{20}Zr_{25}Al_{10}$	Amorphous	6.6	-45.41	10.46	1792.15	0.41	10.35	[27]
$Ni_{40}Cu_5Ti_{17}Zr_{28}Al_{10}$	Amorphous	6.65	-43.25	11.67	1779.11	0.48	10.48	[27]

续表 2.1

合　金	相组成	价电子浓度	ΔH_{mix} /kJ·mol⁻¹	ΔS_{mix} /J·(mol·K)⁻¹	T_m/K	Ω	δ/%	参考文献
$Ni_{39.8}Cu_{5.97}Ti_{15.92}Zr_{27.86}Al_{9.95}Si_{0.5}$	Amorphous	6.71	−43.58	11.97	1772.8	0.49	10.5	[27]
$Ni_{40}Cu_6Ti_{16}Zr_{28}Al_{10}$	Amorphous	6.72	−42.79	11.77	1773.23	0.49	10.52	[27]
$Ti_{55}Zr_{10}Cu_9Ni_8Be_{18}$	Amorphous	4.75	−25.43	10.7	1824.72	0.77	11.18	[10]
$Ti_{50}Zr_{15}Cu_9Ni_8Be_{18}$	Amorphous	4.75	−26.37	11.3	1833.82	0.79	11.64	[10]
$Ti_{45}Zr_{25}Ni_3Cu_{12}Be_{20}$	Amorphous	4.62	−25.88	11.6	2010.4	0.9	12.03	[10]
$Ni_{40}Cu_5Ti_{16.5}Zr_{28.5}Al_{10}$	Amorphous	6.65	−43.41	11.65	1780.02	0.48	12.07	[27]
$Ti_{40}Zr_{25}Cu_9Ni_8Be_{18}$	Amorphous	4.75	−28.26	11.98	1852.02	0.79	12.31	[10]
$Mg_{65}Cu_{20}Zn_5Y_{10}$	Amorphous	4.4	−5.98	8.16	1085.64	1.48	12.7	[10]
$Fe_{61}B_{15}Mo_7Zr_8Co_7Y_2$	Amorphous	6.76	−30.13	10.3	1992.27	0.68	13.2	[10]
$Fe_{61}B_{15}Mo_7Zr_8Co_5Y_2Cr_2$	Amorphous	6.7	−29.97	10.65	1999.53	0.71	13.2	[10]
$Fe_{61}B_{15}Mo_7Zr_8Co_6Y_2Al_1$	Amorphous	6.7	−30.30	10.54	1983.91	0.69	13.24	[10]
$Zr_{38.5}Ti_{16.5}Cu_{15.25}Ni_{9.75}Be_{20}$	Amorphous	5.25	−33.20	12.47	1828.35	0.69	13.36	[10]
$Zr_{39.88}Ti_{15.12}Cu_{13.77}Ni_{9.98}Be_{21.25}$	Amorphous	5.14	−34.27	12.34	1834.26	0.66	13.59	[10]
$Er_{20}Tb_{20}Dy_{20}Ni_{20}Al_{20}$	Amorphous	4.4	−37.60	13.38	1554.9	0.55	13.66	[25]
$Dy_{46}Al_{24}Co_{18}Fe_2Y_{10}$	Amorphous	4.18	−33.26	10.95	1533.6	0.5	13.71	[10]
$Co_{45.5}Fe_{2.5}Cr_{15}Mo_{14}C_{15}B_6Er_2$	Amorphous	6.88	−33.41	12.82	2327.43	0.89	13.79	[31]
$Co_{43}Fe_5Cr_{15}Mo_{14}C_{15}B_6Er_2$	Amorphous	6.85	−33.46	13.34	2369.44	0.94	13.80	[31]
$Zr_{41.2}Ti_{13.8}Cu_{12.5}Ni_{10}Be_{22.5}$	Amorphous	5.03	−36.72	12.18	1839.29	0.61	13.82	[10]
$Zr_{42.63}Ti_{12.37}Cu_{11.25}Ni_{10}Be_{23.75}$	Amorphous	4.91	−36.90	11.97	1844.44	0.60	14.05	[10]
$Ce_{65}Al_{10}Ni_{10}Cu_{10}Nb_5$	Amorphous	4.60	−19.86	9.32	1236.25	0.58	14.18	[26]
$Zr_{44}Ti_{11}Cu_{10}Ni_{10}Be_{25}$	Amorphous	4.8	−37.07	11.73	1849.48	0.59	14.27	[10]
$Zr_{45.38}Ti_{9.62}Cu_{8.75}Ni_{10}Be_{26.25}$	Amorphous	4.69	−37.23	11.46	1845.09	0.59	14.49	[10]
$Gd_{36}Y_{20}Al_{24}Co_{20}$	Amorphous	4.2	−34.26	11.26	1509.56	0.5	14.49	[32]

续表 2.1

合　金	相组成	价电子浓度	ΔH_{mix} /kJ·mol^{-1}	ΔS_{mix} /J·(mol·K)$^{-1}$	T_m/K	Ω	δ/%	参考文献
Zr$_{46.75}$Ti$_{8.25}$Cu$_{7.5}$Ni$_{10}$Be$_{27.5}$	Amorphous	4.58	−37.03	11.16	1848.95	0.56	14.7	[10]
La$_{68}$Al$_{14}$(Cu$_{5/6}$Ag$_{1/6}$)$_8$Ni$_5$Co$_5$	Amorphous	4.29	−26.33	8.94	1224.51	0.42	14.93	[29]
La$_{32}$Ce$_{32}$Al$_{16}$Ni$_5$Cu$_{12}$Co$_3$	Amorphous	4.49	−27.96	12.74	1221.42	0.56	15.05	[33]
La$_{32}$Ce$_{32}$Al$_{16}$Ni$_5$Cu$_{10}$Co$_5$	Amorphous	4.45	−25.71	12.11	1229.66	0.62	15.11	[33]
Sr$_{20}$Ca$_{20}$Yb$_{20}$Mg$_{20}$Zn$_{20}$	Amorphous	4.2	−13.12	13.38	973.54	0.99	15.25	[25]
Ce$_{60}$Al$_{15}$Ni$_{15}$Cu$_{10}$	Amorphous	4.85	−30.60	9.19	1178.23	0.35	15.29	[26]
La$_{66}$Al$_{14}$(Cu$_{5/6}$Ag$_{1/6}$)$_{10}$Ni$_5$Co$_5$	Amorphous	4.45	−26.73	9.35	1227.38	0.43	15.32	[29]
La$_{32}$Ce$_{32}$Al$_{16}$Ni$_5$Cu$_3$Co$_{12}$	Amorphous	4.31	−27.92	12.74	1258.5	0.57	15.33	[33]
Sr$_{20}$Ca$_{20}$Yb$_{20}$(Li$_{0.55}$Mg$_{0.45}$)$_{20}$Zn$_{20}$	Amorphous	4.09	−12.15	14.53	922.03	1.1	15.49	[25]
La$_{62}$Al$_{14}$Cu$_{20}$Ag$_4$	Amorphous	4.92	−26.72	8.5	1191.97	0.38	15.49	[28]
La$_{65}$Al$_{14}$(Cu$_{5/6}$Ag$_{1/6}$)$_{11}$Ni$_5$Co$_5$	Amorphous	4.53	−26.86	9.54	1228.82	0.44	15.51	[29]
Ce$_{57}$Al$_{10}$Ni$_{12.5}$Cu$_{15.5}$Nb$_5$	Amorphous	5.22	−22.06	10.39	1268.38	0.6	15.53	[26]
La$_{64}$Al$_{14}$(Cu$_{5/6}$Ag$_{1/6}$)$_{12}$Ni$_5$Co$_5$	Amorphous	4.61	−27.06	9.72	1230.25	0.44	15.68	[29]
La$_{62}$Al$_{14}$(Cu$_{5/6}$Ag$_{1/6}$)$_{20}$Ni$_2$Co$_2$	Amorphous	4.86	−26.89	9.48	1208.43	0.43	15.7	[28]
Nd$_{60}$Al$_{10}$Ni$_{10}$Cu$_{20}$	Amorphous	5.3	−27.48	9.05	1311.75	0.43	15.7	[32]
La$_{32}$Ce$_{32}$Al$_{16}$Ni$_5$Cu$_{15}$	Amorphous	4.55	−23.80	12.11	1209.06	0.62	15.72	[33]
Pr$_{60}$Al$_{10}$Ni$_{10}$Cu$_{20}$	Amorphous	5.3	−27.52	9.05	1260.75	0.41	15.94	[32]
La$_{62}$Al$_{14}$(Cu$_{5/6}$Ag$_{1/6}$)$_{14}$Ni$_5$Co$_5$	Amorphous	4.77	−27.31	10.06	1233.12	0.45	16.02	[28]
La$_{55}$Al$_{25}$Ni$_5$Cu$_{10}$Co$_5$	Amorphous	4.45	−32.31	10.02	1200.78	0.37	16.19	[10]
Sr$_{20}$Ca$_{20}$Yb$_{20}$Mg$_{20}$Zn$_{10}$Cu$_{10}$	Amorphous	3.70	−10.60	14.53	1040.07	1.43	16.35	[25]
(CeLaPrPd)$_{65}$Co$_{25}$Al$_{10}$	Amorphous	5.64	−47.60	14.62	1396.78	0.43	16.78	[34]
Nd$_{60}$Al$_{15}$Ni$_{10}$Cu$_{10}$Fe$_5$	Amorphous	5.95	−27.37	9.99	1313.18	0.48	17.11	[10]
Nd$_{61}$Al$_{11}$Ni$_8$Co$_5$Cu$_{15}$	Amorphous	6.28	−27.43	9.82	1307.13	0.47	17.46	[10]

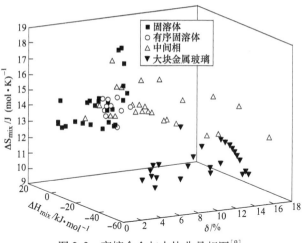

图 2.2　高熵合金与大块非晶相图[9]

估算的构型熵都是假定它们是处于液态或完全随机固溶体态（使用玻耳兹曼公式）：

$$\Delta S_{\mathrm{mix}} = - R \sum_{i=1}^{N} x_i \ln x_i \qquad (2.4)$$

张勇等人提出了一个新的参数 Ω，用于表示混合熵和混合焓对多组元固溶体稳定性的耦合效应[10,14,15]。参数 Ω 被定义为：

$$\Omega = \frac{T_{\mathrm{m}} \Delta S_{\mathrm{mix}}}{|\Delta H_{\mathrm{mix}}|} \qquad (2.5)$$

$$T_{\mathrm{m}} = \sum_{i=1}^{N} x_i (T_{\mathrm{m}})_i \qquad (2.6)$$

T_{m} 是 N 元合金的平均熔点，$(T_{\mathrm{m}})_i$ 是合金中第 i 组元的熔点。通过利用 Ω 和 δ 两种参数来分析已报道的多元合金的相形成（如图 2.3 所示），提出了高熵合

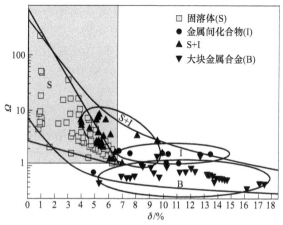

图 2.3　高熵合金相形成区和 Ω 以及 δ 的关系[16]

金固溶体相形成的新判据：$\Omega \geqslant 1.1$ 和 $\delta \leqslant 6.6\%$。相反，金属间化合物和非晶合金具有较大的 δ 值和较小的 Ω 值，而且非晶合金的 Ω 值小于金属间化合物。图2.4 使用元素数量 N 取代了图2.3 中的 δ。可以看出，高熵固溶体合金在 Ω 值和 N 值更大时易形成，非晶合金则相反。

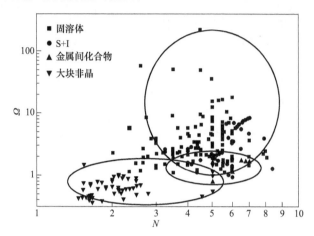

图2.4　高熵合金、非晶合金的相选择与 Ω 和原子数 N 的关系图[16]

2.3　电子浓度

高熵固溶体合金大多拥有诸如高硬度[1]，缓慢的扩散动力学[35]以及抗高温软化[36]等优异的性能，这些与多主元固溶体结构紧密相关。正如前面讨论的，高熵合金中固溶体的形成可以用参数化方法合理预测，这种方法是基于组成合金元素的理化性质，如原子半径、任意两元素之间的混合焓和熔点等[7~10]。然而，这些参数化方法并没有给出太多关于理想固溶体的晶体结构的信息。因为众所周知，根据现有的实验证据[37]，晶体结构可以显著地影响高熵合金的力学行为。因此，具有理想晶体结构的设计能力是至关重要的［在第 7~11 章，基于第一性原理密度泛函理论，利用预测的计算方法和第 12 章利用 CALPHAD 模型计算得出了 FCC，BCC 和 HCP 结构的能量。在第 11 章中，基于 DFT 计算的前提下，ΔH_{mix}-δ 关系被重新评估］。

在高熵合金中形成的固溶体结构大多为 FCC、BCC、HCP 或这些结构的混合体。FCC 结构的高熵合金拥有大塑性和低强度。BCC 结构的高熵合金拥有很高的强度[39]，但是塑性低[38]，尤其是拉伸塑性较低。我们是否可以控制高熵合金中的 FCC 或 BCC 固溶体结构？根据图2.5 中的 δ-ΔH_{mix} 曲线可以得知，当 ΔH_{mix} 满足形成固溶体的条件时：δ 较小时形成 FCC 结构的固溶体相；δ 较大时形成 BCC 结构的固溶体相。然而，形成 FCC 结构的固溶体相的 δ 范围很大程度上与 BCC 结构重叠，这说明在控制形成 FCC 或 BCC 相时，δ 的作用十分有限。为此，需要建立新的准则和参数来达到目的。

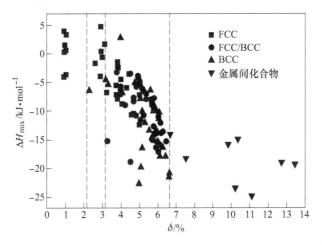

图 2.5 高熵合金的晶体结构和混合熵及原子失配度 δ 之间的关系[16]

解决这一问题的灵感来源于在稳定 FCC 或 BCC 固溶体结构中的合金元素的等价性。大量实验表明 Al、Cr 等元素是 BCC 相 "稳定元素"，Ni、Co 是 FCC 相 "稳定元素"[40]。在 $Al_xCo_yCr_zCu_{0.5}Fe_vNi_w$ 合金体系中，已经清晰地表明，1.11 份的 Co 作为 FCC 相稳定元素和 1 份的 Ni 效果相当；2.23 份的 Cr 作为 BCC 相稳定元素和 1 份的 Al 效果相当。如果等价元素 Co 含量大于 45%，那么合金具有 FCC 结构；如果等价元素 Cr 含量大于 55%，那么合金具有 BCC 结构[41]。很自然地，合金元素在稳定特定的晶体结构时所起的等价性，让人想起电子浓度对传统合金晶体结构的影响。在讨论电子浓度对高熵合金的相形成影响之前，需要先介绍电子浓度的两个概念，价电子浓度（VEC）和电子原子比（e/a）。这两种电子浓度的定义和应用几乎没有多大差别。

2.3.1 VEC 和 e/a

众所周知，电子浓度在控制合金的相稳定性甚至物理性能中起着至关重要的作用[42]。需要指出的是，存在两个不同的电子浓度概念，一个是平均流动电子原子比（e/a），另一个是总电子数（VEC）（包含价带中的 d 电子）。对铜来说，VEC 和 e/a 分别是 11 和 1。e/a 和 Hume-Rothery 电子浓度定律相关联；而 VEC 是第一性原理价带计算中的关键参数，是通过从最低能态到给定能态进而整合价带的态密度（DOS）而得到的。Mizutani 在他的著作《Hume-Rothery Rules for Structurally Complex Alloy Phases》[42]中深入讨论了 e/a 和 VEC 不同的应用［感兴趣的读者可以参考这本书来获得更详细的信息］。这里举例说明 e/a 和 VEC 在晶体结构和相稳定性中的一些应用，以便于后续讨论。

在 Hume-Rothery 准则中明确了 e/a 对相稳定性的影响，同时该准则指出相似结构发生在特定的 e/a。图 2.6（Cu 基、Ag 基和 Au 基合金[42]）就是一个典型的例子，展现了在基于贵金属的合金中 e/a 对相稳定性的影响。从图 2.6 可以看出，无论向贵金属中加入何种溶质元素，在特定的 e/a 范围内，α、β、γ、ε 和 η 相将依次出现。在 $e/a < 1.4$ 时，FCC 结构的 α 相出现。当 e/a 接近 1.5 时，BCC 结构的 β 相在高温状态下出现，而在低温状态下会被有序的 CsCl 型（B2）β 相或 HCP ζ 相所

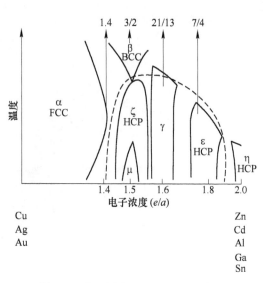

图 2.6 贵金属中 Hume-Rothery 电子浓度（e/a）与温度之间的关系图[42]

取代。当 e/a 的值在 1.5 左右时，含有 20 个原子的 μ 相，以 β-Mn 型立方单胞，会出现在某些合金体系中。复杂立方 γ 相在大约 $e/a = 1.6$ 时趋于稳定，HCP ε 相在 $1.7 < e/a < 1.9$ 时，可以稳定存在，HCP η 相，由 Zn 和 Cd 组成的初生固溶体，集中发生在 $e/a = 2.0$ 处。这就是 Hume-Rothery 电子浓度定律。因为它们所处的特定的电子浓度位置，这些合金称为电子化合物或 Hume-Rothery 电子相。从上面显著的 e/a 依赖性可以看出，费米表面与布里渊区之间的相互作用在稳定这些电子相时可以发挥关键作用。

实验证明，VEC 对含铁、镍的 Co_3V 合金的有序晶体结构的控制非常有效[43]。Ni、Co 和 Fe 具有相似的原子尺寸和电负性，但是 VEC 不同，分别为 10、9、8[37]。化学计量的 Co_3V 具有六层的六方有序结构，其堆垛顺序为 ABCACB。Co_3V 的堆垛特征为 hcchcc，伴随着 33.3% 的六边形化。Co 部分替换 Ni 可提高 Co_3V 合金的 VEC：$(Ni, Co)_3V$。随着 VEC 的增加，六边形化从 33.3% 开始提升，当 VEC 等于 8.54 时，六边形化达到 100%。当 Ni 完全替换 Co，VEC 进一步增加到 8.75，这导致了合金的基本层状结构从三角形转化为矩形。R 层堆垛促使生成了与 DO_{22} 型 Ni_3V 相似的四方有序结构。Co_3V 的 VEC 也可以通过用 Fe 部分替代 Co 来减少：$(Co, Fe)_3V$。当 VEC 低于 7.89 时，具有堆垛序列 ABC（ccc）的 $L1_2$ 有序立方结构被稳定化。通过调整 VEC 控制 Co_3V 合金的六边形化可以显著影响合金的室温塑性，因为有序六方合金因为滑移系的数量有限而很脆，而有序立方合金的变形行为与韧性 FCC 合金相似。确实，由（Fe, Co）$_3V$、（Fe, Co, Ni）$_3V$ 和（Fe, Ni）$_3V$ 组成的有序立方合金都表现出韧性，而由 Co_3V

和（Ni，Co）$_3$V 组成的有序六方合金则表现出了脆性。图 2.7 展现了 VEC 对合金 Co$_3$V 的相稳定性的依赖性。类似地，在 NbCr$_2$ 基 Laves（立方的 C15 和立方的 C14 和 C36）相合金中，VEC 准则也同样成功地应用于调节相稳定性[44]。

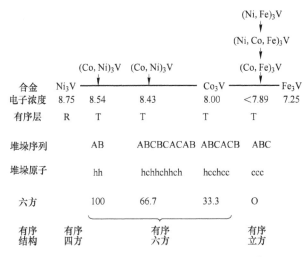

图 2.7 电子浓度（VEC）对 Ni$_3$V-Co$_3$V-Fe$_3$V 合金中有序晶体结构稳定性的影响

2.3.2 VEC 或 e/a?

如上所述，e/a 和 VEC 已被证明与合金的物理性能以及相稳定性相关。需要谨慎选择 e/a 或 VEC 作为电子浓度参数，要视情况而定。Mizutani 认为物理性能，包括 3d 过渡族金属的饱和磁化强度和电子比热系数，过渡族金属合金的超导转变温度和 Heusler（L2$_1$）型 Fe$_2$VAl 合金的热电能，普遍都与 VEC 相关。Mizutani[42] 指出所有这些性质显然与费米级别的 DOS 总数有关。与此同时，物理性质像轴比 c/a，校正离子贡献的磁化率，贵金属合金的电子比热系数均与 e/a 相关，与 VEC 无关。这些性质被认为是由 FsBz（费米表面布里渊区）相互作用主导的，因此毫不意外地依据 e/a 缩放，因为是通过在匹配条件下的费米直径 $2k_F$ 引进的。在讨论两个电子浓度参数 VEC 和 e/a 在设计新的复杂金属合金的作用时，主要通过在费米能级的赝能隙特征，Mizutani 的结论是只要刚性带模型成立 VEC 就可以使用，假设可以从寄主的合金中推断出来合金的电子密度，而在可靠的 TM 元素的 e/a 值可以用时，e/a 或 e/uc（单位电子数）也很有用。对于过渡金属，e/a 的值长期以来一直备受争议，尚未出现令人满意的解决方案。这一困难对含 TM 元素的合金的 Hume-Rothery 电子浓度规律的解释提出了挑战。Mizutani 评估了 e/a 不同的方案，主要分析 Raynor、Haworth 和 Hume-Rothery 提出的假设[42]，然后基于 Hume-Rothery 图推导出 TM 元素的一组新的 e/a 值，这与先前的假设截然不同[42]。然而，Mizutani 的工作不会结束关于 TM 元素的 e/a 值的讨论，因为并非所有 e/a 都已经确定，并且每个元素的 e/a 甚至根据原子环境而变化。值得注意的是，e/a 规则也被用于设计准晶合金[45,46] 甚至非晶合金[47,48]，并取得了一些成功。尽管如此，在 TM 元素中，e/a 的作用也是模棱两可的。

2.3.3　VEC 对高熵合金相稳定性的影响

如前所述，合金元素在稳定高熵合金中的 FCC 或 BCC 型固溶体中的等效性自然导致人们将这种等效性与电子浓度效应相关联。由于目前开发的高熵合金主要由 TM 元素组成，考虑到很难定义它们的 e/a 值，VEC 似乎是一个更直接的电子浓度参数。同时 $Al_xCo_yCr_zCu_{0.5}Fe_vNi_w$ 合金体系中，作为 FCC 相稳定剂[41]，Co 的 1.11 份相当于 Ni 的 1 份。这进一步表明 VEC 对高熵合金的相稳定性有影响：Co 的 VEC 为 9，Ni 的 VEC 为 10。为了验证这一点，Guo 等人设计出了一系列 $Al_xCrCuFeNi_2$[37]，在广泛研究的 $Al_xCoCrCuFeNi$ 系合金中用 Ni 完全取代 Co。实验证明，随着 Al 含量的增加，新的 $Al_xCrCuFeNi_2$ 合金体系表现出与 $Al_xCoCrCuFeNi$ 合金非常相似的相稳定性趋势。此外，将形成单一 FCC 固溶体相，如当 VEC≥8 时似乎存在用于形成不同类型固溶体的阈值 VEC 值。然后 Guo 等人研究 VEC 对形成不同合金元素的高熵合金（其中没有形成金属间化合物或非晶相）相稳定性的影响。这个统计分析的结果显示在图 2.8 中[37]，从中可以得出两个重要结论。首先，定性地，在形成高熵合金的固溶体中，BCC 相在较低的 VEC 处稳定，而 FCC 相在较高的 VEC 处稳定。在中间 VEC 中，存在 FCC 和 BCC 相。其次，几乎定量地，在 VEC≥8.0 时出现 FCC 相，在 VEC<6.87 时出现 BCC 相，在 6.87≤VEC≤8.0 时出现 FCC 相和 BCC 相的混合物。一些例外确实存在，特别是对于含有 Mn 的高熵合金。VEC 准则从电子浓度的角度为设计主要含 TM 元素的 FCC 或 BCC 结构的高熵合金提供了一种方便的方法，其有效性在大量实验中得到了广泛的验证。

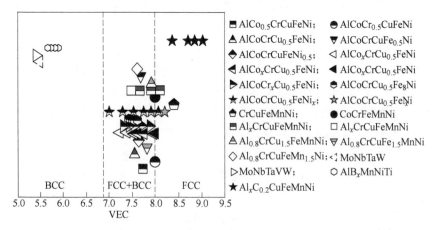

图 2.8　不同合金中 FCC 和 BCC 相稳定性与电子浓度 VEC 的关系[37]

（图标：完全填充为 FCC 相，无填充的为 BCC 相，上半填充的为 FCC 和 BCC 混合相）

在使用 VEC 准则时需要添加一些注释。第一，基于铸造合金的实验结果，提出了 VEC 准则。对其他路线（如粉末冶金法）制备的高熵合金的有效性还没有得到评价。第二，VEC 准则只在固溶体是唯一的合金化产物（没有形成金属间化合物或非晶相）的前提下有效。第三，当讨论 FCC 和 BCC 固溶体的分离时，无序和有序固溶体没有区别。例如，B2 型有序的 BCC 相和无序的 BCC 相都被归类为 BCC 固溶体。第四，形成 FCC 或 BCC 固溶体并不一定表明形成一个 FCC 或 BCC 相。例如，这可能意味着形成两个无序的 FCC 相或一个无序的 FCC 相加上一个有序的 FCC 相。第五，阈值 VEC 值分别为 6.87 和 8，主要用于参考。它们可以在不同的合金系统中变化[37]，甚至对于以不同冷却速率铸造[6]或随后在不同温度下热处理后的相同成分也会变化[49]。后一种变化是可以理解的，因为铸造高熵合金中出现的固溶体相实际上是在高温下抑制的稳定固相，因此受到诸如动力学以及熵对吉布斯自由能的贡献等因素的影响[50]。然而，到目前为止，在形成高熵合金的固溶体中，较高的 VEC 有利于 FCC 相，而较低的 VEC 有利于 BCC 相，这一趋势没有例外。从已发表的实验结果来看，6.87 和 8.0 的 VEC 值对于直接铸造制备的 FCC 或 BCC 结构的高熵合金的设计仍然是合理的指导。同样，必须强调的是，到目前为止，这一陈述大多在主要包含 TM 元素的高熵合金被验证。

在上面提到的第二个注释中，强调了形成 FCC 或 BCC 型固溶体的 VEC 准则仅在没有金属间化合物形成时起作用。当熵对降低吉布斯自由能的贡献不足以超过合金元素之间的非常负焓时，金属间化合物形成[7]。Tsai 等人研究表明，VEC 还可以预测含铬和含钒的高熵合金铸件中 σ 相的形成，而且相形成的 VEC 范围为 6.88<VEC<7.84（如图 2.9 所示）。值得一提的是，这个范围几乎和 Guo 提出的用于形成 FCC 和 BCC 固溶体混合物的范围是重叠的（6.87≤VEC<8[51]）。没

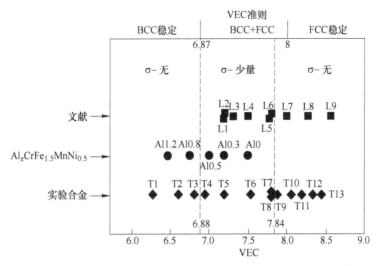

图 2.9　各种合金时效后价电子浓度（VEC）与 σ 相之间的关系[51]

有发现在这个范围之外可以形成 σ 相。这些结果表明，FCC 和 BCC 混合固溶体与 σ 相的内能差似乎很小。VEC 准则对其他合金体系中相的形成以及其他类型的金属间化合物的普遍适用性是不确定的，仍然有待进一步的实验证据。

2.4　参数 ϕ

为了探索高熵合金的相形成规律，许多学者都从不同的角度提出了若干参数，其中有学者从形成焓和过剩熵的角度出发，提出了预测单相固溶体的参数 ϕ。形成焓和过剩熵是由于原子密集堆积和原子尺寸失配而产生的。ϕ 可以通过下式计算：

$$\phi = \frac{S_C - S_H}{|S_E|} \tag{2.7}$$

式中，$S_H = |\Delta H_{mix}| / T_m^{mix}$；$S_H$ 是构型熵，可通过计算得知；S_E 是过剩熵，可以通过建立原子堆积和原子尺寸的函数模型来获得。通过图 2.10 可以得到，当 $\phi > 20$ 时，合金倾向于形成单相固溶体高熵合金。

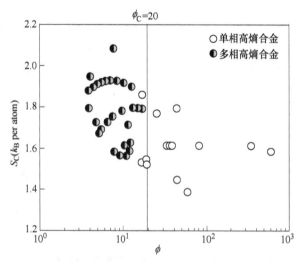

图 2.10　单相及多相固溶体中熵值 S_C 与参数 ϕ 之间的关系图

2.5　存在的问题和今后的发展前景

2.5.1　含非 TM 元素的高熵合金的相形成规律

2.2 节中提出的相形成规律基本上是基于主要包含 3d 和/或 4dTM 元素的高熵合金。对于含有高浓度 Al、Mg、Li、Zn、Cu 和/或 Sn 的低密度多组元高熵合金，人们发现大多数以前的相形成规律不能奏效[15]。在含有大量 Al、Mg 和 Li

的低密度多元合金中，组态熵似乎不是控制相选择的主要因素。与主要含 TM 元素的高熵合金相比，低密度多元合金不易形成具有简单晶体结构的固溶相。如图 2.11 所示，在第 2.2 节中给出的参数阈值需要修改，以适用于主要含有非 TM 元素的低密度高熵合金，即固溶体在较小值 δ（<4.5%）、较大值 ΔH_{mix}（约 1kJ/mol<ΔH_{mix}≤5kJ/mol）和较大值 Ω（约>10）处形成。

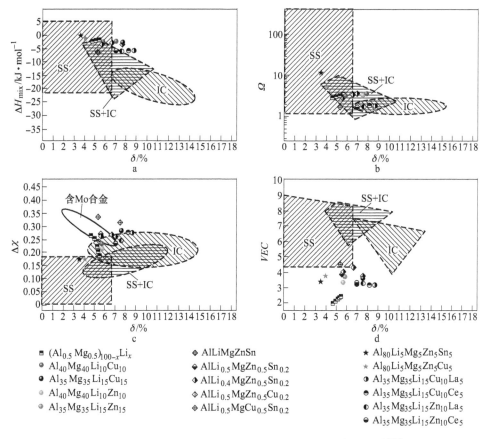

图 2.11 δ-ΔH_{mix}（a），δ-Ω（b），δ-$\Delta \chi$（c）（$\Delta \chi$ 是电负性差值[52]）和阴影部分为以前报道的低密度多组元合金的 δ-VEC 图（d）

（对于（$Al_{0.5}Mg_{0.5}$）$_{100-x}Li_x$ 合金，x=5，10，15，25 和 33.33[15]）

2.5.2 VEC 准则的有效性

VEC 准则在调控 FCC 型或 BCC 型高熵合金固溶体相的有效性方面已经被大量的实验所证实。这表明高熵合金中的相稳定性很可能由费米能级的总 DOS 来决定，这可以通过第一性原理计算来预测。Widom 等人用第一性原理计算 MoNbTaW 难熔高熵合金中的有序问题[53,54]。Tian 等人研究了 CoCrFeNiAl$_x$ 高熵合金的结构稳定性，发现在 300K 时，这些合金中的 FCC 相在 VEC ≥ 7.57 处稳定，而 BCC 相在 VEC ≤ 7.04[55] 处稳定。这些 VEC 阈值与 Guo 等人[37] 提出的差别不大。第一，如前面所讨论的，Guo 等人提出的 VEC 阈值，主要用于参考和预测不同合金体系之间的变化。第二，在 Tian 等人的计算中，比较了在 300K 时 FCC 和 BCC 相的相对稳定性。这也会引起一些关注，因为这些固溶相在室温下不是平衡相。为了从物理上证明 VEC 准则，需要更多理论方面的工作。例如，温度可能在很大程度上影响高熵合金的化学和结构有序性，从而影响它们的电子和热力学性质。此外，需要更多的工作来验证不包含 TM 元素的高熵合金的 VEC 准则。

2.5.3 超越 FCC 和 BCC 固溶体

在几乎所有现有的实验结果中，如果在高熵合金中形成固溶体，则这些固溶体是 FCC 结构、BCC 结构或这些结构的混合物。然而，也发现了一些其他类型的固溶体。最近，Lilensten 报道了 $Ti_{35}Zr_{27.5}Hf_{27.5}Ta_5Nb_5$ 合金中[56] 的正交结构，尽管这种成分的合金是否可以归类为高熵合金尚有争议。然而，在 DyGdHoTbY、DyErGdHoLuScTbY、DyGdHoLaTbY、ErGdHoLaTbY、DyGdLuTbY、DyGdLuTbTm、CoOsReRu、$CoFeMnTi_xV_yZr_z$、CrFeNiTiVZr、CoFeNiTi[57~63] 等高熵合金体系中，HCP 型固溶体已被实验观察或理论预测。这些合金对 VEC 准则提出了挑战，VEC 准则最初是为了控制高熵合金中 FCC 和 BCC 型固溶体的形成而建立的。随着含有不同相组成的新高熵合金的发现，需要进一步了解电子浓度对相稳定性的影响。

2.5.4 关于 e/a

在定义和应用方面，VEC 和 e/a 之间的差别已经被讨论（更多细节见参考文献 [42]）。由于难以定义 TM 元素的 e/a 值，因此 VEC 的使用可以更方便地预测高熵合金中的相选择。然而，基于 e/a 对理解合金相稳定性的历史贡献，研究 e/a 对合金相稳定性的影响仍然是必要的。Poletti 和 Battezzati 最近使用 e/a 和 VEC[64] 评估了高熵合金的相稳定性。他们认为 FCC 相稳定在 VEC > 7.5 和 1.6 < e/a < 1.8，BCC 相稳定在 VEC < 7.5 和 1.8 < e/a < 2.3。如果 e/a 与相稳定性之间存在这样的相关性，那么它为设计高熵合金提供了一个新的视角。然而，需要注意的是，在计算 e/a 时，他们计算了所有元素，甚至 TM 元素，比如 e/a 为 1 的 Cr（$[Ar]3d^54s^1$）和 e/a 为 2 的 Fe（$[Ar]3d^64s^2$）和 Ni（$[Ar]3d^84s^2$）。选择 e/a 和因此出现 e/a 对相稳定性具有依赖性的声音，需要更多的证明。尽管如此，可以预见的是，今后沿着这一思路开展的工作将有助于更深入地了解电子浓度对高熵合金相稳定性的影响。

2.6 总结

从热力学和几何效应加以考虑，通过使用参数的参数化方法建立了高熵合金中的相形成规则。本章提出了可以预测和调控以过渡金属为主的高熵合金中固溶体、金属间化合物和非晶相的相选择的几个准则。这些标准包括混合焓、原子尺寸差和 Ω、δ 参数。特别地，在预测高熵合金是否是固溶体上，$\Omega \geqslant 1.1$ 和 $\delta \leqslant 6.6\%$ 被证明是非常有效的。金属间化合物的形成趋向于使相形成规则复杂化，这仍然构成了在高熵合金中形成固溶体的充分条件（不仅仅是必要条件）的挑战。当前的相形成规则是否适用于含有主要非 TM 元素的高熵合金，仍需要进一步验证。

受稳定元素的等效性以及已经成熟的物理冶金学知识的启发，价电子浓度 VEC 是调控 FCC 和 BCC 固溶体（高熵合金的两种最常见的固溶体类型）的一个很好的标准。VEC 法则使人们能够基于设计形成高熵合金的固溶体的参数化方法来改进具有所需晶体结构的高熵合金的设计。实质上，具有较高 VEC 的元素趋向于稳定 FCC 相，而具有较低 VEC 的元素趋向于稳定 BCC 相，阈值 8.0 和 6.87 可以是相当合理的指导。自从 VEC 准则提出以来，它的有效性已经被大量的实验所证实，并继续等待进一步的验证。它是否适用于除铸造以外制备高熵合金的路线也需要进一步评估。从经验法则到科学理论，为了提高电子浓度对高熵合金相稳定性的依赖性，需要基于第一性原理计算的理论分析。与此同时，需要新发展以应对 FCC 和 BCC 固溶体之外的其他固溶体形成的挑战。另一个重要的电子浓度参数，电子/原子比：e/a，值得更多的关注。

参 考 文 献

[1] Yeh J W, Chen S K, Lin S J, Gan J Y, Chin T S, Shun T T, Tsau C H, Chang S Y (2004). Nanostructured high-entropy alloys with multiple principal elements: novel alloy design concepts and outcomes. Adv Eng Mater, 6 (5): 299-303. doi: 10. 1002/adem. 200300567.

[2] Otto F, Yang Y, Bei H, George E P (2013). Relative effects of enthalpy and entropy on the phase stability of equiatomic high-entropy alloys. Acta Mater, 61 (7):2628-2638. doi: 10. 1016/j. actamat. 2013. 01. 042.

[3] Tong C J, Chen Y L, Chen S K, Yeh J W, Shun T T, Tsau C H, Lin S J, Chang S Y (2005). Microstructure characterization of $Al_xCoCrCuFeNi$ high-entropy alloy system with multi-principal elements. Metall Mater Trans A, 36 (4):881-893. doi: 10. 1007/s11661-005-0283-0.

[4] Wang W H (2014). High-entropy metallic glasses. JOM, 10 (66): 2067-2077. doi: 10. 1007/s11837-014-1002-3.

［5］Miracle D B, Miller J D, Senkov O N, Woodward C, Uchic M D, Tiley J (2014). Exploration and development of high entropy alloys for structural applications. Entropy, 16 (1): 494-525. doi: 10. 3390/e16010494.

［6］Singh S, Wanderka N, Murty B S, Glatzel U, Banhart J (2011). Decomposition in multicomponent AlCoCrCuFeNi high-entropy alloy. Acta Mater, 59 (1): 182-190. doi: 10. 1016/j. actamat. 2010. 09. 023.

［7］Guo S, Hu Q, Ng C, Liu C T (2013). More than entropy in high-entropy alloys: forming solid solutions or amorphous phase. Intermetallics, 41: 96-103. doi: 10. 1016/j. intermet. 2013. 05. 002.

［8］Guo S, Liu C T (2011). Phase stability in high entropy alloys: formation of solid-solution phase or amorphous phase. Prog Nat Sci: Mater Int, 21 (6): 433-446. doi: 10. 1016/S1002-0071 (12) 60080-X.

［9］Zhang Y, Zhou Y J, Lin J P, Chen G L, Liaw P K (2008). Solid-solution phase formation rules for multi-component alloys. Adv Eng Mater, 10 (6): 534-538. doi: 10. 1002/adem. 200700240.

［10］Yang X, Zhang Y (2012). Prediction of high-entropy stabilized solid-solution in multicomponent alloys. Mater Chem Phys, 132 (2-3): 233-238. doi: 10. 1016/j. matchemphys. 2011. 11. 021.

［11］Cahn R W, Hassen P (1996). Physical metallurgy, vol 1, 4th edn. North Holland, Amsterdam.

［12］Inoue A (2000). Stabilization of metallic supercooled liquid and bulk amorphous alloys. Acta Mate, 48 (1): 279-306, http: //dx. doi. org/10. 1016/S1359-6454 (99) 00300-6.

［13］Curtarolo S, Hart G L W, Nardelli M B, Mingo N, Sanvito S, Levy O (2013). The highthroughput highway to computational materials design. Nat Mater, 12 (3): 191-201. doi: 10. 1038/nmat3568.

［14］Zhang Y, Yang X, Liaw P K (2012). Alloy design and properties optimization of high-entropy alloys. JOM, 64 (7): 830-838. doi: 10. 1007/s11837-012-0366-5.

［15］Yang X, Chen S Y, Cotton J D, Zhang Y (2014). Phase stability of low-density, multiprincipal component alloys containing aluminum, magnesium, and lithium. JOM, 10 (66): 2009-2020. doi: 10. 1007/s11837-014-1059-z.

［16］Zhang Y, Lu Z P, Ma S G, Liaw P K, Tang Z, Cheng Y Q, Gao M C (2014). Guidelines in predicting phase formation of high-entropy alloys. MRS Commun, 4(2): 57-62. doi: 10. 1557/ mrc. 2014. 11.

［17］Ma S G, Zhang Y (2012). Effect of Nb addition on the microstructure and properties of AlCoCrFeNi high-entropy alloy. Mater Sci Eng A, 532: 480-486. doi: 10. 1016/j. msea. 2011. 10. 110.

［18］Zhang K B, Fu Z Y (2012). Effects of annealing treatment on phase composition and microstructure of CoCrFeNiTiAl$_x$ high-entropy alloys. Intermetallics, 22: 24-32. doi: 10. 1016/j. intermet. 2011. 10. 010.

［19］Chuang M H, Tsai M H, Wang W R, Lin S J, Yeh J W (2011). Microstructure and wear behavior of Al$_x$Co$_{1.5}$CrFeNi$_{1.5}$Ti$_y$ high-entropy alloys. Acta Mater, 59 (16): 6308-6317. doi: 10. 1016/j. actamat. 2011. 06. 041.

［20］Lucas M S, Mauger L, Munoz J A, Xiao Y M, Sheets A O, Semiatin S L, Horwath J,

Turgut Z (2011). Magnetic and vibrational properties of high-entropy alloys. J Appl Phys, 109 (7): 07E307. doi: 10. 1063/1. 3538936.

[21] Senkov O N, Scott J M, Senkova S V, Miracle D B, Woodward C F (2011). Microstructure and room temperature properties of a high-entropy TaNbHfZrTi alloy. J Alloys Compd, 509 (20): 6043-6048. doi: 10. 1016/j. jallcom. 2011. 02. 171.

[22] Zhu J M, Fu H M, Zhang H F, Wang A M, Li H, Hu Z Q (2010). Synthesis and properties of multiprincipal component $AlCoCrFeNiSi_x$ alloys. Mater Sci Eng A, 527 (27-28): 7210-7214. doi: 10. 1016/j. msea. 2010. 07. 049.

[23] Zhu J M, Fu H M, Zhang H F, Wang A M, Li H, Hu Z Q (2010). Microstructures and compressive properties of multicomponent $AlCoCrFeNiMo_x$ alloys. Mater Sci Eng A, 527 (26): 6975-6979. doi: 10. 1016/j. msea. 2010. 07. 028.

[24] Hsu C Y, Juan C C, Wang W R, Sheu T S, Yeh J W, Chen S K (2011). On the superior hot hardness and softening resistance of $AlCoCr_xFeMo_{0.5}Ni$ high-entropy alloys. Mater Sci Eng A, 528 (10-11): 3581-3588. doi: 10. 1016/j. msea. 2011. 01. 072.

[25] Gao X Q, Zhao K, Ke H B, Ding D W, Wang W H, Bai H Y (2011). High mixing entropy bulk metallic glasses. J Non Cryst Solids, 357 (21): 3557-3560. doi: 10. 1016/j. jnoncrysol. 2011. 07. 016.

[26] Zhang B, Wang R J, Zhao D Q, Pan M X, Wang W H (2004). Properties of Ce-based bulk metallic glass-forming alloys. Phys Rev B, 70 (22): 224208. doi: 10. 1103/PhysRevB. 70. 224208.

[27] Xu D H, Duan G, Johnson W L, Garland C (2004). Formation and properties of new Ni-based amorphous alloys with critical casting thickness up to 5mm. Acta Mater, 52 (12): 3493-3497. doi: 10. 1016/j. actamat. 2004. 04. 001.

[28] Jiang Q K, Zhang G Q, Chen L Y, Wu J Z, Zhang H G, Jiang J Z (2006). Glass formability, thermal stability and mechanical properties of La-based bulk metallic glasses. J Alloys Compd, 424 (1-2): 183-186. doi: 10. 1016/j. jallcom. 2006. 07. 109.

[29] Jiang Q K, Zhang G Q, Yang L, Wang X D, Saksl K, Franz H, Wunderlich R, Fecht H, Jiang J Z (2007). La-based bulk metallic glasses with critical diameter up to 30mm. Acta Mater, 5 (13): 4409-4418. doi: 10. 1016/j. actamat. 2007. 04. 021.

[30] Chang C T, Shen B L, Inoue A (2006). Co-Fe-B-Si-Nb bulk glassy alloys with superhigh strength and extremely low magnetostriction. Appl Phys Lett, 88 (1): 011901. doi: 10. 1063/1. 2159107.

[31] Zhang T, Yang Q, Ji Y F, Li R, Pang S J, Wang J F, Xu T (2011). Centimeter-scale-diameter Co-based bulk metallic glasses with fracture strength exceeding 5000MPa. Chin Sci Bull, 56 (36): 3972-3977. doi: 10. 1007/s11434-011-4765-8.

[32] Li S, Xi X K, Wei Y X, Luo Q, Wang Y T, Tang M B, Zhang B, Zhao Z F, Wang R J, Pan M X, Zhao D Q, Wang W H (2005). Formation and properties of new heavy rare-earth-based bulk metallic glasses. Sci Techno Adv Mater, 6 (7): 823-827. doi: 10. 1016/j. stam. 2005. 06. 019.

[33] Jiang Q K, Zhang G Q, Chen L Y, Zeng Q S, Jiang J Z (2006). Centimeter-sized ($La_{0.5}Ce_{0.5}$)-based bulk metallic glasses. J Alloys Compd, 424 (1-2): 179-182. doi: 10. 1016/j. jallcom. 2006. 07. 007.

[34] Li R, Pang S J, Men H, Ma C L, Zhang T (2006). Formation and mechanical properties of

（Ce-La-Pr-Nd）-Co-Al bulk glassy alloys with superior glass-forming ability. Scr Mater, 54
（6）：1123-1126. doi：10. 1016/j. scriptamat. 2005. 11. 074.

[35] Tsai K Y, Tsai M H, Yeh J W （2013）. Sluggish diffusion in Co-Cr-Fe-Mn-Ni high-entropy al-
loys. Acta Mater, 61 （13）：4887-4897. doi：10. 1016/j. actamat. 2013. 04. 058.

[36] Wu W H, Yang C C, Yeh J W （2006）. Industrial development of high-entropy alloys. Ann
Chimie Sci Materiaux, 31 （6）：737-747. doi：10. 3166/acsm. 31. 737-747.

[37] Guo S, Ng C, Lu J, Liu C T （2011）. Effect of valence electron concentration on stability of fcc
or bcc phase in high entropy alloys. J Appl Phys, 109 （10）：103505. doi：10. 1063/1. 3587228.

[38] Wang F J, Zhang Y, Chen G L, Davies H A （2009）. Tensile and compressive mechanical be-
havior of a CoCrCuFeNiAl$_{0.5}$ high entropy alloy. Int J Mod Phys B, 23 （6-7）：1254-1259. doi：
10. 1142/S0217979209060774.

[39] Senkov O N, Wilks G B, Miracle D B, Chuang C P, Liaw P K （2010）. Refractory high-en-
tropy alloys. Intermetallics, 18 （9）：1758-1765. doi：10. 1016/j. intermet. 2010. 05. 014.

[40] Tung C C, Yeh J W, Shun T T, Chen S K, Huang Y S, Chen H C （2007）. On the
elemental effect of AlCoCrCuFeNi high-entropy alloy system. Mater Lett, 61 （1）：1-5. doi：
10. 1016/j. matlet. 2006. 03. 140.

[41] Ke G Y, Chen S K, Hsu T, Yeh J W （2006）. FCC and BCC equivalents in as-cast solid solu-
tions of Al$_x$Co$_y$Cr$_z$Cu$_{0.5}$Fe$_v$Ni$_w$ high-entropy alloys. Ann Chimie Sci Materiaux, 31 （6）：669-
683. doi：10. 3166/acsm. 31. 669-684.

[42] Mizutani U （2011）. Hume-Rothery rules for structurally complex alloy phases. CRC Press, Boca
Raton.

[43] Liu C T, Stiegler J O （1984）. Ductile ordered intermetallic alloys. Science, 226 （4675）：
636-642. doi：10. 1126/science. 226. 4675. 636.

[44] Zhu J H, Liaw P K, Liu C T （1997）. Effect of electron concentration on the phase stability of
NbCr$_2$-based Laves phase alloys. Mater Sci Eng A, 239-240：260-264. doi：10. 1016/
S09215093 （97） 00590-X.

[45] Tsai A P, Inoue A, Yokoyama Y, Masumoto T （1990）. Stable icosahedral Al-Pd-Mn and
AlPdRe alloys. Mater Trans JIM, 31 （2）：98-103. doi：10. 2320/matertrans1989. 31. 98.

[46] Yokoyama Y, Tsai A P, Inoue A, Masumoto T, Chen H S （1991）. Formation criteria and
growthmorphology of quasi-crystals in Al-Pd-TM （TM = transition metal） alloys. Mater Trans
JIM, 32 （5）：421-428. doi：10. 2320/matertrans1989. 32. 421.

[47] Chen W, Wang Y, Qiang J, Dong C （2003）. Bulk metallic glasses in the Zr-Al-Ni-Cu sys-
tem. Acta Mater, 51 （7）：1899-1907. doi：10. 1016/s1359-6454（02）00596-7.

[48] Dong C, Wang Q, Qiang J B, Wang Y M, Jiang N, Han G, Li Y H, Wu J, Xia J H
（2007）. From clusters to phase diagrams：composition rules of quasicrystals and bulk metallic
glasses. J Phys D Appl Phys, 40 （15）：R273-R291. doi：10. 1088/0022-3727/40/15/r01.

[49] Wang Z, Guo S, Liu C T （2014）. Phase selection in high-entropy alloys：From nonequilibrium
to equilibrium. JOM, 10 （66）：1966-1972. doi：10. 1007/s11837-014-0953-8.

[50] Ng C, Guo S, Luan J H, Shi S Q, Liu C T （2012）. Entropy-driven phase stability and slow
diffusion kinetics in Al$_{0.5}$CoCrCuFeNi high entropy alloy. Intermetallics, 31：165-172. doi：
10. 1016/j. intermet. 2012. 07. 001.

[51] Tsai M H, Tsai K Y, Tsai C W, Lee C, Juan C C, Yeh J W （2013）. Criterion for sigma
phase formation in Cr-and V-containing high-entropy alloys. Mater Res Lett, 1 （4）：207-

212. doi: 10. 1080/21663831. 2013. 831382.

[52] Fang S S, Xiao X, Lei X, Li W H, Dong Y D (2003). Relationship between the widths of supercooled liquid regions and bond parameters of Mg-based bulk metallic glasses. J Non Cryst Solids, 321 (1-2): 120-125. doi: 10. 1016/s0022-3093(03)00155-8.

[53] Widom M, Huhn W P, Maiti S, Steurer W (2014). Hybrid Monte Carlo/molecular dynamics simulation of a refractory metal high entropy alloy. Metall Mater Trans A, 45 (1): 196-200. doi: 10. 1007/s11661-013-2000-8.

[54] Huhn W P, Widom M (2013). Prediction of A2 to B2 phase transition in the high-entropy alloy Mo-Nb-Ta-W. JOM, 65 (12): 1772-1779. doi: 10. 1007/s11837-013-0772-3.

[55] Tian F Y, Delczeg L, Chen N X, Varga L K, Shen J, Vitos L (2013). Structural stability of NiCoFeCrAl$_x$ high-entropy alloy from ab initio theory. Phys Rev B, 88 (8): 085128. doi: 10. 1103/PhysRevB. 88. 085128.

[56] Lilensten L, Couzinié J P, Perrière L, Bourgon J, Emery N, Guillot I (2014). New structure in refractory high-entropy alloys. Mater Lett, 132: 123-125. doi: 10. 1016/j. matlet. 2014. 06. 064.

[57] Kao Y F, Chen S K, Sheu J H, Lin J T, Lin W E, Yeh J W, Lin S J, Liou T H, Wang C W (2010). Hydrogen storage properties of multi-principal-component CoFeMnTi$_x$V$_y$Zr$_z$ alloys. Int J Hydrogen Energy, 35 (17): 9046-9059. doi: 10. 1016/j. ijhydene. 2010. 06. 012.

[58] Kunce I, Polanski M, Bystrzycki J (2013). Structure and hydrogen storage properties of a high entropy ZrTiVCrFeNi alloy synthesized using Laser Engineered Net Shaping (LENS). Int J Hydrogen Energy, 38 (27): 12180-12189. doi: 10. 1016/j. ijhydene. 2013. 05. 071.

[59] Tsau C H (2009). Phase transformation and mechanical behavior of TiFeCoNi alloy during annealing. Mater Sci Eng A, 501 (1-2): 81-86. doi: 10. 1016/j. msea. 2008. 09. 046.

[60] Gao M C, Alman D E (2013). Searching for Next Single-Phase high-entropy alloy compositions. Entropy, 15 (10): 4504-4519. doi: 10. 3390/e15104504.

[61] Takeuchi A, Amiya K, Wada T, Yubuta K, Zhang W (2014). High-entropy alloys with a hexagonal close-packed structure designed by equi-atomic alloy strategy and binary phase diagrams. JOM, 10 (66): 1984-1992. doi: 10. 1007/s11837-014-1085-x.

[62] Feuerbacher M, Heidelmann M, Thomas C (2014). Hexagonal high-entropy alloys. Mater Res Lett, 3: 1-6. doi: 10. 1080/21663831. 2014. 951493.

[63] Qiao J W, Bao M L, Zhao Y J, Yang H J, Wu Y C, Zhang Y, Hawk J A, Gao M C (2018). Rare-earth high entropy alloys with hexagonal close-packed structure. J Appl. phys, 124 (19): 195101. doi: 10. 1063/1. 5051514.

[64] Ye Y F, Wang Q, Lu J, et al. Design of high entropy alloys: A single-parameter thermodynamic rule [J]. Scripta Materialia, 2015, 104: 53-55.

[65] Ye Y F, Wang Q, Lu J, et al. The generalized thermodynamic rule for phase selection in multi-component alloys [J]. Intermetallics, 2015, 59: 75-80.

3 物 理 冶 金

摘 要： 物理冶金是材料科学的一个分支，尤其关注组成、加工、晶体结构和微观结构、物理性能、力学性能之间的关系。因为所有性能都是组成、结构和微观结构、热力学、动力学和塑性变形的表现，所以在加工控制中遇到的因素对于控制相变和微观结构以及合金的性质变得非常重要。传统物理冶金学的所有基本原则都已经完善，物理冶金方法也已经成熟。然而，传统的物理冶金学是基于对传统合金的观察。由于组成是决定键合、结构、微观结构以及一定程度上的性质的最基本和最原始的因素，因此物理冶金原理对于高熵合金这种完全不同于传统合金组成的材料可能是不同的，并且需要做出修正。高熵合金最显著的特点是高熵效应，严重的晶格畸变效应，迟滞扩散效应和鸡尾酒效应。本章将基于这些效应，展示和讨论物理冶金的相应内容。

关键词： 物理冶金　高熵效应　严重的晶格畸变效应　迟滞扩散效应　鸡尾酒效应　高熵合金

3.1 引言

物理冶金是一门关注组成、加工、晶体结构和微观结构以及物理性能和力学性能之间关系的学科[1,2]。图 3.1 为物理冶金的框架图，其中可以看到直接的相关性。成分和加工决定了结构和微观结构，进而决定了性能。组成、加工和晶体结构及微观结构之间的关系是热力学、动力学和变形理论。晶体结构、微观结构

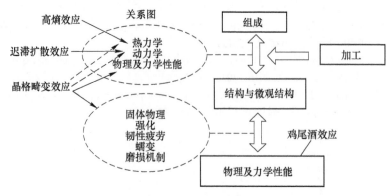

图 3.1　物理冶金框架图（其中指出了受高熵合金四种核心效应影响的区域）

和物理及力学性能之间的关系是固态物理学和强化、增韧、疲劳、蠕变、磨损等理论。因此，对物理冶金的理解将非常有助于调控、开发和利用材料。自用光学显微镜观察材料的微观结构以来，物理冶金已逐渐形成 100 多年。其基本原理已相当成熟[2]。然而，传统的物理冶金学是基于对传统合金的观察。由于高熵合金（HEAs）的成分与传统合金的成分完全不同，因此可能需要针对高熵合金修正其物理冶金原理，这需要更多的进一步的研究。

由于高熵合金的独特性，2006 年人们提出了高熵合金的四大效应[3]，即在热力学上的高熵效应，动力学上的迟滞扩散效应，结构上的严重的晶格畸变效应，性能上的鸡尾酒效应。图 3.1 还表明了这四大效应在物理冶金框架图中的影响位置。高熵效应通过热力学来影响确定平衡组织和微观结构。迟滞扩散效应通过动力学来影响相变。严重的晶格畸变效应不仅影响变形理论和各种性能、结构和微观组织之间的所有关系，而且还影响热力学和动力学。至于鸡尾酒效应，它是成分、结构和微观组织的整体效果。高熵合金的性质并不像混合规律预测的那样简单，而是不同类原子以及相的特征和微观结构之间的相互作用带来的额外效果。因此，基于这些效应，高熵合金的物理冶金原理可能不同于当前的物理冶金原理。我们需要通过高熵合金的四大效应来重新检验物理冶金的各个方面。令人期待的是，当物理冶金包括所有合金（包括传统合金和高熵合金）时，我们会更加透彻的理解合金世界。

3.2 高熵合金的四大效应

3.2.1 高熵效应

正如高熵合金的名称所暗示的那样，高熵效应是第一个重要的核心效应[4]。这种效应可以增强固溶体的形成，并使微观结构比以前预期的更简单。因此，由于固溶强化，这种效应有可能增加固溶体的强度和塑性。为什么高熵可以促进固溶体的形成？在回答这个问题之前，有必要知道合金固态有三种可能的竞争状态：元素相、金属间化合物（ICs）和固溶体相[4]。元素相是指基于一种金属元素的稳定固溶体，如相图的纯组元区域所示。金属间化合物是指具有特定超晶格的化学计量化合物，例如具有 B2 结构的 NiAl 和具有 DO_{24} 结构的 Ni_3Ti，如在相图中的某些高浓度区。固溶体相可进一步分为无序固溶体和有序固溶体。无序固溶体中，不同原子随机占据晶格位置，尽管可能存在短程有序。它们可以是具有 BCC、FCC 或 HCP 结构。有序固溶体是金属间相（IPs）或中间相。它们是具有基于金属间化合物的晶体结构的固溶体相，如相图中包含不同化学计量化合物的更宽成分范围[5,6]。在这些相中，不同的组成元素倾向于占据不同的晶格位置。它们的有序度小于完全有序结构的有序度，因此它们可称为部分有序固溶体。尽管它们具有金属间化合物的结构而且可以归类为金属间化合物，但这里我们将归类为固溶体相，其目的是强调它们具有在组成元素之间的显著固溶度。这与将无序固溶体与元素相区别是一回事。

3.2.1.1　相竞争的总体趋势

根据热力学第二定律，在一定温度和压力下吉布斯自由能最低时，系统达到其热力学平衡。为了阐明促进固溶体相形成和抑制金属间化合物形成的高熵效应，应首先考虑高熵合金是由相互之间具有较强键合能的组成元素组成的。如果不考虑由于原子尺寸差异带来的应变能对混合焓的贡献，如表 3.1 所示，基于一个主要元素的元素相将具有小的负混合焓和小的混合熵，化合物相将具有大的负混合焓但是小的混合熵，而含有多元素的固溶体相将具有中的负混合焓和高的混合熵。因此，固溶体相将与化合物相充满竞争，以求达到平衡状态，特别是在高温条件下。

表 3.1　元素相、化合物和固溶体之间 ΔH_{mix}、ΔS_{mix} 和 ΔG_{mix} 的比较

（其中原子尺寸差异产生的应变能不包括在 ΔH_{mix} 中）

可能的状态	元素相	化合物	无序固溶体	部分有序固溶体
ΔH_{mix}	约 0	远小于 0	<0	<0
$-T\Delta S_{mix}$	约 0	约 0	$-RT\ln(n)$	$<-RT\ln(n)$
ΔG_{mix}	约 0	远小于 0	远小于 0	远小于 0

注：<0 表示中的负值，远小于 0 表示大的负值。

为什么多主元固溶体具有中等的混合熵？这是因为在固溶体相中存在一定比例的异类原子对[4]。例如，通过取一摩尔原子 N_0，完全有序的二元金属间化合物（B2）NiAl 具有 $(1/2)\times 8N_0$ Ni—Al 键，因为配位数为 8，而一摩尔 NiAl 无序固溶体将具有 $(1/2)\times(1/2)\times 8N_0$ Ni—Al 键。因此，无序状态下的混合焓是完全有序状态的混合焓的一半。类似地，对于等摩尔比五主元合金，在无序固溶体状态下，假设十种可能的二元化合物中的每种化合物具有相同的混合焓，也就是不同原子对的所有混合热都是相同的，则在二元化合物中为 4/5。类似地，对于八元素等摩尔比合金，该比率变为 7/8。因此，更高数量的元素将允许无序状态使混合焓更接近于完全有序状态的混合焓，并且在其高混合熵的帮助下变得与有序状态更具竞争性。

如果在等原子比八元素合金 ABCDEFGH 中假定不同对的混合焓的平均值（28 种异类原子对）为 -23kJ/mol，则完全有序结构的混合焓，即形成 28 个金属间化合物（每个具有 $N_0/8$ 原子），为 -46kJ/mol，完全无序结构即无序固溶体为 $-46\times 7/8 = -40.25$kJ/mol。另一方面，完全有序结构的构型熵（ΔS_{conf}）为 0，完全无序结构的构型熵为 17.29J/(K·mol)。在 1473K，其通常低于大多数高熵合金的熔点，因此完全有序结构的 ΔG_{mix} 等于 -46kJ/mol，而完全无序结构的 ΔG_{mix} 等于 -65.72kJ/mol。因此，完全无序的结构在 1473K 是稳定相。此外，完全无序

的结构在低至 333K 的温度下也是稳定的，因为这两种状态之间的自由能当量对应的温度可以计算为 333K。然而，应该提到的是，由于异类原子对之间的混合焓差和应变能的影响，部分有序状态可能具有比无序状态更低的混合自由能并且在 1473K 形成或通过相分离变为稳定状态。显然，周期表中的元素几乎不可能假设有 10 个或 28 个二元化合物具有相同或相似混合焓。它们是假设的合金系统，用于强调这样的事实：存在许多异类的具有强键结合的原子对，这使得无序固溶体或部分有序的固溶体具有中等负混合焓。它们仍然具有低的混合自由能，因为混合焓的一些缺失可以通过更高的混合熵来补偿。

3.2.1.2　异类原子对之间混合焓多样化效应

一般来说，如果异类原子对的混合焓没有很大的差异，固溶体相将在平衡状态中占主导地位[4]。例如，即使在完全退火处理后，CoCrFeMnNi 合金也可形成单一的 FCC 相[7,8]。韧性难熔 HfNbTaTiZr 合金在铸态[9]和均匀化状态下具有单一的 BCC 相。相反，较大的差异可能会产生两个以上的相结构。例如，Al 与过渡金属具有较强的键合，但 Cu 与大多数过渡金属没有很强的键合。因此，AlCoCrCuFeNi 合金在 600℃ 以上的高温下形成富 Cu 的 FCC +多主元 FCC +多主元 BCC（A2）相。在冷却过程中，富含铜的 FCC 相中析出 B2 沉淀物，A2 相中发生 A2+B2 相的调幅分解。含有多主元的 B2 固溶体实际上来自 NiAl 型化合物[10]。对于含有 O、C、B 或 N 的那些合金中异类原子对的混合焓的差异更大，这使得在微观结构中产生了氧化物、碳化物、硼化物或氮化物。然而，可以发现，由于混合熵效应，这些硬相对于那些具有相似的强键结合的某些元素往往具有一定的溶解度，例如，在 $Al_{0.5}B_x$ CoCrCuFeNi（$x=0\sim1$）合金中，形成了富含 Cr、Fe、Co 的硼化物相[11]。

3.2.1.3　原子尺寸差效应

Zhang 等人[12]为了加入原子尺寸差对相形成的影响，首次通过比较混合熵 ΔS_{mix}、混合焓 ΔH_{mix} 和原子尺寸差 δ，提出了无序固溶体、有序固溶体、中间相和块状金属玻璃（BMG）的形成趋势。前三者通常在高熵合金中发现，其中无序固溶体和有序（或部分有序）固溶体是具有 BCC、FCC 或 HCP 结构的，而中间相往往具有更为复杂的化合物结构。Guo 等人[13]也利用这些参数阐述了这些相的相形成规律。更进一步，Yeh[14]、Chen 等人[15]和 Yang 等人[16]，利用 δ 和 $T\Delta S_{mix}$ 与 ΔH_{mix} 的比值试图描述高熵合金中的有序–无序竞争关系以及金属间化合物和块状金属玻璃的存在范围。所有这些都在第 2 章中讨论过。分析的重点是固溶体相倾向于在高浓度的多组元合金中形成。无序固溶体优先在较小的 δ，较小的 $|\Delta H_{mix}|$ 和较高的 $|\Delta S_{mix}|$ 下形成。

总之，高熵效应是高熵合金的第一个重要的效应，因为它可以抑制许多不同种类的具有化学计量的化合物的形成，而这些化合物通常具有很强的有序结构并且往往是脆性的。相反，高熵效应促进了固溶体相的形成，因此使得相形成的数目远低于吉布斯相律预测的最大相数（即 $n+1$，n 是组元数）。这使得微观结构比之前预期的更简单，非常有希望展示更为优异的性能。

3.2.2　严重的晶格畸变效应

由于高熵效应，高熵合金中的固溶体相通常是全溶质基体，无论其结构是 BCC、FCC、HCP 还是其他更复杂的化合物结构[17]。因此，多主元基体中的每个原子都被不同种类的原子包围，并受到晶格应变和应力的影响，如图 3.2 右侧所示。除了原子尺寸差异之外，组成元素之间的不同键合能和不同晶体结构趋势可能会导致更严重的晶格畸变，这是由于非对称的相邻原子，即原子周围的非对称结合和电子结构，以及这种从点阵到点阵的非对称变化会影响到原子位置[8,18]。在传统合金中，大多数基体原子（或溶剂原子）与它们的相邻原子是相同种类的原子。这样整体的晶格畸变就会远小于高熵合金中的晶格畸变。

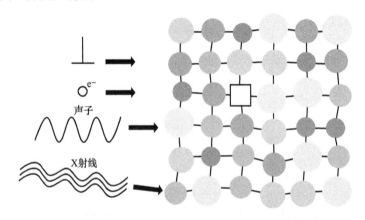

图 3.2　显示严重畸变的晶格中位错、电子、声子和 X 射线束的各种相互作用示意图

3.2.2.1　晶体结构对晶格畸变的影响

Wang 使用蒙特卡罗方法结合 MaxEnt（最大熵模型）来证明熵力使单相固溶体的混合熵最大[19]。他用 BCC 和 FCC 晶格构建了大量等原子比合金的原子结构模型，从四组元到八组元。基于建立的模型，分析了原子结构特征。表 3.2 显示了这些模型的结构分析信息。原子的最短距离是一个原子与其最近的相同元素原子的距离。令人惊讶的是，对于那些具有五种或更多元素的 BCC 合金，很难在第一个相邻原子中找到具有相同元素（如同原子对）的另一个原子，而且四元和五元 BCC 中的大多数相同元素都存在于第二个最近邻层中。当元素数量增加

时，提供最多数量的同类原子对的该峰值区域会移动到第三最近邻层。另一方面，对于 FCC 的四元合金（74.3%）和五元合金（47.3%），相同元素在第一近邻层中有较大比例。因为第一近邻层中的中心原子和不同类原子之间的异类原子对的比例越大会带来更大的畸变（来自第二个和更远的层的贡献会越来越小），从表 3.2 中可以预测，更多的元素往往会产生更大的畸变。如果由相同比例的相同元素来组合，则 BCC 结构将具有比 FCC 结构更大的畸变。这可能表明 BCC 固溶体在相同比例的相同组元条件下具有比 FCC 固溶体更大的固溶强化效应。这将在 3.6.4 节中讨论。

表 3.2　BCC 和 FCC MaxEnt 模型中最邻近晶格点阵上相同元素原子之间最短距离的分布

相	晶格类型	最近点阵的距离分布概率/%					
		1	2	3	4	5	6
四元合金相	BCC	8.5	83.0	6.9	1.6	0.0	0.0
	FCC	74.3	23.8	1.9	0.0	0.0	0.0
五元合金相	BCC	0.0	65.5	30.6	3.4	0.5	0.0
	FCC	47.3	45.0	7.5	0.2	0.0	0.0
六元合金相	BCC	0.0	41.4	52.4	6.0	0.2	0.0
	FCC	17.2	64.9	17.7	0.2	0.0	0.0
七元合金相	BCC	0.0	19.2	65.3	15.0	0.3	0.2
	FCC	3.9	50.4	44.4	1.1	0.2	0.0
八元合金相	BCC	0.0	2.5	70.9	24.3	2.1	0.2
	FCC	0.2	27.1	69.8	2.7	0.2	0.0

注：BCC 和 FCC 晶格中依次的最邻近点距离分别为 $\sqrt{3}\,a_0/2$，a_0，$\sqrt{2}\,a_0$，$\cdots$；$\sqrt{2}\,a_0/2$，a_0，$\sqrt{3/2}$ a_0，$\cdots$[19]。

3.2.2.2　晶格畸变和弛豫的因素

晶格畸变可能有不同的方式描述，但最常见的方式是只考虑原子尺寸因素[16,20,21]。也就是说，对于多元素基体，晶格畸变可以通过以下公式直接与原子尺寸（δ）的差异相关：

$$\delta = 100 \sqrt{\sum_{i=1}^{n} c_i (1 - r_i/\bar{r})^2} \tag{3.1}$$

式中，$\bar{r} = \sum_{i=1}^{n} c_i r_i$，$c_i$ 和 r_i 分别表示 i 元素的原子百分比和原子半径。该公式基于的假设是类似于基体中溶质的错配应变的传统假设，其中溶质原子占据精确的晶格点阵。在多元素基体中，使用具有平均半径 $\bar{r}$ 的溶剂原子作为伪一元基体。因此，该公式给出了伪一元基体中的平均错配应变。显然，该方程仍然不准确，因为多元素基体中的溶质原子的位置与平均晶格的精确位置有一些偏差。因此，如何更好地描述晶格畸变仍是未来需要解决的问题。此外，应该提到的是，晶格畸变不仅由于原子尺寸差异，而且也和组分之间的键合差异和晶体结构差异有关。

假设畸变应变仅为 1% 时，在拉伸状态下各向同性固体在每个晶格点阵的局部原子应力可以估计为 $0.01E$（或约 $0.01 \times 8G/3 = 0.027G$），在剪切状态下为 $0.0135G$。E 和 G 分别是杨氏模量和剪切模量。由于理论剪切强度为 $0.039 \sim 0.11G$，而实际（或观察到的）剪切强度数量级低于理论值[22]，一般低于 $0.001G$[22]，可以认识到这种小的畸变应变仍然是不容忽视的。此外，很容易发现局部原子应力超过理论剪切强度（约 $G/15$）的临界晶格畸变约为 5%，这里假设胡克定律仍然有效。这表明较高的畸变会导致随机或无序固溶体的不稳定性。但显然被低估了，因为经验的 6.6% 的晶格畸变是无序固溶体和其他复杂晶体结构之间的分界线，如第 2 章所述。这表明，为了降低畸变能和维持局部原子应力平衡，通过调整晶格点阵中的相对原子位置，进而产生一些弛豫，由此带来最终的晶格畸变。因此，通过错配应变概念计算的用于维持无序固溶体的临界晶格畸变被放宽至 6.6%。

3.2.2.3　晶格畸变效应的凭证

严重的晶格畸变不仅会影响性能，还会降低热效应对性能的影响。图 3.2 还表明，当位错、电子、声子和 X 射线束穿过畸变的晶格时，会发生相互作用。通常，它可以通过大的固溶强化有效地增加硬度和强度。例如，耐火材料 MoNbTaW 合金和 MoNbTaVW 合金分别具有 4455MPa 和 5250MPa 的维氏硬度。它们的硬度值是通过混合定律[23]所得硬度值的 3 倍。此外，严重的晶格畸变会显著降低电导率和热导率，因为它可以显著地散射自由电子和声子[24]。例如，Lu 等人研究了温度对四种高熵合金和纯铝的热扩散系数的影响，如图 3.3 所示。

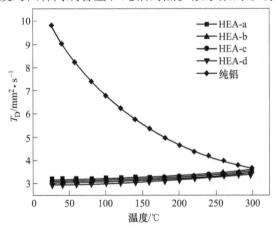

图 3.3　纯铝和高熵合金 a（$Al_{0.3}CrFe_{1.5}MnNi_{0.5}$）、高熵合金 b（$Al_{0.5}CrFe_{1.5}MnNi_{0.5}$）、高熵合金 c（$Al_{0.3}CrFe_{1.5}MnNi_{0.5}Mo_{0.1}$）以及高熵合金 d（$Al_{0.5}CrFe_{1.5}MnNi_{0.5}Mo_{0.1}$）的热扩散率与温度的关系[25]

我们发现高熵合金的热扩散率对温度的斜率是很小的，且对温度不敏感，而传统金属 Al 的热扩散率对温度的斜率是负的，并且对温度很敏感[25]。由于在畸变的原子平面上产生了漫散射，X 射线的衍射峰强度大大降低[18]。而且大量的 X 射线在衍射过程中不能遵循布拉格定律，而被散射到周围环境中。我们还注意到，高熵合金中的所有这些性质都变得对温度非常不敏感。这是因为与严重的晶格畸变相比，由原子的热振动引起的晶格畸变相对较小[4,18]。

3.2.3　缓慢扩散效应

高熵合金中的相变将需要许多不同种类原子的协同扩散，以实现不同相之间的组分分配。然而，与传统合金中的发现一样，高熵合金中替代扩散的空位浓度仍然是有限的，因为高熵合金晶体中的每个空位也与正的形成焓和高的混合熵相关。这两个因素之间的竞争产生一定的平衡空位浓度，使给定温度下混合自由能最小[26]。事实上，全溶质基体中的空位在扩散期间会被不同元素原子包围和竞争。空位或原子将通过波动的扩散路径来迁移从而具有缓慢的扩散行为和较高的激活能。这样高熵合金中的扩散性相变将更加缓慢。简而言之，缓慢的扩散效应意味着较慢的扩散和相变。

3.2.3.1　高熵合金的扩散偶实验

虽然有许多间接证据表明缓慢的扩散效应，但直接的扩散测量将更具说服力。为了验证这种效果，Tsai 等人选择了具有稳定的单一 FCC 结构的近乎理想的 Co-Cr-Fe-Mn-Ni 固溶体体系来做扩散实验[8]。如表 3.3 所示，制备了四个准二元扩散偶。在每对扩散偶的两个末端，只有两个元素的浓度不同。将扩散偶紧密地固定在钼管中，然后将其密封在真空石英管中。根据在 1173K、1223K、1273K 和 1323K 扩散后获得的浓度分布，计算扩散系数和激活能。图 3.4 显示了不同元素的扩散系数对温度的依赖性，揭示了扩散速率降低的元素序列依次是 Mn、Cr、Fe、Co 和 Ni。研究还发现，Co-Cr-Fe-Mn-Ni 合金体系中各元素在 T/T_{m} 下的扩散

表 3.3　三对扩散偶的末端成分浓度[8]

扩散偶	合金	组成（原子分数）/%				
		Co	Cr	Fe	Mn	Ni
Cr-Mn	1	22	29	22	5	22
	2	22	17	22	17	22
Fe-Co	3	33	23	11	11	22
	4	11	23	33	11	22
Fe-Ni	5	23	24	30	11	12
	6	23	24	12	11	30

系数，与具有相似 FCC 基体的 Fe-Cr-Ni(-Si) 合金和纯的 Fe、Co 和 Ni 金属相比（如图 3.5 所示）是最小的。此外，如图 3.6 所示，高熵合金的熔点归一化后的

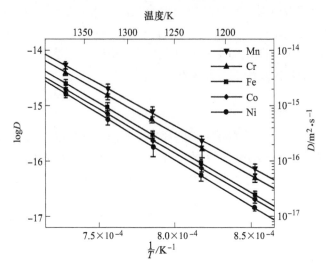

图 3.4　由 Co-Cr-Fe-Mn-Ni 扩散偶实验得到的
Co、Cr、Fe、Mn 和 Ni 扩散系数对温度的依赖性[8]

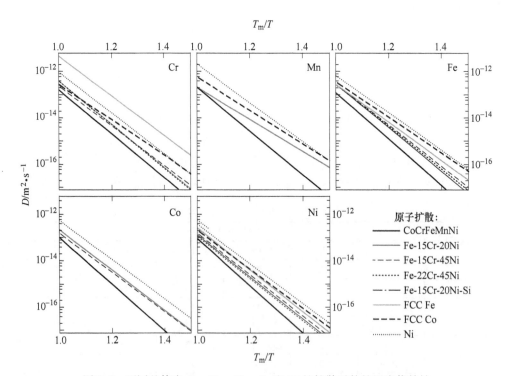

图 3.5　不同基体中 Cr、Mn、Fe、Co 和 Ni 的扩散系数的温度依赖性

激活能 Q/T_m 最大。另外还注意到，对于同一元素，缓慢扩散的程度与基体中的主要元素的数量有关。例如，当前高熵合金中的 Q/T_m 值最高；Fe-Cr-Ni(-Si)合金中的次之；那些纯金属中是最低的。简而言之，所有这些都是高熵合金中缓慢扩散效应的直接证据。

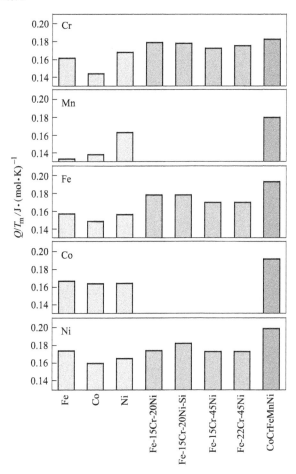

图 3.6 不同基体中 Cr、Mn、Fe、Co 和 Ni 的熔点归一化后的扩散激活能[8]

3.2.3.2 缓慢扩散效应的积极影响

缓慢扩散效应在最近的相关研究中发现了几个重要优势[10,27~34]。它们包括易于获得过饱和状态和细小沉淀物，提高再结晶温度，减缓晶粒生长，降低颗粒粗化速率和增加抗蠕变性。这些优点可能有利于微观结构和性能的控制以获得更好的使用性能。例如，Liu 等人研究了 CoCrFeMnNi 高熵合金冷轧退火板的晶粒长大行为，发现其激活能远高于 AISI 304LN 不锈钢，这与缓慢扩散效应是一致的[33]。

3.2.4　鸡尾酒效应

　　Ranganathan 首先提出"多金属鸡尾酒"这一术语，强调合金设计和开发中的合金趣味性[35]。虽然传统合金也具有这种效果，但高熵合金的鸡尾酒效应更明显，因为其至少使用五种主要元素来增强材料的性能。如上所述，高熵合金可能具有单相、两相、三相或更多，具体取决于组成成分和加工处理。所以，材料性能来自组成相的总贡献，包括晶粒形态、晶粒尺寸分布、晶界和相界以及每种相性能的影响。然而，每个相是多主元固溶体，可以视为原子级的复合材料。它的综合性能不仅来自混合定律中各元素的基本性质，而且来自所有元素之间的相互作用和严重的晶格畸变。相互作用和晶格畸变的影响会比混合定律的预测大很多。总的来说，"鸡尾酒效应"的范围可以从原子级多主元复合效应直到微尺度多相复合效应。因此，合金设计者在根据鸡尾酒效应选择合适的成分和工艺之前，必须了解相关因素[4]。例如，空军研究实验室开发的难熔高熵合金的熔点远高于镍基和钴基高温合金的熔点[23,29]。这仅仅是因为选择了难熔元素作为组成元素。根据混合定律，四元合金 MoNbTaW 和五元合金 MoNbTaVW 的熔点将高于 2600℃。结果，两种合金都显示出比超级合金高得多的抗软化性，并且在 1600℃时的屈服强度仍高于 400MPa，如图 3.7 所示[29]。因此，这种难熔高熵合金极有可能在非常高的温度下具有潜在的应用价值。另一个例子中，Zhang 等人研究了 $FeCoNi(AlSi)_{0\sim0.8}$ 合金，用于寻找磁性、电学和力学性能的最佳组合。最终在合金 $FeCoNi(AlSi)_{0.2}$ 中实现最佳，其具有的饱和磁化强度（1.15T），矫顽力（1400A/m），电阻率（69.5μΩ·cm），屈服强度（342MPa）和断裂前应变

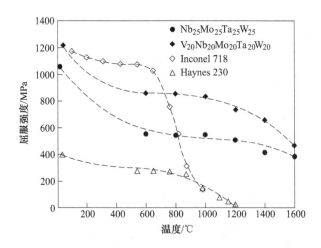

图 3.7　$Nb_{25}Mo_{25}Ta_{25}W_{25}$ 和 $V_{20}Nb_{20}Mo_{20}Ta_{20}W_{20}$ 高熵合金和两种超合金
Inconel 718 和 Haynes 230[29]的屈服应力对温度的依赖性

（50%），使得该合金具备成为许多潜在应用中所需的优异的软磁材料[36]。显然，这种合金设计依赖于选择等摩尔比铁磁元素（Fe、Co 和 Ni），以形成具有比 BCC 更高的原子堆积密度的塑性 FCC 相，并且适当添加非磁性元素（Al 和 Si 具有与 Fe、Co、Ni 轻微反平行的磁耦合效应）来增加晶格畸变。这表明，它在实现高磁化强度、低矫顽力、良好的可塑性、高强度和高电阻方面产生了积极的鸡尾酒效应。

3.3 高熵合金中的晶体结构和相变

3.3.1 合金世界中的晶体结构数量

3.3.1.1 Mackey 对晶体数量的统计分析

在元素周期表中，有 80 种金属元素，其中大多数是三种简单结构：FCC、HCP 和 BCC。然而，正如二元相图所示，二元合金中存在不同种类的 ICs 和 IPs。此外，许多三元合金系统中存在更多的三元 ICs 或 IPs。因此，我们很容易认为高阶合金系统会产生更多的 ICs 或 IPs，而具有大量元素的合金在平衡状态时会有许多不同类型的 ICs 和 IPs，尽管吉布斯相律限制了最大相数。这是正确的吗？Mackay 在其题为"On Complexity"[37]的论文中报道了无机晶体结构的统计数据。

他写道："无机晶体结构数据库包含大约 50000 个结构（其中许多是重复的），可以根据各种参数进行搜索。图 3.1（即本章的图 3.8）显示了包含 1，2，3，…，N 个不同元素的结构数量图。粗略的检查表明，许多具有较大 N 值的结构含有固溶体，不同的元素占据相同的位置，但结果仍然清晰。这里复杂性有着极大的限制。"他试图通过两种方法来解释这种现象，其中一个是"这个问题可以被认为是热力学

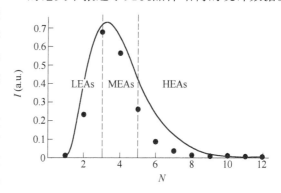

图 3.8 图中的点表示 1，2，3，…，N 个不同元素的无机晶体结构的数量（N=3 时最多有 19000 个；该线是沿着绝对黑体中的普朗克能量分布[34]，指出了三个合金区域，LEAs、MEAs 和 HEAs）

的。例如，许多元素的混合不会产生非常复杂的晶体，而是通过形成几种更简单组成的有序晶体以最大限度地减少结构熵。"另一种是基于普朗克在绝对黑体中的能量分布与晶体结构数量分布之间的相似性："事实上，在一维晶体中，重复中的原子数必须是整数，这样在三维中才可以相似地预测。空间被原子性'量化'，并不是单元格的所有维度都是可能的。"因此，这里对分布的解释仍不明

确，需要进一步确认。另外，如果我们从周期表中的 80 个金属元素中选择 2 个元素，则有 3160 种组合。此外，从 80 个金属元素中选择 40 个元素可能得到 1.075×10^{23} 个组合，这大约是阿伏伽德罗常数的六分之一。正如在二元系统中发现了大约 6500 个无机晶体结构，在三元系统中有 19000 个结构（见图 3.8），通过外推法我们可以预计晶体结构的数量会很大。据估计，金属系统的化合物数量可达 10^{90}，超过宇宙中的原子数，约为 10^{80}。因此，除非有一些因素干扰到这种外推，否则化合物的数量是不可想象的。

3.3.1.2　熵和稀释对晶体数量统计分布的影响

有哪些干扰因素？考虑到高熵合金中的高熵效应，高熵被认为是干扰形成化合物的一个重要因素，例如较大的原子尺寸差异，促使形成具有最高邻近原子的尺寸因素化合物以使键数最大化和降低应变能、而价键可以促进形成价化合物，使离子和（或）共价键强度最大化并满足化合价平衡，以及一定价电子浓度（e/a）范围可以稳定电子相[38,39]。熵效应可以在二元和三元系统中看到，它可以在化合物中增强具有相似化学特征的不同元素之间的置换。由于元素周期表中同族或邻族中元素的电负性和价态通常都具有相近的化学特征，因此相互置换是常见的。显然，这种部分置换有利于增加某些晶粒的混合熵或降低混合焓，后者取决于置换元素类型。例如，NiAl 化合物（具有 B2 晶体结构）在 Ni-Al 二元相图中具有一系列化学组成（也称为 NiAl 中间相）。通过合金化，Co 和 Pt 可以代替一部分 Ni，并且 Ti 和 Ta 可以代替化合物中的一部分 Al。出于同样的原因，甚至高阶成分的高混合熵也可以增强化合物中的置换和混合。这意味着可以通过消耗一部分成分，使其在化合物中容纳更多元素以形成 IPs。除了化合物之外，基于组分的结构，在端际相中也会发生类似的置换和消耗。此外，在诸如高熵合金的高阶合金中会存在稀释效应。对于其中每种成分具有 20% 原子浓度的五元合金，其形成化合物的倾向性较低，因为 $A_x B_y$ 型化合物的比例通常为 2∶5，3∶4，1∶1，4∶3 或 2∶5。只有比例 2∶5 和 5∶2 是可能的，即除了成分可以被分为两组并形成伪二元合金的情况。即便如此，由于高熵效应，还是会形成固溶体型化合物（或 IPs）。因此，在诸如高熵合金的高阶合金中，高熵和稀释效应可以增强固溶体相的形成，包括稳定固溶体或 IPs，如图 3.8 所示。这是四个元素的晶体结构数量急剧减少，甚至更多元素的晶体结构数量进一步减少的主要原因。我们注意到，具有多于八个元素的晶体结构的数量几乎与具有一个元素的晶体结构的数量相同。正如 Mackay 所观察到的，许多具有大 N 值的结构包含固溶体，不同的元素占据相同的位置。高熵和稀释效应显然是支持上述解释的有力证据。

那么影响晶体数量分布曲线的熵效应是什么？事实上，晶体结构数量的大量减少与高熵合金的定义是相呼应的，即强调主要元素的数量至少为 5。在图 3.8

中设置两条线以标记熵效应的程度。混合熵效应对于具有至少五个元素的晶体结构是显而易见的，对于具有三到五个元素的晶体结构而言是中等的，对于具有一个或两个元素的那些元素则不太明显。因此，基于弱熵效应，晶体结构数量从一个元素到三个元素呈现快速增加，随熵效应增强从三个元素到五个元素晶体结构数量逐渐减少，最后基于强熵效应，在五个元素后数量会进一步减少。简而言之，分布曲线是与熵效应相关的。这种相关性解释了可以根据主要元素的数量将其分为高熵合金、中熵合金和低熵合金[3]。基于上述原因可以想到，高熵合金中的大多数晶体结构也存在于低熵合金或中熵合金中。此外，许多晶体结构属于BCC、FCC 和 HCP 固溶体结构，因为 80 种元素的稳定相几乎都属于这三种结构：FCC、HCP 和 BCC。

3.3.2 影响金属元素溶解度的因素

根据晶体学[40]，晶格是空间点阵中阵点的周期性排列。当基元原子（原子或一组原子或离子）与每个晶格点相同地连接时，就形成了晶体结构。这可以表示为：

$$晶格 + 基元 = 晶体结构 \tag{3.2}$$

其中每个基元在组成、排列和方向上都是相同的。

Hume-Rothery（H-R）准则是判断二元合金的置换型固溶体中两种元素在高温下的互溶性的规则。例如，Ni、Co、Cr、Mo 和 Si 在 Fe 中的溶解度被认为大于15%（原子分数），尽管它们在室温下的溶解度远低于 15%（原子分数）[41]。20世纪 20 年代，他第一次提出了三个解释固溶体形成的经验准则[42,43]：（1）溶剂和溶质的原子尺寸相差不得超过 15%；（2）两种元素的电化学性质必须相似；（3）高化合价金属更易溶于低化合价金属，反之亦然。后面通过大量的研究，H-R 准则一般被陈述为[44]：

（1）溶质原子和溶剂原子的半径差大约不超过 15%：若想完全溶解，原子尺寸差异应小于 8%。

（2）两种元素的晶体结构必须相同，以增大固溶度。

（3）当溶剂和溶质具有相同的化合价时，固溶度最大。

（4）这两种元素应具有相似的电负性，以便不形成金属间化合物。

因此，正如相图中所看到的，晶体结构、价态、电负性和原子尺寸的相似性和差异被认为是影响在固相线以下的高温区间内出现的最大溶解度。例如，Cu-Ag 系统的原子尺寸差为 12.5%（$r_{Cu}=0.128nm$，$r_{Ag}=0.145nm$[40]），电负性相同（Cu 和 Ag 均为 1.9），晶体结构相同（均为 FCC），并且化合价差很小（Ag 为+1，Cu 为+1 或+2）。因此，由于其原子尺寸差大于 8%，在 779℃ 时，Ag 在 Cu中的最大溶解度为 8%（质量分数，原子分数约为 5%），Cu 在 Ag 中的最大溶解度为 8.8%（质量分数，原子分数约为 14.3%）。

Alonso 和 Simozar[41]将混合焓、原子尺寸差和最大溶解度三者很好地联系到一起。实际上，混合焓可以被认为是两个元素之间相互作用的结果，而且混合焓已经通过使用功函数，Wigner-Seitz 单元的电子密度和两个元素的摩尔体积的 Miedema 模型被精准处理。该参数明显优于固溶度预测中两个元素之间的晶体结构、电负性和化合价[41,45]。然而，混合焓并未被认为是溶解度预测的一个因素，尽管已知它在$-T\Delta S$中对混合自由能有贡献。这种忽视可能是由于认为与混合焓相比二元合金中的混合焓较低。事实上，混合熵在高温下仍然很重要。Co-Cr 二元合金就是一个例子。尽管 810℃以上 Co 是 FCC 结构，Cr 是 BCC 结构，但是二者之间的互溶性非常高（1395℃时 Cr 在 Co 中的质量分数为 37%，Cr 在 Co 中质量分数为 56.1%）。由于它们在晶体结构、原子尺寸（Co 为 0.125nm、Cr 为 0.128nm）和电负性（Co 为 1.7、Cr 为 1.6）方面有不同，并且在化合价方面差异更大（Co 为+2 和+3；Cr 为+3、+4 和+6），因此无法用 H-R 准则来充分解释。这种现象说明，混合熵可以打破 H-R 准则限制的固有性。在高熵合金中，有许多例子揭示了 H-R 准则的可调性。这意味着在那些不符合 H-R 准则的合金中经常发现 BCC 和 FCC 固溶体中大的固溶度和在高温下具有化合物结构中的部分有序固溶体。如 AlCoCrCuFeNi[10]、AlCrCuFeMnNi[46]、CoCrFeMnNi[7,8] 和 HfNbTa-TiZr[9]。这也是为什么在第 2 章中讨论的高熵合金的大多数相形成准则已经考虑了高熵效应对扩大固溶度的作用。

3.3.3 高熵合金不同过程中的相变

3.3.3.1 液态相变中的高熵效应

高熵效应对高熵合金的相变起着重要作用。应该注意的是，在高熵合金的定义中，混合熵的比较是在液体溶液或随机固溶体状态下。这意味着与传统合金相比，高熵合金在这些状态下具有高的混合熵。为什么强调这些状态下的高混合熵？图 3.9 显示了凝固和冷却过程中的典型相变过程[4]。如果合金具有高混合熵，则由于大的$T\Delta S_{mix}$，在高温下将形成简单的固溶体相。在随后的冷却过程中，混合熵变得不那么重要，并且可能会发生短程有序、长程有序或甚至第二相的沉淀析出。但是缓慢扩散效应可能会产生细小的沉淀物或抑制沉淀析出，这取决于合金成分和加工工艺，而这对于改善力学性能是很重要的。Santodonato 等人通过使用原子探针层析成像、SEM、TEM、EDS、EBSD、中子衍射、同步加速器 X 射线粉末衍射和从头计算分子动力学模拟[10,47]研究了 Al$_{1.3}$CoCrCuFeNi 高熵合金从室温到 1315℃以上的结构，微观结构、相组成、长程有序、短程有序和构型熵的演变。在 1315℃以上，合金变为 100%液体，具有一些择优的最近邻原子对组合：Al-Ni、Cr-Fe 和 Cu-Cu。在 1230~1315℃获得具有化学短程有序的富 Cu 液体+BCC 晶体（$Al_{1.3}CoCrCu_{1-z}FeNi$）。通过相组成和有序度计算得出 BCC 相的总构型熵为 $1.73R \leqslant \Delta S_{conf} \leqslant 1.79R$。在 1080~1230℃获得 95% B2 相（$Al_{1.3}CoCrCu_{0.7}FeNi$）和 5% 富 Cu 液体。B2 相的总构型熵为 $1.63R \leqslant \Delta S_{conf} \leqslant 1.73R$。在 600~1080℃获得 85% B2 相（$Al_{1.3}CoCrCu_{0.1}FeNi$）加 10% 富 Cu 的 FCC 相和 5% 富 Cu 的枝晶。B2 相的总构型熵为 $\Delta S_{conf} = 1.50R$。从室温到 600℃获得了 84% 调幅分解相 BCC/B2（$Co_{0.2}CrFe_{0.5}/Al_{1.3}Co_{0.8}Fe_{0.5}Ni$）和 16% 各种富含 Cu 的 FCC 相。它们的总构型熵为 $0.89R$。于是，他们总结得出，由于主要相中含有多种元素，随着温度的降低，当合金经历元素偏析、沉淀、化学有序和调幅分解时，合金内部仍然保留有大量的无序相。这意味着，由于熵效应，大多数包含多主元成分的合金相在室温下仍然具有高的无序度。

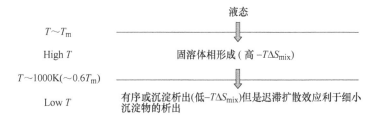

图 3.9　高熵合金凝固和冷却过程中的相演变[4]

相反，如果多主元合金在高温下不具有高混合熵，则金属间化合物相会在高温下形成。在随后的冷却过程中，微观结构将变得更加复杂。这种复杂的微观结构显然变得非常难以理解和调控，并且变得非常脆而无法使用。因此，在低温下避免合金复杂性的动力基本上来自高熵效应，尤其在高温下高熵效应变得更加突出，并且可以与金属间化合物中的混合熔相竞争。

高熵合金的相图怎么样？由于涉及高熵效应，多维成分空间中高熵合金系统的相图可能不会太复杂。可能存在单相区域，两相区域和三相区域。每个区域都有其对应的成分和温度范围。因此，如果已知某高熵合金体系的相图，则可以预测系统中的平衡相。图 3.10 显示了 Al-Co-Cr-Fe-Mo-Ni 系统中不同合金系列的近似相图[48]。通过相图 SEM、TEM、室温和高温中 X 射线衍射仪以及差热分析仪（DTA），研究用一种合金系列元素的含量变化来获得相图。以 $AlCoCrFeMo_{0.5}Ni$ 为例，三相 FCC+B2+σ 共存于 1000℃ 和两相 B2+σ 共存于 400℃。从热力学的角度来看，两种和三种固溶体的自由能低于单一无序固溶体相。图 3.11 显示了 400℃ 和 1000℃ 混合吉布斯自由能的对照示意图。虽然由于它们的复杂性和几乎不可能在多维空间中找到平衡组分的公共切面，而没有计算出每种固溶体的混合自由能，并因此无法计算总的混合自由能，但是高混合熵，在降低纯组元或化合物中的固溶体相的自由能方面所起的作用，在图中是显而易见的。也就是说，在平衡状态下存在几个多主元固溶体相的混合仍然是高熵效应的结果。

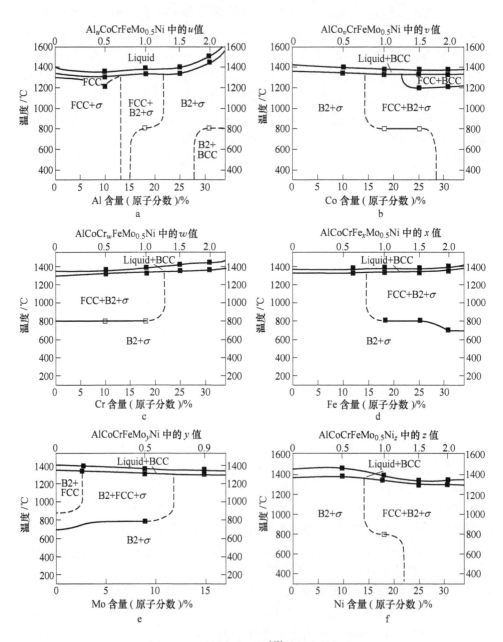

图 3.10　不同合金系统[48]的示意性相图

a—Al$_u$CoCrFeMo$_{0.5}$Ni 合金；b—AlCo$_v$CrFeMo$_{0.5}$Ni 合金；c—AlCoCr$_w$FeMo$_{0.5}$Ni 合金；

d—AlCoCrFe$_x$Mo$_{0.5}$Ni 合金；e—AlCoCrFeMo$_y$Ni 合金；f—AlCoCrFeMo$_{0.5}$Ni$_z$合金

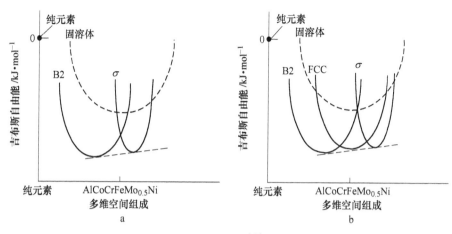

图 3.11 在 400℃（a）和 1000℃[49]（b）下 AlCoCrFeMo$_{0.5}$Ni
合金的混合吉布斯自由能的示意图

3.3.3.2 晶格畸变和缓慢扩散效应对固态相变的影响

哪些因素会影响相变？相变分为两类：扩散型和无扩散型。正如冷却或加热时相图中所显示的，扩散型相变包括凝固、共晶反应、共析反应、沉淀、调幅分解、有序相变和溶解。此外，在高温下长时间保温将导致晶粒粗化和第二相颗粒的 Oswald 长大。无扩散型的一个例子是马氏体相变。截至 2015 年，在文献中，高熵合金为不同扩散型相变提供了许多实例。然而，马氏体相变的例子仍然很少。除了调幅分解之外，通常还会看到形核和长大。势垒在形核和长大相变过程中，形成晶核所需的表面能为晶胚成为稳定的晶核提供了形核。此外，新旧相（或新态和旧态）之间的自由能差提供了相变驱动力。由于晶格畸变会影响界面能和驱动力，而缓慢扩散效应会影响形核速率和长大速率，因此需要考虑它们对每个高熵合金的具体影响。但是，这些影响的总体趋势将在 3.4～3.7 节中加以考虑和解释。

3.3.3.3 在严重变形或极高冷却速率下的晶格畸变和缓慢扩散效应

在严重变形和极高冷却速率下，晶格畸变和缓慢扩散效应是怎样的？机械合金化和溅射沉积是获得非平衡简单固溶体的简便方法，这是基于抑制足够的长程扩散的动力学原因所形成的。除了晶体结构之外，非晶态结构特别容易通过机械合金化[49-52]和高熵合金靶[31,53]的溅射沉积而形成，因为这种条件下形成非晶结构所需的原子尺寸差小于通过凝固路线制备而成所需的原子尺寸差。基于拓扑不稳定性的 Egami 标准适用于解释哪种成分倾向于形成非晶固体，因为通过机械合金化或溅射沉积合成的合金是直接由元素状态形成的[51]。它的标准是当不同尺寸的原子的临界体积膨胀 6.3% 时会发生拓扑不稳定[51,54,55]。已经发现，高熵合金中不同的原子尺寸增强了拓扑稳定性，并且高熵合金的缓慢扩散有助于冻结原子构型并避免结晶。沉积温度在400~500℃ 和沉积时间 1h 的组合仍然易于获得具有较小原子尺寸差的高熵非晶薄膜。另一方面，通过凝固途径，在快速凝固过程中，要获得非晶结构，要求至少一维的厚度非常小或者适当的冷却形成块状，这需要更严格的合金设计。因为在冷却过程中应该涉及固相的形核和长大，接近深共晶成分和满足井上原则的成分往往具有高玻璃形成能力[56]。增加玻璃形成能力的另一个观点涉及混乱原则，即成分越多，选择可行的晶体结构的机会越低，这样就会具有更大的玻璃形成能力[57~60]。总结一下形成非晶结构的一般因素，即增加原子尺寸差，负的混合熵，组分数量和晶体结构的偏差可以增加固溶体的玻璃形成能力[54~60]。

3.4　高熵合金中的缺陷和缺陷能

3.4.1　畸变晶格的缺陷与缺陷能的起源

众所周知，即使在非常纯的晶体中，也不可避免地存在一定量的晶体缺陷，例如空位和杂质原子，它们至少是由于对混合熵中的贡献而存在。另外，在材料制备过程中，易于将位错和晶界甚至孔洞引入材料中。在高熵合金中，它们的结构可以是非晶结构或晶体结构，这取决于成分和使用的加工工艺。在具有多种元素的非晶结构中，可能存在残余应变能，因为结构中的原子可能遭受原子尺度的压缩或拉伸应力，尽管没有纯应力引起塑性流动。该应力不同于在长程范围内平衡的外部施加应力或残余应力。如果提供合适的热能，例如在低于玻璃化转变温度下退火，则非晶结构中的残余变形能可以降低到较低水平。在具有多种元素的晶体结构中，晶格由于如 3.2.2 节所述的原子尺寸，晶体结构趋势和化学键的不同而发生扭曲。晶格点阵处的任何原子可能偏离于精准的晶格位置。另外，与纯组分的晶体结构相比，原子周围的电子构型没有对称性。所有的偏差和非对称性都取决于它的相邻原子。显然，这种严重的晶格畸变，即每一处都存在的畸变，会影响到相稳定性、微观结构和性能。

拓扑学上，应变和应变能可用于描述整个溶质晶格中的晶格畸变程度。由于空位、位错、堆垛层错、孪晶和晶界都是从晶格形成的，所以理想晶格和畸变的溶质晶格在这些缺陷的原子构型中是不同的。此外，如果平均化学键能相同，则畸变晶格的能级将高于没有畸变的理想晶格。换句话说，一种缺陷的能级与畸变晶格的能级的偏差将小于其与理想晶格的偏差。这个概念可以从典型的相变教科书[61]中看到。界面能的起源也在书中讨论。如图 3.12 所示，"包含界面面积 A 和每单位面积自由能 γ 的系统自由能由 $G = G_0 + A\gamma$ 给出，其中假设系统中的所有材料都具有块体的性能，G_0 是系统的自由能，而一些材料位于界面中或靠近界面，所以产生过剩的自由能 γ。而且必须在恒定的 T 和 P 下，这个界面的单位面积才有效。"另一本关于固体热力学的教科书[62]也说，"界面是原子尺度上的干扰点，因为原子处在相的内部，界面处原子的环境是不规则的。因此，若想增加界面面积，必须由系统进行运作。"虽然这个概念是用于表述界面能，但它同样适用于其他缺陷能，因为所有这些其他缺陷都是由畸变晶格产生的。

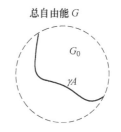

图 3.12 显示了一部分材料，其包含一个界面面积为 A 的界面，总自由能 G 等于 $G_0 + \gamma A$，其中 γ 是界面生成引起的每单位界面面积的过剩自由能

大多数纯金属中的空位、位错、堆垛层错、孪晶界和大角度晶界的能量已在文献中记录。表 3.4 选择了几个典型的 FCC 金属，Al、Cu、Ag、Au 和 Ni，并列出了它们相应值来加以比较。在多主元基体中，晶格畸变能量将增加畸变晶格的能级，从而将未畸变晶格的缺陷能量减小到较低水平。因此，重要的是估计畸变能，以便确定畸变能在影响缺陷能中的重要性。这个估计将在下一节中介绍。

**表 3.4 FCC 金属中空位、位错、堆垛层错、
孪晶界和大角度晶界的能量（Al、Cu、Ag、Au 和 Ni）**

元素	空位[63,64] /kJ·mol^{-1}	位错 $Gb^{2[65]}$			堆垛层错能[66] /mJ·m^{-2}	共格孪晶界[66] /mJ·m^{-2}	大角度晶界[66] /mJ·m^{-2}
		G/GPa	b/nm	$Gb^2(\times 10^{-9})$ /J·m^{-1}			
Al	72.5	26.1	0.286	2.1	166	75	324
Cu	96.1	48.3	0.255	3.1	78	24	625
Ag	105	30.3	0.289	2.5	22	8	375
Au	92.5	27.0	0.288	2.2	45	15	378
Ni	138	76.0	0.249	4.7	128	43	866

3.4.2 晶格畸变和畸变能

在 3.2.2 节讨论了除原子尺寸差外，构成元素之间不同的键合能和晶体结构趋向也会增加晶格畸变。由原子尺寸差引起的晶格畸变能已在文献中准确表达。然而，晶体结构差异、键合差异以及晶格弛豫程度对畸变能的影响仍然难以定量估计。尽管如此，晶格畸变仍然可以通过化学键能来增加晶格能级。换句话说，每摩尔晶格能级等于化学键和每摩尔晶格应变所贡献的总和：

$$U_{\text{lattice, per mole}} = U_{\text{bonding, per mole}} + U_{\text{strain, per mole}} \qquad (3.3)$$

畸变应变的常见计算是使用公式（3.1）的平均错配应变。还提到实际的晶

格畸变并没有错配应变所预测的那么大。通过弛豫过程来调整晶格中的原子构型，可使得在平衡状态下达到局部应力平衡和总体最小自由能。这种原子构型的晶格只是通过 XRD 方法测量的平均晶格。因此，该原子构型的晶格应变应基于平均晶格。Huang 等人提出了晶格畸变应变和应变能的计算。他们研究了即使在1000℃退火 5h 后，在沉积态下具有 NaCl 型结构的高熵 AlCrNbSiTiV 氮化物薄膜的初始晶粒尺寸强化变化很小的抑制机理[20]。他们基于 XRD 测量的平均晶格的平均晶格常数来计算应变和应变能。由组分引起的应变是其在纯组分状态下的晶格常数与实验平均晶格常数之间的偏差。该计算是基于这样的趋向，即如果不对局部原子应力平衡和最小自由能施加约束，则每个组分将采用其原始晶格。它们的原始晶格与平均晶格的拟合产生应变能。因此，假设每单位体积的平均应变能为 U_0，每个原子的为 $U_{0,\text{per atom}}$，则可以在各向同性弹性固体的假设下得到以下公式：

$$U_0 = \frac{1}{2}\varepsilon_x^2 E + \frac{1}{2}\varepsilon_y^2 E + \frac{1}{2}\varepsilon_z^2 E \qquad (3.4)$$

$$\varepsilon_x^2 = \varepsilon_y^2 = \varepsilon_z^2 = \sum_i x_i \varepsilon_i^2 \qquad (3.5)$$

$$\varepsilon_i = \frac{a_i - a_{\text{exp}}}{a_{\text{exp}}} \qquad (3.6)$$

和

$$U_{0,\text{per atom}} = \frac{U_0}{\rho_v} \qquad (3.7)$$

式中，E 为杨氏模量；ε_x、ε_y 和 ε_z 分别为 [100]、[010] 和 [001] 方向的应变；ε_i 为组分 i 的晶格应变；x_i 为组分 i 的摩尔分数；a_i 为组分 i 的晶格常数；a_{exp} 为通过 XRD 方法得到的全溶质晶格的平均晶格常数；ρ_v 为摩尔数密度。

利用上述方程计算了具有 NaCl 型结构的 AlCrNbSiTiV 氮化物薄膜的畸变能，成功地解释了亚晶粒生长和晶粒生长的低驱动力以及 TEM 观察到的实际的亚晶粒尺寸和晶粒尺寸。该公式表明变形能计算是有说服力的。

作为计算的一个例子，使用具有单一 FCC 结构的等摩尔合金系列 Ni、NiCo、NiCoFe、NiCoFeCr 和 CoNiFeCrMn 合金。该合金系列中使用的元素的基本特征列于表 3.5 [67]。表 3.5 中，原子半径和晶格常数是 FCC 结构的，其中没有在文献中直接找到的非 FCC 结构的 Cr 和 Mn，已经使用以下等式计算：$a_{\text{FCC}} = 4r_i/\sqrt{2}$，其中 r_i 是表中列出的 12-配位金属中元素 i 的原子半径。通过 XRD 和柏氏矢量测量的平均晶格常数，通过拉伸测试测量的杨氏模量和通过阿基米德法测量的合金系列的密度均列于表 3.6 中[68]。基于表 3.6 和公式（3.4）以及公式（3.7），我们可以计算出表 3.6 中列出的变形能。从中可以看出，变形能随着元素数量的增加而增加。尽管 Mn 不具有最大的晶格常数，但是在添加之后变形能依然增加。

表 3.5　Ni-Co-Fe-Cr-Mn 合金系列中组成元素的特性[67]

元　素	Ni	Co	Fe	Cr	Mn
晶体结构（20℃）	FCC	HCP	BCC	BCC	SC
原子半径，r_i/nm	0.125	0.125	0.127	0.128	0.126
晶格常数，a_i/nm	0.3524	0.3544	0.3555	0.3620	0.3564
熔点/℃	1455	1495	1538	1863	1244

表 3.6　Ni-Co-Fe-Cr-Mn 合金系列的相关数据

合　金	Ni	NiCo	NiCoFe	NiCoFeCr	NiCoFeCrMn
晶格常数，a_{avg}/nm	0.3524	0.3534	0.3541	0.3561	0.3561
晶格常数，a_{exp}/nm	0.3524	0.3532	0.3569	0.3589	0.3612
柏氏矢量，b/nm	0.2492	0.2498	0.2524	0.2538	0.2554
杨氏模量，E/GPa	199.5	183.4±5.4	162.3±2.2	232.9±3.2	168.4±5.8
剪切模量，G/GPa	76.0	69.6	62.1	90.8	66.0
密度，ρ_v/mol·cm^{-3}	0.150	0.149	0.146	0.144	0.140
$\sum_i x_i \varepsilon_i^2$	0×10^{-4}	0.08×10^{-4}	0.74×10^{-4}	1.63×10^{-4}	2.76×10^{-4}
$U_{0,\text{per mole}}$/J	0	15.4	123	396	500
$U_{0,\text{per atom}}$/J	0	0.26×10^{-22}	2.0×10^{-22}	6.6×10^{-22}	8.3×10^{-22}

3.4.3　空位

在高熵合金中，空位的形成焓是多少？空位浓度是否受高混合熵的影响？空位的扩散性怎么样？所有这些答案对于理解相变和蠕变行为的动力学都很重要。

众所周知，由于熵的原因，空位在材料中是不可避免的。通过去除原子形成空位会破坏与其相邻原子的键合，尽管会发生一些弛豫，但整体会以焓 ΔH_V 增加来提高能量状态。此外，空位的形成还和主要通过空位周围的振动随机性产生的过剩熵 ΔS_V 相关联。然而，空位数量会通过构型随机性增加构型熵。对于纯金属，可以推导出存在一个总的混合自由能最小的临界浓度[26]。考虑到含有 N_0 个原子和 N_V 个空位的晶体，没有空位的完美晶体的自由能的变化可写成：

$$G - G_0 = N_V \Delta H_V - kT \ln \left[\frac{(N_0 + N_V)!}{N_0! \; N_V!} \right] - N_V T \Delta S_V \qquad (3.8)$$

式中，k 为玻耳兹曼常数。借用斯特林的近似和排列组合，有：

$$G - G_0 = N_V \Delta H_V - kT [(N_0 + N_V) \ln(N_0 + N_V) - N_0 \ln N_0 - N_V \ln N_V] - N_V T \Delta S_V \qquad (3.9)$$

因为平衡时 $\mathrm{d}(G-G_0)/\mathrm{d}N_V = 0$ 且 N_0 非常小，则平衡空位浓度为：

$$X_V = \frac{N_V}{N_0 + N_V} = e^{\Delta S_V/kT} e^{-\Delta H_V/kT} = e^{-\Delta G_V/kT} \qquad (3.10)$$

那么高熵合金中的空位浓度如何？考虑最简单的情况，一个具有相同原子尺寸的 n 个金属元素的等摩尔随机理想固溶体，则上面的公式可以变为：

$$G_h - G_{0h} = N_{Vh}\Delta H_{Vh} - kT[(N_0 + N_{Vh})\ln(N_0 + N_{Vh}) - $$
$$N_0\ln(N_0/n) - N_{Vh}\ln N_{Vh}] - N_{Vh}T\Delta S_{Vh} \qquad (3.11)$$

因为平衡时 $d(G_h - G_{0h})/dN_V = 0$ 且 N_0 非常小，则平衡空位浓度为：

$$X_{Vh} = \frac{N_{Vh}}{N_0 + N_{Vh}} = e^{\Delta S_{Vh}/kT} e^{-\Delta H_{Vh}/kT} = e^{-\Delta G_{Vh}/kT} \qquad (3.12)$$

因此，元素的数量不会改变纯金属的空位浓度的表达式。对于非等摩尔和非理想的固溶体，其元素之间的原子尺寸和结合键是不同的，除了使用其自身的过剩焓、过剩熵和过剩自由能之外，方程式形式仍然是相同的。这表明高熵合金中的每个固溶体相的空位浓度方程基本上与纯金属的空位浓度方程相同。多元素基体的晶格畸变会影响过剩焓吗？答案是晶格畸变非常小并且可忽略不计，因为表3.6 中所示的每摩尔原子的晶格畸变能远低于每摩尔空位形成热。如表 3.4 所示，最大的五元合金变形能（500J/mol）约为空位形成焓的 5‰。这是合理的，因为空位的形成需要破坏与其相邻原子的化学键，而晶格畸变只改变键长或键角。简而言之，传统合金的空位浓度概念仍然适用于高熵合金。

3.4.4　溶质

溶质原子来自提取和制造过程中固有的杂质，或者来自初始合金设计时为改善性能而有目的的合金化。在高熵合金中，大多数相是固溶体（无序或部分有序）。在每种固溶体中，多种元素在基体中混合，可以认为是全溶质基体。较大的原子主要处于压缩应变或应力，而较小的原子主要处于拉伸应变或应力。因此，与具有单一主要元素的传统晶格相比，全溶质基体的每个晶格点具有原子级的晶格应变，并且整个晶格会遭受严重的晶格畸变。如前所述，除原子尺寸效应外，异类相邻原子之间会带来不同的晶体结构倾向和不同的价键结合，这样会影响到原子位置并导致进一步的畸变。然而，由于总的自由能有下降的趋势，通过调整相邻原子的相对位置可以释放每个位置处的晶格应变。

3.4.4.1　原子周围的应力场

尽管存在弛豫，但原子尺度应力存在于整个溶质基体中。Egami 指出了这一点[54,55]。即使在非晶结构中，这种原子尺度的应力仍然存在。虽然这种原子级应力在晶格中的位置不同，有些处于压缩状态，有些处于拉伸状态，但在稳定状态下都会实现应力之间的局部平衡。也就是说，它们对微观或宏观应力的总体贡献平均为零。因为溶质原子周围的应力场会被周围原子的应力场屏蔽或消除，所以任何原子的远程原子应力都会很小。也就是说，原子周围的应力是原子尺度或短程的。

3.4.4.2 畸变对晶格常数的影响

由于高熵合金固溶体的全溶质基体是各种元素的混合物，实际晶体结构的晶格常数与纯元素的晶格常数有一定的关系。对于最简单的随机固溶体，Vegard 定律是否有效？二元 A-B 固溶体中的 Vegard 定律可表示为：

$$a_{AB} = (1 - x)a_A + xa_B \tag{3.13}$$

式中，x 为组分 B 的分数。Vegard 定律可以被认为是混合律，这是基于他对离子盐的连续固溶体的观察提出的，例如 KCl-KBr。然而，金属固溶体并未严格遵守该定律[6]。但偏离的原因仍不清楚。为此，我们需要考虑晶格畸变和过剩化学键的影响。有人提出晶格畸变可以扩大 Vegard 定律预测的平均晶格，并且更强的过剩化学键结合将使得键长更短并因此导致晶格常数更小。这两个主要效应的叠加决定了真实的晶格常数。对于第一个效应，让我们考虑没有晶格畸变的平衡结构，这里使用纯 Ni 举例。图 3.13a 显示出纯 Ni 中的原子处于平衡位置，此时原子处于势阱最小处，价键强度处于最大化，而晶格常数达到了最小值。图 3.13b 显示出非平衡情况。在这种结构中，原子与势阱最小值的任何偏移都会降低局部键合强度并增加整体键长或晶格常数。换句话说，具有锯齿形原子方向和平面的畸变晶格将扰乱原始平衡晶格而造成一定程度的体积膨胀。在极端条件下，非晶固体的密度比晶体固体低 0.3%~0.5%。

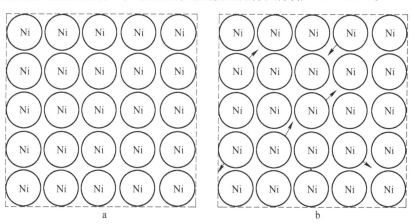

图 3.13 没有晶格畸变的纯 Ni 的平衡结构（a）和具有晶格畸变的纯 Ni 的膨胀结构（b）

这种想法可以应用于二元固溶体中。由于 Vegard 定律预测的平均晶格是两个分量晶格的线性组合，并且原子尺寸差异或电化学性质的其他差异会提高总自由能，因此需要与势阱的复合最小位置有一定的偏差以降低总的自由能量。在这种晶格畸变下，有效键合强度降低并且晶格常数增加。类似地，对于具有近理想的 FCC 固溶体的 Ni-Co-Fe-Cr-Mn 合金系列，晶格畸变 $\varepsilon_x^2 = \varepsilon_y^2 = \varepsilon_z^2 = \sum_i x_i \varepsilon_i^2$ 会随着元素数量的增加而增加，这解释了为什么实际晶体结构的晶格常数通常与 Vegard 定律预测的偏差较大。从二元合金到五元合金的偏差分别为 -5.66×10^{-4}、7.91×10^{-3}、7.86×10^{-3} 和 1.43×10^{-2}（见表 3.6）。我们注意到，五元合金具有负混合焓 -4.16kJ/mol，这将减少键长并因此降低晶格常数。因此，与理想的平均晶格常数相比，增加的晶格常数确实说明晶格畸变具有膨胀晶格的影响（参见图 3.14 中的五元合金）。

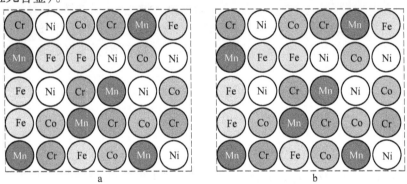

图 3.14　没有晶格畸变的 CoCrFeMnNi 的平衡结构（a）
和具有晶格畸变的 CoCrFeMnNi 的膨胀结构（b）

3.4.5　位错

3.4.5.1　晶格畸变和钉扎效应对位错能的影响

　　金属中的位错来源很多，包括凝固和冷却过程中固体的形核和长大，淬火空位的坍塌，应力集中和位错源的增殖[69]。然而，由于在全溶质基体中存在严重的晶格畸变，在传统合金中通常写为 Gb^2 的位错能（G 为剪切模量；b 为柏氏矢量），需要从以下两个方面加以修正：即位错和周围原子的相互作用以及晶格畸变能的级别。如果位错与邻近原子之间不发生相互作用，则应力场方程与文献 [69] 中的完美晶格相同。然而，如果热激活和时间足以使活动位错和邻近原子调整它们的相对位置以降低总能量，从而形成位错气团，则位错与邻近原子就会发生相互作用以降低总能量。由于这种调节不需要长程扩散，并且可以通过在核心中具有大量溶质的地方沿位错线扩散来实现，因此可以在比传统合金相对更低的温度下在几个原子距离内进行这种调节。这对于高熵合金是独特的，因为具有一个主要元素的传统基体将需要长程扩散以使远处区域的溶质吸引到位错核心，这样就会需要较高的温度以增强扩散形成位错气团。

一个位错的核心半径，其应力和应变不遵循线性弹性力学，通常被认为是5b（即在半径中有 5 个原子），并且在核心中建立的应力是理论应力，大约为 Gb/30[70]。这种核心能量可能占位错能的十分之一[69,70]。在核心中，大的原子如 Cr和 Fe 可以迁移到边缘位错下方的拉伸区域，而较小的原子可以通过快速的位错管道扩散而扩散到位错线上方的压缩区域，如图 3.15 所示。虽然这样的重排可以释放总能量，但是位错周围的应力场基本不变，因为它是位错最初形成的长程应力场，并且该应力场不受核心中短程相互作用的影响。

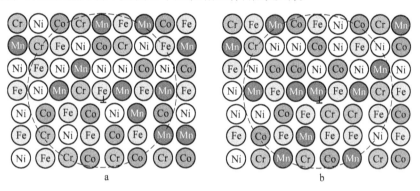

图 3.15　位错周围的原子结构：释放前（a）和释放后（b）
（释放意味着通过不同原子的重排来降低整体应变能，虚线圆表示位错核的范围）

另外，晶格畸变会降低位错的有效能量，因为缺陷能是缺陷（空位、位错、晶界和表面）与晶格之间能级的相对差异。这意味着当我们通过做功制造缺陷时，畸变晶格所需的功会比没有畸变能的完美晶格小。或者，当两个相对的位错彼此抵消并返回到畸变的晶格时，能量释放将更低。因此，位错能减小并且变得小于预期的 Gb^2。这里，选择五元合金 CoCrFeMnNi 进行估计。如表 3.6 所示，该合金中位错的每单位长度（m）的核体积为：

每单位长度的核体积$= (5b)^2 \pi \times 1m = 5.12 \times 10^{-18} m^3 \qquad (3.14)$

在没有位错的情况下，畸变晶格中相同体积的畸变能是：

$$等效畸变能/m = 5.12 \times 10^{-18} m^3 \times \rho_v \times U_{0per\,mole}$$
$$= 3.58 \times 10^{-10} J/m \qquad (3.15)$$

$$位错能/m = Gb^2 - 3.58 \times 10^{-10} J/m$$
$$= 4.3 \times 10^{-9} J/m - 3.58 \times 10^{-10} J/m$$
$$= 3.94 \times 10^{-9} J/m \qquad (3.16)$$

因此，五元合金 CoCrFeMnNi 中的晶格畸变降低了大约十分之一的位错能。简而言之，这两个因素可以在一定程度上降低位错能：简单的释放效应通过形成位错气团和畸变的晶格效应以降低总应变能（但未估计），通过增加晶格的能级以降低位错能。对于具有较大原子尺寸差异和 $U_{0per\,mole}$ 的其他系统，位错能显然更低。

应该提到的是，形成位错所需的应力类似于沿滑移面剪切晶体的理论剪切应力。理论应力约为 $G/15$。在具有位错以帮助滑移变形的实际晶体中，剪切所需的实际应力仅为理论剪切应力的 $1/1000 \sim 1/100$。这意味着，即使上述两个因素导致位错能的能量减少，它们对实际强度的影响也会很大。因此，与未变形的晶格相比，全溶质基体中的位错具有相对较低的能量状态，在滑移面上更难以移动，不仅需要克服强烈的位错气团，而且即使在气团释放之后，还需要克服大量的溶质障碍。这将在后面的固溶强化部分进一步讨论。然而，应该指出的是，更多的基础研究未来需要通过模拟或理论计算得出精确位错能。而且还需要直接观察或间接证据来检测应变时效的存在（位错上的溶质钉扎）。

3.4.5.2　外加压力下的位错虚拟力

我们需要核对高熵合金中的虚拟力，即外加到传统晶体的剪切应力所产生的虚拟力。由于虚拟力是通过将外加应力做的外功与虚拟力做的内功等同而得到的，其与晶格畸变无关，因此高熵合金中位错的虚拟力方程与传统合金中的相同。也就是说，滑移平面中螺旋、刃型或混合位错的每单位长度的所有虚拟力都是：

$$F = \tau_0 b \tag{3.17}$$

式中，τ_0 是与柏氏矢量平行的外加剪切应力。如果应力与柏氏矢量不平行，虚拟力可以通过一个称为 Peach-Koehler 方程的一般方程来计算应力张量和柏氏矢量的向量积[69,70]。

3.4.6　堆垛层错

3.4.6.1　晶格畸变和 Suzuki 效应对堆垛层错能的影响

堆垛层错与位错有关。原子面堆垛次序的不连续性称为堆垛层错。如果堆垛层错止于晶体中，则其边界是一个不全位错。在 FCC 中，它可能是肖克利不全位错或弗兰克不全位错[69]。堆垛层错可视为面缺陷并具有表面能，因为堆垛层错两侧的原子不在正常位置并失去一些键合能。堆垛层错实际上是具有四个原子层的一个 HCP 层。然而，在堆垛层错附近或沿堆垛层错的那些原子的 FCC 或 HCP 结构中的应变场和化学趋势可用于降低堆垛层错能（SFE），通过在所提供的合适的热能下分离和调整它们的位置。这就是所谓的 Suzuki 相互作用。常规的 Suzuki 相互作用用于解释由于合金化效应导致的堆垛层错的减少。对于高熵合金，这种相互作用也是正确的，并可以被认为是降低堆垛层错的一个因素。在全溶质基体中，原子的这种局部调整或重排将改变原子尺度范围内的成分（没有传统基体中的长程扩散），但在纳米尺度或更大范围内测量时可能不会有改变。因此，关于这种相互作用的证据，在识别偏析时需要进行非常仔细的分析。

除了 Suzuki 相互作用之外，实际上还有另一个因素，即晶格畸变能，也降低高熵合金的堆垛层错能。图 3.16 显示了 Suzuki 相互作用和晶格畸变效应的示意图，其中显示了堆垛层错，不变形的完美晶格和畸变晶格的不同自由能级。没有变形的假想晶格意味着溶质原子只占据晶格位置而不会引起晶格畸变。假设堆垛层错的能级是恒定的，尽管它可能因畸变晶格的松弛而略低。这种晶格中的堆垛层错能量是 $\gamma_{perfect}$。在 Suzuki 相互作用之后释放出一些堆垛层错能量 U_{suzuki}，堆垛层错能减少。实际上，晶格因溶质原子而变形，并且由于变形能而具有更高的能级。因此，真正的堆垛层错能 γ_{real}，甚至低于 $\gamma_{perfect} - U_{suzuki}$。所以，由于高熵合金基体中的所有原子都是溶质，高熵合金基体中的堆垛层错能因为 Suzuki 相互作用和晶格畸变能而自然地低。然而，当适当地提供热量以引起扩散进行分离时，则会发生 Suzuki 相互作用。因此，需要合适的温度。低温不能提供偏析扩散，而高温则会破坏相互作用或偏向随机性。如果加工样品可以避免适合 Suzuki 相互作用的温度范围，则堆垛层错能变为 γ'_{real}，大于由 U_{suzuki} 得到的 γ_{real}。

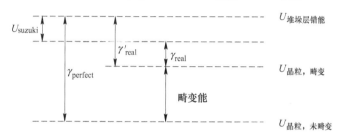

图 3.16 Suzuki 相互作用和晶格畸变对堆垛层错能的影响
（比较了不同的堆垛层错自由能级，无变形完美晶格和变形晶格）

由于 Suzuki 相互作用和晶格畸变能取决于基体中的组成元素，能级的相对位置和实际的堆垛层错能也取决于合金成分。

需要指出的是，考虑到上述界面能的来源，晶格畸变能效应也应该被认为是降低传统合金如 FCC 的 Cu-Al 青铜和 FCC 的 Cu-Zn 黄铜的堆垛层错能的第二个因素。大家已发现在铜基中添加 Al 和 Zn 可有效降低堆垛层错能。鉴于第二个因素，Al(0.143nm) 和 Cu(0.128nm) 之间以及 Zn(0.139nm) 和 Cu 之间的显著原子尺寸差异以及晶体结构趋势和化学键合等其他差异可能会带来晶格畸变从而降低堆垛层错能。

3.4.6.2 实测的高熵合金堆垛层错能

通过使用粉末样品的 XRD 图谱，测量了 Ni、NiCo、NiCoFe、NiCoFeCr 和 NiCoFeCrMn 等原子单相 FCC 合金系列[68]。通过使用高速钢锉从两个大块样品中获得粉末。一种是通过冷轧在 1100℃下均匀化 6h 并淬火的薄板得到的冷轧样品。

冷却率为 70%，以确保完全加工硬化。另一种是完全退火的样品，它是通过在 1100℃下保温 10min，热处理冷轧样品而得到的。表 3.7 显示了通过使用文献 [71] 中报道的相关方程得出堆垛层错能的相关数据。通过 XRD 方法获得的纯 Ni 的堆垛层错能（108mJ/m²）与文献 [72，73] 中通过 TEM 节点法获得的 128mJ/m² 是一致的。图 3.17 显示了堆垛层错能随组成元素的数量而变化。堆垛层错能随组元数量的增加而减少。值得注意的是，从 Ni 到 NiCo 的堆垛层错能大大减少，NiCoFeCrMn 具有最低的堆垛层错能，为 6.2mJ/m²。由于 FCC 的 Co 的堆垛层错能为 15mJ/m²[73]，根据混合律预测的堆垛层错能为 71.5mJ/m²，则表 3.7 中的 NiCo 的堆垛层错能为 40.8mJ/m² 是合理的。NiCo 合金中的 Suzuki 相互作用和晶格畸变能将会导致堆垛层错能的进一步降低。实际上，这个数值与文献中报道的 NiCo 的数值是相似的[72]。

表 3.7　通过 XRD 方法得出堆垛层错能的相关数据和相关方程[61]

合金	Ni	NiCo	NiCoFe	NiCoCrFe	NiCoFeCrMn
$\Delta 2\theta/(°)$	0.02	0.02	0.02	0.05	0.156
α	$3.66×10^{-3}$	$3.69×10^{-3}$	$3.71×10^{-3}$	$9.32×10^{-3}$	$29.2×10^{-3}$
$<\varepsilon_{50}^2>_{111}$	$7.84×10^{-5}$	$7.92×10^{-5}$	$6.71×10^{-5}$	$9.31×10^{-5}$	$9.89×10^{-5}$
G/GPa	76	69.6	62.1	90.8	66.1
$\gamma/mJ·m^{-2}$	108	40.8	31.3	25.3	6.2

Koch 的小组使用机械合金化方法制备另一种等原子合金系列，并利用 XRD 方法和不同的模拟得出堆垛层错能[74]。他们发现堆垛层错能随着元素数量的增加而减少，五元合金的堆垛层错能最低（参见图 3.18）。然而，图 3.17 和图 3.18 中的等原子比 CoCrFeMnNi 的堆垛层错能之间存在较大差异。因此，还需要进一步的研究来加以阐明。此外，通过改变 Ni 含量和 Cr 含量，Kock 的研究小组

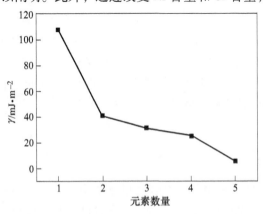

图 3.17　堆垛层错能与 Ni 到 NiCoFeCrMn 合金组成元素数量的函数关系[68]

发现 $Ni_{14}Fe_{20}Cr_{26}Co_{20}Mn_{20}$ 合金具有极低的堆垛层错能（3.5mJ/m²）[74]。如果将这些 Co-Cr-Fe-Mn-Ni 合金的堆垛层错能作为原子尺寸差异的函数（参见方程式（3.1）），则得到图 3.19，图中揭示了综合效应合理化的趋势，由于较大的原子尺寸差异可以增强这两个因素，因此通过原位原子位置调整可以增加变形基体的能级和增加堆垛层错的应变能。然而，所有这些现象都需要新的模型和理论来解释其内部机理。

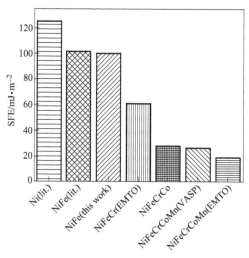

图 3.18 通过 XRD 方法结合不同模拟测量的从纯 Ni 到 NiFeCrCoMn 的等原子 FCC 金属的堆垛层错能[74]

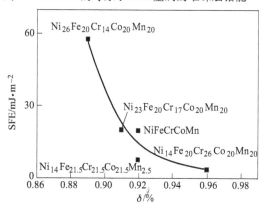

图 3.19 堆垛层错能[74]与非等原子和等原子 Co-Cr-Fe-Mn-Ni 合金的原子尺寸差异关系

3.4.6.3 堆垛层错能对滑移带的影响

堆垛层错能对于影响位错运动、位错亚结构、孪晶、强度、应变硬化、塑性、攀移、蠕变、应力腐蚀和氢脆是非常重要的。例如，低堆垛层错能将在不全位错之间产生更大的分离。对于在 FCC 结构中，堆垛层错受到肖克利不全位错的约束，交滑移或双交滑移过程将变得更加困难，因为远距离的不全位错需要组合成全螺旋位错才能完成这样的过程。这样得到的位错结构在平面阵列中将更均匀，并且滑移带更细且更均匀。此外，形成孪晶所需的应力和能量都较低，因为共格孪晶界基本上是堆垛层错的一半厚度。图 3.20 显示了从 Ni 到 NiCoFeCrMn 合金中冷轧 50% 后[68]晶粒中滑移带的光学显微照片。从图中可以看出，经冷轧处理后，合金内部基本上只有一个可动的滑动体系。然而，随着元素数量的增加滑移带之间的平均间距先减小后增加。它们的间距分别为 15.8μm、9.0μm、3.3μm、5.4μm 和 6.0μm。由于位错腐蚀坑代表位错，Ni、NiCo 和 NiCoFe 中的暗色滑移带表明滑移带中的位错密度足够高，使得在光学显微镜下观察到凹坑。这意味着它们的滑移带中的塑性应变也很大。然而，NiCoFe 具有最密集的滑移带，这有助于释放每个滑移带中的应变集中，从而有助于提高塑性。值得注意的是，NiCoFeCr 和 NiCoFeCrMn 合金在滑移带中和滑移带之间具有离散的腐蚀坑。与 NiCoFeCrMn 合金相比，NiCoFeCr 中腐蚀坑的扩散明显较大。然而，由于 NiCoFeCrMn 合金具有比 NiCoCrFe 小得多的堆垛层错能，因此纳米孪晶变形更容易进行，特别是在滑移带之间。综上所述，从 Ni 到 NiCoFeCr 的堆垛层错能降低可以越来越多地抑制交滑移和双交滑移，从而增强应变硬化和其他滑移带的激活。较高的应变硬化和较小的应变集中反过来延迟了断裂并改善了塑性。另一方面，NiCoFeCr 和 NiCoFeCrMn 的低堆垛层错可能会引起纳米孪晶变形，其中 NiCoFeCrMn 比 NiCoFeCr 更容易得多。因此，一部分应变消耗在滑移带之间形成的纳米孪晶中。在具有低堆垛层错能的不锈钢中也可以观察到类似的现象，例如具有

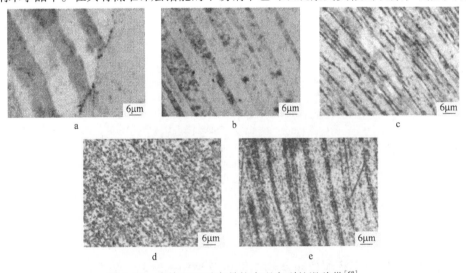

图 3.20　冷轧 50% 后在晶粒中观察到的滑移带[68]

a—Ni；b—NiCo；c—NiCoFe；d—NiCoFeCr；e—NiCoFeCrMn

14mJ/m² [71,75]堆垛层错能的 310S(Fe-25Cr-19Ni)。这就是为什么 NiCoFeCrMn 的腐蚀坑在滑移带之间不那么致密的原因。纳米孪晶的大量形成（在低温下的轧制或拉伸变形期间），会带来大的应变硬化和诱导塑性，从而特别有利于塑性。

随着冷轧压下量增加到 90%，二次滑移系在变形的晶粒中被诱导产生[68]。Ni 和 NiCo 中的粗滑移带呈现交织和波浪状。NiCoFe 中的细滑移带也发生交织现象。NiCoFeCr 合金具有均匀细密的滑移线交织结构。NiCoFeCrMn 合金具有非常细的网状结构，其中存在具有变形亚晶和纳米晶的亚结构。

3.4.6.4 FCC NiCoFeCrMn 合金的织构

图 3.21 为 90%冷轧后 NiCoFeCrMn 的横截面微观结构和织构特征[76]。图

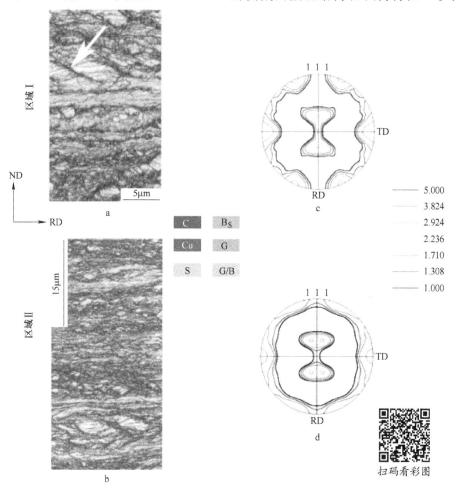

图 3.21 从 90%冷轧 NiCoFeCrMn 的两个不同区域中获得的具有重叠取向的 IQ 图（a、b）和相应的（111）极图（c、d）[76]

3.21 中 a、b 显示了与典型的 FCC 轧制织构类型重叠的 EBSD（电子背散射衍射）衍射质量（IQ）图，而图 3.21c、d 分别显示了两个不同区域的（111）极图。IQ 图显示亚微米胞状结构。在区域 I 中可以观察到相对于轧制方向（RD）的薄剪切带夹角（由箭头标记）约为 25°。两个区域中的大角度晶界（HAGB）比例是相似的。取向图显示存在很强的黄铜织构（｛110｝〈112〉，命名为 B_S 织构）、S 织构（｛123｝〈634〉）和 Goss 织构（｛110｝〈001〉，命名为 G 织构），但纯铜的织构很少（｛112｝〈111〉，命名为 Cu 织构）。（111）极图（图 3.21c、d）的出现清楚地揭示了 90% 冷轧后主要是 B_S 织构。从这两个区域获得的不同织构类型的体积分数非常相似，这表明在严重变形之后高熵合金中的微观织构是相当均匀的黄铜织构。除了随机织构的体积分数为 42% 外，在其余织构中黄铜织构的体积分数是最大的，约为 22%。

3.4.7　晶界

3.4.7.1　晶格畸变和局部重排对晶界能的影响

　　晶界是具有不同取向的相邻晶粒之间的界面，包含由位错阵列构成的小角度晶界，具有无序结构的大角度晶界以及在具有特定取向差角的重合晶界。因为它们的能级高于基体，所以它们都具有界面能。类似于 3.4.6 节中讨论的堆垛层错，与纯基体相比，溶质原子沿界面的偏析层和畸变基体的较高能级可以降低各类晶界的有效界面能。这意味着高熵合金晶界的界面能较小，因此在退火过程中比传统合金更稳定且难以迁移。此外，高熵合金中晶粒粗化的驱动力也较低。所有这些都有利于在高温下具有更稳定的晶粒结构。我们可以使用畸变基体的极端情况，即非晶结构，作为一个例子去理解畸变能对晶界能的影响。由于除了那些特定取向之外的大角度晶界可以被认为是基体中的无序界面层，所以非晶结构中的任何界线具有完全无序的原子构型并且等同于除界线之外的其他无序结构。因此，不存在界线的界面能。这也就是非晶结构没有晶界的原因。

3.4.7.2　影响高熵合金中晶粒和颗粒粗化的因素

　　设金属的平均晶粒尺寸为 D，并为了简化计算假设多面体晶粒为球形。对于一个单位体积，总晶界面积为：

$$A_g = (1/2)D^2\pi\left[1/(D^3\pi/6)\right] = 3/D \tag{3.18}$$

因此，每单位体积的总晶界能为：

$$U_g = 3\gamma/D \tag{3.19}$$

假设晶粒生长增量为 dD，U_g 的损失将是：

$$dU_g = (3\gamma/D^2)dD \tag{3.20}$$

假设单位晶界面积的虚拟驱动力为 F_g，则驱动力所做的功等于 U_g 的损失：

$$(3/D)\,F_{\mathrm{g}}\mathrm{d}D/2 = (3\gamma/D^2)\,\mathrm{d}D \qquad (3.21)$$

则:

$$F_{\mathrm{g}} = 2\gamma/D \qquad (3.22)$$

由于该推导仅依据晶粒尺寸和界面能,因此结果同样适用于单相高熵合金。这意味着晶粒生长的驱动力与晶界能成正比,与晶粒尺寸成反比。

实际上,晶粒长大与晶界迁移有关。假设迁移率为 M_{g} 且晶粒生长速率为 ν_{g},则准象方程变为:

$$\nu_{\mathrm{g}} = M_{\mathrm{g}}F_{\mathrm{g}} \qquad (3.23)$$

晶界的迁移率由跨越晶界的原子的成功跳跃速率来决定,这一过程需要克服能垒,因此较低的能垒和较高的温度将导致较高的迁移率[61]。除了影响迁移率和生长速率的这两个因素外,还有其他结构因素,如沿晶界的溶质偏析和沉淀析出也可以直接阻碍晶界迁移。阻力 F_{d} 将抵消一部分驱动力,则上述方程变为:

$$\nu_{\mathrm{g}} = M_{\mathrm{g}}(F_{\mathrm{g}} - F_{\mathrm{d}}) \qquad (3.24)$$

因为驱动力与晶粒尺寸成反比,所以当驱动力等于阻力时,在一定热处理温度下可以获得稳定的晶粒尺寸。也就是更小的晶界能和更大的阻力将获得更小的晶粒尺寸。众所周知,较高的温度可以消除沿晶界的偏析和第二相(除氧化物或类似的稳定相之外),并可能导致异常的晶粒长大。所有这些现象和现象学关系也适用于单相高熵合金。

然而,传统基体与高熵合金中的全溶质基体之间存在一些不同。第一,如上所述,高熵合金中的晶界能固有地低,这会降低驱动力,从而降低生长速度。第二,在高熵合金中成功跳过晶界将更加困难,因为涉及多种组元并且需要协调配合使相邻晶粒的成分相同。这反过来降低了晶界的迁移率。第三,在高熵合金中容易沿晶界偏析,因为晶界具有比晶粒内部相对更高的扩散速率,并且通过沿晶界的溶质原子重排获得的偏析可以降低晶界能,这甚至可以在室温下通过适当的时效处理就能完成。因此,在晶粒生长期间容易获得阻力并延缓晶粒生长。简而言之,高熵合金的晶粒长大实际上比具有类似熔点的传统合金要慢。一些研究在典型的 FCC CoCrFeMnNi 高熵合金中也报道了类似的这种现象[33,76]。Liu 等人发现生长动力学可以用 3 次幂律(见图 3.22)来描述,表明晶界运动是由溶质-拖拽机制来控制的。同时得到了晶粒长大的激活能约为 321.7kJ/mol,接近在 3.2.3 节[8]中提到的 5 个元素中的 Ni 的激活能,它是最高的,为 317.5kJ/mol。所以,晶粒长大期间的晶界迁移速率会受到扩散最慢的 Ni 原子以晶格扩散方式来控制,而不是传统合金中所见的晶界扩散。非常特殊的是 AISI 304LN 不锈钢的激活能较小,仅约为 150kJ/mol[33]。

在二元合金中,如果杂质在基体中具有小的溶解度,则晶界的偏析程度(或富集率)变大,进而导致缓慢的晶粒长大速率。如果杂质具有大的溶解度,则由

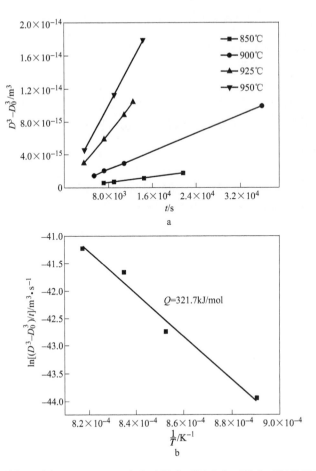

图 3.22　晶粒尺寸与 CoCrFeMnNi 合金试样在不同温度下退火时间的函数关系，
观察到晶粒尺寸三次方和时间存在线性关系（a）和晶粒长大
常数 C 与绝对温度倒数的函数关系（b），激活能由计算得到[33]

于较小的偏析，在相同的含量下对晶粒生长的抑制作用变小[61]。然而，这种现象不适用于具有全溶质基体的高熵合金，因为高熵合金中的晶界已经具有许多不同的组元，且为了降低总的自由能，原子重新排列以求最佳的偏析效果。这种重排主要局限于晶界层，典型宽度约为 0.5nm。这意味着该层中的平均组成与晶粒内部的平均组成相似。对于具有少量杂质和合金元素的情况，如果将整个溶质基体视为伪一元矩阵，则上述提到的二元合金中的这种现象可以应用到高熵合金中。在伪一元基体中具有低溶解度的微量元素将大量偏析富集到晶界处。但是，它们可能会给高熵合金带来脆性，这需要我们采取预防措施。

相界是两相之间的界面。在平衡状态下，两相中各组分的化学势和它们的相界是相等的。但是，两相的自由能级可能彼此不同。因此，相界能可以被认为是相界的能级与两相能级的算术平均值之间的能量差。类似地，两相中的晶格畸变提高了它们的能级，并且还可以在没有畸变效应的情况下降低相界能。这也会影响到两相合金中的颗粒粗化或相粗化。

3.5 缓慢扩散的基本机制

对于高熵合金固溶体，置换扩散的机理除了扩散是缓慢的，并且由于较大的扩散激活能，动力学过程较慢外，仍然是空位机制。这种缓慢的扩散效应已经在 3.2.3 节[8] Co-Cr-Fe-Mn-Ni 高熵合金系统的扩散偶实验中得到证实。在本节中，我们将根据畸变晶格来解释缓慢扩散效应。因为每个原子被不同种类的原子包围并具有不同类型的键，所以畸变的多主元晶格将具有波动的晶格势能（LPE），用于原子从一个位置迁移到另一个位置。如图 3.23 所示，需要考虑原子-空位对（A-V）及其在 FCC 晶格中的最近邻原子。A-V 对的最近邻原子可分为三种类型。类型 1（T1）原子与 A（A_1-A_7）相邻，类型 2（T2）原子与 V（V_1-V_7）相邻，类型 3（T3）原子与 A 和 V（S_1-S_4）两者相邻。当原子 A 与空位 V 交换时，四个 T3 原子仍然与 A 相邻，但七个 A—T1 键断裂，而七个新的 A—T2 键则被建立。因此，当原子迁移时，LPE 的变化来自 A—T1 键和 A—T2 键之间的相互作用能差。所以，这种波动的 LPE 会使原子的扩散比具有均匀 LPE 的晶格更难，如图 3.24 所示。这就好比于沿着崎岖道路驾驶汽车。与平滑路面上相比，障碍物越高，则速度越慢。对于空位的自扩散，所需的激活能也低于具有均匀晶格势能的未畸变晶格。考虑相同的因素，小原子的间隙扩散尽管不需要空位辅助，仍将被减慢并且其在畸变晶格中的激活能更高。

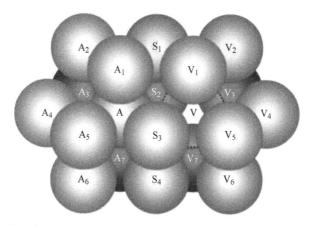

图 3.23　FCC 晶格中原子-空位对（A-V）及其相邻原子的说明：类型 1，A_{1-7} 原子仅与 A 相邻；类型 2，V_{1-7} 原子仅与 V 相邻；类型 3，S_{1-4} 原子与 A 和 V 相邻[8]

沿着位错和晶界的高扩散路径也存在于高熵合金的全溶质基体中。在传统的

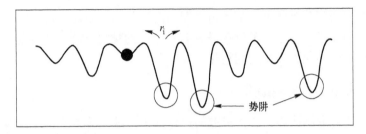

图 3.24　晶格中原子沿着扩散路径的晶格势能波动的示意图（箭头为势阱）

合金基体中，沿位错的扩散系数 D_p 和沿大角度晶界的扩散系数 D_g 具有相似的数量级，因为大角度晶界可被视为一系列位错，并且两个相邻位错之间的间距非常小。但是在任意温度下，两种扩散系数都比无缺陷晶格的扩散系数 D_l 大。例如，500℃银中的 D_p/D_l 和 D_g/D_l 分别为 2×10^6 和 1×10^6[77,78]。此外，其在晶界中的扩散激活能约为晶格中扩散激活能的 0.45。增加的扩散率可以用缺陷结构中增加的开合度来解释。这意味着这些缺陷结构中原子的跳跃频率远高于晶格中原子的跳跃频率。晶格、位错和晶界的扩散率相似性趋势仍然适用于高熵合金的全溶质基体，尽管在这种畸变晶格中的原子扩散比无畸变晶格中的原子扩散更困难。

然而，所有上述讨论仍需要通过对不同结构的高熵合金（例如，BCC 和 HCP）进行更多研究来证明，还需要更严谨的机理分析。此外，对于非理想固溶体，还应将同位素元素并入扩散偶中，以获得每个组分的扩散系数，这也有助于理解内在机理。

3.6　高熵合金中的塑性变形

在高熵合金中也可以看到塑性变形的所有基本过程，例如位错滑移、孪晶和晶界滑动，但是它们的详细机制在传统合金和高熵合金之间可能存在显著差异。这很可能是因为高熵合金的全溶质基体在所有点阵处都是畸变的，这直接影响了塑性变形的行为。

3.6.1　屈服和锯齿现象

正如在 3.4.5 节中所讨论的，降低位错能有两个因素：易弛豫效应是通过形成气团降低整体应变能；晶格畸变效应是通过提高晶格能级来降低位错能。与未畸变的晶格相比，位错需要额外的应力来克服位错气团，并且即使从气团中释放后也需要克服整个溶质的障碍。除了与过剩化学键合，剪切模量差异，短程有序和偶极相互作用有关的其他因素之外，晶格畸变效应是有助于固溶强化的结构因素。如果温度在抑制沿位错线扩散方面的作用足够低，则通过时效不能在位错周围自发形成气团，没有克服气团的额外应力。扩散随着温度的升高而加快，由于到处都有大量的溶质，因此形成气团的弛豫效应变得更容易。这种时效可能通过在室温下从气团中释放的位错所带来的额外应力来增加屈服强度。可用于解释在77K、293K 和 473K 下（不是在较高温度下）观察到的细晶粒 FCC CoCrFeMnNi 合金屈服后小的应力降，该合金晶粒尺寸为 $4.4\mu m$[79]，是在 1073K 下再结晶 1h 获得的。另外，在较高温度下的弛豫效应可能导致变形过程中的锯齿现象（动态应变时效）。然而，在更高的温度下，热振动变得太大而不能成功地进行结构弛豫，则锯齿行为会消失。这也解释了为什么三种晶粒尺寸的 CoCrFeMnNi 合金在673K 的应力-应变曲线上会显示出锯齿行为：$4.4\mu m$、$50\mu m$ 和 $155\mu m$[79]。因此，高熵合金的弛豫行为不同于传统合金，后者的溶质浓度有限并且需要长距离扩散来释放应变能和钉扎位错。

3.6.2 低堆垛层错能对塑性和韧性的影响

事实上，在具有低堆垛层错能的 FCC 高熵合金固溶体中，全位错倾向于将自身分解为两个具有宽的堆垛层错的肖克利不全位错。正如在 3.4.6 节中所讨论的，该特征将导致螺旋位错的交滑移和双交滑移更加困难，并且倾向于形成以带状线性排列为特征的位错亚结构。这是因为每个双交滑移可以形成一个 Frank-Reed 源，这反过来又在滑移平面中产生新的位错环。相反，高堆垛层错能金属在变形后倾向于表现出堆积位错和位错胞结构。因此，高熵合金固溶体中的变形趋于更加均匀，并具有更多的平面滑移。这种趋势在增强塑性方面具有优势，因为基体和夹杂物之间的界面上或晶界上没有了粗滑移带的影响，应力集中会变小。此外，较少的交滑移可提供较小的动态恢复和应变硬化。这两种效应都有利于改善 FCC 高熵合金的塑性。

FCC 高熵合金固有的低堆垛层错能也有助于纳米孪晶变形，这将有利于应变硬化率和整体延性。基本上，FCC 中的低堆垛层错能意味着共格孪晶界面能（因为堆垛层错能的一半，共格孪晶边界，例如 ABCABCBACBA…中的 C 堆垛序列，类似于固有堆垛层错的一半，后者通过肖克利不全位错被分割成 ABCABCBCABC…序列），与形核和长大的临界应力也很低。另一方面，FCC 高熵合金的屈服应力通过固溶强化和其他强化机制而增强，这使得位错的移动变得更加困难。因此，在 FCC 高熵合金固溶体中，基于孪晶和滑移变形所需的两个临界应力的竞争关系变形孪晶的形成变得更容易。通过这种竞争关系，低温和高应变速率都将有助于纳米孪晶变形，因为屈服强度比孪晶的临界应力增加得更快。变形期间的孪晶对于诱导更高的塑性非常重要。孪晶诱导塑性钢（TWIP 钢）就是一个典型的例子，这里孪晶可以导致高的应变硬化率，并且根据 Considere 准则，孪晶可以将颈缩的发生延迟到更高的应变下。因此，FCC 高熵合金固溶体通常具有优异的强度和韧性的组合。Otto 等人[79]观察了温度对 FCC CoCrFeMnNi 高熵合金力学性能的影响，发现屈服强度、应变硬化和塑性随着温度从 293K 到 77K 的降低而增加。此外，Gludovatz 等人报道了类似的结果，如图 3.25 所示[80]。他们还表明，CoCrFeMnNi 高熵合金在 730~1280GPa 的拉伸强度下表现出显著的断裂韧性，在裂纹萌生处超过了 200MPa·m$^{1/2}$ 时，在低温 77K 下稳定裂纹扩展又上升到了 300MPa·m$^{1/2}$。该合金的韧性水平可与最优质的低温钢相媲美，尤其是对于某些奥氏体不锈钢和高镍钢。Wu 等人报道了作为 CoCrFeMnNi 高熵合金子集的各种等原子比合金的力学性能对温度的依赖性[81]。所有等原子比合金如 CoCrNi、CoCrMnNi 和 CoCrFeNi 的极限拉伸强度和均匀断裂伸长率也随着温度的降低而增加，最大的增加发生在 77K 和 293K 之间。总之，这种现象归因于从室温下平面滑移位错运动到低温下机械纳米孪晶变形的转变，从而使合金在低温下产生连续稳定的应变硬化。

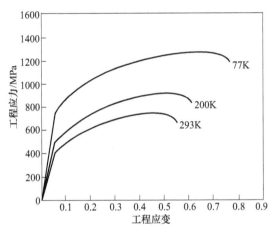

图 3.25　在 77K、200K 和 293K 拉伸试验得到的典型应力-应变曲线[80]
（屈服强度、极限拉伸强度和塑性（应变到断裂）均随温度降低而增加）

容易孪生化还具有另外一个优点，即在适当低于再结晶温度下，通过产生大量孪晶可以有效地减小晶粒尺寸，从而增加细晶强化效应。同时，细晶粒尺寸可以通过晶界滑移提高再结晶温度以上的超塑性。因此，FCC 高熵合金的低堆垛层错能非常有助于微观组织的细化和性能的改善。

3.6.3　BCC 或 HCP 高熵合金中的变形机理

最后两节涉及 FCC 高熵合金中的变形行为。至于 BCC 高熵合金中的位错行为，目前的研究还相当缺乏。这是因为大多数 BCC 高熵合金具有高强度但是脆性大。已经在铸态下的难熔 BCC 高熵合金 HfNbTaTiZr 中发现了位错结构，如图 3.26 所示[82]。其中存在大量位错，且大部分位错成排于亚晶界。此外，还观察到了堆积现象，和一些导致六边形网络结构的位错反应。这表明铸态合金中存在位错，而且塑性变形可以通过位错运动来实现。Senkov 等人报道了难熔 BCC 高熵合金 HfNbTaTiZr 的压缩断裂应变高于 50%。如图 3.27 所示[9]，从压缩试验样品横截面的微观结构中，可以看到变形孪晶和沿着一些晶界的裂纹。这进一步证明了孪晶也可能是其中一种的变形机制。尽管对 HCP 高熵合金的研究较少，但除了上述适当的修正外，基本的变形机理应该与传统的 HCP 合金相似。

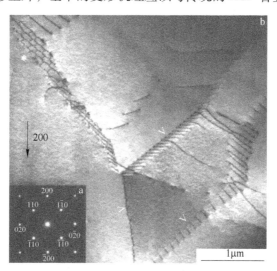

图 3.26 难熔 BCC 高熵合金 HfNbTaTiZr 的 TEM 图

a—选择的区域衍射（插图）表示 [001] 晶带轴花样；b—铸态微观结构的明场像
（符号强调了亚晶界和六角形位错网络的存在[82]）

图 3.27 室温下压缩变形后 HIP'd Ta$_{20}$Nb$_{20}$Hf$_{20}$Zr$_{20}$Ti$_{20}$
合金纵向截面的 SEM 背散射电子图像[9]

3.6.4　高熵合金中的强化机制

物理冶金中的强化机制包括固溶强化、应变硬化、细晶强化、沉淀强化、弥散强化、马氏体强化和复合强化。除马氏体强化外,在高熵合金和高熵合金相关复合材料的文献中都已发现。

(1)固溶强化。对于固溶强化,当比较实际的强度(或硬度)和通过混合律获得的强度(或硬度)时,全溶质基体天然地具有非常大的固溶强化效果。对于 HfNbTaTiZr[9]、NbMoTaW 和 VNbMoTaW[23],这种强化比例可高达 3~4。这是令人惊讶的,因为这种高强度只是通过固溶强化来实现。但是,FCC 高熵合金的比例约为 1~2。这可能与 FCC 高熵合金中的畸变小于 BCC 高熵合金中的畸变有关,如 3.2.2 节所述。通过在全溶质基体中加入一种成分来强化合金,Lin 等人研究了一系列难熔 Al$_{0-1}$HfNbTaTiZr 高熵合金,发现合金的屈服强度与 Al 的原子百分比 c 之间存在线性关系为 $\sigma = 1031 + 26.1c$(MPa),如图 3.28 所示[83]。他们提出可以根据准二元合金概念来解释单相高熵合金中某种元素的强化效应。因此,线性的事实

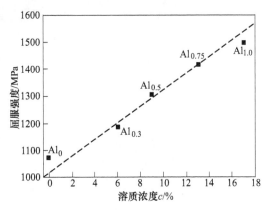

图 3.28　Al 的溶质浓度对 Al$_x$HfNbTaTiZr 高熵合金屈服强度的影响[83]

源于每个 Al 原子的强化贡献。强的价键结合因素,结合原子尺寸差异因素(或晶格畸变)是 Al 添加引入强化的主要贡献力量。然而,许多金属通过置换溶质和间隙溶质实现的固溶强化常遵循不太有效的 $c^{1/2}$ 关系[84]。尽管在传统金属中也观察到从 1/3 到 1 的指数关系,但是高熵合金的理论模型仍需要进一步建立。

(2)细晶强化。在细晶强化中,Liu 等人系统地研究了 FCC CoCrFeMnNi 等原子比高熵合金在不同温度下冷轧和退火的晶粒长大行为[33]。从图 3.29[33] 可以看出,Hall-Petch 关系也适用于这种合金。但是应当注意,由于 BCC、FCC 和 HCP 金属中的硬化系数的上限约为 600MPa/μm$^{0.5}$,因此高熵合金硬化系数为 677MPa/μm$^{0.5}$已经是相当大了。这表明当前 CoCrFeMnNi 合金中的晶界硬化率是很高的。原因可能与该合金的大应变硬化[80]有关。此外,Al$_{0.2}$CoCrFeMnNi 合金具有更大的硬化系数,为 2199MPa/μm$^{0.5}$,因为 Al 的添加提供了更大的晶格畸变和更强的键合,因而加工硬化更大[85]。这可以用 Li's 理论来解释。即细晶强化实际上是由于近晶界区域的应变硬化引起的,这是由于在宏观屈服之前相邻晶

粒之间的弹性内应力促使晶界处输入大量位错[86]。因此，例如 FCC 高熵合金，大的应变硬化对应于大的硬化系数。

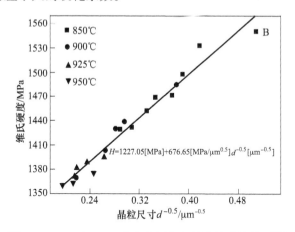

图 3.29　CoCrFeMnNi 合金中硬度和晶粒尺寸的关系[33]

（3）应变硬化。在高熵合金的变形中通常可以观察到应变硬化。在 FCC 高熵合金中，滑移和纳米孪晶可能是主要机制，因为它们的堆垛层错能实际上更低。较高的温度和较低的应变速率通过位错运动来推动变形，而较低的温度，比如在零度以下，以及较高的应变速率，如锻造和轧制，在变形结构中容易出现纳米孪晶。可以看到，两种机制都可以产生高应变硬化。在滑移机制中，低堆垛层错能使得位错交滑移更加困难，从而延迟动态恢复而引起软化。在纳米孪晶机制中，在变形过程中由于形成纳米孪晶而引起细晶强化。这两个因素都会增大应变硬化，进而根据 Considere 准则[79~81]导致塑性提高。在 BCC 高熵合金中，在变形期间发现孪晶较少，这表明与滑移相比，其形成是困难的。因此，应变硬化通常小于 FCC 高熵合金[9]。这可归因于三个因素：1）由于大的固溶强化导致高强度；2）易于交滑移导致动态恢复；3）难以生成孪晶。第一个因素涉及大的晶格畸变，类似于严重的冷加工结构。第二和第三个因素涉及缺少不全位错和存在许多交滑移系统。因为位错滑移的应力显著增加，冷轧可能会促进孪晶的生成。然而，我们仍然需要获取更多的研究数据（包括 HCP 高熵合金和其他结构）和建立更加严格的理论。

（4）沉淀、弥散和复合硬化。在高熵合金中经常观察到沉淀强化。对于第一近似，这些传统理论也适用于高熵合金。沉淀物的形状、大小、共格性、有序度、剪切模量和体积分数是影响强化的一系列因素[86]。但是，在高熵合金中，多主元基体和多主元沉淀物强化效应可能比传统合金更强，并且具有更高的强度级别。应进一步考虑沉淀物与基体之间的界面能和应变场。通过在熔融液体中粉末冶金技术，或通过内部氧化，可以向合金中添加硬质颗粒来获得弥散强化[86]。

它们的强化机制基本上类似于高熵合金的沉淀硬化。通过原位相形成，例如共晶和共析结构，或通过外在地添加大量第二相或增强相可以获得复合强化。更细的片层，更细的颗粒和更细的纤维将会带来更高的强度。有人已经报道了与高熵合金相关的硬质金属，例如烧结碳化物和具有高熵合金黏合剂的金属陶瓷[87,88]。这其中需要考虑润湿性、界面黏合、形貌、晶粒度、分布、体积分数和黏合剂强度。值得注意的是，高熵合金黏合剂可能会改变所有这些因素，从而改变性能。理解这些机理对于改善性能是非常重要的。

3.7　高熵合金的蠕变和蠕变机理

3.7.1　蠕变行为和外推法预测蠕变

在高温环境下，蠕变对材料而言是一个很重要的方面[84,89~91]，大量的高温失效是由于蠕变或者蠕变加疲劳引起的，这是由于失效和屈服强度与拉伸强度的不足可以立刻被观察到或者在早期失效阶段就可以观察到。一个材料在高温下发生蠕变意味着它的尺寸随加载时间而改变。在恒定载荷下的蠕变实验可以给出一个蠕变曲线，例如应变(ε)-时间(t)函数曲线。在开始快速伸长后，它可以分成三个典型的阶段：Ⅰ（初始阶段），Ⅱ（第二阶段）和Ⅲ（第三阶段）。曲线的斜率（$d\varepsilon/dt$）是蠕变速率。在初始阶段，蠕变速率随时间降低，在第二阶段，蠕变速率轻微的改变并且保持恒定；而在第三阶段，蠕变速率随时间快速增加直到断裂发生。一般来说，更高的载荷将导致更高的蠕变速率，并会缩短断裂时间。在中等的应力范围（$10^{-4} < \sigma/G < 10^{-2}$；$\sigma$ 是外加应力，G 是剪切模量）内，在阶段Ⅱ的恒定的蠕变速率可以用幂次定律来表示：

$$d\varepsilon/dt = A\sigma^n e^{-Q_c/(RT)} \tag{3.25}$$

式中，A 和 n 是常数，取决于蠕变机制；Q_c 是蠕变激活能。特别指出，如果 $T > 0.5T_m$，Q_c 近似等于纯金属和固溶体合金的自扩散激活能。

通常来说，人们都会为顾客设计一个具有合理使用寿命的工业设备。如喷射式涡轮、电厂汽轮机和核反应堆，各自合理的使用寿命分别是 10000h（约 1 年），100000h（约 10 年）和 350000h（约 40 年）。为了避免过长的实验，人们开发出外推法。人们普遍接受以下形式的拉森-米勒方程用于外推：

$$T(\log t_r + C) = m \tag{3.26}$$

式中，C 是取决于合金的拉森-米勒常数；t_r 是失效时间；m 是取决于应力的拉森-米勒参数。因此，人们可以通过使用在更高温度下的蠕变实验获得的更短的断裂时间来预测相同应力下在更低温度下的断裂时间。特别指出，在相同应力下，如果断裂时间越长，则更高的 m 值越好。

3.7.2 蠕变机制

人们已经很好的建立了蠕变变形机制并且大概可以分为四类[84,89~91]：

(1) 扩散蠕变：$\sigma/G < 10^{-4}$。这涉及空位和原子在材料中的流动。这里有两个可能的机制。纳巴罗和赫林机制认为空位移动会造成外加应力方向长度的增加。晶界可以成为源头或者终点。科布尔提出了另外一种基于扩散是沿着晶界的机制。两种蠕变机制的激活能分别是在晶格和晶界处的自扩散激活能。科布尔机制主要适用于更低的温度和更小的晶格尺寸，在这里晶界比体扩散更重要。两种机制可以同步进行并且蠕变速率是两种蠕变的总和。总和方程是[84]：

$$\mathrm{d}\varepsilon/\mathrm{d}t = A_{\mathrm{NH}}(D_{\mathrm{L}}/d^2)\left[\sigma\Omega/(kT)\right] + A_{\mathrm{c}}(D_{\mathrm{GB}}\delta/d^3)\left[\sigma\Omega/(kT)\right] \quad (3.27)$$

式中，D_{L} 和 D_{GB} 分别是晶格和晶界的扩散系数；Ω 是原子体积；d 是晶格尺寸；δ 是晶界厚度。因此，科布尔蠕变对晶粒尺寸更加敏感。

(2) 位错蠕变：$10^{-4} < \sigma/G < 10^{-2}$。这里也包含空位扩散，它有助于位错在它们滑动过程中通过攀移克服障碍，故称之为攀移+滑动机制。因为攀移速率取决于空位到达（空位吸收点）或者离开位错（空位源）的速度，应力越大，温度越高，攀移速率越高，这样会促进位错的攀移和滑移，进而引起更高的蠕变速率。此阶段的攀移速率可以用上面提到的幂次定律来表示。对于纯金属，位错攀移是更容易的，滑移对蠕变应变的贡献最大，成为控制蠕变速率过程的因素；n 一般大约等于5并且可以通过以下基于软化模式和硬化模式间的平衡方程得到[91]：

$$\mathrm{d}\varepsilon/\mathrm{d}t = A'(\gamma_{\mathrm{SF}}/Gb)^3(\sigma/G)^5 e^{-Q_c/(RT)} \quad (3.28)$$

式中，A' 是常数；γ_{SF} 是堆垛层错能（SFE）。这个机制也可以通过 TEM 观察到的位错亚结构而得到证实，并且在蠕变阶段 II 的位错胞尺寸保持不变，但是与外加应力成反比。

舍比和布尔克通过引入不同的机制进一步把固溶体合金分成两类[89,91]。在第一类合金中，溶质的拖拽控制位错的滑移并且 n 大约等于3，例如具有更大的原子尺寸差的 Ni-Au 二元系统。在第二类合金中，例如有更小的原子尺寸差的 Ni-Fe、Ni-Co 和 Ni-Cr，就像纯金属一样，位错攀移控制了蠕变，因此 n 大约也等于5。

(3) 位错滑动：$\sigma/G > 10^{-2}$。在高的应力状态下，幂次定律不再适用，位错攀移被不包含扩散的位错滑移所取代。热激活位错滑动是速率控制的重要步骤。当一个位错遇到障碍，就需要热能克服能垒为 U_0 的障碍。外加应力可以提供克服能垒所需的热能。因此，越大的应力和越高的温度可以增加这样的"位错滑动"蠕变。这个过程从低温到高温都会出现[84,89,90]。

(4) 晶界滑动。晶界滑动出现在阶段 II，目的是为了协调由于蠕变应变引起的晶粒形状的改变。在阶段 II，稳定态的蠕变速率越小，晶界滑动越不明显。但是，在阶段 III，晶界滑动随着蠕变速率变高而变得越发明显，这是由于它造成沿晶裂纹的萌生和扩展。随着晶界滑移，需要大的扩散流动来协调晶粒之间的不相容。当这些条件不能满足时，晶界上的空穴将形成。然而，单晶合金因为没有晶界滑移表现出了更好的抗蠕变能力。

3.7.3　具有更好抗蠕变能力的高熵合金的潜能

基于以上的蠕变机制，人们可以考虑不同的因素去提高抗蠕变能力和断裂寿命。将这些积极的因素有效结合可以起到在抗蠕变行为的复合效果。以下将讨论一些因素，试图去寻找具有更好抗蠕变能力的高熵合金的潜能。

（1）迟滞扩散因素。如同上面提到的，对于扩散和位错蠕变而言，稳定状态的蠕变速率直接关系到合金的扩散速率。蠕变激活能本质上等于扩散激活能。就这一点而言，高熵合金的迟滞扩散有利于拥有更好的抗蠕变能力。类似的，由于支持扩散和位错蠕变的处于晶界附近的原子扩散被迟滞，晶界滑移被抑制，这导致了抗蠕变能力的提高。此外，具有最缓慢的扩散速率的成分会变成决定蠕变速率的成分。这证实了高熵合金成分上的优势，因为它们包含相当大数量的主要元素。如果添加最缓慢的成分，它决定蠕变速率的能力将是显著的。在熔点普遍超过2000℃的难熔BCC高熵合金中，所有的迟滞扩散效应可能补偿了具有开放堆垛结构的BCC基体中较高的扩散速率。

（2）低堆垛层错能因素。人们已经发现溶质的添加可以降低堆垛层错能，例如Cu-Al青铜和Cu-Zn黄铜，这是由于溶质和堆垛层错之间的相互作用所致。众所周知，具有低的堆垛层错能的纯金属和固溶强化型合金往往有较低的蠕变速率[91,92]。这可以被解释为低的堆垛层错能造成位错很难通过交滑移克服障碍。这使得位错主要是通过攀移过程来克服障碍。虽然实际的模式/机制依旧不清楚，但是这个趋势表明低的堆垛层错能在降低蠕变速率上有优势。由于FCC高熵合金有相当低的堆垛层错能，它们具有更好的抗蠕变能力的潜能。

（3）原子尺寸差异因素。在多晶镍中，人们发现固溶强化在相同应力状态下可以增加断裂时间。此外，原子尺寸差异越大，抗蠕变能力越强（在阶段Ⅱ，相同的应变速率下、应力越高）。像上面提到的，甚至更大的原子尺寸差异可以将应力分量从五降到三。此外，溶质含量越高，可提供更小的蠕变速率[91]。基于相同的趋势，高熵合金中的多主元固溶体相将有利于抗蠕变能力的提高，因为它们基本上拥有了全溶质基体，而且到处都有溶质和位错的相互作用。

（4）沉淀物因素。在镍合金中，γ'相不仅提高高温强度而且增加抗蠕变能力[91]。γ'相体积分数越高，抗蠕变能力越强。例如，Ni 80A、90、105和115合金分别有0.17、0.18、0.32和0.62体积分数的γ'相，都提高了抗蠕变能力。在137MPa、1000h的蠕变寿命条件下，最后一个合金的温度比第一个合金高大约120℃。此外，γ'相和γ'基体的晶格错配与γ'相的固溶温度是重要的抗蠕变因素[91]。小的晶格错配意味着 γ′沉淀物的更小的粗化率，并且更高的固溶温度意味着 γ′相在更高工作温度下具有更高的热稳定性。因为不同的溶质元素，对于 γ′相和 γ′基体而言，有不同的分配系数，这会影响到晶格错配、剪切模量、共格性和稳定性。因此，基于传统的高温合金，如何设计具有优异性能的高熵高温合金将是一个非常好的研究课题。

（5）碳化物和硼化物因素。少量的硼元素和碳元素的添加，以形成碳化物或者硼化物颗粒，可以增加晶界滑移的阻力，由此可以提高抗蠕变能力。例如，Che 和诺尔斯在 950℃和 290MPa 条件下对一个二代高温合金进行了抗蠕变性能测试；研究发现，添加质量分数为 0.09% 的碳和 0.01% 的硼可以使断裂寿命从 10h 提高到 100h。这是由于小的碳化物 $M_{23}C_6$ 沿晶界析出。这种方法也可以用来提高多晶高熵合金的抗蠕变性能。

截至 2015 年，在文献中关于高熵合金蠕变性能的直接数据的报道还很少。He 等人通过在 1023~1123K （约 $0.65 \sim 0.7 T_m$）温度范围下，进行应变速率跳跃拉伸测试，研究了 CoCrFeMnNi 高熵合金的稳态的流变行为[93]。他们使用幂律方程（3.24）来拟合图 3.30 所示的应力和温度之间的流变行为。图中可以观察到两个区域，区域Ⅰ具有在低应变速率（或应力）下的低应力指数，而且区域Ⅱ具有在高应变速率（或应力）下的高应力指数。区域Ⅰ的激活能是 284kJ/mol，而区域Ⅱ的激活能是 333kJ/mol。特别强调这些数值可以与 FeCoNiCrMn 合金的晶格扩散激活能[8] 相当，例如，Ni（317.5kJ/mol），Cr（292.9kJ/mol），Mn（288.4kJ/mol）。区域Ⅱ的应力指数大约为 5，表明主要的变形过程是位错攀移。大约 330kJ/mol 的激活能表明扩散过程是受控于最慢扩散物质 Ni（317.5kJ/mol），这种说法是合理的。另一方面，区域Ⅰ的应力指数大约是 3，这表明这个过程是滑动位错的拖曳机制。然而，较低的（284kJ/mol）的激活能，表明扩散过程受控于最慢扩散物 Ni，这种说法不太合理。但是当对图 3.30 中的区域Ⅰ重新核查

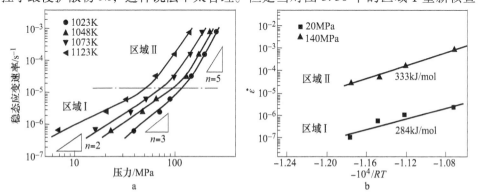

图 3.30 稳态应变率和真实应力之间的双对数拟合曲线上显示出两个变形区域，分别标记为区域Ⅰ和区域Ⅱ（a）和稳态应变速率与温度的倒数之间的阿伦尼乌斯拟合曲线上，显示出区域Ⅰ的表观活化能约为 280kJ/mol，区域Ⅱ的表观活化能约为 330kJ/mol（b）

时，可以得到与区域Ⅱ相同的激活能。这再次证实了控制速率的依旧是最低扩散物质 Ni。

此外，为了看到高温下的抗软化能力，热硬度的测量可以提供对比不同材料抗蠕变能力的指标[94]。除此之外，压痕蠕变测试也成为一种对比抗蠕变能力的方式[94~96]。图 3.31 为 Al_xCoCrFeNi（$x = 0 \sim 1.8$）铸态合金从室温到 1273K 的热硬度与温度的关系图[94]。在这个合金体系中，$Al_{0.9-1.8}$ 合金形成单一 FCC 结构。$Al_{0.5-0.9}$ 形成 FCC+BCC 混合结构，其中 BCC 相进一步分解成调幅结构。$Al_{0.9-1.8}$ 合金形成完全的调幅结构[94,97]。

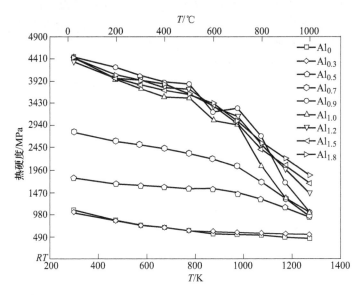

图 3.31　从室温到 1273K 的 Al_xCoCrFeNi 合金（$x = 0 \sim 1.8$）的热硬度与温度的关系曲线[94]

虽然热硬度代表了高温强度，但其变化可以提供变形机制的信息。热硬度作为温度的函数可以通过以下的韦斯特布鲁克提出的方程来表示[94,95,98~100]：

$$H = A\exp(-BT) \qquad (3.29)$$

式中，A 是本征硬度或者材料在 0K 时的硬度值，B 是所谓的软化系数。常数 A 和 B 在低温和高温范围内分别有两个值，这表明变形机理有所不同。在大多数合金和金属中，转变温度 T_T 发生在大约 $0.5T_m$ 处（T_m 是熔点温度）。之前的报道已经表明低温的变形机制是滑移而高温（$>0.5T_m$）的变形机制是位错攀移和滑移[95,99,100]。其激活能与晶格扩散的激活能相同。这是合理的，因为在温度超过 T_T 以上压痕尺寸不能在一定时间后达到恒定值而是随时间连续增加[99]。因为塑性区在硬度计压头下方不断形成，而在界面区，位错不断产生和增殖。当扩散很明显时，在压头下降过程中发生了。这主要是由于边缘位错的攀移克服障碍，同时螺型位错的缓慢移动有利于交滑移。如果停留时间增加，则蠕变变形将继续进行，同时硬度也随之减小。

表 3.8 罗列和对比了热硬度转变温度（T_T），对比温度（T_T/T_m）和两套本征硬度（A）以及软化系数（B）：A_I 和 B_I 是低温值，而 A_{II} 和 B_{II} 是高温值，同时合金成分包括 Al_xCoCrFeNi 铸态合金和三个商业合金，T-800、In718 和 In718H[94]。我们可以发现，所有的对比温度大约是 0.5，除了 In718 是 0.66。此外，这些合金的软化系数 B_I 是相似的，然而 Al_xCoCrFeNi 合金的软化系数 B_{II} 普遍较对比的商业合金要小。这表明相比于商业合金，当前的合金系在 T_T 以上温度有更高的抗软化能力。这可以解释为当前合金系中的多组元固溶相，如有序 BCC、无序 BCC、FCC 和 σ 相，带来的迟滞扩散效应。需要指出的是，其有单一 FCC 相的 Al_0 和 $Al_{0.3}$ 合金有最低的 B_{II} 值。这证明了 FCC 结构比其他结构具有更低的扩散速率，结合多主元基体的迟滞扩散，二者共同（对抗软化行为）起到了作用。

表 3.8　Al_xCoCrFeNi 合金和商业合金 T-800、In718 和 In718H 的转变温度（T_T）、本征硬度（A）、软化系数（B）、熔点和对比温度[94]

合　金	转变温度（T_T）	<T_T		>T_T		熔点（T_m）	对比温度
	K	A_I	B_I	A_{II}	B_{II}	K	T_T/T_m
Al_0	815	148	1.09×10^{-3}	97	5.77×10^{-4}	1690	0.48
$Al_{0.3}$	823	134	9.28×10^{-4}	79	2.82×10^{-4}	1655	0.50
$Al_{0.5}$	938	194	2.60×10^{-4}	491	1.25×10^{-3}	1631	0.58
$Al_{0.7}$	914	320	3.86×10^{-4}	1575	2.13×10^{-3}	1621	0.56
$Al_{0.9}$	844	539	4.88×10^{-4}	3888	2.83×10^{-3}	1635	0.52
$Al_{1.0}$	823	532	5.67×10^{-4}	3234	2.68×10^{-3}	1635	0.50
$Al_{1.2}$	903	503	4.08×10^{-4}	2381	2.13×10^{-3}	1643	0.55
$Al_{1.5}$	888	504	4.22×10^{-4}	1699	1.79×10^{-3}	1660	0.53
$Al_{1.8}$	884	511	4.28×10^{-4}	1379	1.55×10^{-3}	1680	0.53
T-800①	818	791	2.84×10^{-4}	8041	3.12×10^{-3}	1563	0.52
In718②	1069	268	3.10×10^{-4}	11766	3.55×10^{-3}	1609	0.66
In718H③	1037	487	5.29×10^{-4}	13778	3.74×10^{-3}	1609	0.64

① T-800 的成分：Co 为 47.6%；Mo 为 28%；Cr 为 18%；Si 为 3.4%；Fe 为 1.5%；Ni 为 1.5%。

② In718 的成分：Ni 为 53%；Cr 为 19%；Fe 为 18.5%；Nb 为 5.1%；Mo 为 3%；Ti 为 0.9%；Al 为 0.5%。

③ 在 1253K 下退火 30min，空冷，在 1033K 下老化 8h，以 55K 的速率随炉冷却，加热至 893K，保温 8h，并空冷。

压痕蠕变测试也用来测量 $Al_{0.3}$、$Al_{0.5}$、$Al_{0.7}$、$Al_{0.9}$ 和 $Al_{1.5}$ 合金在 773K、873K、973K、1073K 和 1173K 下热硬度随停留时间不同的变化情况（5s、10s 和

30s)[94]。这些结果再次证明了 FCC $Al_{0.3}$ 合金的蠕变可以忽略，而 $Al_x (x \geqslant 0.5)$ 合金在 T_T 温度以上有一些蠕变行为。这与随铝含量不同 B_{II} 值的变化是一致的。

3.8　总结和展望

　　本章强调了高熵合金的四大效应，它们影响了物理冶金的许多方面。通过这些核心效应，在作者的知识范围内，许多方面已经尽可能详细地被讨论了。人们可以看到它们对微观结构和性能的影响大多是积极的和令人鼓舞的。利用这些积极效应进行合金设计将非常有希望开发出面向应用的高熵合金。尽管如此，讨论和解释仍然很不完整。随着高熵合金的进一步发展，有人提出对四大效应进行修正，以更全面地探索四大效应的微观机理，同时提出要深入探索一种"非线性合金"[101]。对于高熵合金，未来需要更多的实验数据和证据以及更加清晰的机制和理论。当建立起从传统合金到高熵合金的物理冶金时，可以实现对合金世界的全面理解。

参 考 文 献

[1] Reed-Hill R E, Abbaschian R (1994). Physical metallurgy principles, 3rd edn. PWS Publishing Company, Boston, pp xiii-xv.

[2] Cahn R W, Haasen P (eds) (1983). Physical metallurgy, 3rd revised and enlarged ed. Elsevier Science publishers BV, Amsterdam, pp 1-35.

[3] Yeh J W (2006). Recent progress in high-entropy alloys. Ann Chimie Sci Materiaux (EurJ Control), 31: 633-648.

[4] Yeh J W (2013). Alloy design strategies and future trends in high-entropy alloys. JOM, 65: 1759-1771.

[5] Reed-Hill R E, Abbaschian R (1994). Physical metallurgy principles, 3rd edn. PWS Publishing Company, Boston, pp 353-358.

[6] Cullity B D, Stock S R (2001). Elements of X-ray diffraction, 3rd edn. Prentice-Hall Inc, Upper Saddle River, pp 327-340.

[7] Otto F, Yang Y, Bei H, George E P (2013). Relative effects of enthalpy and entropy on the phase stability of equiatomic high-entropy alloys. Acta Mater, 61: 2628-2638.

[8] Tsai K Y, Tsai M H, Yeh J W (2013). Sluggish diffusion in Co-Cr-Fe-Mn-Ni high-entropy alloys. Acta Mater, 61: 4887-4898.

[9] Senkov O N, Scott J M, Senkova S V, Miracle D B, Woodward C F (2011). Microstructure and room temperature properties of a high-entropy TaNbHfZrTi alloy. J Alloys Compd, 509: 6043-6048.

[10] Tong C J, Chen Y L, Chen S K, Yeh J W, Shun T T, Tsau C H, Lin S J, Chang S Y

(2005). Microstructure characterization of Al$_x$CoCrCuFeNi high-entropy alloy system with multi-principal elements. Metall Mater Trans A, 36A: 881-893.

[11] Hsu C Y, Yeh J W, Chen S K, Shun T T (2004). Wear resistance and high-temperature compression strength of FCC CuCoNiCrAl$_{0.5}$Fe alloy with boron addition. Metall Mater Trans A, 35A: 1465-1469.

[12] Zhang Y, Zhou Y J, Lin J P, Chen G L, Liaw P K (2008). Solid-solution phase formation rules for multi-component alloys. Adv Eng Mater, 10: 534-538.

[13] Guo S, Liu C T (2013). Phase selection rules for complex multi-component alloys with equiatomic or close-to-equiatomic compositions. Chin J Nat, 35: 85-96.

[14] Yeh J W (2009). Recent progress in high-entropy alloys, the 2009 cross-strait conference on metallic glasses. National Taiwan University of Science and Technology, Taipei, China.

[15] Chen S T, Yeh J W (2009). Effect of mixing enthalpy, mixing entropy and atomic size difference on the structure of multicomponent alloys. Master's thesis, National Tsing Hua University.

[16] Yang X, Zhang Y (2012). Prediction of high-entropy stabilized solid-solution in multicomponent alloys. Mater Chem Phys, 132: 233-238.

[17] Yeh J W, Chen S K, Gan J Y, Lin S J, Chin T S, Shun T T, Tsau C H, Chang S Y (2004). Formation of simple crystal structures in solid-solution alloys with multi-principal metallic elements. Metall Mater Trans A, 35A: 2533-2536.

[18] Yeh J W, Chang S Y, Hong Y D, Chen S K, Lin S J (2007). Anomalous decrease in X-ray diffraction intensities of Cu-Ni-Al-Co-Cr-Fe-Si alloy systems with multi-principal elements. Mater Chem Phys, 103: 41-46.

[19] Wang S (2013). Atomic structure modeling of multi-principal-element alloys by the principle of maximum entropy. Entropy, 15: 5536-5548.

[20] Huang P K, Yeh J W (2010). Inhibition of grain coarsening up to 1000℃ in (AlCrNbSiTiV) N superhard coatings. Scr Mater, 62: 105-118.

[21] Guo S, Liu C T (2011). Phase stability in high entropy alloys: formation of solid-solution phase or amorphous phase. Proc Natl Acad Sci USA, 21: 433-446.

[22] Meyers M A, Chawla K K (1984). Mechanical metallurgy: principles and applications. Prentice-Hall, Inc, Englewood Cliff, New Jersey, pp 188-199.

[23] Senkov O N, Wilks G B, Miracle D B, Chuang C P, Liaw P K (2010). Refractory high-entropy alloys. Intermetallics, 18: 1758-1765.

[24] Kao Y F, Chen S K, Chen T J, Chu P C, Yeh J W, Lin S J (2011). Electrical, magnetic, and hall properties of Al$_x$CoCrFeNi high-entropy alloys. J Alloys Compd, 509: 1607-1614.

[25] Lu C L, Lu S Y, Yeh J W, Hsu W K (2013). Thermal expansion and enhanced heat transfer in high-entropy alloys. J Appl Crystallogr, 46: 736-739.

[26] Swalin R A (1972). Thermodynamics of solid, 2nd edn. Wiley, New York, pp 263-266.

[27] Tsai C W, Chen Y L, Tsai M H, Yeh J W, Shun T T, Chen S K (2009). Deformation and annealing behaviors of high-entropy alloy Al$_{0.5}$CoCrCuFeNi. J Alloys Compd, 486: 427-435.

[28] Hsu C Y, Juan C C, Wang W R, Sheu T S, Yeh J W, Chen S K (2011). On the superior

hot hardness and softening resistance of AlCoCr$_x$FeMo$_{0.5}$Ni high-entropy alloys. Mater Sci Eng A, 528: 3581-3588.

[29] Senkov O N, Wilks G B, Scott J M, Miracle D B (2011). Mechanical properties of Nb$_{25}$Mo$_{25}$Ta$_{25}$W$_{25}$ and V$_{20}$Nb$_{20}$Mo$_{20}$Ta$_{20}$W$_{20}$ refractory high entropy alloys. Intermetallics, 19: 698-706.

[30] Tsai M H, Wang C W, Tsai C W, Shen W J, Yeh J W, Gan J Y, Wu W W (2011). Thermal stability and performance of NbSiTaTiZr high-entropy alloy barrier for copper metallization. J Electrochem Soc, 158: H1161-H1165.

[31] Tsai M H, Yeh J W, Gan J Y (2008). Diffusion barrier properties of AlMoNbSiTaTiVZr high-entropy alloy layer between copper and silicon. Thin Solid Films, 516: 5527-5530.

[32] Shun T T, Hung C H, Lee C F (2010). Formation of ordered/disordered nanoparticles in FCC high entropy alloys. J Alloys Compd, 493: 105-109.

[33] Liu W H, Wu Y, He J Y, Nieh T G, Lu Z P (2013). Grain growth and the hall-petch relationship in a high-entropy FeCrNiCoMn alloy. Scr Mater, 68: 526-529.

[34] Juan C C, Hsu C Y, Tsai C W, Wang W R, Sheu T S, Yeh J W, Chen S K (2013). On microstruc-ture and mechanical performance of AlCoCrFeMo$_{0.5}$Ni$_x$ high-entropy alloys. Intermetallics, 32: 401-407.

[35] Ranganathan S (2003). Alloyed pleasures: multimetallic cocktails. Curr Sci, 85: 1404-1406.

[36] Zhang Y, Zuo T T, Cheng Y Q, Liaw P K (2013). High-entropy alloys with high saturation magnetization, electrical resistivity, and malleability. Sci Rep, 3: 1455.

[37] Mackay A L (2001). On complexity. Crystallogr Rep, 46: 524-526.

[38] Cahn R W, Haasen P (eds) (1983). Physical metallurgy, 3rd revised and enlarged ed. Elsevier Science publishers BV, Amsterdam, pp 219-248.

[39] Porter D A (1992). Phase transformations in metals and alloys. Chapman & Hall, New York, pp 1-59.

[40] Kittel C (1996). Introduction to solid state physics, 7th edn. Wiley, Hoboken, pp 3-26.

[41] Alonso J A, Simozar S (1980). Prediction of solid solubility in alloys. Phys Rev B, 22: 5583-5588.

[42] Hume-Rothery W (1967). Factors affecting the stability of metallic phases. In: Rudman P S, Stringer J, Jaffee R I (eds). Phase stability in metals and alloys. McGraw-Hill, New York.

[43] Hume-Rothery W, Smallman R E, Haworth C W (1969). Structure of metals and alloys, 5th edn. Institute of Metals, London.

[44] Smith W F, Hashemi J (2006). Foundations of materials science and engineering, 4th edn. McGraw-Hill, Inc., New York.

[45] De Boer F R, Boom R, Mattens W C M, Miedema A R, Niessen A K (1988). Cohesion in metals: transition metal alloys. North-Holland Physics Publishing/Elsevier Science Publisher B. V, Amsterdam.

[46] Chen H Y, Tsai C W, Tung C C, Yeh J W, Shun T T, Chen H C, Chen S K (2006). The effect of the substitution of Co by Mn in Al-Cr-Cu-Fe-Co-Ni high-entropy alloys. Ann Chimie Sci

Materiaux, 31: 685-698.

[47] Santodonato L J, Zhang Y, Feygenson M, Parish C M, Gao M C, Weber R J K, Neuefeind J C, Tang Z, Liaw P K (2015). Deviation from high-entropy configurations in the atomic distributions of a multi-principal-element alloy. Nat Commun, 6: 5964: 1-13. doi: 10. 1038/ncomms6964.

[48] Hsu C Y, Juan C C, Chen S T, Sheu T S, Chen S T, Yeh J W, Chen S K (2013). Phase diagrams of high-entropy alloy system Al-Co-Cr-Fe-Mo-Ni. J Appl Meteorol, 65: 1829-1839.

[49] Chen Y L, Hu Y H, Tsai C W, Hsieh C A, Kao S W, Yeh J W, Chin T S, Chen S K (2009). Alloying behavior of binary to octonary alloys based on Cu-Ni-Al-Co-Cr-Fe-Ti-Mo during mechanical alloying. J Alloys Compd, 477: 696-705.

[50] Chen Y L, Hu Y H, Hsieh C A, Yeh J W, Chen S K (2009). Competition between elements during mechanical alloying in an octonary multi-principal-element alloy system. J Alloys Compd, 481: 768-775.

[51] Chen Y L, Hu Y H, Tsai C W, Yeh J W, Chen S K, Chang S Y (2009). Structural evolutions during mechanical milling and subsequent annealing of Cu-Ni-Al-Co-Cr-Fe-Ti alloys. Mater Chem Phys, 118: 354-361.

[52] Chen Y L, Tsai C W, Juan C C, Chuang M H, Yeh J W, Chin T S, Chen S K (2010). Amorphization of equimolar alloys with HCP elements during mechanical alloying. J Alloys Compd, 506: 210-215.

[53] Chang H W, Huang P K, Davison A, Yeh J W, Tsau C H, Yang C C (2008). Nitride films deposited from an equimolar Al-Cr-Mo-Si-Ti alloy target by reactive DC magnetron sputtering. Thin Solid Films, 516: 6402-6408.

[54] Egami T (1996). The atomic structure of aluminum based metallic glasses and universal criterion for glass formation. J Non Cryst Solids, 205-207: 575-582.

[55] Egami T, Waseda Y (1984). Atomic size effect on the formability of metallic glasses. J Non Cryst Solids, 64: 113-134.

[56] Inoue A (2000). Stabilization of metallic supercooled liquid and bulk amorphous alloys. Acta Mater, 48: 279-306.

[57] Kao S W, Yeh J W, Chin T S (2008). Rapidly solidified structure of alloys with two to eight equal-molar elements-a simulation by molecular dynamics. J Phys Condens Matter, 20: 145214.

[58] Turnbull D (1977). On the gram-atomic volumes of metal-metalloid glass forming alloys. Scr Metall, 11: 1131-1136.

[59] Turnbull D (1981). Metastable structures in metallurgy. Metall Trans B, 12B: 217-230.

[60] Greer A L (1993). Confusion by design. Nature, 366: 303-304.

[61] Porter D A (1992). Phase transformations in metals and alloys. Chapman & Hall, New York, pp 110-142.

[62] Swalin R A (1972). Thermodynamics of solids, 2nd edn. Wiley, New York, pp 220-223.

[63] www. materials. ac. uk/elearning/. . . /vacancies/enthalpy. html.

[64] Swalin R A (1972). Thermodynamics of solids, 2nd edn. Wiley, New York, pp 267-289.

[65] Meyers M A, Chawla K K (1984). Mechanical metallurgy: principles and applications. Prentice-Hall, Inc, Englewood Cliff, New Jersey, pp 52-59, and 247-256.

[66] Humphreys F J, Hatherly M (2004). Recrystallization and related annealing phenomena, 2nd edn. Elsevier, Oxford, pp 102-104.

[67] Kittel C (1996). Introduction to solid state physics, 7th edn. Wiley, Hoboken, p 78.

[68] Lee C, Yeh J W (2013). Study on deformation behaviors of equimolar alloys from Ni to CoCrFeMnNi. Master's thesis, National Tsing Hua University.

[69] Meyers M A, Chawla K K (1984). Mechanical metallurgy: principles and applications. Prentice-Hall, Inc, Englewood Cliff, New Jersey, pp 226-270.

[70] Weertman J, Weertman J R (1964). Elementary dislocation theory. Macmillan, New York, pp 22-83.

[71] Schramm R E, Reed R F (1975). Stacking fault energies of seven commercial austenitic stainless steels. Metall Trans A, 6A: 1345-1351.

[72] Gallagher P C J (1970). The influence of alloying, temperature, and related effects on the stacking fault energy. Metall Trans, 1: 2429-2461.

[73] Humphreys F J, Hatherly M (2004). Recrystallization and related annealing phenomena, 2nd edn. Elsevier Science Ltd, Oxford, pp 24-26.

[74] Zaddach A J, Niu C, Kock C C, Irving D L (2013). Mechanical properties and stacking fault energies of NiFeCrCoMn high-entropy alloy. J Appl Meteorol, 65: 1780-1789.

[75] Morikawa T, Higashida K (2010). Deformation microstructure and texture in a cold-rolled austenitic steel with low stacking-fault energy. Mater Trans, 51: 620-624.

[76] Bhattacharjee P P, Sathiaraj G D, Zaid M, Gatti J R, Lee C, Tsai C W, Yeh J W (2014). Microstructure and texture evolution during annealing of equiatomic CoCrFeMnNi high-entropy alloy. J Alloys Compd, 587: 544-552.

[77] Shewmon P G (1963). Diffusion in solids. McGraw-Hill, New York, pp 164-178.

[78] Reed-Hill R E, Abbaschian R (1994). Physical metallurgy principles, 3rd edn. PWS Publishing Company, Boston, pp 390-394.

[79] Otto F, Dlouhy A, Somsen C, Bei H, Eggeler G, George E P (2013). The influences of temperature and microstructure on the tensile properties of a CoCrFeMnNi high-entropy alloy. Acta Mater, 61: 5743-5755.

[80] Gludovatz B, Hohenwarter A, Catoor D, Chang E H, George E P, Ritchie R O (2014). A fracture-resistant high-entropy alloy for cryogenic applications. Science, 345: 1153-1158.

[81] Wu Z, Bei H, Pharr G M, George E P (2014). Temperature dependence of the mechanical properties of equiatomic solid solution alloys with face-centered cubic crystal structures. Acta Mater, 81: 428-441.

[82] Couziné J P, Dirras G, Perrière L, Chauveau T, Leroy E, Champion Y, Guillot I (2014) Microstructure of a near-equimolar refractory high-entropy alloy. Mater Lett, 126: 285-287.

[83] Lin C M, Juan C C, Chang C H, Tsai C W, Yeh J W (2015). Effect of Al addition on mechanical properties and microstructure of refractory Al_xHfNbTaTiZr alloys. J Alloys Compd, 624:

100-107.

[84] Couryney T H (1990). Mechanical behavior of materials, international ed. McGraw-Hill, New York, pp 162-219, 263-324.

[85] Tsai B S, Yeh J W (2015). Microstructure and mechanical properties of Al_xCoCrFeMnNi (x = 0~1). Master's thesis, National Tsing Hua University.

[86] Meyers M A, Chawla K K (1984). Mechanical metallurgy: principles and applications. Prentice-Hall, Inc, Englewood Cliff, New Jersey, pp 402-413, 494-514.

[87] Chen C S, Yang C C, Chai H Y, Yeh J W, Chau J L H (2014). Novel cermet material of WC/multi-element alloy. Int J Refract Met Hard Mater, 43: 200-204.

[88] Lin C M, Tsai C W, Huang S M, Yang C C, Yeh J W (2014). New $TiC/Co_{1.5}CrFeNi_{1.5}Ti_{0.5}$ cermet with slow TiC coarsening during sintering. J Appl Meteorol, 66: 2050-2056.

[89] Meyers M A, Chawla K K (1984). Mechanical metallurgy: principles and applications. Prentice-Hall, Inc, Englewood Cliff, New Jersey, pp 659-687.

[90] Dieter G E (1988). Mechanical metallurgy, SI metric ed. McGraw-Hill, New York, pp 432-470.

[91] Reed R C (2006). The superalloys: fundamentals and applications. Cambridge University Press, Cambridge, pp 1-120.

[92] Mohamed F A, Langdon T G (1974). The transition from dislocation climb to viscous glide in creep of solid solution alloys. Acta Metall, 30: 779-788.

[93] He J Y, Zhu C, Zhou D Q, Liu W H, Nieh T G, Lu Z P (2014). Steady state flow of the FeCoNiCrMn high entropy alloy at elevated temperatures. Intermetallics, 55: 9-14.

[94] Wang W R, Wang W L, Yeh J W (2014). Phases, microstructure and mechanical properties of Al_xCoCrFeNi high-entropy alloys at elevated temperatures. J Alloys Compd, 589: 143-152.

[95] Khana K B, Kutty T R G, Surappa M K (2006). Hot hardness and indentation creep study on Al-5%Mg alloy matrix-B_4C particle reinforced composites. Mater Sci Eng A, 427: 76-82.

[96] Kutty T R G, Jarvis T, Ganguly C (1997). Hot hardness and indentation creep studies on Zr-1Nb-1Sn-0.1Fe alloy. J Nucl Mater, 246: 189-195.

[97] Wang W R, Wang W L, Wang S C, Tsai Y C, Lai C H, Yeh J W (2012). Effects of Al addition on the microstructure and mechanical property of Al_xCoCrFeNi high-entropy alloys. Intermetallics, 26: 44-51.

[98] Dieter G E (1988). Mechanical metallurgy, SI metric ed. McGraw-Hill, New York, pp 336-337.

[99] Merchant H D, Murty G S, Bahadur S N, Dwivedi L T, Mehrotra Y (1973). Hardness-temperature relationships in metals. J Mater Sci, 8: 437-442.

[100] Kutty T R G, Ravi K, Ganguly C (1999). Studies on hot hardness of Zr and its alloys for nuclear reactors. J Nucl Mater, 265: 91-99.

[101] Daniel B. Miracle (2017). High-Entropy Alloys: A Current Evaluation of Founding Ideas and Core Effects and Exploring "Nonlinear Alloys". Jom, 69: 2130-2136.

4 先进表征技术

<<<<<<<<<<<<<<<<<<<<<<<<<<<<<<<<<<<<<<<<<<<<<<<<<<<<<<

摘　要： 本章简要介绍了一些先进的微观表征手段，如3D原子探针层析成像、高分辨透射电镜、中子衍射等。我们利用了一些典型的高熵合金（HEAs）来说明这些技术对其的表征应用。利用这些先进的技术可以极为有效地为我们提供纳米尺度的结构和化学信息。例如，对高熵合金的韧性断裂裂纹扩展区中纳米孪晶的识别可以有助于解释低温下强度和塑性异常增加的现象。高熵合金的另一显著特征是相邻原子间大的局部应变，这种局部应变通常出现在长程有序的晶体结构中。本章中，我们对材料表征技术的深入介绍以及这些技术在高熵合金上的应用将会使我们对这些特征以及这些特征对材料性能影响的理解有所增加。

关键词： 微观结构表征　3D原子探针层析成像　高分辨透射电镜　中子衍射　纳米尺度　微观结构　纳米孪晶　局部应变　固溶体　原子量级　高熵合金（HEAs）

本章中的表征技术包括：

（1）扫描电子显微镜（SEM）；

（2）透射电子显微镜（TEM）；

（3）高角度环形暗场（HAADF）成像；

（4）选区电子衍射（SAED）；

（5）能量色散X射线光谱（EDX）；

（6）背散射电子（BSE）成像；

（7）原子探针层析成像（APT）；

（8）电子背散射衍射（EBSD）；

（9）X射线衍射（XRD）；

（10）高能同步辐射X射线衍射；

（11）反常X射线衍射（AXRD）；

（12）中子散射，包含衍射和对分布函数分析（PDF）。

4.1　先进表征技术综述

通常，高熵合金（HEAs）的实验研究大多是以常规技术开始，而后再与更为先进的技术相结合。比如，许多高熵合金的晶体结构是利用高校实验室中传统的 X 射线衍射设备确定的。典型的高熵合金衍射图样非常简单，它可能被标定为体心立方（BCC）、面心立方（FCC）以及密排六方（HCP）结构[1~6]。多主元形成这样的简单结构的唯一途径是随机占据晶格点阵位置。因此，固溶体结构是根据简单标定衍射峰而推断出来，并且形成相通常被认为是"无序"的 FCC、BCC 或 HCP 结构。然而，更为精细的检测可能揭露出材料的结构并不是完全的无序（如小的超结构峰的出现）。此外，晶体结构可能会有明显的局部畸变。在这些情况下，我们需要利用同步辐射 X 射线和（或）中子衍射技术来做一些额外的研究以确定原子结构的细节。通过提交同行评议的建议书给主要的用户场所，科研团体可以使用到这些先进的技术手段，比如同步辐射 X 射线衍射，中子衍射以及下文介绍的显微技术等（见表 4.1）。

表 4.1　提供中子散射和同步辐射 X 射线衍射途径的主要用户场所

技　术	场　所
中子散射	南美
	橡树岭中子设施（SNS/HFIR）
	NIST 中子研究中心
	洛斯阿拉莫斯中子科学中心（LANSCE）
	密苏里大学反应堆研究中心
	加拿大白垩河中子束中心
	印第安纳大学回旋加速器设施
	欧洲
	伊西斯·鲁瑟福德·阿普尔顿实验室，英国
	法国格勒诺布尔劳埃·朗格文研究所
	德国柏林中子散射中心
	德国赫尔姆霍兹普通教育管理系统
	德国朱利希中子科学中心
	FRM-Ⅱ，慕尼黑，德国
	匈牙利布达佩斯中子中心
	里德，德尔夫特，荷兰
	辛克，保罗·舍勒研究所（PSI），瑞士
	俄罗斯杜伯纳 Franc 中子物理实验室
	亚洲和澳大利亚
	日本东海 ISSP 中子散射实验室
	日本东京的日本原子能研究堆
	日本筑波 Kens 中子散射设施

技　术	场　所
中子散射	高通量先进中子应用反应堆，韩国
	印度孟买 Bhabha 原子研究中心
	澳大利亚安斯托布拉格学院
同步加速器 X 射线	南美
	ALS：先进光源（加州伯克利，美国）
	APS：先进光子源（美国伊利诺伊州阿贡市）
	国际象棋：康奈尔高能同步辐射源（康奈尔，伊萨卡，美国纽约）
	NSLS：国家同步辐射光源（布鲁克海文，厄普顿，美国纽约州）
	SSRL：斯坦福同步辐射实验室（SLAC，斯坦福，美国加州）
	SURF：NIST SURF-Ⅱ紫外同步加速器（NIST，美国马里兰州盖瑟斯堡）
	同步辐射中心（美国威斯康星州斯托顿）
	欧洲
	达累斯伯里实验室 SERC（英国达累斯伯里）
	ESRF：欧洲同步辐射设施（法国格勒诺布尔）
	卢尔（法国奥赛）
	DELTA：多特蒙德电子测试加速器（德国多特蒙德）
	ELSA：电子拉伸加速器（德国波恩）
	哈西拉布（德西，汉堡，德国）
	埃莱特拉（意大利的里雅斯特）
	MaxLab（瑞典隆德）
	SLS：瑞士光源（PSI、Vliligen、Switherland）
	亚洲
	BSRF：北京同步辐射设施（中国北京）
	光子工厂（日本筑波 KEK）
	SPring-8（日本里肯戈）
	SRRC：同步辐射研究中心（中国台湾新竹市）

　　电子显微镜技术，如透射电子显微镜（TEM）和扫描电子显微镜（SEM）是研究高熵合金微观结构的主要手段。要注意的是，许多高熵合金，尤其是铸态条件下，都具有多相的复杂结构。因为微观结构包含多种主要元素，利用诸如能量色散 X 射线光谱（EDX）技术来确定特定相的元素分析应该成为一个显微研究中必要的部分。此外，特定相的衍射技术，如电子背散射衍射（EBSD）和选区电子衍射（SAED）成为显微结构研究的常用技术。EBSD 通常用来获得包含

晶体结构、晶粒尺寸和晶粒取向的大尺寸图像（几十或几百微米），并将这些与微观结构特征联系起来。SAED 选取电子衍射则是更为关注微观结构的小区域，并且通常被用作随后的暗场 TEM 研究，以此来提供晶体结构在纳米尺寸的图像。

在高熵合金中，原子级别的均匀性和结构特征是非常重要的两个问题。原子组态直接关系到混合构型熵，从而形成了高熵合金设计策略的基础。原子级别的特征是超出许多技术分辨率之上的。然而高角度环形暗场（HAADF）成像这种特殊的 TEM 技术能够捕捉原子级别的细节。原子探针层析成像技术（APT）是另一行之有效的手段，它可以鉴别所选体积内的原子个体并且构建出原子分布的细节图案。

先进的表征技术不仅仅是使用先进设备这么一件小事。多种技术的整合以及合理的实验设计是至关重要的因素。下面，我们利用其他文献中的实例就可以清楚地说明这些策略。

4.2 Al$_x$CoCrCuFeNi 合金系列的微观结构特征：整合 SEM、TEM（明暗场）、SAED、EDX 和 XRD

高熵合金倾向于形成简单固溶体的趋势是在早期研究 Al$_x$CoCrCuFeNi 系列合金，通过改变 Al 元素含量（元素摩尔比 $x = 0 \sim 3.0$）建立起来的[1,2]。传统的 XRD 检测手段用于鉴定该体系中的 FCC 和 BCC 的晶体结构，并且发现了一种趋势，那就是随着 Al 含量的增加，由 FCC 主导的结构转变为由 BCC 主导的结构（如图 4.1 所示）。而人们对 Al 含量对高熵合金微观结构影响的研究一直延续至今[5]。

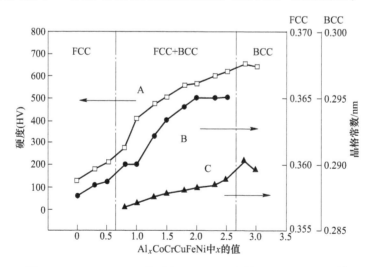

图 4.1　Al$_x$CoCrCuFeNi 体系中 FCC/BCC 晶体结构的变化趋势[1]

因为合金包含多种主要元素，简单的 FCC 和 BCC 晶体结构可能被理解为置换固溶体，其中每个晶格结点从统计学上来说都被占据。然而，衍射谱中"有序

BCC"峰的出现使得简单的 FCC/BCC 结构发生了偏离（如图 4.2 所示）。真正的 BCC 结构中这些峰（比如密勒指数之和 $h+k+l$ 为奇数）成系统的消失。它们的存在意味着固溶体结构至少部分的有序化了，比如晶格中心位置，没有像原先那样被相同的原子所占据（如图 4.3 所示）。这种有序化的具体的本质就成了后面研究的主题[7~9]并且之后会在本章 4.8 节中进行讨论。

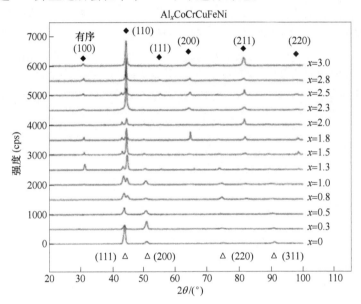

图 4.2　不同 Al 含量的 $Al_x CoCrCuFeNi$ 合金体系的 XRD 分析[2]
（空心三角形代表 FCC 相，实心菱形代表 BCC 相，同时还标定出了有序 B2 相的特征峰）

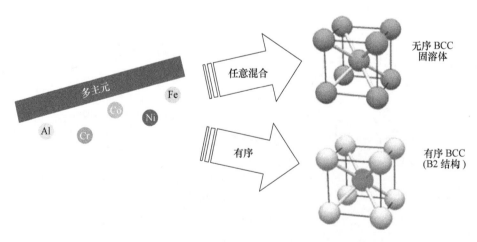

图 4.3　高熵合金中无序 BCC 和有序 BCC 结构的示意图
（灰色球体代表被混合元素随机或近似随机占据的晶格结点；B2 有序晶胞中的中心球代表被优先占据的晶格结点，如 Al 原子；注意可以生成 B2 有序结构的混合情况有很多种）

铸态 Al$_x$CoCrCuFeNi 合金，随着 Al 含量的增加，逐渐从简单结构发展到复杂结构。结合使用 SEM 和 TEM，我们可以获得一个详尽的表征结果[1,2]。利用 SEM 观察到枝晶和枝晶间结构（如图 4.4 所示）。例如，通过 SEM 中的 EDX 研究表

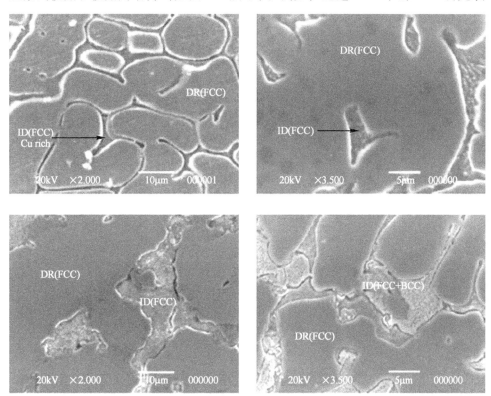

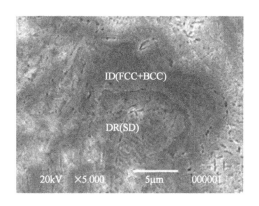

图 4.4 不同 Al 含量的铸态 Al$_x$CoCrCuFeNi 合金的 SEM 微观形貌[2]

（其中 DR 代表枝晶，ID 代表枝晶间，SD 代表调幅分解结构）

a—0；b—0.3；c—0.5；d—0.8；e—1.0

明，枝晶间富含铜。尽管 Cu 偏析于小体积分数中的枝晶间，但是 EDX 结果表明枝晶是由多个主要元素组成的，特别是对于 Al 含量低的合金而言（$x < 0.8$）。随着 Al 含量增加到 $x = 1$，枝晶形成了一种调幅分解结构（由于成分波动引起的周期性微观结构）。SEM 中微观结构的变化可以与 XRD 研究相关联，例如 Al 含量低的合金是 FCC 相（枝晶间的富铜 FCC 相和枝晶内的多主元的 FCC 相）以及 Al 含量高的合金是 FCC/BCC/B2 的混合相。但是，更细致的图片需要进一步的 TEM 分析才能得到。

　　TEM 中的 SAED 明场像证实了 XRD 晶体结构和微观结构的关联。随 Al 含量从 $x = 0 \sim 0.5$，铸态 Al$_x$CoCrCuFeNi 合金的枝晶和枝晶间结构都由 FCC 相组成。在枝晶和枝晶间的内部都可以观察到均匀的 TEM 微观结构。

　　Al$_{0.8}$CoCrCuFeNi 成分中，由于 Al 含量较低，枝晶的 TEM 检测仅显示了简单的 FCC 相。然而，由于共晶反应的结果，枝晶间由 FCC 和 BCC 相混合组成，这与 XRD 中 $x = 0.8$ 成分的两个主要 XRD 峰组是相对应的（如图 4.2 所示）。随着 Al 含量进一步增加到 $x \geqslant 1$，BCC 结构占主导地位。TEM 和 SAED 分析（如图 4.5 所示）进一步阐明了在 SEM 显微照片中看到的相分解（如图 4.4 所示）。在 SAED 中可以清楚地观察到超结构反射（如图 4.5a 明场像中插图所示），暗示着调幅分解结构中包含着有序 BCC 相。利用 TEM 暗场分析[2]，可以更加精确地定位出有序相。

　　在暗场 TEM 中，图像由在特定散射矢量 Q_{hkl} 处衍射的部分电子束提供。等摩尔 AlCoCrCuFeNi 合金的暗场像（如图 4.5b 所示），基于在 SAED 图案中看到的

AlCoCrCuFeNi

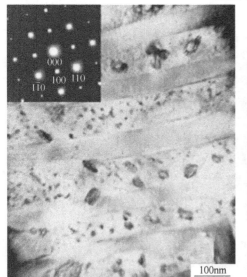

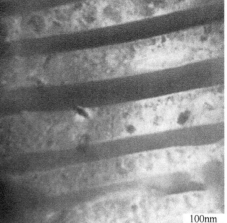

100nm

100nm

　　　　a　　　　　　　　　　　　　　　　　　　b

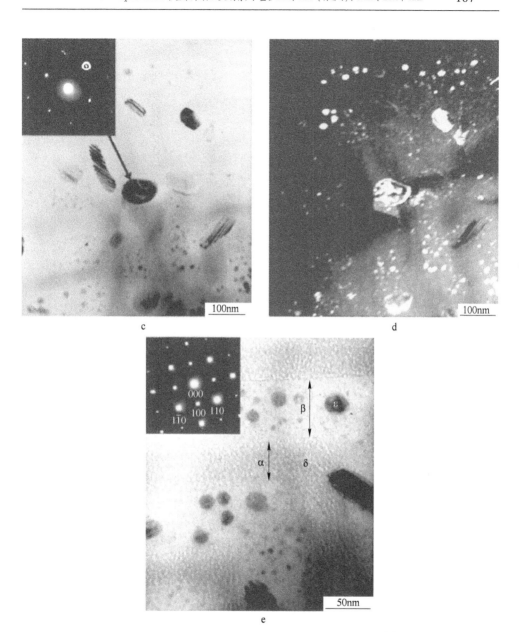

图 4.5　铸态 Al$_{1.0}$CoCrCuFeNi 枝晶的 TEM 微观结构[2]

（条带间结构 α 宽 70nm，属于无序 BCC 相（A2），晶格常数为 0.289nm；条带结
构 β 宽 100nm，属于有序 BCC 相（B2），晶格常数为 0.289nm；条带结构中的 ε 纳米沉
淀枝晶在 7~50nm；条带间结构中的 δ 形貌是由于 TEM 薄片的表面粗糙度影响导致）

a—从 BCC 的 [001] 带轴上选取电子衍射得到的交替的带状和带间结构明场像；

b—与图 a 对应的暗场像；c—FCC 区域中箭头所指沉淀的选取电子衍射明场像；

d—与图 c 对应的暗场像；e—放大的图 a 中交替条带结构明场像

(010) 超结构反射（如图 4.5a 中的插图所示），揭示了 100nm 左右厚度的条带具有有序的 BCC（B2）结构以及 70nm 左右厚度的中间条带具有无序的 BCC 结构。因此，明场（如透射光束）和暗场（如衍射光束）TEM 的组合检测可以得到合金晶体特征的纳米级图像。

等摩尔 AlCoCrCuFeNi 合金含有多种纳米沉淀，如图 4.5 中 c~e 所示。其中一种纳米沉淀的 SAED 图样（如图 4.5c 中的插图所示）对应 FCC 结构。在 TEM 暗场像中，基于其中一个 FCC 结构花样（如图 4.5d 所示），可以清楚地看到不同尺寸的纳米沉淀相表明它们具有相似的 FCC 结构。BCC/B2 基体看起来很暗，因为它没有在 FCC 花样附近产生任何明显的散射。最后，放大的 TEM 明场像（如图 4.5e 所示）显示出更多调幅分解结构和不同纳米沉淀的细节。

在这里做个总结，早期对 Al_xCoCrCuFeNi 系列合金的研究[1,2]证实了高熵合金的设计策略可以促使简单固溶体结构的形成，这些研究也表明了无序固溶体结构如何分解成有序相和无序相的混合物，并且存在各种纳米沉淀。这些研究整合了 XRD，SEM 和 TEM 技术。其中 TEM 研究包括明场像 SAED 和基于特定 SAED 花样的暗场像，以便将晶体结构与微观结构的纳米级特征联系起来。这些详尽的早期研究为高熵合金研究领域奠定了基础。对传统 XRD、SEM、TEM 明场和暗场像的针对性使用可以持续加深我们对高熵合金的理解。

4.3 理解 CoCrFeMnNi 高熵合金的抗断裂行为：BSE 成像、EBSD、EDX 和立体显微镜

XRD 研究表明 CoCrFeMnNi 合金形成单相 FCC 固溶体，并且 EDX 证实了近似均匀的固溶体成分[10,11]。该合金具有优异的断裂抗力，其断裂韧性值超过 200MPa·$m^{1/2}$。此外，与多数合金相反的是（塑性随强度的增加而减少），其强度和塑性都在低温下增加。当 CoCrFeMnNi 从室温冷却至 77K 时，人们发现其抗拉强度增加了 70%，达到 1280MPa，同时拉伸塑性（失效应变）增加了 25%，使得 $\varepsilon > 0.7$[11]。CoCrFeMnNi 中的这种有趣行为的本质是利用显微镜检测样品断裂韧性裂纹尖端周围的区域发现的。补充技术包括立体显微镜、SEM、EBSD、EDX 和 BSE 成像。

样品制备和疲劳断裂过程是 CoCrFeMnNi 重要的研究方面，对获得相关的显微结果至关重要，这揭示了潜在的抗断裂机制。该合金通过电弧熔融并吸铸到矩形截面的模具中（25.4mm×19.1mm×127mm）。样品进一步通过冷锻，横轧（轧制量 60%）加工，并在空气中于 800℃退火 1h。退火过程发生了完全再结晶形成大约 6μm 尺寸的等轴晶粒，如 BSE 显微照片所示（如图 4.6 所示）。直径约 2μm 的富含 Cr 和富含 Mn 粒子，弥散分布在整个固溶体基体中。这些粒子可以作为断裂过程中形成微孔的起始位置[11]，下文有进一步的描述。

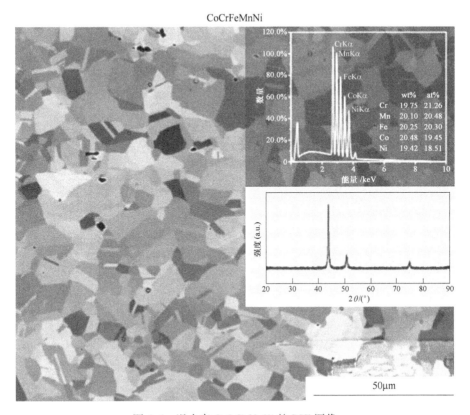

图 4.6 退火态 CoCrFeMnNi 的 BSE 图像

(晶粒直径约 6μm，晶粒内部还包含了许多再结晶孪晶；右上角插图为 EDX 结果，证明了固溶体成分是等摩尔比的；右中部插图为 XRD 结果，对应了 FCC 的晶体结构)[11]

将退火的 CoCrFeMnNi 样品切割成缩比拉伸几何形状（ASTM，前身为美国材料测试协会，标准 E18200)[12]，其标称宽度为 $W = 18mm$，厚度 $B = 9mm$，缺口（长度 6.6mm，底部半径约为 100μm）使用电火花加工（EDM）。然后通过使用商业疲劳机施加循环载荷使样品疲劳断裂，直到裂缝扩展到约 10mm 的长度。最后，将一些断裂的样品对半切成薄片，使它们的最终厚度为 $B/2$。这种切片过程产生的新的表面是疲劳断裂过程中典型的内部表面，包括裂纹尖端附近平面应变条件占优势的区域。切片提供了密切相关的用于对照试验的样品，例如用于验证显微制备的样品，在 180℃ 条件下嵌入导电树脂中，并没有引入任何结构性损坏。因此，通过精心制备疲劳断裂样品进而进行显微学研究，可以提供 CoCrFeMnNi 合金抗断裂行为可靠和相关的机理。

包含疲劳裂纹表面的低倍 SEM 图像（如图 4.7a 所示）显示出沿裂缝路径有许多不规则形状的空隙，这意味着发生了微孔聚集型韧性断裂。通过低倍 SEM，

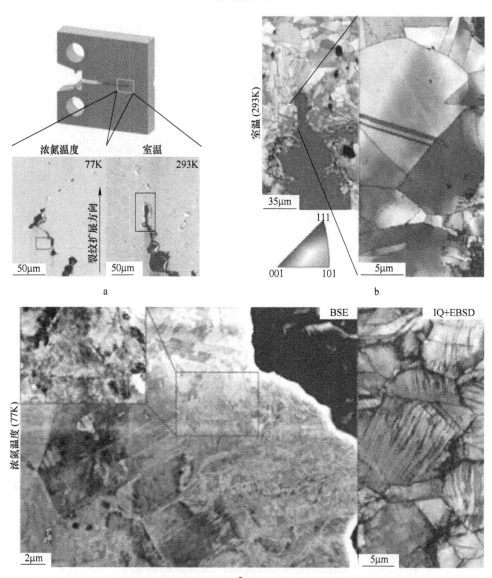

图 4.7　CoCrFeMnNi 高熵合金应变区域附近裂纹尖端的变形机制[11]

（低温纳米孪晶提高了材料塑性（失效应力为 1280MPa 的拉伸应变大于 0.7），
从 BSE 图像中看到的晶胞结构是由于位错运动导致的）

a—室温和 77K 测试样品的低倍 SEM 图像（表明微观空位聚集形成的塑性断裂形貌）；

b—室温测试样品的 EBSD 图像（表明由于位错导致的晶粒取向差，揭示了合金主要的变形机制，
同时在没有裂纹的区域看到了退火孪晶的出现）；c—在 77K 的温度下，可以在 BSE 和 EBSD
图像中看到纳米孪晶（"IQ+EBSD" 指的是该 EBSD 图是图像品质的覆盖图）

可以看出室温和 77K 疲劳裂纹中都出现了韧性断裂的特征。然而，借助高倍 EBSD 和 BSE 图像可以进一步揭示室温和低温变形与断裂行为之间的重要的细节和区别。

室温裂纹尖端的 EBSD 图像显示出明显的晶粒取向差（如图 4.7b 所示），这归因于 {111} 晶面上位错的滑移，并且可以作为室温变形的主要机制。在室温裂纹尖端附近也可以看到一些退火孪晶，因为它们遍布于退火 CoCrFeMnNi 样品中。然而在 77K 形成的裂纹附近，EBSD 和 BSE 图像显示出纳米孪晶（孪晶间距在纳米级别）。除此之外，纳米孪晶还出现在了位错胞附近，这与上述位错滑移有关（如图 4.7c 所示）。因此，纳米孪晶提供了一种在低温下额外的变形机制，这是 CoCrFeMnNi 高熵合金塑性提高和韧性优异的原因。

利用 EBSD 在高度抛光的表面上可以观察到 CoCrFeMnNi 合金中的纳米孪晶（逐渐抛光至 0.05μm 的表面粗糙度，然后使用胶体二氧化硅进行最终的抛光）[13]。这些表面与实际的裂纹表面相交，可以提供裂纹周围变形行为的重要信息。其他信息可通过利用光学立体显微镜，EDX 和 SEM 立体成像组合直接检查完全分离的缩比拉伸样品的裂纹表面来获得。结果表明高韧性与微孔聚集型韧性断裂有关。

SEM 显示 CoCrFeMnNi 裂纹表面覆盖有塑性断裂的韧窝（如图 4.8a 所示）。韧窝内可以观察到不同的颗粒，利用 EDX 检测出它们富 Mn 或富 Cr。这些粒子

CoCrFeMnNi

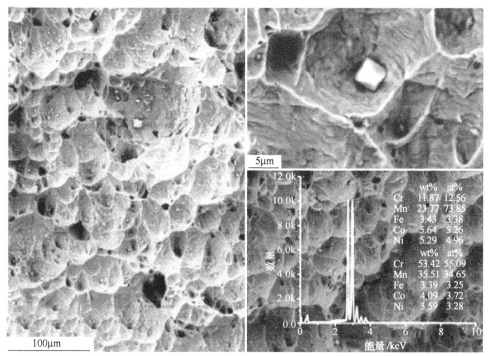

a

b

图 4.8　室温断裂表面为韧窝 SEM 图像（a）（表明了塑性断裂模型，韧窝内部的粒子是微孔发起的位置，通过 EDX 分析确定这些粒子富含 Cr 和 Mn）和由 SEM 立体成像组得到的三维断面中可以看到疲劳断前区域、延伸区域和塑性断裂区域的不同形貌（b）[11]

被认为是微孔的起源。当施加足够的拉伸应力，这些微孔生长和聚集，最终导致韧性断裂。从 SEM 立体成像组合可以构建出三维韧性断裂表面模型（如图 4.8b 所示），该模型显示出疲劳预制裂纹区域和韧性断裂区域之间的明显差异，在韧性断裂区域中韧窝表现得非常明显。

CoCrFeMnNi 断裂韧性的研究[11]证明了综合力学实验和显微检测技术的共同价值所在。这里，显微镜学研究是在精心制备缩比拉伸试样基础上进行的。检测的微观结构特征横跨多个尺寸量级，从毫米（光学显微镜）到纳米（BSE 和 EBSD）。纳米孪晶被认为是低温下塑性和断裂强度提高的潜在机制。

4.4　AlCoCrCuFeNi 中的相分离：高分辨 TEM 和 APT

虽然高熵合金倾向于形成具有简单晶体结构的固溶体，但是对微观结构更细致地分析有时会显示出其结构的复杂性。AlCoCrCuFeNi 高熵合金就是一个很好的例子。通过使用高分辨电子显微镜和原子探针层析成像技术[8]，可以对比分析淬火与常规铸造样品。XRD 也被用于确定主要相。先进的样品制备技术在这项研究中起到了关键作用，特别是淬火，产生了 10^6 K/s 量级的冷却速率。研究表明，淬火样品是由单相、不完全有序的固溶体组成，而铸造样品则形成复杂的多相微观结构。

铸态样品的 XRD 图谱被标定为三相：FCC1（晶格参数，$a_{FCC1} = 0.359$ nm），FCC2（$a_{FCC2} = 0.362$ nm）和 BCC（$a_{BCC} = 0.287$ nm）。然而，淬火样品只产生了 BCC

衍射花样（如图 4.9 所示）。微观结构的细节和原子结构可以进一步通过利用高分辨 TEM 和 APT 来揭示。

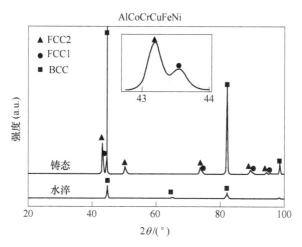

图 4.9 铸态和淬火 AlCoCrCuFeNi 样品的 XRD 图谱[8]

（铸态样品分离出了三相（FCC1，FCC2 和 BCC），而淬火样品为单相）

TEM 明场像显示出淬火样品的多晶微观结构（如图 4.10a 所示），晶粒尺寸大约 1.5μm。暗场 TEM（如图 4.10b 所示）揭示了晶粒内的畴状结构，如图中

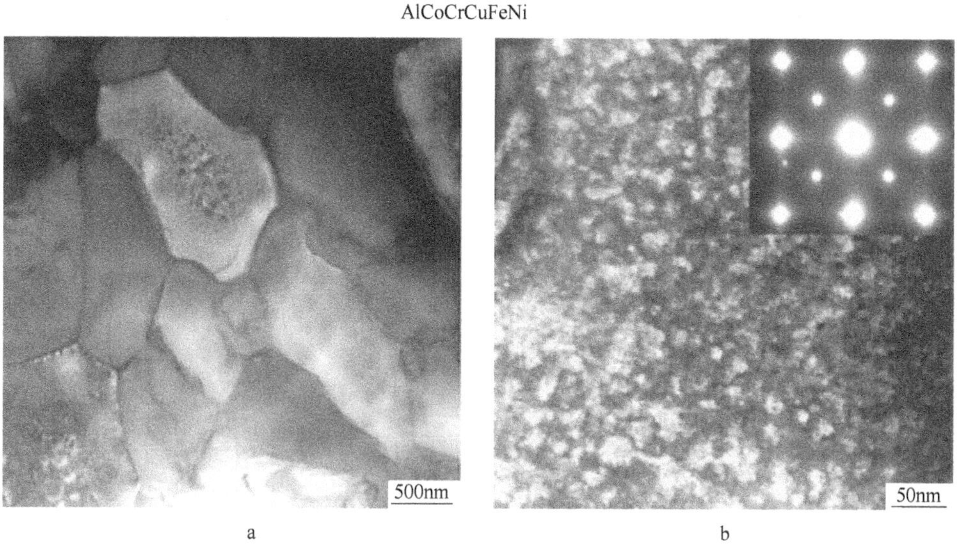

AlCoCrCuFeNi

图 4.10 水淬 AlCoCrCuFeNi 的 TEM 图[8]

a—明场像（显示出多晶微观结构）；b—利用（100）超晶格反射得到的暗场
像（揭示了晶粒内部的畴状结构，插图是其 SAED 花样）

明亮的斑点。SAED 模式对应于有序的 BCC 或 B2 结构，并且利用 [100] 超晶格衍射生成暗场图像。因此，暗场像上的斑点最终被解释为不完全有序的 B2 相，这样在连续的晶体结构内形成了由 B2 和 BCC 混合而成的畴状结构。

　　铸态样品显示出相分离的微观结构，与早期的研究结果[2]相似，如图 4.5 所示。然而，关于原子级别相分离的细节需要用 APT 来获得，APT 是将原子个体从样品上剥离制备成尖角的形式（如图 4.11 所示）。利用两步法将铸态 AlCoCrCuFeNi 样品锐化：机械抛光和聚焦离子束（FIB）铣削。随后的 APT 研究提供了各种微观结构特征内的原子图（如图 4.12 所示），例如富含 Al-Ni 的 B2 有序板条，富含 Fe-Cr 的 BCC 中间条带，以及富 Cu 板状沉淀。

　　进一步通过将 APT 和高分辨显微分析相结合，可以获得铸态 AlCoCrCuFeNi 中更加细致的相分离。淬火样品具有单相固溶体特征。单相特征在 XRD

100nm

图 4.11　AlCoCrCuFeNi 的针状 APT 样品的 TEM 图像[8]

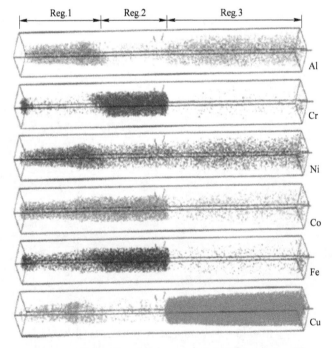

图 4.12　铸态 AlCoCrCuFeNi APT 分析的原子分布图[8]

（不同的标记段分别代表富 Al-Ni 区域、富 Fe-Cr 区域和富 Cu 条状沉淀）

和 TEM 明场像上尤为明显。然而，高分辨 TEM 暗场像研究显示出了一种畴状结构，该结构是由元素的局部偏析所致。元素偏析倾向于变得愈加明显。

4.5 Al$_{1.5}$CoCrCuFeNi 中相界面的本质：HAADF 成像

Al$_x$CoCrCuFeNi 系统中的相分离（如图 4.4 和图 4.5 所示）已经得到了彻底的研究[1,2,7,8,14]。本节着重介绍利用 HAADF 研究 Al$_{1.5}$CoCrCuFeNi 中 B2 和 BCC 相界面的纳米级微观结构特征甚至原子级别的细节特征。本项工作是在俄亥俄州州立大学的电子显微镜和分析中心（CEMAS）进行的[15]。

高角度环形暗场（HAADF）成像是一种利用扫描透射电镜中的环形探测器收集高角度散射电子的技术[16]。当它与 EDX 组合使用时，可以检测元素的纳米级分离。在 Al$_{1.5}$CoCrCuFeNi 中（如图 4.13 所示），元素 Ni、Al、Co 和少量的 Fe 和 Cu 倾向于形成一个板状相。元素 Cr、Fe 和少量 Co 倾向于形成另一个板状相。除了两个主要的板状相，在 EDX 图像上还可以看到富 Cu 的沉淀相。

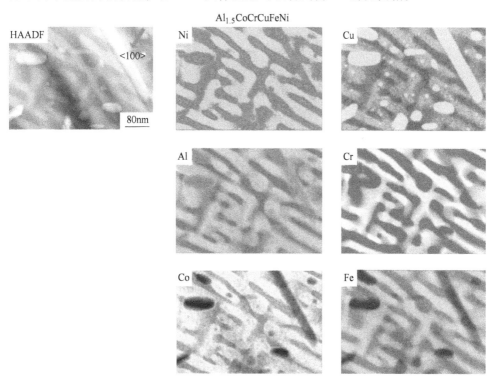

图 4.13　Al$_{1.5}$CoCrCuFeNi 合金中纳米级元素分离的 HAADF 和 EDX 图谱[15]

在更高的放大倍数下，可以分辨各个原子列，并且可以直接观察到不同相的连续晶格结构（如图 4.14 所示）。样品取向是这些高分辨 HAADF 图像的重要考虑因素，从而确定出分离 BCC 和 B2 相的平面具有〈001〉方向上的法线。因此，样品可以用不会明显改变界面投影的〈001〉轴标记。当样品倾斜使得电子光束方向接近〈110〉，在 BCC 和 B2 之间就会发现明显的对比。特别是，B2 区域中的斑点（即原子柱）具有交替强度，形成高于平均值和低于平均值的强度排列（如图 4.14 的左上部分）。这些交替强度与 B2 结构一致，特别是如果 Al 原子优先占据一个亚晶格，与另一个含 Ni、Co、Fe 更多的亚晶格相比，它的平均原子序数 Z 更低。正如预期的那样，BCC 区域（右下方）的原子柱强度几乎是均匀的，这是由于该相中元素的无序混合，使每个原子柱具有相同的平均值 Z。

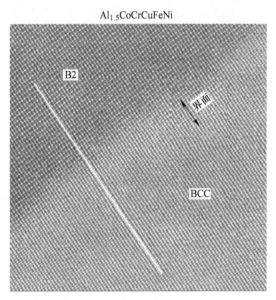

图 4.14 高分辨 HAADF 图像代表了 $Al_{1.5}CoCrCuFeNi$ 中的单个原子柱，电子束沿〈110〉方向，界面法向沿〈001〉方向（如直线所示，各相的晶格被排列和标定出来；其中 B2 相的原子柱强度是交替的，而 BCC 相拥有更均匀的原子柱强度。B2 相具有交替强度，BCC 相具有更均匀的原子柱强度。一个大约 2nm 厚的界面区域与 BCC 或 B2 有不同的强度分布。每个区域都有特定的成分和结构（即不同的相）（来自参考文献［15］））

目前描述的 HAADF 研究首次证实了 B2 和 BCC 相之间明显的界面区域。界面区域约 2nm 厚，它的强度分布不同于主要的 B2 或者 BCC 相。它实际上是第二种 B2 相，它具有不同于主要 B2 相的成分。特别地，该界面相是富含 FeCo 并且类似于二元 FeCo 金属间化合物。

HAADF 测量的原子级分辨率和 Z 敏感性是确定界面相的关键因素，这可能对 $Al_{1.5}CoCrCuFeNi$ 高熵合金的力学性能起着重要作用。通常来说，HAADF 可能在确定许多高熵合金微观结构细节方面发挥着重要作用。

4.6　利用反常 X 射线衍射和中子衍射来确定化学无序性

基于 XRD 图谱中的超结构衍射（如图 4.2 所示），许多高熵合金中都检测到了有序结构（如图 4.3 所示），如 $Al_xCoCrCuFeNi$。然而，XRD 超结构衍射的检测，只有当有序高熵合金相中元素的 X 射线散射因子（f）存在足够差异时才有可能。同样地，对于中子衍射来说，元素间的中子散射长度（b）必须差异足够大到能敏感地区分有序相和无序相的分布。值得注意的是，f 和 b 在元素周期表中遵循不同的趋势，这是进行 X 射线和中子散射补充研究的一个很好的出发点。

例如，在常规 XRD 的情况下，使用 CuK_α 辐射对于原子序数接近的元素，f 的差异很小。因此，传统的 XRD 无法区分过渡金属中有序相和无序相的分布，例如图 4.15 所示的可能的构型。然而，铝具有比 3-d 过渡金属明显更低的 f 值。因此，即使是使用传统的 XRD 检测手段（如图 4.2 所示），在 $Al_xCoCrCuFeNi$ 合金系列中也容易检测到 B2 相，尽管在含 Al 的高熵合金中发现了有序的 B2 结构，但是仅靠常规 XRD，是无法详细了解其中的原子分布的。相反，反常 X 射线衍射（AXRD）可以用来增强散射对比度，以此来检测高熵合金中的有序化。

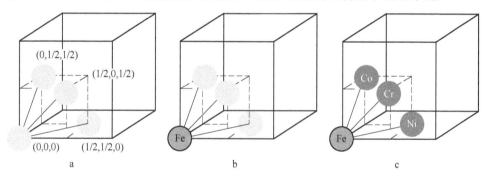

图 4.15　面心立方晶格中不同原子的分布[17]

a—浅灰色原子表示平均原子的随机固溶体；b—L12 有序结构，其中浅灰色原子代表 $FeNi_3$ 中的 Ni

原子或是 $Fe(Co, Cr, Ni)_3$ 中 Co、Cr、Ni 原子的随机分布；c—完全有序的 CoCrFeNi 合金

卢卡斯等人[17]利用 AXRD（阿贡国家实验室的先进光子源 33BM 光束）和中子散射（橡树岭国家实验室散裂中子源的 ARCS 光谱仪）证明了 CoCrFeNi 合金缺乏远程化学有序。AXRD 对这个问题的适用性通过检验结构因子 F_{hkl} 的表达式可以得到很好的理解。布拉格 hkl 晶面族的强度与 $|F_{hkl}|^2$ 成比例，其中 F_{hkl} 由下式给出：

$$F_{hkl} = \sum_{j=1}^{N} f_j \exp\left[2\pi i (h x_j + k y_j + l z_j) \right] \qquad (4.1)$$

式中，单位晶格包含 N 个原子，以 $j=1$ 到 N 表示，处于 x_j、y_j、z_j 的位置，并且原子散射系数为 f_j，对于具有随机 FCC 固溶体结构的 CoCrFeNi 高熵合金，公式

(4.1) 可以写作下式[17]：

$$F_{hkl}^{rss} = \langle f \rangle [1 + (-1)^{h+k} + (-1)^{h+l} + (-1)^{l+k}] \qquad (4.2)$$

式中，$\langle f \rangle$ 代表了 Co、Cr、Fe 和 Ni 原子的加权浓度平均散射系数；rss 上标表示随机固溶体相。公式（4.2）的 rss 结构因子给出了通常的 FCC 选择法则，仅允许非混合反射（即 h、k、l 都是偶数或奇数）。然而，如果合金是有序的，元素将优先占据某些位置，并且平均散射因子 $\langle f \rangle$ 将由结构因子中的特定元素散射因子替代。比如，如果有序化行为是类似于图 4.15 所示的方案，那么方程式（4.1）可以写成：

$$F_{hkl}^{ord} = [f_{Fe} + f_{Ni}(-1)^{h+k} + f_{Cr}(-1)^{h+l} + f_{Co}(-1)^{k+l}] \qquad (4.3)$$

对于传统的 CuK_α 辐射的 XRD，$f_{Fe} \approx f_{Ni} \approx f_{Cr} \approx f_{Co}$，并且式（4.2）和式（4.3）中的结构系数近似相等。因此，即使合金是有序的也无法检测到超结构。

使用 AXRD，入射光子能量被调节到所选元素的 K 层能级，显著降低其散射因子（如图 4.16 所示）。因此，化学有序敏感度大大增强。卢卡斯等人[17]在 CoCrFeNi 合金的研究中总结了作为对照样品的 $FeNi_3$ 化合物，以此来验证他们的测量方法对化学有序性的敏感度。因此，当 CoCrFeNi 合金在 AXRD 测量中未显示出有序的迹象时（如图 4.17 所示），那就证明合金确实缺乏远程化学有序。作者还特别指出该衍射结果仅用于解决长程有序，因此短程有序不能用该方法一概而论。

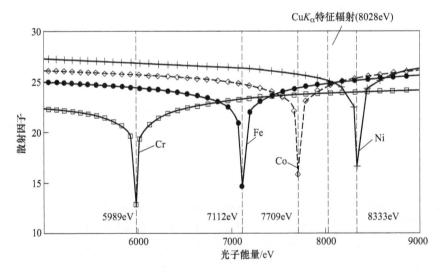

图 4.16　AXRD 基础（作为光子能函数的散射系数 f，其真实部分表现出急剧的跌落；虚垂线表示 CoCrFeNi 高熵合金中用于 AXRD 实验的能量）[17]

在中子衍射的情况下，散射长度 b_{Fe}、b_{Ni}、b_{Cr} 和 b_{Co} 将取代方程式（4.3）中

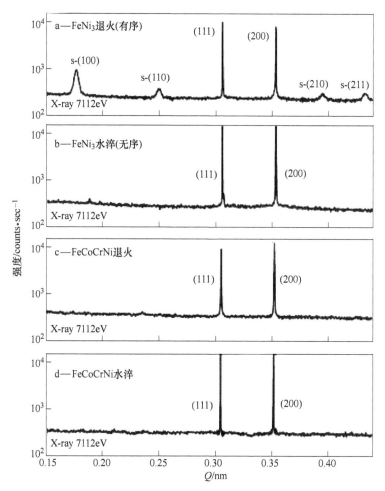

图 4.17　具有强烈有序化趋势的 FeNi₃ 与无有序化趋势等原子比 CoCrFeNi 的 AXRD 对比图[17]
（两种材料都是分别在退火和水淬的条件下测量）

的散射因子 f。这些中子散射长度有着明显的区别（见表 4.2），因此对有序化有一定的敏感度。对 CoCrFeNi 的研究[17]，无论中子衍射还是 AXRD，其测量结果一致（即缺乏长程有序）。此外，从中子的非弹性散射还可以获得各种态的振动密度。非弹性中子结果证明了 Fe 和 Ni 原子上的平均力相似，这为无序固溶结构提供了更多证据，且与衍射结果无关。需要注意的是，非弹性测量对 Co 和 Cr 振动模型不如 Fe 和 Ni 模型敏感。因此，无法得出所有原子都具有相似的原子力的结论。

表 4.2   选定元素的中子散射长度

元素	b/fm	元素	b/fm
Al	3.45	Cu	7.72
Co	2.49	Fe	9.45
Cr	3.64	Ni	10.3

注：完整的中子衍射长度表请参照参考文献 [28]。

上述对 CoCrFeNi 研究的概述表明，如 AXRD 和中子散射（衍射和非弹性散射）这样的技术在表征高熵合金方面具有巨大的潜力。中子和 X 射线散射的另一种补充用途将在下一节中给出。

4.7   三元 HfNbZr 合金中的局部原子结构

大多数高熵合金具有长程有序的晶体结构，即原子占据周期性晶格结点位置。然而，由于不同的尺寸，原子可能以无序的方式填充晶格位置，导致晶格结构发生局部畸变。这些局部畸变是高熵合金的一个重要特征，有希望对材料实现强化。

研究局部原子结构的一个重要技术是对分布函数（PDF）分析[19]。缩小的 PDF 可以从结构函数 $S(Q)$ 的傅里叶变换计算，该函数通过衍射测量实验来确定：

$$G(r) = \frac{2}{\pi} \int_0^\infty Q[S(Q) - 1]\sin(Qr)\mathrm{d}Q \qquad (4.4)$$

式中，Q 是倒易空间中散射矢量的大小；r 是相邻原子间距离。例如，通过使用 PDFgui[20] 和 PDFgetN[21] 软件可获取 PDF，它给出了原子结构的真实空间图。PDF 中的"对"是指最近邻，第二近邻等的原子对。PDF 曲线的峰值给出了这些对之间的距离。PDF 研究通常在高能同步加速器 X 射线和/或中子用户设施中优化的衍射仪中进行（见表 4.1）。

仅含有三种元素的 HfNbZr 合金已被用作测试案例来研究高熵合金的局部结构，这样可以简化样品制备和数据分析[22]。补充 PDF 使用高能同步辐射 X 射线（阿贡国家实验室高级光子源 ID6-C 光线）和中子（新墨西哥州洛斯阿拉莫斯国家实验室高强度粉末衍射仪 [HIPD]）进行测量。

衍射研究表明，HfNbZr 合金块体样品和 1.5μm 薄膜都具有 BCC 结构。利用 PDFgui[20] 软件，基于中子散射强度的 Rietveld 精修[23] 获得的 BCC 结构，可以计算得出 PDF 模型。实验所得的中子和同步辐射 X 射线 PDFs 连同模型计算结果一同绘制在图 4.18 中。

从 X 射线衍射和中子衍射获得的 PDFs，其结果是一致的。测量的 PDFs 与计算的 PDF 不同，特别是在前两个峰的峰形上，这表明固溶体中的原子尺寸不同会带来局部晶格畸变（铪、铌、锆的半径分别为 0.159nm、0.146nm 和 0.160nm）。

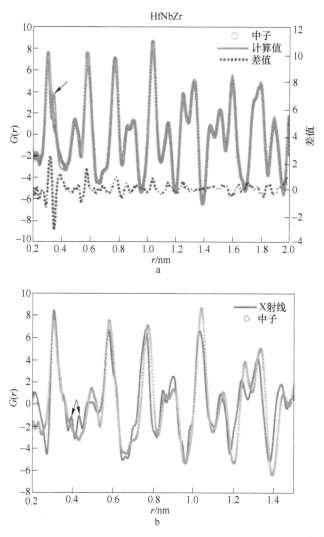

图 4.18　观察和计算到的 HfNbZr 对分布函数（PDF）的对比[22]

a—从中子和计算得来的 PDF 彼此吻合，如箭头所指的第一个双峰上的差别来自晶格中不同原子的
尺寸差，这导致了中子数据中的第二个峰被第一个峰掩盖；b—X 射线和中子 PDF 的主要特征
是相符的，像箭头所指的 X 射线峰是由于噪声导致

4.8　利用补充的中子和 X 射线衍射技术表征原子构型偏离

高熵合金由于高的混合构型熵（$\Delta S_{\text{mix}}^{\text{conf}}$）而倾向于形成固溶体。尽管高温有助于形成无序固溶体，但随着温度的降低，相对于焓效应，熵效应会逐渐弱化，这样就会导致形成具有高度有序化的相。然而，即使在高熵合金中形成"有序"相，这些相也可能只是部分有序，因为持续的熵效应影响着材料的性能。因此，

高熵合金不仅适用于单相固溶体结构，而且适用于含有部分有序的更复杂的合金，例如文献［9］所示。因此，深入研究高熵合金中的原子分布同时量化混合构型熵非常重要。基于第一性原理的方法，在第 8 章和第 10 章中计算了高熵合金的一系列熵源，如构型熵、振动熵和电子熵，同时在第 12 章中利用 CALPHAD 方法获得了高熵合金的总体熵和混合熵。

有序高熵合金相通常都具有简单的晶体结构，如我们熟知的二元金属间化合物 B2 结构（如图 4.3 所示）。在实验中，B2 有序相很容易通过衍射图案中的超晶格衍射检测出来，它类似于 BCC 结构的衍射花样（如图 4.2 所示）。在多组元 B2 相中，要确定 B2 有序相其特定的原子排列方式是十分复杂的。一般来说，通过 Rietveld 精修[23]可以直接确定原子分布进而将多元结构模型与观察到的衍射图样匹配起来。这样的精修具有多个拟合参数，而拟合结果可能不会完全相同。然而，通过引入可以代表 B2 晶格[9]中两结点间散射衬度的单一参数（δ）就可以大大简化这个问题。如下所示，通过 δ 参数模型可解释观察到的衍射数据，并最终确定实验中 B2 有序相的混合构型熵。该方法或许也可以用于其他类型的多元有序结构。

从统计学上说，高熵合金晶格结点被多个元素占据，每个元素都有不同的中子和 X 射线散射长度。这些结点可以用平均的散射长度来表征，通常中子和 X 射线的长度是不同的。因此，将这两种技术手段相结合可以获得补充信息。以中子散射为例，元素分布的平均散射长度可以表示为[9]：

$$b_{av} = \sum_{i=1}^{n} x_i b_i \tag{4.5}$$

式中，x_i 是摩尔分数；b_i 是第 i 个元素的中子散射长度。B2 结构用两个亚晶格 α 和 β 表征，它们通常具有不同的元素分布。与 α 和 β 亚晶格相关的平均散射长度可以分别写成：

$$b_{\alpha} = b_{av} \times (1 + \delta) \tag{4.6}$$

$$b_{\beta} = b_{av} \times (1 - \delta) \tag{4.7}$$

δ 可以作为无量纲量加入 Rietveld 精修中，其与中子结构因素直接相关：

$$F_{hkl}^{fund} = b_{\alpha} + b_{\beta} \tag{4.8}$$

$$F_{hkl}^{super} = b_{\alpha} - b_{\beta} \tag{4.9}$$

式中，F_{hkl}^{fund} 适用于 B2 基本衍射（米勒指数之和 $h+k+l$ 为偶数）；F_{hkl}^{super} 适用于超结构衍射（$h+k+l$ 为奇数）。因此，δ 参数等于超结构和基本结构之比：

$$\delta = \frac{F_{hkl}^{fund}}{F_{hkl}^{super}} \tag{4.10}$$

δ 参数可以通过实验测量超结构与基本结构峰强的比值来确定。然而，该参数只有与实际结构关联才有意义。幸好，当 B2 结构以有序参数表示时，这种关系变得很明显。尤其是令 $x_{i\alpha}$ 和 $x_{i\beta}$ 分别代表 α 和 β 亚晶格中元素的摩尔分数，其表达式如下：

$$x_{i\alpha} = x_i(1 + \eta_i) \tag{4.11}$$
$$x_{i\beta} = x_i(1 - \eta_i) \tag{4.12}$$

式中，η_i 是元素 i 的有序参量。η_i 值从 $-1 \sim 1$，$\eta_i = 1$ 表示 i 元素独占 α 亚晶格，$\eta_i = 0$ 表示随机占据，$\eta_i = -1$ 表示独占 β 亚晶格。δ 与有序量之间的关系为：

$$\delta = \frac{1}{b_{av}} \sum x_i \eta_i b_i \tag{4.13}$$

利用式（4.13），可以证明出 $Al_{1.3}CoCrCuFeNi$ 合金[9]中原子分布模型与补充的中子和 X 射线衍射结果（如图 4.19 所示）的一致性。例如在高温下，初生 B2 相可以通过 Al 原子优先占据一个亚晶格而确定，而剩余的过渡金属原子都随机分布在两个亚晶格上。随着温度的降低，相分离发生，与 B2 相有关的原子分布发生了明显变化。尽管所有的表征细节很复杂，但是多组元 B2 相的混合构型熵依然可以得到量化：

$$\Delta S_{mix}^{conf} = -\frac{R}{2} \sum_{i=1}^{n} \{ x_i(1 + \eta_i) \ln[x_i(1 + \eta_i)] + x_i(1 - \eta_i) \ln[x_i(1 - \eta_i)] \}$$

$$\tag{4.14}$$

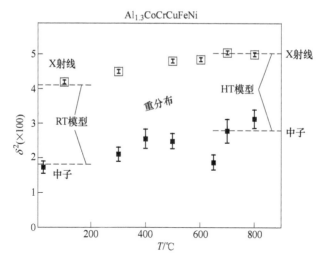

图 4.19 原子分布分析（根据 B2(100) 超结构的综合强度比和 (110) 基本衍射，绘制 $3\delta^2$ 值与温度的关系图，同步加速器 X 射线和中子衍射结果。从高斯曲线的最小二乘拟合到观测到的峰值和误差条，由高斯拟合的标准误差确定。将拟合值与模型计算值进行了比较，用下方虚线（中子计算）和上方虚线（X 射线计算）表示。给出了室温模型（RT 模型）和高温模型（HT 模型）的计算结果。原子重分布发生在 $Al_{1.3}CoCrCuFeNi$ 合金中与调幅转变有关的温度区。在室温下，BCC 相调幅分解后呈两相共存（来自参考文献 [9]）

因此，先前对"有序"与"无序"的划分可以通过定量表征来取代，同时展示了一个持续的熵效应[9]。

4.9 原位中子衍射研究 CoCrFeNi 高熵合金的变形行为

使用专门的工程衍射仪（如图 4.20 所示），通过对安装在载荷仪器中的样品施

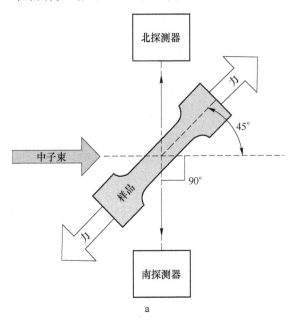

a

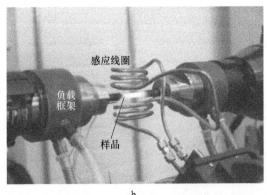

b

图 4.20 用于测量拉伸载荷导致的晶格应变的衍射几何结构

a—示意图显示入射中子与样品呈 45°角，与探测器呈 90°角（聚集到南北探测器的衍射束的散射矢量
是垂直或平行于样品轴的，因此，可以测到垂直或平行的晶格应变）；b—SNS VULCAN 设备
中装在加载框架正被感应线圈加热的样品照片（从 SNS 网站 http：//neutrons. ornl. gov)

加应力来检测高熵合金的变形行为，同时收集中子衍射数据。通过精确定位加载中
布拉格衍射的位置就可以确定由于施加应力而导致的晶格常数的改变（即弹性晶格
应变）。晶格应变 ε_{hkl} 与晶体晶粒取向 hkl 有强烈的依赖关系，计算如下式：

$$\varepsilon_{hkl} = \frac{d_{hkl} - d_{hkl,0}}{d_{hkl,0}} \tag{4.15}$$

式中，d_{hkl} 是加载情况下给定 hkl 衍射晶面的晶面间距；$d_{hkl,0}$ 是零载荷时的晶面间距。除峰的位置外，相对强度也可能会在加载过程中发生变化，这通常意味着塑性变形引起的织构变化。原位中子衍射研究的另一个重要方面是同时测量由样品上的框架位移和/或标距段决定的宏观应变。最终，对晶格应变、宏观应变和织构演变的综合观察可以使我们对高熵合金变形行为有更为深入的理解。

利用裂变中子源 VULCAN 衍射仪（橡树岭国家实验室）研究 CoCrFeNi 高熵合金[24]，它在很宽的晶面间距范围内都具有高分辨率（$\Delta d/d = 0.2\%$），并且配备了多轴加载框架。有趣的是，CoCrFeNi 高熵合金主要是由单相 FCC 组成，因此可以与传统的 FCC 金属做比较[25]。弹性晶格应变是一个重要的对比参数，传统的 FCC 金属是各向异性的，具有 〈100〉 方向的软取向，这归因于低密度的原子堆积和 (100) 面上大的晶面间距[26]。然而，在 FCC CoCrFeNi 高熵合金中，原子的分离和相互作用因不同原子而不同。VULCAN 研究一定程度上解释了这些局部波动对 CoCrFeNi 变形行为的影响。

中子衍射图（如图 4.21a 所示）证实了 FCC 结构，而拉伸应力-应变曲线（如图 4.21b 所示）表明 CoCrFeNi 合金的宏观变形行为类似于传统 FCC 金属。特别是 CoCrFeNi 高熵合金具有低的屈服强度（约 200MPa）和大的拉伸塑性（约 40%），其加工硬化系数为 0.47，与 FCC 结构的铜相似。晶格应变（如图 4.22a 所示）和变形导致的峰强变化（如图 4.22b 所示）进一步表明 CoCrFeNi 合金的变形行为与传统 FCC 金属类似。基于晶面间距偏移公式 (4.15)，[200] 方向的

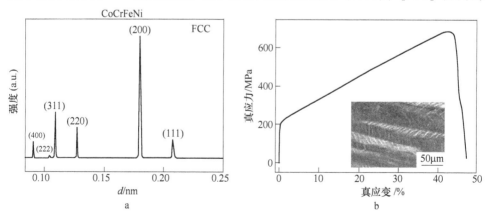

图 4.21　CoCrFeNi 合金的衍射图 (a)（基本证明该合金是 FCC 结构单相合金）和拉伸应力-应变曲线表现出传统 FCC 金属的共同特征，如低的屈服强度（约 200MPa），高的拉伸塑性和加工硬化率 (b)（插图显示的是断裂面的侧面 SEM 图像，它具有典型的 FCC 特征，如大量的滑移带）[25]

晶粒具有比其他取向明显更大的弹性应变（［111］，［220］，［311］和［331］）。在〈111〉和〈100〉方向的弹性刚度（即应力-晶格应变曲线斜率）之比为1.98，接近纯镍[25]。最后，变形引起的强度变化（如图4.22b所示）与FCC金属和传统FCC合金中观察到的类似，在这些合金中织构会在拉伸塑性变形阶段形成。

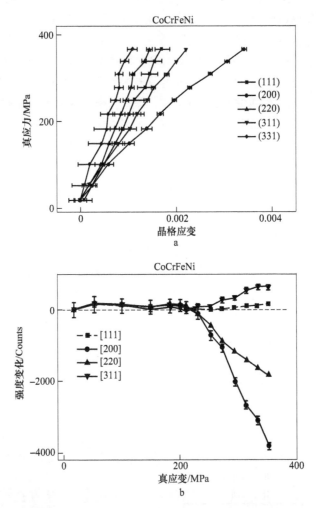

图4.22　晶格应变的演变表现出FCC结构强烈的各向异性应变反应（a）和屈服应力之后的峰强开始变化（b）是由于塑性变形后织构演变所致[25]

加载过程中的原位中子衍射技术可以为高熵合金的变形行为和变形机理提供宏观和微观信息。对CoCrFeNi合金来说，该技术更加有力证明了其室温变形行为类似于传统的FCC金属。当然，这种相似性并不一定适用于所有高熵合金和不同的温度范围。这种中子技术可能会更多地应用于其他高熵合金以及各种环境条件下。

4.10 未来的研究工作

随着这个领域的发展，高熵合金的实验研究变得越来越精细并且具有挑战性。例如，从室温到较宽温度范围对结构和力学性能的表征，正如最近的高强高熵合金研究就能体现出这一点[11]。鉴于熵的影响与温度有关，可以预测到高熵合金的表征越来越多地涉及温度变量，并且更好地与理论研究整合到一起。基本上，在很宽温度范围内进行原位的结构和力学行为的表征技术已经存在。如图4.20b 所示，多数用户设备中可以实现载荷，温度和中子衍射的结合。然而，这些技术必须持续更新并与高熵合金表征的新趋势保持同步，如高熵合金锯齿行为的研究[4,27]。

显微镜学的研究将会继续在高熵合金研究领域发挥很大的作用，可能更多地体现在微观结构如何受控于制备方法和处理技术上[4]。因此，我们越来越需要将合成、加工和微观结构的研究进行系统整合。此外，我们需要加深理解塑性变形如何影响微观结构甚至是纳米结构。对此，表征的尺度必须要涉及多尺度甚至是三维表征。其中，三维表征技术的进步应该被应用到高熵合金，这样可以探索更多的性能，如断裂韧性和断裂机制[4,11]。毫无疑问，研究人员在研究高熵合金的微观结构和性能时应该深入其表象挖掘内部机理。

例如，作为潜在的强化机制，早期的高熵合金研究中就提出了局部晶格畸变假设。然而，很少有研究直接解决了高熵合金的这个重要问题。前文已经介绍了第一个关于高熵合金局部结构的研究。通过应用 PDF 分析 HfNbZr 三元合金证实了局部晶格畸变的存在[22]。然而，晶格畸变更细致的本质和影响仍然不能得到很好地理解。因此，我们还需要做很多工作来研究高熵合金的局部结构，并且努力去做更多开创性的研究。

本章的主题是通过列举一系列先进表征技术，以探讨先进表征技术整合的重要性。比如中子和 X 射线衍射以及包含了断口表面的光学成像和纳米结构的原子探针层析的多种成像技术。对高熵合金的深入理解必须涵盖各种环境下多种尺度的特征和行为。未来越来越多的科学家将会被高熵合金研究领域所吸引，研究出更多令人兴奋的问题。

4.11 结论

应用到高熵合金上的先进表征技术，通常涉及许多方法和实验设备的结合，例如 TEM（明场和暗场技术）、SEM、SAED 和 APT。在其他方面，一些新颖的技术手段被利用起来，如飞溅淬火样品制备[8]。事实上，先进的实验表征是很困难的，需要大量的资源。许多科研人员需要经过同行审核的提案过程，才能利用到表 4.1 所示的主要用户设备。尽管在高熵合金领域做出有高影响力的研究需要付出很大的努力，但是其潜在回报也是巨大的。目前尚有许多重要的问题需要解答：什么是表征高熵合金局部应变和确定它对强度和变形行为影响的最好方法？高熵合金的变形行为是如何不同于传统合金的，什么样的微观结构表征技术将能帮助我们更好地理解它？哪种微观结构特征（晶粒尺寸，孪晶，位错结构，化学均匀性等）对开发具有优异性能的高熵合金是至关重要的？当这些问题被解决后可能就会有非常重大的发现被提出。

参 考 文 献

[1] Yeh J W, Chen S K, Lin S J, Gan J Y, Chin T S, Shun T T, Tsau C H, Chang S Y (2004). Nanostructured high-entropy alloys with multiple principal elements: novel alloy design concepts and outcomes. Adv Eng Mater, 6 (5): 299-303. doi: 10. 1002/adem. 200300567.

[2] Tong C J, Chen Y L, Chen S K, Yeh J W, Shun T T, Tsau C H, Lin S J, Chang S Y (2005). Microstructure characterization of Al_xCoCrCuFeNi high-entropy alloy system with multi-principal elements. Metall Mater Trans A Phys Metall Mater Sci, 36A (4): 881-893. doi: 10. 1007/s11661-005-0283-0.

[3] Takeuchi A, Amiya K, Wada T, Yubuta K, Zhang W (2014) High-entropy alloys with a hexagonal close-packed structure designed by equi-atomic alloy strategy and binary phase diagrams. JOM, 66 (10): 1984-1992. doi: 10. 1007/s11837-014-1085-x.

[4] Zhang Y, Zuo T T, Tang Z, Gao M C, Dahmen K A, Liaw P K, Lu Z P (2014). Microstructures and properties of high-entropy alloys. Prog Mater Sci, 61 (0): 1-93. http://dx. doi. org/10. 1016/j. pmatsci. 2013. 10. 001.

[5] Tang Z, Gao M C, Diao H Y, Yang T F, Liu J P, Zuo T T, Zhang Y, Lu Z P, Cheng Y Q, Zhang Y W, Dahmen K A, Liaw P K, Egami T (2013). Aluminum alloying effects on lattice types, microstructures, and mechanical behavior of high-entropy alloy systems. JOM, 65 (12): 1848-1858. doi: 10. 1007/s11837-013-0776-z.

[6] Zhang Y, Lu Z P, Ma S G, Liaw P K, Tang Z, Cheng Y Q, Gao M C (2014). Guidelines in predicting phase formation of high-entropy alloys. MRS Communications, 4 (02): 57-62. doi: 10. 1557/mrc. 2014. 11.

[7] Wang Y P, Li B S, Fu H Z (2009). Solid solution or intermetallics in a high-entropy alloy. Adv Eng Mater, 11 (8): 641-644. doi: 10. 1002/adem. 200900057.

[8] Singh S, Wanderka N, Murty B S, Glatzel U, Banhart J (2011). Decomposition in multicomponent AlCoCrCuFeNi high-entropy alloy. Acta Mater, 59 (1): 182-190. doi: 10. 1016/j. actamat. 2010. 09. 023.

[9] Santodonato L J, Zhang Y, Feygenson M, Parish C, Neuefeind J, Weber R J R, Gao M C, Tang Z, Liaw P K (2015). Deviation from high-entropy configurations in the atomic distributions of a multi-principal-element alloy. Nat Commun, 6: 1-64. doi: 10. 1038/ncomms6964.

[10] Cantor B, Chang I T H, Knight P, Vincent A J B (2004). Microstructural development in equiatomic multicomponent alloys. Mater Sci Eng A Struct Mater Prop Microstruct Process, 375: 213-218. doi: 10. 1016/j. mesa. 2003. 10. 257.

[11] Gludovatz B, Hohenwarter A, Catoor D, Chang E H, George E P, Ritchie R O (2014). A fractureresistant high-entropy alloy for cryogenic applications. Science, 345 (6201): 1153-1158. doi: 10. 1126/science. 1254581.

[12] International A (2013). Standard test method for measurement of fracture toughness. ASTM International, West Conshohocken, PA, pp E1820-E1821.

[13] Online supplementary materials to ref. 7.

[14] Liu Z, Guo S, Liu X, Ye J, Yang Y, Wang X L, Yang L, An K, Liu C T (2011). Micromechanical characterization of casting-induced inhomogeneity in an $Al_{0.8}CoCrCuFeNi$ high-entropy alloy. Scr Mater, 64 (9): 868-871. doi: 10. 1016/j. bbr. 2011. 03. 031.

[15] Welk B A, Williams R E A, Viswanathan G B, Gibson M A, Liaw P K, Fraser H L (2013). Nature of the interfaces between the constituent phases in the high entropy alloy CoCrCuFeNiAl. Ultramicroscopy, 134: 193-199. doi: 10. 1016/j. ultramic. 2013. 06. 006.

[16] Liu J, Cowley J M (1991). Imaging with high-angle scattered electrons and secondary electrons in the STEM. Ultramicroscopy, 37(1-4): 50-71. http: //dx. doi. org/10. 1016/0304-3991 (91) 90006-R.

[17] Lucas M S, Wilks G B, Mauger L, Muñoz J A, Senkov O N, Michel E, Horwath J, Semiatin S L, Stone M B, Abernathy D L, Karapetrova E (2012). Absence of long-range chemical ordering in equimolar FeCoCrNi. Appl Phys Lett, 100 (25): 2519071-2519074. http: // dx. doi. org/10. 1063/1. 4730327.

[18] Takeuchi A, Chen N, Wada T, Yokoyama Y, Kato H, Inoue A, Yeh J W (2011). $Pd_{20}Pt_{20}Cu_{20}Ni_{20}P_{20}$ high-entropy alloy as a bulk metallic glass in the centimeter. Intermetallics, 19 (10): 1546-1554.

[19] Proffen T, Billinge S J L, Egami T, Louca D (2003). Structural analysis of complex materials using the atomic pair distribution function-a practical guide. Zeitschrift Fur Kristallographie, 218 (2): 132-143. doi: 10. 1524/zkri. 218. 2. 132. 20664.

[20] Farrow C L, Juhas P, Liu J W, Bryndin D, Bozin E S, Bloch J, Proffen T, Billinge S J L (2007). PDFfit2 and PDFgui: computer programs for studying nanostructure in crystals. J Phys Condens Matter, 19 (33): 335219. doi: 10. 1088/0953-8984/19/33/335219.

[21] Peterson P F, Gutmann M, Proffen T, Billinge S J L (2000). J Appl Crystallogr, 33: 1192.

[22] Guo W, Dmowski W, Noh J Y, Rack P, Liaw P, Egami T (2013). Local atomic structure of a high-entropy alloy: an X-ray and neutron scattering study. Metall Mater Trans A, 44: 1994-1997.

[23] Rietveld H (1969). A profile refinement method for nuclear and magnetic structures. Journal of Applied Crystallography, 2 (2): 65-71. doi: 10. 1107/S0021889869006558.

[24] Wang X L, Holden T M, Rennich G Q, Stoica A D, Liaw P K, Choo H, Hubbard C R (2006). VULCAN—The engineering diffractometer at the SNS. Phys B: Condens Matter, 385-

386, Part 1 (0): 673-675. http: //dx. doi. org/10. 1016/j. physb. 2006. 06. 103.

[25] Wu Y, Liu W H, Wang X L, Ma D, Stoica A D, Nieh T G, He Z B, Lu Z P (2014). In-situ neutron diffraction study of deformation behavior of a multi-component high-entropy al-loy. Appl Phys Lett, 104 (5). http: //dx. doi. org/10. 1063/1. 4863748.

[26] An K, Skorpenske H, Stoica A, Ma D, Wang X L, Cakmak E (2011). First In Situ lattice strains measurements under load at VULCAN. Metall Mater Trans A, 42 (1): 95-99. doi: 10. 1007/s11661-010-0495-9.

[27] Antonaglia J, Xie X, Tang Z, Tsai C W, Qiao J W, Zhang Y, Laktionova M O, Tabachnik-ova E D, Yeh J W, Senkov O N, Gao M C, Uhl J T, Liaw P K, Dahmen K A (2014). Temperature effects on deformation and serration behavior of high-entropy alloys (HEAs). JOM, 66 (10): 2002-2008. doi: 10. 1007/s11837-014-1130-9.

[28] Shirane G, Shapiro S M, Tranquada J M (2002). Neutron Scattering with a triple-axis spec-trometer. Cambridge University Press, Cambridge, UK.

5 制备方法

摘　要：高熵合金（HEAs）本质上是含有简单晶体结构的多主元固溶体合金，如体心立方（BCC）、面心立方（FCC）和密排六方（HCP）晶格。传统材料的典型制造方法可应用于高熵合金的制备。根据组成元素的混合方式，这些制备过程可分为液态熔化、固态机械合金化和气态混合。本章回顾了几种典型的高熵合金制备方法，包括铸锭冶金、粉末冶金、涂层、快速凝固、机械合金化、用布里奇曼晶体生长法（Bridgman method）制备单晶、激光熔覆和薄膜溅射等，并将这些方法得到的结果进行了比较。

关键词：制备方法　液态熔化　机械合金化　气相沉积　微观偏析　单晶　布里奇曼　晶体生长法　激法熔覆　薄膜　纳米结构　微观结构　高熵合金

5.1　引言

高熵合金的制备工艺主要可分为三大类。第一种方法来自液态，包括电弧熔化，电阻熔化，感应熔化，激光熔化，激光熔覆和激光近净成形（LENS）。第二种方法是固态，主要包括机械合金化和随后的固结过程。第三种我们也可以混合来自蒸汽状态的元素。这种方法是通过溅射沉积、脉冲激光沉积（PLD）、原子层沉积（ALD）、分子束外延（MBE）和气相沉积等方式在基体上制备薄膜。还有其他类型，如热喷涂、粉末冶金以及超高重力燃烧等。

5.2　液态方法

5.2.1　电弧熔炼

电弧熔炼是制备高熵合金最常用的方法[1, 2]，所有组成元素在液态中充分混合，然后在铜坩埚中凝固。为了保证合金的化学均匀性，经常进行多次重复熔炼和凝固。在碗状的铜坩埚中，凝固锭的形状呈纽扣状。另一种形式是通过在铜坩埚底部预加工的孔使熔体落入到铜模中。图 5.1 是这种铜模铸造设备的图像，以及铜坩埚和分体铜模。通过这种方法，可以获得较高冷却速率的圆柱形锭子，同时得到的样品也可以方便地加工成拉伸/压缩试验的试样。基于这种铸造方法，已经发现了一系列具有独特性能的高熵合金。例如，Zhou 等人[3]通过这种方法已经制备了具有体心立方（BCC）固溶体结构和超高断裂强度、高加工硬化能力等优异压缩性能的 AlCoCrFeNiTi$_x$（x 是摩尔比）高熵合金。Wang 等人[4]发现随着铸件直径的减小，AlCoCrFeNi 高熵合金的强度和塑性显著提高，从而提高了凝固过程的冷却速率。

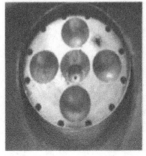

图 5.1　铜模铸造设备的照片（右边两张是铜坩埚和铜模）

然而，该技术的问题是，由于快速凝固的性质，凝固过程很难控制，从而导致合金样品从表面到中心有不同的组织特征。例如，如图 5.2 所示，铸态枝晶在

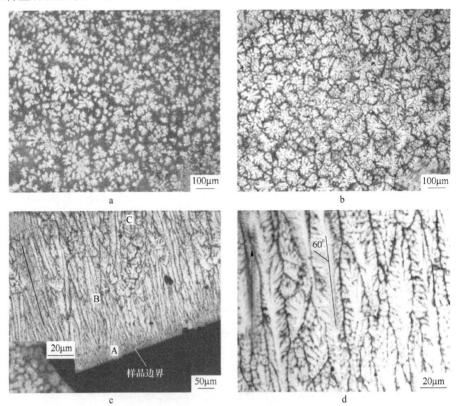

图 5.2　通过电弧熔炼和铜模铸造获得的 AlCoCrFeNi 高熵合金圆柱形样品的光学显微照片[5]

a，b—中心等轴晶；c—在插图中观察到的具有细晶粒的典型铸态组织结构；d—过渡柱状枝晶

形貌和尺寸上分布不均匀，从细晶粒（A区）到柱状晶（B区），再到粗等轴晶（C区），进而导致合金的性能无法有效调控[5]。此外，一系列不可避免地铸态缺陷，包括元素偏析、平衡相抑制、微观和宏观残余应力、裂纹和孔隙率，也可能对高熵合金的力学性能产生负面影响。应采取措施减少或消除合金中的这些缺陷。因此，在接下来的章节，介绍了一系列的制备方法，从而可以更好地实现强度和损伤容忍度的平衡。

5.2.2 定向凝固

与普通铸件相比，布里奇曼凝固技术（BST）可有效地用于高熵合金的组织控制和性能优化。特别是，定向凝固获得的棒状试样的热传导和提取方向是沿纵向集中，保证了微结构的生长方向；同时通过调节加热功率和抽拉速度，可精确控制两个重要的工艺参数，即温度梯度和生长速率，这样就能确保微结构的形貌和尺寸。这两个因素最终形成了可控的高熵合金组织和性能。在成功的案例中，包括 Ti-Al-Nb 金属间化合物[6]和镍基高温合金[7]这两种典型的合金。前者采用定向凝固控制层状结构，后者采用优化的 γ-γ′ 共格结构以改善其高温性能。此外，枝晶/块体金属玻璃（BMG）复合材料也被报道通过定向凝固很好地实现了调控，在此过程中枝晶均匀分布在 BMG 基体中，枝晶跨度对温度梯度和生长速率有很强的依赖性[8]。

图 5.3 显示了定向凝固工艺和试样位置，首先用普通铸造方法将目标合金铸造成棒状试样，然后将合成的试样破碎成碎片，放置在内径为 3mm、壁厚约为

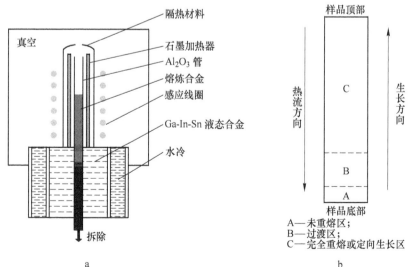

图 5.3　BST 的原理图[9]

a—BS 凝固过程；b—样品位置

1mm 的氧化铝管中，通过适当的加热功率和保温时间，感应加热至完全熔化状态。随后，进行定向凝固处理，将抽拉速度 R 设为 5～2000μm/s，温度梯度 G 约为 45K/mm。液态合金被定向地放入水冷 Ga-In-Sn 液体中。图中还可以清楚地显示出样品位置所处的三个区域：A 区，未重熔区；B 区，过渡区；C 区，完全重熔区或定向生长区[9]。

　　图 5.4 为利用定向凝固以不同的抽拉速度制备的 AlCoCrFeNi 高熵合金的光学显微照片。从中可以看到，经过定向凝固处理后，合金形貌发生了明显的转变，由花状的树枝晶变成了等轴晶，如图 5.4a～d 所示，平均晶粒尺寸约为 100～150μm[5]。

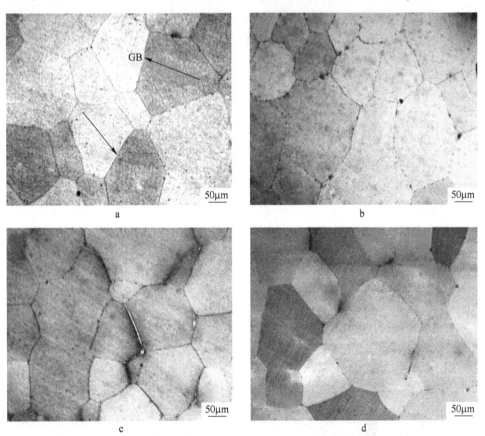

图 5.4　通过定向凝固以不同的抽拉速度制备的 AlCoCrFeNi 高熵合金的光学显微照片[5]

a—200μm/s；b—600μm/s；c—1000μm/s；d—1800μm/s

　　进一步地，图 5.5 为对应的扫描电子显微镜（SEM）图像。在图 5.5a～d 中可以看到具有均匀分散的纳米级球形颗粒的蜂窝状结构。这些尺寸约为 50～100nm 的纳米级沉淀物可能来源于调幅分解，进而生成了由有序（B2）相和无序（A2）相组成的调制结构，正如图中分别标记的 1 和 2 所示[5]。

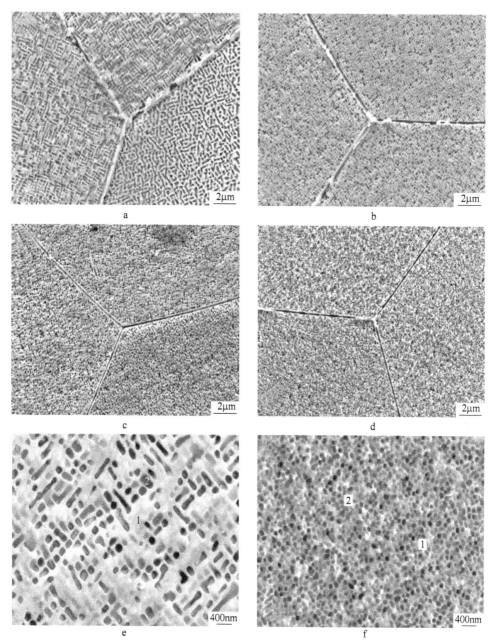

图 5.5　通过定向凝固以不同的抽拉速度制备的 AlCoCrFeNi 高熵合金
的 SEM 二次电子图像[5]

a—200μm/s；b—600μm/s；c—1000μm/s；d—1800μm/s；

e—图 a 的放大；f—图 d 的放大

5.2.3　定向凝固合成单晶高熵合金

自 20 世纪中叶以来，考虑到材料的力学性能和物理性能，特别是对高温性能要求的基础上，从单晶的合成及其熔体中的生长机理出发，发展了金属单晶[10]。从凝固理论的观点来看，单晶的生成实际上需要熔体中的原子凝固成能进一步发展成一个完整的单晶的晶核或籽晶。然而，籽晶的制备并不容易，因为大量的晶核最初是在铜模铸造等常用铸造方法中形成的。也就是说，在凝固过程中，必须进行择优晶体取向的竞争生长。最后，一个晶核将最终生长成一个单晶[10]。最基本的方法是通过定向凝固和适当的 G/R 比值来获得籽晶，下文将对此进行说明。

高熵合金优异的高温性能在高温应用中具有很大的潜力（如航空发动机涡轮叶片）[7]。此外，如前所述，几乎所有报道的高熵合金其微结构都是多晶的，无论它们是单相还是多相状态[1, 2]。众所周知，晶界（GB）对材料的高温性能往往起着消极甚至致命的作用，它是原子扩散（热力学不稳定）的捷径并且易形成裂纹（对断裂更敏感）。同时，成分偏析或杂质容易发生在晶界上，这很容易产生材料的脆性倾向。这些与晶界有关的固有缺陷促使单晶镍基高温合金和 Ni_3Al 基合金等单晶合金的快速发展[7, 11]。因此，迫切需要制备成分均匀的单晶高熵合金，而且单晶高熵合金的性能表征更能反映最本质的东西。

图 5.6 描述的是通过定向凝固制备的 $CoCrFeNiAl_{0.3}$ 高熵合金的微观结构的演变及其示意图。这里需要注意的是，指定的 R 值约为 $5\mu m/s$ 和如图 5.3 所述的在本体系中需重复进行两个 BS 步骤。如图 5.6 中间示意图所示，根据样品的生长方向，$CoCrFeNiAl_{0.3}$ 高熵合金经历了从树枝晶到等轴晶再到柱状晶直至单晶结构的明显的微观结构转变。具体来讲 A 区为典型的网状枝晶和枝晶间形貌（靠近 Ga-In-Sn 液体合金表面的区域），也就是保留了铸态的微观结构。沿凝固方向或过渡区 B，可以看到大量的尺寸为 $50\sim300\mu m$ 的等轴晶粒。同时还伴随有一些宽度为几十微米的孪晶，这可能是类似退火现象所致。随着固液界面进入完全重熔区 C 区，晶粒明显地择优生长，晶粒取向倾向于生长方向，最终形成了毫米级的柱状晶粒。结果，在样品的最上面部分，最终获得了一种晶粒或具有择优取向的籽晶。换句话说，单晶的生长，可以通过定向凝固的有效调控，以平界面方式而实现。依靠第二次定向凝固工艺，整个单晶的生长从棒尾的籽晶开始，最终可以得到直径为 3mm、长度为 50mm 的 $CoCrFeNiAl_{0.3}$ 单晶高熵合金样品[9]。

为保证单晶样品的科学性，图 5.7 显示了 $CoCrFeNiAl_{0.3}$ 单晶高熵合金的电子背散射衍射（EBSD）图。如图 5.7a 所示，单晶样品的晶体学取向主要集中在 〈001〉方向。图 5.7b 为单晶样品的取向分布。值得注意的是，取向差角曲线非常窄，曲线接近高斯分布，并且可以看到取向差角基本维持在 2° 以内的低角度晶界

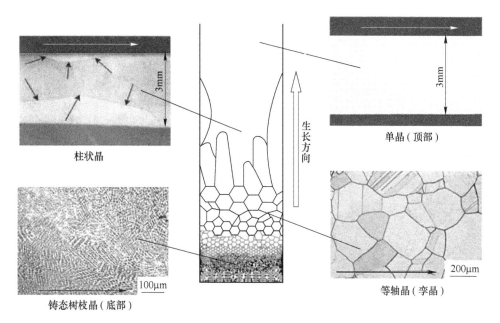

图 5.6 通过定向凝固制备的 CoCrFeNiAl$_{0.3}$高熵合金的微观结构的演变及示意性说明

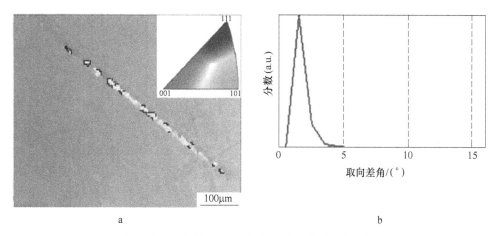

图 5.7 单晶 CoCrFeNiAl$_{0.3}$高熵合金的 EBSD 分析

a—晶体取向；b—取向差角

（通常，角度小于 15°的晶界被称为低角度晶界）。这表明单晶的晶体取向误差在可接受的范围内[12]。

图 5.8 为铸态和单晶态 CoCrFeNiAl$_{0.3}$高熵合金的工程拉伸应力-应变曲线。结果表明，单晶合金的极限拉伸伸长率约为 80%，远远高于铸态试样，而前者的屈服拉伸强度和极限拉伸强度值分别比后者低 32.7%和 24.4%[12]。这一特征表

明，经典的 Hall-Petch 关系仍然符合当前的高熵合金，而单晶体的变形能力比铸态样品要强。

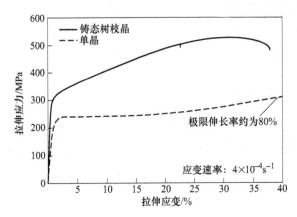

图 5.8　铸态和单晶态 $CoCrFeNiAl_{0.3}$ 高熵合金的拉伸应力-应变曲线[12]

5.2.4　激光熔化和激光熔覆

激光熔覆利用激光的集中能量束作为热源，通过聚焦到很小的区域，使基片的热影响区保持很浅。这一特性最大限度地减小了裂纹、空洞和变形的几率，并产生精细的显微组织，比热喷涂具有更优异的黏结强度。到目前为止，用于激光熔覆的涂层材料主要集中在基于 Co 或 Ni 的超合金上，例如 Inconel 和 Stellite 合金，然而这些合金在相对低的硬度下相当昂贵。新设计的高熵合金在高强度、高硬度、高耐磨性或耐高温软化性能方面具有很大的应用潜力，其中一些性能与广泛使用的 Co 基和 Ni 基涂层相比具有成本低的优点。

图 5.9a 给出了激光熔覆过程的原理图[13]。该系统由产生激光的光源、引导和聚焦光束的光学器件、送粉器和零件操纵器组成。激光和光学器件保持静止，试样相对于激光器移动。激光熔覆系统完全自动化，可对熔覆过程提供精确的控制。当光束和粉末注射移开并成为完全致密的焊道时，激光束产生的熔池迅速凝固。图 5.9b 是以同步进给方式填充熔覆材料的激光熔覆过程[14]。熔覆后可形成单一的、重叠的多通过层，以保护材料的表面。因此，激光熔覆适用于各种尺寸、形状的产品，并继续保持市场号召力。

Zhang 等人细致地研究了激光快速凝固对高熵合金涂层组织和相结构的影响[15~18]。计算了不同竞争阶段的形核孕育时间，指出当凝固速率足够高时，可以使金属间化合物的生长受到阻碍。因为高熵合金的组成中的不同原子半径会导致固-液界面能的增加以及原子在晶格中长距离扩散的困难，从而有利于固溶体的形核，并降低金属间化合物的生长速率[19]。同时，他们发现在他们制备的高

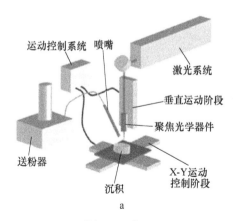

图 5.9 激光熔覆过程的原理示意图（a）和操作过程（b）[13, 14]

熵合金涂层中存在大量的纳米或亚微米尺寸的沉淀物。Qiu 等人还在激光熔覆 $Al_2CoCrCuFeNi_{1.5}Ti$ 涂层中发现了许多分布在固溶体基体中的富 Ti 纳米晶[20]。理想情况下，高熵合金一般指单相固溶体，人们担心高熵合金涂层中的沉淀会使韧性变差。然而，如果我们注意到如今广泛使用的商业镍基和钴基合金涂层，它们总是包含各种类型和高含量的脆性沉淀物，如 CrNi、Co_7W_6、$Cr_{23}C_6$ 和 Ni_3B[21, 22]，就无须担心这种沉淀物可能会破坏高熵合金涂层的韧性了。相反，在快速凝固的高熵合金涂层中，析出物的含量应该很小，一般处于纳米尺度，因此，高熵合金涂层中固溶体相的脆性才是人们应该关注的重点。

对于激光快速凝固高熵合金涂层的显微组织特征，认为激光工艺参数和涂层成分是影响涂层组织和成分偏析的主要因素。图 5.10a 给出了 CoCrCuFeNi 涂层中柱状和等轴晶的形貌，展现了单相合金的典型形貌[16]，X 射线能谱分析（EDS）证实了合金元素在涂层中几乎均匀分布。图 5.10b 显示了 $Al_2CoCrFeNiSi$ 涂层中具有粗的枝晶间区的典型枝晶结构，经 X 射线衍射（XRD）鉴定，由简单 BCC 固溶体相组成[19]。由于 BCC 相的晶格常数存在微小差异，导致对应的枝晶和枝晶间区域明显的不同。二次枝晶的形成主要是由组分偏析引起的，这种偏析促进了凝固过程中液固界面的组织过冷。如图 5.10c 所示，通过 EBSD 观察，当使用 α-Fe 的晶格常数来校准涂层中的相分布时，有趣的是发现涂层的微观结构具有粗大的等轴晶粒，尺寸约为 100μm。这证实了图 5.10b 中观察到的情况，枝晶和枝晶间微观结构的耦合生长具有相似的生长取向和晶格。图 5.10d 显示了晶界的错位分布，证实了涂层中存在大量的低角度晶界[19]。

图 5.11a 显示了激光熔覆高熵合金涂层与含有不同数量 WC 硬质颗粒的镍基和钴基合金涂层相比的硬度。FCC 结构高熵合金涂层的硬度为 200～400HV，BCC 结构高熵合金涂层的硬度为 600～1150HV[15, 17, 18]，高于镍基和钴基涂层中

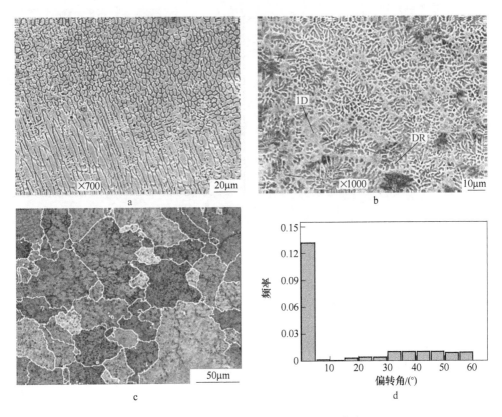

图 5.10　高熵合金涂层的显微组织特征[19]

a—CoCrCuFeNi；b~d—分别代表 Al₂CoCrFeNiSi 涂层的 SEM，EBSD 以及晶界的角度分布

400~800HV 的硬度[21, 22]。这表明，无论在硬度还是材料成本上，高熵合金涂层都比传统合金涂层有很大的优势。同时，值得注意的是，Qiu 和 Zhang 等人报告的 Al₂CoCrCuFeNi₂Ti 和 AlCoCrCuFeMoNiSiTiB₀.₅的硬度分别为 1100HV 和 1150HV，几乎是 Q235 铁基体的四倍[18, 23]。Zhang 等人进一步证明，当合金成分相似时，因为晶粒细化，成分偏析减缓，纳米尺寸沉淀等快速凝固的原因，激光熔覆高熵合金涂层的硬度高于普通凝固工艺制备的[15~18]。图 5.11b 描述了由纳米压痕法测得的 Al₃CoCrFeNi 和 AlCoCrCuFeMoNiSiTiB₀.₅涂层的载荷-位移曲线中的锯齿状流动行为，用大载荷力为 2N 的锐角压头测量了涂层的流动特性。锯齿状流动行为的一种解释可能是在晶体合金的塑性变形过程中重复的溶质锁定和位错解锁。高熵合金的高硬度可能是由于比传统合金更强的位错与溶质原子的相互作用力造成的[18]。高熵合金涂层在 1000℃ 以下也表现出优异的高温抗软化性能，这与电弧熔炼法制备的大块高熵合金涂层相似[18, 24]。图 5.11c 显示了退火处理对激光熔覆 CoCrCuFeNi 涂层硬度的影响[24]。涂层在高达 0.7Tₘ（750℃）时还能保持

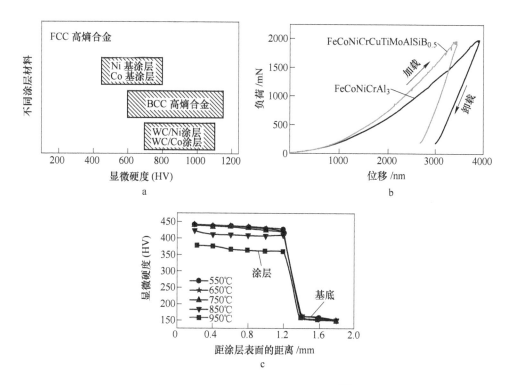

图 5.11 不同高熵合金涂层的硬度[24]

a—不同涂层材料硬度的比较[18,24]；b—纳米压痕测试曲线[40]；

c—退火处理对 CoCrCuFeNi 涂层硬度的影响

相的稳定性，具有用作高温涂层材料的良好潜力。同时，据报道涂层经 750℃ 退火处理后，在高温下形成了大量有利于蠕变性能的堆垛层错。CoCrCuFeNi 涂层的机械稳定性、形貌稳定性和相稳定性，使其能成为在高温下（至少高达 750℃）使用的涂层材料。

在耐腐蚀性能方面，Yue 等人在 AZ31 镁基板制备了 $AlCoCrCu_xFeNiSi_{0.5}$ 涂层，发现涂层的腐蚀电流密度比未涂层的基体低一个数量级[25]。在 Q235 基体上，$Al_2CoCrCuFeNi_xTi$ 涂层在 NaOH 和 NaCl 环境中起着重要的保护作用，同时发现 CoCrCuFeNi 涂层在 NaCl 溶液中的耐蚀性比镍基合金涂层更易钝化，耐蚀性更强[16, 20]。至于抗氧化性能方面，Huang 等人制备了 AlCrSiTiV 涂层以提高 Ti-6A-V 基板的耐磨损和氧化性能[26]。研究发现，Ti-6Al-V 基体在 800℃ 氧化 50h 后的增重几乎是高熵合金涂层的 5 倍，这是由于涂层表面形成了致密、黏着、保护性的 Cr_2O_3 和 Al_2O_3 氧化层，从而减少了原子在氧化层间的相互扩散和氧化行为。

5.3　固态方法

5.3.1　介绍：机械合金化和铣削

　　材料的研磨一直是陶瓷加工和粉末冶金工业的重要组成部分，研磨的目的包括减小粒度、混合或调和、改变颗粒形状等，而粉末的球磨往往可以实现固态合金化-机械合金化。J. S. Benjamin 和他在国际镍公司的同事对这一过程的发展已经进行了描述[27, 28]。机械合金化被定义为一种干式、高能、球磨的工艺，它生产出具有可控微结构的复合金属合金粉末。在机械合金化中，得到的粉末是通过反复的冷焊和粉末颗粒的断裂形成的，直到粉末的最终成分与初始电荷中相应成分的百分比相对应为止。机械合金化的第一个应用是氧化物弥散强化合金的生产，它后来被用作一种非平衡加工方法，用于制备各种亚稳材料，如扩展固溶体、纳米晶金属和合金、准晶材料和非晶态材料。有关这一问题的大量文献已在几个方面进行了综述[29,30]，其中包括加工方法、机械磨损的力学/物理学、"平衡"相的合成以及所形成的各种亚稳相。图 5.12a（滚筒式球磨机）和图 5.12b（立式球磨机）给出了两种常见的机械磨损装置示意图[29]。

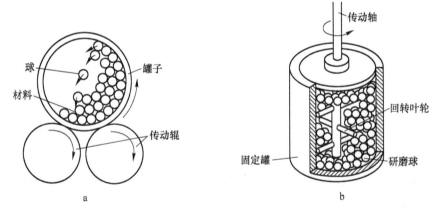

图 5.12　滚筒式球磨机的截面示意图（a）和 立式球磨机的示意图（b）

　　机械研磨-球磨粉末通常被分为"机械合金化"（MA）和"机械铣削"（MM）。在 MA 中，不同粉末的球磨过程中会发生组分变化（原子级合金化）；而 MM 中的单组分粉末（元素或化合物）球磨可引起结构变化，如固态非晶化或纳米晶晶粒微结构的产生。机械合金化（MA）将是本节的重点。

　　机械合金化的几个优点包括其通用性。几乎任何材料都可以用这种方法生产，包括韧性金属合金、脆性金属间化合物和复合材料。机械合金化通常是在室温或低温下进行的，它绕过了熔炼法和铸造法及后一种方法所能产生的化学偏析的潜在问题。因此，它可以合成那些因为不同的熔化温度或蒸气压而给凝固加工带来问题的合金。经过研磨的晶体微结构通常是非常细的晶粒，这是制造纳米晶材料的重要加工途径之一。

机械合金化的缺点包括可能受到研磨介质或大气的污染，以及在大多数情况下产品是粉末，这需要随后的固结才能形成块状。通过适当选择球磨介质（球团和小瓶的组成）并在高纯度惰性气体或真空环境中球磨，可以最大限度地减少或消除污染问题。如果需要保持精磨结构，而固结温度引起变化（如晶粒长大或结晶），则固结过程是最重要的。

在接下来的章节中，将给出机械合金化制备的平衡相、亚稳相和高熵合金的例子，并讨论非晶和固溶体高熵合金可能形成的竞争问题。

5.3.2　机械合金化生产"平衡"相的实例

本节给出了几个用二元平衡相图预测的，并通过机械合金化制备粉末，进而合成材料的实例。"平衡"一词在标题中加上引号，表明机械合金化的平衡相产物可能存在一些非平衡特征。

许多平衡固溶体合金已经通过机械合金化法生产出来了，如 Ni-Cr[30]，这是首先表现出真正的原子级合金化。Ge 和 Si 表现出完全的固体溶解度，而两者在室温下都是脆性的，这些元素在相图上的固溶体可以通过机械合金化获得[31]。Si 和 Ge 粉末以及固溶 Ge-72%（原子分数）Si 合金的晶格参数随铣削时间的变化在图 5.13[31]中给出了。金属间化合物 Nb_3Sn 可以通过 Nb 和 Sn 粉末的机械合金化制备，但在形成后的连续球磨过程中，观察到了非晶相的存在。关于非晶和晶态的高熵固溶体之间的竞争，稍后将讨论单相平衡结构的非晶化。

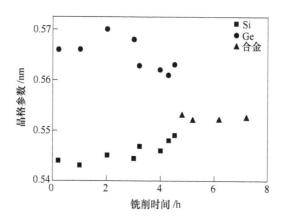

图 5.13　Si 和 Ge 粉末以及固溶 Ge-72%（原子分数）Si 合金
的晶格参数随铣削时间的变化

5.3.3 机械合金化生产亚稳相的实例

机械合金化/球磨作为制备亚稳材料的一种非平衡加工方法，自 1983 年观察到机械合金化可通过球磨元素粉末制备非晶态合金以来，就得到了广泛的应用[32]。除了合成金属玻璃外，它还被用于制备扩展固溶体、纳米晶微结构、准晶材料和亚稳态晶体化合物。在制造固溶体方面特别令人感兴趣的例子是二元合金、纳米晶微结构和金属玻璃中的扩展固溶体。

在许多二元体系中，已经得到了扩展的过饱和固溶体[29, 30]。与从液相快速凝固的结果类似，机械合金化能够显著扩大固体溶解度。一个例子是被充分研究的 Ag-Cu 二元体，其中 Cu 在 Ag 中的平衡溶解度最大为 14.1%（原子分数）。机械合金化和快速凝固都可以将固溶度扩展到 100%（原子分数），即在二元相图上的完全固溶度。参考文献 [4] 中的表 9-1 还列出了许多其他实例。通过机械合金化生产高熵固溶体相的关注点是可以在研磨的粉末中生成亚稳态的过饱和固溶体。为了评估高熵合金的平衡结构，必须有足够长时间的高温退火，确保已经获得平衡状态。

机械合金化/铣削已广泛应用于金属、合金和金属间化合物的纳米晶微结构的制备。高熵合金的研磨粉末可能具有纳米晶体微结构。如果在粉末固结后保持这种微观结构，则可以增强合金的性能，例如机械硬度和强度。由于纳米晶材料中大晶界区域的高能量，它还可能影响所形成的相稳定性。

金属玻璃（非晶合金）是多组分高熵合金中具有简单固溶体结构的竞争者。区分高熵合金和由液态制成的金属玻璃的经验规则可能不适用于通过机械合金化制备的那些。也就是说，大的负的混合热和不同原子尺寸的组分对金属玻璃有利，而固溶高熵合金通常需要小的（几乎理想的）混合热和相似的原子尺寸的组分。然而，机械合金化的固态非晶化机理与液态淬火非晶化的机理不同。在后一种情况下，从液态足够快地冷却到结晶时间-温度-转变（TTT）曲线的"鼻子"以达到玻璃化转变温度的动力学条件，这些是可控的。大的负的混合热、原子尺寸不同等因素对这些动力学都有影响。然而，在机械合金化或铣削的固态非晶化中，可能存在不同的机制。尽管对通过球磨粉末进行非晶化提出了几种可能的解释[30]，但人们普遍认为机械合金化过程中的非晶化不仅仅是一种机械过程，类似于薄膜非晶化中观察到的固态反应（固态非晶化反应）[33]也发生在机械合金化中。然而，在结晶相的不稳定性被认为是通过结构缺陷（例如空位，位错，晶界和反相边界）的积累、自由能的增加而发生的。为了将晶体态的自由能提高到非晶相的自由能，唯一提供足够自由能的缺陷是晶界，或者在有序结构情况下的无序能。因此，在 MM 的固态非晶化过程中，当晶粒尺寸减小到提供足够的自由能以转变成非晶结构的临界值时，纳米晶粒尺寸的产生会使晶体结构不稳定。无论其机理如何，单组分（元素、合金或化合物）粉末的球磨都能在某些材料中诱发固态非晶化，而这种非晶形成之前总是会形成一种精细的纳米晶结构。

5.3.4 机械合金化制备高熵合金固溶体实例

机械合金化制备的高熵合金固溶体的第一个实例由 Murty 及其同事给出了。S. Varalakshmi[34] 的博士论文报道了使用机械合金化在 AlFeTiCrZnCu、CuNi-CoZnAlTi、FeNiMnAlCrCo 和 NiFeCrCoMnW 系统中制备等原子元素粉末共混物。所有四体系的等原子比二元到六元组分的合成顺序如下：AlFe、AlFeTi、AlFeTiCr、AlFeTiCrZn、AlFeTiCrZnCu，并通过其中某种元素含量 0~50%（原子分数）的变化，在非等原子组分中进一步研究了组分对高熵合金形成的影响。经 X 射线衍射测定，这些体系中的合金均以 BCC 或 FCC 相为主要相。在 800℃ 退火 1h 后，铣削结构（BCC 或 FCC）保持不变。铣削组织呈现出纳米晶尺寸（约 10nm），并在 800℃ 退火后依旧保持了纳米晶尺寸。通过本论文的工作又发表了几篇论文[34~36]。随后 Chen 等人[37] 研究了二元至八元合金的合金化行为。它们基于 Cu-Ni-Al-Co-Cr-Fe-Ti-Mo 并通过机械合金化制备。二元和三元合金分别形成 FCC 相或 BCC 相。四元至八元合金首先形成 FCC 固溶体，经长时间研磨后转变为非晶态结构。

Zhang 等人[38] 研磨等原子的 AlCoCrCuFeNi 合金，经研磨的粉末是具有 BCC（主要相）和 FCC（次要相）结构的固溶体。晶粒尺寸非常细，达到纳米级，估计尺寸约为 7nm。在 600℃ 下退火得到 BCC 和 FCC 相。在 1000℃ 退火后，出现另一个 FCC 相。这与通过电弧熔炼和铸造得到的 AlCoCrCuFeNi 的结构类似。

Praveen 等人[39] 通过机械合金化制备 AlCoCrCuFe 和 CoCrCuFeNi 等原子比合金，然后在 900℃ 下进行放电等离子体烧结（SPS）以压实粉末。在机械合金化 15h 后，通过 X 射线衍射发现，AlCoCrCuFe 的相组成大部分是 BCC 结构，FCC 峰较小。然而，CoCrCuFeNi 主要相是 FCC，同时能发现非常少量的 BCC 相。在 SPS 后通过 X 射线衍射观察到的结构如下：在 AlCoCrCuFe 中，以有序 BCC（B2）相为主，还有少量富含铜的 FCC 相和 σ 相；而在 CoCrCuFeNi 中，FCC 相是主要相，以及少量的 σ 相。作者认为，在这些合金中形成的附加相是由于混合焓的影响，而组态熵不足以抑制它们的形成。

Tariq 等人[40] 通过元素粉末的机械合金化合成了 AlCoCrCuFeNi、AlCoCrCuFeNiW 和 AlCoCrCuFeNiWZr 等原子比合金。通过 X 射线衍射分析所有合金，发现研磨后的结构主要是 BCC，具有小的 FCC 峰。含有 W 的七组元合金似乎具有更多的 FCC 相。

Sriharitha 等人[41] 研究了机械合金化 $Al_x CoCrCuFeNi$ 中的相形成，其中 $x =$ 0.45，1，2.5，5。较低的 Al 含量（$x = 0.45$，1）合金是由 FCC 相（主要）和

BCC 相（次要）组成的混合物。而富铝合金（$x = 2.5$，5）表现出单一有序的 BCC（B2）相。在示差扫描量热计（DSC）中加热至 1480℃后，较低 Al 含量的合金中的 BCC 相消失。具有 2.5mol Al 的合金显示出 FCC 峰和 B2 峰，而具有 5mol Al 的合金仅显示出 B2 峰。在 DSC 中加热后观察到细晶粒尺寸（纳米晶体或亚微米晶体），表明微观结构具有良好的热稳定性。

Fu 等人[42]研究了 Cr 添加量对机械合金化制备的 CoFeNiAl$_{0.5}$Ti$_{0.5}$的合金化行为和结构的影响。经过长时间研磨（42h）后，没有 Cr 的合金在 X 射线衍射中仅显示出 FCC 峰。然而，含 Cr 合金表现出 FCC 和 BCC 相的混合结构。在 1000℃的等离子烧结之后，没有 Cr 的合金现在显示出 FCC 和 BCC 相的混合物，而含 Cr 合金主要显示出 FCC 相（具有小的未识别的峰）。

Praveen 等人[43]报道了通过机械合金化和通过放电等离子体烧结（SPS）压实制备的纳米晶高熵合金的相变和致密化行为。他们研究了具有以下等原子组成的多组元合金：CoCrCuFeNi，CoCuFeNi，CoCrCuNi，CoCrFeNi，CoFeMnNi 和 CoFeNi。经过研磨后，含 Cr 的合金主要是 FCC 相和较少的 BCC 相，而其他合金是单一的 FCC 相。在等离子烧结之后，CoFeMnNi 和 CoFeNi 仍然是 FCC。然而，CoCuFeNi 转变为两个 FCC 相，并且 CoCrFeNi 具有主要的 FCC 相和较小的 σ 相。

为了研究通过实验和计算方法所选中的高熵合金的堆垛层错能，Zaddach 等人[44]通过电弧熔炼和铸造以及机械合金化方法制备具有下列组成的合金：NiFe，NiFeCr，NiFeCrCo，NiFeCrCoMn 和非化学计量合金 Ni$_{26}$Fe$_{20}$Cr$_{14}$Co$_{20}$Mn$_{20}$，Ni$_{23}$Fe$_{20}$Cr$_{17}$Co$_{20}$Mn$_{20}$，Ni$_{14}$Fe$_{20}$Cr$_{26}$Co$_{20}$Mn$_{20}$ 和 Ni$_{14}$Fe$_{21.5}$Cr$_{21.5}$Co$_{21.5}$Mn$_{21.5}$。机械合金化制备的合金均为单相 FCC 结构。这些合金的 X 射线衍射结果如图 5.14 所示。

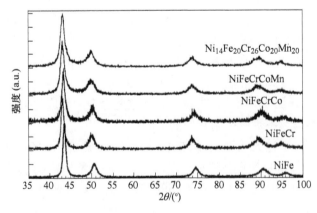

图 5.14　NiFe，NiFeCr，NiFeCrCo 和 NiFeCrCoMn 以及 Ni$_{14}$Fe$_{20}$Cr$_{26}$Co$_{20}$Mn$_{20}$ 的 X 射线衍射图谱

5.4　气态方法

本节主要回顾气相沉积制造高熵合金薄膜的工艺，并与传统的低熵薄膜进行了性能比较。第14章详细介绍了气相沉积在碳化物和氮化物中处理高熵合金薄膜的更多应用。

物理气相沉积（PVD）提供了多种真空沉积方法，这些方法是用汽化冷凝的方式将所需的薄膜材料涂在各种工件表面。它包括阴极电弧沉积，电子束物理气相沉积，蒸发沉积，脉冲激光沉积和溅射沉积[46]。

其中，磁控溅射沉积是制备高熵合金薄膜最常用的方法，如图5.15所示。基于溅射气体的离子或原子轰击，溅射原子接近沉积高熵合金的原子组分，从溅射靶中喷射出来。这些溅射原子被随机沉积在基体上，但是高熵合金薄膜的成核、生长和微观结构是由原材料的形式、功率、基底压力、大气成分、基体偏置电压和工件温度等参数决定的。目前，该技术已广泛应用于一系列高熵合金薄膜的制备。例如，Tsai等人[45]成功合成了AlMoNbSiTaTiVZr高熵合金层，并研究了其在铜和硅之间的扩散阻隔性能。Chang等人[46]系统研究了基体偏压、沉积温度和沉积后退火对（AlCrMoSiTi）N涂层结构和性能的影响。Dolique等人[47, 48]研究了AlCoCrCuFeNi薄膜的结构与组成的关系及其热稳定性（通过原位XRD分析）。Cheng等人[49]发现（AlCrMoTaTiZr）N氮化膜具有很高的硬度，达到了40.2GPa，耐磨性非常好。

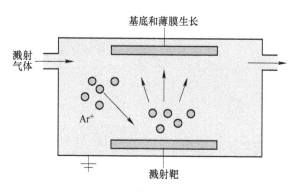

基底和薄膜生长

溅射气体

Ar⁺

溅射靶

图5.15　溅射沉积过程示意图

脉冲激光沉积作为另一种薄膜沉积技术，在多元素或复杂化学计量的沉积材料中得到了有效的应用[52]。图5.16为脉冲激光沉积的处理示意图。来自真空室的高能激光束以高熵合金所需的原子分数强烈撞击旋转目标。由于过热，从目标材料（包括原子、离子、电子等）中蒸发的高能物质以等离子体羽流的形式进一步沉积在基体表面，形成薄膜。

原子层沉积（ALD）是一种气相化学过程，通过连续的、自限的表面反应来

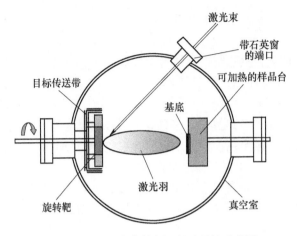

图 5.16　显示脉冲激光沉积过程的示意图

有效控制沉积材料的原子层和薄膜生长[50]。如图 5.17 所示，传统的 ALD 反应通常是基于二元反应序列，其中反应的化学物质或气态物质被称为前体，薄膜的表面暴露在这些前体上使其生长。此外，前体和材料表面之间的反应是连续进行的（称为 ALD 循环），如图 5.16 所示。因此，对于高熵合金膜的合成，由于多组元合金的性质，需要进行多个 ALD 循环。

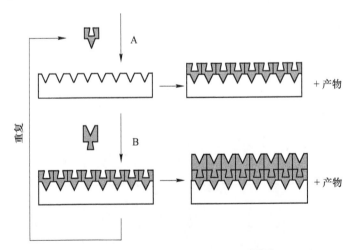

图 5.17　原子层沉积过程的示意图[50]

分子束外延技术（MBE）作为一种薄膜沉积技术，广泛应用于各种材料的薄膜生长[54]。由于超高真空的制备环境和非常低的沉积速率，生长出来的膜可以实现最高的纯度，例如沉积单晶。因此，MBE 技术可以用于制备具有单晶状态的高熵合金薄膜（如图 5.18 所示）。

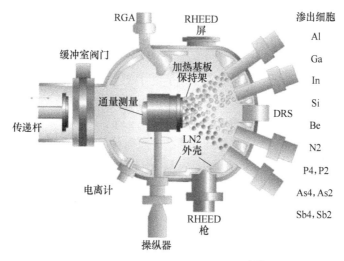

图 5.18　分子束外延加工示意图[54]

5.5　其他方法

5.5.1　热喷涂技术制备高熵合金涂层

热喷涂是一种将喷涂材料加热至熔化或半熔化状态，喷射沉积到基体表面形成具有特殊功能涂层的技术方法，该技术工艺简单、效率高，适合在工业中大规模应用。一般按照热喷涂的火源种类将其分为火焰类、电弧类（包括电弧喷涂和等离子喷涂）和激光类等。但是，制备高熵合金一般采用等离子喷涂。

等离子喷涂包括大气等离子喷涂，保护气氛等离子喷涂，真空等离子喷涂和水稳等离子喷涂。等离子喷涂的工作原理如图 5.19 所示。它具有：（1）超高温特性，便于进行高熔点材料的喷涂。（2）喷射粒子的速度高，涂层致密，黏结强

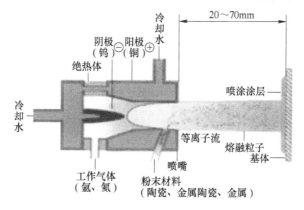

图 5.19　等离子喷涂的工作原理

度高。(3) 由于使用惰性气体作为工作气体,所以喷涂材料不易氧化。制备高熵合金时,使用氩气作为主要等离子体操作气体,并使用氢气作为次要气体以增加总等离子体喷射温度。

L. M. Wang 等人[51] 提出了利用退火处理提升热喷涂高熵合金涂层性能的方法,将经过不同退火处理的涂层与其铸态的硬度进行了对比(如图 5.20 所示),发现热喷涂技术制备的高熵合金涂层的硬度明显低于其铸态,但经过退火处理后硬度明显提高。退火处理后涂层中形成大量的纳米晶、硬质相以及位错是导致硬度提高的主要原因,该研究为退火处理提高高熵合金涂层的硬度提供了理论依据。

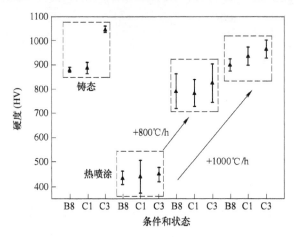

图 5.20　不同热处理的涂层与其铸态硬度的对比

A. S. M. Ang 等人[52, 53] 通过粒子扁平化对等离子喷涂制备高熵合金涂层的工艺参数进行了优化。研究结果表明,经参数优化后的涂层主要由结构简单的 FCC 和 BCC 相构成,其中 FCC 相为主要组成相(如图 5.21 所示),涂层具有较高的

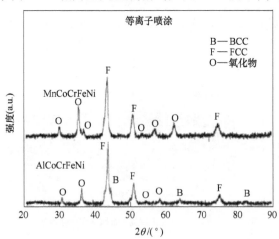

图 5.21　等离子喷涂制备的 AlCoCrFeNi 和 MnCoCrFeNi 高熵合金涂层的 XRD 图谱

硬度以及较低的孔隙率,并且受层状结构的影响,涂层的力学性能呈现出各向异性。随后,其又将等离子喷涂技术制备的高熵合金涂层与传统的 NiCrAlY 涂层进行了对比,发现高熵合金涂层的硬度、弹性模量以及韧性均明显优于传统的 NiCrAlY涂层。但该技术制备的高熵合金涂层存在着孔隙、微裂纹、夹杂等缺陷以及与基体结合强度低等不足。

5.5.2 粉末冶金: 放电等离子烧结 (SPS)

放电等离子烧结 (Spark Plasma Sintering,简称SPS) 工艺是将金属等粉末装入石墨等材质制成的模具内,利用上、下模冲及通电电极将特定烧结电源和压制压力施加于烧结粉末,经放电活化、热塑变形和冷却完成制取高性能材料的一种新的粉末冶金烧结技术。

SPS 是利用放电等离子体进行烧结的。等离子体是物质在高温或特定激励下的一种物质状态,是除固态、液态和气态以外,物质的第四种状态。等离子体是电离气体,由大量正负带电粒子和中性粒子组成,并表现出集体行为的一种准中性气体。等离子体是解离的高温导电气体,可提供反应活性高的状态。等离子体温度 4000~10999℃,其气态分子和原子处在高度活化状态,而且等离子气体内离子化程度很高,这些性质使得等离子体成为一种非常重要的材料制备和加工技术。产生等离子体的方法包括加热、放电和光激励等。放电产生的等离子体包括直流放电、射频放电和微波放电等离子体。SPS 利用的是直流放电等离子体,如图 5.22 所示。

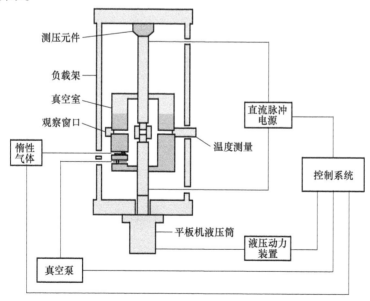

图 5.22　SPS 系统的基本构型

SPS 具有低温、短时、快速烧结致密化等特点，在粉末冶金高熵合金的研究中也得到了应用，所制备的高熵合金具有高强度、耐高温、抗氧化等优点。

Fu 等人[54]采用机械合金化（MA）和放电等离子烧结（SPS）设计制备了非等原子 CoNiFeCrAl$_{0.6}$Ti$_{0.4}$高熵合金，研究了它的合金化行为，微观结构，相演变和力学性能。在 MA 期间，形成由 FCC 相和亚稳态 BCC 相组成的过饱和固溶体。在 SPS 后观察到两个 FCC 阶段（命名为 FCC1 和 FCC2）和新的 BCC 阶段。在 SPS 期间，亚稳态 BCC 相转变为 FCC2 相和新的 BCC 相。同时，FCC1 相是在 MA 期间形成的初始 FCC 相。此外，纳米级孪晶仅在 SPS 后的部分 FCC1 期出现。在 MA 或 SPS 期间可能发生变形孪晶。烧结后的合金相对密度高达 98.83%，具有优异的综合力学性能，而且合金的屈服应力，抗压强度，压缩比和维氏硬度分别达到了 2.08GPa，2.52GPa，11.5% 和 573HV。

Sriharitha 等人[55]通过机械合金化合成的 Al$_x$CoCrCuFeNi（$x = 0.45$mol，1mol，2.5mol 和 5mol）多组分高熵合金被放电等离子体烧结（SPS）以产生高密度压块。SPS 后，合金表现出从单相到三相的不同微观结构，这取决于 Al 含量，如图 5.23 所示。Ar 气氛中在 400~600℃ 的温度范围内进行 2~10h 的热稳定性研究，表明这些合金在相和微晶尺寸方面表现出优异的热稳定性。在烧结的 Al$_5$CoCrCuFeNi 合金中获得 160HV/（g·cm^{-3}）的最高比硬度，并且在 Al$_{0.45}$CoCrCuFeNi 和 AlCoCrCuFeNi 合金的热处理之后硬度没有显著变化。基于对烧结样品进行的硬度测量的 Hall-Petch 分析表明，固溶强化似乎随着 Al 含量的增加而增加。

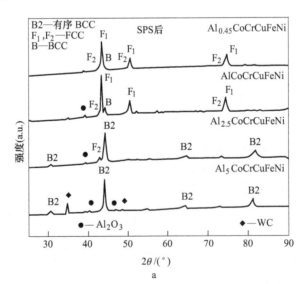

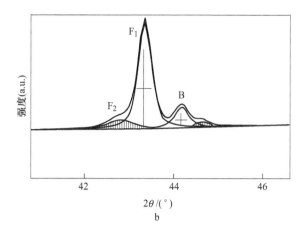

图 5.23 SPS 后 Al$_x$CoCrCuFeNi（x = 0.45mol，1mol，2.5mol 和 5mol）的 XRD 图谱（a）

和 AlCoCrCuFeNi 最高强峰的 XRD 图谱（b）

Zhang 等人[56]利用放电等离子烧结（SPS）从元素粉末混合物快速制备 AlCoCrFeNi 高熵合金（HEA），如图 5.24 所示。SPS 后的 AlCoCrFeNi 高熵合金由面心立方（FCC）相和双重体心立方（BCC）结构（由调幅结构的无序和有序 BCC 相组成）组成。高熵合金的显微硬度，屈服强度，抗压强度，极限塑性应变和断裂韧性分别为 518HV，1262MPa，3228MPa，29.1%和 25.2MPa·m$^{1/2}$。良好的力学性能主要有助于 BCC 和 FCC 相的有效结合。

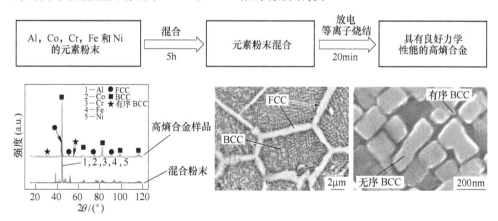

图 5.24 SPS 过程及结果

5.5.3 粉末冶金：微波加热合成技术

制备高熵合金的理想合成路线应该保证短的合金化时间（可实现，例如，在负载上施加高能量密度，导致快速熔化并减少周围环境的污染），有效的冷却和在受控气氛中操作的能力。除了上述合成路线之外，这些条件可以使用高频电磁场来实现。例如，在微波加热中，产生的负载能够使入射的电场和磁场耦合，这种技术属于所谓微波辅助烧结技术。其原理是：极性电介质的分子在无外电场作用时，偶极矩在各个方向的几率相等，宏观偶极矩为零。在微波场的作用下，产生偶极转向极化，微波中的电磁场以每秒数亿次甚至数十亿次的频率转换方向，偶极矩方向的变化跟不上电磁场方向的变化，从而导致材料内部功率耗散，一部分微波能转化为热能，使材料升温。关于使用微波制备高熵合金的科学文献很少，其中高熵合金是通过微波辅助燃烧合成制备的，通常以金属氧化物作为前驱体，因为金属氧化物是极性分子，具有很好的吸波效果。

微波辅助燃烧合成将微波加热和燃烧合成的特性集于一身，与其他制备高熵合金的方式相比，具有以下特点：（1）加热的即时性。物料的升温和降温过程都非常迅速，有利于晶粒细化和非晶、纳米晶组织的形成。（2）加热的整体性。具有整体性和均匀性，使反应迅速完成，并且避免了温度梯度的影响。（3）合成过程快，纯度高。反应合成过程在非常短的时间内完成，产物是在化学反应过程中形成的，纯度很高。（4）能量利用率高。微波加热不需要高温介质来传热，加热设备的热损失少，同时利用了燃烧合成过程中反应放出来的热量，对能量的利用率很高。（5）设备简单，无污染。

基于高熵合金的成分设计理念，利用铝热反应机制，以氧化物粉末为原料，采用微波辅助燃烧合成法，试验了一种高熵合金制备的新方法，制备出了块体FeCoNiCuAl 高熵合金[57]。制备的 FeCoNiCuAl 高熵合金显示出良好的室温压缩性能，其压缩屈服强度、压缩断裂强度和极限塑性应变量分别达到了 1116MPa、1312MPa 和 11.4%，其显微硬度为 517HV。E. Colombini 等人[58]利用此技术，以金属粉末为原料，将制得的合金经过热处理，得到了单相的 FeCoNiCrAl。此外，Paolo Veronesi 等人[59]利用频率为 2450MHz 和 5800MHz 的微波，通过对金属粉末的压制混合物直接加热，制备了 FeCoNiCrAl 系列高熵合金。同时，将微波处理技术与实验室炉反应烧结技术和行星球磨机械合金化技术进行了比较。结果表明，微波合成路线所需的时间最短，能耗最低，是一种既省时又省钱的合成路线。

5.5.4 超高重力场燃烧合成技术

该技术不是通过加热炉加热，而是通过一些高放热的铝热反应产生，在超高重力下与陶瓷锭分离。该方法已成功地制备了多种陶瓷材料，但目前很少在高熵合金中应用。与传统的熔体铸造方法相比，这是一种高通量的方法，可以大大缩短加工周期，降低金属生产过程中的能耗。将反应物粉体经干燥冷压成粉体后依次装入石墨坩埚中，坩埚安装在镍基高温合金转子上，转子内部有两个空腔，一个空腔用于固定试样,另一个空腔用于平衡相反的试样。将隔热材料填充到石墨坩埚与转子盘内腔壁之间的间隙中。在超高重力下进行燃烧合成熔铸实验的装置原理图如图5.25所示。超高重力是通过高速旋转产生的离心力实现的。在反应热和重力作用下,由于密度的差异,反应混合物被熔化,金属熔体被分离。最后,得到大块金属锭和玻璃陶瓷。

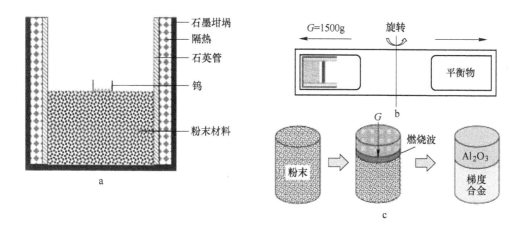

图 5.25　在超高重力下进行燃烧合成熔铸实验的装置原理图
a—材料安装示意图;b—高重力燃烧合成设备示意图;c—反应过程图

Wang 等人[60]采用超高重力场燃烧合成法制备了 TiC-TiB$_2$/Al$_{0.3}$CoCrFeNi 梯度陶瓷/金属复合材料。在通过燃烧形成混合物之后,由于质量密度的差异,陶瓷和金属在超重力场中被分离,导致陶瓷(TiC-TiB$_2$)在高熵合金(Al$_{0.3}$CoCrFeNi)基体中沿着重力场的高度梯度分布。材料的硬度显示出显著的梯度变化。此外,Al$_x$CoCrFeNi 系列高熵合金也通过此方法被制备出来[61]。经过各项性能的检测,所得的结果与通过其他方法制得的合金一致。随着铝的增加,屈服强度增大,塑性减小。其微观结构与高重力和铝含量的协同效应密切相关。

5.5.5　激光3D打印技术

随着工业的需求,生产形状各异的高熵合金也是业界的关注点,但是传统的制备方法很难满足这个要求。于是,激光3D打印制备高熵合金成了首选,该技术有利于复杂零件的生产,并能产生快速凝固冷却速率,所获得的冷却速率一般可以达到 $10^3 \sim 10^4$K/s 的量级。此外,激光3D打印是一种近网形的制造工艺,能保证高熵合金组件具有复杂的几何形状。

Gao 等人[62]利用激光3D打印技术制备了 CoCrFeMnNi 高熵合金。该套打印设备拥有配备了 6000W 光纤激光器的同轴送粉激光 3D 打印系统,设备原理如图

5.26a 所示。激光束的直径为 2mm。激光功率为 300W，激光束相对于基板表面的移动速度为 600mm/min。如图 5.26b 所示，在激光 3D 打印过程中使用尺寸分布为 45~100μm 的 CoCrFeNiMn 高熵合金粉末。在多层沉积期间 z 方向上的层间距设定为 0.6mm。在打印样品的微观结构中可以观察到等轴向柱状的转变。细密的 BCC 相分布在 FCC 基体晶界处，是样品的主要相。同时，打印出来的高熵合金具有很高的强度和良好的延展性。

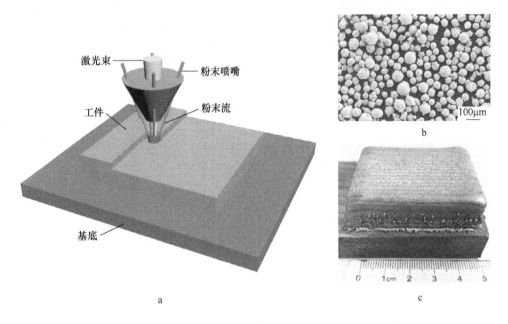

图 5.26　配备 6000W 光纤激光器的同轴送粉激光 3D 打印系统示意图（a），CoCrFeMnNi 高熵合金粉体的 SEM 形貌（b）和印刷的块状 CoCrFeMnNi 高熵合金样品的外观图像，尺寸为 50mm ×40mm ×10mm（c）

5.6　高熵合金复合材料

目前，制备高熵合金及其复合材料的方法很多，根据其制备方法的不同，高熵合金基复合材料有块状高熵合金基复合材料、高熵合金基复合材料涂层和薄膜以及梯度材料等。其中，制备块材的方法有粉末冶金法、高（中）频感应炉加热和熔铸法；制备高熵合金涂层现阶段主要为热喷涂和激光熔覆法；制备高熵合金薄膜材料的方法主要是磁控溅射法和电化学沉积方法。随着高熵合金加工工艺的逐渐改进和日趋成熟，高熵合金的应用领域得到进一步扩展。高熵合金及其复合材料必将在实际生产中广泛应用，具有一定的前瞻性、学术研究价值及经济价值，在传统复合材料的基础上开辟了新的研究空间。

5.6.1 块状高熵合金基复合材料

Fan 等人[63]采用高熵，等摩尔比，晶格畸变和第二相强化机制的设计思想，设计了具有优异塑性的（FeCrNiCo）$Al_x Cu_y$合金，然后将 Al、Ti、C 元素粉体复合预制件加入熔融材料中，首次合成了均匀分布的 TiC 陶瓷颗粒增强的高熵合金复合材料，大大提高了高熵合金基体的综合力学性能。如图 5.27 所示，（FeCrNiCo）$Al_{0.75} Cu_{0.25}$+ 10%（体积分数）TiC 的屈服强度，断裂强度和塑性应变分别高达 1637MPa，2972MPa 和 31.8%。当 TiC 体积分数从 0 增加到 10%，（FeCrNiCo）$Al_{0.75} Cu_{0.25}$基复合材料和（FeCrNiCo）$Al_{0.7} Cu_{0.5}$基复合材料的屈服强度分别增加了 73%和 100%，硬度也分别增加了 65%和 70%。高硬度和屈服强度不仅因为 TiC 强度相在基体中均匀分布的强界面结合具有良好的润湿性，也来自溶解在高熵合金基体中的 Ti 和 C 溶质原子。Ti 和 C 在高熵合金中的溶解显著增强了晶格的晶格畸变，阻碍了位错的移动，显著提高了高熵合金的硬度和屈服强度。

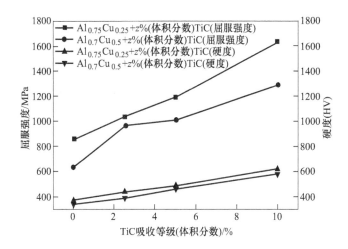

图 5.27 （FeCrNiCo）$Al_x Cu_y$合金及其复合材料的屈服强度和硬度

Zhou 等人[64]采用 SPS 法将 Fe、Co、Cr、Ni 元素粉和 WC 粉混合，成功制备了（FeCoCrNi）$_{1-x}$（WC）$_x$高熵合金复合材料。复合材料由 FCC 高熵合金基体相、富 W 碳化物和两种富 Cr 碳化物组成。此外，富 W 碳化物的尺寸大约是 $4\sim5\mu m$。富铬碳化物的组成比较复杂，可以找到亚微米级的富铬相。并且（FeCoCrNi）$_{1-x}$（WC）$_x$高熵合金复合材料的硬度随着 WC 含量的增加而逐渐增加，从（FeCoCrNi）$_{0.97}$（WC）$_{0.03}$的 603HV 增加到（FeCoCrNi）$_{0.89}$（WC）$_{0.11}$的 768HV，如图 5.28 所示。强化机制可能归因于硬质 WC 颗粒和富含 Cr 的碳化物的沉淀。

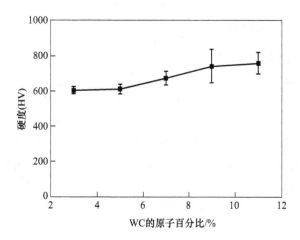

图 5.28　高熵合金复合材料 $(FeCoCrNi)_{1-x}(WC)_x$（$x = 0.03 \sim 0.11$）的硬度

5.6.2　高熵合金基复合材料涂层

　　Guo 等人[65]在 904L 不锈钢上通过激光熔覆成功地制备了原位 TiN 颗粒增强 $CoCr_2FeNiTi_x$（$x = 0, 0.5, 1$）高熵合金基复合材料涂层。实验结果表明，涂层的相结构由 FCC+TiN 和少量 Laves 相组成，如图 5.29 所示。没有添加 Ti 元素的涂层的微观结构是柱状晶体。而通过添加 Ti 元素，涂层由不规则的树枝状和颗粒状 TiN 陶瓷以及少量 Laves 相组成。制备的涂层厚度约为 1.6mm，基板的平均硬度仅为 190HV。没有添加 Ti 的涂层没有显示出显著的硬度改善，与基材相比仅

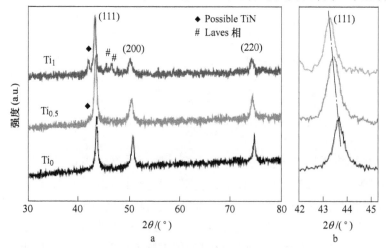

图 5.29　原位 TiN 颗粒增强 $CoCr_2FeNiTi_x$（$x = 0, 0.5, 1$）高熵合金基
复合材料涂层的 XRD 类型

增加约 30%。添加 Ti 时，$Ti_{0.5}$ 和 $Ti_{1.0}$ 涂层的硬度分别达到 410HV 和 642HV，是基体的 2 倍以上。然而，由于 TiN 颗粒的偏析和生长，以及 Laves 相的产生，导致 $Ti_{1.0}$ 涂层的硬度分布不均匀。

Cheng 等人[66] 采用等离子转移电弧熔覆工艺原位合成 TiC-TiB_2 增强 CoCrCuFeNi 高熵合金复合涂层。该方法以 Ti、B_4C、Co、Cr、Cu、Fe、Ni 粉末混合物为前驱体，制备复合涂层。研究了 CoCrCuFeNi$(Ti, B_4C)_x$ (x 为摩尔比，$0.1 \leqslant x \leqslant 0.5$）添加剂对涂层结构和力学性能的影响。对于 $0.1 \leqslant x \leqslant 0.2$，涂层会趋向形成 FCC 和 BCC 加 TiC 结构。进一步增加 x 的值（$0.3 \leqslant x \leqslant 0.5$），促进了嵌入 FCC 和 BCC 基质中的双相 TiC-TiB_2 的高体积分数，如图 5.30 所示。力学性能与结构演变也存在相应的变化。随着 $(Ti, B_4C)_x$ 含量的增加，涂层的

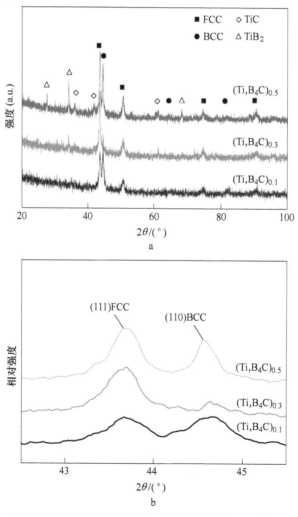

图 5.30 CoCrCuFeNi$(Ti, B_4C)_x$ 复合涂层的 XRD 类型

硬度，弹性，H/E 比，H_3/E_2 和 η 值逐渐增强。对于 CoCrCuFeNi(Ti,B$_4$C)$_{0.1}$涂层，纳米硬度（H）和杨氏模量（E）分别为 4.19GPa 和 234GPa。随着 x 的增加，这些性质得到进一步改善［在 CoCrCuFeNi(Ti,B$_4$C)$_{0.5}$涂层中实现 H = 9.14GPa 和 E = 261GPa］。最值得注意的是，涂层的耐磨性与 H/E 比和 η 值成比例。对于（Ti,B$_4$C)$_{0.5}$涂层，获得最佳的耐磨性，显示出最高的磨损特性。基于显微组织和硬度分析的初步评估表明，使用 PTA 包覆的 TiB$_2$-TiC 增强高熵合金涂层似乎在磨损应用中具有前景。

此外，通过激光熔覆在 45 号钢表面包覆自生 TiC 颗粒增强 FeCrCoNiTiAl 高熵合金复合涂层[67]，其厚度达 1.5mm。涂层中自生成的 TiC 颗粒具有尺寸约为 1~5μm 的不规则四边形或花形。结果表明，在涂层中自生成细晶粒 TiC 颗粒，随着 C 和 B 元素含量的增加（2%~4%，质量分数），发现涂层的基础晶体结构从体心立方固溶体变为面心立方（FCC）固溶体；同时，涂层表面的显微硬度也会逐渐上升，直到达到 560HV，如图 5.31 所示。而且，由于自生 TiC 颗粒和 FCC 固溶体基质的形成，涂层的开裂倾向已显著降低。

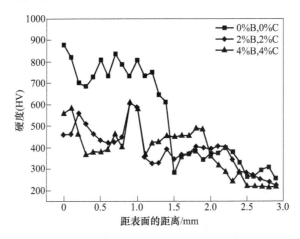

图 5.31　随 B、C 含量的不同，FeCrCoNiTiAl BC 涂层的横截面显微硬度的变化

5.6.3　高熵合金基复合材料薄膜

本节主要讲述高熵合金氮化物薄膜。基于多元高熵合金思想制备的高熵合金氮化物薄膜由于多种元素相互混合，易于产生高熵效应、晶格畸变效应和缓慢扩散效应，使得该新型薄膜体系形成简单的非晶结构和纳米晶结构。

大量研究表明，组成氮化物薄膜的合金化元素可以分为两类：一类为氮化物形成元素，如 Al、Cr、Hf、Mo、Nb、Ta、Ti、V、Zr 和 Si 等；另一类为非氮化物形成元素，如 Co、Cu、Fe、Mn 和 Ni 等。当薄膜中含有较多非氮化物形成元素时，其金属薄膜呈现出 FCC 固溶体结构或 FCC + BCC 的混合结构，随着氮气流率的增加，而趋于非晶化。当薄膜中包含较多氮化物形成元素时，其金属薄膜主要呈现出非晶结构，随氮气流率的增加晶化能力增强，并呈现出 FCC 固溶体结构。这些研究结果表明，多元高熵合金氮化物薄膜物相简单，易于分析。随后，许多学者们对多种高熵合金薄膜系统包括金属薄膜、氮化物薄膜、氧化物薄膜、碳氮化物薄膜以及氮硅化物薄膜展开了研究。

值得一提的是，具有非晶结构的高熵合金金属薄膜硬度相对较低，引入氮原子后，由于固溶强化效果增强，薄膜硬度得到较大提升，当氮原子达到饱和状态时，氮化物薄膜的硬度更高，甚至可达到超硬等级（高于 40GPa）。氮化物和非氮化物形成元素共同组成的高熵合金氮化物薄膜的最高硬度都低于 20GPa。相反，完全由氮化物形成元素组成的高熵合金氮化物薄膜，其硬度基本在 2GPa 以上，有些薄膜硬度甚至达到超硬等级，如（AlCrNbTiSiV）N、（AlCrTaTiVZr）N 和（AlCrMoTaTiZr）N 等。如此高的硬度使得它具有优秀的耐磨性。

Lai 等人[68]采用磁控溅射工艺在硬质合金上沉积（AlCrTaTiZr）N 薄膜，结果表明，衬底偏压增加，薄膜磨损率减少而摩擦系数保持 0.75 不变，当偏压为 $-150V$ 时，薄膜最小磨损率为 $3.7 \times 10^{-6} mm^3/(N \cdot m)$，如图 5.32 所示。Ren 等人[69]采用射频磁控溅射技术在 S304 不锈钢和纯 Cu 基体上沉积（AlCrMoNiTi）N_x 和（AlCrMoZrTi）N_x 薄膜，并研究了其摩擦性能，发现（AlCrMoZrTi）N_x 薄膜在 S304 不锈钢和纯 Cu 衬底上的最小摩擦系数分别为 0.182 和 0.127，最高耐磨寿命为 1200s。比较发现，（AlCrMoZrTi）N_x 薄膜的摩擦性能优于（AlCrMoNiTi）N_x 薄膜，其原因主要在于前者力学性能高于后者，因而摩擦性能得到增强，其磨损机制主要为磨粒磨损。Cheng 等人[49]对（AlCrMoTaTiZr）N 薄膜摩擦性能的研究表明，薄膜摩擦系数高于 0.75，磨损过程中发生了氧化磨损，与（AlCrTaTiZr）N 薄膜相比，其磨损率从 $3.7 \times 10^{-6} mm^3/(N \cdot m)$ 降低到 $2.8 \times 10^{-6} mm^3/(N \cdot m)$。

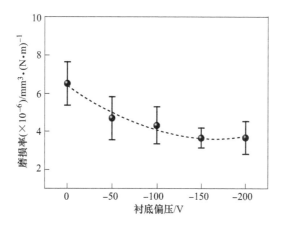

图 5.32 （AlCrTaTiZr）N 薄膜在不同衬底偏压下的磨损率

5.7　讨论

5.7.1　力学性能及应用前景

金属材料的力学性能一般受相选择、晶粒尺寸、合金化效应、组元偏析等因素的控制，这些因素可能与凝固速率紧密相关。Zhang 等人[4]验证了 AlCoCrFeNi 合金的组织可由铜模铸造法制备的枝晶转变为定向凝固后的等轴晶，塑性提高最高可达35%。他们认为，高温梯度和凝固速率往往会降低合金的成分过冷度（在凝固过程中发生的成分过冷，是由于成分变化导致液体在凝固点以下冷却到固液界面），因此可以抑制枝晶的形成并导致晶粒细化。这为采用快速凝固法提高高熵合金的力学性能提供了新的思路。Zhang 等人[15~18]发现激光快速凝固能有效降低原子的长程扩散速率，从而有利于固溶体的形成，而不是形成金属间化合物。大的凝固速率进一步导致高熵合金涂层中形成纳米或亚微米级的析出物，这大大提高了高熵合金涂层的硬度。

机械合金化作为一种经典的非平衡加工方法，可以得到广泛的扩展固溶体、纳米晶体、准晶体甚至非晶态材料。反复冷焊使其成为高熔点合金合成的理想选择，这对其他凝固方法提出了挑战。气相分解，例如 PVD、ALD 和 MBE，提供了在碳化物和氮化物中合成高熵合金薄膜的一个可能的方法。由于显著的缓慢扩散效应，AlMoNbSiTaTiVZr 薄膜在铜和硅之间表现出优异的扩散阻挡性能[45]。（AlCrMoTaTiZr）N 氮化膜在多主元鸡尾酒效应的基础上，具有 40.2GPa 的高硬度和良好的耐磨性，在表面工程领域具有巨大的应用潜力[49]。

5.7.2　相形成的热力学分析

在前面的部分中，我们介绍了制备高熵合金的三个主要的制造方法。它们之间的一个明显区别就是混合温度有很大的差异。对于液态混合，混合温度 T 高于熔化温度 T_m 并低于沸点温度 $T_b(T_m < T < T_b)$。对于气态混合，T 高于 $T_b(T > T_b)$，而对于固态混合，T 低于 $T_m(T < T_m)$。

众所周知，冷却速率对通过液相和气相方法所得的微观结构有很大的影响。例如，采用溅射淬火的方法，在 AlCoCrCuFeNi 体系中获得了或多或少的均匀固溶体，而在熔体中以低速率冷却时形成了多相固溶体[70]。气相沉积的冷却速率通常比传统电弧熔炼技术的冷却速率高几个数量级，因此，通过气相方法通常会产生更宽范围的组合物，这些组合物可形成具有更细晶粒度的单一固溶体。同时，相比于通过液相沉积所制备的合金，其内部元素分布更均匀。例如，对于 CoCrCuFeNi，在使用电弧熔炼技术制造的样品中普遍存在明显的 Cu 偏析[1]，而使用溅射沉积技术，所有合金元素几乎均匀地分布在涂层中[38]。

至于固态混合，例如机械合金化，许多报道表明，尽管仍然存在微小有序相

或沉淀如 σ 相，但在纳米晶体结构中主要是简单的固溶体甚至是非晶体。例如，Lucas 等人[71] 报道了使用电弧熔炼技术处理的 CoCrFeNi 中没有长程化学有序的单一 FCC 固溶体，而 Praveen 等人[43] 报道了使用球磨技术处理的 CoCrFeNi 中除了 FCC 固溶体外还有 σ 相的形成。通常认为，由于其较低的反应温度（$T<T_m$），高熵效应不能充分克服焓效应，因此导致含量较低的无序固溶体相。然而，需要指出的是，利用机械合金化制备合金时，机械能 W 不能忽视，因为它有助于系统的吉布斯自由能的变化（ΔG），如下所示：

$$\Delta G = \Delta H + W - T\Delta S \tag{5.1}$$

式中，ΔS（ΔH）是指系统两种状态之间的熵（焓）的变化；T 是温度。

从式（5.1）可以看出，除了熵之外，W 是减小焓效应的一个因素。此外，Zhang 等人提出了一个 Ω 指标，其表达式为 $\Omega = T\Delta S/|\Delta H|$，发现高的 Ω 或 Ω/T 值将会促使形成更高无序度的固溶体相[72]。接下来，如果考虑机械合金化中的机械能，Ω 指标可以简单地改写为：

$$\Omega = T\Delta S/(|\Delta H| - |W|) \tag{5.2}$$

从式（5.2）可知，由于引入了 W，即使温度相对较小，仍然可以获得更高的 Ω 值。换句话说，在这种情况下可以实现更高的 Ω/T 值，这证实了通过使用机械合金化倾向于形成固溶体相而不是有序相。

5.8　总结

电弧熔炼技术是文献中报道的最普遍使用的方法。具有多主元合金元素的高熵合金易于表现出浓固溶体结构和独特的力学性能。通常在铸态下观察到树枝状微观结构，因此需要在较高温度下退火以获得等轴晶粒并消除化学不均匀性。定向凝固技术成功地合成了具有优异拉伸塑性的单晶高熵合金。由于所使用的冷却速率明显更高，激光熔覆高熵合金涂层表现出非常精细的微观结构和优异的性能，例如耐高温软化性，耐腐蚀性和抗氧化性。

机械合金化是制备高熵合金的通用方法。经研磨的粉末通常具有纳米晶体结构。退火碾磨后的粉末可能导致也可能不会导致成粉晶体结构的改变，这要取决于合金的类型。应该考虑使用机械合金化来研究非晶结构和晶态固溶体之间的竞争，因为长时间的研磨可以通过引入足够的缺陷自由能-晶界来将晶体结构转变为非晶相。

物理气相沉积是一种可以制备各种材料薄膜的有效方法。磁控溅射沉积容易实现，已成功应用于制备具有潜在应用前景的多组元高熵合金薄膜。与溅射沉积相比，原子层沉积技术容易实现具有可控原子层薄膜生长，而分子束外延技术显示出制备单晶高熵合金薄膜的潜力。

参 考 文 献

[1] Yeh J W, Chen S K, Lin S J, Gan J Y, Chin T S, Shun T T, Tsau C H, Chang S Y (2004). Nanostructured High-Entropy Alloys with Multiple Principal Elements: Novel Alloy Design Concepts and Outcomes. Advanced Engineering Materials, 6 (5): 299-303.

[2] Zhang Y, Zuo T T, Tang Z, Gao M C, Dahmen K A, Liaw P K, Lu Z P (2014). Microstructures and properties of high-entropy alloys. Progress in Materials Science, 61: 1-93.

[3] Zhou Y J, Zhang Y, Wang Y L, Chen G L (2007). Microstructure and compressive properties of multicomponent Al_x ($TiVCrMnFeCoNiCu$)$_{100-x}$ high-entropy alloys. Materials Science and Engineering: A, 454-455: 260-265.

[4] Wang F J, Zhang Y, Chen G L, Davies H A (2009). Cooling Rate and Size Effect on the Microstructure and Mechanical Properties of AlCoCrFeNi High Entropy Alloy. Journal of Engineering Materials and Technology-Transactions of the ASME, 131: 034501.

[5] Zhang Y, Ma S G, Qiao J W (2012). Morphology Transition from Dendrites to Equiaxed Grains for AlCoCrFeNi High-Entropy Alloys by Copper Mold Casting and Bridgman Solidification. Metallurgical & Materials Transactions A, 43 (8): 2625-2630.

[6] Ding X F, Lin J P, Zhang L Q, Su Y Q, Chen G L (2012). Microstructural control of TiAl-Nb alloys by directional solidification. Acta Materialia, 60 (2): 498-506.

[7] Pollock T M, Tin S (2006). Nickel-Based Superalloys for Advanced Turbine Engines: Chemistry, Microstructure and Properties. Journal of Propulsion & Power, 22 (2): 361-374.

[8] Qiao J W, Zhang Y, Liaw P K (2010). Tailoring Microstructures and Mechanical Properties of Zr-Based Bulk Metallic Glass Matrix Composites by the Bridgman Solidification. Advanced Engineering Materials, 10 (11): 1039-1042.

[9] Ma S G, Zhang S F, Gao M C, Liaw P K, Zhang Y (2013). A Successful Synthesis of the $CoCrFeNiAl_{0.3}$ Single-Crystal, High-Entropy Alloy by Bridgman Solidification. J Miner, Met Mater Soc, 65 (12): 1751-1758.

[10] Hurle D T J (1962). Mechanisms of growth of metal single crystals from the melt. Progress in Materials Science, 10: 81, IN81-147, IN115.

[11] Aoki K, Izumi O (2007). On the Ductility of the Intermetallic Compound Ni_3Al. Materials Transactions Jim, 19: 203-210.

[12] Ma S G, Zhang S F, Qiao J W, Wang Z H, Gao M C, Jiao Z M, Yang H J, Zhang Y (2014). Superior high tensile elongation of a single-crystal $CoCrFeNiAl_{0.3}$ high-entropy alloy by Bridgman solidification. Intermetallics, 54: 104-109.

[13] Inc W F (2014). Wikipedia, the free encyclopedia. Reference Reviews, 26: 5.

[14] Bezencon C, Schnell A, Kurz W (2003). Epitaxial deposition of MCrAlY coatings on a Ni-base superalloy by laser cladding. Scripta Materialia, 49 (7): 705-709.

[15] Zhang H, He Y Z, Pan Y, Jiao H S (2011). Microstructure and properties of 6FeCoNiCrAlTiSi high-entropy alloy coating prepared by laser cladding. Applied Surface Science, 257 (6): 2259-2263.

[16] Zhang H, Pan Y, He Y Z (2011). Synthesis and characterization of FeCoNiCrCu high-entropy alloy coating by laser cladding. Materials & Design, 32 (4): 1910-1915.

[17] Zhang H, Pan Y, He Y Z (2011). Effects of Annealing on the Microstructure and Properties of 6FeNiCoCrAlTiSi High-Entropy Alloy Coating Prepared by Laser Cladding. Journal of Thermal Spray Technology, 20 (5): 1049-1055.

[18] Zhang H, He Y Z, Pan Y (2013). Enhanced hardness and fracture toughness of the laser-solidified FeCoNiCrCuTiMoAlSiB$_{0.5}$ high-entropy alloy by martensite strengthening. Scripta Materialia, 69 (4): 342-345.

[19] Zhang H, He Y Z, Pan Y, Zhai P L (2011). Phase selection, microstructure and properties of laser rapidly solidified FeCoNiCrAl$_2$Si coating. Intermetallics, 19 (8): 1130-1135.

[20] Qiu X W, Zhang Y P, Liu C G (2014). Effect of Ti content on structure and properties of Al$_2$CrFeNiCoCuTi$_x$ high-entropy alloy coatings. Journal of Alloys & Compounds, 585 (2): 282-286.

[21] Li M X, He Y Z, Sun G X (2004). Microstructure and wear resistance of laser clad cobalt-based alloy multi-layer coatings. Applied Surface Science, 230 (1-4): 201-206.

[22] Zhang S H, Li M X, Cho T Y, Yoon J H, Lee C G, He Y Z (2008). Laser clad Ni-base alloy added nano- and micron-size CeO$_2$ composites. Optics & Laser Technology, 40 (5): 716-722.

[23] Qiu X W, Liu C G (2013). Microstructure and properties of Al$_2$CrFeCoCuTiNi$_x$ high-entropy alloys prepared by laser cladding. Journal of Alloys & Compounds, 553 (3): 216-220.

[24] Zhang H, He Y Z, Pan Y, Guo S (2014). Thermally stable laser cladded CoCrCuFeNi high-entropy alloy coating with low stacking fault energy. Journal of Alloys & Compounds, 600 (7): 210-214.

[25] Yue T M, Zhang H (2014). Laser cladding of FeCoNiCrAlCu$_x$Si$_{0.5}$ high entropy alloys on AZ31 Mg alloy substrates. Materials Research Innovations, 588 (S2): 588-592.

[26] Huang C, Zhang Y Z, Shen J Y, Vilar R (2011). Thermal stability and oxidation resistance of laser clad TiVCrAlSi high entropy alloy coatings on Ti-6Al-4V alloy. Surface & Coatings Technology, 206 (6): 1389-1395.

[27] Benjamin J S (1970). Dispersion strengthened superalloys by mechanical alloying. Metallurgical Transactions, 1: 2943-2951.

[28] Benjamin J S (1976). Mechanical Alloying. Scientific American, 234 (5): 40-48.

[29] Roos J, Celis J P, De Bonte M (1991). Electrodeposition of metals and alloys. Processing of metals and alloys, Vch Weinheim.

[30] Suryanarayana C (2006). Mechanical alloying and milling. Progress in Materials Science, 46: 1-184.

[31] Davis R M, Koch C C (1987). Mechanical alloying of brittle components: Silicon and germanium. Scripta Metallurgica, 121 (3): 305-310.

[32] Koch C C, Cavin O B, Mckamey C G, Scarbrough J O (1983). Preparation of amorphous Ni$_{60}$Nb$_{40}$ by mechanical alloying. Applied Physics Letters, 43: 1017-1019.

[33] Schwarz R B, Petrich R R, Saw C K (1985). The synthesis of amorphous Ni-Ti alloy powders

by mechanical alloying. Journal of Non-Crystalline Solids, 76 (2-3): 281-302.

［34］ Varalakshmi S, Kamaraj M, Murty B S (2008). Synthesis and characterization of nanocrystalline AlFeTiCrZnCu high entropy solid solution by mechanical alloying. Journal of Alloys & Compounds, 460 (1-2): 253-257.

［35］ Varalakshmi S, Kamaraj M, Murty B S (2010). Processing and properties of nanocrystalline CuNiCoZnAlTi high entropy alloys by mechanical alloying. Materials Science & Engineering A, 527 (4-5): 1027-1030.

［36］ Varalakshmi S, Rao G A, Kamaraj M, Murty B S (2010). Hot consolidation and mechanical properties of nanocrystalline equiatomic AlFeTiCrZnCu high entropy alloy after mechanical alloying. Journal of Materials Science, 45 (19): 5158-5163.

［37］ Chen Y L, Hu Y H, Tsai C W, Hsieh C A, Kao S W, Yeh J W, Chin T S, Chen S K (2009). Alloying behavior of binary to octonary alloys based on Cu-Ni-Al-Co-Cr-Fe-Ti-Mo during mechanical alloying. Journal of Alloys & Compounds, 477 (1-2): 696-705.

［38］ Zhang K B, Fu Z Y, Zhang J Y, Shi J, Wang W M, Wang H, Wang Y C, Zhang Q J (2009). Nanocrystalline CoCrFeNiCuAl high-entropy solid solution synthesized by mechanical alloying. Journal of Alloys & Compounds, 485 (1-2): L31-L34.

［39］ Praveen S, Murty B S, Kottada R S (2012). Alloying behavior in multi-component AlCoCrCuFe and NiCoCrCuFe high entropy alloys. Materials Science & Engineering A, 534: 83-89.

［40］ Tariq N H, Naeem M, Hasan B A, Akhter J I, Siddique M (2013). Effect of W and Zr on structural, thermal and magnetic properties of AlCoCrCuFeNi high entropy alloy. Journal of Alloys and Compounds, 556: 79-85.

［41］ Sriharitha R, Murty B S, Kottada Ravi S (2013). Phase formation in mechanically alloyed Al_xCoCrCuFeNi ($x = 0.45$, 1, 2.5, 5mol) high entropy alloys. Intermetallics, 32: 119-126.

［42］ Fu Z Q, Chen W P, Fang S C, Li X M (2014). Effect of Cr addition on the alloying behavior, microstructure and mechanical properties of twinned $CoFeNiAl_{0.5}Ti_{0.5}$ alloy. Materials Science and Engineering: A, 597: 204-211.

［43］ Praveen S, Murty B S, Kottada R S (2013). Phase Evolution and Densification Behavior of Nanocrystalline Multicomponent High Entropy Alloys During Spark Plasma Sintering. Miner, Met Mater Soc, 65 (12): 1797-1804.

［44］ Zaddach A J, Niu C, Koch C C, Irving D L (2013). Mechanical Properties and Stacking Fault Energies of NiFeCrCoMn High-Entropy Alloy. Miner, Met Mater Soc, 65 (12): 1780-1789.

［45］ Tasi M H, Yeh J W, Gan J Y (2008). Diffusion barrier properties of AlMoNbSiTaTiZr high-entropy alloy layer between copper and silicon. Thin Solid Films, 516: 5527-5530.

［46］ Chang H W, Huang P K, Yeh J W, Davison A, Tsau C H, Yang C C (2008). Influence of substrate bias, deposition temperature and post-deposition annealing on the structure and properties of multi-principal-component (AlCrMoSiTi)N coatings. Surface & Coatings Technology, 202: 3360-3366.

［47］ Dolique V, Thomann A L, Brault P, Tessier Y, Gillon P (2009). Complex structure/composition relationship in thin films of AlCoCrCuFeNi high entropy alloy. Materials Chemistry &

Physics, 117: 142-147.

[48] Dolique V, Thomann A L, Brault P, Tessier Y, Gillon P (2010). Thermal stability of AlCoCrCuFeNi high entropy alloy thin films studied by in-situ XRD analysis. Surface & Coatings Technology, 204: 1989-1992.

[49] Cheng K H, Lai C H, Lin S J, Yeh J W (2011). Structural and mechanical properties of multi-element (AlCrMoTaTiZr)N_x coatings by reactive magnetron sputtering. Thin Solid Films, 519: 3185-3190.

[50] George S M (2010). Atomic layer deposition: An overview. Chemical Reviews, 110: 111-131.

[51] Wang L M, Chen C C, Yeh J W, Ke S T (2011). The microstructure and strengthening mechanism of thermal spray coating $Ni_x Co_{0.6} Fe_{0.2} Cr_y Si_z AlTi_{0.2}$ high-entropy alloys. Materials Chemistry & Physics, 126: 880-885.

[52] Ang A S M, Berndt C C, Sesso M L, Anupam A, Praveen S, Kottada R S, Murty B S (2015). Plasma-Sprayed High Entropy Alloys: Microstructure and Properties of AlCoCrFeNi and MnCoCrFeNi. Metallurgical & Materials Transactions A, 46: 791-800.

[53] Ang A S M, Berndt C C, Sesso M L, Anupam A, Praveen S, Kottada R S, Murty B S (2015). Comparison of Plasma Sprayed High Entropy Alloys with Conventional Bond Coat Materials, in: International Thermal Spray Conference, PP: 785-788.

[54] Fu Z, Chen W, Fang S, Zhang D, Xiao H, Zhu D (2013). Alloying behavior and deformation twinning in a $CoNiFeCrAl_{0.6} Ti_{0.4}$ high entropy alloy processed by spark plasma sintering. Journal of Alloys & Compounds, 553: 316-323.

[55] Sriharitha R, Murty B S, Kottada R S (2014). Alloying, thermal stability and strengthening in spark plasma sintered $Al_x CoCrCuFeNi$ high entropy alloys. Journal of Alloys & Compounds, 583: 419-426.

[56] Zhang A, Han J, Meng J, Bo S, Li P (2016). Rapid preparation of AlCoCrFeNi high entropy alloy by spark plasma sintering from elemental powder mixture. Materials Letters, 181: 82-85.

[57] Teng W, Jian K, Chao B (2011). Microstructure and mechanical properties of FeCoNiCuAl high-entropy alloy prepared by microwave-assisted combustion synthesis. Powder Metallurgy Technology, 29: 435-438, 442.

[58] Colombini E, Rosa R, Trombi L, Zadra M, Casagrande A, Veronesi P (2017). High entropy alloys obtained by field assisted powder metallurgy route: SPS and microwave heating. Materials Chemistry & Physics.

[59] Veronesi P, Colombini E, Rosa R, Leonelli C, Garuti M (2017). Microwave processing of high enthropy alloys: a powder metallurgy approach. Chemical Engineering & Processing Process Intensification, 122.

[60] Wang W, Xie H, Xie L, Yang X, Li J, Peng Q (2018). Fabrication of ceramics/high-entropy alloys gradient composites by combustion synthesis in ultra-high gravity field. Materials Letters, 233: 4-7.

[61] Li R X, Liaw P K, Zhang Y (2017). Synthesis of $Al_x CoCrFeNi$ high-entropy alloys by high-gravity combustion from oxides. Materials Science and Engineering, A707: 668-673.

［62］Gao X Y, Lu Y Z（2019）. Laser 3D printing of CoCrFeMnNi high-entropy alloy. Materials Leters, 236: 77-80.

［63］Fan Q C, Li B S, Zhang Y（2014）. The microstructure and properties of（FeCrNiCo）$Al_x Cu_y$ high-entropy alloys and their TiC-reinforced composites. Materials Science & Engineering A, 598: 244-250.

［64］Zhou R, Chen G, Liu B, Wang J, Han L, Liu Y（2018）Microstructures and wear behaviour of（FeCoCrNi）$_{1-x}$（WC）$_x$ high entropy alloy composites. International Journal of Refractory Metals & Hard Materials.

［65］Guo Y, Shang X, Liu Q（2018）. Microstructure and properties of in-situ TiN reinforced laser cladding $CoCr_2 FeNiTi_x$ high-entropy alloy composite coatings. Surface & Coatings Technology.

［66］Cheng J, Liu D, Liang X, Chen Y（2015）. Evolution of microstructure and mechanical properties of in situ synthesized $TiC-TiB_2$/CoCrCuFeNi high entropy alloy coatings. Surface & Coatings Technology, 281: 109-116.

［67］Chen S, Chen X, Wang L, Liang J, Liu C（2016）. Laser cladding FeCrCoNiTiAl high entropy alloy coatings reinforced with self-generated TiC particles. Journal of Laser Applications, 29: 012004.

［68］Lai C H, Cheng K H, Lin S J, Yeh J W（2008）. Mechanical and tribological properties of multi-element（AlCrTaTiZr）N coatings. Surface & Coatings Technology, 202: 3732-3738.

［69］Ren B, Yan S Q, Zhao R F, Liu Z X（2013）. Structure and properties of（AlCrMoNiTi）N_x and（AlCrMoZrTi）N_x films by reactive RF sputtering. Surface & Coatings Technology, 235: 764-772.

［70］Singh S, Wanderka N, Murty B S, Glatzel U, Banhart J（2011）. Decomposition in multi-component AlCoCrCuFeNi high-entropy alloy. Acta Materialia, 59: 182-190.

［71］Lucas M S, Wilks G B, Mauger L, Munoz J A, Senkov O N, Michel E, Horwath J, Semiatin S L, Stone M B, Abernathy D L（2012）. Absence of long-range chemical ordering in equimolar FeCoCrNi. Applied Physics Letters, 100: 299.

［72］Zhang Y, Lu Z P, Ma S G, Liaw P K, Tang Z, Cheng Y Q, Gao M C（2014）. Guidelines in predicting phase formation of high-entropy alloys. Mrs Communications, 4: 57-62.

6 高熵合金的力学性能

摘　要：本章综述了高熵合金的力学性能，主要包括高熵合金的硬度、压缩、拉伸、疲劳等力学性能及高熵合金锯齿流变行为和纳米蠕变等方面的力学行为。现有的研究表明，高熵合金的硬度与合金体系和加工工艺息息相关，不同体系和加工工艺的高熵合金硬度从 140HV 到 900HV 不等。本章总结了热处理、合金化和显微结构对硬度的影响。对于压缩过程中的力学性能如杨氏模量、压缩屈服强度、弹性应变和塑性应变也进行了比较和总结。同时，总结和讨论了温度、合金化、应变速率、样品尺寸和热处理等不同条件下压缩组织的演化，而且目前已经实现了对高熵合金在微纳尺寸下的原位压缩测试。尽管目前对高熵合金拉伸性能的研究仅局限于少数合金体系，但是，就晶粒尺寸、合金元素和处理工艺等因素对屈服强度、拉伸塑性、断裂方式的研究也已经有报道。利用拉伸过程中的原位中子衍射试验研究了弹性变形行为；利用平均场理论成功地预测了高熵合金塑性变形中观察到滑移雪崩等锯齿流变行为。对不同载荷下的 $Al_{0.5}CoCrCuFeNi$ 高熵合金进行四点弯曲试验。结果表明，与传统合金和块体金属玻璃相比，高熵合金的疲劳性能总体上较好。纳米压痕测试研究讨论了初始塑性和蠕变行为。最后对未来高熵合金的力学性能工作方向和重点提出了建议。

关键词：力学性能　硬度　压缩　拉伸　锯齿　疲劳　纳米压痕　平均场理论　温度效应　合金化效应　显微纳结构　纳米结构　面心立方（FCC）体心立方（BCC）　固溶体　高熵单相合金　多相合金　高熵合金（HEAs）

6.1　引言

自从 2004 年高熵合金的概念提出以来，研究人员就高熵合金硬度[1~51]、压缩[2,3,52,53]、拉伸[15,48,49,54~61]、锯齿流变[62~72]、高熵合金疲劳[20,45,73]和纳米压痕[8,74~76]等方面的力学性能进行了广泛的研究。虽然高熵合金的力学性能变化范围很大，但许多已有的报道表明其具有十分有前景的优异性能，如高硬度[3,4,6,7,9,10,13,17,22,29,31,40,51]、高屈服强度[22,50,77,78]、大的延展性[54,57,61]、优良的抗疲劳性[45,73]和在低温下良好的断裂韧性[20,79]。本章总结了高熵合金成分组成、热处理状态、合金元素含量、温度、应变速率、试样大小和晶格类型等因素对高熵合金硬度、压缩、拉伸、疲劳、纳米压痕等方面力学性能和微观组织的影响。除了实验研究之外，平均场理论（MFT）模型成功地预测了塑性变形过程汇总的滑移雪崩和锯齿流变行为。最后在前人研究的基础上，对今后的力学性能研究工作进行了展望。

6.2　硬度

硬度是描述金属材料力学性能的最简便方法之一[80]。材料的维氏硬度测试简单高效且不需要大尺寸样品。对于一些薄膜高熵合金，无法直接测量薄膜的屈服应力，此时通过显微硬度便可以很容易地测试出其力学参数。高熵合金的硬度从 140 ~ 900HV 变化很大，这主要取决于合金体系和相关的处理方法[2~4,6,9~15,17,19~22,28~31,38~42,47~50]。图 6.1 给出了研究最多的 20 种高熵合金的硬度值与传统合金的硬度值的对比图。从图中可以看出，在每个合金体系中硬度都有很大的变化。例如，AlCoCrCuFeNi[2,3,5,54,81~85] 合金系的硬度值就从 154HV 变化到658HV，这主要取决于高熵合金的化学成分变化、制造方法和后续的热处理工艺。例如，AlCrFeMnNi 和 AlCrFeMoNi 合金体系的硬度值，通常高于传统的钢铁和有色合金。在图 6.1 中，主要以面心立方（FCC）相为主的合金即 CoCrFeNi、CoCrCuFeNi 和 CoCrFeMnNi 的铸态高熵合金的硬度值通常在室温下较低[12]，但随着 Al 和 Ti 含量的增加由于形成较强的第二相而提高。以体心立方（BCC）为主的难熔高熵合金的平均硬度值相对较高，例如，HfNbTaTiZrTi、MoNbTaW、MoNbTaVW、AlMo$_{0.5}$NbTa$_{0.5}$TiZr 和 Al$_{0.4}$Hf$_{0.6}$NbTaTiZr 高熵合金的硬度值分别为390HV、454HV、535HV、591HV 和 500HV[13,21,50]。因此，选择的合金体系和后续加工方式对合金的硬度至关重要。

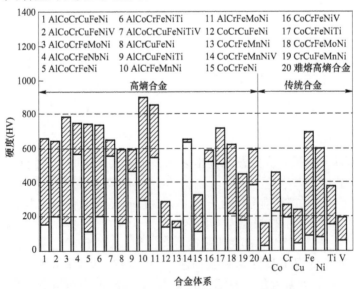

图 6.1　20 种高熵合金与传统合金的硬度值汇总
（图中阴影区表示每种合金的硬度范围）

6.2.1　退火处理

根据退火处理对硬度的影响，将高熵合金划分为两组：时效硬化（实线）和退火软化（虚线），如图 6.2 所示。

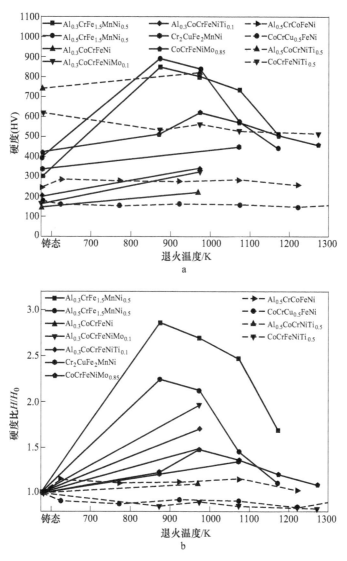

图 6.2　退火对高熵合金硬度的影响[9,12,14,19,28,40,42,47]

a—硬度与退火温度的关系；b—硬度比与退火温度的关系

在 $Al_x CrFe_{1.5} MnNi_{0.5}$（$x = 0.3$ 和 0.5）[9]、$Al_{0.3} CoCrFeNi$、$Al_{0.3} CoCrFeNiMo_{0.1}$、$Al_{0.3} CoCrFeNiTi_{0.1}$[14]、$Cr_2 CuFe_2 MnNi$[28] 和 $CoCrFeNiMo_{0.85}$[42] 高熵合金中，高温时

效处理硬度会得到提高，如图 6.2 所示。这种高温热处理硬化现象在常规合金中很少见到。时效硬化现象主要归因于析出物的产生，例如，在 $Al_xCrFe_{1.5}MnNi_{0.5}$（$x = 0.3$ 和 0.5）合金中形成 $\rho(Cr_5Fe_6Mn_8)$ 相；在 $Al_{0.3}CoCrFeNi$ 合金中形成富（Ni, Al）B2 相；在 $Al_{0.3}CoCrFeNiMo_{0.1}$ 合金中形成（Cr, Mo）（Co, Fe, Ni）σ 和富（Ni, Al）B2 相的双析出相；在 $Al_{0.3}CoCrFeNiTi_{0.1}$ 合金中形成富（Ni, Co, Ti）B2 相。然而，当温度高于 900K 时，由于第二相的晶粒尺寸长大和软化，$Al_xCrFe_{1.5}MnNi_{0.5}$（$x = 0.3$ 和 0.5）合金硬度减小。

如图 6.2 所示，如果退火过程中没有新的析出物，例如，在 $Al_{0.5}CoCrFeNi$、$CoCrCu_{0.5}FeNi$、$Al_{0.5}CoCrNiTi_{0.5}$ 和 $CoCrFeNiTi_{0.5}$ 合金中[12,19,40,47]，退火只可能轻微增加高熵合金的硬度。

6.2.2　合金化影响

合金成分对高熵合金的组织结构和力学性能有重要影响，因此在冶金领域受到广泛关注。在这里我们总结了 Al、B、Co、Cr、Mo、Nb、Ni 和 V 对单相和多相高熵合金的力学性能的影响。

含 Al 多组元等原子比高熵合金通常无法形成单相固溶体。它们的共同特征是具有共晶型组分的相互作用[2,23,86]。对于 $Al_xCoCrCuFeNi$[2]、$Al_xCoCrFeMnNi$[60]、$Al_xCoCrFeNi_2$[38]、$Al_xCoCuFeNi$ 和 $Al_xCoCrFeNiTi$ 体系的高熵合金，当 Al 含量低于 0.5 时通常为单相结构。当 Al 含量低于 0.5 时，随着 Al 含量的增高由于固溶强化的作用合金的硬度也有所提高。

图 6.3 显示了 Al 含量对 $Al_xCoCrCuFeNi$[2,3,43,60]、$Al_xCoCrFeNi_2$[38]、$Al_xCoCrFe-Ni$[11,30]、$Al_xCoCrFeMo_{0.5}Ni$[39] 和 $Al_xCoCrFeNiTi$[31] 体系高熵合金硬度的影响。从

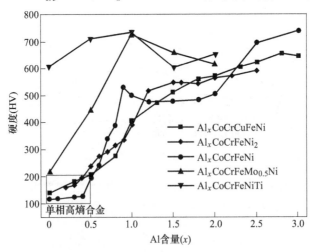

图 6.3　Al 含量对高熵合金硬度的影响

图 6.3 中可以看出合金的硬度随着 Al 含量的增高而增高。Al 含量对于多相高熵合金的强化机制主要有固溶强化、析出强化和纳米颗粒强化。这些强化效应可以归结于晶格畸变能和键能的作用。对于 $Al_xCoCrFeMo_{0.5}Ni$ 和 $Al_xCoCrFeNiTi$ 高熵合金强化趋势不同，也就是说，当 Al($x \leqslant 1$) 含量增加时硬度反而减小，Al($x \geqslant 1$) 含量减少时硬度反而增加。铸态 Al_0 合金保持着单相 FCC 固溶体的结构，而 $Al_{1.0}$ 合金主要由（α-Fe,Cr）BCC 固溶体组成，比 FCC 合金强度高[31,39]。当 Al 含量高于 1 时，形成的 BCC 脆性相硬度随 Al 含量的增加而降低。

图 6.4 总结了 B、Ni、V、Co、Cr、Nb 和 Mo 对高熵合金硬度的影响。其中 $AlB_xMnNiTi$ 合金具有较高的硬度，当 B 原子比从 0 增加到 0.5 时晶格畸变增加，

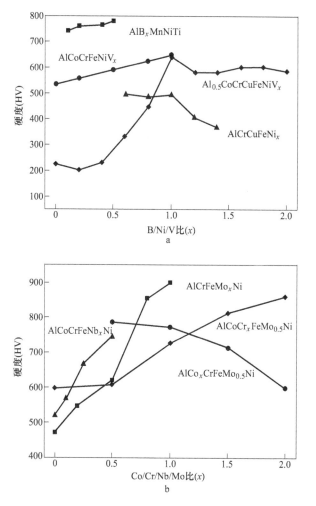

图 6.4　B、V、Ni、Mo、Co、Cr 和 Nb 合金元素对不同合金体系的
高熵合金显微硬度的影响

硬度从 740HV 增加到 779HV[6]。V 对于 $Al_{0.5}CoCrCuFeNiV_x$ 合金的硬度并没有大的影响，不论是在 FCC 相还是在 BCC 相；当 $0.4<x<1$ 时，随着 V 的加入量增加，硬度值迅速增加达到峰值（640HV）。BCC 相体积分数的增加和 δ 相沉淀是硬度提高的主要来源[4]。当 x 在 0.6~1 的范围内变化时，铸态 $AlCrFeCuNi_x$ 合金的硬度大约为 490HV；但 x 在 1~1.4 的范围内时硬度显著降低，这是由于富 (Cr,Fe) BCC 相的产生[24,26]。$AlCrFeNiMo_x$（$x=0$、0.2、0.5、0.8 和 1.0）合金的硬度随着 Mo 含量的增加从 472.4HV 增加到了 911.5HV。这是由于固溶强化和富（Cr,Fe）固溶相变为（Cr,Fe,Mo）σ 相[35]。$AlCo_xCrFeMo_{0.5}Ni$ 合金相的硬度高于 $Al_xCoCrCuFeNi$，是由于 α 相的体积分数高。随着 Co 含量从 0.5 增长到 2，$AlCo_xCrFeMo_{0.5}Ni$ 的硬度从 800HV 下降到 600HV[10]。$AlCoCr_xFeMo_{0.5}Ni$ 合金硬度从 601HV($x=0$) 提高到了 867HV($x=2.0$)，是由于硬脆 σ 相的产生[18]。对于 $AlCoCrFeNiNb_x$ 合金，随着 Nb 含量增加硬度线性地增加[25]。

6.2.3　结构效应

影响 FCC 和 BCC 相硬度值的因素有很多。FCC 结构具有最紧密堆积的滑移面，而 BCC 结构没有紧密堆积滑移面。因此，FCC 结构滑移的临界应力比 BCC 结构小。此外，更强的原子间键合作用形成更高的杨氏模量，因而具有更高的强度。模量越高的合金其固溶强化效果越明显。在几种合金体系中，比如 Al_xCoCr-$CuFeNi$[2,3]、$Al_{0.5}CoCrCuFeNiV_x$[4] 和 $Al_xCoCrFeNi$[8] 体系中 BCC 相比 FCC 相强，可以用结构因子和固溶强化来解释[2~5]。$Al_xCoCrFeNi$ 合金的硬度 H 和 FCC、BCC 的体积分数满足公式（6.1）：

$$H = aH_{FCC} + (1-a)H_{BCC} \tag{6.1}$$

式中，H_{FCC} 和 H_{BCC} 分别为单相 FCC 和 BCC 的平均硬度值；a 为 FCC 相的体积分数；($1-a$) 为 BCC 相的体积分数。

显微组织对高熵合金的硬度也有影响。例如，枝晶间和枝晶区域就具有不同的微观硬度。CoCrFeMnNi 合金的枝晶和枝晶间硬度分别为 30HV 和 109HV；CoCrFeMnNbNi 合金的枝晶和枝晶间硬度分别为 105HV 和 41HV；CoCrFeMnNiV 合金的枝晶和枝晶间硬度分别为 103HV 和 29HV[1]。这种差异可以用成分偏析和纯金属的本征硬度来解释。

6.2.4　高温硬度

一些高熵合金具有高的热硬度，以及潜在的高温性能。$AlCo_xCrFeMo_{0.5}Ni$（$x=$ 0.5、1.0、1.5、2.0）高熵合金在 300K 时表现出的高温硬度高达约 740HV，在 600K 时为 660HV，而在 1273K 时为 340HV[10]。Mo、Ni、Cr、Si 和 Fe 纯金属的软化系数比 $AlCo_xCrFeMo_{0.5}Ni$($x=0.5$、1.0、1.5、2.0) 高熵合金大两个数量级，

这表明合金化确实能降低软化系数。研究表明，在高温下 δ 相是主要的强化相[10]。$AlCo_xCrFeMo_{0.5}Ni$（$x = 0.5$、1.0、1.5、2.0）和 $Al_xCoCrFeNi$ 高熵合金高温硬度如图 6.5 所示。

高温硬度与温度的函数可以用 Westbrook 方程表示[89]：

$$H = A\exp(-BT) \tag{6.2}$$

常数 A 为本征硬度或 0K 硬度，即在绝对零度下的外推硬度，B 称为软化系数或硬度的热系数。$AlCo_xCrFeMo_{0.5}Ni$（$x = 0.5$、1.0、1.5、2.0）合金在低温和高温区域有两套常数 A 和 B，表明变形机制存在区别。在高温区，较小的 B 值意味着更高的抗软化性。低温和高温区域之间的转变可能发生在某一个温度或一个温度范围内。在大多数金属和合金中，转变温度发生在 $0.5T_m$ 左右，其中 T_m 为熔点。

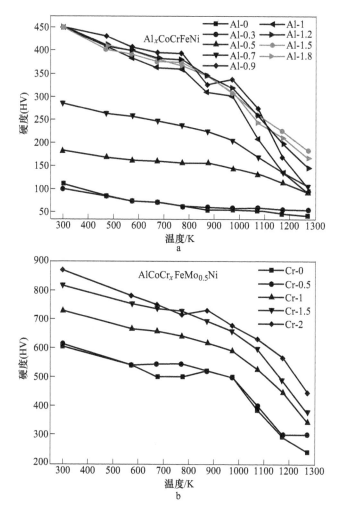

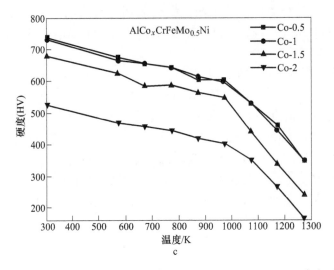

图 6.5　不同温度下 Al_xCoCrFeNi 合金（a）、$AlCoCr_x$FeMo$_{0.5}$Ni 合金（b）

和 $AlCo_x$CrFeMo$_{0.5}$Ni 合金（c）的高温硬度

6.3　压缩性能

6.3.1　压缩应力-应变曲线

压缩实验已经被广泛用于研究高熵合金的力学性能[2,3,35,49,53,90~102]。从应力-应变曲线上可以确定材料的几个参数，包括杨氏模量（E）、压缩屈服强度（σ_y）、抗压强度（σ_{max}）、弹性应变（ε_e）和塑性应变（ε_p）等。表 6.1 中总结了不同类型的高熵合金的力学参数。

不同加载条件对高熵合金力学行为有不同的影响。Yeh[2]等人首次报道了温度、应变速率、Al 含量对 Al_xCoCrCuFeNi 的压缩屈服强度的影响。随后研究了 Al[3,50,53,90~94]、Ti[95~97]、Cu[98]、Y[99]、Si[94,100]、Mo[35,101]、C[102]、Nb[25,103]、Ni[26]、V[44,103]和 Cr[104]元素的加入对力学性能的影响。同时温度效应也吸引了人们很大的关注，因为表征材料在极端温度下的表现是必不可少的，例如航空航天和核领域。最近，已经有科研人员研究了低温和高温下的压缩行为，并研究了变温条件下的力学响应。此外，应变率、样品尺寸、时效/退火等对压缩过程中的组织演变有着显著影响。例如，图 6.6 给出了高熵合金的压缩应力-应变曲线。很明显，高熵合金在不同的温度和应变率下表现不同。仔细观察塑性区域，锯齿状行为只能在特定的温度和应变速率区域中发现，即温度为 873K、973K、1073K 和 1173K，应变速率为 10^{-3}/s。这种趋势意味着可能存在多种变形机制。温度、应变速率和试样大小将在下面进行详细讨论。

表6.1 一些高熵合金的室温压缩性能

合 金	ε/s^{-1}	E/GPa	σ_y/MPa	σ_{max}/MPa	$\varepsilon_p/\%$	$S/mm \times mm$	文献
$AlC_0CoCrFeNi$	1×10^{-4}	125.1	1138	∞	∞	$\phi5 \times 10$	[102]
$AlC_{0.1}CoCrFeNi$	1×10^{-4}	213.2	957	2550	10.52	$\phi5 \times 10$	[102]
$AlC_{0.2}CoCrFeNi$	1×10^{-4}	150.9	906	2386	8.68	$\phi5 \times 10$	[102]
$AlC_{0.3}CoCrFeNi$	1×10^{-4}	137.2	867	2178	7.82	$\phi5 \times 10$	[102]
$AlC_{0.4}CoCrFeNi$	1×10^{-4}	156.1	1056	2375	6.67	$\phi5 \times 10$	[102]
$AlC_{0.5}CoCrFeNi$	1×10^{-4}	180.8	1060	2250	5.6	$\phi5 \times 10$	[102]
$AlC_{1.0}CoCrFeNi$	1×10^{-4}	75.1	1251	2166	7.04	$\phi5 \times 10$	[102]
$AlC_{1.5}CoCrFeNi$	1×10^{-4}	72.5	1255	2083	5.54	$\phi5 \times 10$	[102]
$AlCoCrFeNiSi_0$	1×10^{-4}	—	1110	∞	∞	$\phi5 \times 8$	[100]
$AlCoCrFeNiSi_{0.2}$	1×10^{-4}	—	1265	2173	13.76	$\phi5 \times 8$	[100]
$AlCoCrFeNiSi_{0.4}$	1×10^{-4}	—	1481	2444	13.38	$\phi5 \times 8$	[100]
$AlCoCrFeNiSi_{0.6}$	1×10^{-4}	—	1834	2195	2.56	$\phi5 \times 8$	[100]
$AlCoCrFeNiSi_{0.8}$	1×10^{-4}	—	2179	2664	1.77	$\phi5 \times 8$	[100]
$AlCoCrFeNiSi_{1.0}$	1×10^{-4}	—	2411	2950	1.17	$\phi5 \times 8$	[100]
$Al_0CoCrFeNiTi$	4.167×10^{-3}	134.6	—	2020	9	$\phi4 \times 10$	[91]
$Al_{0.5}CoCrFeNiTi$	4.167×10^{-3}	106.8	—	1600	9.9	$\phi4 \times 10$	[91]
$Al_{1.0}CoCrFeNiTi$	4.167×10^{-3}	147.6	—	2280	6.4	$\phi4 \times 10$	[91]
$Al_{1.5}CoCrFeNiTi$	4.167×10^{-3}	133.4	—	2110	9.8	$\phi4 \times 10$	[91]
$Al_{2.0}CoCrFeNiTi$	4.167×10^{-3}	93.5	—	1030	5.2	$\phi4 \times 10$	[91]
$AlCoCrFeNiTi_0$	1.67×10^{-3}	—	1250.96	2004.23	32.7	$\phi3 \times 5$	[115]
$AlCoCrFeNiTi_0$	1×10^{-4}	127	1500	2830	26.9	$\phi5 \times 10$	[96]
$AlCoCrFeNiTi_{0.5}$	1×10^{-4}	177.7	2260	3140	23.3	$\phi5 \times 10$	[96]
$AlCoCrFeNiTi_{1.0}$	1×10^{-4}	90.1	1860	2580	8.8	$\phi5 \times 10$	[96]
$AlCoCrFeNiTi_{1.5}$	1×10^{-4}	159.8	2220	2720	5.3	$\phi5 \times 10$	[96]
$AlCrCoCuFeNi$	1.67×10^{-3}	—	1147	1560	21#	$\phi3 \times 5$	[116]
$Al_0CoCrCuFeNi$	1.67×10^{-3}	—	237	∞	∞	$\phi3 \times 5$	[116]
$AlCoCrCuFeMo_0Ni$	2×10^{-4}	—	1300	2270	9.9	$\phi5 \times 10$	[103]
$AlCoCrCuFeMo_{0.2}Ni$	2×10^{-4}	—	1420	2240	3.5	$\phi5 \times 10$	[103]
$AlCoCrCuFeMo_{0.4}Ni$	2×10^{-4}	—	1690	2660	1.5	$\phi5 \times 10$	[103]
$AlCoCrCuFeMo_{0.6}Ni$	2×10^{-4}	—	1880	2820	1.4	$\phi5 \times 10$	[103]
$AlCoCrCuFeMo_{0.8}Ni$	2×10^{-4}	—	1920	2640	1.2	$\phi5 \times 10$	[103]
$AlCoCrCuFeMo_{1.0}Ni$	2×10^{-4}	—	1750	2600	1.1	$\phi5 \times 10$	[103]

合　金	ε/s^{-1}	E/GPa	σ_y/MPa	σ_{max}/MPa	$\varepsilon_p/\%$	$S/mm \times mm$	文献
$AlCoCrFeNb_0Ni$	2×10^{-4}	—	1373	3531	24.5	$\phi 5 \times 10$	[25]
$AlCoCrFeNb_{0.1}Ni$	2×10^{-4}	—	1641	3285	17.2	$\phi 5 \times 10$	[25]
$AlCoCrFeNb_{0.25}Ni$	2×10^{-4}	—	1959	3008	10.5	$\phi 5 \times 10$	[25]
$AlCoCrFeNb_{0.5}Ni$	2×10^{-4}	—	2473	3170	4.1	$\phi 5 \times 10$	[25]
$Al_0CoCrCu_1FeNiTi_{0.5}$	1×10^{-4}	92.73	700	1650	28.7	$\phi 5 \times 10$	[90]
$Al_{0.25}CoCrCu_{0.75}FeNiTi_{0.5}$	1×10^{-4}	102.85	750	1970	38.5	$\phi 5 \times 10$	[90]
$Al_{0.5}CoCrCu_{0.5}FeNiTi_{0.5}$	1×10^{-4}	160.54	1580	2389	17.4	$\phi 5 \times 10$	[90]
$Al_{0.75}CoCrCu_{0.25}FeNiTi_{0.5}$	1×10^{-4}	164.14	1900	2697	12	$\phi 5 \times 10$	[90]
$AlCoCrCu_{0.25}FeNiTi_{0.5}$	1×10^{-4}	110.46	1994	2460	9.05	$\phi 5 \times 10$	[98]
$AlCoCrCu_{0.5}FeNiTi_{0.5}$	1×10^{-4}	107.8	1984	2374	6.04	$\phi 5 \times 10$	[98]
$AlCrCoCuFeNi$	1.67×10^{-3}	—	1303	2081	24[#]	$\phi 3 \times 5$	[117]
$AlCrCoCuFeMnNi$	1.67×10^{-3}	—	1005	1480	15[#]	$\phi 3 \times 5$	[117]
$AlCrCoCuFeNiTi$	1.67×10^{-3}	—	1234	1356	9[#]	$\phi 3 \times 5$	[117]
$AlCrCoCuFeNiV$	1.67×10^{-3}	—	1469	1970	16[#]	$\phi 3 \times 5$	[117]
$AlCoCrCuNiTiY_0$	—	35.545	—	1495	7.68	$5 \times 5 \times 10$	[99]
$AlCoCrCuNiTiY_{0.5}$	—	35.815	—	1024.5	3.07	$5 \times 5 \times 10$	[99]
$AlCoCrCuNiTiY_{0.8}$	—	37.69	—	1324.5	4.73	$5 \times 5 \times 10$	[99]
$AlCoCrCuNiTiY_{1.0}$	—	36.855	—	1192	3.54	$5 \times 5 \times 10$	[99]
$Al_0(CoCrCuFeMnNiTiV)_{100}$	1×10^{-4}	74.247	1312	1312	0	$\phi 5 \times 10$	[53]
$Al_{11.1}(CoCrCuFeMnNiTiV)_{88.9}$	1×10^{-4}	164.087	1862	2431	0.95	$\phi 5 \times 10$	[53]
$Al_{20}(CoCrCuFeMnNiTiV)_{80}$	1×10^{-4}	190.086	1465	2016	2.35	$\phi 5 \times 10$	[53]
$Al_{40}(CoCrCuFeMnNiTiV)_{60}$	1×10^{-4}	163.208	1461	1461	0	$\phi 5 \times 10$	[53]
$CoCrCuFeNiTi_0$	1×10^{-4}	55.6	230	∞	∞	$\phi 5$	[95]
$CoCrCuFeNiTi_{0.5}$	1×10^{-4}	98.6	700	1650	21.6	$\phi 5$	[95]
$CoCrCuFeNiTi_{0.8}$	1×10^{-4}	128.3	1042	1848	2.11	$\phi 5$	[95]
$CoCrCuFeNiTi_{1.0}$	1×10^{-4}	76.5	1272	1272	0	$\phi 5$	[95]

注：应变速率，ε；杨氏模量，E；屈服强度，σ_y；压缩强度，σ_{max}；塑性应变，ε_p；试样大小，S；符号—，空白；符号#，塑形应变；符号∞，未断裂。

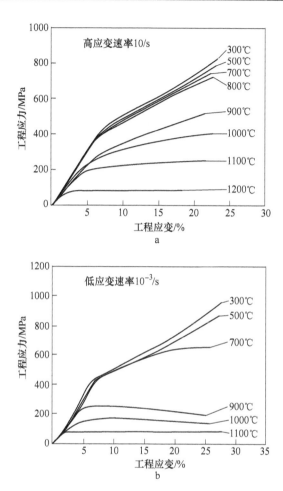

图 6.6 $Al_{0.5}CoCrCuFeNi$ 在不同应变速率下的高温压缩应力-应变曲线

a—10/s；b—10^{-3}/s

6.3.2 断口形貌

断口分析为研究材料的塑性提供了一种有效的方法。基于对传统合金的认识，高熵合金的断裂表面也可分为韧性断裂和脆性断裂。以下实例给出了 Cu 的添加对室温压缩断裂表面的影响。如图 6.7 a、b 所示，$Cu_0 AlCoCrFeNiTi_{0.5}$ 断口表面有大量的韧窝[98]。韧窝通常与微孔合并或聚集有关，这是韧性断裂的一个典型特征。随着 Cu 含量的增加，韧窝状结构逐渐减少，相反，撕裂棱和解理台阶开始出现。如图 6.7c、d 中的箭头所示，这是由位错和微孔的协调形成的。两者的结合特征（撕裂棱和解理台阶）可归类为准解理断裂，位于脆性和韧性断裂模式之间。进一步添加铜，可以在图 6.7e、f 中看到平面图案和河流状图案，

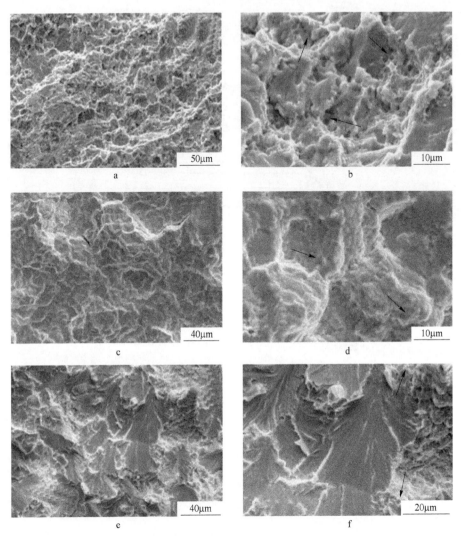

图 6.7 铸态 AlCoCrCu$_x$FeNiTi$_{0.5}$合金的压缩断口形貌

a，b—$x=0$；c，d—$x=0.25$；e，f—$x=0.5$[98]

这是典型的解理断裂形态，解理断裂通常导致脆性断裂。断口形貌分析与相应的应力-应变曲线高度一致。如表 6.1 所示，AlCoCrCu$_{0.25}$FeNiTi$_{0.5}$合金表现出 9.05% 的塑性，AlCoCrCu$_{0.5}$FeNiTi$_{0.5}$合金表现出 6.04% 的塑性，以及 AlCoCrFeNiTi$_{0.5}$合金表现出 21.6% 的塑性。

6.3.3 温度效应

除了多组分体系（如 Al-Co-Cr-Cu-Fe-Ni）之外，人们对难熔高熵合金在高温下的应用也进行了研究[22,50,78,107,108]。随着难熔合金元素的添加，相比传统合金，高熵合金在高温下的力学性能有所提高。图 6.8a[78] 为 MoNbTaW 高熵合金在高温下的压缩曲线，所有温度下都有明显的塑性。随着温度升高，屈服强度降低。低温下（873~1273K）的局部剪切和开裂是主要的变形机制，高温下晶界的滑移和微孔形成是主要的变形机制。

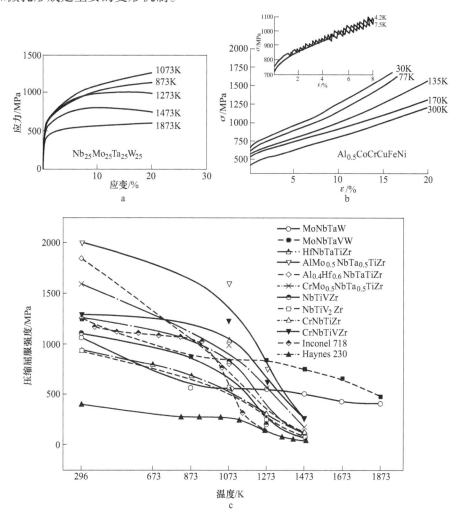

图 6.8　MoNbTaW 高熵合金在高温下的压缩行为（a）[78]、Al0.5CoCrCuFeNi 高熵合金
在低温下的压缩行为（b）[72,105]及不同温度下的高熵合金
和常规合金压缩屈服强度（c）[22,50,78,107,108]

Al0.5CoCrCuFeNi 高熵合金在低温下的压缩行为表明[72,105,106]：应力-应变曲线在较低的温度下（4.2~7.5K）出现锯齿状流变，在较高温度下（30~300K）锯齿流变消失，这表明变形机制有显著变化。此外，尖锐的锯齿如同探针一样表

明微观结构的演化。$Al_{0.5}CoCrCuFeNi$ 高熵合金在所有温度下都表现出一定的加工硬化能力。因此，需要弄清楚温度的影响必须进行低温下的结构表征。

图 6.8c 将表 6.2 中不同温度下的屈服强度与传统合金的屈服强度进行了对比，高熵合金相比传统合金的优势明显。例如，MoNbTaW 和 MoNbTaVW 在 1273K 以上的屈服强度比 Inconel 718 和 Haynes 230 更高。$AlMo_{0.5}NbTa_{0.5}Ti$、$Al_{0.4}Hf_{0.6}NbTaTiZr$、$CrMo_{0.5}NbTa_{0.5}TiZr$ 和 CrNbTiVZr 高熵合金比 Inconel 718 和 Haynes 230 合金具有更高的屈服强度。

表 6.2　难熔高熵合金的高温压缩力学性能

合金	T/K	ε/s^{-1}	E/GPa	σ_y/MPa	σ_p/MPa	$\varepsilon_f/\%$	S /mm×mm	文献
MoNbTaW	296	1×10^{-3}	220 ± 20	1058	1211	$1.5^{\#}$	$\phi3.6\times5.4$	[78]
	873	1×10^{-3}	—	561	∞	∞	$\phi3.6\times5.4$	[78]
	1073	1×10^{-3}	—	552	∞	∞	$\phi3.6\times5.4$	[78]
	1273	1×10^{-3}	—	548	1008	$16^{\#}$	$\phi3.6\times5.4$	[78]
	1473	1×10^{-3}	—	506	803	$12^{\#}$	$\phi3.6\times5.4$	[78]
	1673	1×10^{-3}	—	421	467	$9^{\#}$	$\phi3.6\times5.4$	[78]
	1873	1×10^{-3}	—	405	600	$27^{\#}$	$\phi3.6\times5.4$	[78]
MoNbTaVW	296	1×10^{-3}	180 ± 15	1246	1087	1.7	$\phi3.6\times5.4$	[78]
	873	1×10^{-3}	—	862	1597	13	$\phi3.6\times5.4$	[78]
	1073	1×10^{-3}	—	846	1509	17	$\phi3.6\times5.4$	[78]
	1273	1×10^{-3}	—	842	1370	19	$\phi3.6\times5.4$	[78]
	1473	1×10^{-3}	—	735	802	7.5	$\phi3.6\times5.4$	[78]
	1673	1×10^{-3}	—	656	∞	∞	$\phi3.6\times5.4$	[78]
	1873	1×10^{-3}	—	477	∞	∞	$\phi3.6\times5.4$	[78]
HfNbTaTiZr	296	1×10^{-3}	—	929	—	—	$\phi3.8\times5.7$	[108]
	673	1×10^{-3}	—	790	—	—	$\phi3.8\times5.7$	[108]
	873	1×10^{-3}	—	675	—	—	$\phi3.8\times5.7$	[108]
	1273	1×10^{-3}	—	295	—	—	$\phi3.8\times5.7$	[108]
	1473	1×10^{-3}	—	92	—	—	$\phi3.8\times5.7$	[108]
	1073	1×10^{-1}	—	285	—	—	$\phi3.8\times5.7$	[108]
	1073	1×10^{-2}	—	475	—	—	$\phi3.8\times5.7$	[108]
	1073	1×10^{-3}	—	535	—	—	$\phi3.8\times5.7$	[108]
	1073	1×10^{-4}	—	543	—	—	$\phi3.8\times5.7$	[108]
	1073	1×10^{-5}	—	550	—	—	$\phi3.8\times5.7$	[108]
$AlMo_{0.5}NbTa_{0.5}TiZr$	296	1×10^{-3}	178.6	2000	2368	10	$4.7\times4.7\times7.7$	[50]
	1073	1×10^{-3}	80	1597	1810	11	$4.7\times4.7\times7.7$	[50]
	1273	1×10^{-3}	36	745	772	>50	$4.7\times4.7\times7.7$	[50]
	1473	1×10^{-3}	27	250	275	>50	$4.7\times4.7\times7.7$	[50]

合金	T/K	ε/s^{-1}	E/GPa	σ_y/MPa	σ_p/MPa	$\varepsilon_f/\%$	S /mm×mm	文献
Al$_{0.4}$Hf$_{0.6}$NbTaTiZr	296	1×10^{-3}	78.1	1841	2269	10	4.7×4.7×7.7	[50]
	1073	1×10^{-3}	48.8	796	834	>50	4.7×4.7×7.7	[50]
	1273	1×10^{-3}	23.3	298	455	>50	4.7×4.7×7.7	[50]
	1473	1×10^{-3}	—	89	135	>50	4.7×4.7×7.7	[50]
CrMo$_{0.5}$NbTa$_{0.5}$TiZr	296	1×10^{-3}	—	1595	2046	5.0	4.7×4.7×7.7	[22]
	1073	1×10^{-3}	—	983	1100	5.5	4.7×4.7×7.7	[22]
	1273	1×10^{-3}	—	546	630	∞	4.7×4.7×7.7	[22]
	1473	1×10^{-3}	—	170	190	∞	4.7×4.7×7.7	[22]
NbTiVZr	298	1×10^{-3}	80	1105	—	>50	4.7×4.7×7.7	[109]
	873	1×10^{-3}	—	834	—	>50	4.7×4.7×7.7	[109]
	1073	1×10^{-3}	—	187	—	>50	4.7×4.7×7.7	[109]
	1273	1×10^{-3}	—	58	—	>50	4.7×4.7×7.7	[109]
NbTiV$_2$Zr	298	1×10^{-3}	98	918	—	>50	4.7×4.7×7.7	[109]
	873	1×10^{-3}	—	571	—	>50	4.7×4.7×7.7	[109]
	1073	1×10^{-3}	—	240	—	>50	4.7×4.7×7.7	[109]
	1273	1×10^{-3}	—	72	—	>50	4.7×4.7×7.7	[109]
CrNbTiZr	298	1×10^{-3}	120	1260	—	6	4.7×4.7×7.7	[109]
	873	1×10^{-3}	—	1035	—	>50	4.7×4.7×7.7	[109]
	1073	1×10^{-3}	—	300	—	>50	4.7×4.7×7.7	[109]
	1273	1×10^{-3}	—	115	—	>50	4.7×4.7×7.7	[109]
CrNbTiVZr	298	1×10^{-3}	100	1298	—	3	4.7×4.7×7.7	[109]
	873	1×10^{-3}	—	1230	—	>50	4.7×4.7×7.7	[109]
	1073	1×10^{-3}	—	615	—	>50	4.7×4.7×7.7	[109]
	1273	1×10^{-3}	—	259	—	>50	4.7×4.7×7.7	[109]

注：温度，T；应变速率，ε；杨氏模量，E；屈服强度，σ_y；应力峰值，σ_p；塑性应变，ε_f；试样大小，S；符号—，空白；符号#，塑形应变；符号∞，未断裂。

6.3.4　应变速率效应

加载速率对材料在变形过程中响应时间产生影响，同时对力学性能也会产生较大影响。如图6.9a所示，HfNbTaTiZr在较高应变速率下（>10^{-3}/s）应变硬化依然占主导地位，即使在1073K下[107]。相反，在10^{-4}/s和10^{-5}/s应变速率下屈服后出现应变软化，这表明另一种变形机制在起主导作用。事实上，通过扫描电子显微镜（SEM），观察到在应变速率为10^{-3}/s和10^{-2}/s时断口表面的晶界处产生大量的楔形空腔。这些现象表明单纯依靠位错迁移和扩散不足以容纳变形和消除晶界附近的应力集中。放大之后沿晶界处可发现细小的再结晶晶粒/颗粒，表明高的内应力和高密度的位错可能有助于形成晶界空位。然而，当应变速率减慢到 $10^{-4}/s$ 和 $10^{-5}/s$ 时，只有小圆形空位形成，意味着位错迁移和扩散足以适应变形过程。

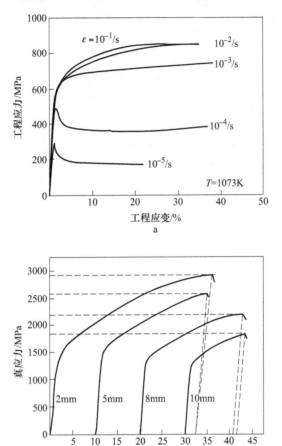

图 6.9 HfNbTaTiZr 在 1073K、不同应变速率下压缩应力-应变曲线 (a) 和 AlCoCrFeNi 在室温下不同试样尺寸压缩应力-应变曲线 (b)

6.3.5 尺寸效应

尺寸效应对力学性能的影响可能是显著的，因为它们可能影响冷却速率。众所周知，大块金属玻璃（BMG）在冷却过程中由于冷却速率和结晶度不同，样品尺寸显著影响其塑性。类似地，高熵合金的压缩行为在一定程度上也表现出尺寸效应。图 6.9b 是直径分别为 2mm、5mm、8mm 和 10mm AlCoCrFeNi 高熵合金的压缩应力-应变曲线[110]。屈服强度随着试样尺寸的增大轻微地降低，随着试样尺寸减小，塑性显著增大。也就是说，较小的 HEA 高熵合金表现出更高的强度和更大的可塑性。

利用 SEM 表征 2mm 和 5mm 的样品，样品径向方向都呈现出类似的单相形貌。与典型铸件不同，较大样品的倾向是形成树枝状结构。此外，能谱分析表明，对于直径为 2mm 和 5mm 的样品，晶粒内的元素分布均匀。然而，对于直径为 8mm 和 10mm 的两个样品，Cr 偏析到枝晶间区域，凝固过程中可能形成 Ni 和 Cr 化合物，导致屈服强度降低[110]。

6.3.6　微压缩

已有的研究发现，金属材料在亚微米尺度上力学行为不同于块体尺度上[98,120~125]：（1）屈服强度明显提高；（2）塑性变形表现为间歇性应变突变；（3）在高载荷下发生了特殊的蠕变行为。特别是第(2)种情况，塑性应变突变为锯齿行为[122,124]。以前的工作已经证明，高熵合金应变突变遵循幂律分布或平衡临界行为[69]。

图 6.10 为不同尺寸 MoNbTaW 微米柱的扫描电镜图像（SEM）和应力-应变曲线。图中［316］方向发生了单滑移。图 6.10a、b 清楚地显示了微米柱子的单滑移带。而在图 6.10c、d 中更小的微米柱上则可以看到多个滑移带，这可能有助于应变硬化。图 6.10e 中的应力-应变曲线表明，较小的微米柱具有较大的屈服强度和较大的应变突变，这可能是由于多滑移的激活和相互作用引起的。这些结果验证了上述情况（1）和（2），也适用于高熵合金。

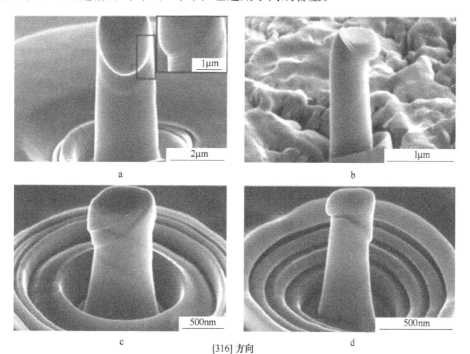

[316] 方向

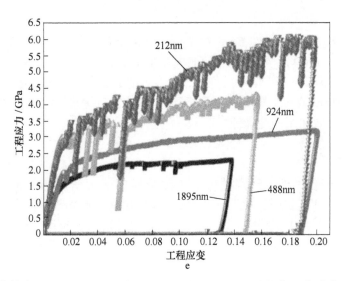

图 6.10　直径为 2μm（a）、1μm（b）、500nm（c）、250nm（d）［316］取向 MoNbTaW 高熵合金微米柱的扫描图像和对应的应力-应变曲线（e）[126]

6.4　抗拉性能

与硬度和压缩试验相比，拉伸试验对缺陷更为敏感。拉伸试验更能揭示具有树枝状结构和一些缩孔的高熵合金在实际应用中经常遇到的应力状态。

高熵合金拉伸性能的研究仅限于少量的合金系[15,48,49,54~61]。Tsai 等人首先研究了高熵合金的拉伸性能[15]。现在关于高熵合金的拉伸性能研究越来越多，而且有一些优势明显的高熵合金被发现。本节总结了组织结构和晶粒大小对应力-应变曲线的影响[59,60]，温度对屈服强度的影响[15,54]，Al、Sn、Mn 和 V 合金化对屈服应力、拉伸塑性和断裂方式的影响[15,49,55,60]。

6.4.1　应力-应变曲线

应力-应变曲线的形状受高熵合金结构的影响很大。图 6.11 为 Al$_x$CoCrFeMnNi 高熵合金的拉伸应力-应变曲线。在单相 FCC 区域中（以 Al0、Al4、Al7 和 Al8 表示），合金的性能类似固溶体，虽然强度较低，但塑性很高。在混合结构区（FCC + BCC 相，以 Al9、Al10 和 Al11 表示），合金表现为复合材料，强度急剧增加，但延展性降低。在单相 BCC 区域，合金变得非常脆[60]。

同时，应力-应变曲线的形状也受高熵合金晶粒尺寸的影响。图 6.12 是晶粒尺寸分别为 4.4μm、50μm 和 155μm 的 CoCrFeMnNi 合金的拉伸应力-应变曲线。从图中可以看出，细晶材料具有比粗晶材料更高的强度。细晶材料在屈服后应力-应变曲线上有小的应力降，而粗晶材料既没有明显的屈服点也没有应力降。如图

6.12 所示，对于细晶和粗晶材料，锯齿状行为都发生在 673K。

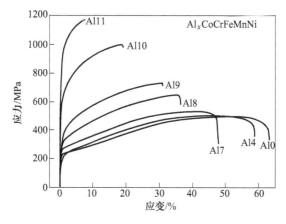

图 6.11　铸态 $Al_x(CoCrFeMnNi)_{100-x}$ 高熵合金的室温拉伸工程应力-应变曲线

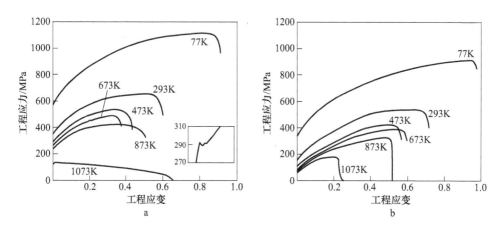

图 6.12　不同温度下 CoCrFeMnNi 合金的工程应力-应变曲线

a—细晶（4.4μm），插图为屈服后产生的小的应力降；b—粗晶（155μm）

6.4.2　屈服强度和塑性

如图 6.13 所示，高熵合金在低温下和高温下都具有一定的强度和塑性。AlCoCrCuFeNi 和 $Al_{0.5}$CoCrCuFeNi 的拉伸屈服强度优于 Ti-6Al-4V 和 Inconel 713。CoCrFeNi 合金具有优于常规合金的延展性，比如 304 不锈钢、Ti-6Al-4V、Inconel 713 和 5083Al 合金。研究了温度对 $Al_{0.5}$CoCrCuFeNi 和 CoCrFeMnNi 拉伸性能的影响，可以看出，如图 6.14 所示，单相 CoCrFeMnNi 合金的屈服应力随着温度的升高而减小。图 6.14 中的曲线可以用下面的公式拟合：

$$\sigma_y(T) = \sigma_a \exp\left(\frac{-T}{C}\right) + \sigma_b \tag{6.3}$$

式中，σ_a、C 和 σ_b 都是常数。

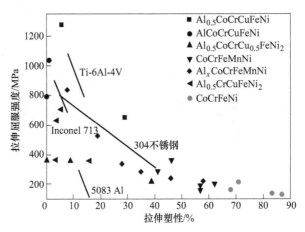

图 6.13　室温下 304 不锈钢、Ti-6Al-4V、Inconel 713、5083Al 合金和高熵合金的
拉伸屈服强度与拉伸塑性的关系

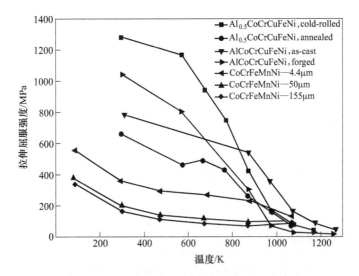

图 6.14　三种高熵合金的拉伸屈服强度与温度的关系

采用 Peierls 晶格摩擦力 σ_p 来表征 CoCrFeMnNi 合金的变形机制，如下式：

$$\sigma_p = \frac{2G}{1 - \nu} \exp\left(-\frac{2\pi\omega}{b}\right) \tag{6.4}$$

式中，G 为剪切模量；ν 为泊松比；ω 为位错宽度；b 为伯氏矢量。

位错宽度与温度的关系可以用下式估算：

$$\omega = \omega_0(1 + \alpha T) \tag{6.5}$$

式中，α 为一个正的常数；ω_0 为 0K 时的位错宽度。

联立上面两个公式整理得出：

$$\sigma_p = \frac{2G}{1 - \nu}\exp\left(-\frac{2\pi\omega_0}{b}\right)\exp\left(\frac{2\pi\omega_0}{b}\alpha T\right) \tag{6.6}$$

令式（6.6）中的温度对屈服强度影响的部分表示为：

$$\sigma_p = \frac{2G}{1 - \nu}\exp\left(-\frac{2\pi\omega_0}{b}\right) \tag{6.7}$$

$$C = \frac{b}{2\pi\omega_0} \tag{6.8}$$

因此，对于单相 CoCrFeMnNi 高熵合金，当 $\omega_0 = b$ 时计算出的 0K 的 $\sigma_p(0)$ 与 σ_a 匹配的效果较好。对于纯 Ni，当 $\omega_0 = 1.5b$ 时吻合得更好。这些结果表明，单相高熵合金中的位错宽度比纯金属的位错宽度窄。而且对于屈服强度的影响可能是由于热致位错宽度的变化，进而影响 Peierls 力[128]。

从 77 ~ 1273K，CoCrFeMnNi 和 CoCrFeNi 合金都表现出显著的温度依赖性，屈服强度随温度的升高而降低。在 $10^{-3}/s$ 和 $10^{-1}/s$ 表现出弱应变率相关性。

除了测试条件（温度和应变率）之外，加工方法对高熵合金延展性有很大影响。AlCoCrCuFeNi 合金在热加工后强度和塑性都高于铸态材料[15,54]；$Al_{0.25}$CoCrFeNi 合金在冷轧后强度远高于铸态，退火后得到的细晶组织强度高于铸态合金，塑性没有明显减小。细晶强化是强韧化的主要手段，这个增强和增韧的特点主要是由于其晶粒尺寸小（约 1.5μm）。有趣的是，热加工的 AlCoCrCuFeNi 合金在 1073 ~ 1273K 温度范围内表现出超塑性行为，伸长率在 400% 以上，在 1273K 时达到 860%[54]。

6.4.3 变形机制

利用原位中子衍射和透射电镜对拉伸过程中的显微结构与组织进行分析是揭示变形机制的有效技术。利用原位中子衍射对 CoCrFeMnNi 高熵合金拉伸过程中的弹性阶段晶格参数进行研究，加载过程中的晶格应变可以由衍射峰位置的偏移来得到：

$$\varepsilon_{hkl} = \frac{d_{hkl} - d_{hkl,0}}{d_{hkl,0}} \tag{6.9}$$

式中，d_{hkl} 为不同载荷下由晶面指数 hkl 衍射峰位置确定的晶面间距；$d_{hkl,0}$ 为 0 载荷下 hkl 晶面指数确定的晶面间距。CoCrFeMnNi 合金变形过程中的晶格应变如图 6.15 所示，不同晶粒取向表现出很强的弹性各向异性。其中，取向为 {200} 的晶粒沿着加载方向有最大的弹性应变。

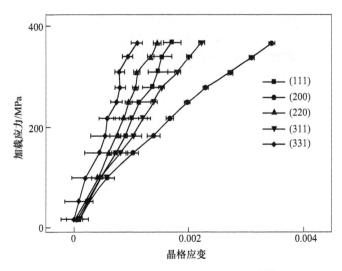

图 6.15　不同加载应力下的晶格应变[131]

　　（111）面和（100）面的弹性模量分别为 $E_{111} = 222.6GPa$ 和 $E_{100} = 112.2GPa$。弹性常数 C_{11} 为 172.1GPa，C_{12} 为 107.5GPa，C_{44} 为 92GPa。这些弹性趋势和常数表明 CoCrFeMnNi 合金的弹性各向异性接近 FCC 纯 Ni[131,132]。

　　为了揭示高熵合金的塑性变形机制，利用 TEM 对拉伸后的高熵合金显微组织进行了表征。透射电镜结果表明室温下 CoCrFeMnNi 合金在初始塑性阶段（拉伸应变约为 2%），仅由〈111〉平面的（110）方向的位错产生。在较高应变速率下，多滑移产生了均匀变形位错胞结构，这种位错运动类似于普通的 FCC 金属。然而，在 77K 低温下，大量的变形孪生在试样变形 20.2%时观察到，这在普通的 FCC 金属中并不常见。这种由形变产生孪晶的方式提供了额外的变形模式，这可能有助于增加低温下的延展性。

6.4.4　断裂

　　断口常被用来确定工程结构材料的断裂原因和裂纹扩展理论。与压缩断口相比，拉伸断口有着不同的特征[15,54,55,58]。如图 6.16 所示，随着温度的升高 $Al_{0.5}$CoCrCuFeNi合金的断裂模式由脆性向韧性转变。

　　如图 6.16a 所示，室温下 $Al_{0.5}$CoCrCuFeNi 合金的断口有剪切断裂特征，在 873K 下开始出现韧性断裂特征，在 1073K 下表现出明显的韧性断裂且具有较大的延展性（如图 6.16c 所示）。在一定温度下，高熵合金表现出脆性和韧性混合型断裂。以 AlCoCrCuFeNi 合金为例，在 873K 断口形貌为脆性断裂和韧性断裂的混合模式。脆性断裂是由小平面的出现得出的结论，围绕着小平面存在大量韧窝

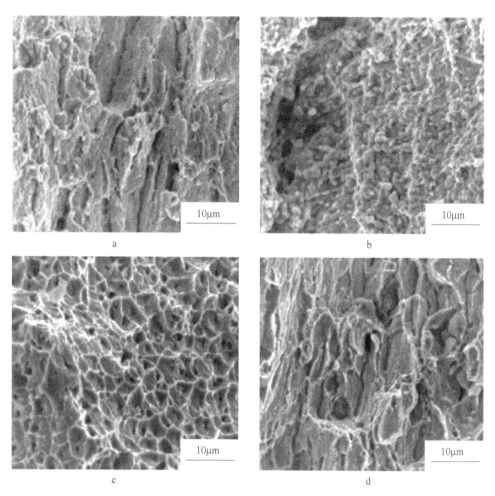

图 6.16 冷轧后 $Al_{0.5}CoCrCuFeNi$ 在不同温度下的断口形貌

a—室温；b—773K；c—873K；d—1073K[15]

则表现出韧性断裂的存在[54]。此外，合金化也影响断裂模式，比如室温下 CoCuFeNiSn$_{0.05}$合金为韧性断裂；而 CoCuFeNiSn$_{0.2}$合金则为脆性断裂[55]。

6.4.5 综合比较硬度、压缩强度、拉伸强度

同时报道高熵合金的硬度和强度的文章并不多，因此选了一篇同时研究 $Al_{0.5}CoCrCuFeNi$ 合金硬度和拉伸性能的文章[15]，并且在图 6.17 中对比了硬度与强度。

在压入过程中，Tabor[80] 通过表面压痕定义了压力：

$$p = 2k(1 + \pi/2) \tag{6.10}$$

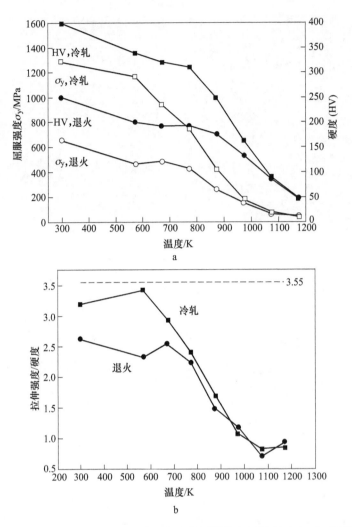

图 6.17   不同温度下 Al$_{0.5}$CoCrCuFeNi 合金的屈服强度与硬度（a）和不同温度下
Al$_{0.5}$CoCrCuFeNi 合金的拉伸强度与硬度（b）[15]

压入材料表面过程中产生了塑性变形，Huber-von Mises 满足在二维情况下最大剪切应力达到临界值 k：

$$2k = 1.15\sigma_y \tag{6.11}$$

对于维氏硬度：

$$HV = \frac{Load}{Contact} = 0.927P \tag{6.12}$$

联立式（6.10）~式（6.12）可得：

$$\sigma_y = 0.364HV \tag{6.13}$$

统一 σ_y 和 HV 的单位为 N/mm^2 得：

$$\sigma_y = 3.55HV \tag{6.14}$$

根据 Tabor 对强度与硬度的预测，不管温度如何变化，冷轧与退火样品的拉伸强度与硬度比均小于常数 3.55。

压缩是通过轴向加载使样品长度减小，而拉伸则是沿着加载方向使样品拉长，因此通常压缩的强度高于拉伸的强度。比如，室温下 Al$_{0.5}$CoCrCuFeNi 合金的压缩强度是 460MPa，而拉伸强度则是 360MPa[82]。这通常是由于材料在拉伸过程中对于孔洞和缺陷产生的应力集中更为敏感。

6.5 锯齿行为

平均场理论（Mean-Field Theory，MFT）模型成功地预测了塑性变形过程中的滑动雪崩（锯齿流变）现象。这种分析模型的优点是它尽可能地简化了影响因素。该模型能够精确并定量给出雪崩动力学行为[66,72]。根据 MFT 模型可知：

（1）当局部应力刚刚达到临界点或者断裂点时，局部滑移就会产生剪切变形。当局部应力小于临界点或者失稳点时，局部滑移停止。

（2）应力在锯齿最低点通过微观滑移释放，释放的应力可能触发其他也有可能发生滑移的滑移系，导致滑移雪崩。

（3）材料的剪切必须足够慢，以便防止下一个滑移雪崩的重叠。因此，上一次雪崩完成之后下一次滑移雪崩开始。

（4）在缓慢剪切的材料中每一个雪崩的最低点与其他最低点的相互作用很小。换句话说，锯齿的最低点之间距离不会由于相互作用而衰减。

MFT 模型预测滑移雪崩有两个边界条件：施加在边界上应力需缓慢增加或施加在边界上的应变速率很小[66]。在这里，我们简要介绍了缓慢增长的应力边界条件的离散模型。这种离散版本的 MFT 模型有 N 个格点，在加载应力 F 下，F 低于或者十分接近断裂应力 F_c，每一个格点上的局部应力是 τ_l[66,141]：

$$\tau_l = J/N \sum_m (n_m - u_l) + F \tag{6.15}$$

当局部应力 τ_l 超过锯齿最低点的临界应力时，发生了 Δu_l 的滑移，释放了 $2G\Delta u_l$ 的应力。其中 $G \sim J$ 是弹性剪切模量。微观滑移在一个最低点释放的应力同样地重新分配到材料的其他最低点，这可能触发新的滑移。这些新的滑移进一步增加了其他最低点的应力，并可能导致更多的滑移。该过程可能继续并导致雪崩式的滑移。当局部应力低于实际载荷时，雪崩停止。在材料的每个最低点处产生局部阈值应力。当前局部阈值在开始时，由于弱化或强化导致雪崩的应力可能与初始局部阈值应力不同[66]。

这里提出了一些主要的没有弱化效应的 MFT 模型：

（1）对于破坏应力周围的小应力 F_c，用概率分布 $D(s, F_c)$ 表示发生的可能性，用雪崩大小 s 表示锯齿幅值。遵循常规的幂律函数 $D(s, F_c) \sim 1/s^\tau$，这个模型预测得的常数 $\tau = 1.5$。

（2）对于应力 F 附近的小应力分割单元，最大锯齿大小 s_{max} 满足：$s_{max} \sim (F_c - F)^{-1/\sigma}$，模型预测的指数为 0.5。

（3）对于在小应力降 F 中观察到的雪崩尺寸 s 的分布用 $D(s, F)$ 表示，该模型可用下列公式表示：

$$D(s, F) \sim 1/s^\tau D[s \cdot (F_c - F)^{1/\sigma}] \tag{6.16}$$

其中，$\tau = 1.5$，$\sigma = 0.5$，$D(x) \sim A\exp(-Bx)$ 是一个统一标度函数。A 和 B 的值取决于材料的具体特性。当锯齿数目较少时，应力集中的形成，模型 $D_{int}(s) \sim \int_0^{F_c} D(s, F)\,dF \sim 1/s^{\tau+\sigma}$ 更有效。此外，对少量雪崩的统计使用互补累积分布（Complementary Cumulative Distribution）$C(s)$ 代替概率密度分布 $D(s)$ 效果更好。这里 $C(s)$ 定义为 $\int_s^\infty D(s)\,ds$，即 $C(s)$ 给出了发现大于 s 雪崩的概率统计。

（4）该模型预测了高熵合金应力-应变曲线的局部斜率 G_e：

$$G_e \sim 1\langle s \rangle \sim (F_c - F)^{(2-\tau)/\sigma} \sim (F_c - F) \tag{6.17}$$

式中，$\langle s \rangle$ 为 F 附近小应力降平均的雪崩大小。

（5）施加一个较小的应变速率 Γ，该模型就修正为：

$$s_{max} \sim \Gamma^{-\lambda} \tag{6.18}$$

$$D(s, \Gamma) \sim 1/s^\tau K(s, \Gamma^\lambda) \tag{6.19}$$

根据预测和普适性，$\tau = 1.5$，$\lambda = 2$，统一标度函数 K 迅速衰减。

标度函数可以用这些预测来测试 F[142]。例如，为了检验 $D(s, F) \sim 1/s^\tau D[s \cdot (F_c - F)^{1/\sigma}]$ 或者它的等价式 $D(s, F)s^\tau \sim D[s \cdot (F_c - F)^{1/\sigma}]$，分别以 $D(s, F)s^\tau$ 和 $s \cdot (F_c - F)^{1/\sigma}$ 为 y 轴和 x 轴做线。接着，对于不同的 F，调整 F_c、τ 和 σ 值的分布函数 $D(s, F)$ 直到互相重合为止。图 6.18 为单晶 Mo 纳米柱在不同应力下的 4 条 $C(s)$ 函数的宽度衰减曲线[69]。相应的实验装置与应力-应变曲线如图 6.19 所示。

研究表明，上述的 MFT 模型可以用于高熵合金[72]。图 6.20～图 6.22 为三种高熵合金在不同温度和应力-应变曲线下的互补累积分布。很明显，温度显著影响应力降大小的分布[72]。在一定的温度范围内，应力降大小将随着温度的升高而降低，比如 $Al_{0.5}CoCrCuFeNi$ 合金从 7K 到 9K（如图 6.20 所示）、$MoNbTaW$ 合金从 298K 到 873K（如图 6.21 所示）、$Al_5Cr_{12}Fe_{35}Mn_{28}Ni_{20}$ 合金从 573K 到 673K（如图 6.22 所示）都出现了应力降随温度升高而减小的趋势。实验结果与 MFT 模

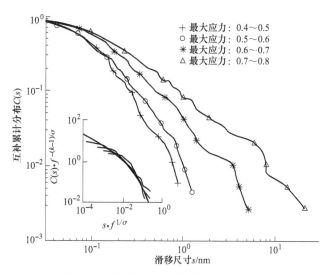

图 6.18　不同应力区间滑移的 $C(s)$ 曲线

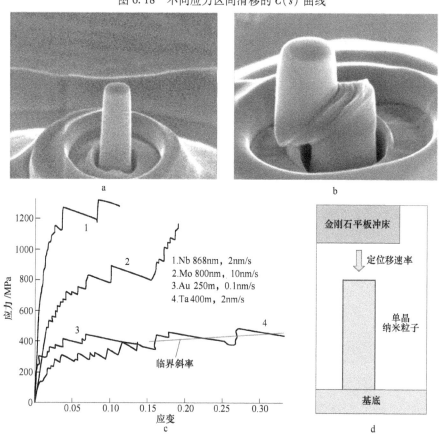

图 6.19　Nb 柱倾斜 52″的 SEM 图像（a）、压缩后 Nb 柱的 SEM 图像（b）、不同金属
在不同应变速率下的压缩应力-应变曲线（c）和压缩测试设置（d）[69]

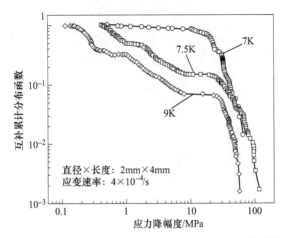

图 6.20 恒定 $4×10^{-4}$/s 应变速率下 $Al_{0.5}CoCrCuFeNi$ 合金的锯齿流变行为

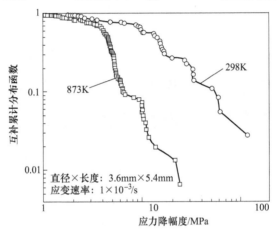

图 6.21 恒定 $1×10^{-3}$/s 应变速率下 MoNbTaW 压缩实验中的锯齿流变行为

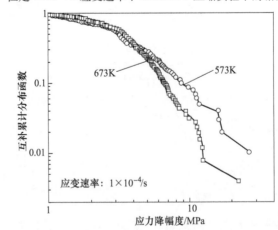

图 6.22 恒定 $1×10^{-4}$/s 应变速率下 $Al_5Cr_{12}Fe_{35}Mn_{28}Ni_{20}$ 合金的拉伸锯齿流变行为

型预测的结果吻合得很好，即滑移雪崩在这些特定温度范围内温度越高，应力降越小[52,58,68,72]。在其他温度范围内，平均雪崩大小对温度的依赖性甚至是非单调的，在特定的温度范围内达到最大值，该温度范围取决于施加的应变速率。

此外，MFT 模型[66,68,69,72]也可能与高熵合金的变形机制有关，包括位错运动和变形孪晶两种机制。在高温下，对于 MoNbTaW 和 $Al_5Cr_{12}Fe_{35}Mn_{28}Ni_{20}$ 高熵合金应考虑钉扎溶质原子的热振动能。由于高熵合金被认为是多组元固溶体，因此每个组成元素都可以认为是溶质原子。随着温度的升高，由于随着热振动能量的增加，溶质原子趋向于远离其钉扎的低能位点，因此位错周围溶质的钉扎效应变小。相比之下，在低温范围内，即本研究中 $Al_{0.5}CoCrCuFeNi$ 合金的情况，孪晶可能是主要的变形机制，因为较高的温度诱发变形孪晶困难。因此，随着温度的升高，由于孪生被抑制限制，滑移尺寸将减小。需要指出的是，这两种变形机制在上面讨论的特定温度下并不是完全分离和孤立存在的。对于不同的固溶体系，孪生可能会完全抑制位错的产生，从而主导变形过程，有时候也会有部分的位错产生。

因此，需要后期进行温度对变形机制更加详细的研究工作。总之，利用 MFT 模型预测的趋势与实验结果比较一致：随着温度的升高，锯齿的幅值开始下降。通过平均场理论研究锯齿流变行为可以更好地理解高熵合金的变形过程，这种现象类似于传统合金中的 PLC 效应[63~65,70,71]。

6.6 疲劳性能

6.6.1 应力-寿命（S-N）曲线

材料的疲劳性能对工业和工程应用极为重要。对于 $Al_{0.5}CoCrCuFeNi$ 高熵合金，研究了在各种外加载荷下的四点弯曲试验[73]。两个外销跨度的表面应力最大值可以通过下式计算：

$$\sigma = \frac{3P(S_0 - S_i)}{2BW^2} \tag{6.20}$$

式中，P 为载荷；S_0 为外部跨度长度（四点弯曲夹具的长度）；S_i 为内跨长度；B 为厚度；W 为高度。

图 6.23a 为应力变化与循环次数（S-N）曲线。这些点分散在 600~1200MPa 范围内。即使在最大应力范围超过 1100MPa 时，疲劳寿命仍在 35000~450000 个周期之间。失效的一个原因可能是铸造或者冷轧过程中引入的缺陷，如铝氧化物颗粒。图 6.23b 为这些颗粒的能量色散 X 射线中的粒子光谱（EDS）分析，其中

含有约50%的氧化物。这些颗粒可以作为微裂纹的成核位置，从而缩短高熵合金试样的疲劳寿命。

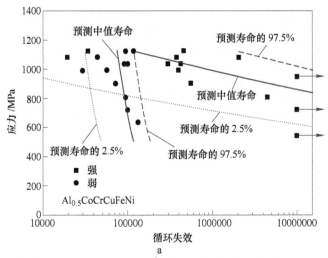

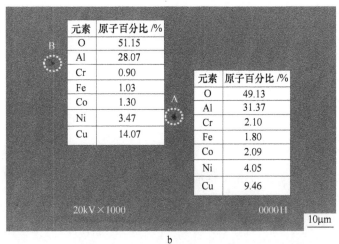

图6.23　四点弯曲疲劳试验中 Al$_{0.5}$CoCrCuFeNi 高熵合金的 S-N 曲线（a）
和 EDS 分析的氧化铝颗粒 SEM 图像（b）[73]

在三个应力水平下疲劳试验循环达到了 10^7 次，这表明耐久极限在 540 ~ 945MPa之间。实际上，通过微观结构表征和模型预测，对耐久性极限的估计变得更加准确，数值为858MPa，如 6.7.3 节所述。

6.6.2 断口

图 6.24 为疲劳试样在 900MPa 应力范围下经过 555235 次循环的断口形貌[73]。通常，裂纹萌生发生在应力高度集中的样品表面缺陷或棱角处。在图 6.24a、b 中，裂纹萌生部位位于微裂纹处，可以观察到典型的疲劳区域（萌生、扩展和断裂区域）。在疲劳扩展区域内，可以观察到特征条纹，这些条纹可以指示裂纹扩展方向，通常为垂直于条纹方向，如图 6.24 所示。韧窝通常意味着韧性断裂，如图 6.24d 所示。

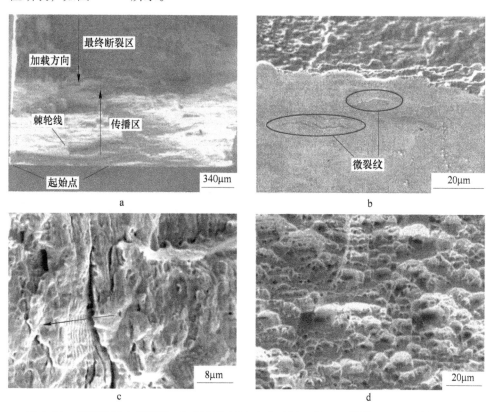

图 6.24 疲劳试样在 900MPa 应力循环 555235 次后断口的 SEM 图像（a）、疲劳试验前上面出现微裂纹（b）、裂纹扩展区的疲劳条纹（c）和断裂区域中的韧窝（d）[73]

6.6.3 疲劳寿命的 Weibull 混合预测模型

图 6.23a 中的 S-N 曲线的数据点分布并不是均匀的，可以分为两部分。一部分为较少加工缺陷的强组织部分，另一部分为弱组织部分。因此，采用 Weibull 混合预测模型代替 Weibull 模型来预测疲劳寿命。Weibull 混合模型的概率密度函

数（PDF）与累积分布函数分别为[73]：

$$f(N \mid p, \alpha_s, \beta_s, \alpha_w, \beta_w)$$

$$= p \frac{\beta_w}{\alpha_w} \left(\frac{N}{\alpha_w}\right)^{\beta_w - 1} \exp\left[\left(\frac{N}{\alpha_w}\right)^{\beta_w - 1}\right] + (1 - p) \frac{\beta_s}{\alpha_s} \left(\frac{N}{\alpha_s}\right)^{\beta_s - 1} \exp\left[-\left(\frac{N}{\alpha_s}\right)^{\beta_s}\right]$$

$$(6.21)$$

$$F(N \mid p, \alpha_s, \beta_s, \alpha_w, \beta_w)$$

$$= p\left\{1 - \exp\left[\left(\frac{N}{\alpha_w}\right)^{\beta_w}\right]\right\} + (1 - p)\left\{1 - \exp\left[-\left(\frac{N}{\alpha_w}\right)^{\beta_w}\right]\right\} \quad (6.22)$$

式中，N 为断裂循环次数；下角 w 和 s 分别表示弱和强的部分；p 为弱组织部分的体积分数；α_s 和 α_w 为与应力 S 有关的 Weibull 参数：

$$\log(\alpha_w) = \gamma_{w,0} + \gamma_{w,1} \log(S) \quad (6.23)$$

$$\log(\alpha_s) = \gamma_{s,0} + \gamma_{s,1} \log(S) \quad (6.24)$$

该模型共有 7 个未知参数 P、$\gamma_{s,0}$、$\gamma_{s,1}$、$\gamma_{w,0}$、$\gamma_{w,1}$、β_s、β_w，采用极大似然法估计[144]：

$$L(P, \gamma_{s,0}, \gamma_{s,1}, \gamma_{w,0}, \gamma_{w,1}, \beta_s, \beta_w) = \prod_{i=1}^{m} f(N_i) \delta_i \left[1 - F(N_i)\right]^{1 - \delta_i} \quad (6.25)$$

然后将观测到的疲劳数据分为两组。因此，用 p 型分位数将疲劳寿命分为强群和弱群：

$$N_{p,w}(S) = \exp\left[\gamma_{w,0} + \gamma_{w,1} \log(S)\right] \left[-\log(1 - p)\right]^{1/\beta_w} \quad (6.26)$$

$$N_{p,s}(S) = \exp\left[\gamma_{s,0} + \gamma_{s,1} \log(S)\right] \left[-\log(1 - p)\right]^{1/\beta_s} \quad (6.27)$$

模型更多的解释可以参考文献［73］。当外加应力小于 858MPa 时，强组的平均寿命超过 10^7 个周期，可用作耐力极限的估计。

6.6.4 与常规合金的比较

与传统合金及大块金属玻璃（Bulk Metallic Glass，BMG）相比，$Al_{0.5}CoCr-CuFeNi$ 高熵合金表现出良好的抗疲劳性。就断裂比（应力范围/极限抗拉强度）而言，高熵合金的范围涵盖了图 6.25a 中包括镍基高温合金在内的其他合金。如此大的跨度范围可能是由于铸造缺陷产生的。图 6.25b 表明，持久极限随极限拉伸强度（Ultimate Tensile Strength，UTS）线性增加，对于大多数材料的斜率大约等于 0.5，高熵合金超过这个值上限为 0.7。所有这些结果表明，高熵合金是有希望用于抗疲劳结构的材料。

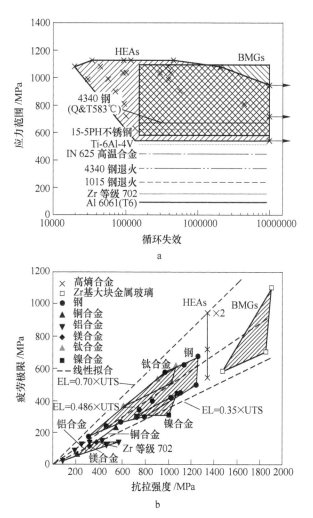

图 6.25　$Al_{0.5}CoCrCuFeNi$ 合金疲劳行为（应力范围/极限抗拉强度）与断裂周期（a）
和高熵合金与其他常规合金及 BMGS 疲劳极限（b）[73]

6.7　纳米压痕

6.7.1　纳米压痕及其模型

在过去几年的研究中，纳米压痕作为一种测试薄膜力学性能的有效手段，常用来测试磁控溅射高熵合金涂层的硬度和弹性模量[144~151]。最近，研究者利用纳米压痕对双相（FCC 和 BCC）块状 $AlCrCuFeNi_2$ 合金两相硬度模量进行了报道[75]。此外，除了室温压痕外，还研究了高温下的变形行为[74]，通过建模推导重点研究了初始塑性和空位传导的异质位错形核机制。这里首先回顾几个通用的方程来理解纳米压痕变形结果。

在载荷-位移（*P-H*）曲线中，首次出现变形之前可以被认为是弹性阶段，根据 Hertzian 弹性理论[153]可以用于描述弹性加载曲线为：

$$P = \frac{4}{3} E_r R^{1/2} h^{3/2} \tag{6.28}$$

式中，P 为施加的载荷；R 为压头的尖端半径；h 为压头的压入深度；E_r 为压头-试样组合的减小模量，并且可以通过式（6.29）计算：

$$\frac{1}{E_r} = \frac{1 - \nu_i^2}{E_i} + \frac{1 - \nu_s^2}{E_s} \tag{6.29}$$

式中，ν_i 和 E_i 分别为压头的泊松比和杨氏模量；ν_s 和 E_s 分别为样品的泊松比和杨氏模量。然后，平均压力 P_m 和最大剪应力 τ_{max} 可以从下列公式推导出[154]：

$$P_m = \left(\frac{6PE_r^2}{\pi^3 R^2}\right)^{1/3} \tag{6.30}$$

$$\tau_{max} = 0.31 P_m \tag{6.31}$$

载荷 P 的累积概率 $F(P)$ 公式为：

$$\ln[-\ln(1 - F)] = \alpha P^{1/3} + \beta \tag{6.32}$$

式中，β 为加载力 P 的弱函数；α 为对应的激活体积。

$$V = \frac{\pi}{0.47}\left(\frac{3R}{4E_r}\right)^{2/3} kTa \tag{6.33}$$

此外，温度与载荷大小又满足关系：

$$P^{1/3} = \gamma kT + \frac{\pi}{0.47}\left(\frac{3R}{4E_r}\right)^{2/3}\frac{H}{V} \tag{6.34}$$

式中，γ 为复合函数；H 为活化熔。

6.7.2　高温纳米压痕

如图 6.26a 所示，为不同温度下通过式（6.28）拟合的 *P-H* 曲线。不同温度下模量的降低 $E_r(T)$ 可以从图中得到。随着温度的升高，可以观察到 $P(T)$ 载荷显著降低。因此，从式（6.31）根据 $P(T)$ 可以计算出最大剪应力 τ_{max}，并且 τ_{max} 与温度 T 存在明显的线性关系，如图 6.26b 所示。

为了得到激活体积 V 和激活熔 H 又进行了进一步的拟合。利用式（6.32）拟合 $\ln[-\ln(1 - F)]$ 与 $P^{1/3}$ 的斜率可以求出参数 α，如图 6.26c 所示。然后利用式（6.34）拟合 $P^{1/3}$ 与 T 的关系，截距就是 H/V 的值，然后可以确定 H。随后讨论了均匀位错形核和空位传导的异质位错形核的可能性[74]，但只有后者的值在实验值的范围内。这些结果加深了对高熵合金的塑性变形机制的理解。

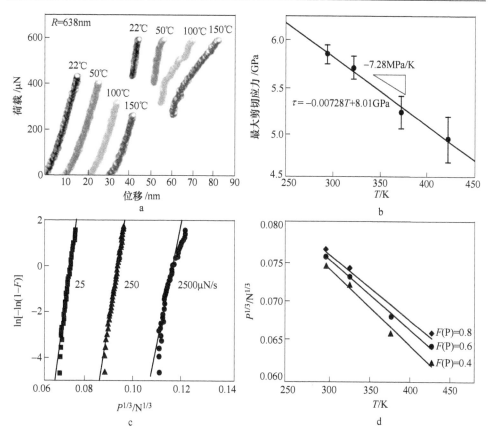

图 6.26 CoCrFeMnNi 合金在 295K、323K、373K 和 423K 下的 *P-H* 曲线（a）、不同温度下的最大剪应力（b）、不同温度计算出的激活体积（c）和不同温度下计算出来的激活焓（d）[74]

6.7.3 压痕和纳米压痕蠕变

传统的蠕变试验在高熵合金领域还未见报道。只有很少文献利用压痕试验研究了高熵合金的蠕变行为[51,76]。压痕蠕变定义一种硬压头在恒定载荷下长时间压入固体中的运动，即持续加载的实验。对 $Al_x CoCrFeNi$（$x=0.3$、0.5、0.7、0.9、1.5）合金在 773~1173K 温度下加载了 10N 的作用力下分别保载 5s、10s 和 30s[51]。蠕变行为高度依赖于高熵合金的晶体结构。对于单相 FCC $Al_{0.3}CoCrFeNi$ 合金，热硬度测试在这几种温度下保载 30s 并没有大的变化，即使在高温下对于单相 FCC 合金没有出现明显的蠕变现象。而对于 $Al_x CoCrFeNi$（$x=0.5$、0.7、0.9、1.5）多相合金，在 873K 下热硬度的变化随保载时间的变化可以忽略；而在 873K 以上，随着保载时间的增加，热硬度也随之增加。因此可以确定，对于多相高熵合金蠕变行为在高于某一温度时发生。例如，873K 就是 $Al_x CoCrFeNi$（$x=0.5$、0.7、0.9、1)高熵合金的蠕变临界温度。

刘锦川课题组也利用纳米压痕测试结合弹性理论来表征 FeCoNi 合金中的蠕变阶段。FeCoNi 是单相 FCC 合金。初始蠕变阶段的位移曲线可以用经验法则描述 [157]：

$$h(t) = h_i + \beta(t - t_i)^m + kt \qquad (6.35)$$

式中，β、m、k 为拟合参数。如图 6.27 所示，利用式（6.35）在 4000μN 的恒定载荷下可以拟合得很吻合。不同于常规合金的是，在 CoFeNi 合金中发现初始蠕变阶段斜率变化有交叉点。进一步研究表明，如图 6.28a 所示，在恒定载荷下交叉点的值随着保持时间的增加而增加，在恒定保载时间下，随着加载应力增加，交叉点的值增加，如图 6.28b 所示。对初始蠕变阶段的交叉点提出压头下方位错运移的一个假设[76]。位错胞的形成对应于交叉的产生。在交叉点产生之前，独立的位错开始缠结，导致加工硬化效应。交叉点产生之后，加工硬化效果趋于饱和，残余位错迁移到位错细胞的边界，导致了滞弹性行为[76]。

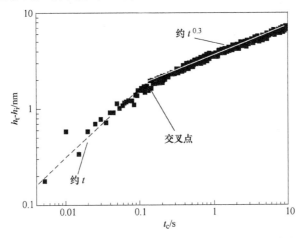

图 6.27　CoFeNi 合金初始变形阶段的距离-时间曲线[76]

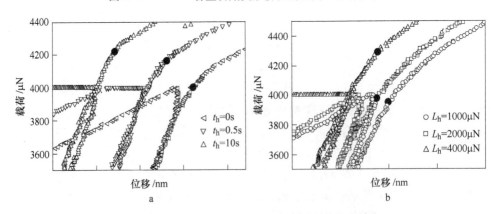

图 6.28　CoFeNi 合金在初始变形过程中的硬化效应

a—屈服点依赖于加载时间；b—屈服点依赖于加载载荷[76]

6.8 结论

本章概述了高熵合金在硬度、压缩、拉伸、锯齿流变、疲劳和纳米压痕方面的力学性能。研究结果表明：高熵合金的硬度从 140~900HV 变化很大，主要依赖于合金体系及相关加工方法。另外，讨论了合金化、退火处理和组织对硬度的影响。同时也对高熵合金热硬度的变化趋势进行了总结。对于各种负载条件，如温度、Al 含量、应变速率、试样大小、压缩以及微压缩过程中的显微组织演化进行了总结。对不同晶体结构、晶粒大小、合金化元素和加工过程中的参数对于高熵合金拉伸条件下的屈服应力、塑性、拉伸曲线形状和断口形貌都进行了总结。利用平均场理论成功地预测了高熵合金塑性变形过程中的滑移雪崩（锯齿流变）行为。对晶粒尺寸、高熵合金元素和工艺参数对拉伸性能的影响，屈服应力、高熵合金塑性、高熵合金拉伸应力-应变曲线形状和断裂后拉伸试验进行了讨论。一种成功预测滑动雪崩的平均场模型在高熵合金的塑性变形模拟中有效利用起来。利用四点弯曲试验研究揭示了 $Al_{0.5}CoCrCuFeNi$ 合金的疲劳性能，该合金与传统合金相比疲劳性能更优异。最后总结了利用纳米压痕技术对高熵合金的初始塑性和蠕变行为的研究。

6.9 未来工作

虽然在高熵合金力学行为方面的探索已经进行了大量的工作，科研人员仍应该继续探索和挑战高熵合金的力学性能。

（1）热处理和加工工艺对显微组织的优化作用对力学性能产生了巨大的影响。

（2）应进一步关注高温力学性能，如高温硬度、高温拉伸、高温压缩。

（3）与硬度和压缩试验相比拉伸实验的研究还十分有限，应该研究高温下以及不同应变速率下的拉伸实验。

（4）疲劳实验应该在更多的合金体系中进行，应该全面地研究高周疲劳、低周疲劳和疲劳裂纹扩展过程。

（5）利用压痕和纳米压痕测试研究了蠕变行为。但是，高熵合金的蠕变行为除了在小范围内，也应该在大尺度下进行常规的蠕变研究。

（6）有关微观结构特征与力学性能的理论工作需要进一步探索。高熵合金的锯齿行为应集中研究，这对于揭示变形机制有重大意义。高熵合金的拉伸和压缩不对称性需要进行研究。此外，拉伸压缩过程中的锯齿特征有助于更加充分地理解变形机制。如果蠕变和疲劳对锯齿行为有一定的影响，就有希望通过建立锯齿模型预测疲劳寿命。

（7）先进表征技术[158,159]，如原位中子和同步辐射衍射、SEM、透射电子显微镜（TEM）、原子探针显微镜（Atomic Probe Microscopy，APT）等可用来揭示形变过程和相应的原子或位错尺度的变形机制。

参 考 文 献

[1] Cantor B, Chang I T H, Knight P, Vincent A J B (2004). Microstructural development in equi-atomic multicomponent alloys. Mater Sci Eng A, 375-377: 213-218. doi: 10. 1016/j. msea. 2003. 10. 257.

[2] Yeh J W, Chen S K, Lin S J, Gan J Y, Chin T S, Shun T T, Tsau C H, Chang S Y (2004). Nanostructured high-entropy alloys with multiple principal elements: novel alloy design concepts and outcomes. Adv Eng Mater, 6(5): 299-303. doi: 10. 1002/adem. 200300567.

[3] Tong C J, Chen M R, Yeh J W, Lin S J, Chen S K, Shun T T, Chang S Y (2005). Mechanical performance of the $Al_xCoCrCuFeNi$ high-entropy alloy system with multiprincipal elements. Metall Mater Trans A, 36 (5): 1263-1271. doi: 10. 1007/s11661-005-0218-9.

[4] Chen M R, Lin S J, Yeh J W, Chuang M H, Chen S K, Huang Y S (2006). Effect of Vanadium addition on the microstructure, hardness, and wear resistance of $Al_{0.5}CoCrCuFeNi$ high-entropy alloy. Metall Mater Trans A, 37 (5): 1363-1369. doi: 10. 1007/s11661-006-0081-3.

[5] Tung C C, Yeh J W, Shun T T, Chen S K, Huang Y S, Chen H C (2007). On the elemental effect of AlCoCrCuFeNi high-entropy alloy system. Mater Lett, 61 (1): 1-5. doi: 10. 1016/j. matlet. 2006. 03. 140.

[6] Li C, Li J C, Zhao M, Zhang L, Jiang Q (2008). Microstructure and properties of $AlTiNiMnB_x$ high entropy alloys. Mater Sci Technol, 24 (3): 376-378. doi: 10. 1179/174328408x275964.

[7] Kao Y F, Chen T J, Chen S K, Yeh J W (2009). Microstructure and mechanical property of as-cast, -homogenized, and -deformed $Al_xCoCrFeNi$ ($0 \leqslant x \leqslant 2$) high-entropy alloys. J Alloys Compd, 488 (1): 57-64. doi: 10. 1016/j. jallcom. 2009. 08. 090.

[8] Yu P F, Cheng H, Zhang L J, Zhang H, Jing Q, Ma M Z, Liaw P K, Li G, Liu R P (2016). Effects of high pressure torsion on microstructures and properties of an $Al_{0.1}CoCrFeNi$ high-entropy alloy. Mater Sci Eng A, 655: 283-291. doi: http: //dx. doi. org/10. 1016/j. msea. 2015. 12. 085.

[9] Chen S T, Tang W Y, Kuo Y F, Chen S Y, Tsau C H, Shun T T, Yeh J W (2010). Microstructure and properties of age-hardenable $Al_xCrFe_{1.5}MnNi_{0.5}$ alloys. Mater Sci Eng A, 527 (21-22): 5818-5825. doi: 10. 1016/j. msea. 2010. 05. 052.

[10] Hsu C Y, Wang W R, Tang W Y, Chen S K, Yeh J W (2010). Microstructure and mechanical properties of New $AlCo_xCrFeMo_{0.5}Ni$ high-entropy alloys. Adv Eng Mater, 12 (1-2): 44-49. doi: 10. 1002/adem. 200900171.

[11] Li C, Li J C, Zhao M, Jiang Q (2010). Effect of aluminum contents on microstructure and properties of $Al_xCoCrFeNi$ alloys. J Alloys Compd, 504: S515-S518. doi: 10. 1016/j. jallcom. 2010. 03. 111.

[12] Lin C M, Tsai H L, Bor H Y (2010). Effect of agingtreatment on microstructure and properties of high-entropy $Cu_{0.5}CoCrFeNi$ alloy. Intermetallics, 18 (6): 1244-1250. doi: 10. 1016/ j. intermet. 2010. 03. 030.

[13] Senkov O, Wilks G, Miracle D, Chuang C, Liaw P (2010). Refractory high-entropy alloys. Intermetallics, 18 (9): 1758-1765.

[14] Shun T T, Hung C H, Lee C F (2010). The effects of secondary elemental Mo or Ti addition in $Al_{0.3}CoCrFeNi$ high-entropy alloy on age hardening at 700℃. J Alloys Compd, 495 (1): 55-58. doi: 10. 1016/j. jallcom. 2010. 02. 032.

[15] Tsai C W, Tsai M H, Yeh J W, Yang C C (2010). Effect of temperature on mechanical properties of $Al_{0.5}CoCrCuFeNi$ wrought alloy. J Alloys Compd, 490 (1-2): 160-165. doi: 10. 1016/j. jallcom. 2009. 10. 088.

[16] Zhang K B, Fu Z Y, Zhang J Y, Shi J, Wang W M, Wang H, Wang Y C, Zhang Q J (2010). Annealing on the structure and properties evolution of the CoCrFeNiCuAl high-entropy alloy. J Alloys Compd, 502(2): 295-299. doi: 10. 1016/j. jallcom. 2009. 11. 104.

[17] Chuang M H, Tsai M H, Wang W R, Lin S J, Yeh J W (2011). Microstructure and wear behavior of $Al_xCo_{1.5}CrFeNi_{1.5}Ti_y$ high-entropy alloys. Acta Mater, 59 (16): 6308-6317. doi: 10. 1016/j. actamat. 2011. 06. 041.

[18] Hsu C Y, Juan C C, Wang W R, Sheu T S, Yeh J W, Chen S K (2011). On the superior hot hardness and softening resistance of $AlCoCr_xFeMo_{0.5}Ni$ high-entropy alloys. Mater Sci Eng A, 528 (10-11): 3581-3588. doi: 10. 1016/j. msea. 2011. 01. 072.

[19] Lin C M, Tsai H L (2011). Evolution of microstructure, hardness, and corrosion properties of high-entropy $Al_{0.5}CoCrFeNi$ alloy. Intermetallics, 19(3): 288-294. doi: 10. 1016/j. intermet. 2010. 10. 008.

[20] Seifi M, Li D, Yong Z, Liaw P K, Lewandowski J J (2015). Fracture toughness and fatigue crack growth behavior of as-cast high-entropy alloys. JOM, 67 (10): 2288-2295. doi: 10. 1007/s11837-015-1563-9.

[21] Senkov O N, Scott J M, Senkova S V, Miracle D B, Woodward C F (2011). Microstructure and room temperature properties of a high-entropy TaNbHfZrTi alloy. J Alloys Compd, 509 (20): 6043-6048. doi: 10. 1016/j. jallcom. 2011. 02. 171.

[22] Senkov O N, Woodward C F (2011). Microstructure and properties of a refractory $NbCrMo_{0.5}Ta_{0.5}$ TiZr alloy. Mater Sci Eng A-Struct, 529: 311-320. doi: 10. 1016/j. msea. 2011. 09. 033.

[23] Singh S, Wanderka N, Murty B S, Glatzel U, Banhart J (2011). Decomposition in multicomponent AlCoCrCuFeNi high-entropy alloy. Acta Mater, 59 (1): 182-190. doi: 10. 1016/ j. actamat. 2010. 09. 023.

[24] Jinhong P, Ye P, Hui Z, Lu Z (2012). Microstructure and properties of $AlCrFeCuNi_x$ ($0.6 \leqslant x \leqslant 1.4$) high-entropy alloys. Mater Sci Eng A, 534: 228-233. doi: 10. 1016/j. msea. 2011. 11. 063.

[25] Ma S G, Zhang Y (2012). Effect of Nb addition on the microstructure and properties of AlCoCrFeNi high-entropy alloy. Mater Sci Eng A, 532: 480-486. doi: 10. 1016/j. msea. 2011. 10. 110.

[26] Pi J H, Pan Y, Zhang H, Zhang L (2012). Microstructure and properties of AlCrFeCuNi$_x$ (0.6 ≤ x ≤ 1.4) high-entropy alloys. Mater Sci Eng A-Struct, 534: 228-233. doi: 10.1016/j.msea.2011.11.063.

[27] Praveen S, Murty B S, Kottada R S (2012). Alloying behavior in multi-component AlCoCrCuFe and NiCoCrCuFe high entropy alloys. Mater Sci Eng A, 534: 83-89. doi: 10.1016/j.msea.2011.11.044.

[28] Ren B, Liu Z X, Cai B, Wang M X, Shi L (2012). Aging behavior of a CuCr$_2$Fe$_2$NiMn high entropy alloy. Mater Des, 33: 121-126. doi: 10.1016/j.matdes.2011.07.005.

[29] Tsao L C, Chen C S, Chu C P (2012). Age hardening reaction of the Al$_{0.3}$CrFe$_{1.5}$MnNi$_{0.5}$ high entropy alloy. Mater Des, 36: 854-858. doi: 10.1016/j.matdes.2011.04.067.

[30] Wang W R, Wang W L, Wang S C, Tsai Y C, Lai C H, Yeh J W (2012). Effects of Al addition on the microstructure and mechanical property of Al$_x$CoCrFeNi high-entropy alloys. Intermetallics, 26: 44-51. doi: 10.1016/j.intermet.2012.03.005.

[31] Zhang K, Fu Z (2012). Effects of annealing treatment on properties of CoCrFeNiTiAl$_x$ multi-component alloys. Intermetallics, 28: 34-39. doi: 10.1016/j.intermet.2012.03.059.

[32] Zhuang Y X, Liu W J, Chen Z Y, Xue H D, He J C (2012). Effect of elemental interaction on microstructure and mechanical properties of FeCoNiCuAl alloys. Mater Sci Eng A, 556: 395-399. doi: 10.1016/j.msea.2012.07.003.

[33] Chen W, Fu Z, Fang S, Wang Y, Xiao H, Zhu D (2013). Processing, microstructure and properties of Al$_{0.6}$CoNiFeTi$_{0.4}$ high entropy alloy with nanoscale twins. Mater Sci Eng A, 565: 439-444. doi: 10.1016/j.msea.2012.12.072.

[34] Chen W, Fu Z, Fang S, Xiao H, Zhu D (2013). Alloying behavior, microstructure and mechanical properties in a FeNiCrCo$_{0.3}$Al$_{0.7}$ high entropy alloy. Mater Des, 51: 854-860. doi: 10.1016/j.matdes.2013.04.061.

[35] Dong Y, Lu Y, Kong J, Zhang J, Li T (2013). Microstructure and mechanical properties of multi-component AlCrFeNiMo$_x$ high-entropy alloys. J Alloys Compd, 573: 96-101. doi: 10.1016/j.jallcom.2013.03.253.

[36] Fu Z, Chen W, Fang S, Zhang D, Xiao H, Zhu D (2013). Alloying behavior and deformation twinning in a CoNiFeCrAl$_{0.6}$Ti$_{0.4}$ high entropy alloy processed by spark plasma sintering. J Alloys Compd, 553: 316-323. doi: 10.1016/j.jallcom.2012.11.146.

[37] Fu Z, Chen W, Xiao H, Zhou L, Zhu D, Yang S (2013). Fabrication and properties of nanocrystalline Co$_{0.5}$FeNiCrTi$_{0.5}$ high entropy alloy by MA-SPS technique. Mater Des, 44: 535-539. doi: 10.1016/j.matdes.2012.08.048.

[38] Guo S, Ng C, Liu C T (2013). Anomalous solidification microstructures in Co-free Al$_x$CrCuFeNi$_2$ high-entropy alloys. J Alloys Compd, 557: 77-81. doi: 10.1016/j.jallcom.2013.01.007.

[39] Hsu C Y, Juan C C, Sheu T S, Chen S K, Yeh J W (2013). Effect of aluminum content on microstructure and mechanical properties of Al$_x$CoCrFeMo$_{0.5}$Ni high-entropy alloys. JOM, 65 (12): 1840-1847. doi: 10.1007/s11837-013-0753-6.

[40] Lee C F, Shun T T (2013). Age hardening of the Al$_{0.5}$CoCrNiTi$_{0.5}$ high-entropy alloy. Metall

Mater Trans A, 45（1）: 191-195. doi: 10.1007/s11661-013-1931-4.

[41] Qiu X W（2013）. Microstructure and properties of AlCrFeNiCoCu high entropy alloy prepared by powder metallurgy. J Alloys Compd, 555: 246-249. doi: 10.1016/j.jallcom.2012.12.071.

[42] Shun T T, Chang L Y, Shiu M H（2013）. Age-hardening of the $CoCrFeNiMo_{0.85}$ high entropy alloy. Mater Charact, 81: 92-96. doi: 10.1016/j.matchar.2013.04.012.

[43] Tang Z, Gao M C, Diao H, Yang T, Liu J, Zuo T, Zhang Y, Lu Z, Cheng Y, Zhang Y, Dahmen K A, Liaw P K, Egami T（2013）. Aluminum alloying effects on lattice types, microstructures, and mechanical behavior of high-entropy alloys systems. JOM, 65（12）: 1848-1858. doi: 10.1007/s11837-013-0776-z.

[44] Dong Y, Zhou K, Lu Y, Gao X, Wang T, Li T（2014）. Effect of vanadium addition on the microstructure and properties of AlCoCrFeNi high entropy alloy. Mater Des, 57: 67-72. doi: 10.1016/j.matdes.2013.12.048.

[45] Tang Z, Yuan T, Tsai C W, Yeh J W, Lundin C D, Liaw P K（2015）. Fatigue behavior of a wrought $Al_{0.5}CoCrCuFeNi$ two-phase high-entropy alloy. Acta Mater, 99: 247-258. doi: http: // dx.doi.org/10.1016/j.actamat.2015.07.004.

[46] Ji W, Fu Z, Wang W, Wang H, Zhang J, Wang Y, Zhang F（2014）. Mechanical alloying synthesis and spark plasma sintering consolidation of CoCrFeNiAl high-entropy alloy. J Alloys Compd, 589: 61-66. doi: 10.1016/j.jallcom.2013.11.146.

[47] Jiang L, Lu Y, Dong Y, Wang T, Cao Z, Li T（2014）. Annealing effects on the microstructure and properties of bulk high-entropy $CoCrFeNiTi_{0.5}$ alloy casting ingot. Intermetallics, 44: 37-43. doi: 10.1016/j.intermet.2013.08.016.

[48] Ng C, Guo S, Luan J, Wang Q, Lu J, Shi S, Liu C T（2014）. Phase stability and tensile properties of Co-free $Al_{0.5}CrCuFeNi_2$ high-entropy alloys. J Alloys Compd, 584: 530-537. doi: 10.1016/j.jallcom.2013.09.105.

[49] Salishchev G A, Tikhonovsky M A, Shaysultanov D G, Stepanov N D, Kuznetsov A V, Kolodiy I V, Tortika A S, Senkov O N（2014）. Effect of Mn and V on structure and mechanical properties of high-entropy alloys based on CoCrFeNi system. J Alloys Compd, 591: 11-21. doi: 10.1016/j.jallcom.2013.12.210.

[50] Senkov O N, Senkova S V, Woodward C（2014）. Effect of aluminum on the microstructure and properties of two refractory high-entropy alloys. Acta Mater, 68: 214-228. doi: 10.1016/j.actamat.2014.01.029.

[51] Wang W R, Wang W L, Yeh J W（2014）. Phases, microstructure and mechanical properties of $Al_xCoCrFeNi$ high-entropy alloys at elevated temperatures. J Alloys Compd, 589: 143-152. doi: 10.1016/j.jallcom.2013.11.084.

[52] Zhang Y, Zuo T T, Tang Z, Gao M C, Dahmen K A, Liaw P K, Lu Z P（2014）. Microstructures and properties of high-entropy alloys. Prog Mater Sci, 61: 1-93. doi: 10.1016/j.pmatsci.2013.10.001.

[53] Zhou Y J, Zhang Y, Wang Y L, Chen G L（2007）. Microstructure and compressive properties of multicomponent $Al_x(TiVCrMnFeCoNiCu)_{100-x}$ high-entropy alloys. Mater Sci Eng A-Struct,

454: 260-265. doi: 10. 1016/j. msea. 2006. 11. 049.

[54] Kuznetsov A V, Shaysultanov D G, Stepanov N D, Salishchev G A, Senkov O N (2012). Tensile properties of an AlCrCuNiFeCo high-entropy alloy in as-cast and wrought conditions. Mater Sci Eng A, 533: 107-118. doi: 10. 1016/j. msea. 2011. 11. 045.

[55] Liu L, Zhu J B, Zhang C, Li J C, Jiang Q (2012). Microstructure and the properties of FeCo-CuNiSn$_x$ high entropy alloys. Mater Sci Eng A, 548: 64-68. doi: 10. 1016/j. msea. 2012. 03. 080.

[56] Daoud H M, Manzoni A, Völkl R, Wanderka N, Glatzel U (2013). Microstructure and tensile behavior of Al$_8$Co$_{17}$Cr$_{17}$Cu$_8$Fe$_{17}$Ni$_{33}$ (at. %) high-entropy alloy. JOM, 65(12): 1805-1814. doi: 10. 1007/s11837-013-0756-3.

[57] Gali A, George E P (2013). Tensile properties of high- and medium-entropy alloys. Intermetallics, 39: 74-78. doi: 10. 1016/j. intermet. 2013. 03. 018.

[58] Carroll R, Lee C, Tsai C W, Yeh J W, Antonaglia J, Brinkman B A W, LeBlanc M, Xie X, Chen S, Liaw P K, Dahmen K A (2015). Experiments and model for serration statistics in lowentropy, medium-entropy, and high-entropy alloys. Sci Rep, 5: 16997. doi: 10. 1038/srep16997 .

[59] Otto F, Dlouhy A, Somsen C, Bei H, Eggeler G, George E P (2013). The influences of temperature and microstructure on the tensile properties of a CoCrFeMnNi high-entropy alloy. Acta Mater, 61 (15): 5743-5755. doi: 10. 1016/j. actamat. 2013. 06. 018.

[60] He J Y, Liu W H, Wang H, Wu Y, Liu X J, Nieh T G, Lu Z P (2014). Effects of Al addition on structural evolution and tensile properties of the FeCoNiCrMn high-entropy alloy system. Acta Mater, 62: 105-113. doi: 10. 1016/j. actamat. 2013. 09. 037.

[61] Yao M J, Pradeep K G, Tasan C C, Raabe D (2014). A novel, single phase, non-equiatomic FeMnNiCoCr high-entropy alloy with exceptional phase stability and tensile ductility. Scr Mater, 72-73: 5-8. doi: 10. 1016/j. scriptamat. 2013. 09. 030.

[62] Cottrell A H, Bilby B A (1949). Dislocation theory of yielding and strain ageing of iron. Proc Phys Soc Sect A, 62 (1): 49.

[63] Venkadesan S, Phaniraj C, Sivaprasad P V, Rodriguez P (1992). Activation energy for serrated flow in a 15Cr5NiTi-modified austenitic stainless steel. Acta Metallurgical et Materialia, 40 (3): 569-580. http: //dx. doi. org/10. 1016/0956-7151(92)90406-5.

[64] Clausen A H, Børvik T, Hopperstad O S, Benallal A (2004). Flow and fracture characteristics of aluminium alloy AA5083-H116 as function of strain rate, temperature and triaxiality. Mater Sci Eng A, 364 (1-2): 260-272. http: //dx. doi. org/10. 1016/j. msea. 2003. 08. 027.

[65] Shankar V, Valsan M, Rao K B, Mannan S L (2004). Effects of temperature and strain rate on tensile properties and activation energy for dynamic strain aging in alloy 625. Metall Mater Trans A, 35 (10): 3129-3139. doi: 10. 1007/s11661-004-0057-0.

[66] Dahmen K A, Ben-Zion Y, Uhl J T (2009). Micromechanical model for deformation in solids with universal predictions for stress-strain curves and slip avalanches. Phys Rev Lett, 102 (17): 175501.

[67] Tsai C W, Chen Y L, Tsai M H, Yeh J W, Shun T T, Chen S K (2009). Deformation and annealing behaviors of high-entropy alloy $Al_{0.5}CoCrCuFeNi$. J Alloys Compd Journal of Alloys and Compounds, 486 (1-2): 427-435. http://dx.doi.org/10.1016/j.jallcom.2009.06.182.

[68] Chan P Y, Tsekenis G, Dantzig J, Dahmen K A, Goldenfeld N (2010). Plasticity and dislocation dynamics in a phase field crystal model. Phys Rev Lett, 105 (1): 015502.

[69] Friedman N, Jennings A T, Tsekenis G, Kim J Y, Tao M, Uhl J T, Greer J R, Dahmen K A (2012). Statistics of dislocation slip avalanches in nanosized single crystals show tuned critical behavior predicted by a simple mean field model. Phys Rev Lett, 109 (9): 095507.

[70] Sakthivel T, Laha K, Nandagopal M, Chandravathi K S, Parameswaran P, Panneer Selvi S, Mathew M D, Mannan S K (2012). Effect of temperature and strain rate on serrated flow behaviour of Hastelloy X. Mater Sci Eng A, 534: 580-587, http://dx.doi.org/10.1016/j.msea 2011.12.011.

[71] Wu D, Chen R S, Han E H (2012). Serrated flow and tensile properties of a Mg-Gd-Zn alloy. Mater Sci Eng A, 532: 267-274, http://dx.doi.org/10.1016/j.msea.2011.10.090.

[72] Antonaglia J, Xie X, Tang Z, Tsai C W, Qiao J W, Zhang Y, Laktionova M O, Tabachnikova E D, Yeh J W, Senkov O N, Gao M C, Uhl J T, Liaw P K, Dahmen K A (2014). Temperature effects on deformation and serration behavior of high-entropy alloys (HEAs). JOM, 66 (10): 2002-2008. doi: 10.1007/s11837-014-1130-9.

[73] Hemphill M A, Yuan T, Wang G Y, Yeh J W, Tsai C W, Chuang A, Liaw P K (2012). Fatigue behavior of $Al_{0.5}CoCrCuFeNi$ high entropy alloys. Acta Mater, 60 (16): 5723-5734. doi: 10.1016/j.actamat.2012.06.046.

[74] Zhu C, Lu Z P, Nieh T G (2013). Incipient plasticity and dislocation nucleation of FeCoCrNiMn high-entropy alloy. Acta Mater, 61 (8): 2993-3001. doi: 10.1016/j.acta-mat.2013.01.059.

[75] Sun Y, Zhao G, Wen X, Qiao J, Yang F (2014). Nanoindentation deformation of a bi-phase $AlCrCuFeNi_2$ alloy. J Alloys Compd, 608: 49-53. doi: 10.1016/j.jallcom.2014.04.127.

[76] Wang Z, Guo S, Wang Q, Liu Z, Wang J, Yang Y, Liu C T (2014). Nanoindentation characterized initial creep behavior of a high-entropy-based alloy CoFeNi. Intermetallics, 53: 183-186. doi: 10.1016/j.intermet.2014.05.007.

[77] Senkov O N, Senkova S V, Miracle D B, Woodward C (2013). Mechanical properties of low-density, refractory multi-principal element alloys of the Cr-Nb-Ti-V-Zr system. Mater Sci Eng A, 565: 51-62. doi: 10.1016/j.msea.2012.12.018.

[78] Senkov O N, Wilks G B, Scott J M, Miracle D B (2011). Mechanical properties of $Nb_{25}Mo_{25}Ta_{25}W_{25}$ and $V_{20}Nb_{20}Mo_{20}Ta_{20}W_{20}$ refractory high entropy alloys. Intermetallics, 19 (5): 698-706. doi: 10.1016/j.intermet.2011.01.004.

[79] Gludovatz B, Hohenwarter A, Catoor D, Chang E H, George E P, Ritchie R O (2014). A fracture-resistant high-entropy alloy for cryogenic applications. Science, 345 (6201): 1153-1158. doi: 10.1126/science.1254581.

[80] Tabor D (1951). The hardness of metals. Oxford University Press, New York.

[81] Wen L H, Kou H C, Li J S, Chang H, Xue X Y, Zhou L (2009). Effect of aging

temperature on microstructure and properties of AlCoCrCuFeNi high-entropy alloy. Intermetallics, 17 (4): 266-269. doi: 10.1016/j.intermet.2008.08.012.

[82] Wang F, Zhang Y, Chen G, Davies H A (2009). Tensile and compressive mechanical behavior of a CoCrCuFeNiAl$_{0.5}$ high entropy alloy. Int J Mod Phys B, 23 (06n07): 1254-1259.

[83] Gómez-Esparza C D, Ochoa-Gamboa R A, Estrada-Guel I, Cabañas-Moreno J G, Barajas-Villarruel J I, Arizmendi-Morquecho A, Herrera-Ramírez J M, Martínez-Sánchez R (2011). Microstructure of NiCoAlFeCuCr multi-component systems synthesized by mechanical alloying. J Alloys Compd, 509: S279-S283. doi: 10.1016/j.jallcom.2010.12.105.

[84] Tsai C W, Chen Y L, Tsai M H, Yeh J W, Shun T T, Chen S K (2009). Deformation and annealing behaviors of high-entropy alloy Al$_{0.5}$CoCrCuFeNi. J Alloys Compd, 486 (1-2): 427-435. doi: 10.1016/j.jallcom.2009.06.182.

[85] Liu Z, Guo S, Liu X, Ye J, Yang Y, Wang X L, Yang L, An K, Liu C T (2011). Micromechanical characterization of casting-induced inhomogeneity in an Al$_{0.8}$CoCrCuFeNi high-entropy alloy. Scr Mater, 64 (9): 868-871. doi: 10.1016/j.scriptamat.2011.01.020.

[86] Shaysultanov D G, Stepanov N D, Kuznetsov A V, Salishchev G A, Senkov O N (2013). Phase composition and superplastic behavior of a wrought AlCoCrCuFeNi high-entropy alloy. JOM, 65 (12): 1815-1828. doi: 10.1007/s11837-013-0754-5.

[87] Ma S G, Zhang S F, Gao M C, Liaw P K, Zhang Y (2013). A successful synthesis of the CoCrFeNiAl$_{0.3}$ single-crystal, high-entropy alloy by Bridgman solidification. JOM, 65 (12): 1751-1758. doi: 10.1007/s11837-013-0733-x.

[88] Shun T T, Du Y C (2009). Microstructure and tensile behaviors of FCC Al$_{0.3}$CoCrFeNi high entropy alloy. J Alloys Compd, 479 (1-2): 157-160. doi: 10.1016/j.jallcom.2008.12.088.

[89] Westbrook J H, Conrad H (1973). The science of hardness testing and its research applications. American Society for Metals, Metals Park.

[90] Wang F J, Zhang Y, Chen G L (2009). Atomic packing efficiency and phase transition in a high entropy alloy. J Alloys Compd, 478 (1-2): 321-324. doi: 10.1016/j.jallcom.2008.11.059.

[91] Zhang K B, Fu Z Y, Zhang J Y, Wang W M, Wang H, Wang Y C, Zhang Q J, Shi J (2009). Microstructure and mechanical properties of CoCrFeNiTiAl$_x$ high-entropy alloys. Mater Sci Eng A, 508(1-2): 214-219. doi: 10.1016/j.msea.2008.12.053.

[92] Yang X, Zhang Y, Liaw P K (2012). Microstructure and compressive properties of NbTiVTaAl$_x$ high entropy alloys. Procedia Eng, 36: 292-298. doi: 10.1016/j.proeng.2012.03.043.

[93] Zhang K B, Fu Z Y (2012). Effects of annealing treatment on properties of CoCrFeNiTiAl$_x$ multi-component alloys. Intermetallics, 28: 34-39. doi: 10.1016/j.intermet.2012.03.059.

[94] Zhang Y, Zuo T T, Cheng Y Q, Liaw P K (2013). High-entropy alloys with high saturation magnetization, electrical resistivity, and malleability. Sci Rep, 3: 1455. doi: 10.1038/srep01455.

[95] Wang X F, Zhang Y, Qiao Y, Chen G L (2007). Novel microstructure and properties of multicomponent CoCrCuFeNiTi$_x$ alloys. Intermetallics, 15 (3): 357-362. doi: 10.1016/j.intermet.2006.08.005.

[96] Zhou Y J, Zhang Y, Wang Y L, Chen G L (2007). Solid solution alloys of AlCoCrFeNiTi$_x$ with excellent room-temperature mechanical properties. Appl Phys Lett, 90 (18): 181904. http://dx. doi. org/10. 1063/1. 2734517.

[97] Shun T T, Chang L Y, Shiu M H (2012). Microstructures and mechanical properties of multi-principal component CoCrFeNiTi$_x$ alloys. Mater Sci Eng A-Struct, 556: 170-174. doi: 10. 1016/j. msea. 2012. 06. 075.

[98] Greer J R, De Hosson J T M (2011). Plasticity in small-sized metallic systems: intrinsic versus extrinsic size effect. Prog Mater Sci, 56 (6): 654-724. doi: http://dx. doi. org/10. 1016/j. pmatsci. 2011. 01. 005.

[99] Hu Z H, Zhan Y Z, Zhang G H, She J, Li C H (2010). Effect of rare earth Y addition on the microstructure and mechanical properties of high entropy AlCoCrCuNiTi alloys. Mater Des, 31 (3): 1599-1602. doi: 10. 1016/j. matdes. 2009. 09. 016.

[100] Zhu J M, Fu H M, Zhang H F, Wang A M, Li H, Hu Z Q (2010). Synthesis and properties of multiprincipal component AlCoCrFeNiSi$_x$ alloys. Mater Sci Eng A, 527 (27-28): 7210-7214. doi: 10. 1016/j. msea. 2010. 07. 049.

[101] Zhu J M, Zhang H F, Fu H M, Wang A M, Li H, Hu Z Q (2010). Microstructures and compressive properties of multicomponent AlCoCrCuFeNiMo$_x$ alloys. J Alloys Compd, 497 (1-2): 52-56. doi: 10. 1016/j. jallcom. 2010. 03. 074.

[102] Zhu J M, Fu H M, Zhang H F, Wang A M, Li H, Hu Z Q (2011). Microstructure and compressive properties of multiprincipal component AlCoCrFeNiC$_x$ alloys. J Alloys Compd, 509 (8): 3476-3480. doi: 10. 1016/j. jallcom. 2010. 10. 047.

[103] Zhang Y, Yang X, Liaw P K (2012). Alloy design and properties optimization of high-entropy alloys. JOM, 64 (7): 830-838. doi: 10. 1007/s11837-012-0366-5.

[104] Li A M, Ma D, Zheng Q F (2014). Effect of Cr on microstructure and properties of a series of AlTiCr$_x$FeCoNiCu high-entropy alloys. J Mater Eng Perform, 23 (4): 1197-1203. doi: 10. 1007/ s11665-014-0871-5.

[105] Laktionova M O, Tabachnikova E D, Tang Z, Antonaglia J, Dahmen K A, Liaw P K (2012). Low temperature mechanical behavior of the Al$_{0.5}$CoCrCuFeNi high-entropy alloy. Materials Science and Technology, Pittsburgh.

[106] Laktionova M A, Tabchnikova E D, Tang Z, Liaw P K (2013). Mechanical properties of the high-entropy alloy Al$_{0.5}$CoCrCuFeNi at temperatures of 4. 2-300K. Low Temp Phys, 39 (7): 630-632. http://dx. doi. org/10. 1063/1. 4813688.

[107] Senkov O N, Scott J M, Senkova S V, Meisenkothen F, Miracle D B, Woodward C F (2012). Microstructure and elevated temperature properties of a refractory TaNbHfZrTi alloy. J Mater Sci, 47 (9): 4062-4074. doi: 10. 1007/s10853-012-6260-2.

[108] Senkov O N, Senkova S V, Miracle D B, Woodward C (2013). Mechanical properties of low-density, refractory multi-principal element alloys of the Cr-Nb-Ti-V-Zr system. Mater Sci Eng A-Struct, 565: 51-62. doi: 10. 1016/j. msea. 2012. 12. 018.

[109] Qiao J W, Ma S G, Huang E W, Chuang C P, Liaw P K, Zhang Y (2011). Microstructural

characteristics and mechanical behaviors of AlCoCrFeNi high-entropy alloys at ambient and cryogenic temperatures. In: Wang R M, Wu Y, Wu X F (eds) Materials science forum. Elsevier, Philadelphia, PA. pp: 419-425. doi: 10. 4028/www. scientific. net/MSF. 688. 419.

[110] Wang F J, Zhang Y, Chen G L, Davies H A (2009). Cooling rate and size effect on the microstructure and mechanical properties of AlCoCrFeNi high entropy alloy. J Eng Mater Technol, 131 (3): 034501. doi: 10. 1115/1. 3120387.

[111] Sheng H F, Gong M, Peng L M (2013). Microstructural characterization and mechanical properties of an Al$_{0.5}$CoCrFeCuNi high-entropy alloy in as-cast and heat-treated/quenched conditions. Mater Sci Eng A, 567: 14-20. doi: 10. 1016/j. msea. 2013. 01. 006.

[112] Zhuang Y X, Xue H D, Chen Z Y, Hu Z Y, He J C (2013). Effect of annealing treatment on microstructures and mechanical properties of FeCoNiCuAl high entropy alloys. Mater Sci Eng A, 572: 30-35. doi: 10. 1016/j. msea. 2013. 01. 081.

[113] Liu F X, Liaw P K, Wang G Y, Chiang C L, Smith D A, Rack P D, Chu J P, Buchanan R A (2006). Specimen-geometry effects on mechanical behavior of metallic glasses. Intermetallics, 14(8-9): 1014-1018. doi: http: //dx. doi. org/10. 1016/j. intermet. 2006. 01. 043.

[114] Wang Y P, Li B S, Ren M X, Yang C, Fu H Z (2008). Microstructure and compressive properties of AlCrFeCoNi high entropy alloy. Mater Sci Eng A-Struct, 491(1-2): 154-158. doi:10. 1016/ j. msea. 2008. 01. 064.

[115] Wang Y P, Li B S, Fu H Z (2009). Solid solution or intermetallics in a high-entropy alloy. Adv Eng Mater, 11 (8): 641-644. doi: 10. 1002/adem. 200900057.

[116] Li B S, Wang Y R, Ren M X, Yang C, Fu H Z (2008). Effects of Mn, Ti and V on the microstructure and properties of AlCrFeCoNiCu high entropy alloy. Mater Sci Eng A-Struct, 498 (1-2): 482-486. doi: 10. 1016/j. msea. 2008. 08. 025.

[117] Tawancy H M, Ul-Hamid A, Abbas N M (2004). Practical Engineering Failure Analysis. Marcel Dekker, New York.

[118] Gu X J, Poon S J, Shiflet G J, Lewandowski J J (2010). Compressive plasticity and toughness of a Ti-based bulk metallic glass. Acta Mater, 58 (5): 1708-1720. doi: 10. 1016/j. actamat. 2009. 11. 013.

[119] Han Z, Wu W F, Li Y, Wei Y J, Gao H J (2009). An instability index of shear band for plasticity in metallic glasses. Acta Mater, 57 (5): 1367-1372. http: //dx. doi. org/10. 1016/j. actamat. 2008. 11. 018.

[120] Ng K S, Ngan A H W (2008). Stochastic nature of plasticity of aluminum micro-pillars. Acta Mater, 56 (8): 1712-1720. http: //dx. doi. org/10. 1016/j. actamat. 2007. 12. 016.

[121] Uchic M D, Dimiduk D M, Florando J N, Nix W D (2004). Sample dimensions influence strength and crystal plasticity. Science, 305 (5686): 986-989. doi: 10. 1126/science. 1098993.

[122] Dimiduk D M, Uchic M D, Parthasarathy T A (2005). Size-affected single-slip behavior of pure nickel microcrystals. Acta Mater, 53(15): 4065-4077. http: //dx. doi. org/10. 1016/ j. actamat. 2005. 05. 023.

[123] Shade P A, Wheeler R, Choi Y S, Uchic M D, Dimiduk D M, Fraser H L (2009). A combined experimental and simulation study to examine lateral constraint effects on microcompression of single-slip oriented single crystals. Acta Mater, 57 (15): 4580-4587. http://dx. doi. org/10. 1016/j. actamat. 2009. 06. 029.

[124] Dimiduk D M, Woodward C, LeSar R, Uchic M D (2006). Scale-free intermittent flow in crystal plasticity. Science, 312 (5777): 1188-1190. doi: 10. 1126/science. 1123889.

[125] Greer J R, Oliver W C, Nix W D (2005). Size dependence of mechanical properties of gold at the micron scale in the absence of strain gradients. Acta Mater, 53(6): 1821-1830. http://dx. doi. org/10. 1016/j. actamat. 2004. 12. 031.

[126] Zou Y, Maiti S, Steurer W, Spolenak R (2014). Size-dependent plasticity in an $Nb_{25}Mo_{25}Ta_{25}W_{25}$ refractory high-entropy alloy. Acta Mater, 65: 85-97. doi: 10. 1016/j. actamat. 2013. 11. 049.

[127] Liu Z Y, Guo S, Liu X J, Ye J C, Yang Y, Wang X L, Yang L, An K, Liu C T (2011). Micromechanical characterization of casting-induced inhomogeneity in an $Al_{0.8}CoCrCuFeNi$ high-entropy alloy. Scr Mater, 64 (9): 868-871. doi: 10. 1016/j. scriptamat. 2011. 01. 020.

[128] Wu Z, Bei H, Pharr G M, George E P (2014). Temperature dependence of the mechanical properties of equiatomic solid solution alloys with face-centered cubic crystal structures. Acta Mater, 81: 428-441. doi: 10. 1016/j. actamat. 2014. 08. 026.

[129] Guo W, Dmowski W, Noh J Y, Rack P, Liaw P K, Egami T (2013). Local atomic structure of a high-entropy alloy: an X-ray and neutron scattering study. Metall Mater Trans A, 44A (5): 1994-1997. doi: 10. 1007/s11661-012-1474-0.

[130] Wu Y, Liu W H, Wang X L, Ma D, Stoica A D, Nieh T G, He Z B, Lu Z P (2014) In-situ neutron diffraction study of deformation behavior of a multi-component high-entropy alloy. Appl Phys Lett, 104 (5): 051910. doi: 10. 1063/1. 4863748.

[131] Huang E W, Yu D, Yeh J W, Lee C, An K, Tu S Y (2015). A study of lattice elasticity from low entropy metals to medium and high entropy alloys. Scripta Mater, 101: 32-35. http://dx. doi. org/10. 1016/j. scriptamat. 2015. 01. 011.

[132] Miguel M C, Vespignani A, Zapperi S, Weiss J, Grasso J R (2001). Intermittent dislocation flow inviscoplastic deformation. Nature, 410 (6829): 667-671. http://www. nature. com/nature/journal/v410/n6829/suppinfo/410667a0_ S1. html.

[133] Zaiser M, Marmo B, Moretti P (2005). The yielding transition in crystal plasticity-discrete dislocations and continuum models. Paper presented at the International Conference on Statistical Mechanics of Plasticity and Related Instabilities, Indian Institute of Science, Bangalore, India.

[134] Miguel M C, Vespignani A, Zapperi S, Weiss J, Grasso J R (2001). Complexity in dislocation dynamics: model. Mater Sci Eng A, 309-310: 324-327.

[135] Laurson L, Alava M J (2006). 1/f noise and avalanche scaling in plastic deformation. Phys Rev E Stat Nonlin Soft Matter Phys, 74 (6 Pt 2): 066106.

[136] Csikor F F, Motz C, Weygand D, Zaiser M, Zapperi S (2007). Dislocation avalanches, strain bursts, and the problem of plastic forming at the micrometer scale. Science, 318:

251-254.

[137] Ispanovity P D, Groma I, Gyorgyi G, Csikor F F, Weygand D (2010). Submicron plasticity: yield stress, dislocation avalanches, and velocity distribution. Phys Rev Lett, 105 (8): 085503.

[138] Tsekenis G, Goldenfeld N, Dahmen K A (2011). Dislocations jam at any density. Phys Rev Lett, 106 (10): 105501.

[139] Tsekenis G, Uhl J, Goldenfeld N, Dahmen K (2013). Determination of the universality class of crystal plasticity. EPL (Europhysics Letters), 101 (3): 36003.

[140] Koslowski M (2007). Scaling laws in plastic deformation. Philos Mag, 87 (8-9): 1175-1184. doi: 10. 1080/14786430600854962.

[141] Dahmen K, Ertas D, Ben-Zion Y (1998). Gutenberg-Richter and characteristic earthquake behavior in SimpleMmean-field models of heterogeneous faults. Phys Rev E Stat Nonlin Soft Matter Phys, 58 (2): 1494-1501.

[142] Sethna J P, Dahmen K A, Myers C R (2001). Crackling noise. Nature, 410 (6825): 242-250.

[143] Meeker W Q, Escobar L A (1998). Statistical methods for reliability data, Vol 314. Wiley, New York.

[144] Lai C H, Lin S J, Yeh J W, Davison A (2006). Effect of substrate bias on the structure and properties of multi-element (AlCrTaTiZr) N coatings. J Phys D-Appl Phys, 39 (21): 4628-4633. doi: 10. 1088/0022-3727/39/21/019.

[145] Chang H W, Huang P K, Davison A, Yeh J W, Tsau C H, Yang C C (2008). Nitride films deposited from an equimolar Al-Cr-Mo-Si-Ti alloy target by reactive direct current magnetron sputtering. Thin Solid Films, 516 (18): 6402-6408. doi: 10. 1016/j. tsf. 2008. 01. 019.

[146] Chang H W, Huang P K, Yeh J W, Davison A, Tsau C H, Yang C C (2008). Influence of substrate bias, deposition temperature and post-deposition annealing on the structure and properties of multi-principal-component (AlCrMoSiTi) N coatings. Surf Coat Technol, 202 (14): 3360-3366. doi: 10. 1016/j. surfcoat. 2007. 12. 014.

[147] Huang P K, Yeh J W (2009). Effects of substrate temperature and post-annealing on microstructure and properties of (AlCrNbSiTiV) N coatings. Thin Solid Films, 518 (1): 180-184. doi: 10. 1016/j. tsf. 2009. 06. 020.

[148] Lin M I, Tsai M H, Shen W J, Yeh J W (2010). Evolution of structure and properties of multicomponent (AlCrTaTiZr) O_x films. Thin Solid Films, 518 (10): 2732-2737. doi: 10. 1016/j. tsf. 2009. 10. 142.

[149] Chang Z C, Liang S C, Han S (2011). Effect of microstructure on the nanomechanical properties of TiVCrZrAl nitride films deposited by magnetron sputtering. Nucl Instrum Meth B, 269 (18): 1973-1976. doi: 10. 1016/j. nimb. 2011. 05. 027.

[150] Feng X G, Tang G Z, Gu L, Ma X X, Sun M R, Wang L Q (2012). Preparation and characterization of TaNbTiW multi-element alloy films. Appl Surf Sci, 261: 447-453. doi: 10. 1016/j. apsusc. 2012. 08. 030.

[151] Wu Z F, Wang X D, Cao Q P, Zhao G H, Li J X, Zhang D X, Zhu J J, Jiang J Z (2014). Microstructure characterization of Al_xCoCrCuFeNi ($x=0$ and 2.5) high-entropy alloy films. J Alloys Compd, 609: 137-142. doi: 10.1016/j.jallcom.2014.04.094.

[152] Cheng J B, Liang X B, Wang Z H, Xu B S (2013). Formation and mechanical properties of CoNiCuFeCr high-entropy alloys coatings prepared by plasma transferred arc cladding process. Plasma Chem Plasma Proc, 33 (5): 979-992. doi: 10.1007/s11090-013-9469-1.

[153] Hertz H (1896). Miscellaneous papers. Macmillan, New York.

[154] Johnson K L, Johnson K L (1985). Contact mechanics. Cambridge University Press, New York.

[155] Mason J, Lund A, Schuh C (2006). Determining the activation energy and volume for the onset of plasticity during nanoindentation. Phys Rev B, 73 (5): 054102.

[156] Wu Z, Bei H, Otto F, Pharr G M, George E P (2014). Recovery, recrystallization, grain growth and phase stability of a family of FCC-structured multi-component equiatomic solid solution alloys. Intermetallics, 46: 131-140. doi: 10.1016/j.intermet.2013.10.024.

[157] Li H, Ngan A H W (2004). Size effects of nanoindentation creep. J Mater Res, 19 (2): 513-522. doi: 10.1557/jmr.2004.19.2.513.

[158] Santodonato L J, Zhang Y, Feygenson M, Parish C M, Gao M C, Weber R J, Neuefeind J C, Tang Z, Liaw P K (2015). Deviation from high-entropy configurations in the atomic distributions of a multi-principal-element alloy. Nat Commun, 6: 5964. doi: 10.1038/ncomms6964.

[159] Gao M C, Yeh J W, Liaw P K, Zhang Y (eds) (2016). High-entropy Alloys: Fundamentals and Applications, 1st edn. Springer International Publishing, Cham, Switzerland. doi: 10.1007/978-3-319-27013-5.

7 功能性质

<<<<<<<<<<<<<<<<<<<<<<<<<<<<<<<<<<<<<<<<<<<<<<<<<<<<<<<<<<<<<<<<<<<<

摘　要： 本章评述了高熵合金的各种功能特性：电学性能（包括超导性能）、磁性能、电化学性质和储氢性能。探究了高熵合金不同于传统合金的有趣现象和潜在的特性。这表明高熵合金具有很多有吸引力的功能特性值得研究而且可以从学术和应用两个方面得到发展。在这一章，组成成分、工艺参数与微观结构将和功能特性结合起来做更深入的理解。

关键词： 电学性能　磁性能　电化学性能　储氢性能　高熵合金

7.1　引言

由于高熵合金和高熵相关材料在学术研究和工业应用上具有很大的发展潜力，所以关于它们功能特性的研究越来越多。这些功能特性包括电性能、热学性能、磁性能、电化学性能、储氢性能、扩散势垒、抗辐射和催化性能。除此之外，还有很多功能特性可以用来提高高熵合金的实际应用价值，例如生物医学、抗菌、电磁干扰屏蔽、防指纹、抗黏性、亲水性和疏水性。正如在 3.1.4 节所介绍的"鸡尾酒效应"所说，我们都知道高熵合金的综合性能来自于构成相的综合贡献，而这又受到各个相的形状、分布、边界和性能的影响。因为每个相都是一个多元固溶体而且可以被看作原子尺度的复合材料，它的性质不仅来源于混合规则下元素的基本性质，而且来源于所有元素之间的相互作用以及严重的晶格畸变。而在传统合金中"严重的晶格畸变"效应是最不明显的特征，就像在 3.1.2 节和 3.3 节中讨论的一样，因为所有的原子都是溶质，而且在整个溶质基体中都有其局部晶格畸变。这个效应不仅影响塑性变形和退火行为，而且影响电子、声子、偶极子和入射光束的行为。这些额外的特性主要来源于相同的晶格畸变，尽管由于它们与晶格畸变相互作用的机制不同而导致它们的影响程度不同。因此，这些机制或理论模型在未来也是需要探索并可以利用的科学热点课题。本章从其广度和流行度出发，选取了几个重要的功能特性进行综述，为今后的研究和发展提供了良好的基础。

7.2　高熵合金的电学性能

7.2.1　标准传导行为

第一个对高熵合金电学性能系统研究选取的是 $Al_x CoCrFeNi$ 体系（在以后的

描述中都将它表示为 H-x），其中 Al 含量 x 的变化范围是 $0 \leqslant x \leqslant 2^{[1]}$。样品用电弧熔炼法制备，然后在 1100℃ 下均一化处理 24h。图 7.1 是温度范围在 4~400K 下的电阻率以及 Al 含量对导电性的影响。除 H-1（$x=1$）合金具有较大的斜率外，各合金的电阻率在 298~400K 范围内近似为温度的线性函数，具有小的正斜率[1]。图 7.1b 展示了 $x=1$，1.5，2（H-1、H-1.5、H-2）三种均一化合金在 4~400K 下的电阻率。温度为 4~298K 和 298~400K 下的曲线是用两种不同的装置测量的。在温度为 100~298K 下，这三种合金的电阻率也是随着温度而线性增加的，但是它们的斜率和 298~400K 下的是不同的。这一体系的电阻率普遍要比传统合金（1~100μΩ·cm）的高。由于晶格畸变会引起强烈的电子散射，降低自由电子迁移率，因此高电阻率主要归因于组成相的全溶质基体中严重的晶格畸变。在每相中，该结构都可以看作一个具有高密度的点缺陷或畸变晶格点的伪一元晶格[2]。此外，与严重的晶格畸变效应相比，引起电子散射的热振动效应相对较小，这使得合金的电阻率温度系数比较低。电导率随 x 的变化可分为三个范围，这和组成相有明显的关系，其中单相 FCC 在 $0 \leqslant x \leqslant 0.375$ 范围内，单相 BCC 在 $1.25 \leqslant x \leqslant 2$ 范围内，双向 FCC/BCC 在 $0.5 \leqslant x \leqslant 1$ 范围内。电导率在单相 FCC 或 BCC 区域随着 x 的增加而减少，而在双向 FCC/BCC 区域值比较低。这是因为无论对于 FCC 还是 BCC 相，大尺寸铝原子的加入量越大，会导致晶格畸变和电子散射越严重。除此之外，FCC 和 BCC 之间的相界面将增加电子穿过界面时的自由电子散射。通过外推 FCC 向高铝含量的变化曲线，发现 BCC 相比 FCC 相具有更高的电导率，其原因在于更开放的 BCC 结构比密堆积 FCC 结构具有更大的电子平均自由程[2]。

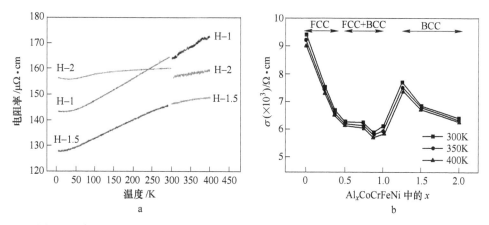

图 7.1　在 3~400K 范围内，$x=1$、1.5 和 2（H-1、H-1.5 和 H-2）三种均匀化 H-x
合金的电阻率（用两个装置测量了 4~298K 和 298~400K 的曲线）（a）
和在 300K、350K、400K 下电导率随 x 的函数（b）

报道了铸态 $Al_{0.2}CoCrFeNi$ 合金（C-x）和 75% 冷轧 $Al_{0-0.875}CoCrFeNi$ 合金（D-x）在 4.2K（ρ_0）、300K（ρ_{300}）下的电阻率、剩余电阻率比（RRR，ρ_{300}/ρ_{500}）和电阻率温度系数（TCR，$(\rho_{300}-\rho_{500})/\rho_{150}$），并进行了比较[3]。合金 C-$x$、H-$x$ 和 D-x 的 ρ_0 值的值域分别是 111.06 ~ 196.49$\mu\Omega \cdot$ cm，93.78 ~ 162.77$\mu\Omega \cdot$ cm 和 120.48 ~ 162.05$\mu\Omega \cdot$ cm。结果表明，均匀化处理可以降低电阻率，而形变处理使电阻率升高，甚至高于铸态电阻。前者与通过均匀化显著消除了相界面有关，而后者与通过变形增加位错和（或）孪晶有关。RRR 值的取值范围是 1.03 ~ 1.27。除此之外，合金的 TCR 值一般较低，H-2 合金的 TCR 值最低，为 82.5ppm/K。所有这些结果都表明了高熵合金的低温敏感性。电阻率随温度的变化曲线也用 $\rho(T) = \rho_0 + A\ln(T) + BT^2 + CT^3 + DT$ 拟合，其中 ρ_0 代表 4.2K 的剩余电阻率。拟合系数 A、B、C 和 D 分别是类 kondo、磁性、低温和高温声子项的系数。在 4.2 ~ 66K 下，通过公式 $\rho(T) = \rho_0 + A\ln(T) + BT^2 + CT^3$ 可以简化拟合，而在 100 ~ 300K 下，用 $\rho(T) = \rho_0 + A\ln(T) + BT^2 + DT$ 拟合效果良好。这些系数的变化通过它们的物理意义来讨论[3]。对 H-0.25（FCC）、H-0.50（FCC + BCC）、H-0.75（FCC+BCC）、H-1.00（FCC+BCC）和 H-1.25（BCC）合金进行了霍尔效应测量[3]。结果表明，H-x 合金的载流子浓度在 $10^{22~23}/cm^3$ 之间，与传统合金相近。然而，H-x 合金和传统合金相比，具有更低的载流子迁移率，为 0.40 ~ 2.61$cm^2/(V \cdot s)$。这一发现说明高电阻率主要是由于高熵合金比传统合金中晶格畸变严重而造成的。

为了进一步减小 TCR，Chen 等人改进了 H-2 合金，$Al_2CoCrFeNi$ 通过调节 Al 含量发现 $Al_{2.08}CoCrFeNi$ 具有一个低的 TCR[4]。这种合金的晶体结构是 B2（有序 BCC）和 BCC 固溶体的混合结构。铸态 $Al_{2.08}CoCrFeNi$ 在 4.2K 和 300K 时的电阻率值分别为 117.24$\mu\Omega \cdot$ cm 和 119.90$\mu\Omega \cdot$ cm，仅相差 2.66$\mu\Omega \cdot$ cm，如图 7.2a 所示。它的 RRR 值为 1.02。铸态 $Al_{2.08}CrFeNi$ 从 4.2 ~ 360K 的平均 TCR 为 72ppm/K。传统的低 TCR 合金（<100ppm/K）在比较窄的温度范围内具有比较低的 TCR 值，大约为 50K，就像图 7.2 所示的商业锰铜。而我们现在所说的合金与低 TCR 合金是不一样的。除了 4.2 ~ 50K 范围内有类 kondo 现象，TCR 在 50 ~ 150K，150 ~ 300K 和 300 ~ 360K 中的值分别为 128ppm/K，75ppm/K 和 42ppm/K。很明显，TCR 随温度的升高而降低。从曲线形状来看，预测在高于 360K 的温度下 TCR 值可能更低。根据以上数据和具有严重晶格畸变的全溶质基体的独特特征，可以预期许多高熵合金及其涂层具有低的 TCR 值或极低 TCR 值。因此，高熵合金在宽温度范围的精密电阻器中的潜在应用在本质上是丰富的。

总之，目前对高熵合金的电学性能的理解主要基于 $Al_xCoFrNi$ 合金。这些合金的电阻率在 4.2 ~ 400K 下介于 120 ~ 175$\mu\Omega \cdot$ cm 之间。另一个例子是 FeCoNi $(AlSi)_x$ 合金，其电阻率介于 70$\mu\Omega \cdot$ cm 和 270$\mu\Omega \cdot$ cm 之间[5]。正如之前的一些

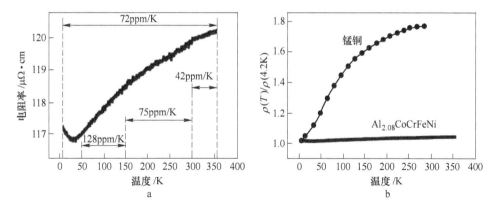

图 7.2 $Al_{2.08}CoCrFeNi$ 的 $\rho(T)$ 曲线显示不同温度区域的 TCR（在 30K 左右显示出类 kondo 效应）（a）和标准 $p(T)/\rho(4.2K)$，锰铜和 $Al_{2.08}CrFeNi$ 曲线（插入的放大曲线代表后者合金[4]）（b）

研究所指出的[6]，这些值是高于许多传统合金的值。$Al_xCoCrFeNi$ 系合金的电阻率随温度的升高而增大，但 TCR 很小。一些合金可以在很宽的温度范围内具有非常小的 TCR 值。

7.2.2 超导行为

一些廉价而且容易得到的超导体具有高临界温度（T_c）、高临界电流密度（J_c）和临界磁场（H_c），这将在许多方面带来重大革命，并提升我们的文明水平。无论是在金属体系还是非金属体系中，传统的合金或者材料的组成似乎都很难对 T_c 有一个突破。因此，已经有人研究了高熵合金和高熵相关材料，以寻找更好的超导体，例如室温超导体。

从 2011 年开始，Chen 等人研究了高熵合金中超导行为的可能性[7~9]，并发现高熵合金中也是可能存在超导行为的，并且临界温度 T_c 可能高于混合法则所预测的温度。另外，研究结果表明 T_c 在全溶质基体中不一定减小。表 7.1 列出了铸态和均匀化后等原子合金 NbTaTiZr、GeNbTaTiZr、HfNbTaTiZr、NbSiTaTiVZr、GeNbSiTaTiZr 和 GeNbTaTiVZr 的 T_c 值[7~9]。对于铸态样品，H_{c1} 在 100~400Oe 范围内，H_{c2} 超过 1T，而 GeNbTaTiVZr 的 H_{c2} 值比较小，为 6kOe[7]。对于均匀化样品，H_{c1} 从 80~660Oe 变化，而 H_{c2} 的范围是从 1.50~3.29T。J_c 在 $10^4 \sim 10^5 A/cm^2$ 的范围内[8]。此外，Nb45-64Zr18-30Ti8-20Hf1-6Ta5-8Ge1-5V5（原子比）合金的最大 T_c 值为 10.59K，平均 T_c 值为 8.54K。H_{c1} 从 400Oe 到 7000Oe，H_{c2} 从 4.38~9.25T。J_c 是 $1 \times 10^4 \sim 1.5 \times 10^6 A/cm^2$[9]。

虽然上述高熵合金是多相的，但这些合金的超导相来自 BCC 随机固溶体。这类随机固溶体具有超导行为，这一事实对理论研究和应用研究都具有重要意义[10]。

表 7.1　基于 NbTaTiZr 基高熵合金的电阻率和磁测量超导临界温度

合金	$T_{c,R}/K$	$T_{c,M}/K$	$T_{c,R}^{*}/K$	$T_{c,M}^{*}/K$
M	8.98/8.28	7.98	8.27	7.97
GeM	9.16	8.61	—	—
HfM	7.93/7.12	6.30	6.69	6.40
SiVM	4.99	4.73	—	—
GeSiM	8.10	5.49	—	—
GeVM	9.10	6.34	—	—
FeM	7.12	—	6.75	5.77
HfVM	5.09		4.96	4.93

与此同时，P. Koželj 等人报道了 BCC $Ta_{34}Nb_{33}Hf_8Zr_{14}Ti_{11}$（原子比）的晶格参数 $a = 0.336nm$，这与 Vegard 定律预测的非常接近[10]。这表明五种元素在 BCC 晶格上随机混合，由于组成元素之间的差异而造成晶格扭曲，如第 3 章所述。此外，他们还测量了电阻率、磁化强度、磁化率、比热，表明 $Ta_{34}Nb_{33}Hf_8Zr_{14}Ti_{11}$ 高熵合金为 II 型超导体，其转变温度 T_c 为 7.3K，上临界场 $\mu_0H_{c2} \approx 8.2T$，下临界场 $\mu_0H_{c1} \approx 32mT$，在费米能级为 $2\Delta \approx 2.2meV$ 的电子态密度（DOS）上有一个能隙。图 7.3a 显示了零磁场中电阻率在 300~2K 之间的变化，以及在磁场高达 9T 的超导转变区域的电阻率。图 7.3 显示了在低于大约 8K 时由于 Meissner 效应而引起的强烈的抗磁性反应，对去磁系数的磁化率修正假定超导体本征的理想抗磁值 $\chi = -1$。在 $H = 50kA/m$ 以下的低场范围内，2~8K 下的等温磁化 $M(H)$ 曲线之间也显示在插图中。在接近原点处，$M(H)$ 关系是线性的而且斜率为 1，而在较

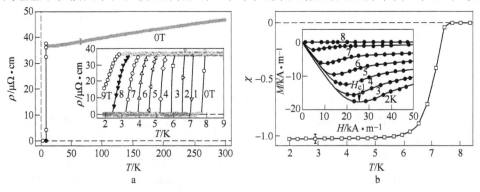

图 7.3　在 300~2K 之间零磁场下的电阻率（在插图中，显示了对于高达 9T 的场，超导转变区域电阻率的磁场依赖性）（a）和超导转变区 5mT 场中零场冷却条件下的磁化率 $\chi = M/H$，在 2~8K 的温度范围内，在低场范围内显示出等温磁化强度 $M(H)$（b），箭头表示 $T = 2K$ 处的下临界场 H_{c1}[10]

高场下，$M(H)$ 曲线呈现最小值然后接近标准状态的弱顺磁值，这是 II 型超导体的典型行为。场值的最小值取下临界场 H_{c1} 的测量值。在 2K 时，下临界场的总和为 $\mu_0 H_{c1} \approx 32mT$。

通过对超导态参数的不同使用标准的评估，他们得到的结论是所研究的高熵合金在弱电子-声子耦合极限下接近 BCS 型声子介导超导体。

7.3 高熵合金的磁性能

由于 FCC 高熵合金的组成中经常含有过量的铁磁性的铁、钴、镍等金属元素，因此研究了这些合金的磁性能。在所研究的合金中，具有均匀多晶结构的三元等原子 FeCoNi 合金具有较高的饱和磁化强度 M_s，值为 1047emu/cc，矫顽力较低[11]。加入顺磁或铁磁元素都会降低饱和磁化强度，因为饱和磁化强度主要是由成分和原子能级结构决定的。例如，在 CoFeNi 合金中加入 25% 的反铁磁性 Cr 使 CrFeNi 合金具有顺磁性[12]。然而，CoCrFeNi 与 Pd 合金化（FeCoCrNiPd，FeCoCrNiPd$_2$）可以增加 FCC 相的磁矩和居里温度。通过添加 Pd 来控制居里温度可以使这些合金在室温附近的磁制冷应用中有用处[12]。

已经有报道指出被广泛研究的 AlCoCrCuFeNi 高熵合金具有铁磁行为。铸态和退火态 AlCoCrCuFeNi 高熵合金具有高饱和磁化强度并经历了铁磁转变，如图 7.4 所示[13]。M_s 可以从 38.178emu/g 降低到 16.082emu/g，退火后矫顽力从 45Oe 降低到 15Oe，这与结构粗化和相变有关[13]。为了详细研究，Singh 等人[14]研究了 AlCoCrCuFeNi 高熵合金在三种不同状态下的显微组织，即溅射淬火、铸态和 600℃退火 2h。结果表明，调幅分解从 Cr-Fe-Co 富集区域变到 Fe-Co 富集区域

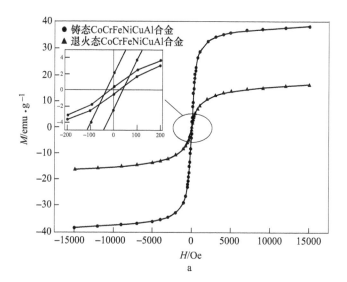

a

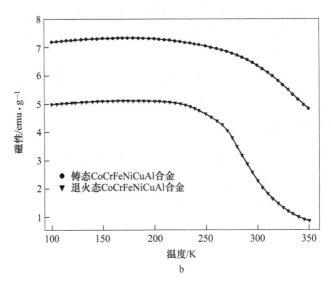

图 7.4　铸态和退火态 AlCoCrCuFeNi 高熵合金的磁化曲线

a—磁滞回线；b—在 2000e 冷却时磁化曲线的温度依赖性 $M(T)$[13]

和 Cr 富集区域。溅射淬火合金表现出比铸态和退火态合金更明显的软磁性，这和分解的初始阶段有关。由于 Cr-Fe-Co 富集区的分解程度较高，故退火态合金比铸态合金具有更高的饱和磁化强度、矫顽力和剩磁比。因此，AlCoCrCuFeNi 高熵合金的铁磁行为与调幅分解从 Cr-Fe-Co 富集区向铁磁 Fe-Co 富集区和反铁磁 Cr 富集区转变有关。

　　Chou 等人还研究了无铜的 $Al_{0-2.0}$CoCrFeNi（表示为 H-x）合金均匀化条件下的磁学行为[1]。所有的 H-x 合金在低温下（5K 和 50K）均为铁磁性。此外，H-1.25（x=1.25）和 H-2.0 合金的饱和磁化强度（M_s）超过 H-0 和 H-0.25 合金，表明在低温下 BCC 相的 M_s 值高于 FCC 相。在室温（300K）下，H-0.5、H-1.25和 H-2.0 合金保持铁磁性，而 H-0、H-0.25 和 H-0.75 合金保持顺磁性。在 FCC/BCC 双相区，通过对 BCC 贡献和 FCC 贡献的线性叠加，以及 x=0.5 和 0.75 时各相的体积分数，估算出 5K 时各相的饱和磁化强度（M_s），得到 $M_{s,FCC}$=167.78emu/cm^3 和 $M_{s,BCC}$=54.79emu/cm^3。$M_{s,BCC}$<$M_{s,FCC}$ 是由于无序 BCC 相中调幅分解而形成的富 Al、Ni 相的存在所造成的。而且我们都知道铝镍钴磁体中的富 Al、Ni 相具有弱铁磁性。M 值在 0≤x≤0.25 和 1.25≤x≤2.0 范围内随着 x 的增加而降低。合金 H-0 的 M_s 值和磁化率均小于合金 H-0.25，表明 Al 降低了 FCC 相合金（0≤x≤0.25）的铁磁性。另一方面，H-2.0 的 M_s 值小于 H-1.25，因为 H-2.0 合金主要为富 Al、Ni 的有序 BCC 相，而 H-1.25 合金 B2 相较少，无序 BCC 相较多。总之，Al 的加入降低了单相 FCC 和单相 BCC H-x 合金的铁磁

性。在单一的BCC 相中，M_s 值减少是由于 Al 含量较高的富 Al、Ni B2 相的体积分数较大所引起的。

用 Nb 替换 Cu，得到 Ma[15] 所研究的 AlCoCrFeNb$_x$Ni （x = 0，0.1，0.25，0.5，0.75）高熵合金，展现出亚铁磁性，因为它们的磁导率χ 在 $2.0 \times 10^{-2} \sim 3.0 \times 10^{-3}$，是铁磁性的定义范围，如图 7.5 所示。

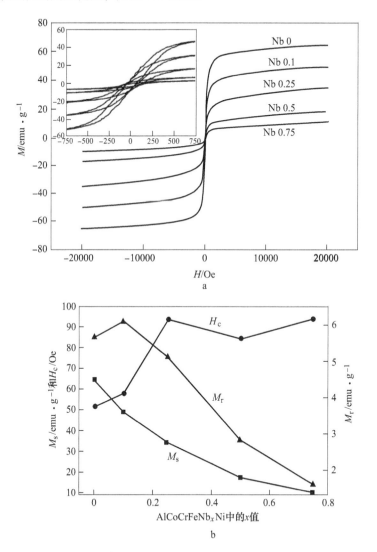

图 7.5 AlCoCrFeNb$_x$Ni 合金的磁化曲线 （x=0，0.1，0.25，0.5 和 0.75）（a）和相应的饱和磁化强度 M_s、剩余磁化强度 M_r 和矫顽力 H_c(b)

最近，Zhang[5] 通过观察原子能级和微观结构，报道了一类新的 FeCoNi

（AlSi）$_x$（0≤x≤0.8摩尔比）高熵合金，并研究了它的磁学、电学和力学性能，发现饱和磁化强度主要由组成和原子能级结构决定。随着 Al 和 Si 含量的增加，M_s 值大大降低，如图 7.6 所示。不同于饱和磁化强度，矫顽力对微观结构更敏感，如晶粒尺寸和相界。随着成分和结构的变化，在 x = 0.2 达到磁、电、力学性能的最佳平衡，并且结合了饱和磁化强度（1.15T）、矫顽力（1400A/m）、电阻率（69.5μΩ·cm）、屈服强度（342MPa）和无断裂应变（50%），使该合金成为优良的软磁材料。

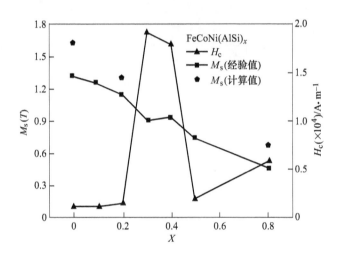

图 7.6　FeCoNi（AlSi）$_x$（x = 0，0.1，0.2，0.3，0.4，0.5，0.8）合金的磁性能
（H_c 和 M_s 分别表示矫顽力和饱和磁化强度）

　　Wang 等人[16]用机械合金化方法制备了等原子 AlBFeNiSi 和 AlBFeNbNiSi 高熵合金，并对其磁性能进行了研究。他们指出，研磨的 AlBFeNbNiSi 粉末是软磁性的，矫顽力低。AlBFeNbNiSi 粉末的饱和磁化强度随着研磨时间的延长而减小，并且显示出形成非晶高熵合金时的最低值，如图 7.7 所示。这表明，固溶相球磨后的产品比完全非晶相的产品具有更好的软磁性能。Nb 的加入并不能改善 AlBFeNiSi 高熵合金的软磁性能。相反，两种非晶高熵合金在长的研磨时间之后具有相似的软磁特性。

　　图 7.8a 显示了 CoCrCuFeNiTi$_x$ 合金的磁化曲线[17]。CoCrCuFeNi 和 CoCrCuFeNiTi$_{0.5}$都展示出了典型的顺磁性，而且在 20000Oe 的磁场下，它们的饱和磁化强度分别是 1.505emu/g 和 0.333emu/g。而 CoCrCuFeNiTi$_{0.8}$ 和 CoCrCuFeNiTi 合金在饱和磁化强度分别为 1.368emu/g 和 1.511emu/g 时则展示出近似超顺磁性曲线。这种顺磁性是由于在图 7.8b 中所示的合金中的纳米沉淀所引起的。

　　总的来说，磁性元素（Fe、Co、Ni）含量越多，饱和磁化强度越高。然而，

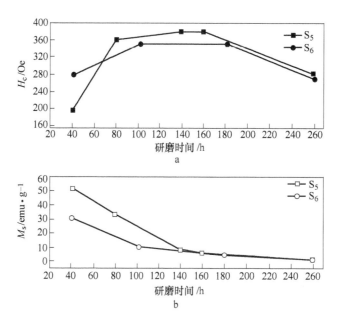

图 7.7 不同研磨时间下球磨的 AlBFeNiSi（S5）和
AlBFeNbNiSi（S6）粉末的磁性

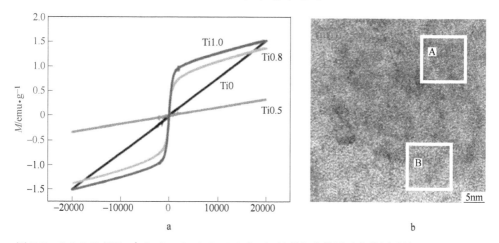

图 7.8 CoCrCuFeNiTi$_x$ 合金（$x=0$，0.5，0.8 和 1）的磁化曲线显示出从顺磁性（$x=0$ 和 0.5）
到超顺磁性（$x=0.8$ 和 1）[15]的过渡（a）和嵌入 CoCrCuFeNiTi 合金非晶相的纳米颗粒
（区域 A 纳米颗粒、区域 B 非晶基体）的高分辨率透射电子显微镜（HRTEM）图像（b）[15]

反铁磁性 Cr 的数量和分布可以产生显著的影响。饱和磁化强度通常低于
500emu/cc，除非磁性元素的浓度非常高。矫顽力受显微组织和晶粒尺寸等因素
的影响。大多数报道的高熵合金具有小于 100Oe 的矫顽力[6]，而一些高熵合金具
有更高的值，范围从 250Oe 到约 400Oe。

7.4 高熵合金的电化学性能

7.4.1 电化学动力学

在工程应用中，结构件经常会遇到不同种类的腐蚀性化学物质，寿命通常取决于它对环境的耐腐蚀性。在高熵合金的多主元素组成中，Cr、Ni、Co 和 Ti 可以提高酸性溶液中的耐腐蚀性。Mo 可抑制含 Cl⁻ 离子溶液中的点蚀。另一方面，Al、Cu 和 Mn 经常造成负面影响。然而，微观结构和组成元素之间的相互作用可能会改变我们的直观预测。因此，对不同工艺条件下不同高熵合金的电化学行为进行实验研究具有重要意义。

阳极过程：与 304 不锈钢相比，$AlCoCrCu_{0.5}FeNiSi$ 合金的极化曲线显示了在 $1N\ H_2SO_4$（pH=0.5）中的混合控制和在 1N NaCl（pH=6.5）中的阳极控制，如图 $7.9^{[18]}$ 和图 $7.10^{[19]}$ 所示。

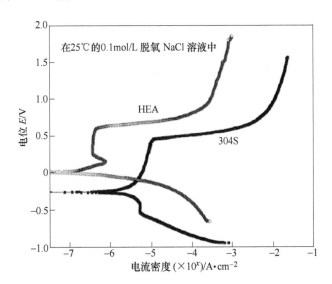

图 7.9　室温下（25℃）0.1mol/L NaCl 中 $AlCoCrCu_{0.5}FeNiSi$ 高熵合金和 304 不锈钢的阳极极化曲线[18]

当温度超过 40℃时，腐蚀电位（E_{corr}）显著增加，而 304ss 对相同的温度范围不敏感，因此保持恒定的钝化程度。阳极极化曲线上显著的动力学因子是临界钝化电流密度（i_{crit}）和钝化电流密度（i_{pass}），两者都与温度无关。根据法拉第电解定律，腐蚀速率，例如 $\mu g/mm^2$，随着温度的增加而增加。304 不锈钢比高熵合金更容易腐蚀。例如，在 $1N\ H_2SO_4$（70℃）中，在腐蚀电位为 $-0.41V_{SHE}$ 时，304ss 的腐蚀电流（i_{corr}）测得为 $10.5\times10^{-4}A/cm^2$，而在腐蚀电位为 $-0.31V_{SHE}$

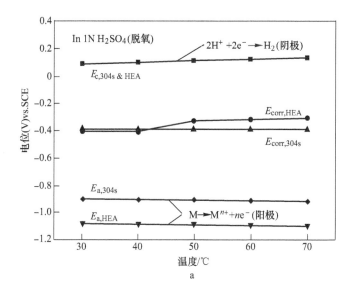

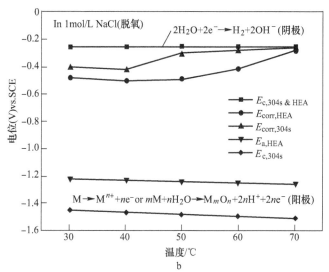

图 7.10 测定的腐蚀电位与 AlCoCrCu$_{0.5}$FeNiSi 合金在溶液中假定 [Mn^{n+}] = 10^{-6}
的平衡电位 E_a 和 E_c 的关系

a—1N H$_2$SO$_4$，pH=0.5；b—1N NaCl，pH=6.2

时，高熵合金的腐蚀电流为 1.91×10^{-4}A/cm^2（V$_{SHE}$：标准氢电极的电势）[19,20]。
根据 $i_{corr}=A\exp(-Q/RT)$ 阿伦尼乌斯图，高熵合金在 1N H$_2$SO$_4$ 中阳极溶解的活
化能（Q）为 94.1kJ/mol，304 不锈钢为 220kJ/mol[19,20]。高熵合金较低的 Q 值
应归因于无缺陷钝化的增强，与 304 不锈钢或与 H$_2$SO$_4$ 溶液中纯铁的 Q 值相比，

无缺陷钝化是由于较高的阳极电流密度导致的。在腐蚀电位上腐蚀速率较低可能是由于 $AlCoCrCu_{0.5}FeNiSi$ 中的 Al 引起的表面较高的析氢过电位（η）造成的。文献表明，在 $1mA/cm^2$ 的电流密度下，在 $2N\ H_2SO_4$ 中，Al 的 η 值可以高达 0.70V[21~23]。

阳极极化表明，室温下高熵合金在 0.1N 和 1N 氯化物中和在 0.1mol/L 和 1mol/L 浓度的酸性环境中比 304ss 更耐腐蚀。图 7.9 显示了在阳极极化测量的基础上，在 0.1mol/L NaCl 溶液中 $AlCoCrCu_{0.5}FeNiSi$ 和 304ss 之间的比较，表明高熵合金（约 $0.6V_{SHE}$）比 304ss（约 $0.4V_{SHE}$）具有更高的点蚀电位（EIT），而高熵合金（约 $0.5\mu A/cm^2$）的腐蚀速率低于 304ss（约 $2\mu A/cm^2$）[22,23]。

金属腐蚀主要发生在阳极反应上。合金化和加工对高熵合金体系在 3.5%（质量分数）NaCl 溶液中的腐蚀行为的影响表现为，对于不含 Al、Cu 的 CoCrFeNi 合金，具有较低的腐蚀速度（$0.03\mu A/cm^2$）和较高的点蚀电位（$0.55V_{SHE}$）。然而，较低的腐蚀速度和较高的点蚀电位可以通过热处理得到增强，这在无 Al 的 $CoCrCu_{0.5}FeNi$ 和无 Cu 的 $Al_{0.5}CoCrFeNi$ 合金上得到证实。例如，含 Cu 的 $CoCrCu_{0.5}FeNi$ 在 1250℃/24h 的热处理下可获得最低的腐蚀速度（$0.01\mu A/cm^2$），而含 Al 的 $Al_{0.5}CoCrFeNi$ 在 650℃/24h 的热处理下可获得最高的点蚀电位（$0.96V_{SHE}$）[24]。

阴极过程：$AlCoCrCu_{0.5}FeNiSi$ 合金的阴极过程包括氢气的产生（$2H_2O+2e^-\rightarrow H_2+2OH^-$），氧气的减少（$O_2+2H_2O+4e^-\rightarrow 4OH^-$）以及从 $AlCoCrCu_{0.5}FeNiSi$ 合金中得到的多种金属离子（M^{n+}）。当合金表面的 $[M^{n+}]_s$ 接近零时，可以接近无限浓度极化；造成这个 M^{n+} 的较低极限值的相应的电流密度是极限电流密度 i_L。在沉积 M^{n+} 的情况下，电势移动使氢气析出，氢气释放同时电镀 M^{n+}。极限电流密度（i_L）由以下关系近似得到：$i_L = 0.02nc$[20]，其中 n 是等效数，c 是放电离子浓度，例如 M^{n+}、H^+、OH^-，i_L 随溶液温度的升高而增加。对于这个特别的高熵合金 $AlCoCrCu_{0.5}FeNiSi$，i_L 在 30℃ 和 70℃ 下分别为约 $12\mu A/cm^2$ 和 $100\mu A/cm^2$，表明离子价越高，例如 M^{n+}，除了单价离子如 H^+、OH^-，越容易在高温溶液中聚集。阴极塔菲尔常数 β_c 可以通过在阴极极化曲线上取腐蚀电位附近的线性区域的斜率来估算。值得注意的是，304 不锈钢（70℃ 下为 $-0.150V/10$ 年）的 β_c 随温度的升高而增加，因为 β_c 与 RT/F 成正比，其中 R 是气体常数，F 是法拉第常数，而 $AlCoCrCu_{0.5}FeNiSi$ 合金（70℃ 下为 $-0.108V/10$ 年）[19,20,22] 的 β_c 则降低。其原因尚不清楚，但可能与材料的性能，如微观结构、化学成分，以及高熵合金体系的熵有关。

极化和腐蚀速率：通过 X 射线衍射（XRD）和能量色散 X 射线能谱（EDS）证实[19]，合金表面成分与块体高熵合金非常相似。高熵合金在 $1N\ H_2SO_4$（pH=

0.5）和 1N NaCl（pH=6.2）中的阳极和阴极平衡电位均可根据能斯特方程计算，阳极平衡电位（E_a）为 $-0.841V_{SHE}$，阴极平衡电位（E_c）为 $+0.330V_{SHE}$，随温度略有增加，如图 7.10 所示。测量的腐蚀电位，是由合金表面短路的原电池产生的电位，位于 E_a 和 E_c 的平衡电位之间。在 1N H$_2$SO$_4$ 溶液中观察到混合控制，表明 AlCoCrCu$_{0.5}$FeNiSi 合金在阳极（E_a）和阴极（E_c）之间表现出类似的极化程度。然而，在 1N NaCl 溶液中，阳极控制占主导地位，也就是说，阳极上发生的极化比阴极上的极化要多得多。特别地，AlCoCrCu$_{0.5}$FeNiSi 合金具有宽的钝化区（$\Delta E \geqslant 1.2V$），钝化电流密度（i_{pass}）在 288℃、0.01N Na$_2$SO$_4$ 中约为 2×10^{-4} A/cm$^{2[25]}$。浸泡 12 周后[25,26]，重量减少值比较低，约为 4.5μg/mm。AlCoCrCu$_{0.5}$FeNiSi 合金具有良好的抗腐蚀性能和高抗拉断裂性能。在空气中抗拉强度和伸长率分别为 2660MPa 和 2.01%，而在 288℃的高压蒸汽水中，抗拉强度和伸长率仅略低于 2000MPa 和 1.49%[27]。具有良好抗腐蚀性能和机械强度的高熵合金 Cu$_{0.5}$AlCoCrFeNiSi 是有很好的应用前景的，可以用在高温水溶液环境中，例如在沸水反应堆中。

根据塔菲尔斜率的数据，即 β_a、β_c 和给定的平衡电位（如图 7.10 所示），可以评估交换电流密度 i_0 或者根据塔菲尔方程 $\eta=\beta\log(i_{corr}/i_0)$ 得出的电流密度在平衡电极上的正向和反向反应。i_0 越大，β 越小，相应的过电压 η 越小。与 Al 含量不确定的 Al$_x$CoCrFeNi（0.43μA/cm^2）相比，Al 的作用能有效地降低 i_0（0.064μA/cm^2）。因此，在水溶液环境中，Al 含量不确定的 Al$_x$CoCrFeNi 析氢过电位较低。

7.4.2　合金耐蚀性

B 的影响：B 添加到合金中可以提高合金的耐磨性能。阳极极化研究表明，无 B 合金 Al$_{0.5}$CoCrCuFeNi（$-0.094V_{SHE}$）的腐蚀电位比 304 不锈钢的高，即还原电位高于 304 不锈钢（$-0.165V_{SHE}$），而对应的腐蚀电流密度（3.19μA/cm^2）在 1N H$_2$SO$_4$ 中低于 304 不锈钢（33.2μA/cm^2）[28]。显然，这种无 B 合金 Al$_{0.5}$CoCrCuFeNi 比 304 不锈钢更能抵抗一般腐蚀。循环极化曲线[29]表明这些含 B 合金 Al$_{0.5}$CoCrCuFeNiB$_x$ 在 1N H$_2$SO$_4$ 溶液中不易发生点蚀，其相应的腐蚀电位和腐蚀电流值分别在 $-115\sim-159$mV$_{SHE}$ 和 $787\sim2848$μA/cm^2 范围内变化，相应的 B 含量高达 1mol（$x=1$）。对 Al$_{0.5}$CoCrCuFeNiB$_{0.6}$ 合金在 1N H$_2$SO$_4$ 溶液中阳极极化后的 X 射线光电子能谱（XPS）分析表明，B 对耐蚀性有不利影响，主要原因是 Cr、Fe 的纤维状硼化物相析出较多[28]。电化学阻抗谱（EIS）结果表明，无 B Al$_{0.5}$CoCrCuFeNi 合金（2500Ω·cm^2）的极化电阻（R_p）明显高于含 B 合金，如 Al$_{0.5}$CoCrCuFeNiB$_{0.6}$（900Ω·cm^2），再次表明 B 的合金化削弱了耐腐蚀性。

向 Al$_{0.5}$CoCrCuFeNi 合金中添加 B 等非金属元素，通过形成硼化物来提高硬度和耐磨性。然而，动电位极化曲线表明，在 0.5N H$_2$SO$_4$ 溶液中 Al$_{0.5}$CoCrCuFeNiB$_x$

合金比无 B 合金的耐腐蚀性能差[28]。$Al_{0.5}CoCrCuFeNiB_x$ 合金在 1N H_2SO_4 溶液的一些电化学参数列于表 7.2 中[28,29]。B0-和 B0.2-合金的钝化范围 ΔE 分别为 273mV 和 256mV。然而，B0.6-和 B1.0-合金的钝化区间首先变窄，最后消失，由于 B 含量的存在恢复到活性溶解。奈奎斯特图的分析结果表明，在 1N H_2SO_4 中的 $Al_{0.5}CoCrCuFeNiB_x$ 合金具备：（1）表面上有 Cr，但在表面的 CrB_2 析出物被耗尽且钝化不充分；（2）沿 CrB_2 析出物的边缘发生电偶腐蚀；（3）极化电阻（R_p）随着非金属、硼的合金化而降低。所研究的 $Al_{0.5}CoCrCuFeNiB_x$ 合金体系由无序 BCC 相和 FCC 相以及硼化物组成[28]。

表 7.2　$Al_{0.5}CoCrCuFeNiB_x$ 在 1N H_2SO_4 中的循环极化电化学性质

合　金	E_{corr}	E_{pit}	ΔE	E_{rp}	i_{corr}	R_p
	mV_{SHE}	mV_{SHE}	mV	mV_{SHE}	$\mu A/cm^2$	$\Omega \cdot cm^2$
$Al_{0.5}CoCrCuFeNi$	−115	233	273	290	787	6652
$Al_{0.5}CoCrCuFeNiB_{0.2}$	−121	215	256	266	1025	2763
$Al_{0.5}CoCrCuFeNiB_{0.6}$	−148	~0	~0	82	2626	1872
$Al_{0.5}CoCrCuFeNiB_{1.0}$	−159	~0	~0	−103	2848	1081

　　Al 的影响：在水溶液环境中 $Al_xCrFe_{1.5}MnNi_{0.5}$ 合金体系中铝含量对腐蚀行为的影响很显著。在 0.5mol/L H_2SO_4 与不同浓度的 NaCl 混合得到的溶液中，随着 Al 含量的增加，$Al_xCrFe_{1.5}MnNi_{0.5}$ 合金体系的极化强度和 EIS 均明显降低[30]。$Al_xCrFe_{1.5}MnNi_{0.5}$ 合金体系在 0.5mol/L H_2SO_4 溶液中表现出较宽的钝化区间（$\Delta E \geqslant 1.2V$），它涵盖了 H_2O 可以保持稳定性的电位区间（$\Delta E = 1.23V$）[31]，如图 7.11 所示。在 $0.3V_{SHE}$ 处的电流峰值可能是由于 $Al_2O_3 \cdot 3H_2O$ 的形成而造成的，它是组成钝化膜的组分之一（$E_{Al/Al_2O_3} \sim 0.3V_{SHE}$）[30,31]。

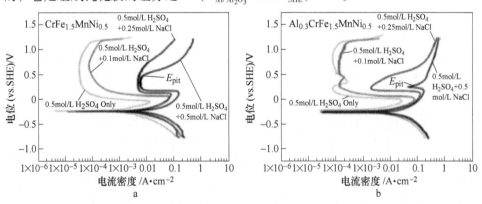

图 7.11　$CrFe_{1.5}MnNi_{0.5}$（a）和 $Al_{0.3}CrFe_{1.5}MnNi_{0.5}$（b）合金在 0.5mol/L H_2SO_4 中与不同的
NaCl 溶液混合的动电位极化曲线，二者都显示出了氧溶解的钝化电位向点蚀的活性
电位转变（例如，对于含 Al 的 $Al_{0.3}CrFe_{1.5}MnNi_{0.5}$ 的 $0.25V_{SHE}$ 和无 Al 的
$CrFe_{1.5}MnNi_{0.5}$ 的 $0.45V_{SHE}$）

在 0.5mol/L H_2SO_4 与不同的溶液混合，例如 NaCl 混合溶液中得到的电位动态极化曲线表明，展示出了在 $1.2V_{SHE}$ 下过钝化电位向活跃的点蚀转变。点蚀电位取决于 Cl^- 浓度，也取决于 $Al_xCrFe_{1.5}MnNi$ 合金的 Al 含量。例如，$CrFe_{1.5}MnNi_{0.5}$ 的无 Al 和含 Al 合金都倾向于表现出大约 1.2V 的显著钝化区间（ΔE）且在 $1.15V_{SHE}$ 下发生氧析出，对于无铝 $CrFe_{1.5}MnNi_{0.5}$，其活性值下降到 $0.45V_{SHE}$，对于含铝的 $Al_{0.3}CrFe_{1.5}MnNi_{0.5}$，其活性电位下降到 $0.25V_{SHE}$。如图 7.12 所示，随着 Cl^- 在 $\geqslant 0.25mol/L$ NaCl 溶液中的增加，以及在 $30V_{SHE}$ 下 E_{Al/Al_2O_3} 电流峰的溶解，可能使完整的钝化膜退化。

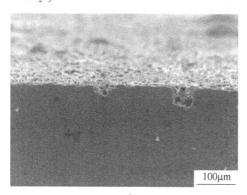 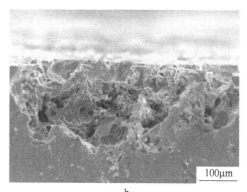

图 7.12　合金 $CrFe_{1.5}MnNi_{0.5}$（a）和 $Al_{0.3}CrFe_{1.5}MnNi_{0.5}$（b）的扫描电镜（SEM）图片（分析表明，含铝高熵合金明显降低了 0.5mol/L H_2SO_4 与 0.25N NaCl 溶液混合时的抗点蚀性能）

$Al_xCrFe_{1.5}MnNi_{0.5}$ 合金在 1N NaCl 溶液中的类似极化曲线显示出非常窄的钝化区（$\Delta E \leqslant 0.3V$），并且清楚地显示出随着高熵合金中 Al 含量的增加，抗点蚀性降低，如表 7.3 所示[30]。对于含铝 $Al_{0.3}$ 和 $Al_{0.5}CrFe_{1.5}MnNi_{0.5}$ 合金，奈奎斯特曲线具有两个电容环，它们通常与双电层和吸附层的存在有关[30]。

表 7.3　$Al_xCrFe_{1.5}MnNi_{0.5}$ 合金在 0.5N H_2SO_4 溶液中的电化学参数

合　金	E_{corr}	i_{corr}	i_{crit}	E_{pp}	i_{pass}	ΔE
	mV_{SHE}	A/cm^2	A/cm^2	mV_{SHE}	A/cm^2	mV
$Al_0CrFe_{1.5}MnNi_{0.5}$	−229	6.86×10^{-4}	1.26×10^{-1}	−55	3.14×10^{-5}	1227
$Al_{0.3}CrFe_{1.5}MnNi_{0.5}$	−194	2.39×10^{-3}	2.36×10^{-2}	−12	7.39×10^{-5}	1176
$Al_{0.5}CrFe_{1.5}MnNi_{0.5}$	−206	5.08×10^{-3}	5.54×10^{-2}	47	6.82×10^{-5}	1114
304 不锈钢	−186	7.45×10^{-5}	8.19×10^{-4}	−22	8.05×10^{-5}	1178

Mo 的影响：Mo 的加入因其对不锈钢耐腐蚀性的有益作用而得到广泛认可，并

且过去已进行了广泛的研究[32~34]。$Co_{1.5}CrFeNi_{1.5}Mo_x$ 合金在酸性条件下的阳极极化曲线表现为活性-钝化转变、一个广泛的钝化区和 $\Delta E \geqslant 1.2V$ 与 H_2O 的稳定性是一致的。$Co_{1.5}CrFeNi_{1.5}Ti_{0.5}Mo_{0.1}$ 合金中的腐蚀电流密度低于 $Co_{1.5}CrFeNi_{1.5}Ti_{0.5}$ 合金中的腐蚀电流密度，这可能是由于 $Co_{1.5}CrFeNi_{1.5}Ti_{0.5}Mo_{0.1}$ 合金中 Cr 含量较低，Mo含量较高（1.8at.%）。随着合金中 Mo 含量从 0.5 增加到 0.8，$Co_{1.5}CrFeNi_{1.5}Ti_{0.5}Mo_x$ 合金的枝晶间是富 Cr 和富 Mo σ 相，枝晶是 Cr 和 Mo 贫化的相。316L 不锈钢板由于存在 σ 相而失效，$Co_{1.5}CrFeNi_{1.5}Ti_{0.5}Mo_x(x=0.5, 0.8)$ 合金与无 Mo 合金相比，具有较低的腐蚀电流密度，这不利于不锈钢在 H_2SO_4 溶液中的腐蚀性能[35]。另一方面，无钼 $Co_{1.5}CrFeTi_{1.5}$ 合金在 Cl^- 环境中容易产生点蚀，其钝化电位范围较窄。然而，含 Mo 的 $Co_{1.5}CrFeNi_{1.5}Ti_{0.5}Mo_x$ 合金在含氯的环境中很耐点蚀，由于 MoO_4^{2-} 离子在钝化表面上是阳离子选择性的，这样就排斥了诸如 Cl^-、Br^- 等阴离子的掺入，而这种钝化膜通常被认为是自我修复的[35,36]。表 7.4 和表 7.5 总结了 $Co_{1.5}CrFeNi_{1.5}Ti_{0.5}Mo_x$ 合金体系在脱氧 0.5mol/L H_2SO_4 和脱氧 1mol/L NaCl 溶液中的腐蚀数据。XPS 分析表明，钝化膜中 Cr_2O_3 和 MoO_2 的存在和相应的 $CrO_4^{2-}/Cr_2O_3(E_0=1.31V)$ 与 $MoO_4^{2-}/MoO_2(E_0=0.606V)$ 的平衡情况与钝化区间内的电位非常相似[31]。在碱性环境中，例如 1N NaOH，随着 Mo 含量的增加，由于富 Cr 相的形成，耐蚀性降低，钝化 Cr 的关键组成减少[35,37]。

表 7.4　脱气 0.5mol/L H_2SO_4 中 $Co_{1.5}CrFeNi_{1.5}Ti_{0.5}Mo_x$ 合金的电化学参数

设计	E_{corr}	i_{corr}	i_{pass}	E_{pit}	ΔE
	mV_{SHE}	$\mu A/cm^2$	$\mu A/cm^2$	mV_{SHE}	mV
Mo_0	−92	30	9	1089	1130
$Mo_{0.1}$	−71	78	9	1089	1112
$Mo_{0.5}$	−64	72	11	1089	1109
$Mo_{0.8}$	−70	69	22	1089	1109

表 7.5　在脱气 1mol/L NaCl 中 $Co_{1.5}CrFeNi_{1.5}Ti_{0.5}Mo_x$ 合金的电化学参数

设计	E_{corr}	i_{corr}	i_{pass}	E_{pit}	ΔE
	mV_{SHE}	$\mu A/cm^2$	$\mu A/cm^2$	mV_{SHE}	mV
Mo_0	−443	0.57	1.46	338	557
$Mo_{0.1}$	−381	0.13	3.80	1214	1429
$Mo_{0.5}$	−493	0.20	4.10	1164	1383
$Mo_{0.8}$	−551	0.41	5.11	1182	1371

Cu 的影响：Cu 倾向于以团簇的形式分离，形成贫 Cu 枝晶，而在凝固过程

中，由于 Cu 与 Fe、Co、Ni 和 Cr[19] 的结合能较弱，因此形成富铜枝晶，如在 $Al_{0.5}CoCrCuFeNi$ 合金中。在室温下 $CoCrCu_xFeNi$ 在 3.5%（质量分数）NaCl 溶液中腐蚀 30 天，复合相之间也发生了电化学腐蚀。$Cu_{0.5}$ 高熵合金和 $Cu_{1.0}$ 高熵合金均沿富铜枝晶方向发生局部腐蚀，而无铜 CoCrFeNi 枝晶没有发生局部腐蚀。一般来说，在 3.5%（质量分数）NaCl 溶液中 CoCrFeNi 合金比 $CoCrCu_{0.5}FeNi$ 和 CoCrCuFeNi 合金更容易钝化，因而具有更高的耐蚀性[19,38]。在没有液体电解质的情况下，$Al_{0.5}CoCrCuFeNiB_x$ 合金可能发生高温腐蚀。在金属表面形成固体反应产物膜或垢，金属和环境必须通过该膜或垢才能继续反应。在无硼 $Al_{0.5}CoCrCuFeNiB_0$ 合金中消除富铜区，大大提高了合金的耐蚀性[19,28,39]。在 500℃ 下将合金暴露在含 0.1%~1%H_2S 的合成气中收集得到的腐蚀数据表明，在 B 含量较低的高熵合金中的多相富铜区易腐蚀。$Cu_{1.96}S$ 是低 B 高熵合金腐蚀产物外部的主要硫化物，而高 B 高熵合金上的 $FeCo_4Ni_4S_8$ 是主要的硫化物[39]。

7.4.3 防腐

阳极氧化：钝化电位上阳极氧化，随着阳极氧化时间的延长，对应的电流呈指数下降，导致多组分阳极氧化膜在 15% H_2SO_4 溶液中的生长。XPS 分析表明，含 Al 合金 $Al_{0.3}CrFe_{1.5}MnNi_{0.5}$ 阳极氧化后，主要成分为 Al 和 Cr 的氧化物膜。极谱电流时间曲线的电流瞬态表明 $CrFe_{1.5}MnNi_{0.5}$ 合金易发生局部腐蚀。然而，对于含 Al 合金没有观察到这种曲线，例如 $Al_{0.3}CrFe_{1.5}MnNi_{0.5}$，如图 7.13 所示[23,40,41]，曲线光滑且有效地防止点蚀。$Al_xCrFe_{1.5}MnNi_{0.5}$ 阳极氧化前的极化阻抗（R_p）随合金铝含量的增加而增加，并且显著低于 304 不锈钢。阳极氧化 $Al_xCrFe_{1.5}MnNi_{0.5}$ 合金比未处理的铝合金具有更高的耐点蚀性能。如图 7.12 所示，在 0.25N NaCl 下进行阳极氧化后，表面形貌也有明显的差异[41]。

抑制作用：临界点蚀温度（CPT）[18,42~44] 是在特定试验条件下发生稳定扩展点蚀的试验表面的最低温度。由 ASTM G48-03 和 ASTM G150-99 测定的临界点蚀温度适用于不锈钢和其他合金，如高熵合金的敏感性分级。众所周知，Cl^- 可破坏钝化物或阻止其在 Fe、Cr、Ni、Co 和不锈钢中的形成，因为 Cl^- 比其他离子更容易通过孔洞或缺陷穿透氧化膜，或 Cl^- 可以胶质的分散氧化物膜并增加其渗透性。换言之，吸附的氯化物离子增加了使金属阳极溶解的交换电流。SO_4^{2-} 离子对 $Co_{1.5}CrFeNi_{1.5}Ti_{0.5}Mo_{0.1}$ 合金点蚀电位和临界点蚀温度的抑制作用是由氯化物溶液引起的[32,45,46]。合金在 0.1N、0.5N 和 1N NaCl 溶液中的 CPT 值分别为 70℃、65℃ 和 60℃，CPT 值随溶液浓度的增加而明显降低[47]。点蚀电位随氯化物浓度的对数值而线性变化，分别是在 70℃ 下，$E_{pit}(mV) = 551~295\log[Cl^-]$，在 80℃ 下，$E_{pit}(mV) = 470~353\log[Cl^-]$。因此，将 SO_4^{2-} 添加到氯化物溶液中对点蚀电位和 CPT 都有抑制作用[32]，如图 7.11 和图 7.13 所示。这种高熵合金的阳极极化呈现出 S 形的活性钝化特征，其次是过钝化腐蚀，这通常超出了 H_2O 的稳定性。在硫酸盐溶液中加入 NaCl，过钝化电位（$E_{tr} \cong 1.2V_{SHE}$）缩减到点蚀发生所需的较低电势。图 7.11 显示 Cl^- 盐的增加将点蚀电位转换为更活跃的值。向含氯化物的溶液中加入硫酸盐不仅会增加抗点蚀的电位，而且会增加用于点蚀成核和生长的临界点蚀温度。除硫酸根离子外，其他阳极抑制剂如 NO_3^-、NbO_4^{2-}、ClO_4^-、$C_2H_5OO^-$ 和 $C_7H_5O_2^-$ 在 Cl^- 溶液中都可以抑制点蚀[32]。

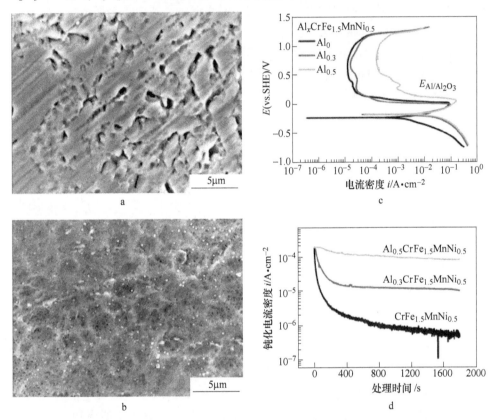

图 7.13　$CrFe_{1.5}MnNi_{0.5}$（a）、$Al_{0.3}CrFe_{1.5}MnNi$（b）的扫描图像，$Al_xCrFe_{1.5}MnNi_{0.5}$
合金在 15% H_2SO_4 溶液中的阳极极化曲线（c）和 $Al_xCrFe_{1.5}MnNi_{0.5}$（$x=0$、0.3 和 0.5）
合金在 15% H_2SO_4 溶液中在 $0.7V_{SHE}$ 恒电位下的计时电流曲线

　　热处理的影响：热处理经常用在处理铸态和冷加工结构工件的不均匀性，在析出物的长大过程中可以使硬度达到峰值和提高力学性能。合金中的相构成电极局部作用单元，它们的去除会明显提高耐腐蚀性。在分离的相之间形成许多电偶；腐蚀的类型和强度取决于每一个单独的相的电化学性质和它们的相对物理尺寸。

铸态 $Al_{0.5}CoCrFeNi$ 的显微组织包括 FCC 固溶体基体和富 Al、Ni 相。在 350~950℃时效温度下，合金组织由 FCC+BCC 固溶体和各种形式的 Al(Ni、Co、Cr、Fe) 相组成。铸态和退火态 $Al_{0.5}CoCrFeNi$ 在 3.5%（质量分数）的 NaCl 溶液中都会发生明显的腐蚀，这是由于 FCC 基体中富 Al、Ni 析出相的析出[24,48]。不同时效温度下含 Cu 合金 $Cu_{0.5}CoCrFeNi$ 在 25℃、3.5%（质量分数）NaCl 中测得的电化学参数表明，所有铸态和退火温度为 350℃到 1350℃的热处理样品在腐蚀电位为 $-0.28V$ 到 $-0.41V_{SCE}$（V_{SCE}（Volt）$= V_{SCE} + 0.241$）下具有的腐蚀电流为 $2.03×10^{-9} ~ 4.58×10^{-8} A/cm^2$，点蚀电位在 $0.07V_{SCE}$ 和 $0.05V_{SCE}$ 之间的范围内。在这个特殊高熵合金中由于时效而造成的铜偏析引起了非保护性钝化膜的形成，其中 Cl^- 优先攻击富 Cu 相中的电位敏感区。$Cu_{0.5}CoCrFeNi$ 合金中具有不同电位的富 Cu 相和富 Cr 相可以导致电偶腐蚀优先发生[49,50]。

加工的作用：$Al_5Cr_{12}Fe_{35}Mn_{28}Ni_{20}$ 高熵合金是可淬硬的而且它的铸态样品可以被轧制到 60%。在 $1N H_2SO_4$ 溶液中钝化电流密度（$5μA/cm^2$）随着冷轧量的增加而产生轻微的增加，同时观察到一个广泛的钝化电势（$\Delta E \geqslant 1.2V$）。腐蚀电流密度在约 $10μA/cm^2$ 范围内，使得 $Al_5Cr_{12}Fe_{35}Mn_{28}Ni_{20}$ 合金成为产生氧气的高效阳极，由于析氧过电位小到可以忽略不计，正如在这个特定高熵合金中观察到的，氧析出的电位几乎正好为平衡电位，对于 O_2/OH^- 反应，氧析出的电位为 $1.23V$[51]。对于在类似环境中的纯 Fe，直到电位超过平衡值十几伏，才产生氧气。铸造工件中表面下产生的一些浅坑似乎与冷加工的程度无关[51]。然而，在含氯环境中，冷加工可以有效地促进点蚀向惰性方向发展。在这个高熵合金上的冷加工可以或多或少的将点蚀变成均匀腐蚀。在 NaCl 溶液中，阳极极化曲线在 $0.15V_{SHE}$，约 $1μA/cm^2$ 处显示出明显的点蚀电位，并且随着冷加工量的增加，凹坑尺寸及其分布逐渐减小[51]。

防腐镀层：高熵合金涂层是一个新的研究领域，最近的一些研究报道了利用磁控溅射、电解火花工艺、等离子弧熔覆以及激光加工等不同方法制备高熵合金涂层[52]。把高熵合金作为涂层要比作为块体更直接，从而充分利用这些合金的性能。采用激光表面工程方法在 Al 1100 基体上合成高熵合金涂层，在中性 NaCl 溶液中，涂层的耐蚀性得到提高。由于涂层中高熵合金的最小组分稀释和均匀分布，采用双层 $25J/mm^2$ 处理的 AlFeCrCoNi 基合金极少或没有点蚀。由于耐腐蚀元素 Ni、Cr 和 Co 的存在以及较低的 Al 含量对耐腐蚀是有帮助的，因此该体系显示出优异的耐腐蚀性[24,52]。例如，对于 AlCoCrFeNi 涂覆的 Al 1100，使用 $25J/mm^2$ 获得了最低的腐蚀电流密度，在腐蚀电位为 $-730mV_{SCE}$ 时腐蚀电流为 $0.3μA/cm^2$。

7.5 高熵合金的储氢性能

温室效应主要是由 CO_2 的排放造成的。不会产生 CO_2 的各种绿色能源，如氢气、太阳能和风能已被广泛探索。氢能是一种有效且方便的能源，但是氢的易燃性和爆炸危险性使得氢的储存成为一个重要的问题。在各种储氢技术中，金属氢化物以其安全、低成本、高储存容量和高吸收/解吸可逆性而被认为是一种优良的储氢材料。LaNi$_5$是一种重要的金属氢化物。然而，它含有稀土 La 和昂贵的Ni。因此，我们非常需要具有类似性能的其他廉价金属氢化物体系。近年来，储氢合金中组分数量的增加已成为提高储氢性能，特别是提高氢吸收、解吸和寿命的主要发展方向。此外，高熵合金也被用来研究开发，从而满足储氢需求[53,54]。

　　第一个高熵合金体系设计的储氢合金是由 Kao 等人研究的等摩尔CoFeMnTiVZr 合金[2]。CoFeMnTiVZr 高熵合金具有单一的 AB$_2$ C14 结构（有序HCP 结构），其中 Ti 和 Zr 占据 A 位置，而 Co、Fe、Mn 和 V 占据 B 位置。由于合金体系中的高熵效应，使具有相似原子尺寸和化学性质的不同元素的取代降低了总自由能。CoFeMnTi$_{0.5-2.5}$VZr、CoFeMnTiV$_{0.4-3.0}$Zr 和 CoFeMnTiVZr$_{0.4-3.0}$合金在压力组成等温线（PCI）试验前后均存在单一的 C14 Laves 相。因此，在不改变 C14晶体结构的情况下，通过大幅度改变 Ti、V 和 Zr 的含量，可以改善CoFeMnTi$_x$V$_y$Zr$_z$合金的吸放氢性能和储氢性能。控制最大储氢容量$(H/M)_{max}$的因素是合金元素与氢之间的亲和性。由于 Ti 和 Zr 参与 CoFeMnTi$_x$VZr（表示为 Ti$_x$）和 CoFeMnTiVZr$_z$（表示为 Zr$_z$）合金的吸氢过程，结果表明，$(H/M)_{max}$分别在$0.5 \leqslant x \leqslant 2$ 和 $0.4 \leqslant z \leqslant 2.3$ 范围内随 x 和 z 的增大而增大。在室温下，CoFeMnTi$_2$VZr合金的最大 H$_2$ 吸收量为 1.8%（质量分数）。图 7.14 显示了在 25℃ 时CoFeMnTiV$_y$Zr（表示为 V$_y$）合金的 PCI 曲线。这证实了 Ti 和 Zr 的加入促进了氢

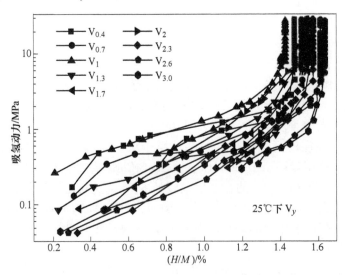

图 7.14　25℃下 CoFeMnTiV$_y$Zr（V$_y$）合金的 PCI 曲线

的吸收。$Ti_{2-2.5}$ 和 $Zr_{2.3-3.0}$ 合金中 $(H/M)_{max}$ 的减少是由于 Ti 和 Zr 的严重偏析所致。测定了 Ti_x、V_y 和 Zr_z 合金在 25℃ 和 80℃ 下的吸氢动力学，以及这些合金达到它们吸收能力的 90% 所需的时间 $t_{0.9}$。参数 $t_{0.9}$ 是估算合金吸氢动力学的实用指标。图 7.15 显示了 Zr_z 合金在 25℃ 时的吸收动力学曲线，$t_{0.9}$ 的值小于 60s。氢解吸后，由于 Zr 和 H 之间的强结合，大量的氢被保留在 Zr_z 合金中。根据 PCI 测试，主导 $t_{0.9}$ 和稳定水平的因素是与晶格常数相关的间隙位置的大小。添加 Zr 或 Ti 可增大合金的间隙位置，并使晶格具有较低的压缩原子应力。因此，Zr_z 和 Ti_x 的 $t_{0.9}$ 值和平台压力随着 z 和 x 的增加而降低。

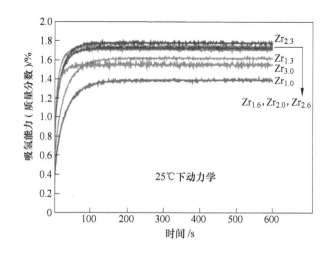

图 7.15　$CuFeMnTiVZr_z(Zr_z)$ 合金在 25℃ 下的吸收动力学曲线

从平均组成来看，各种氢化物 $t(H/原子)_{max}$ 的焓是 A_2B 和 AB_5 合金体系中焓的线性函数，如图 7.16 所示[2]。虽然它是非线性的，对于 AB 和 AB_2（包括 Ti_x、V_y 和 Zr_z）体系，$(H/原子)_{max}$ 仍然与 Ti_x、V_y 和 Zr_z 的焓密切相关。通过改变三种元素的相对含量或在保持 C14 结构的同时加入其他元素，可以探索出许多具有高储氢潜力的新型金属氢化物。

虽然只研究了极少数高熵合金的功能特性，但是已经报道了许多有趣独特的结果。例如，$Al_{2.08}CoCrFeNi$ 合金在很宽的温度范围内具有非常低的电阻温度系数[4]。这种合金可用作精密电阻器。$FeCoNi(AlSi)_{0.2}$ 合金具有良好的性能组合，使其成为潜在的软磁材料[5]。在抗腐蚀方面，一些高熵合金比 304 不锈钢甚至 316 不锈钢表现出更好的性能。储氢性能也令人鼓舞。功能应用的其他方向[6]包括但不仅仅局限于核（抗辐射）材料、电子材料，例如扩散屏障、电磁屏蔽材料、热电材料和功能涂层。

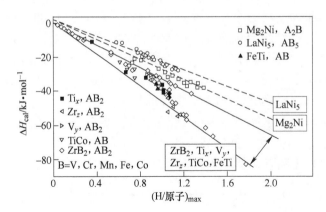

图 7.16　Mg_2Ni（A_2B 型）、$LaNi_5$（AB_5 型）、TiFe 和 TiCo（AB 型）、
ZrB_2、Ti_x、V_y 和 Zr_z（AB_2 型）的（H/原子）$_{max}$ 与焓值曲线

7.6　结论和观点

通过回顾和讨论高熵合金的各种功能性质，包括电性能（包括超导）、磁性、电化学性质和储氢性能，我们可以得出结论，高熵合金和高熵合金相关材料可以根据组成和加工提供各种各样的数据。其中，一些已被证明具有堪比传统材料的性质。此外，还观察到一些有趣的现象和比传统合金更好的潜在性能。组分的基本性质、组分间的相互作用、多元素乃至全溶质基体、相和界面形貌影响物理、化学和电化学性能。它们的相互关系和相互作用将补充材料科学的基本原理。未来需要更多的研究。HEAs 和 HEA 相关材料具有诱人的功能性质，值得从学术和应用两个角度加以探索和发展。

参 考 文 献

[1] Chou H P, Chang Y S, Chen S K, Yeh J W (2009). Microstructure, thermophysical and electrical properties in Al_xCoCrFeNi（$0 \leqslant x \leqslant 2$）high-entropy alloys. Mater Sci Eng B, 163: 184-189.

[2] Kao Y F, Chen S K, Sheu J H, Lin J T, Lin W E, Yeh J W, Lin S J, Liou T H, Wang C W (2010). Hydrogen storage properties of multi-principal-component CoFeMnTi$_x$V$_y$Zr$_z$ alloys. Int J Hydrogen Energy, 35: 9046-9059.

[3] Kao Y F, Chen S K, Chen T J, Chua P C, Yeh J W, Lin S J (2011). Electrical, magnetic, and hall properties of Al_xCoCrFeNi high-entropy alloys. J Alloys Compd, 509: 1607-1614.

[4] Chen S K, Kao Y F (2012). Near-constant resistivity in 4.2~360K in a B2 $Al_{2.08}$CoCrFeNi. AIP Adv, 2 (012111): 1-5.

［5］ Zhang Y, Zuo T T, Cheng Y Q, Liaw P K (2013). High-entropy alloys with high saturation magnetization, electrical resistivity, and malleability. Sci Rep, 3 (01455): 1-7.

［6］ Tsai M H (2013). Physical properties of high entropy alloys. Entropy, 15: 5338-5345.

［7］ Tsaur D G, Chen S K (2012). Nb-containing superconductive high-entropy alloys. Master thesis, Chinese Culture University.

［8］ Wu K Y, Chen S K (2013). Superconductivity in NbTaTiZr-based high-entropy alloys. Master thesis, Chinese Culture University.

［9］ Liu T H, Chen S K (2014). Superconductivity in NbZrTi-bearing multi-element alloys. Master thesis, Chinese Culture University.

［10］ Koželj P, Vrtnik S, Jelen A, Jazbec S, Jagličić Z, Maiti S, Feuerbacher M, Steurer W, Dolinšek J (2014). Discovery of a superconducting high-entropy alloy. Phys Rev Lett, 113 (107001): 1-5.

［11］ Zhang Y, Zuo T T, Tang Z, Gao M C, Dahmen K A, Liaw P K, Lu Z P (2014). Microstructures and properties of high-entropy alloys. Prog Mater Sci, 61: 1-93.

［12］ Lucas M S, Mauger L, Muñoz J A, Xiao Y, Sheets A O, Semiatin S L, Horwath J, Turgut Z (2011). Magnetic and vibrational properties of high-entropy alloys. J Appl Phys, 109 (7): 07E307-07E307-3.

［13］ Zhang K B, Fu Z Y, Zhang J Y, Shi J, Wang W M, Wang H, Wang Y C, Zhang Q J (2010). Annealing on the structure and properties evolution of the CoCrFeNiCuAl high-entropy alloy. J Alloys Compd, 502 (2): 295-299.

［14］ Singh S, Wanderka N, Kiefer K, Siemensmeyer K, Banhart J (2011). Effect of decomposition of the Cr-Fe-Co rich phase of AlCoCrCuFeNi high entropy alloy on magnetic properties. Ultramicroscopy, 111 (6): 619-622.

［15］ Ma S G, Zhang Y (2012). Effect of Nb addition on the microstructure and properties of AlCoCrFeNi high-entropy alloy. Mater Sci Eng A, 532: 480-486.

［16］ Wang J, Zheng Z, Xu J, Wang Y (2014). Microstructure and magnetic properties of mechanically alloyed FeSiBAlNi(Nb) high entropy alloys. J Magn Magn Mater, 355: 58-64.

［17］ Wang X F, Zhang Y, Qiao Y, Chen G L (2007). Novel microstructure and properties of multicomponent CoCrCuFeNiTi$_x$ alloys. Intermetallics, 15: 357-362.

［18］ Chen Y Y, Duval T, Hung U D, Yeh J W, Shih H C (2005). Microstructure and electrochemical properties of high entropy alloys - a comparison with type-304 stainless steel. Corros Sci, 47 (9): 2257-2279.

［19］ Chen Y Y, Hong U T, Shih H C, Yeh J W, Duval T (2005). Electrochemical kinetics of the high entropy alloys in aqueous environments - a comparison with type 304 stainless steel. Corros Sci, 47 (11): 2679-2699.

［20］ Vetter K J (1961). Theoretical kinetics: theoretical and experimental aspects. Academic Press Inc, New York, pp 104-120.

［21］ Frangini S, Cristofaro N D, Lascovich J, Mignone A (1993). On the passivation characteristics of a β-FeAl intermetallic compound in sulphate solutions. Corros Sci, 35: 153-159.

[22] Kao Y F, Lee T D, Chen S K, Chang Y S (2010). Electrochemical passive properties of Al$_x$CoCrFeNi (x = 0, 0.25, 0.50, 1.00) alloys in sulfuric acids. Corros Sci, 52: 1026-1034.

[23] Cristofaro N D, Frangini S, Mignone A (1996). Passivity and passivity breakdown on a β-FeAl intermetallic compound in sulphate and chloride containing solutions. Corros Sci, 38: 307-315.

[24] Tang Z, Huang L, He W, Liaw P K (2014). Alloying and processing effects on the aqueous corrosion behavior of high-entropy alloys. Entropy, 16: 895-911.

[25] Chen Y Y, Hong U T, Yeh J W, Shih H C (2006). Selected corrosion behaviors of a Cu$_{0.5}$NiAlCoCrFeSi bulk glassy alloy in 288 degrees C high-purity water. Scr Mater, 54 (12): 1997-2001.

[26] Chen Y Y, Duval T, Hong U T, Yeh J W, Shih H C, Wang L H, Oung J C (2007). Corrosion properties of a novel bulk Cu$_{0.5}$NiAlCoCrFeSi glassy alloy in 288 degrees C high-purity water. Mater Lett, 61 (13): 2692-2696.

[27] Chen Y Y, Hong U T, Yeh J W, Shih H C (2005). Mechanical properties of a bulk Cu$_{0.5}$NiAlCoCrFeSi glassy alloy in 288 degrees C high-purity water. Appl Phys Lett, 87 (26): 261918.

[28] Lee C P, Chen Y Y, Hsu C Y, Yeh J W, Shih H C (2007). The effect of boron on the corrosion resistance of the high entropy alloys Al$_{0.5}$CoCrCuFeNiB$_x$. J Electrochem Soc, 154 (8): C424-C430.

[29] ASTM committee, Standard method G61-86, Annual book of ASTM standards (1998). vol. 3.02. ASTM, Philadelphia, p 254.

[30] Lee C P, Chang C C, Chen Y Y, Yeh J W, Shih H C (2008). Effect of the aluminium content of Al$_x$CrFe$_{1.5}$MnNi$_{0.5}$ high-entropy alloys on the corrosion behaviour in aqueous environments. Corros Sci, 50 (7): 2053-2060.

[31] Pourbaix M (1974). Atlas of electrochemical equilibria in aqueous solutions. NACE, Houston.

[32] Chou Y L, Yeh J W, Shih H C (2011). Effect of inhibitors on the critical pitting temperature of the high-entropy alloy Co$_{1.5}$CrFeNi$_{1.5}$Ti$_{0.5}$Mo$_{0.1}$. J Electrochem Soc, 158: C246-C251.

[33] Chou Y L, Yeh J W, Shih H C (2011). Pitting corrosion of Co$_{1.5}$CrFeNi$_{1.5}$Ti$_{0.5}$Mo$_{0.1}$ in chloridecontaining nitrate solutions. Corrosion, 67: 065003.

[34] Sigimoto K, Sawada Y (1977). The role of molybdenum additions to austenitic stainless steels in the inhibition of pitting in acid chloride solutions. Corros Sci, 17: 425-445.

[35] Chou Y L, Yeh J W, Shih H C (2010). The effect of molybdenum on the corrosion behavior of the high-entropy alloys Co$_{1.5}$CrFeNi$_{1.5}$Ti$_{0.5}$Mo$_x$ in aqueous environments. Corros Sci, 52 (8): 2571-2581.

[36] Ogura K, Ohama T (1984). Pit formation in the cathodic polarisation of passive iron. IV: Repair mechanism by molybdate, chromate and tungstate. Corrosion, 40: 47-51.

[37] Szklarska-Smialowska Z (1986). Pitting corrosion of metals. NACE, Houston.

[38] Hsu Y J, Chiang W C, Wu J K (2005). Corrosion behavior of FeCoNiCrCu$_x$ high-entropy alloys in 3.5% sodium chloride solution. Mater Chem Phys, 92: 112-117.

[39] Doğan Ö N, Nielsen B C, Hawk J A (2013). Elevated-temperature corrosion of $CoCrCuFeNiAl_{0.5}B_x$ high-entropy alloys in simulated syngas containing H_2S. Oxid Metals, 80 (1-2): 177-190.

[40] Lee C P, Chen Y Y, Hsu C Y, Yeh J W, Shih H C (2008). Enhancing pitting corrosion resistance of $Al_xCrFe_{1.5}MnNi_{0.5}$ high-entropy alloys by anodic treatment in sulfuric acid. Thin Solid Film, 517: 1301-1305.

[41] Lee C P, Shih H C (2008). Corrosion behavior and anodizing treatment of the high-entropy alloys $Al_{0.5}CoCrCuFeNiB_x$ ($x = 0$, 0.2, 0.6, 1.0) and $Al_xCrFe_{1.5}MnNi_{0.5}$ ($x = 0$, 0.3, 0.5). Doctor thesis, National Tsing Hua University.

[42] Brigham R J, Tozer E W (1973). Temperature as a pitting criterion. Corrosion, 29: 33-36.

[43] Salinas-Bravo V M, Newman R C (1994). An alternative method to determine CPT of stainless steels in ferric chloride solution. Corros Sci, 36: 67-77.

[44] Huang P K, Yeh J W, Shun T T, Chen S K (2004). Multi-principal-element alloys with improved oxidation and wear resistance for thermal spray coating. Adv Eng Mater, 6: 74.

[45] DeBarry D W (1993). In: Reviews on corrosion inhibitor science and technology. Raman A. Labine P (eds). NACE, Houston, p II -19-1.

[46] Castle J E, Qiu J H (1990). The application of ICP-MS and XPS to studies of ion selectivity during passivation of stainless steels. J Electrochem Soc, 137: 2031-2038.

[47] Burstein G T, Souto R M (1995). Observations of localised instability of passive titanium in chloride solution. Electrochim Acta, 40: 1881-1888.

[48] Lin C M, Tasi H L (2011). Evolution of microstructure, hardness, and corrosion properties of high-entropy $Al_{0.5}CoCrFeNi$ alloy. Intermetallics, 19: 288-294.

[49] Lin C M, Tasi H L, Bor H Y (2010). Effect of aging treatment on microstructure and properties of high-entropy $Cu_{0.5}CoCrFeNi$ alloy. Intermetallics, 18: 1244-1250.

[50] Lin C M, Tasi H L (2011). Effect of aging treatment on microstructure and properties of highentropy $FeCoNiCrCu_{0.5}$ alloy. Mater Chem Phys, 28: 50-56.

[51] Lin S Y, Shih H C (2011). Studies on electrochemical corrosion properties of high-entropy alloy: $Al_5Cr_{12}Fe_{35}Mn_{28}Ni_{20}$ Master Thesis. Chinese Culture University.

[52] Shon Y K, Joshi S S, Katakam S, Rajamure R S, Dahotre N B (2015). Laser additive synthesis of high entropy alloy coating on aluminum: corrosion behavior. Mater Lett, 142: 122-125.

[53] Lin J T, Chen S K (2007). Design and study on the hydrogen-storage 4- to 7-element high-entropy alloys based on composition of TiVFe. Master's thesis, National Tsing Hua University.

[54] Sheu J H, Chen S K (2008). Hydrogen storage in $CoCrFeMnTiV_xZr_y$ ($0.4 \leqslant x$, $y \leqslant 3$) high-entropy alloys. Master's thesis, National Tsing Hua University.

8 结构和相变预测

<<<<<<<<<<<<<<<<<<<<<<<<<<<<<<<<<<<<<<<<<<<<<<<<<

摘　要： 本章介绍的计算方法可被用于多组分合金体系尤其是高熵合金体系的第一性原理结构预测。具体的计算方法是基于密度泛函理论的基态能量计算（$T=0K$ 时）。考虑温度效应，使用集团展开法计算体系在特定温度的能量，进而得到多组分高熵合金体系的构型熵。除构型熵外，也计算了特定温度下熵的其他部分的贡献，比如振动熵和电子熵。在本章我们还介绍分子动力学和蒙特卡罗方法以及从这两种方法中得到的物理信息。应用的例子包括 Cr-Mo-Nb-V、Nb-Ti-V-Zr 和 Mo-Nb-Ta-W 三种高熵合金体系，以及它们的二元和三元子体系。

关键词： 第一性原理　密度泛函理论　蒙特卡罗/分子动力学混合方法　熵来源　构型熵　振动熵　电子熵　亥姆霍兹自由能　声子振动　集团展开法　相稳定　相变　双体分布函数　态密度　温度效应　体心立方　高熵合金

8.1　前言

高熵合金的结构是多种不同种类原子在一个简单的晶格上自由占据格点位置形成热力学稳定的单晶相。然而，大部分不同种类原子的混合不会形成高熵合金，而是分裂成多种不同的晶体相，并且其中的一部分相是复杂晶体相。相图记录了不同成分和温度下混合物的热力学状态。目前，几乎全部纯元素的稳定晶体结构和大部分二元金属间化合物的相图和晶体结构是已知的，部分三元相图还是未知的，几乎没有已知的四元及四元以上相图。高熵合金的发现为这个科学领域的发展提供了一个契机。

本章概括介绍几种基于基本物理规律来预测高熵合金的形成和稳定结构的方法。在概念上定义了每个热力学相 α 的吉布斯自由能 G_α，G_α 取决于成分和温度。基于这种简单明确的定义，我们计算了几种不同相或这些相的混合相的 G_α，并且找到具有最小 G_α 的相，即结构稳定的相。具体计算上，我们使用基于量子力学的第一性原理方法计算某种特定晶体相结构的总能，得到绝对零度时的自由能。进而我们可以使用统计力学包含多种来源的熵来确定特定温度的自由能。本章后面会给出耐高温元素混合的计算实例，详细计算分析特定的二元三元乃至四元体系。最后，本章会把上述方法和结论进一步推广到非耐高温元素，五元以及更多组元的合金体系，尽管这不在本章的目标之内。

我们的方法区别于被广泛使用的 CALPHAD 方法（见第 12 章）。CALPHAD 方法使用实验测得的热力学信息数据库以及数值方法中的插值法来补充实验未知数据。CALPHAD 方法可以和第一性原理总能计算结合，取长补短：第一性原理能够预测低温结构的稳定性，计算体系的焓，尽管有误差，但这些值是实验无法直接测得的；CALPHAD 擅长过渡温度建模和相图方法，因为这些通常可以由实验测得，并且有较高的可靠性。

为了陈述计算方法，我们仔细分析了三个由耐高温金属元素组成的四元合金体系的例子，分别是：实验易制备的 Mo-Nb-Ta-W 高熵合金体系[36]；存在第二相精细颗粒沉降物的 Nb-Ti-V-Zr 合金体系[35]；以及实验未制备，但模拟预测高温相稳定低温相不稳定的 Cr-Mo-Nb-V 合金体系。为了更深入分析四元合金体系，本章也分析了三种三元以及六种二元子体系。通过上述例子证明，我们的计算不但能够确认一些实验已知的相图，还能够预测新体系的相图。

8.2 总能计算，$T=0K$

本节的目标是，通过计算合金体系各种潜在基态结构的总能，并找到最小总能对应的结构（该结构就是最稳定的结构）来预测 $T=0K$ 时体系的相图。实现上述目标，需要面对两个主要难题：（1）如何计算给定晶体结构的能量；（2）如何选择能量可计算的备选结构。对于第一个问题，理论上使用量子力学方法能直接得到需要的物理量，但具体计算过程会有很大的操作难度。为此，我们使用成熟的密度泛函理论来使计算过程可操作[28]；第二个问题目前还没有明确的解决办法。尽管在给定成分应该有唯一的能量最小的稳定结构，却没有直接得到结构的明确方法。尽管备选结构有限，但却数量巨大，我们无法计算所有可能的结构。对此，我们综合运用物理化学规律和计算机辅助搜索，筛选计算其中一部分最可信的结构。通过上述方法，筛选出的结构多为单晶体结构，说明高熵合金体系倾向于形成单晶体结构。结合总能计算的"集团展开法"可以加速我们对基态结构的搜索。

8.2.1 密度泛函理论

在量子力学中，相互作用粒子系统的基态能量是系统哈密顿量的最小特征值。哈密顿量是对应于系统总能量的操作符，系统总能量是动能和势能的总和。对于块体物质，原子可以分为带正电的原子核和带负电的核外电子两部分，原子核足够大可以被看作静止不动的点电荷，电子的质量很小，在原子核以及其他电子产生的静电库伦势中运动。电子的定态可由满足多体薛定谔波函数来描述，多体波函数是哈密顿量的特征向量，由运动位置确定。体系的薛定谔方程为：

$$H\Psi^{(N)}(r_1, \cdots, r_N) = E\Psi^{(N)}(r_1, \cdots, r_N) \tag{8.1}$$

式中，$\Psi^{(N)}$ 是多体薛定谔波函数。

尽管上面提出的多体相互作用问题是完备的，但电子多体波函数在希尔伯特空间很复杂，有 $3N$ 个变量，存在很大计算量，在具体计算上非常棘手。Hohenberg 和 Kohn[16] 提出用电子密度 $\rho(r)$ 取代多体波函数作为研究的基本量，电子密度 $\rho(r)$ 仅仅是三个变量的函数，无论在概念上还是实际上都更为方便处理。以基态 $\rho(r)$ 为变量，将体系能量最小化之后就得到了基态能量 $E[\rho(r)]$ 最小。Kohn 和 Sham 重新表述体系能量最小化问题，单电子耦合薛定谔方程可以被单独自洽求解：

$$\left(\frac{-h^2}{2m} \nabla_r^2 + V_e(r) + \int \mathrm{d}r' \frac{\rho(r')}{|r-r'|} + V_{xc}[\rho(r)] \right) \psi_i(r) = \varepsilon_i \psi_i(r) \tag{8.2}$$

等号左边的四项分别代表单电子动能、"外部势"（电子-离子耦合势）、电子-电子相互作用以及"交换-关联"势。密度泛函理论将多体问题转化为单体问题，成为解决此类问题的一个有效方法。方程中的单电子密度 $\rho(r)$ 是最关键变量，可由单电子波函数 ψ_i 的耦合替代：

$$\rho(r) = \sum_{i=1}^{N} |\psi_i(r)|^2 \tag{8.3}$$

式（8.3）的替换原则上是准确的，但实际上由此无法得到式（8.2）的准确表达式，因为它包含多电子交换关联作用，很难准确求解。为了解决这个问题，将电子交换关联作用包含到一个形式未知的交换关联泛函 $V_{xc}[\rho(r)]$ 中，$V_{xc}[\rho(r)]$ 是电子密度的函数。采用局域密度近似（LDA）方法[4] 或广义梯度近似（GGA）方法[32] 能较为准确的求解交换关联泛函。局域密度近似方法基于局域均匀电子气模型，电子密度在局域是不变的，对于整个体系空间而言，电子密度 $\rho(r)$ 随着空间位置 r 的变化在不断变化。广义梯度近似方法修正了局域密度近似，使交换关联能既是电子密度的泛函又是电子密度梯度的泛函。

对于本章给出的例子，我们使用基于密度泛函理论的 VASP 程序进行计算[24,25]。VASP 根据晶体结构平移对称性（周期性重复性）将单电子波函数用平面波基组展开（比如，傅里叶形式）。为了确保总能计算的收敛，我们使用密集 K 点网格，并且平面波基组能量截断为 400eV（远超过 VASP 默认值）。我们用 Perdew-Burke-Ernzerhof 泛函描述广义梯度近似[32]，对芯电子采用投影缀加平面波（PAW）赝势进行处理[3,26]。

对于高熵合金的总能计算，目前没有更简单的可行方法。常用的对势、EAM势等经验势能有效模拟纯元素以及一些二元体系。但经验势有可调参数，计算体系每增加一种元素会大大增加可调参数数目。随着元素种类增加，经验势函数无法准确拟合。经验势最大的用途是研究属性已知的抽象模型系统，为理论和计算提供方便。相对来说，密度泛函理论的复杂度和精确度与计算体系的元素种类无关。

8.2.2 基态预测

最低能量结构被称为基态结构，是绝对零度时物质的最稳定结构。注意，本章中我们选择了开尔文温度计量标准。根据热力学第三定律，完整晶体的熵在温度趋于绝对零度时趋于零。在给定化学组分和外压下，基态结构是独一无二的。由于我们固定压力（$P=0$，接近大气压），体系此时的能量实际上是"焓"：

$$H = \min_V [E(V) + PV] \tag{8.4}$$

相应的，体系在固定温度的自由能是吉布斯自由能：

$$G(T, P) = H - TS \tag{8.5}$$

为了标识方便，我们需要一个助记符描述晶体结构，在许多可能的方案中，我们选择皮尔逊符号。皮尔逊符号由两个字母和一个数字组成：小写字母表明晶体类型，其中 a、m、o、t、h 和 c 分别表示不对称、单斜、正交的、正方的、六边形的或立方的晶体结构；大写字母表明点阵类型，其中 R、F、I、C 分别表示菱方的、面心的、体心的和简单的点阵类型；数字表明初级原胞内原子的个数。比如：hP2 表示密堆六方（HCP），cI2 表示体心立方（BCC）。一些不同的化合物可以形成同样的晶体结构，为了区别它们，我们在化合物名称后附加皮尔森符号。例如：Cr.cI2 和 Nb.cI2 是 BCC 的 Cr 和 Nb；Cr2Nb.cF24 和 Cr2Nb.hP12 是 Laves 相（四面体密堆的一种特殊结构，Frank-Kasper 相），其中皮尔逊符号 hP12 是六角 Laves 相，C14（$MgZn_2$ 原型）和 cF24 是立方 Laves 相（Cu_2Mg 原型）。

计算的难点是如何找到焓最小的唯一的结构，因为原子随机占据晶格格点有无限多种可能性，对应高熵合金体系有无数个可能的结构，我们必须在其中找到焓最小的结构，即基态结构。幸运的是，结合实验线索、物理化学规律以及计算机算法，基态搜索可以集中在有限数量的可能结构上。这样的基态结构筛选方法，有将真正的基态结构排除在外的风险以及会有一些基态结构预测相关的不确定性。

对大多数单质而言，在低温大气压条件下的稳定相结构，各种实验结论比较一致。DFT 计算通常认为，在所有可能结构中，该稳定结构也就是能量最低的结构[29]（硼元素 B 是个例外）[43]。在多数情况下，随着温度升高，单质结构会发生同素异形变化。尤其是，元素周期表中 Sc 族和 Ti 族耐高温金属元素（ⅢA 族和ⅣA 族）。这些耐高温金属元素基态结构是高密度、密堆的 FCC 或 HCP 结构。在高温时，结构会转变为较低密度、疏堆的 BCC 结构。这类相变是热震动熵引起的，将在8.3.2节中详细解释。

从金属单质到合金引入了组分变量 x，x 在二元化合物中是一维的，但通常是多维的。一些合金在某个确定组分 x（或在有限的组分区间）是单晶相结构。当组分变量 x 在两个单晶相之间 $x_\alpha < x < x_\beta$，合金结构是由 α 相和 β 相的混合多晶相组成。Cr-Nb 体系不同组分合金结构的形成焓（即合金体系与单质体系（组分变量 x 为 0 或 1）的焓的差值 ΔH），如图 8.1a 所示。图 8.1a 中，$\Delta H < 0$ 表示合金体系的焓比单质 Cr 和 Nb 单晶相混合结构的焓低。我们发现 Cr-Nb 合金体系的两个稳定相（$\Delta H < 0$）都位于组分 Cr_2Nb。当 Nb 的组分含量为 $x < 1/3$ 时，基态结构是两个单晶相（Cr. cI2 单晶相和 Cr_2Nb. cF24 单晶相）的混合相结构，合金体系的形成焓沿着 Cr. cI2 单晶相和 Cr_2Nb. cF24 单晶相形成焓连线。相似地，组分为 $x > 1/3$ 时，基态结构为 Cr_2Nb. cF24 和 Nb. cI2 两个单晶相的混合。

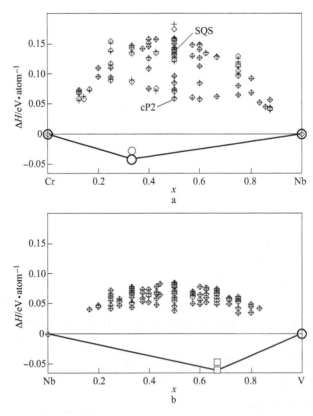

图 8.1　Cr-Nb（a）和 Nb-V（b）二元合金系统中的形成焓（对于已知的低温稳定相，绘制符号使用粗圆圈；对于已知的高温相，使用薄圆圈；正方形表示假设结构；菱形表示 BCC 固溶体结构；加号表示集团展开拟合）

Cr. cI2、Cr_2Nb. cF24、Nb. cI2 顶点和连接顶点的线段构成三角形，三角形中的形成焓 ΔH 散点形成一系列组分 x 下预测基态结构队列。Cr_2Nb. hP12 结构的形成焓为负，表明易形成单晶相结构，但图中对应点在凸包线之上约 $\Delta E=0.01eV/atom$，表明相对于基态它是热力学不稳定的。的确，据报道，Cr_2Nb 的 hP12 结构是高温稳定相。

我们忽略稳定相的成分变化，把它们作为固定化学计量的"线化合物"处理，并因此排除成分影响，例如 Cr 在 Nb 中的溶解度。这在低温极限下是合适的，但在较高温度时，离散焓的散点图必须用一组吉布斯自由能函数 $\{G_\alpha(T, P, x)\}$ 代替。对于 N 种化学元素，组成变量 x 在一个简单 $N-1$ 维度内。相应的凸多面体内的点对应稳定相（单晶相 α 是自由能最小的相）的预测序列。凸多面体被共晶区域分开，共晶区内的点对应的结构的自由能通过相的组合最小化。凸多面体与多晶相的吉布斯函数相切，相切条件意味着所有多晶相中每种化学物质的化学势相等[5]。杠杆规则将共存相的摩尔分数和它们各自的组成 $\{x_\alpha\}$ 与全局平均组成 x 相关联。

图 8.1a 中也画出了一些理论计算的结构，这些结构是典型的 BCC 无序固溶体结构，Cr 和 Nb 原子随机占据 BCC 晶格格点。实际上固溶体结构数目是无限的，图中的理论计算结构只是其中的一部分。选择一些特定的无序固溶体，称为特殊准无序结构[46]（SQS，参见第 10 章），其对相关函数与 Cr 和 Nb 在 BCC 晶格格点上的理想化完全随机分布紧密匹配。SQS 可以被认为是相干近似法（CPA 方法，参见第 9 章）所代表的无序结构实现的方法之一。cP2 是两种元素在 BCC 晶格上最有序排列的固溶体结构（Strukturbericht B2，CsCl 原型），它将一个元素放置在立方体顶点，而另一个元素放置在立方体中心。所有这些 BCC 晶格结构都具有"正"生成焓，表明这些结构在低温下是不稳定的，尽管在高温下有些熵源可能增加其结构稳定性。

我们在本章给出了三个四元合金体系的（以及它们的二元和三元子体系）SQS 和 cP2 结构的一些代表性能量计算，将在本章中重点讨论这些结构的能量。

我们的理论基态预测仍然是不确定的，因为理论只计算了有限的结构。实验也面临同样的问题，实验上也不能保证已找到所有相关结构，因为确保实验样品保持热力学平衡是非常困难的，特别是在原子扩散消失的低温条件下。还有一些搜索潜在基态结构的方法：例如，可能成功率最高的化学几何类比法（Invoking Chemical and Geometrical Analogy）[29]；全局搜索的遗传算法或进化算法[12,34]，虽然它取得了一些成功，但其效率仍有待证明；其他方法包括能量谷跳跃法（Basin Hopping）[40] 和最小值跳跃法（Minima Hopping）[13]，它们在势能面最小值附近之间跳跃搜索基态。最后一种方法，集团展开法，证明对高熵合金非常有效，我们在后面的 8.2.3 节中将详细讨论。

　　基于元素周期表以 Ti，V 和 Cr 为开端的元素族中，报道的高熵合金结构包括前文讨论的 hP2，cI2，cF24 和 hP12 结构。但是，以上结构不都出现在元素的各个组合中。图 8.1b 中画出了 Nb-V 体系的一特定结构（cF24，hP12 和基于BCC 的无序固溶体结构），和 a 图中 Cr-Nb 体系类似。图中使用方形符号来表示cF24 和 hP12 理论模拟结构，这些理论结构是在化学类比法的基础上提出的。尽管尚未有实验报道它们是存在的，但 NbV₂. hP12 结构的能量明显较低，远远优于 DFT 形成熵的误差预期（其通常为几个 meV/atom）。在 8.3.1 节和 8.3.2 节中，我们会尝试对这种差异进行解释。

　　hP12 和 cF24 是 Laves(Frank-Kasper，FK) 相，其特征是四面体密堆积成与二十面体相关的特定团簇，我们引用化学法来分析 Pearson 类型的另外两种 FK结构（cP8(A15) 和 hR13(μ)结构）。我们将较小的 Cr 原子置于低配位格点，而较大的 Nb 原子占据较高的配位格点。我们发现 μ 相比 BCC 无序固溶体稳定，但这些 F-K 结构都没有产生 Cr-Nb 体系新的基态，与实验结论一致。

8.2.3　集团展开

　　因为高熵合金的结构是多种化学物质在单晶格的格点分布，所以我们方便地使用常见的单晶格。"集团展开法"[6,9,45]用变量 σ_i 表示每个格点 i 的化学物质（为简单起见，我们假设两个物种的情况下 $\sigma_i = \pm 1$），然后在一系列对势，三体势和更高多体的相互作用势中扩展能量，见式（8.6）：

$$E(\sigma_1, \cdots, \sigma_n) = \sum_{i, j} J_{ij}\sigma_i\sigma_j + \sum_{i, j, k} J_{ijk}\sigma_i\sigma_j\sigma_k + \cdots \tag{8.6}$$

　　集团交互系数 J 可以用 DFT 能量的数据库拟合。尽管将变量分配给晶格点，但重要的是要注意系数可以拟合结构弛豫能量，包括由尺寸和化学变化引起的理想位置的位移的弛豫。集团展开法可以快速轻松地估计数千个试验结构的能量，然后可以通过完整的 DFT 计算以更高的精度检查最佳预测。已发布的开源程序Alloy-Theoretic Automated Toolkit[41,42]（ATAT），可以实现这种集团展开法。用集团展开法生成 Cr-Nb 和 Nb-V 的随机 BCC 固溶体结构，如图 8.1 所示。

　　集团展开法可以从二元体系扩展到更多元体系，Cr-Nb-V 三元的情况，如图8.2 所示。方便地，三个二元对（Cr-Nb，Nb-V 和 Cr-V）的 BCC 能量数据库可以重新用作完整三元的起点。在该图中，仅显示每个测试组分中的预测的最低能量结构。基于 BCC 晶格（图中的菱形）上各种化学顺排列模式的一系列稳定的Cr-V 二元体证明了 Cr-V 二元体中的形成熵是负的[10,11]。稳定的一系列（Cr，V）₂Nb具有结构 cF24，除了 V₂Nb 是 hP12。基于这些数据，通过将 Cr-Nb-V三元体系分解成 cF24 或 hP12 的混合物以及纯元素或二元 BCC 晶格结构，我们

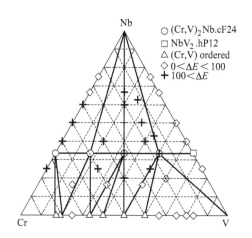

图 8.2　Cr-Nb-V 合金系统中形成焓的凸壳（预测的稳定相（凸壳顶点），
凸壳顶点通过连接线和三角形连接平面连接，分别对应于两相和三相共存区域；
凸壳上方 $\Delta E<100\text{meV}$/原子的结构显示为菱形，而高能结构显示为十字形）

可以预测在低温下 Cr-Nb-V 三元体系的任何成分的基态结构。在下文中，我们使用集团展开法来预测高温下的行为。

8.3　扩展至有限温度

为了预测高温下的相行为，我们将基于量子的能量与统计力学和热力学原理相结合。如果我们忽视热膨胀，我们的讨论将是最容易的。在恒定体积下，相关的自由能是亥姆霍兹自由能 $F(V,\ T)$，它与勒让德变换的吉布斯自由能不同：

$$G(T,\ P) = \min_{V}\left[F(V,\ T) + PV\right] \tag{8.7}$$

类似于方程式（8.4）的能量和焓的关系。亥姆霍兹自由能由正则配分函数的对数给出：

$$F = -k_{\mathrm{B}}T\ln Q \tag{8.8}$$

其中配分函数：

$$Q = \frac{1}{N!}\left(\frac{2\pi m k_{\mathrm{B}}}{h^2}\right)^{3N/2} Z \tag{8.9}$$

上式中因子 Z 是动量乘以构型积分：

$$Z = \int_{V}\prod_{i=1}^{N}\mathrm{d}r_i\, e^{-E(r_1,\ \cdots,\ r_N)/k_{\mathrm{B}}T} \tag{8.10}$$

式（8.10）中的被积函数被称为玻耳兹曼因子，并且与给定的一组位置的概率成正比（$r_1,\ \cdots,\ r_N$）。在下文中，我们将舍去动量因子，因为它们对所有普通物质都是通用的，因此在热力学上可以忽略。

　　求解构型积分 Z 是我们的主要任务。由位置 $(r_1, \cdots, r_N)$ 确定的能量将由 DFT 计算给出。然而,计算积分需要对 E 进行许多次计算,每个计算都非常耗时。我们将利用玻耳兹曼因子的指数依赖性来进一步近似。

　　在固态晶体中,原子通常在其平衡位置的小距离内振动。实际上,势能面的特征是它拥有一组局域最小值,在每个最小值附近具有近似二次变化。每个局域最小值对应于离散的原子排列,我们将原子排列称为"构型",而小的连续位移由振动声子模式的混合组成。暂时考虑单个构型 Γ,我们可以通过积分 Γ 的近邻来计算构型积分 $Z(\Gamma)$。根据式 (8.8),我们将构型 Γ 的自由能定义为对数形式 $F(\Gamma) = -kT\ln Z(\Gamma)$,其中我们将离散构型 Γ 的能量 $E(\Gamma)$ 加上振动自由能 $F(\Gamma) = E(\Gamma) + F_v(\Gamma)$。或者,我们可以将构型积分分解为两部分单独的贡献:

$$Z(\Gamma) = e^{-E(\Gamma)/k_B T} e^{-F_v(\Gamma)/k_B T} \tag{8.11}$$

　　由于远离离散构型时,玻耳兹曼因子几乎忽略不计,因此整个构型积分可近似为每个构型周围的积分之和。假设 F_v 仅仅和 Γ 弱相关,那么考虑到式 (8.11) 中的因子分解,我们可以从总和中提取一个公因子,如下式:

$$Z \approx \sum_{\Gamma} Z(\Gamma) \approx \left(\sum_{\Gamma} e^{-E(\Gamma)/k_B T} \right) e^{-F_v/k_B T} \equiv e^{-F_c/k_B T} e^{-F_v/k_B T} \tag{8.12}$$

我们定义式中 $F_c = -k_B T\ln Z_c$ 中的 $Z_c = \sum_{\Gamma} e^{-E(\Gamma)/k_B T}$ 作为离散构型自由度的配分函数,最后,我们将自由能分离为离散构型部分和连续振动部分的贡献,$F = -k_B T\ln Z = F_c + F_v$。

　　前面的讨论假定式 (8.10) 中对固定体积 V 进行积分,因此得到的自由能为亥姆霍兹自由能 $F(N, V, T)$。另外,在对被积函数(包括因子 $\exp(-PV/k_B T)$)进行体积积分,得到恒压系统,其中相应的自由能是吉布斯自由能 $G(N, P, T)$。同样,我们可以对式 (8.7) 进行勒让德变换。和式 (8.12) 一样,也可以将吉布斯自由能分解为离散构型和连续振动两部分贡献,$G = G_c + G_v$。

8.3.1　构型自由能

　　本节以 Nb-V 体系为例讨论构型自由能。如图 8.1b 所示,BCC 固溶体的代表性结构均为正的形成焓,说明不混溶,这看起来与实验相图[37]相矛盾,实验中发现了一系列组分的固溶体。然而,实验相图温度的最低温度为 $T = 2173K$。实际上,实验通常不能在远低于体系熔化温度的温度下实现真正的平衡。同时,理想的固溶体熵值为 $k\ln(2)$,表明理想固溶体相对于温度 $T = 0.063eV/k_B\ln(2) = 1055K$ 时的多晶相是更稳定的,我们从表 8.1 中得到的 SQS 固溶体能量也是在这个温度。但是,固溶体的实际能量和熵不能像本段这样简单估算。不同种类原子在晶格格点上的短程序化学作用,会降低体系的能量和熵值。

表 8.1　**Cr-Mo-Nb-V 四元及其子体系的代表性生成焓**　　　（meV/atom）

Cr-Mo-Nb-V 合金系统											
二元	SQS	cP2	cF24	T_m	三元	SQS	cF24	T_m	四元	SQS	cF24	T_m
Cr-Mo	95	61	95	2093	Cr-Mo-Nb	65	46	2243	Cr-Mo-Nb-V	27	$-22^†$	2180
Cr-Nb	139	62	−34	1893	Cr-Mo-V	−35	62	2105				
Cr-V	−50	−74	50	2040	Cr-Nb-V	81	−96	2022				
Mo-Nb	−71	−106	91	2742	Mo-Nb-V	−28	−40	2353				
Mo-V	−97	−118	17	2183								
Nb-V	63	55	-60^*	2133								

注：等组分的 SQS 结构包括 16 个原子的二元结构[20]，36 个原子的三元结构[19] 和 16 个原子的四元结构（不考虑第一和第二相邻相关性）。二元 cP2 结构是 CsCl-型（cP2）。cF24 结构在 16d 位置上放置较小的原子，在 8a 上放置较大的原子（* 基于 hP12，† 组分 Cr_2MoNbV_2，三元是等原子的）。熔化温度（单位为 K）是二元体系的实验最小固相线温度，三元和四元是给定平均值。

蒙特卡罗模拟可以通过采样所有可能的构型来适当地处理这些相互作用，这些构型由其玻耳兹曼因子加权，这有利于获得能量较低的结构。图 8.3 显示了使用 ATAT 软件包[41] 的 emc2 蒙特卡罗程序得到的能量以及内嵌集团展开法的 map 程序[42] 得到的能量。Nb 和 V 原子随机占据 6×6×6 BCC 超级格点作为我们的初始结构，组分为 NbV_2。由于化学组分是非等原子的，理想熵 $S/k_B =$（1/3）ln（3）+（2/3）ln（3/2）= ln1.89 略小于 ln2。理想熵与初始能量 0.058eV/atom 共同决定了体系高温下的自由能。在固定温度 T 下，我们将不同种类原子对之间交换位置，如果交换后的构型总能降低则总是接受位置交换，如果能量提高则按概率 exp（− $\Delta E/k_B T$）接受交换。温度 T 下的平均能量提供了构型对焓的贡献 H_c，而热力学积分提供了相近温度的相对构型自由能 G_c。注意到 $G_{c12}(T)$ 的斜率在高温下渐近地变为 ln1.89。还要注意，我们可以在任何所需温度下使用蒙特卡罗方法，包括高于实际熔化温度，因为我们正在模拟具有离散构型的格子气模型。

另一种蒙特卡罗方法[41] 试图交换单个原子元素种类，而不是交换原子对的位置。该方法原子总数不变，而化学组分发生变化，因此该模拟发生在半-巨正则系统中。ATAT-phb 程序使用此方法来识别共晶相的边界。该方法证实 Nb-V 体系在接近温度 T_c = 1400K 时存在低温混溶间隙，远低于熔点。NbV_2 体系甚至在更低的温度 T_{sep} = 1250K 下出现相界。因此，实验未能确定 Nb-V 中的相分离是不足为奇的，因为理论预计相分离温度远远低于熔化温度（温度范围从接近 NbV_2 的 2133K 到 2742K（取决于成分））。因此，实验上达到平衡将证明是困难的。另一项独立研究[33] 中得出了类似的结论。

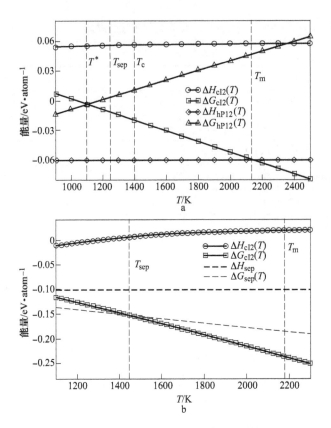

图 8.3　NbV$_2$ 的热力学图像（a），从 Monte Carlo 模拟得到的 BCC（cI2）固溶体的熵和构型自由能，NbV$_2$ 的包括振动贡献的自由能 ΔG_{hP12} 来自式（8.14）（图中 T_m 是实验熔化温度，T_c 是预测的 Nb-V 的临界温度，T_{sep} 是 BCC 相的相分离温度，T^* 是预测的 NbV$_2$. hP12 稳定相的温度）和 CrMoNbV 的热力学图像（b），（b）和（a）中的表示法类似

　　根据 DFT 计算的熵，除了相分离之外，固溶体的另一个竞争相是预测形成的 NbV$_2$. hP12 复杂金属间化合物，其形成熵为 $-0.060\mathrm{eV/atom}$，意味着其在 $T\to$ 0K 的低温极限条件下是稳定的。由于四面体密堆存在有利于特定化学物质的不同配位数的格点，我们假设该相没有明显的构型熵，因此其构型吉布斯自由能可以简单地由其形成熵给出，如图 8.3 所示。注意固溶体自由能在恰好温度接近熔点时下穿过 hP12 结构的熵连线。因此，如果忽略振动自由能，则预期 hP12 结构是 NbV$_2$ 体系 T_m 以下温度的稳定相。但实验上没有观察到 NbV$_2$ 单晶相，表明我们必须考虑振动自由能，这将在 8.3.2 节中具体讨论。

　　固溶体在结构稳定性上胜过 NbV$_2$. hP12 而不是 Cr$_2$Nb. cF24，是因为 NbV$_2$. hP12 的形成熵远大于 Cr$_2$Nb. cF24 的形成熵。然而，如图 8.1 所示，Cr-Nb 中代表性固溶体结构能的范围几乎是 Nb-V 中的两倍。蒙特卡罗模拟临界温度 $T_c = 2950\mathrm{K}$ 远高于熔点

$T_m = 1893K$。尽管 Cr 在 Nb 中表现出 25% 的溶解度，但富 Cr 端不易形成稳定的 $Cr_2Nb. cF24$ 固溶体结构。因此，我们理解了高温 Cr-Nb-V 三元相图[40]，它由沿 Cr-V 和 Nb-V 二元相边界的 BCC 固溶体组成，而 $Cr_2Nb. cF24$ 作为稳定的二元相，稳定延伸进入三元成分空间的内部。

8.3.2 振动自由能

式（8.10）中的构型积分 Z 限制在特定构型 Γ 周围的构型空间 $nbd(\Gamma)$ 区域：

$$Z(c) = \int_{nbd(\Gamma)} \prod_{i=1}^{N} dr_i e^{-E(r_1, \cdots, r_N)/k_B T} \tag{8.13}$$

自由能是 $F(\Gamma) = -k_B T \ln Z(\Gamma)$。如果 E 在局域最小值 Γ 附近以二次方式变化，则被积函数变为可以解析地积分的高斯分布。产生的振动自由能如下：

$$F_v = k_B T \int g(\omega) \ln[2\sinh(\hbar\omega/2k_B T)] d\omega \tag{8.14}$$

式中，$g(\omega)$ 是（声子）振动态密度。在极限温度 $T \to 0$，F_v 完全由谐波声子的零点能量组成，而在高温下，F_v 变为负值。该等式的形式表明，由于高振动熵，过量的低频模使得 F_v 迅速负增长。本章的讨论局限于简谐近似，其有效性在高温下会降低。准谐波近似是一种温和的推广，它考虑了振动频率的体积依赖性（Grüneisen 参数），因此包含导致热膨胀的非谐效应。

为了计算声子谱，我们使用力常数法（Force Constant Method）[27]。力常数通过总能量的二阶导数 $\partial^2 U/\partial R_i \partial R_j$ 在一个原子上产生力，这可以由 VASP 内的密度泛函微扰理论来得到。我们通过逆原子质量对力矩阵的行和列进行加权，然后在波矢 k 处进行傅里叶变换，将其转换为动态矩阵 $D(k)$。动力矩阵的特征值是声子频率 $\omega(k)$，可以通过积分在布里渊区域上转换成状态密度 $g(\omega)$：

$$g(\omega) = \int_{BZ} \delta(\omega - \omega(k)) d^3k \tag{8.15}$$

在实践中，我们选择在 k 空间中的密集网格上对频率进行采样，然后将分布展宽到近似 g。程序必须在足够大的原胞中执行，以包含所有重要的原子间力常数。

以 $V_2Zr. cF24$ 为例，讨论稳定性。计算相图显示该相从低温到 1592K 处于稳定态。然而，DFT 计算（见表 8.2）形成熔为 +43meV/atom，表明该状态在低温下不稳定。该相可能仅在其形成的高温下稳定并且在低温下简单地保持亚稳态。我们需要找到一种熵源，它可以降低化合物相对于竞争元素的自由能。取代熵不太可能，因为这两种原子物种在这种四面体紧密堆结构中起着不同的作用。半径较小的 V 原子在 CN = 12 二十面体中心，而较大的 Zr 原子在 CN = 16 多面体的中心。

表 8.2   Nb-Ti-V-Zr 四元体及其子体系的代表性生成焓

Nb-Ti-V-Zr 合金系统											
二元	SQS	cP2	cF24	T_m	三元	SQS	cF24	T_m	四元	SQS	cF24	T_m
Nb-Ti	32	70	215	1943	Nb-Ti-V	63	84	1977	Nb-Ti-V-Zr	113	96	1884
Nb-V	63	55	-60^*	2133	Nb-Ti-Zr	66	213	1929				
Nb-Zr	64	119	49	2018	Nb-V-Zr	133	38^*	1892				
Ti-V	61	124	91	1855	Ti-V-Zr	143	100	1736				
Ti-Zr	53	113	201	1827								
V-Zr	164	233	43	1526								

    图 8.4 比较了 V_2Zr. cF24 合金与单质 V. cI2 和 Zr. hP2 的振动态密度。由于质量大，Zr 表现出较低频率模式，因此比较低质量 V 具有更多的负振动自由能，而 V_2Zr 介于两者之间。虽然单个振动自由能很大，但它们的差异很小并且与离散的构型自由能相当。结合有利的振动自由能和不利的形成焓 $\Delta H + \Delta F_v$，我们发现 V_2Zr 合金在 $T^* = 1290$K 以下时不稳定，相分离成单晶相，但在该温度以上是

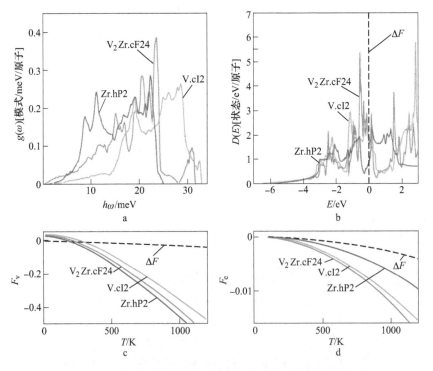

图 8.4   V-Zr 合金体系的振动密度（a），电子密度（E 相对
于费米能级 E_F）（b）以及相应的自由能（c）和（d）

稳定的。$V_2Zr.cF24$ 的振动熵的一个部分贡献是低于 5meV/atom 的低频振动模。它们主要存在于 V 原子上（反常识的，V 质量很小）并且似乎与该结构中异常长的 V-Zr 键长有关。

Zr 在 $T=1136K$ 时经历从其低温 $\alpha(hP2)$ 形式到高温 $\beta(cI2)$ 的同素异形转变，低于我们刚刚预测 $V_2Zr.cF24$ 的相稳定温度 $T=1290K$。因此，我们应该与 Zr.cI2 而不是 hP2 的自由能进行比较。但是，Zr.cI2 在力学上是不稳定的，导致具有虚频率 ω 的声子模。式（8.14）不能用于计算振动自由能，需要更复杂的方法[2,7]。或者，我们可以查看 NIST-JANAF[31] 表，发现 α/β 转换的熵差值达到 3.7×10^{-5} eV/atom/K。包括 β 的这种额外稳定性将预测的 $V_2Zr.cF24$ 的稳定温度提高到 $T=1380K$。

作为第二个例子，尽管其低熔值比较利于稳定，但实验相图中没有 $NbV_2.hP12$ 相（图 8.1b 和图 8.3a）。振动自由能对此提供了解释。作为 BCC 固溶体的代表，我们选择 Pearson 型 tI6 结构并假设其振动自由能代表整个系统。实际上，tI6 的 G_v 在关注的温度范围内与纯 Nb.cI2 和 V.cI2 的混合相的 G_v 差异在 2meV/atom 内（太低，没包括在图 8.3 中），尽管在熔点 T_m，达到约 1.2eV/atom，证明我们忽略了固溶体中的结构依赖性。与此形成鲜明对比的是，由于 Laves 相的四面体紧密堆积与 BCC 的松散堆积形成对比，hP12 的频谱相对于 BCC 移动到高频。因此，hP12 的振动自由能大大超过纯元素参考点，ΔF_v 为正，导致图 8.3 中的 ΔG 向上倾斜，导致 hP12 的自由能在 $T^*=1100K$ 时与固溶体交叉。我们预测 BCC 固溶体在 $T_m=2133K$ 下熔化至相分离的临界温度 $T_c=1400K$ 温度区间是热力学稳定的。hP12 Laves 相在略低的温度 $T^*=1100K$ 时获得稳定性，并保持稳定至 $T=0K$。hP12 获得稳定性的低温抑制了其实验形成。

注意，熔有利的 $NbV_2.hP12$ 被 F_v 去稳定，而熔不利的 $V_2Zr.cF24$ 稳定。强键合作用，降低 ΔH，增加了振动频率 ω，从而提高了 F_v。

8.3.3 电子自由能

电子气的激发对相关的电子自由能 $F_e(T)$ 贡献熵。费米-狄拉克占领函数描述了激发：

$$f_T(E) = \frac{1}{1 + \exp[(E-\mu)/(k_B T)]} \tag{8.16}$$

表示在给定电子化学势 μ 的温度 T 下能量 E 的状态的占有概率 f。该函数对于从低于 μ 的完全占据（$f=1$）态至完全空位（$f=0$）态进行内插值，中间值限制在化学势的几 $k_B T$ 内的能量，因此在低 T 时接近费米能量 E_F。

结合从第一原理计算得到的状态电子密度 $D(E)$，我们可以评估电子能带和熵：

$$U(T) = \int D(E)(E - E_F)(f_T(E) - f_0(E))\mathrm{d}E$$

$$S(T) = -k\int D(E)[f_T(E)\ln f_T(E) + (1 - f_T(E))\ln(1 - f_T(E))]\mathrm{d}E$$

$$(8.17)$$

并设置 $F_e(T) = U(T) - TS(T)$。由于低温激发仅限于 E_F 附近，因此结果与费米能级的态密度大致成正比[22]：

$$U(T) \approx \frac{\pi^2}{6}D(E_F)k^2T^2, \quad S(T) \approx \frac{\pi^2}{3}D(E_F)k^2T, \quad F_e(T) \approx -\frac{\pi^2}{6}D(E_F)k^2T^2$$

$$(8.18)$$

得到的二次变化在图 8.4 中很明显，系数与 $D(E_F)$ 成比例。产生几个 meV/atom 的电子自由能差，增加了 V_2Zr. cF24 的额外稳定性，使其不稳定温度降至 $T^* = 1180K$。请注意，单个电子自由能远小于振动自由能，但不能忽略，电子贡献也很重要。

8.4　蒙特卡罗和分子动力学模拟

分子动力学非常适合于模拟晶格位置附近的原子的小振幅振荡。在低温下，原子穿过屏障从一个晶格位置到另一个晶格位置的概率非常低，并且在分子动力学运行的时间尺度上很少发生。相比之下，不同格点的原子种类的蒙特卡罗交换以概率 $P = \exp[-\Delta E/(k_B T)]$ 与交换和初始构型的净能量差 $\Delta E = E_{swap} - E_{ini}$ 相关，与分隔状态的能量障碍无关。由于一些原子对相互作用非常低（参见表 8.3 中的 Mo-W，Nb-Ta 和 Nb-W），预计即使在低温下也会接受一些蒙特卡罗物种交换。

表 8.3　**Mo-Nb-Ta-W 四元体及其子体系的代表性生成焓**

Mo-Nb-Ta-W 合金系统									
二元	SQS	cP2	T_m	三元	SQS	T_m	四元	SQS	T_m
Mo-Nb	−71	−106	2742	Mo-Nb-Ta	−70	2793	Mo-Nb-Ta-W	−73	2885
Mo-Ta	−110	−186	2896	Mo-Nb-W	−58	2793			
Mo-W	−0.4	−10	2896	Mo-Ta-W	−97	3028			
Nb-Ta	−4	1	2742	Nb-Ta-W	−33	2926			
Nb-W	−34	−25	2742						
Ta-W	−67	−94	3293						

我们交替用蒙特卡罗取代和分子动力学[44]实现模拟，使用基于第一原理的 VASP 软件。具体的计算细节描述：在两次蒙特卡罗原子种类交换之间，我们执行 10 个 MD 步（每个时间步长 1fs）。如图 8.5 所示，Mo-Nb-Ta-W 体系在中高温下频繁接受交换的概率很高，这表明蒙特卡罗实现了对整个固态构型集合进行采样的目标。通过分子动力学几乎从未观察到相同的元素交换。文献[31]综述了几

种基于经验势的杂化 MC/MD 方法。

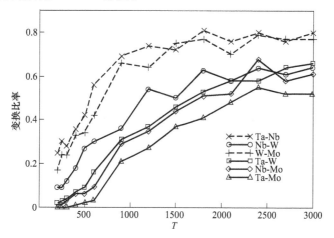

图 8.5 原子对的蒙特卡罗接受率（接受原子交换比率）与温度的关系
（表 8.3 中是高接受率与相关性的低熵值）

具有最大尺寸差异的交换（例如，Ta-Mo 和 Nb-Mo）最少发生并且在低温下几乎不存在，而尺寸差异中等（Nb-W）的交换偶尔发生，尺寸相近的原子对交换（例如，Ta-Nb 和 W-Mo）即使在最低温度发生概率也很大。我们得出结论，在低温下，该系统几乎表现为类二元合金，由铬基元素（第 5 组，此处为 Ta 和 Nb）和钒基元素（第 6 组，此处为 W 和 Mo）组成两种有效元素类。

8.4.1 对相关函数

对相关函数描述了结构中不同种类原子的相对位置分布。对分布函数的傅里叶变换产生衍射图案，这是实验可以探测到的结构图像。虽然结晶固体是各向异性的，但在这里我们先只考虑径向分布函数来测量原子间相对距离的大小。径向分布函数控制角度平均（即粉末）衍射图案。对于化学物种 α 和 β，我们定义径向分布函数为：

$$g_{\alpha\beta}(r) = \frac{1}{N_\alpha N_\beta} \sum_{i=1}^{N_\alpha} \sum_{j=1}^{N_\beta} \langle \delta(|\mathbf{r}_{ij}| - r) \rangle \tag{8.19}$$

在实践中，需要少量展宽来使 δ 函数正则化。

给定对分布函数，相关的结构因子是：

$$\bar{h}_{\alpha\beta}(Q) = \int d\mathbf{r} e^{-i\mathbf{k}\cdot\mathbf{r}} (g_{\alpha\beta}(r) - 1) \tag{8.20}$$

总结构因子变成了：

$$S(Q) = 1 + \sum_{\alpha\beta} c_\alpha f_\alpha c_\beta f_\beta \tilde{h}(Q) \tag{8.21}$$

式中，c_α 是物种 α 的浓度。这里，f_α 是形状因子，近似等于 X 射线的原子序数 $f_\alpha = Z_\alpha$ 或中子的散射长度 $f_\alpha = b_\alpha$。

8.4.2　通往熵的路径

监视构型的统计信息可以产生熵的估计值。如果实际原子位置可以唯一地映射到附近的理想晶格位置，则可以累积关于每个晶格位置的占用的统计数据，以及各种局域定义的多位点簇的统计数据。已经开发了聚类变化方法[1,8,9,21]作为在给定模型哈密顿量的情况下计算自由能的分析近似。一般的想法是分别表示能量和熵，作为聚类的函数。随着簇尺寸的增加，近似自由能收敛于精确值。

这些方法中最简单的方法是将单个原子站点作为一点集群。给定 N 个位点包含物质 α 的 $N_\alpha = x_\alpha N$ 原子，其中 α 从 $1 \sim m$，x_α 是物种 α 的浓度，计算位点的不同占据（单点团簇）产生配置的总数 $g(N_\alpha) = \prod_\alpha N_\alpha! / N!$。忽略站点之间的相关性，总熵取其最大值：

$$S(N_\alpha)/k_B = \ln g = \ln N - \sum_\alpha \ln N_\alpha! \tag{8.22}$$

使用斯特林近似值 $\ln N! \approx N \ln N$，在热力学极限下产生每个位点的熵：

$$\sigma(x_\alpha) = \frac{-k}{N} S(N_\alpha) \approx -k \sum_\alpha x_\alpha \ln x_\alpha \tag{8.23}$$

对于 N 种物种的等原子组成，使得 $x_\alpha = 1/N$，这立即产生通常的 $S/k_B = \ln(N)$ 熵。或者，我们可以采用式（8.23）作为任何特定位置的局部熵密度。在这种情况下，如果各个站点表现出对特定元素的偏好（例如，化学顺序的开始），则 x_α 的值不同于 $1/N$，并且熵减小。

移动到两点团簇（最近邻键）可以提高熵的准确性，因为它可以校正短程有序的开始。Guggenheim[10] 计算了配置数 $g(N_\alpha, N_{\alpha\beta})$，其中 $N_{\alpha\beta}$ 表示在配位数 z 的规则晶格上化学物种 α 原子的 β 邻居的平均数。在没有相关性的情况下，我们期望 $N_{\alpha\beta} = N_{\alpha\beta}^* \equiv N_\alpha N_\beta / N$ 且实际配置数等于 $g(\{N_\alpha\})$。在存在相关性的情况下，配置数量减少：

$$g(N_\alpha, N_{\alpha\beta}) = g(N_\alpha) \prod_\alpha \frac{(zN_\alpha/2 - \sum_{\gamma \neq \alpha} N_{\alpha\gamma}^*)!}{(zN_\alpha/2 - \sum_{\gamma \neq \alpha} N_{\alpha\gamma})!} \prod_{\alpha \neq \beta} \frac{N_{\alpha\beta}^*! 2^{N_{\alpha\beta}}}{N_{\alpha\beta}! 2^{N_{\alpha\beta}^*}} \tag{8.24}$$

方程式（8.24）中的乘法因子减少了由于键频 $N_{\alpha\beta}$ 与它们的不相关值 $N_{\alpha\beta}^*$ 的偏差引起的熵。与单站点群集的情况一样，这可以转换为局部熵密度：

$$\sigma(N_\alpha, N_{\alpha\beta}) = k \ln g(N_\alpha, N_{\alpha\beta}) \tag{8.25}$$

由于两点相关性，与单点情况相比，整体平均值是不平凡的。它们可以通过蒙特卡罗模拟评估或使用准化学近似估计[14]。该方法可以扩展到更复杂的团簇，例如，BCC[1] 和 FCC[21] 晶格的四面体近似。

8.5　高熵合金的结构和热力学模型

到目前为止，本章发展了原则上可应用于高熵合金的基本技术，但具体实例主要集中在二元和三元合金系统上。我们现在将注意力转向四元高熵合金，重点是 BCC 难熔金属，作为上述方法的示例应用。

周期表的性质意味着位置相邻左/右或上/下的金属往往具有相似的尺寸，价电数和电负性，因此容易相互替代。化合价通常在同组族内是恒定的，并且在相邻组族之间相差 1。电负性与原子体积强烈相关，对于大原子是低的，对于小原子是高的。已知的高熵合金中的大多数元素在周期表上彼此接近，可以利用物理性质的相似性来增加它们的构型熵。

这种观察促使我们从周期表中选取 2×2 的"正方形"作为例子，即位于"正方形"的顶点上的四个元素，"正方形"由一行中两个相邻元素和位于其下方的两个元素组成。在这样的正方形中，尺寸最大的元素将位于左下角，而最小的元素位于右上角，我们将其称为正对角线，而具有较小尺寸对比度的左上角至右下角将称为负对角线。

8.5.1　Cr-Mo-Nb-V 体系

之前已经讨论过二元合金体系 Cr-Nb 和 Nb-V 以及三元合金 Cr-Nb-V，我们添加了第四个元素 Mo，对应上文 2×2 的"正方形"由（V）族中的前两个元素（即 V 和 Nb）和相邻（Cr）族的前两个元素（即 Cr 和 Mo）组成。我们将二元和三元子体系的 ATAT 模型扩展到完整的四元，运行 maps 模块，直到内部数据库扩展到至少 8 个原子/原胞，并且真实和预测的基态一致。尽管 SQS 处于正熵，如表 8.1 所示，maps 能够识别负熵（−6meV/atom）等组分结构，这种具有 Pearson 型 oI8 的最低能量结构在 BCC 晶格上排列四种化学物质，使得每个晶胞在不同组族之间具有 24 个近邻对（即 V-Cr，V-Mo，Nb-Cr 或 Nb-Mo）和组族内仅 8 个近邻对（即 V-V，V-Nb，Nb-Nb，Cr-Cr，Cr-Mo 或 Mo-Mo）。因此，结构中原子尺寸和电负性不同的原子成为最近邻[44]。通常，cP2 结构的熵低于 SQS 熵（见表 8.1），因为 cP2 和类似的有序结构可以利用优选的局部化学环境。

尽管存在负熵 BCC 代表性结构，但我们的 DFT 总能量预测等原子四元 CrMoNbV 合金的基态相分离成四个共存相，引发了关于该体系的高熵合金存在可能性的质疑。同样，迄今没有该四元体系的高熵合金实验报道。

BCC 固溶体和竞争 Laves 相的相对自由能如图 8.3b 所示。使用 memc2（emc2 的多组分形式[41]）软件中的蒙特卡罗方法计算固溶体的自由能，类似于先前在 8.3.1 节中讨论的 NbV$_2$ 体系。该模拟方法也有预测熵的能力，通过来自高温参考状态的热力学积分来预测熵。假设在 $T=3000K$ 时最大熵为 $\ln(4)$，我们在 T_m 处得到

近似理想的 $S/k_B = \ln(3.82)$。共存相由三个基于 BCC 的结构 Cr_2V. tI6，Mo_4Nb_3. tI14 和 Mo_4V_3. hR7 以及 Laves 相 CrNbV. cF24 组成，产生平衡方程：

$$12CrMoNbV \longrightarrow 3Cr_2V + 2Mo_4Nb_3 + 6CrNbV + Mo_4V_3 \qquad (8.26)$$

采用其形成熵的组成加权平均值可预测 -101meV/atom 的基态熵。我们通过在三种基于 BCC 的结构的适当组成下假设理想的混合熵，以及在 Laves 阶段假设的 Cr-V 无序，将其转换为有限温度的自由能。由于所有四个竞争阶段的熵小于 $\ln(2)$，该组合在高温下形成高熵合金，仅在温度低于 $T_{\text{sep}} = 1430\text{K}$ 产生相分离。由于几个因素，精确的相分离温度存在相当大的不确定性：我们使用理想的混合熵而不是集团展开来评估竞争阶段的构型熵；我们在整个过程中忽略了振动熵；可能存在一些其他相的组合，其熵不太有利但具有更高的熵。实际上，我们已经将竞争阶段视为固定成分的"线性化合物"，这仅适用于前面的 8.2.2 节中讨论的低温极限。在高温下，竞争阶段最有可能包含所有四种化学物质，以略微增加的熵为代价利用更高的熵来降低它们的组合自由能。因此，我们必须将计算的 T_{sep} 视为相分离的实际温度的下限。

杂化 MC/MD 模拟结果如图 8.6 所示。在这里，我们在 $T = 1200\text{K}$ 进行 MC/

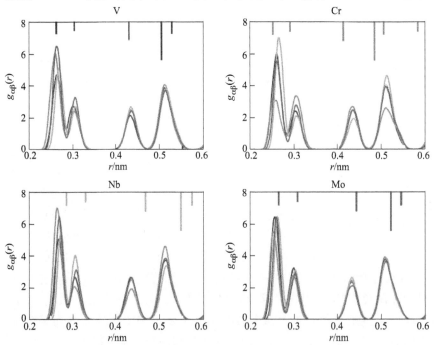

图 8.6　从 $T = 1200\text{K}$ 退火至 $T = 300\text{K}$ 时的 Cr-Mo-Nb-V 体系的对分布函数

（四种元素各自的四类部分对分布函数的图像分别画出，部分对分布函数用相应的颜色表示，顶部的竖条表示纯 BCC 元素中的对应相关性，例如，V 在 $r = 0.26\text{nm}$ 处具有 8 个近邻，0.30nm 处具有 6 个近邻，0.43nm 处具有 12 个近邻，0.50nm 处具有 24 个近邻，以及 0.53nm 处具有 8 个近邻）

MD 模拟，温度足够高，即使在实验中，化学短程有序也可能处于平衡状态。然后我们将系统淬火至 $T = 300K$ 并在常规分子动力学下退火，其中原子扩散被冻结。因此，我们以典型的高退火温度冻结短程有序结构，试图模拟实际的实验。该图示出了四个组成元素中的每一个的四个部分对应相关性，根据它们在周期表上的位置排列在页面上。BCC 结构非常明显，具有明确定义的最近邻和次最近邻峰的 8：6 分裂以及明确定义的其他邻近峰。同样明显的是对不同组族元素相邻的强烈偏好，其中 Cr 形成 V 的最强近邻峰，Mo 形成 Nb 的最强近邻峰，反之亦然。

表 8.4 中报告的交换率可以深入了解不同元素的各自作用，交换率对于原子大小最相似的元素（最近的非对角线）最大，随着大小对比度变得更加极端逐渐变小，最终接近消除对 Nb-Cr，其构成如上定义的正方形的正对角线。该表还给出了与图 8.6 中的近邻峰相对应的近邻键数。我们可能在式（8.24）中使用这些键数评估 $T = 1200K$ 时的熵，导致 $S/k_B = \ln(3.82)$，与 memc2 在 T_m 得到的值相同。

表 8.4　Cr-Mo-Nb-V 四元体在 $T = 1200K$ 的蒙特卡罗交换率和成键原子数统计

（成键原子数 $N_{\alpha,\beta}$ 表示 α 原子周围的 β 近邻原子的计数，其中 α 标记行，β 标记列，元素按 BCC 晶格常数减小的顺序排列）

α／β	交　换				结　合			
	Nb	Mo	V	Cr	Nb	Mo	V	Cr
Nb		0.48	0.24	0.05	1.73	2.05	1.71	2.51
Mo			0.49	0.23	2.00	1.90	2.14	1.96
V				0.43	1.86	2.21	1.79	2.14
Cr					2.41	1.84	2.36	1.39

8.5.2　Nb-Ti-V-Zr 体系

我们的下一个"正方形"由元素周期表 Ti 族的前两行组成，即 Ti 和 Zr，以及 V 族的前两行。这种新化合物提供了一个有趣的例子，因为 Ti 和 Zr 在低温下是 HCP 而在高温下是 BCC 结构（HCP 是密堆结构，而 BCC 是松散结构），这是由于 HCP 的较低的焓与 BCC 的较高振动熵之间的竞争。同时，Nb 和 V 在所有温度下都是 BCC。由 Ti 族和 V 族元素形成的合金能形成 HCP 固溶体，还是只能形成 BCC 结构？图 8.7 提供了一个线索。

应用 ATAT 集团展开来预测 BCC 和 HCP Nb-Zr 合金的低能态，表明完全相分离成共存的 Nb. cI2 和 Zr. hP2，与低温实验一致。然而，在图 8.7 中，我们看到大量单晶 BCC 构型，其能量为 0.05eV/atom。显然，除了最富含 Zr 的合金之外，能量和构型熵有利于 BCC 固溶体而不是 HCP。在 BCC 固溶体中应用 emc2，确定了在临界温度 $T_c = 1250K$ 和 30%Zr 的组成下相分离成富 Nb 和富 Zr 的 BCC 相的临界点。在实验上，临界温度位于 $T_c = 1258K$，组成为 40%Zr。将集团展开到第四元体系，也无法搜索到其他低温稳定相结构。预计 NbTiVZr 四元体在低温下会分解为：

$$2NbTiVZr \longrightarrow NbV_2 + Nb + 2Ti + 2Zr \tag{8.27}$$

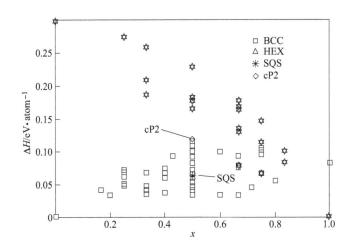

图 8.7　Nb-Zr 合金体系中的生成焓

（正方形表示 BCC 固溶体的代表性结构；六角星表示 HCP；SQS 和 cP2 标有特殊符号）

从杂化 MC/MD 模拟中得到的四元对相关函数，如图 8.8 所示。与刚才讨论的 CrMoNbV 合金的情况相反，这里第一近邻和第二近邻峰对应的键长 8∶6 分裂几乎不明显，尽管超过 0.4nm 的长程相关性保持不变。这反映了含有 Zr 和 Ti 元素的基于 BCC 的固溶体结构的内在机械不稳定性。表 8.2 中的 SQS 结构的能量通常低于 cP2 结构的能量，因为 cP2 的高对称性没考虑晶格畸变。在三元 HfNbZr 高熵合金中，在实验中观察到局域 BCC 结构严重畸变[15]。实际上，BCC 晶格在富 V、Nb 元素部分中比在富 Ti、Zr 元素的部分中更明显。进一步注意，最强的近邻相关在 Zr 和 V 之间，其位于"正方形"的正对角线上，而 Ti 和 Nb 的部分大致相似，位于负对角线。这进一步反映在表 8.5 中的蒙特卡罗交换率中，Zr 和 V 由于其强大的尺寸对比而几乎不能交换位置，而 Ti 和 Nb 容易交换。应用 Guggenheim 公式计算 $T = 1200K$ 得到熵 $S/k_B = \ln(3.89)$，略大于在 CrMoNbV 中观察到的。

表 8.5 Ni-Ti-V-Zr 四元体系在 $T = 1200K$ 的蒙特卡罗交换率和成键
原子数统计（元素按 BCC 晶格常数减小的顺序排列）

α/β	交 换				结 合			
	Zr	Ti	Nb	V	Zr	Ti	Nb	V
Zr		0.32	0.29	0.07	1.60	2.03	1.96	2.41
Ti			0.59	0.39	1.96	2.10	2.10	1.83
Nb				0.34	1.98	2.27	1.98	1.89
V					2.57	1.59	1.96	1.88

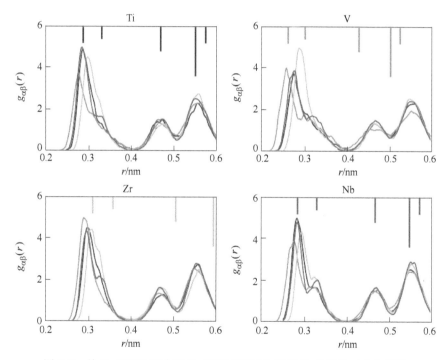

图 8.8 从 $T = 1200K$ 退火至 $T = 300K$ 时的 Nb-Ti-V-Zr 体系的对分布函数
（图中布局细节和图 8.6 一样）

8.5.3 Mo-Nb-Ta-W 体系

作为最后一个例子，我们从 V 和 Cr 族的底部两行选择一个"正方形"，即 Nb 和 Ta 以及 Mo 和 W。如前文所示[44]并在表 8.3 中再现，该合金系统中的形成焓在族之间显著为负并且在族内几乎为零。因此，预期强化学顺序，可能在低温下形成有序结构如 cP2，每列的元素对占据其自身的亚晶格。然而，非常高的熔融温度使得该相难以通过实验观察到。这种转变的平均场分析[18]表明临界温度为 $T_c = 1600K$ 的转变，蒙特卡罗模拟得到的临界温度为 1280K[17]（平均场理论通常高估转变温度）。本节计算方法是使用 ab initio 和 CALPHAD 方法研究了三元子系统 Mo-Ta-W 的热力学[39]。

由基于聚类相互作用模型的 maps 产生的预测等原子基态结构是两个基于 BCC 的相（$Mo_2NbTa_2W_2$. hR7 和纯元素 Nb. cI2）的共存，平衡方程如下式：

$$2MoNbTaW \longrightarrow Mo_2NbTa_2W_2 + Nb \qquad (8.28)$$

采用基态形成焓的组成加权平均，得到焓值为 126meV/atom。使用 memc2 的蒙特卡罗模拟得到在 T_m 处熵为 $S/k_B = \ln(3.93)$。

图 8.9 中所示的杂化 MC/MD 算得的对相关函数揭示了非常强的类 BCC 结构，包括最接近下一个最近邻峰的对应的键长比为 8 : 6。如前两个例子一样，沿着正对角线（Ta 和 Mo）存在对最近邻对的明显偏好，而沿着负对角线（Nb 和 W）也大致相似。在表 8.6 中报告的交换率中也可以看到这种效应，其中沿着正对角线交换的原子对远低于沿负对角线原子对的交换频率。为了保持同主族元素的几乎零相互作用，我们注意到这些原子对的交换率非常高（Nb 与 Ta 和 Mo 与 W）。

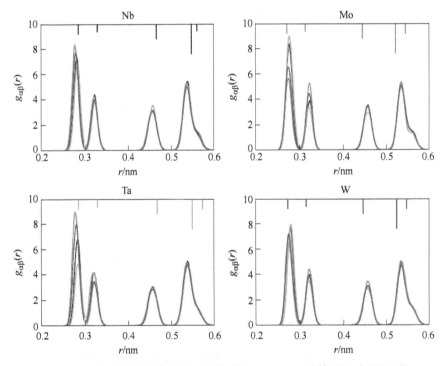

图 8.9　从 $T = 1200K$ 退火至 $T = 300K$ 时的 Mo-Nb-Ta-W 体系的对分布函数
（图中布局细节和图 8.6 一样）

表 8.6 Mo-Nb-Ta-W 四元体系在 $T=1200K$ 的蒙特卡罗交换率和
成键原子数统计（元素按 BCC 晶格常数减小的顺序排列）

α/β	交 换				结 合			
	Ta	Nb	W	Mo	Ta	Nb	W	Mo
Ta		0.74	0.37	0.27	1.39	1.90	2.20	2.51
Nb			0.54	0.35	1.84	1.95	2.11	2.10
W				0.64	2.18	1.93	1.99	1.90
Mo					2.59	2.22	1.70	1.49

应用 Guggenheim 公式，我们估计 $T=1200K$ 时的熵为 $S/k_B = \ln(3.82)$，和 CrMoNbV 体系获得的熵值类似。熵的全温度依赖性绘制在图 8.5 中，并且可以看出仅在 1200K 以下显著降低。鉴于几乎在等原子组成中存在基态，可以认为 MoNbTaW 是一种非常完美的高熵合金，在所有温度下都保持稳定，只有很小的组成变化。与此同时，随着短程化学有序的增长，特别是不同组族间元素成键的增加，熵在这个低温极限中消失。

振动态密度和电子态密度以及对应的自由能如图 8.10 所示。注意，由于相对较高的振动频率，相对振动自由能 ΔF_v 是正的，并且因为费米能级的状态密度

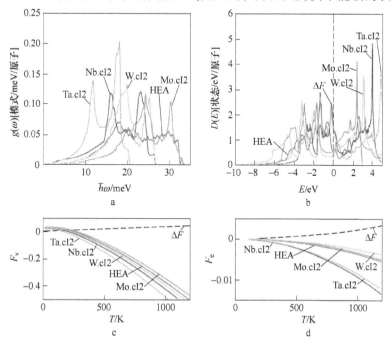

图 8.10 MoNbTaW 高熵合金的振动态密度（a）、电子态密度（能量 E 相对于费米能级 E_F）（b）与相应的自由能（c）和（d）

相对较低，相对电子自由能 ΔF_e 也是正的。因为这些是在固定体积 V 下得到的，所以自由能是亥姆霍兹自由能；因此，热力学通过简单微分产生熵 $S = -\partial F / \partial T$，因此，电子和振动贡献实际上减少了熵。

8.6　本章小结

本章简要介绍了第一性原理计算自由能和相稳定性的方法，并应用于三种四元高熵合金。本章描述并应用了各种方法，包括在 8.2.3 节中实现的总能量的集团展开法（ATAT 软件），8.3.2 节和 8.3.3 节中的振动和电子自由能计算，以及 8.4 节中的杂化 MC/MD 方法，这种方法对化学替代产生大量结构的体系（比如，高熵合金体系）很有效。后面的章节详细介绍了一些其他第一性原理方法，即第 10 章中的相干电位近似法（CPA）和第 11 章中的特殊准随机结构（SQS），以及在 11 章和 13 章中将 MC/MD 方法应用于液体。使用本方法计算的热力学数据可以是对 CALPHAD 型热力学数据库细化的指导，例如在第 12 章中使用的，其最终为第 2 章中描述的形成规则提供了严格的基础。

本章报告了几个高熵合金的体系的计算结果，其中两项具体结果对评估的二元相图提出了挑战。我们建议在低于 $T^* = 1100K$ 时，将 Nb-V 相图中的连续 BCC 固溶体替换为先前未知的 C14 Laves 相 NbV_2. hP12。同时，我们也解释了在高于 $T^* = 1180K$ 时 C15 Laves 相 V_2Zr. cF24 的发生，尽管它由于振动和电子熵形成不利的焓，同时预测它在该温度以下变得热力学不稳定。通过使用总能量集团展开法，我们预测了 Mo-Nb-Ta-W 合金系统中存在低温稳定的四元高熵合金，其结构是接近 BCC 晶格格点的特定有序排列；对于 Cr-Mo-Nb-V 体系，我们发现在低温下由于和二元、三元体系竞争，所有 BCC 基的四元体系不稳定，但我们预测该化合物合金在高于 $T_{sep} = 1430K$ 的温度下稳定，可以形成高熵合金；由于 Ti 和 Zr 在低温下更容易形成 HCP 结构，所以在四元 Nb-Ti-V-Zr 中同样没有基于 BCC 的基态结构，该体系的四元高熵合金在低温下也是不稳定的。通过杂化 MC/MD 模拟显示，即使在保留长程 BCC 结构的情况下，Nb-Ti-V-Zr 高熵合金也表现出与理想晶格位置的强烈偏差。

本章计算了四元 Mo-Nb-Ta-W 的所有熵的贡献：离散的构型熵由式（8.25）得到；而振动和电子自由能是从图 8.10 所示的自由能获得的，相应的熵通过微分 $S = -\partial F(V, T) / \partial T$ 得到，如图 8.11 所示。四元体系的振动和电子熵相对于纯元素单质的混合物是负的。请注意，电子贡献相对较小，而振动贡献是显著的，但仍然小于构型部分，验证了高熵合金由其混合构型熵主导。

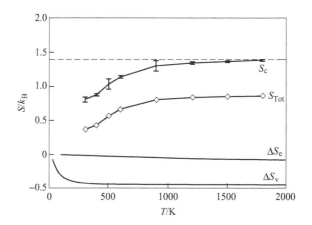

图 8.11 对总熵 S_{Tot} 的构型，振动和电子部分的贡献［根据 Guggenheim 近似公式（式（8.24）和式（8.25））计算的构型熵；振动和电子熵分别由式（8.14）和式（8.18）得到］

参 考 文 献

［1］ Ackermann H, Inden G, Kikuchi R (1989). Tetrahedron approximation of the cluster variation method for B. C. C. alloys. Acta Metall, 37: 1-7.

［2］ Antolin N, Restrepo O D, Windl W (2012). Fast free-energy calculations for unstable hightem-perature phases. Phys Rev B, 86: 054119.

［3］ Blochl P E (1994). Projector augmented-wave method. Phys Rev B, 50: 17953-17979.

［4］ Ceperley D M, Alder B J (1980). Ground state of the electron gas by a stochastic method. Phys Rev Lett, 45: 566-569.

［5］ DeHoff R (2006). Thermodynamics in materials science. CRC Press, Hoboken.

［6］ Ducastelle F (1991). Order and phase stability in alloys. Elsevier, Amsterdam/New York.

［7］ Errea I, Calandra M, Mauri F (2014). Anharmonic free energies and phonon dispersions from the stochastic self-consistent harmonic approximation: application to platinum and palladium hy-drides. Phys Rev B, 89: 064302.

［8］ De Fontaine D (1979). Configurational thermodynamics of solid solutions. In: Ehrenreich H, Turnbull D (eds) Solid state physics, vol 34. Academic, New York, pp 73-274.

［9］ De Fontaine D (1994). Cluster approach to order-disorder transformations in alloys. In: Ehrenreich H, DTurnbull (eds) Solid state physics, vol 47. Academic, San Diego, pp 33-176.

［10］ Gao M, Dogan O, King P, Rollett A, Widom M (2008). First principles design of ductile refractory alloys. J Metals, 60: 61-65.

［11］ Gao M, Suzuki Y, Schweiger H, Dogan O, Hawk J, Widom M (2013). Phase stability and elastic properties of Cr-V alloys. J Phys Condens Matter, 25: 075402.

[12] Glass C W, Oganov A R, Hansen N (2006). USPEX-evolutionary crystal structure prediction. Comput Phys Commun, 175: 713-720.

[13] Goedecker S (2004). Minima hopping: An efficient search method for the global minimum of the potential energy surface of complex molecular systems. J Chem Phys, 120: 9911-9917.

[14] Guggenheim E A (1944). Statistical thermodynamics of mixtures with non-zero energies of mixing. Proc R Soc Lond A, 183: 213-227.

[15] Guo W, Dmowski W, Noh J Y, Rack P, Liaw P K, Egami T (2013). Local atomic structure of a high-entropy alloy: an X-ray and neutron scattering study. Metall Mater Trans A, 44: 1994-1997.

[16] Hohenberg P, Kohn W (1964). Inhomogeneous electron gas. Phys Rev, 136 (3B): 864-871.

[17] Huhn W P (2014). Thermodynamics from first principles: Prediction of phase diagrams and materials properties using density functional theory. PhD thesis, Carnegie Mellon University.

[18] Huhn W P, Widom M (2013). Prediction of A2 to B2 phase transition in the high entropy alloy MoNbTaW. JOM, 65: 1772-1779.

[19] Jiang C (2009). First-principles study of ternary BCC alloys using special quasi-random structures. Acta Mater, 57: 4716-4726.

[20] Jiang C, Wolverton C, Sofo J, Chen L Q, Liu Z K (2004). First-principles study of binary BCC alloys using special quasirandom structures. Phys Rev B, 69: 214202.

[21] Kikuchi R (1974). Superposition approximation and natural iteration calculation in cluster variation method. J Chem Phys, 60: 1071-1080.

[22] Kittel C (2005). Introduction to solid state physics. Wiley, Hoboken.

[23] Kohn W, Sham L J (1965). Self-consistent equations including exchange and correlation effects. Phys Rev, 140: 1133-1138.

[24] Kresse G, Furthmuller J (1996). Efficient iterative schemes for ab initio total-energy calculations using a plane-wave basis set. Phys Rev B, 54: 11169-11186.

[25] Kresse G, Hafner J (1993). Ab initio molecular dynamics for liquid metals. Phys Rev B, 47: RC558-RC561.

[26] Kresse G, Joubert D (1999). From ultrasoft pseudopotentials to the projector augmented-wave method. Phys Rev B, 59: 1758-1775.

[27] Kresse G, Furthmuller J, Hafner J (1995). Ab initio force constant approach to phonon dispersion relations of diamond and graphite. Europhys Lett, 32: 729-734.

[28] Martin R (2008). Electronic structure: basic theory and practical methods. Cambridge University Press, Cambridge.

[29] Mihalkovič M, Widom M (2004). Ab-initio cohesive energies of fe-based glass-forming alloys. Phys Rev B, 70: 144107.

[30] Neyts E C, Bogaerts A (2013). Combining molecular dynamics with monte carlo simulations: implementations and applications. Theor Chem Acc, 132: 1-12.

[31] NIST (2013). Janaf thermochemical tables. http://kinetics. nist. gov/janaf.

[32] Perdew J P, Burke K, Ernzerhof M (1996). Generalized gradient approximation made simple. Phys Rev Lett, 77: 3865-3868.

[33] Ravi C, Panigrahi B K, Valsakumar M C, Van de Walle A (2012). First-principles calculation of phase equilibrium of V-Nb, V-Ta, and Nb-Ta alloys. Phys Rev B, 85: 054202.

[34] Revard B C, Tipton W W, Hennig R G (2014). Structure and stability prediction of compounds with evolutionary algorithms. Top Curr Chem, 345: 181-222.

[35] Senkov O, Senkova S, Woodward C, Miracle D (2013). Low-density, refractory multi-principal element alloys of the CrNbTiZr system: Microstructure and phase analysis. Acta Mater, 61: 1545-1557.

[36] Senkova O, Wilks G, Miracle D, Chuang C, Liaw P (2010). Refractory high-entropy alloys. Intermetallics, 18: 1758-1765.

[37] Smith J F, Carlson O N (1990). Nb-V(niobium-vanadium). In: Massalski TB (ed) Binary alloy phase diagrams, 2nd edn. ASM, Materials Park, pp 2779-2782.

[38] Takasugi T, Yoshida M, Hanada S (1995). Microstructure and high-temperature deformation of the c15 NbCr$_2$-based laves intermetallics in Nb-Cr-V alloy system. J Mat Res, 10: 2463-2470.

[39] Turchi P, Drchal V, Kudrnovsky J, Colinet C, Kaufman L, Liu Z K (2005). Application of ab initio and CALPHAD thermodynamics to Mo-Ta-W alloys. Phys Rev B, 71: 094206.

[40] Wales D J, Doye J P K (1997). Global optimization by basin-hopping and the lowest energy structures of Lennard-Jones clusters containing up to 110 atoms. J Phys Chem A, 101: 5111-5116.

[41] Van de Walle A, Asta M (2002). Self-driven lattice-model monte carlo simulations of alloy thermodynamic properties and phase diagrams. Modelling Simul Mater Sci Eng, 10: 521.

[42] Van de Walle A, Ceder G (2002). Automating first-principles phase diagram calculations. J Phase Equil, 23: 348.

[43] Widom M, Mihalkovic M (2008). Symmetry-broken crystal structure of elemental boron at low temperature. Phys Rev B, 77: 064113.

[44] Widom M, Huhn W, Maiti S, Steurer W (2013). Hybrid monte carlo/molecular dynamics simulation of a refractory metal high entropy alloy. Mat Met Trans A, 45: 196-200.

[45] Zunger A (1994). First principles statistical mechanics of semiconductor alloys and intermetallic compounds. In: Turchi PE, Gonis A (eds) NATO ASI on statics and dynamics of alloy phase transformation, vol 319. Plenum, New York, p 361-419.

[46] Zunger A, Wei S H, Ferreira L G, Bernard J E (1990). Special quasirandom structures. Phys Rev Lett, 65: 353-356.

9 相干电位近似在高熵合金中的应用

<<<<<<<<<<<<<<<<<<<<<<<<<<<<<<<<<<<<<<<<<<<<<<<<<<<

摘　要: 本章详细介绍了相干势近似（CPA）在描述任意组元体系中化学和磁性无序相的应用，本章简要介绍了两种广泛使用 CPA 的方法，即饼模轨道（EMTO）法以及 Korringa-Kohn-Rostoker（KKR）方法，提出了这些方法在高熵合金中预测单相的晶格稳定性、电子和磁性结构、弹性性质和堆垛层错能的应用。

关键词: 相干势近似（CPA）　Korringa-Kohn-Rostoker（KKR）　饼模轨道（EMTO）法　密度泛函理论（DFT）　磁性　电子结构　弹性　弹性常数　堆垛层错能　无序固溶体　高熵合金（HEAs）

9.1　相干势近似

密度泛函理论（DFT）[1,2]作为一种强有力的基态理论，已被广泛应用于固体的结构和电子性质的研究。在随机固溶体模拟的情况下，相干势近似（CPA）代表了在多组分随机固溶体中电子结构计算的最有效的合金理论。CPA 的初步理论，由 Soven[3]在处理电子结构问题时提出。同时，Taylon[4]在分析随机合金中的声子问题时也同步提出。之后，Györffy[5]在格林函数法的多重散射理论框架下，系统表述了 CPA 理论。

CPA 基于这样的假设：合金可以由有序的有效介质代替，其参数是自洽的。在单点近似内处理杂质问题，这意味着将一种单一杂质置于有效介质中，并且没有提供关于该杂质周围的原子或多面体之外的各个电位和电荷密度的信息。下面，我们说明了传统饼模模型中 CPA 的主要思想。

我们考虑一种替代合金 $A_aB_bC_c\cdots$，其中 A，B，C，$\cdots$是在晶格上随机分布的原子，a，b，c，$\cdots$代表相应的原子分数。该系统由格林函数 g_{alloy} 以及合金势 p_{alloy} 表征。在真正的合金中，对于选定类型的原子，由于局部化学环境的差异，p_{alloy} 表现出微小变化。CPA 方法有两个主要近似：（1）一类原子周围的局部势是相同的，即忽略了局域环境的影响。这些局部势由 P_A，P_B，P_C，$\cdots$等函数描述；（2）该系统被近似为一个单原子系统，由格点-非相干的相干势 $\widetilde{P}$ 描述。在格林函数方面，通过相干格林函数 $\widetilde{g}$ 近似逼近真实格林函数 g_{alloy}。对于每种合金成分 $i=$ A，B，C，$\cdots$，分别引入了单质格点格林函数 g_i。

构建 CPA 有效介质的主要步骤如下。首先，利用电子结构方法从相干势计算相干格林函数。在多重散射方法中，我们有：

$$\widetilde{g} = \left[S - \widetilde{P} \right]^{-1} \tag{9.1}$$

式中，S 表示描述基础晶格的结构常数矩阵[6~9]。接下来，通过用实际原子电势 P_i 代替 CPA 介质的相干势来确定合金成分的格林函数 g_i。在数学上，这种情况通过实空间 Dyson 方程表示：

$$g_i = \widetilde{g} + \widetilde{g}(P_i - \widetilde{P})g_i \tag{9.2}$$

式中，$i=$A，B，C，…，最后，各个格林函数的平均值应该重现相干格林函数的单点部分，即：

$$\widetilde{g} = ag_A + bg_B + cg_C + \cdots \tag{9.3}$$

迭代求解方程（式（9.1）~式（9.3）），输出 $\widetilde{g}$ 和 g_is 用于确定随机合金的电子结构、电荷密度和总能量。根据单点杂质方程式（9.2），杂质格林函数 g_i 描述了具有势 P_i 的单一杂质（单个原子），其嵌入在由相干势 $\widetilde{P}$ 指定的有效介质中。

如今，CPA 已成为随机合金中电子结构计算的最先进技术。许多应用已经表明，在该近似中，可以计算晶格参数、体积模量和混合焓等，其精度近似于有序固体获得的精度。同时，CPA 作为杂质问题的单点近似，具有内在的局限性，例如，在 CPA 中，不能考虑短程有序效应。此外，合金成分之间具有大尺寸失配的系统由于较大的局部晶格弛豫而难以描述，更具体地说，CPA 很好地捕获了平均晶格膨胀，但是没有捕获到晶格点阵的元素特定的局部位移。

现有 CPA 方法中大的失败可能发生在随机合金中的各向异性晶格畸变的情况下，这个问题被错误地归因于固有的单点近似。然而，我们应该牢记 CPA 的某些局限性与近似本身并不直接相关。相反，它们源自特定 DFT 实现引入的附加近似，与 CPA 结合使用的最常见的电子结构计算方法是基于原子球近似（ASA）。事实证明，相关的形状近似不足以准确描述各向异性晶格畸变时的总能量行为。因此，例如，人们不能计算随机合金中的弹性常数，或者放宽具有四方、六边形或低对称性的合金中的轴向比。此外，这种 DFT 方法没有适当地描述具有不同填充分数的结构之间的开放结构或结构能量差异，甚至过渡金属的 BCC 和 FCC 结构之间的能量差异也常常描述不准确。然而，最近对 CPA[10~12] 进行的重新计算表明，与先前的几种实现方式相比，在精确的饼模轨道（EMTO）法的框架内实施的近似，适合于以高精度再现与随机合金中的微小晶格畸变相关的结构能量差异和能量变化。

除了 CPA，虚拟晶体近似（VCA）、团簇展开方法和超胞方法[13]，特别是所谓的特殊拟随机结构（SQS）[14]，常用于研究随机合金。最近，在描述

CoCrFeMnNi 高熵合金的过程中采用了 SQS 方法[15]。然而现在，顺磁性状态下的 SQS 计算仍然非常繁琐。读者可以参阅第 10 章，了解更多关于 SQS 的细节。描述高熵合金原子结构的另一种重要方法是通过混合蒙特卡罗/分子动力学（MC/MD）模拟，如第 8 章所详述。SQS 和 MC/MD 的优点在于，它们允许原子弛豫，并且可靠地预测依赖于温度的热力学性质。另一方面，由于与超胞相关联的约束，它们不能解释微小的组分变化，例如，在文献［15］中所讨论的。在本书的第 10 章中，对上述高熵合金的模拟方法进行了简要比较。

在本章中，我们会对已经广泛使用了的 CPA 方法进行描述，即 EMTO-CPA 和 Korringa-Kohn-Rostoker(KKR)-CPA 方法，并通过几个最近的应用进行展示。本章分为以下几个部分介绍：9.2 节中回顾与高熵合金相关的 EMTO-CPA 方法的主要特点；9.3 节中使用超胞计算来进行评估；在 9.4 节和 9.5 节中，分别展示 3D 高熵合金和难熔高熵合金的一些结果；第 9.6 节提出了首次利用实验和理论相结合的方法来确定 HEA 层错能；最后在 9.7 节和 9.8 节，介绍了 KKR-CPA 方法，并在章节中进行了验证。本章最后以简短的结论收尾。

9.2　EMTO-CPA 方法

EMTO 理论属于第三代饼模近似理论，该理论是一种改进的 KKR 方法，它使用大的重叠的饼模势轨道，可以相当准确地描述精确的单电子势。在计算总能量时，EMTO 方法采用全电荷密度（FCD）技术，不仅提高了计算效率，而且确保了总能量的精确度与全电位方法相似[12]。有关当前 EMTO-CPA 计算的详细信息，请参阅参考资料[16~18]。

应该提到的是，3D 建模高熵合金的大多数当前 EMTO-CPA 计算基于顺磁状态，我们使用无序局部磁矩（DLM）[19]图来描述这些 HEA 的顺磁状态，根据该模型，浓度为 m 的合金组分 M 由其自旋向上（↑）和自旋向下（↓）对应给出，假设这些对应物随机分布在基础子晶格上，即每个磁性合金组元被当作 $M_m \rightarrow M_{m/2}^{\uparrow} M_{m/2}^{\downarrow}$。例如，CoCrFeNi 被描述为准八元随机固溶体，即 $Co_{0.125}^{\uparrow} Co_{0.125}^{\downarrow} Cr_{0.125}^{\uparrow} Cr_{0.125}^{\downarrow} Fe_{0.125}^{\uparrow} Fe_{0.125}^{\downarrow} Ni_{0.125}^{\uparrow} Ni_{0.125}^{\downarrow}$。

9.3　高熵合金中 EMTO-CPA 方法的评估

为了评估在高熵合金中 EMTO-CPA 计算的性能，我们选择 CoCrFeNi 并建立具有 FCC 基础晶格的完全随机固溶体简单超晶胞（SC）作对比计算。为了模拟均匀的固溶体，四种合金元素在 FCC 晶胞格点均匀分布且相互邻接，如图 9.1 所示。我们注意到 CoCrFeNi 没有发现长程化学有序的趋势[20]。考虑到长程有序对合金的弹性性质影响相当小[21]，可以合理地假设 CPA 的结果可以直接与完全随机固溶体结构的 SC 结果进行比较。在该测试中，在 CPA 和 SC 计算中假设铁磁有序。表 9.1 列出了从上述 SC 方法获得的结果和使用 EMTO 中实施的单点 CPA 计算的相应 $Co_{0.25}Cr_{0.25}Fe_{0.25}Ni_{0.25}$（相当于 CoCrFeNi）的结果。在第 10 章中给出了 SC 尺寸对高熵合金的能量和弹性性质影响的更多的 DFT 计算。

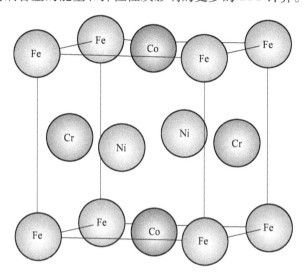

图 9.1 CoCrFeNi 高熵合金的简单超晶胞模型（SC）

表 9.1 使用 CPA 和 SC（参见文本）方法计算的 FCC CoCrFeNi 高熵合金的理论参数

方法	w	B	c_{11}	c_{12}	c_{14}	c'
CPA	2.607	207	271.0	175.0	189.3	48.0
SC	2.601	208	257.1	183.5	193.9	36.8

方法	A_Z	$c_{12}-c_{44}$	G	E	ν	A_{VR}
CPA	3.9	14.3	110	280	0.275	0.21
SC	5.2	10.4	101	262	0.290	0.29

注：所有数据均来自参考文献 [16]。实验中的 Wigner-Seitz 半径为 2.632 Bohr [22] 列出的是平衡 Wigner-Seitz 半径 $\omega(Bohr)$；体积模量 $B(GPa)$；三个独立的弹性常数 c_{11}、c_{12}、c_{44} 和 $c' = (c_{11} - c_{12})/2(GPa)$；Zener 各向异性 A_Z；柯西压力 $c_{12} - c_{44}(GPa)$；剪切模量 $G(GPa)$；杨氏模量 E（GPa）；泊松比 ν 和多晶弹性各向异性比 A_{VR}。

通过 SC 模拟的平均 Wigner-Seitz 半径为 2.601Bohr，接近于固溶体通过 CPA 模拟获得的 2.607Bohr，SC（207GPa）与 CPA（208GPa）体积模量之间的一致性也很好，对于所有理论参数，我们发现 CPA 和 SC 结果之间具有良好的一致性，特别是用这种方法获得的三个弹性常数 c_{11}、c_{12} 和 c_{44} 平均相差约 4%。如果我们认为目前的 SC 是 CPA 计算中考虑的四组元随机合金的最简单的周期近似，那么 Zener(c_{44}/c') 各向异性和柯西压力（$c_{12}-c_{44}$）的相对差异仍然可以接受。剪切模量和杨氏模量（G 和 E）、泊松比（ν）和多晶各向异性比（A_{VR}）的符合性良好，表明 CPA 是研究这些多元块体合金性能有效准确的方法。

为了进一步评估由平均场 CPA 导出的计算性能，我们构造了两个如图 9.2 所示的 2×2×2 立方超晶胞。由 BCC(FCC) 晶胞形成的超晶胞被视为简单立方体（体心立方体），其中每 16(32) 个原子位引入 1 个（2 个）Al 原子。所有其他格点都占据了等摩尔四组元 CoCrFeNi 合金。我们在 Al$_{0.3}$CoCrFeNi 高熵合金[23]中注意到类似的部分有序固溶体结构。对于这些超晶胞的 Wigner-Seitz 半径，FCC 是 2.620Bohr，BCC 是 2.634Bohr，与对应的 CPA 计算（对于 FCC 是 2.620Bohr，BCC 是 2.635Bohr）中得到的数据基本相同。相应的体积模量分别为 197GPa（FCC）和 193GPa(BCC)，这也接近 CPA 的计算结果（198GPa（FCC），193GPa（BCC））。

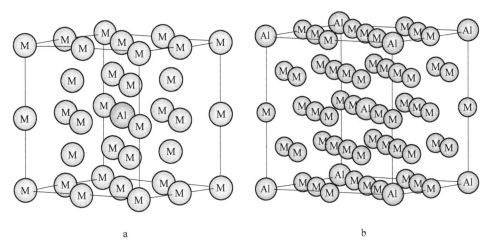

图 9.2　Al$_{0.2667}$CoCrFeNi 高熵合金的 2×2×2 BCC 超晶胞（a）和 2×2×2 FCC 超晶胞（b）

（M 代表等摩尔的四组元 CoCrFeNi 合金，Al 占据的是中心或顶点的位置）

9.4　3D 高熵合金中 EMTO-CPA 方法的应用

9.4.1　平衡体积

在表 9.2 中，分别对 CoCrFeNi、CoCrCuFeNi、CoCrFeMnNi 和 CoCrFeNiTi 四种高熵合金计算所得的 EMTO-CPA Wigner-Seitz(WS) 半径值与通过 X 射线衍射测量的实验值进行了比较。用 Wigner-Seitz 半径，我们可以用 Vegard 法估计高熵合金的平衡体积。在表 9.2 中，$\bar{w}_i$ 代表基于先前 PBE 级理论数据的估计体积，$\bar{w}_e$ 是从实验数据获得，发现计算出的平均 WS 半径小于平均实验数据。除 CoCrFeNiTi 外，计算的 WS 半径也略小于实验值（我们注意到铸态 CoCrFeNiTi 不是单相 FCC 结构，而是具有两个第二相的基体为 FCC 的结构[27]）。对于 BCC（FCC）结构，

WS 半径与晶格参数 a 之间的关系是 $a^3 = 2 \times \dfrac{4}{3}\pi\omega^3 (a^3 = 4 \times \dfrac{4}{3}\pi\omega^3)$。

9.4.2　磁性

图 9.3 显示了具有顺磁性 CoCrCuFeNi，CoCrFeNi 和 CoCrFeNiTi 高熵合金中磁性亚晶格的局部磁矩（↑或↓）与 Wigner-Seitz 半径的关系。根据计算，对于全部体积的体系中 Cu、Ni 和 Ti 上的局部磁矩会消失，因此没有显示在图 9.3 中。应该注意到，在有限温度下，热效应最终会引起在 Ni 上的局部磁矩。在本研究中忽略了这种纵向自旋涨落。对于所有合金，Fe 在平衡体积附近具有显著（约 $(1.8 \sim 2.0)\mu_B$）的局部磁矩。Co 在 CoCrFeNi 和 CoCrFeNiTi 中仍然是非磁性的，但是在 CoCrCuFeNi 中会显示出一个小的 $(0.6\mu_B)$ 磁矩。

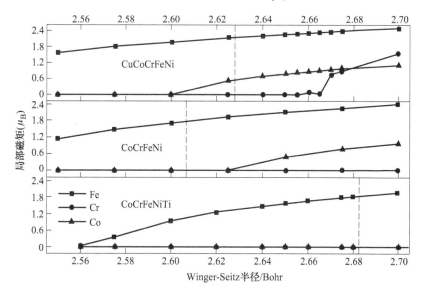

图 9.3　顺磁性 FCC 结构 CoCrFeNi、CoCrCuFeNi 和 CoCrFeNiTi 合金中
Co、Cr 和 Fe 的局部磁矩随 WS 半径的变化（对每种高熵合金，
垂直线代表计算的平衡 SW 半径，取自参考文献 [16] 的数据）

我们绘制了如图 9.4 中的 CoCrCuFeNi，CoCrFeNi 和 CoCrFeNiTi 的顺磁状态总密度（DOS）和部分态密度（pDOS）。对于这三种合金，Fe 具有非常接近费米能级 (E_F) 中等程度的 pDOS 峰。结果发现，$E_F(D_{Fe}(E_F))$ 的 DOS 是 E_F 处所有 pDOS 中最大的，其次是 $D_{Co}(E_F)$ 和 $D_{Cr}(E_F)$。E_F 处的这种明显的 Fe 峰导致 Fe 的亚晶格中磁的不稳定性。实际上，如图 9.4 所示，Fe 的自旋极化 pDOS 具有两个独立的峰：一个高于费米能级，一个低于费米能级。这两个 Fe 峰分别与 Cr 和 Co 的峰杂化。由于磁性分裂，所有三种合金中的总 $D(E_F)$ 显著下降。

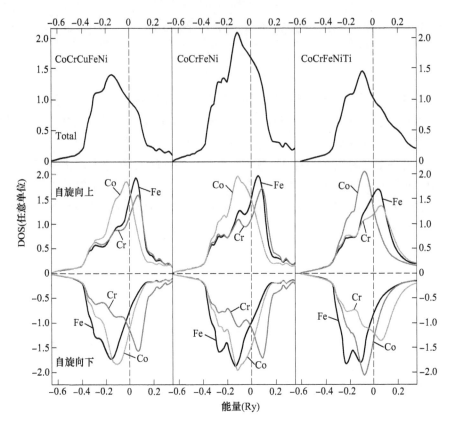

图 9.4 顺磁性 FCC CoCrCuFeNi，CoCrFeNi 和 CoCrFeNiTi 高熵合金的总（上面板）和以及 Co，Cr 和 Fe 部分（下面板）状态密度（pDOS）（在下图中，仅示出了 Co，Cr 和 Fe 的部分密度状态（Ni，Cu 和 Ti 不是局部磁矩）；除了符号（自旋向上与自旋向下）差异外，Co，Cr 和 Fe 的状态部分密度与图中所示的相同（数据取自参考文献［16］））

9.4.3 3d 高熵合金的弹性性能

表 9.2 列出了 CoCrFeNi、CoCrFeMnNi、CoCrCuFeNiTi$_x$ 和 CoCrFeNiTi 的立方弹性常数 c_{11}、c_{12}、c_{44} 和 c'。在图 9.5 中也绘制了 CoCrCuFeNiTi$_x$ 的弹性常数和弹性模量与 Ti 含量的函数关系。如表 9.2 所示，这里所考虑的所有 3d 高熵合金都是力学稳定的。Ti 在 CoCrFeNiTi 和 CoCrCuFeNiTi$_x$ 中降低了四方弹性常数 c' 的值，这说明 Ti 降低了 FCC 相的力学稳定性，这与基于 d 电子的有效数量的期望是一致的。

理论预测 CoCrFeNi 具有适度的弹性各向异性和小的负柯西压力。我们记得，负的（$c_{12}-c_{44}$）与金属键的共价性质有关，并且是脆性合金的特征。在没有任何实验数据的情况下，我们比较了顺磁性 CoCrFeNi 的计算结果与由 18%Cr、8%Ni

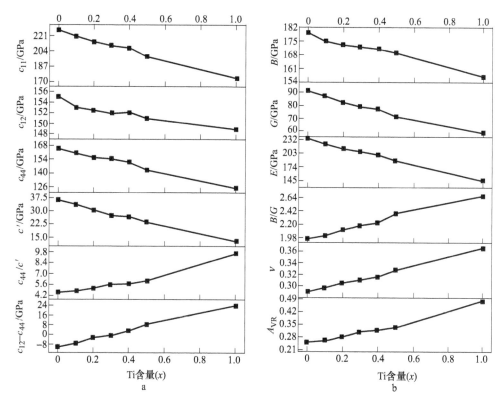

图 9.5 CoCrCuFeNiTi$_x$(x = 0~0.5, 1.0) 高熵合金的三个独立弹性常数 c_{11}、

c_{12} 和 c_{44} 以及 c'((c_{11} − c_{12})/2)、c_{44}/c' 和 (c_{12} − c_{44})(a);CoCrCuFeNiTi$_x$(x = 0~0.5, 1.0)

高熵合金的多晶弹性模量 B、G 和 E 以及 B/G、ν 和 A_{VR}(b)（所有数据来自参考文献 [16]）

表 9.2 CoCrFeNi，CoCrFeMnNi，CoCrCuFeNi 和

CoCrFeNiTi$_x$ 合金 Wigner-Seitz 半径的理论及实验值[22,24~26]

HEAs	w	w_e	$\overline{w}_t$	$\overline{w}_e$	c_{11}	c_{12}	c_{44}	c'	E	E(Expt.)
CoCrFeNi	2.607	2.632	2.623	2.642	271.0	175.0	189.3	48.0	280.0	—
CoCrFeMnNi	2.609	2.651	—	—	245.1	148.9	191.5	48.1	275.9	157
CoCrCuNiFe	2.628	2.643	2.636	2.647	227.8	154.6	165.3	36.6	234.0	55.6
CoCrFeNiTi	2.682	2.650	2.706	2.724	184.5	170.9	127.0	6.8	130.3	134
CoCrCuFeNiTi$_{0.1}$	2.635	—	2.644	2.655	219.7	152.6	160.2	33.5	223.1	—
CoCrCuFeNiTi$_{0.2}$	2.643	—	2.652	2.663	213.6	152.1	155.1	30.5	231.1	—
CoCrCuFeNiTi$_{0.3}$	2.651	—	2.659	2.670	209.6	151.9	154.6	28.9	205.9	—
CoCrCuFeNiTi$_{0.4}$	2.655	—	2.666	2.677	207.6	151.7	150.8	27.9	200.4	—
CoCrCuFeNiTi$_{0.5}$	2.663	—	2.673	2.684	198.4	151.0	142.7	23.7	187.1	98.6
CoCrCuFeNiTi$_{1.0}$	2.694	—	2.703	2.715	174.3	148.6	125.0	12.8	145.4	76.5

注：所有数据均来自参考文献 [16]，w 和 w_e 分别由 EMTO-CPA 计算和已有实验中预测所得，$\overline{w}_t$ 和 $\overline{w}_e$ 为参考文献 [12] 中根据 Vegard 规则计算得知的合金 Wigner-Seitz 半径。

和 Fe[28] 组成的顺磁性奥氏体不锈钢合金的计算结果。该不锈钢的三个弹性常数分别为 $c_{11} = 208.6GPa$、$c_{12} = 143.5GPa$ 和 $c_{44} = 132.8GPa$，其 Zener 各向异性比为 4.07，柯西压力为 10.7GPa。因此，与奥氏体不锈钢相比，预测顺磁性 CoCrFeNi 更脆。在 CoCrFeNi 中加入等摩尔 Cu，可使 CoCrFeNi 的柯西压力从 -14.3GPa 略微提高到 -10.7GPa。作为参考，FCC 结构 Ir 的柯西压力为 -13GPa，并经历穿晶和晶间断裂。

在继续我们的讨论之前，我们提到在高熵合金的情况下，脆性-韧性行为和柯西压力之间的相关性尚未得到证实，因此上述关于 CoCrFeNi 脆性的理论预测需要谨慎对待。另一方面，我们应该记得，目前的计算对应于静态条件（0K），这大大低估了合金的平衡体积。计算接近实验体积的弹性参数（即考虑晶格膨胀）对 CoCrFeNi 和 CoCrFeMnNi 都产生正的柯西压力[15]。与 EMTO-CPA 和 CoCrFeNi（CoCrFeMnNi）的正（负）柯西压力相比，使用 Vienna 从头计算模拟软件包（VASP）与特殊的拟随机结构（SQS）相结合得到的弹性参数略有不同[15]，针对上述趋势和差异的研究正在进行中，在本章的其余部分中，应根据上述结果考虑与高熵合金脆性延性行为相关的讨论。

研究发现，Ti 可以将 CoCrFeNi 基体转变为一种韧性及各向异性更强的材料。等摩尔 FCC CoCrFeNiTi 具有 $c_{44}/c' = 18.7$ 和 $c_{12} - c_{44} = 43.9GPa$。这种高各向异性比是相当不寻常的。为了比较，发现顺磁性 BCC 和 FCC Fe 的 Zener 各向异性分别为 8.6 和 3.6 左右。考虑到等摩尔掺杂时柯西压力的变化，我们可以得出结论，虽然 Cu 也改善了 3d 高熵合金的延展性，但 Ti 使其具有更高的延展性。实际上，如在 CoCrCuFeNiTi$_x$ 的情况中所见，Ti 可以显著增加主体合金的柯西压力。它逐渐增加了键的金属特性，使静态（0K）柯西压力正在 $x = 0.3$ 和 $x = 0.4$ 之间。我们发现 CoCrCuFeNiTi$_x$ 的所有弹性参数都随图 9.5b 中的 Ti 含量单调变化。根据目前的理论计算，仍被认为是单相合金的单晶 CoCrCuFeNiTi$_{0.5}$ HEA 的体积参数非常接近于 Cr$_{0.18}$Fe$_{0.74}$Ni$_{0.08}$ 奥氏体不锈钢合金的报道[28]。

接下来，我们将理论结果与现有的实验数据进行比较。特别令人惊讶的是，对于 CoCrCuFeNi，我们得到的 234GPa 的杨氏模量比实验[24] 中发现的 55.6GPa 大四倍。该合金显示出相对较低的各向异性，因此，与 Voigt-Reuss-Hill 平均相关的不确定性预计很小。此外，如图 9.6 所示，单晶 CoCrCuFeNi 的杨氏模量在 ⟨001⟩ 方向获得的 102.79GPa 和 ⟨111⟩ 方向计算的 379.18GPa 之间变化。因此，即使对于高织构材料，理论预测最低的 E 也在 100GPa 左右，这仍然几乎是实验值的两倍。对于两种含 Ti 的 CoCrCuFeNiTi$_{0.5}$ 和 CoCrCuFeNiTi 合金，计算的杨氏模量与报道的实验值相差约 90%。另一方面，理论和实验之间的一致性几乎是完美的，这种良好的一致性是相当出乎意料的，因为对于该合金，我们获得了非常大的各向异性比。CoCrFeNiTi 的单晶杨氏模量随方向显著变化（见图

9.6），最低值接近 20GPa（〈001〉方向），最大值约为 307GPa（〈111〉方向）。还应该指出，最近的实验表明 CoCrFeNiTi 不是单一的 FCC 相合金[27]。最后，我们注意到顺磁性 CoCrFeNi 和 CoCrFeMnNi HEAs 具有非常接近的杨氏模量 E 作为方向的函数。

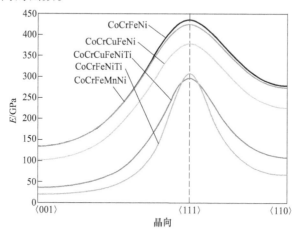

图 9.6　五种高熵合金（CoCrFeNi，CoCrCuFeNi，CoCrCuFeNiTi，CoFeCrFeNiTi 和 CoCrFeMnNi）的理论杨氏模量随方向的变化（包括三个主立方向）

关于 CoCrCuFeNi 的理论和实验杨氏模量之间的差异，一个可能的原因是所有现有的计算都是在静态条件（0K）下进行的，而实验测量是在室温下进行的。此外，与具有复杂微观结构的真实合金相比，我们的计算假设具有 FCC 基础晶格的理想固溶体相。例如，在 CoCrCuFeNi 中，观察到 Cu 向枝晶间区域的偏析。所以还需要更广泛的实验和理论研究来理解这些重要类别的工程材料的理论和实验杨氏模量之间的巨大偏差。

9.4.4　Al 掺杂 3d 高熵合金中的 FCC-BCC 相转变

在图 9.7 中，我们显示了 Al$_x$CoCrFeNi 合金的理论平衡体积（V）和结构能差 $\Delta E = E_t(\text{BCC}) - E_t(\text{FCC})$ 随 Al 含量的变化。发现添加 Al 会增加固溶体的平衡体积，这与 Al 的体积分数大于其他合金组分的体积分数的事实一致。使用三次拟合计算的能量点，我们发现理想的结构能量差异 BCC 和 FCC 晶格在 $x = 1.11$ Al 分数时消失。

由于 Al 的原子体积大，Al 与其他元素之间的原子间距离大于平均体积值。我们利用上述 2×2×2 超晶格计算了 Al$_x$CoCrFeNi 合金中 Al 原子周围的局域晶格弛豫（LLR）的大小，每个超晶格都含有一个 Al 原子。我们放宽了 FCC 超晶胞中的前 12 个最近邻 CoCrFeNi 格点和 BCC 超晶胞中的前 8 个最近邻 CoCrFeNi 格点。对于 LLR 的能量增益，我们得到 $\delta E_{\text{BCC}} = 0.17\text{mRy}$ 和 $\delta E_{\text{FCC}} = 0.32\text{mRy}$。

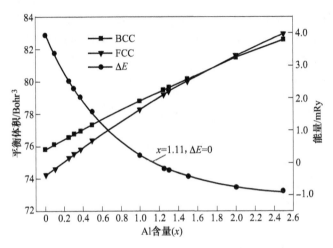

图 9.7　$Al_xCoCrFeNi(x=0\sim2.5)$ 高熵合金的理论
FCC 和 BCC 平衡体积和结构能量差

FCC 晶格中较大的弛豫效应与我们先前的观察结果一致，即 BCC 晶格比 FCC 晶格更容易容纳大量替代的 Al。那么，我们考虑 $\Delta E' = x(\delta E_{BCC} - \delta E_{FCC})$ 作为 LLR 对每分数 Al 的结构能差的影响的量度。将 $\Delta E'$ 加到 ΔE，我们得到总结构能差在 $x=1.2$ 左右消失，即仅比从刚性基础晶格获得的总能量预测的 Al 含量稍微大一些。

当吉布斯自由能相等时两相达到平衡，这里我们将 $Al_xCoCrFeNi$ 系统视为一个伪二元合金 $Al_y(CoCrFeNi)_{1-y}(y=x/(4+x))$，并根据 $\Delta G^\alpha(y) = G^\alpha(y) - (1-2y) G^{FCC}(0) - 2yG^{FCC}(0.5)$ 来计算相对形成能，其中 α 代表 FCC 或者 BCC 相，$G^\alpha(y)$ 代表 α 相中 $Al_y(CoCrFeNi)_{1-y}$ 体系中每一个原子的吉布斯自由能。可以近似为 $G^\alpha(y) \sim E^\alpha(y) - TS_{mix}(y) - TS^\alpha_{mag}(y)$，其中 $E^\alpha(y)$ 代表 α 相中 $Al_y(CoCrFeNi)_{1-y}$ 体系中每一个原子的总能量，T 代表温度。在平均场近似内估计两个熵项，也就是说，理想固溶体的混合熵 $S_{mix} = -k_B \sum_{i=1}^{5} c_i \ln c_i$，以及磁性熵 $S_{mag} = k_B \sum_{i=1}^{5} c_i \ln(1+u_i)$，其中 c_i 和 u_i 分别是第 i 合金元素的浓度和磁矩。因此，忽略所有化学和磁性短程有序效应以及纵向自旋波动（即对于每种合金成分，我们假设随温度恒定的局部磁矩）。上述磁熵的现象学近似先前用于估计具有非整数磁矩的顺磁铁和铁基合金的自由能。

图 9.8 展示了目前吉布斯自由能在不同温度下的值。根据公切线定理，我们发现在室温下，当 $x \le 0.597(y \le 0.130)$ 时，$Al_xCoCrFeNi$ 为 FCC 结构；当 $x \ge$

1. 229($y \geqslant 0.235$) 时，Al$_x$CoCrFeNi 为 BCC 结构；介于两者之间是双相结构。就价电子浓度而言，本理论预测在 300K 时，FCC 相对于价电子浓度（VEC）$\geqslant 7.57$ 时是稳定的，BCC 相则是 VEC$\leqslant 7.04$。这些理论溶解度限值应与 Guo 等人估计的 8 和 6.87 以及实验中观察到的 7.67~7.88 和 7.06~7.29 进行比较。

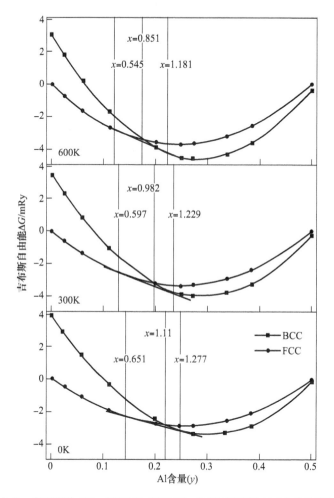

图 9.8　在温度为 0K、300K 和 600K 下，BCC 和 FCC Al$_y$(CoCrFeNi)$_{1-y}$
（$y=0\sim0.5$）的吉布斯自由能随 Al 含量的变化（注意，$y=x/(4+x)$，其中 x 是
Al$_x$CoCrFeNi 高熵合金中 Al 的原子分数，所有数据均来自参考文献［17］）

9.4.5　Al 掺杂 3d 高熵合金的弹性性能

Al$_x$CoCrFeNi 高熵合金的计算弹性参数列于表 9.3 中。我们注意到，对于围绕 $x=1$ 的 FCC 和 BCC 相获得的弹性参数惊人地接近。当分别考虑 FCC 或 BCC

结构时，发现三个弹性常数（c_{ij}）和多晶弹性模量（B、G 和 E）随着 Al 含量的增加而降低。然而，柯西压力（$c_{12}-c_{44}$）、两个各向异性比（A_Z 和 A_{VR}）、泊松比（ν）和 B/G 比在 FCC 相中却随 x 而增加。

表 9.3　FCC 和 BCC 结构 Al_xCoCrFeNi 高熵合金的 Wigner-Seitz 半径 w(Bohr)，
三个立方弹性常数（c_{ij}，$c'=(c_{11}-c_{12})/2$，$A_Z=c_{44}/c'$），柯西压力（$c_{12}-c_{44}$）
和多晶弹性模量（B，G，E，A_{VR}，ν，B/G）与 Al 含量的关系

x	相	w	c_{11}	c_{12}	c_{44}	c'	A_Z	$c_{12}-c_{44}$	B	G	E	ν	A_{VR}	B/G
0.0	FCC	2.607	271	175	189	48.0	3.94	−14.3	207	110	280	0.275	0.209	1.88
0.3	FCC	2.622	246	171	177	37.3	4.75	−6.12	196	96	248	0.289	0.262	2.04
0.5	FCC	2.632	233	169	171	32.2	5.29	−2.13	190	89	231	0.297	0.295	2.13
1.0	FCC	2.654	214	167	158	23.5	6.85	9.00	183	76	201	0.317	0.369	2.40
1.0	BCC	2.659	214	160	152	27.2	6.72	7.84	178	78	204	0.309	0.311	2.29
1.3	BCC	2.670	208	151	150	28.1	5.59	0.80	170	78	203	0.301	0.298	2.17
1.5	BCC	2.675	205	148	149	28.5	5.34	−1.66	167	78	202	0.297	0.293	2.13
2.0	BCC	2.690	197	140	147	28.3	5.26	−6.56	159	77	199	0.291	0.289	2.06

注：所有数据均来自参考文献［17］，除 A_Z，A_{VR}，ν 和 B/G 外，其余参数单位均为 GPa。

从表9.3中，我们发现随着 Al 含量的增加，Al 对 FCC 和 BCC AlCoCrFeNi 的弹性参数的影响略有不同，导致 $c_{12}-c_{44}$、ν 和 B/G 的局部极大值。根据 $c'(x)$ 的计算趋势，Al 强烈地降低了 FCC 晶格的动态稳定性并略微增加了 BCC 晶格的动态稳定性，同时，相对于 FCC 结构，BCC 结构的 Al 是热力学稳定的（见图9.8）。结合这两种效应，我们得到了在双相区域（$x=0.597\sim1.229$）附近，Al_xCoCrFeNi 系统在 Bain 构型空间（用 c/a 和体积描述）内具有两个非常相似但截然不同的局部极小值，它们之间有明确的势垒（见图9.9）。一个局部最小值对应 BCC 相（$c/a=1$），另一个对应 FCC 相（$c/a=\sqrt{2}$）。对于单质立方过渡金属及其合金来说，这种情况是相当不寻常的，因为在这种情况下，流体动力学不稳定的立方结构通常也是动态不稳定的。

根据 Pugh 的说法，B/G 比值高于 1.75 的材料是韧性的。对于各向同性材料，Pugh 的韧性标准意味着 $\mu>0.26$，已经在大块金属玻璃中得到证实[33]。在 Al_xCoCrFeNi 体系中，两相中接近 $x=1$ 的合金具有大的正柯西压力、B/G 和 μ，表明该合金系具有强金属特性和增强的延展性。我们计算的杨氏模量非常接近 FCC(201GPa) 和 BCC(204GPa) AlCoCrFeNi。对于 FCC(BCC)AlCoCrFeNi，沿着不同的晶向，单晶杨氏模量从 $70\sim370$GPa($77\sim355$GPa) 变化。我们注意到，报道的实验值为 127GPa[34]，在我们的计算范围内。

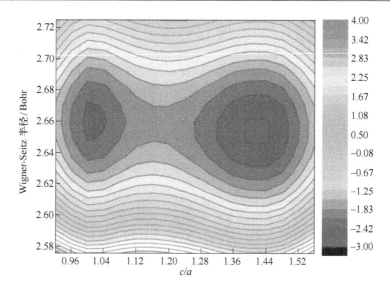

图 9.9 顺磁性 AlCoCrFeNi 合金的能量轮廓（mRy）随四方比（c/a）和 Wigner-Seitz 半径（Bohr）的函数（数据来自参考文献 [17]）

9.5 难熔高熵合金

9.5.1 结构性质

对于 NbTiVZr 和 MoNbTiV$_x$Zr($x = 0 \sim 1.5$)，EMTO-CPA 理论预测 BCC 结构是三种密集排列晶胞中最稳定的晶体结构，这三种晶胞即 FCC，BCC 和 HCP。表 9.4 列出了相应的平衡 Wigner-Seitz 半径和与 BCC 结构相比的总能量差。实验结果完全支持理论预测。在这一点上，我们应该注意局部晶格弛豫（在本研究中忽略）可能会略微改变结构能量差异。根据我们先前的晶格弛豫对 BCC-FCC 能量差异的影响的估计[17]，弛豫的影响远低于表 9.4 中的能量差异。

通过实验发现由难熔元素组成的高熵合金具有单一的 BCC 相。应该注意的是，本实验所采用的难熔元素 Ti、Zr、V、Nb 和 Mo 在其熔点以下均为 BCC 结构，但是在室温环境下，Ti 和 Zr 在 HCP 相中是稳定的（对于 Ti 和 Zr，从 HCP 到 BCC 的同素异形转变分别在 1155K 和 1136K 的温度下发生）。

我们在表 9.5 中列出了计算出的 BCC NbTiVZr 和 MoNbTiV$_x$Zr($x = 0 \sim 1.50$)高熵合金的平衡 WS 半径。在文献中发现了唯一一个报道 NbTiVZr 实验平衡半径的数据是 3.094Bohr[35]。为了进一步评估当前高熵合金的预测理论体积，我们利用 Vegard 法则并使用合金组分估算合金的平均平衡 WS 半径。首先，我们研究了难熔元素的原子半径，对于 0K 时 BCC Ti 和 Zr 的 Wigner-Seitz 半径，我们假设高温数据为线性热膨胀，即 $\omega(T) = \omega(0K)(1 + \alpha T)$，其中 $\omega(0K)$ 为 0K 时的 WS 半径，$\omega(T)$ 为温度为 T 时的半径，α 为线性热膨胀系数。利用实验值 $\omega_{Ti}(1155K) =$

3.077Bohr、ω_{Zr}(1140K) = 3.358Bohr 以及报道的 BCC Ti($10.9×10^{-6}$/K) 和 Zr($9×10^{-6}$/K) 的线膨胀系数，我们分别得到了理论上 BCC Ti 和 Zr 的 ω(0K) 值，3.039Bohr 和 3.324Bohr。对于 BCC V，Nb 和 Mo，通过在参考文献[37]中拟合所选择的晶格参数来外推 0K 时的 Wigner-Seitz 半径。考虑到表 9.5 中引用的估计值，我们得出结论，本理论正确地描述了所有五种难熔元素的平衡特性。

表 9.4　分别具有 BCC，FCC 和 HCP 结构的 HEAs 的理论 Wigner-Seitz 半径 w(Bohr)

HEAs	w_{BCC}	ΔH_{BCC}	w_{FCC}	ΔH_{FCC}	w_{HCP}	ΔH_{HCP}
NbTiVZr	3.054	10.94	3.083	33.23	3.085	34.60
MoNbTiZr	3.075	1.289	3.107	13.65	3.107	14.76
MoNbTiV$_{0.25}$Zr	3.060	−12.99	3.092	9.394	3.092	11.10
MoNbTiV$_{0.50}$Zr	3.046	−0.956	3.078	21.66	3.078	23.45
MoNbTiV$_{0.75}$Zr	3.033	−2.098	3.065	20.55	3.066	22.54
MoNbTiV$_{1.00}$Zr	3.023	5.728	3.055	28.07	3.054	29.65
MoNbTiV$_{1.25}$Zr	3.011	12.73	3.044	35.50	3.045	37.51
MoNbTiV$_{1.50}$Zr	3.002	23.36	3.034	46.29	3.035	48.43

注：所有数据均来自参考文献 [18]。BCC，FCC 和 HCP 相的形成焓 ΔH(kJ/mol) 与 BCC 结构有关。

表 9.5　NbTiVZr 和 MoNbTiV$_x$Zr($x = 0 \sim 1.5$) HEAs 的 Wigner-Seitz 半径 w(Bohr)，体积模量 B(GPa) 与弹性常数 c_{11}，c_{12}，c_{44}和 c'(GPa)

HEAs	w_t	$\bar{w}_t$	$\bar{w}_e$	B	c_{11}	c_{12}	c_{44}	c'
NbTiVZr	3.054	3.057	3.062	118.6	166.4	94.7	53.8	35.9
MoNbTiZr	3.075	3.100	3.090	137.3	209.9	101.0	52.6	54.4
MoNbTiV$_{0.25}$Zr	3.060	3.083	3.074	137.4	211.0	100.6	52.1	55.7
MoNbTiV$_{0.50}$Zr	3.046	3.068	3.059	137.6	212.2	100.3	51.6	55.9
MoNbTiV$_{0.75}$Zr	3.033	3.054	3.046	138.0	213.3	100.3	51.2	56.4
MoNbTiV$_{1.00}$Zr	3.023	3.042	3.035	138.5	213.7	100.7	50.9	56.5
MoNbTiV$_{1.25}$Zr	3.011	3.031	3.024	140.6	218.0	101.9	50.0	58.0
MoNbTiV$_{1.50}$Zr	3.002	3.022	3.015	141.1	219.3	102.2	49.8	58.5
Mo$_{0.8}$NbTiZr	3.085	3.114	3.099	132.2	199.0	98.7	52.8	50.1
Mo$_{0.8}$NbTiV$_{0.2}$Zr	3.071	3.098	3.085	132.9	200.8	99.0	52.5	50.9
Mo$_{0.9}$NbTiZr	3.080	3.111	3.094	134.4	204.3	99.5	52.6	52.5
Mo$_{0.8}$NbTiV$_{0.5}$Zr	3.054	3.101	3.066	134.6	203.7	100.0	51.9	51.9

注：所有数据均来自参考文献 [18]。w_t代表 EMTO-CPA Wigner-Seitz 半径，$\bar{w}_t$($\bar{w}_e$) 代表根据 EMTO 计算的（实验或外推的）BCC 难熔元素半径估算的 HEAs 的平均 Wigner-Seitz 半径。根据 Vegard 的规则，Ti、Zr、Hf 被外推至 0K。

值得注意的是，对于此处考虑的所有高熵合金，计算的平衡 WS 半径 w_t 略小于 $\overline{w}_t$。因此，所有合金相对于 Vegard 规则都显示出较小的系统负偏差，与 $CoCrCuFeNiTi_x$ 类似，$MoNbTiV_xZr$ 的 WS 半径随 V 含量（$x=0\sim1.50$）呈线性变化。

9.5.2　电子结构

在下文中，我们将讨论难熔高熵合金的电子结构。NbTiVZr、MoNbTiZr 和 MoNbTiVZr 高熵合金的总 DOS 和部分 DOS 分别显示在图 9.10 的中间和下部分图中。尽管化学无序抹去了元素 DOS（上部分）的大部分结构特征，但对于所有三种合金（中间），在费米能级附近仍存在一个弱峰。该峰位于 NbTiVZr 的费米能级，当等摩尔 Mo 取代 V 或加入合金中时，该峰向下降区移动。该特征可以解释为什么 NbTiVZr 相对于其他合金（见表 9.5）具有更小的抵抗四方变形的动态稳定性（更小的 c'）。我们应该注意到，由于 DOS 的无序驱动拖影，上述晶格畸变机制在高熵合金的预期中不太有效。观察总的 DOS 曲线（见图 9.10），可以得

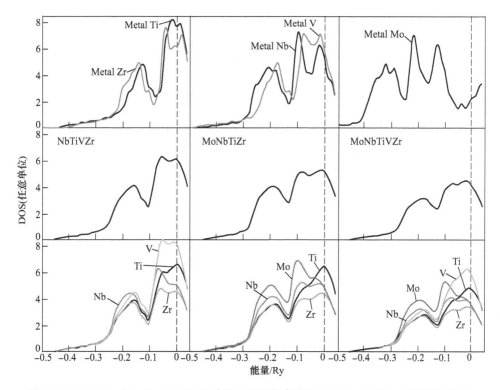

图 9.10　BCC Ti，Zr，V，Nb 和 Mo 难熔金属的状态密度（DOS，上图）；BCC NbTiVZr，MoNbTiZr 和 MoNbTiVZr 高熵合金的总（中图）和部分（下图）DOS

（垂直虚线代表费米能级的位置，所有数据来自参考文献［18］）

出结论，两个含 Mo 高熵合金应该表现出与 V 和 Nb 金属中类似的异常温度依赖性[38]。这些理论预测需要通过未来的理论和实验分析来验证。

部分 DOS（见图 9.10 下图）与单质金属（图 9.10 上图）的 DOS 略有不同。在所有三种情况下，Ti 和 Zr 在费米能级上对 DOS 产生峰值。部分 DOS 类似于 NbTiVZr 中最纯的金属 DOS。这里合金成分之间的小电荷再分布使 V 和 Nb 部分 DOS 中的峰稍微偏移，接近 E_F，导致在总 DOS 中全局峰值被看到（图 9.10 中间左图）。Mo 的部分 DOS 与纯 Mo 相比有较大的变化。然而，Mo 的存在使得 V 和 Nb 部分 DOS 分别更像 V-和 Nb-（在下降区中具有 E_F）。这就是为什么含 Mo 合金比不含 Mo 的 NbTiVZr 合金在力学上更稳定的原因。

9.5.3　弹性性能

在表 9.6 中列出了三个弹性常数 c_{11}、c_{12} 和 c_{44} 以及四方剪切模量 c'。此处考虑的所有高熵合金都是力学稳定的。向 MoNbTiZr 基合金中加入等摩尔 V 会使弹性参数发生微小变化。MoNbTiV$_x$Zr 合金中四方弹性常数 c' 随 V 含量的微弱增加表明 V 略微增强了 BCC 相对四方变形的弹性稳定性。同时，V 的加入使 c_{44} 减小，导致弹性各向异性的小幅增加。在表 9.6 中，我们还列出了现有难熔高熵合金的理论弹性常数、Zener 各向异性 A_Z 和柯西压力（$c_{12} - c_{44}$）（GPa）以及多晶弹性模量（B、G、E、ν、B/G、A_{VR}）和 VEC。可以看出，随着 V 含量的增加，延展性略有提高。然而，这些变化太小，引用的弹性参数和延性之间的相关性太模糊，无法在这里得出更可靠的结论。

表 9.6　选择耐火 HEAs 的柯西压力（$c_{12}-c_{44}$）（GPa）和 Zener 各向异性 $A_Z(c_{44}/c')$；
多晶弹性模量 G 和 E(GPa) 与泊松比 ν；B/G 比，弹性各向异性比 A_{VR} 和 VEC

HEAs	$c_{12}-c_{44}$	A_Z	G	E	ν	B/G	A_{VR}	VEC
NbTiVZr	41.0	1.500	45.70	121.1	0.33	2.60	0.0196	4.50
MoNbTiZr	48.4	0.966	53.33	141.7	0.33	2.58	0.0001	4.75
MoNbTiV$_{0.25}$Zr	48.6	0.944	53.31	141.6	0.33	2.58	0.0004	4.76
MoNbTiV$_{0.50}$Zr	48.7	0.923	53.30	141.7	0.33	2.58	0.0008	4.78
MoNbTiV$_{0.75}$Zr	49.1	0.908	53.25	141.5	0.33	2.59	0.0011	4.79
MoNbTiV$_{1.00}$Zr	49.8	0.900	53.17	141.1	0.33	2.61	0.0014	4.80
MoNbTiV$_{1.25}$Zr	51.9	0.861	53.09	141.4	0.33	2.65	0.0027	4.81
MoNbTiV$_{1.50}$Zr	52.1	0.850	53.10	141.6	0.33	2.66	0.0032	4.82
Mo$_{0.8}$NbTiZr	45.9	1.054	51.71	137.2	0.33	2.57	0.0003	4.68
Mo$_{0.8}$NbTiV$_{0.2}$Zr	46.5	1.031	51.82	137.6	0.33	2.57	0.0001	4.70
Mo$_{0.9}$NbTiZr	46.8	1.004	52.56	139.5	0.33	2.56	0	4.72
Mo$_{0.8}$NbTiV$_{0.5}$Zr	48.1	1.000	51.88	137.9	0.33	2.59	0	4.72

注：所有数据都来源于参考文献 [18]。

VEC 经常用于对简单固溶体相（BCC、FCC 或 BCC 和 FCC 的混合物）进行分类。根据实验结果，当 VEC<7.55 时，高熵合金更倾向于形成 BCC 固溶体。目前的理论和以前的实验完全支持这种相关性，除了相稳定性之外，VEC 还能反映金属键的变化，从而反映多晶弹性模量的变化。实际上，如图 9.11 所示，我们发现 $MoNbTiV_xZr$ 的体积和剪切模量与 VEC 之间也存在相关性。VEC 随 V 含量的增加（我们应该记住高熵合金是等摩尔系统）随后是体积（剪切）模量的增加（稍微减少）。B 和 G 相反的趋势解释了 x 较大时 $MoNbTiV_xZr$ 增加的延展性程度。

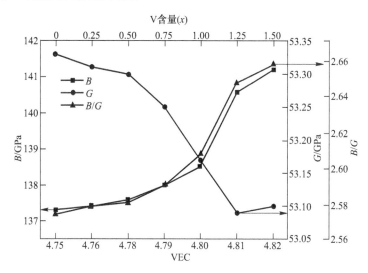

图 9.11 $MoNbTiV_xZr(x=0\sim1.5)$ VEC 的体积模量 B，剪切模量 G 和 Pugh 比 B/G 之间的相关性（所有数据来自参考文献 [18]）

为了说明合金化对难熔高熵合金弹性各向异性的影响，在图 9.12 中，我们绘制了 NbTiVZr、MoNbTiZr 和 MoNbTiVZr 的三维图。这里，E 是沿 $[hlk]$ 晶体方向的杨氏模量。对于 NbTiVZr 合金，E 表现出相当强的取向依赖性，因此该系统可被视为各向异性的。E 的最大值是沿 [111] 方向的 140.2GPa，而最小值是 [100] 方向的 97.7GPa。

与不含 Mo 的合金相比，含 Mo 合金几乎是各向同性的。即它们在图 9.12 中所示的三维 E 图具有近乎球形的形状。对于 MoNbTiVZr，杨氏模量在 136.0GPa 和 149.2GPa 之间变化，对于 MoNbTiZr，杨氏模量在 139.9GPa 和 144.3GPa 之间变化。先前的理论计算预测了 BCC Mo 各向同性的表面能，因此，该金属的球形纳米颗粒也是如此。

对于完全各向同性的材料，四方剪切模量 $c'(=c_{11}-c_{12})$ 等于立方剪切模量 c_{44}，因此我们得到 $A_Z=1$，$A_{VR}=0$。后者反映了所有统计平均方法（在本例中，

Voigt 和 Reuss 方法）导致相同的多晶剪切模量的事实。根据我们的计算，V 略微增强了 $MoNbTiV_xZr$ 的各向异性，而添加到 NbTiVZr 的等摩尔 Mo 使合金几乎各向同性。基于该信息，我们提出可以优化 Mo_yNbTiV_xZr 中的 Mo 和 V 的含量，使得所得合金是完全各向同性的。我们通过对 Mo_yNbTiV_xZr 进行计算作为 x 和 y 的函数来证明这一点（将 Ti、Zr 和 Nb 原子分数保持为 1）。这项额外研究的一些结果显示在表 9.6 的下半部分。我们发现当 $(x, y) = (0, 0.9)$ 或 $(x, y) = (0.5, 0.8)$ 时 Mo_yNbTiV_xZr 变得几乎完全各向同性。$Mo_{0.8}NbTiV_{0.5}Zr$ 的杨氏模量如图 9.12 所示。

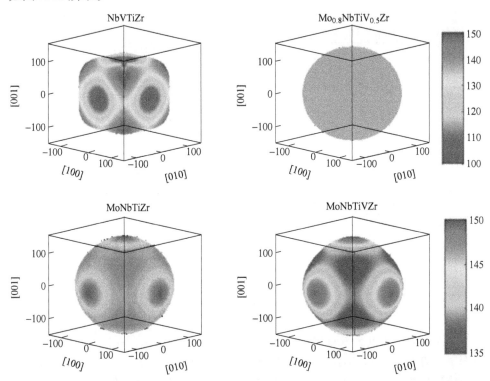

图 9.12　NbTiVZr、MoNbTiZr、MoNbTiVZr 和 $Mo_{0.8}NbTiV_{0.5}Zr$ 的
杨氏模量 E 的特征曲面
（色标和轴上的值以 GPa 表示，注意相同的颜色条适用于
NbTiVZr 和 $Mo_{0.8}NbTiV_{0.5}Zr$，另一个适用于 MoNbTiZr 和 MoNbTiVZr）

扫码看彩图

非常有趣的是，对于各向同性 $Mo_{0.9}NbTiZr$ 和 $Mo_{0.8}NbTiV_{0.5}Zr$ 高熵合金，VEC 约为 4.72。在此基础上，我们认为 VEC 约 4.72（在当前近似值内有效）是区分各向同性高熵合金的重要标准。为了比较，Li 等人预测当 VEC 约 4.7 时 TiV合金（橡胶金属）变为弹性各向同性[39]。

除上述情况外，我们还使用 EMTO-CPA 方法计算实验中报告的其他一些等摩尔难熔高熵合金。表 9.7 列出了 Wigner-Seitz 半径、弹性常数和多晶弹性模量以及 HfNbTiXZr（X = V、Cr、Ta），MoNbTaW，MoNbTaVW，HfNbTiZr 和 HfNbZr 难熔高熵合金的 VEC。像以前一样，我们使用 Vegard 定律来估计固溶体的 WS 半径，即 w_{mix}。对这七种难熔高熵合金，我们的预测值略小于 w_{mix}。因此，相对于 Vegard 规则，所有合金都显示出较小的系统正偏差。我们注意到，对于这里考虑的所有高熵合金，除了 HfNbTiZr 和 CrHfNbTiZr，计算的晶格参数 w_t 略大于实验值。这种偏差很可能是由于采用 f-z 近似，与全电子计算相比，已知这种近似会产生更大的晶格参数。

表 9.7　Wigner-Seitz 半径 w(Bohr) 难熔高熵合金的弹性性能

HEAs	w_t	w_{mix}	w_e	B	c_{11}	c_{12}	c_{44}	c'
HfNbTiVZr	3.160	3.171	3.145	126.6	149.5	115.1	55.0	17.2
CrHfNbTiZr	3.132	3.140	3.186	117.2	153.1	99.3	49.2	26.9
HfNbTaTiZr	3.212	3.235	3.163	136.3	160.2	124.4	62.4	17.9
MoNbTaW	3.037	3.067	2.985	261.6	413.5	185.6	69.0	114
MoNbTaVW	3.003	3.017	2.957	245.1	380.8	177.3	61.2	102
HfNbTiZr	3.253	3.187	3.270	116.0	125.9	111.1	61.2	7.4
HfNbZr	3.311	3.332	3.240	113.3	127.5	106.1	57.1	10.7
HEAs	VEC	c_{44}/c'	$c_{12}-c_{44}$	G	E	ν	B/G	A_{VR}
HfNbTiVZr	4.4	3.200	60.1	34.6	95.0	0.375	3.663	0.154
CrHfNbTiZr	4.6	1.827	50.1	38.6	104.4	0.352	3.034	0.043
HfNbTaTiZr	4.4	3.491	62.0	37.9	104.1	0.373	3.596	0.176
MoNbTaW	5.5	0.605	116.6	84.4	228.7	0.354	3.097	0.030
MoNbTaVW	5.4	0.602	116.1	75.1	204.5	0.361	3.263	0.031
HfNbTiZr	4.25	8.263	49.8	27.7	77.0	0.389	4.189	0.434
HfNbZr	4.33	5.351	49.01	29.74	81.89	0.379	3.815	0.298

注：所有数据均来自参考文献 [40]，w_t、w_{mix} 和 w_e 分别代表理论、估计（使用 Vegard 规划）和实验所得的 Wigner-Seitz 半径，c_{11}、c_{12}、c_{44} 和 $c_{12}-c_{44}$(GPa) 为立方弹性常数，B、G、E(GPa) 为多晶弹性模量，ν 为泊松比，B/G 为 Pugh 比。

根据动力学稳定性条件 $c_{44} > 0$，$c_{11} > |c_{12}|$ 和 $c_{11} + 2c_{12} > 0$，预测表 9.7 中列出的七种难熔高熵合金是力学稳定的。对于 HfNbTiXZr（X = V、Cr、Ta）难熔高熵合金，多晶弹性模量非常相似。发现 V 对 MoNbTaW 合金的 B、G 和 E 的影响很小。

对于 HfNbTiVZr(CrHfNbTiZr)，实验杨氏模量为 128(112)GPa，而模拟的 E 为 95(104.4)GPa。我们应该注意到 $Hf_{20}Nb_{20}Ti_{20}V_{20}Zr_{20}$ 几乎是单相 BCC 结构，而 CrHfNbTiZr 由 BCC 和 Laves 相的混合物组成。预测理论结果对于完全随机且均匀的 BCC 固溶体是起作用的。

计算得到的大且正的柯西压力 $(c_{12}-c_{44})$ 表明这些难熔高熵合金具有较强的金属特性和延展性。在 9.4.3 节，我们发现表 9.7 中的所有值表明这些难熔高熵合金延展性增强。已经报道了单相 HfNbTaTiZr 合金具有良好的延展性，同时在单相 MoNbTaW 和 MoNbTaVW 合金中发现室温下有限的延展性和高于 873K 温度的压缩塑性。CrHfNbTiZr 合金的塑性降低可能是由 Laves 相析出所引起的。

9.6　高熵合金的层错能

本章已经确定 EMTO-CPA 是一种可以对高熵合金结构和性质进行独立预测有价值的方式。除了对高熵合金的性质进行独立计算之外，该方法还可以与现有的实验测量相耦合，以帮助获取物理性质。在此，我们回顾使用该组合方法从多组元合金（包括高熵合金）中提取层错能（SFE）的最新实例。

SFEs 的确定在合金设计中非常重要，因为它表明了合金中主要的塑性变形机制。高 SFE 材料倾向于通过位错滑移机制变形而几乎不分裂成部分位错，而低 SFE 更容易分裂成部分位错对，层错宽度随着 SFE 的减小而增加。固溶合金化是设计低 SFE 合金的一种实验性途径，通常在可实现广泛固溶性的 Cu 或 Mg 基合金中是成功的。虽然成功，但是这些材料没有保留足够的强度以适应所有潜在的应用。然而，高熵合金提供了一种独特的机制来调整 SFE，因为它们在 FCC 晶格上形成固溶体，这种材料通常具有较高的强度和更宽的组成范围。从新合金中提取 SFE 趋势的能力是至关重要的，因为这些提供了评估实验成功的手段，并且还提供了与独立预测模拟的比较。

通过 X 射线衍射（XRD）测量实现了通过实验评估 SFE 的一种方法。然而，只有在测量之前已知合金的弹性性质时才能采用这种方法。如果不是这种情况，第一性原理方法，如 EMTO + CPA，可以发挥重要作用，评估合金的弹性常数作为其组分和浓度的函数，并使 SFE 的提取成为可能。从 XRD（和 EMTO + CPA），通过式（9.4）计算了 FCC 材料的 SFE。

$$\gamma = \frac{6.6}{\pi\sqrt{3}} \cdot G_{(111)} \underbrace{\left(\frac{2c_{44}}{c_{11}-c_{12}}\right)^{-0.37}}_{\text{理论}} \cdot \underbrace{\frac{\alpha_0\,\varepsilon^2}{\alpha}}_{\text{实验}} \tag{9.4}$$

在该表达式中，理论计算提供了由弹性常数 $G_{(111)}$ 确定的（111）中的剪切模量的值，以及由 FCC 的弹性常数（即 c_{11}、c_{12} 和 c_{44}）确定的 Zener 弹性各向异性的值，实验提供了关于晶格参数（a_0，均方微应变 ε^2 和堆垛层错概率 α 的信息）。可以通过用 Lorentzian 函数拟合 XRD 峰来提取微应变。这些拟合峰的宽度通过 Williamson 和 Hall[41] 的过程产生微应变，并且可以通过 Klug 和 Alexander[42] 的程序转换为均方微应变。可以使用 PM2K 软件包[43] 提取堆垛层错概率。弹性常数可以通过拟合两种状态方程提取，也可以通过二次拟合来保留单位晶胞的正交应变[12]。

　　最近，Zaddach 等人将 XRD 和 EMTO-CPA 方法结合使用探讨了等原子合金中的 SFE 与多达五组元 HEA 的组元数的关系[15]。本工作中介绍的 SFE 绘制在图 9.13 中。发现每种等原子合金是 FCC 晶格上的单相无序固溶体。图 9.13 中的数据显示了 SFE 随组元数量减少的明显趋势。

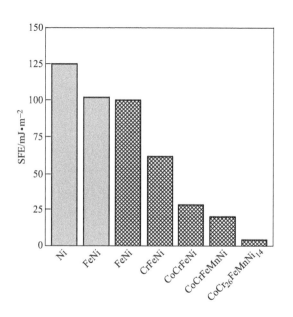

图 9.13　元素和合金的层错能（没有下标的合金是等原子的，而具有下标的合金是以原子百分比给出的，所有灰度值均来自文献，而带有图案填充的条形图来自参考文献 [15]，使用本节讨论的组合 XRD + EMTO 方法，所有数据均来自参考文献 [15]）

　　虽然 SFE 能够随组元数量的增加而减少，但是可实现的最低值仍然超过传统的低 SFE 铜合金，有文献[44~46] 报道这些铜合金的 SFE 在 7 ~ 14mJ/m² 范围内。Zaddach 等人为了进一步探索合金调整 SFE 的能力，放宽了等原子比的约束并探索了五组元非等原子比的高熵合金。作者添加典型的高 SFE 材料 Ni 来替代 Cr，发现具有较高 Cr 含量的合金进一步降低了 SFE，同时保留了单相固溶体 FCC 结构。最后，作者发现了 $Cr_{26}Co_{20}Fe_{20}Mn_{20}Ni_{14}$ 这种非等原子比高熵合金，下标代表原子百分比，其 SFE 值略小于 4mJ/m²，低于目前报道的铜合金的值。

9.7　KKR-CPA 方法

在前面的章节中，我们讨论了使用 EMTO-CPA 对四元和五元高熵合金进行理论研究。在本节中，我们提出了一种 KKR-CPA 方法，用于 AlCrCoCuFeNi 的电子结构计算。在其常规实施方案中，KKR-CPA 采用饼模近似，其中 DFT 中的单电子势被假定为在以每个原子为中心且在间隙区域中恒定的非重叠"饼模轨道"球内的球对称。相反，EMTO-CPA 方法使用优化的重叠饼模轨道模型，以便采用单电子势的"最佳可能"球形表示。KKR-CPA 方法基于多重散射理论，其中单点散射和散射路径矩阵是基本关注的。另一方面，EMTO-CPA 方法基于饼模轨道理论。由于这些差异，这两种方法中的 CPA 介质有些不同。为了本章的完整性，我们在此介绍采用多重散射理论的 KKR-CPA 方法的基本理论特征。

KKR-CPA 方法在多重散射理论框架下采用格林函数技术，从第一性原理出发，为随机合金的理论研究设计了独特的方法。在多重散射理论中，位于具有原子"C"的主体中的位置 1 处的杂质"i"附近的格林函数由下式给出[47,48]：

$$g_i(\vec{r}, \vec{r}'; \varepsilon) = \sum_{L, L'} Z_L^i(\vec{r}_< ; \varepsilon) \left[\underline{\tau}_i^{11}(\varepsilon)\right]_{LL'} Z_L^{i\cdot}(\vec{r}_< ; \varepsilon) -$$

$$\sum_L Z_L^i(\vec{r}_< ; \varepsilon) J_L^{i\cdot}(\vec{r}_> ; \varepsilon) \tag{9.5}$$

式中，$r \leqslant \min(r, r')$；$r \geqslant \max(r, r')$；L 和 L' 是角动量和磁量子数 l 和 m 的组合指数；$Z_L^i(\vec{r}; \varepsilon)$ 和 $J_L^i(\vec{r}; \varepsilon)$ 分别是具有适当边界条件的单原子"i"的正规解和不规则解。单点解的上标中的符号"·"意味着复共轭应用于边界条件下的复数矢量球函数。散射路径矩阵[49] $\underline{\tau}_i^{11}(\varepsilon)$，描述了从节点 1 开始和结束的多个散射过程，由参考文献[5]中公式给出：

$$\underline{\tau}_i^{11}(\varepsilon) = \left[\underline{\tau}_C^{11}(\varepsilon)(\underline{t}_i^{-1}(\varepsilon) - \underline{t}_C^{-1}(\varepsilon)) + 1\right]^{-1} \underline{\tau}_C^{11}(\varepsilon) \tag{9.6}$$

式中，$\underline{t}_i(\varepsilon)$ 和 $\underline{t}_C(\varepsilon)$ 分别是原子 i 和 C 的 t- 矩阵，如果主体原子位于周期晶格上，则可以使用布里渊区域（BZ）积分技术计算散射路径矩阵，如下所示：

$$\underline{\tau}_C^{11}(\varepsilon) = \frac{1}{\Omega_{BZ}} \int_{\Omega_{BZ}} \left[\underline{t}_C^{-1}(\varepsilon) - \underline{S}(\vec{k}; \varepsilon)\right] d^3\vec{k} \tag{9.7}$$

式中，Ω_{BZ} 是 BZ 体积；$\underline{S}(\vec{k}; \varepsilon)$ 是 KKR 结构常数矩阵。

对于含量为 c_i 的 n 组元随机合金，$i = 1, 2, \cdots, n$，CPA 条件是 $\tau_i^{11}(\varepsilon)$ 的平均值是 CPA 介质的散射路径矩阵 $\underline{\tau}_C^{11}(\varepsilon)$，其中"主"原子由 $\underline{t}_C(\varepsilon)$ 描述。在实验中，定义以下矩阵是有效的[50]：

$$\underline{X}_i(\varepsilon) = -\left[\underline{\tau}_C^{11}(\varepsilon) + (\underline{t}_i^{-1}(\varepsilon) - \underline{t}_C^{-1}(\varepsilon))^{-1}\right]^{-1}, \quad \underline{X}_C(\varepsilon) = \sum_{i=1}^{N} c_i \underline{X}_i(\varepsilon) \tag{9.8}$$

并且很容易验证 CPA 条件引起的 $\underline{X}_C(\varepsilon) = 0$。要解决 $\underline{t}_C(\varepsilon)$，可以从最开始对

$t_C(\varepsilon)$ 的猜想开始，$t_C^{(1)}(\varepsilon) = \sum_{i=1}^{N} c_i t_i(\varepsilon)$，并通过式（9.7）和式（9.8）分别获得 $\tau_C^{11,(1)}(\varepsilon)$ 及 $X_C^{(1)}(\varepsilon)$。通过公式：

$$t_C^{(n+1),-1}(\varepsilon) = t_C^{(n),-1}(\varepsilon) - X_C^{(n)}(\varepsilon) \left[1 + \tau_C^{11,(n)}(\varepsilon) X_C^{(n)}(\varepsilon) \right]^{-1} \qquad (9.9)$$

可以获得一个比之前更好的关于 $t_C(\varepsilon)$ 的猜想。

这个递归过程被迭代直到获得收敛，一旦确定了 CPA 介质 $t_C(\varepsilon)$，就能够计算 $\tau_i^{11}(\varepsilon)$ 然后计算格林函数。如果系统处于铁磁状态，则对每个自旋通道执行上述计算，这意味着分别存在用于自旋上升和自旋下降的 CPA 介质。与每个自旋通道相关的配置平均电子密度 $\rho(\vec{r})$ 和状态密度 $n(\varepsilon)$ 由平均格林函数的虚部给出，如下所示：

$$\rho(\vec{r}) = -\frac{1}{\pi} \text{Im} \sum_{i=1}^{N} c_i \int_{\varepsilon_B}^{\varepsilon_F} g_i(\vec{r}, \vec{r}'; \varepsilon) d\varepsilon, \quad n(\varepsilon) = -\frac{1}{\pi} \text{Im} \sum_{i=1}^{N} \int_{\Omega} g_i(\vec{r}, \vec{r}'; \varepsilon) d^3\vec{r}$$

$$(9.10)$$

式中，Ω 是原子晶胞体积，并且能量积分通常沿复杂能量平面的上半部分的轮廓从价带 ε_B 的底部到费米能 ε_F 进行。

尽管到目前为止进行的所有 KKR-CPA 计算都使用了饼模近似，这是大多数金属合金的合理近似，但上述 KKR-CPA 方法的形式总体上是有效的。其中一位作者目前正在开发一种全势的 KKR-CPA 方法。

9.8 KKR-CPA 方法的应用

为了研究 $Al_x CoCrCuFeNi$ 高熵合金的相稳定性及力学和磁性能，我们利用上述 KKR-CPA 方法进行了从头算、自旋极化和电子结构计算。与许多其他高熵合金一样，这类六元合金表现出良好的材料性能，包括高硬度、高抗压强度以及优异的抗软化、腐蚀、氧化和磨损性能，特别是在高温下[51]。据报道，这类合金表现出铁磁行为[52]。在 KKR-CPA 计算中，我们选择了 von Barth-Hedin LSDA 势[53]，并对该势应用了饼模近似，选择角动量量子数截止值为 $l_{max} = 3$，散射矩阵的大小为 16×16。我们使用自适应方法进行布里渊区积分，并使用 30 个高斯点沿能量轮廓积分格林函数。为了确定平衡状态，我们计算了 FCC 和 BCC 结构的 x 上限值为 0.3。

计算结果总结在表 9.8 中，其中体积模量和晶格常数是通过将计算的平均总能量与原子体积的关系拟合到 Murnaghan 状态方程而获得的。可观的平均磁矩表明合金在 $x = 0.3$ 时是铁磁性的；BCC 结构的平均磁矩高于 FCC 结构。虽然 Cu 和 Al 在 FCC 和 BCC 结构中都表现为非磁性，但 Cr 在 BCC 中表现出反铁磁性，其在 BCC 中的磁矩小于 FCC 中的几倍。对于 FCC 相（$x < 2.5$），$Al_x CoCrCuFeNi$ 具有明显的正混合焓，如图 9.14 所示。

表 9.8   计算 Al$_x$CoCrCuFeNi 高熵合金的能量、力学和磁性性能

x	B		ΔE	w		M	
	FCC	BCC		FCC	BCC	FCC	BCC
0.00	156.921	219.264	-0.029	2.588	2.589	0.485	0.684
0.30	184.483	196.348	-0.023	2.601	2.599	0.440	0.627
0.80	175.083	156.453	-0.020	2.623	2.616	0.400	0.540
0.50	188.643	178.334	-0.023	2.611	2.602	0.422	0.589
3.00	170.852	207.826	0.024	2.685	2.692	0.262	0.360

注：使用 KKR-CPA 方法获得体积模量 B（GPa），FCC 和 BCC 结构之间的能量差 $\Delta E = E(\text{FCC}) - E(\text{BCC})$（eV/atom），Wigner-Seitz 半径 w（Bohr）和磁矩 $M(\mu_B)$。

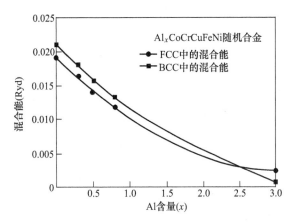

图 9.14   计算了 Al$_x$CoCrCuFeNi 高熵合金在 FCC（实心圆）和 BCC （实心方形）结构中的混合焓（用 KKR-CPA 方法求取数据）

9.9   结论

在本章中，我们介绍了两种基于 CPA 的从头算方法，即 EMTO-CPA 和 KKR-CPA 方法，用于高熵合金的理论研究。我们已经研究了在顺磁性和铁磁状态下的 $3d$ 高熵合金的磁性。对于顺磁性合金，由于铁的局部矩性质，铁保持磁性，而其他合金成分基本上处于非磁性状态。对于铁磁合金，在小 Wigner-Seitz 半径下，Cr 元素的力矩表现为反铁磁或是被抑制，这可能与我们在自旋极化计算中只考虑共线磁态有关。

发现所研究的所有 $3d$ 高熵合金都是力学稳定的。CoCrFeNi 作为基础合金，发现其在静态条件下（0K）是脆性的。然而当在室温下进行计算时，预计 CoCrFeNi 具有延展性，与观察结果一致，这一发现突出了热效应在高熵合金中的重要性。通过向 CoCrFeNi 添加 Cu 或 Ti，使材料变得更具延展性。另一方面，发

现向 CoCrFeNi 或 CoCrCuFeNi 中添加 Al 会增加固溶体的平衡体积并降低 FCC 晶格的动态稳定性，并且随着 Al 含量的增加，合金经历从单一 FCC 相到 FCC-BCC 双相再到单相 BCC 的相转变。

我们研究了难熔高熵合金，这些高熵合金显示出大的正柯西压力，这表明强烈的金属特性和延展性。我们还发现 Mo 倾向于增强各向同性弹性，而 V 倾向于增强各向异性。因此可以优化 MoNbTiVZr 中 Mo 和 V 的含量，使得所得合金完全各向同性。

使用理论实验结合的方法研究了 CoCrFeNi 基合金的堆垛层错能。我们证明，非等原子比高熵合金提供了额外的自由度，可以精确地优化变形机制，从而控制这类有前景的工程合金的可塑性。

参 考 文 献

[1] Hohenberg P, Kohn W (1964). Inhomogeneous electron gas. Phys Rev, 136 (3B): B864-B871.

[2] Kohn W, Sham L J (1965). Self-consistent equations including exchange and correlation effects. Phys Rev, 140 (4A): A1133-A1138.

[3] Soven P (1967). Coherent-potential model of substitutional disordered alloys. Phys Rev, 156 (3): 809.

[4] Taylor D W (1967). Vibrational properties of imperfect crystals with large defect concentrations. Phys Rev, 156 (3): 1017.

[5] Gyorffy B L (1972). Coherent-potential approximation for a nonoverlapping-muffin-tin-potential model of random substitutional alloys. Phys Rev B, 5 (6).

[6] Korringa J (1947). On the calculation of the energy of a Bloch wave in a metal. Phys, Chem Chem Phys, 13 (6-7): 392-400. doi: http://dx.doi.org/10.1016/0031-8914 (47) 90013-X.

[7] Kohn W, Rostoker N (1954). Solution of the Schrödinger equation in periodic lattices with an application to metallic lithium. Phys Rev, 94 (5): 1111-1120.

[8] Skriver H L (1984). The LMTO method. Springer, Berlin/Heidelberg/New York/Tokyo.

[9] Andersen O K (1975). Linear methods in band theory. Phys Rev B, 12 (8): 3060-3083.

[10] Vitos L (2001). Total-energy method based on the exact muffin-tin orbitals theory. Phys Rev B, 64 (1): 014107.

[11] Vitos L, Abrikosov I A, Johansson B (2001). Anisotropic lattice distortions in random alloys from first-principles theory. Phys Rev Lett, 87 (15): 156401.

[12] Vitos L (2007). The EMTO Method and Applications in Computational Quantum Mechanics for Materials Engineers (Springer-Verlag, London).

[13] Gyorffy B L, Stocks G M (1983). Concentration waves and fermi surfaces in random metallic alloys. Phys Rev Lett, 50 (5): 374-377.

［14］Zunger A, Wei S H, Ferreira L, Bernard J（1990）. Special quasirandom structures. Phys Rev Lett, 65（3）：353-356. doi：10. 1103/PhysRevLett. 65. 353.

［15］Zaddach A J, Niu C, Koch C C, Irving D L（2013）. Mechanical properties and stacking fault energies of NiFeCrCoMn high-entropy alloy. JOM, 65（12）：1780-1789. doi：10. 1007/s11837-013-0771-4.

［16］Tian F, Varga L, Chen N, Delczeg L, Vitos L（2013）. Ab initio investigation of high-entropy alloys of 3d elements. Physical Review B, 87（7）：075144-075151. doi：10. 1103/Phys-RevB. 87. 075144.

［17］Tian F, Delczeg L, Chen N, Varga L K, Shen J, Vitos L（2013）. Structural stability of NiCoFeCrAl$_x$ high-entropy alloy from ab initio theory. Physical Review B, 88（8）：085128-085132. doi：10. 1103/PhysRevB. 88. 085128.

［18］Tian F, Varga L K, Chen N, Shen J, Vitos L（2014）. Ab initio design of elastically isotropic TiZrNbMoV$_x$ high-entropy alloys. J Alloys Compd, 599：19-25. doi：10. 1016/j. jallcom. 2014. 01. 237.

［19］Pinski F J, Staunton J, Gyorffy B L, Johnson D D, Stocks G M（1986）. Ferromagnetism versus antiferromagnetism in face-centered-cubic iron. Phys Rev Lett, 56（19）：2096-2099.

［20］Lucas M S, Wilks G B, Mauger L, Muñoz J A, Senkov O N, Michel E, Horwath J, Semiatin S L, Stone M B, Abernathy D L, Karapetrova E（2012）. Absence of long-range chemical ordering in equimolar FeCoCrNi. Appl Phys Lett, 100（25）：251907. doi：10. 1063/1. 4730327.

［21］Delczeg-Czirjak E K, Nurmi E, Kokko K, Vitos L（2011）. Effect of long-range order on elastic properties of Pd$_{0.5}$Ag$_{0.5}$ alloy from first principles. Phys Rev B, 84（9）：094205-094210. doi：10. 1103/PhysRevB. 84. 094205.

［22］Lucas M S, Mauger L, Muñoz J A, Xiao Y, Sheets A O, Semiatin S L, Horwath J, Turgut Z（2011）. Magnetic and vibrational properties of high-entropy alloys. J Appl Phys, 109（7）：07E307. doi：10. 1063/1. 3538936.

［23］Shun T T, Hung C H, Lee C F（2010）. Formation of ordered/disordered nanoparticles in FCC high entropy alloys. J Alloys Compd, 493（1-2）：105-109. doi：http：//dx. doi. org/10. 1016/j. jallcom. 2009. 12. 071.

［24］Wang X F, Zhang Y, Qiao Y, Chen G L（2007）. Novel microstructure and properties of multi-component CoCrCuFeNiTi$_x$ alloys. Intermetallics, 15（3）：357-362. doi：10. 1016/j. intermet. 2006. 08. 005.

［25］Zhang K B, Fu Z Y, Zhang J Y, Wang W M, Wang H, Wang Y C, Zhang Q J, Shi J（2009）. Microstructure and mechanical properties of CoCrFeNiTiAl$_x$ high-entropy alloys. Mater Sci Eng A, 508（1-2）：214-219. doi：10. 1016/j. msea. 2008. 12. 053.

［26］Wu Y, Liu W H, Wang X L, Ma D, Stoica A D, Nieh T G, He Z B, Lu Z P（2014）. In-situ neutron diffraction study of deformation behavior of a multi-component high-entropy alloy. Appl Phys Lett, 104（5）：051910. doi：10. 1063/1. 4863748.

［27］Zhang K, Fu Z（2012）. Effects of annealing treatment on phase composition and microstructure of CoCrFeNiTiAl$_x$ high-entropy alloys. Intermetallics, 22：24-32. doi：10. 1016/j. intermet.

2011. 10. 010.

[28] Vitos L, Korzhavyi P A, Johansson B (2003). Stainless steel optimization from quantum mechanical calculations. Nat Mater, 2 (4).

[29] Kao Y F, Chen T J, Chen S K, Yeh J W (2009). Microstructure and mechanical property of as-cast, homogenized, and -deformed $Al_x CoCrFeNi$ ($0 \leqslant x \leqslant 2$) high-entropy alloys. J Alloys Compd, 488 (1): 57-64. doi: 10. 1016/j. jallcom. 2009. 08. 090.

[30] Chou H P, Chang Y S, Chen S K, Yeh J W (2009). Microstructure, thermophysical and electrical properties in $Al_x CoCrFeNi$ ($0 \leqslant x \leqslant 2$) high-entropy alloys. Mater Sci Eng B, 163 (3): 184-189. doi: 10. 1016/j. mseb. 2009. 05. 024.

[31] Wang W R, Wang W L, Wang S C, Tsai Y C, Lai C H, Yeh J W (2012). Effects of Al addition on the microstructure and mechanical property of $Al_x CoCrFeNi$ high-entropy alloys. Intermetallics, 26: 44-51. doi: 10. 1016/j. intermet. 2012. 03. 005.

[32] Guo S, Ng C, Lu J, Liu C T (2011). Effect of valence electron concentration on stability of fcc or bcc phase in high entropy alloys. J Appl Phys, 109 (10): 103505. doi: 10. 1063/1. 3587228.

[33] Gu X J, McDermott A G, Poon S J, Shiflet G J (2006). Critical Poisson's ratio for plasticity in Fe-Mo-C-B-Ln bulk amorphous steel. Appl Phys Lett, 88 (21): 211905. doi: 10. 1063/1. 2206149.

[34] Zhou Y J, Zhang Y, Wang Y L, Chen G L (2007). Solid solution alloys of AlCoCrFeNiTi [sub x] with excellent room-temperature mechanical properties. Appl Phys Lett, 90 (18): 181904. doi: 10. 1063/1. 2734517.

[35] Senkov O N, Senkova S V, Woodward C, Miracle D B (2013). Low-density, refractory multiprincipal element alloys of the Cr-Nb-Ti-V-Zr system: microstructure and phase analysis. Acta Mater, 61 (5): 1545-1557. doi: 10. 1016/j. actamat. 2012. 11. 032.

[36] Massalski T B, Okamoto H, Subramanian P R, Kacprazak L (1990). Binary alloy phase diagram, 2nd edn. ASM International, Materials Park.

[37] Wang K, Reeber R R (1998). The role of defects on thermophysical properties: thermal expansion of V, Nb, Ta, Mo and W. Mater Sci Eng Struct Mater Prop Microstruct Process , 23: 101-137.

[38] Ramos de Debiaggi S, de Koning M, Monti A M (2006). Theoretical study of the thermodynamic and kinetic properties of self-interstitials in aluminum and nickel. Phys Rev B, 73 (10): 104103.

[39] Li T, Morris J W, Nagasako N, Kuramoto S, Chrzan D C (2007). "Ideal" engineering alloys. Phys Rev Lett, 98 (10): 105503.

[40] Fazakas É, Zadorozhnyy V, Varga L K, Inoue A, Louzguine-Luzgin D V, Tian F, Vitos L (2014). Experimental and theoretical study of $Ti_{20} Zr_{20} Hf_{20} Nb_{20} X_{20}$ (X = V or Cr) refractory high-entropy alloys. Int J Refract Met Hard Mater, 47: 131-138. doi: 10. 1016/j. ijrmhm. 2014. 07. 009.

[41] Williamson G, Hall W (1953). X-ray line broadening from filed aluminium and wolfram. Acta

Metall, 1（1）: 22-31.

[42] Alexander L E, Klug H P （1974）. X-ray diffraction procedures for polycrystalline and amorphous materials, 2nd edn. Wiley, New York.

[43] Leoni M, Confente T, Scardi P （2006）. PM2K: a flexible program implementing whole powder pattern modelling. Z Kristallogr Suppl, 23: 249-254.

[44] Denanot M, Villain J （1971）. The stacking fault energy in Cu-Al-Zn alloys. Physica Status Solidi （a）, 8 （2）: K125-K127.

[45] Schramm R, Reed R （1975）. Stacking fault energies of seven commercial austenitic stainless steels. Metallurg Transact A, 6 （7）: 1345-1351.

[46] Gong Y, Wen C, Li Y, Wu X, Cheng L, Han X, Zhu X （2013）. Simultaneously enhanced strength and ductility of Cu-xGe alloys through manipulating the stacking fault energy （SFE）. Mater Sci Eng A, 569: 144-149.

[47] Faulkner J S, Stocks G M （1980）. Calculating properties with the coherent-potential approximation. Phys Rev B, 21 （8）: 3222-3244.

[48] Rusanu A, Stocks G M, Wang Y, Faulkner J S （2011）. Green's functions in full-potential multiple-scattering theory. Phys Rev B, 84 （3）: 035102.

[49] Gyorffy B L, Stott M J （1973）. Theory of soft X-ray emission from alloys. In: Fabian D J, Watson L M （eds） Proceedings of the international conference on band structure and spectroscopy of metals and alloys. Academic, New York.

[50] Mills R, Gray L J, Kaplan T （1983）. Analytic approximation for random muffin-tin alloys. Phys Rev B, 27 （6）: 3252-3262.

[51] Tong C J, Chen M R, Chen S K, Yeh J W, Shun T T, Lin S J, Chang S Y （2005）. Mechanical performance of the Al$_x$CoCrCuFeNi high-entropy alloy system with multiprincipal elements. Metallurg Mater Transact Phys Metallurgy Mater Sci, 36A: 1263-1271.

[52] Zhang K B, Fu Z Y, Zhang J Y, Shi J, Wang W M, Wang H, Wang Y C, Zhang Q J （2010）. Annealing on the structure and properties evolution of the CoCrFeNiCuAl high-entropy alloy. J Alloys Compd, 502 （2）: 295-299. doi: http://dx.doi.org/10.1016/j.jallcom.2009.11.104.

[53] Von Barth U, Hedin L （1972）. A local exchange-correlation potential for the spin polarized case. J Phys C: Solid State Phys, 5 （13）: 1629-1642. doi: 10.1088/0022-3719/5/13/012.

10 特殊准随机结构在高熵合金中的应用

摘　要： 特殊准随机结构（SQS）是从原子尺度模拟无序合金的重要工具。本章首先介绍了生成高熵合金（HEAs）SQS 的框架和工具。针对具有面心立方（FCC）、六角密堆积（HCP）和体心立方（BCC）晶体结构的 4 组元和 5 组元等原子比的高熵合金，本章还提供了不同的晶胞尺寸的 SQS。其次，本章利用 SQS 方法研究了已知单相高熵合金的相稳定性，并预测了其振动、电子和力学性能。最后，本章比较了 SQS 模拟和前面章节介绍的混合蒙特卡罗/分子动力学（MC/MD）模拟及相干势近似（CPA）模拟各自的优势和局限性。第一性原理计算结果表明，对选定的单相高熵合金，混合振动熵很小，混合电子熵实际上可以忽略不计。通过对 SQS 和 MC/MD 高熵合金电子态密度进行比较，发现 SQS 模型的精确度对晶胞尺寸敏感，较大的尺寸产生更可靠的结果。

关键词： 特殊准随机结构（SQS）　混合蒙特卡罗/分子动力学（MC/MD）相干势近似（CPA）　密度泛函理论（DFT）　第一原理　磁性　电子结构弹性　弹性常数　堆垛层错能　电子态密度　熵源　构型熵　振动熵　电子熵　过量熵　声子振动　相位稳定性　对分布函数　面心立方（FCC）　六角密堆积（HCP）　体心立方（BCC）　晶胞尺寸效应　无序固溶体　高熵合金（HEAs）

10.1　引言

在密度泛函理论（DFT）框架内，将周期边界条件应用于由有限数目的原子组成的原子单元（或基元）晶胞，以模拟材料的体积状态。这种计算对完美有序的结构是明确的。然而，由于许多材料（例如，镍基高温合金）本质上是多组分的，所以替代无序的存在会使 DFT 计算变得困难，在具有部分占据晶格格点的化合物的 DFT 建模中也存在相同的建模难度。为了直观地模拟随机固溶体，人们可以任意地将溶质原子和溶剂原子分布在大型超晶格的晶格上，然后从大量原子位置分布不同的晶格中获得平均能量和性质。显然，对于 DFT 计算，这种计算方法过于昂贵。

SQS[1,2] 的概念是构造一个具有少量原子的特殊周期结构，每个晶胞的前几个相邻原子壳层的相关函数尽可能接近目标随机合金的相关函数，这样周期性误差只存在于离得更远原子之间。因为远距离相邻原子之间的相互作用通常对系统能量的贡献小于近邻之间的相互作用，所以 SQS 可以认为是代表给定随机合金的最佳可能的周期性晶胞。但是，应该注意离子晶体在给定的晶胞尺寸约束下，远缘相互作用可能仍然很重要。迄今为止，SQS 方法已成功应用于预测形成能[3]、弹性[3~5]、键长分布[6]、态密度[6]、带隙和光学性质[7,8]各种具有替代无序的材料，包括半导体[7]、氧化物[8]和金属合金，包括高熵合金[5]。

10.2　高熵合金中 SQS 的产生

迄今为止，SQS 主要应用于文献中随机二元[9~11]和三元合金[12,13]的模型。在高熵合金中，SQS 有一些需要考虑的限制，需要回答三个主要问题才能获得高熵合金中的 SQS。第一个是确定所需 SQS 模型的单元尺寸是否足够大，以便能够以足够的精度探索所需的成分，并且足够小以允许在当前硬件限制内进行 DFT 计算？第二个是在相关函数计算中使用的距离截断的标准。也就是说，被认为对生成 SQS 很重要的原子最大距离是多少？是否总是优先使用严格的标准？第三是确定何时停止生成 SQS，理想情况下，在找到满足我们搜索条件的完美 SQS 模型后，SQS 的生成将自动停止。然而，由于有限的超级单元尺寸，很可能永远不会找到高熵合金的完美 SQS，在这种情况下，需要手动停止 SQS 的生成并使用所获得的最佳 SQS 模型。

有两种方法可以生成 SQS。第一个是无限地为给定的单元尺寸生成所有可能的超级单元，然后选择最能模拟随机合金的相关函数的超级单元。第二种方法是执行蒙特卡罗模拟以搜索最佳 SQS。这两种方法分别在 Axel van de Walle 及其合作伙伴[14,15]开发的 Alloy Theoretic Automated Toolkit（ATAT）中的 gensqs 和 mcsqs 代码中实现。ATAT 的主要代码包括根据第一性原理构建团簇扩展的代码，以计算替代合金的能量作为其配置的函数，以及执行格子模型的蒙特卡罗模拟的代码，以便从团簇开始计算合金的热力学性质扩张[14,15]。虽然 gensqs 代码只能用于生成较小的 SQS，但 mcsqs 代码[16]更强大，可用于生成每单位单元包含数百个原子的大型 SQS，ATAT 的全部功能可以在官方手册中找到[17]。

本章仅提供了具有各种晶胞大小的四元和五元等原子 SQS，以模拟无序的面心立方（FCC），六边形密堆积（HCP）和体心立方（BCC）晶格，并且可以使用 ATAT 生成更多高熵合金的 SQS。在生成 16 和 24 原子 FCC 四元 SQS 时，只考虑直到第三个最近的对相关函数。根据作者目前的经验，通常需要花费几天时间才能获得具有较小相关函数不匹配高熵合金的最优 SQS。BCC 和 HCP SQS 模型的生成使用了类似的设置。在所有情况下，不考虑三元组，因为这些模型的化学复杂性显著增加了寻找可用 SQS 的难度。实际上，通过在最近外壳内添加三元组而生成的最佳 SQS 可能比仅考虑对的相关函数失配值具有更大的相关函数失配值。

除了上面讨论的小型 SQS 之外，还使用 mcsqs 代码为 4 和 5 组元高熵合金开发了更大的 SQS，尽管由于组分扩大，它们的生成需要比小组分 SQS 更长的时间。作为一般规则，SQS 单元越大，它就能越好地再现随机合金的相关函数。为了计算效率，可能需要对能量与 SQS 单元尺寸的收敛测试来确定最佳单元尺寸。

10.3 四元和五元高熵合金 SQS

使用晶胞尺寸的多样性，即 SQS 中 16～250 个原子的原子数，产生用于 FCC、BCC 和 HCP 的等摩尔比的四元和五元随机固溶体 HEA 的 SQS。在获得的 FCC、BCC 和 HCP 结构中等摩尔四元和三元 HEA 的 SQS 模型中的未松弛晶格矢量和原子位置分别列于表 10.1～表 10.3 中。四元（五元）SQS 的晶体结构如图 10.1 和图 10.2 所示。

表 10.1 四元 ABCD SQS：16-/24-原子 FCC/HCP[5] 和 64-原子 FCC/BCC/HCP[18]

64-原子 FCC	64-原子 HCP	64-原子 BCC
晶格常数	晶格常数	晶格常数
$\begin{pmatrix} 0 & 2 & 2 \\ 2 & 0 & 2 \\ 2 & 2 & 0 \end{pmatrix}$	$\begin{pmatrix} 4 & 0 & 0 \\ -2 & 3.4641 & 0 \\ 0 & 0 & 3.266 \end{pmatrix}$	$\begin{pmatrix} -2 & -2 & 2 \\ 2 & -2 & -2 \\ 2 & 2 & 2 \end{pmatrix}$
原子位置	原子位置	原子位置
0.00 0.00 0.50 A	0.000000 0.000000 0.500000 A	0.00 0.00 0.50 A
0.00 0.25 0.25 A	0.000000 0.250000 0.000000 A	0.00 0.50 0.00 A
0.00 0.50 0.25 A	0.000000 0.750000 0.500000 A	0.25 0.00 0.75 A
0.00 0.75 0.25 A	0.250000 0.000000 0.000000 A	0.25 0.25 0.50 A
0.00 0.75 0.75 A	0.250000 0.250000 0.000000 A	0.25 0.25 0.75 A
0.25 0.00 0.25 A	0.500000 0.250000 0.500000 A	0.25 0.50 0.50 A
0.25 0.25 0.00 A	0.500000 0.500000 0.500000 A	0.50 0.00 0.00 A
0.25 0.25 0.50 A	0.500000 0.750000 0.000000 A	0.50 0.25 0.00 A
0.25 0.50 0.50 A	0.750000 0.000000 0.500000 A	0.50 0.50 0.25 A
0.25 0.75 0.25 A	0.750000 0.750000 0.500000 A	0.50 0.75 0.00 A
0.50 0.00 0.50 A	0.166667 0.083333 0.750000 A	0.50 0.75 0.25 A
0.50 0.75 0.00 A	0.166667 0.833333 0.250000 A	0.75 0.00 0.75 A
0.75 0.00 0.00 A	0.416667 0.833333 0.750000 A	0.75 0.50 0.50 A
0.75 0.00 0.25 A	0.666667 0.333333 0.750000 A	0.75 0.75 0.25 A
0.75 0.00 0.25 A	0.666667 0.583333 0.750000 A	0.75 0.50 0.50 A
0.75 0.75 0.25 A	0.916667 0.833333 0.750000 A	0.75 0.75 0.75 A
0.00 0.00 0.25 B	0.000000 0.000000 0.000000 B	0.00 0.00 0.00 B
0.00 0.00 0.75 B	0.000000 0.250000 0.500000 B	0.00 0.25 0.00 B
0.00 0.25 0.00 B	0.250000 0.750000 0.000000 B	0.00 0.50 0.50 B
0.00 0.50 0.75 B	0.500000 0.500000 0.000000 B	0.00 0.50 0.25 B
0.00 0.75 0.00 B	0.500000 0.750000 0.500000 B	0.00 0.50 0.75 B
0.00 0.75 0.50 B	0.750000 0.250000 0.500000 B	0.25 0.25 0.00 B
0.25 0.00 0.50 B	0.166667 0.833333 0.750000 B	0.25 0.50 0.25 B
0.50 0.00 0.75 B	0.416667 0.083333 0.250000 B	0.25 0.75 0.25 B
0.50 0.25 0.75 B	0.416667 0.833333 0.250000 B	0.25 0.75 0.50 B
0.50 0.50 0.00 B	0.666667 0.083333 0.250000 B	0.25 0.75 0.75 B

64-原子 FCC	64-原子 HCP	64-原子 BCC
0.75 0.00 0.75 B	0.666667 0.083333 0.750000 B	0.50 0.00 0.75 B
0.75 0.25 0.00 B	0.666667 0.333333 0.250000 B	0.50 0.50 0.00 B
0.75 0.25 0.50 B	0.666667 0.583333 0.250000 B	0.50 0.50 0.50 B
0.75 0.50 0.50 B	0.666667 0.833333 0.750000 B	0.50 0.50 0.75 B
0.75 0.50 0.75 B	0.916667 0.083333 0.250000 B	0.75 0.25 0.00 B
0.75 0.75 0.75 B	0.916667 0.333333 0.250000 B	0.75 0.50 0.00 B
0.00 0.25 0.50 C	0.000000 0.500000 0.000000 C	0.00 0.00 0.25 C
0.00 0.25 0.75 C	0.000000 0.750000 0.000000 C	0.00 0.00 0.75 C
0.00 0.50 0.00 C	0.250000 0.500000 0.000000 C	0.00 0.25 0.25 C
0.00 0.50 0.50 C	0.250000 0.750000 0.500000 C	0.00 0.75 0.00 C
0.25 0.00 0.00 C	0.500000 0.000000 0.500000 C	0.00 0.75 0.25 C
0.25 0.25 0.25 C	0.500000 0.250000 0.000000 C	0.00 0.75 0.75 C
0.25 0.50 0.25 C	0.750000 0.500000 0.500000 C	0.25 0.00 0.00 C
0.25 0.75 0.00 C	0.750000 0.750000 0.000000 C	0.25 0.25 0.25 C
0.50 0.00 0.25 C	0.166667 0.333333 0.750000 C	0.25 0.50 0.75 C
0.50 0.25 0.00 C	0.166667 0.583333 0.750000 C	0.50 0.75 0.50 C
0.50 0.50 0.25 C	0.416667 0.333333 0.750000 C	0.75 0.00 0.00 C
0.50 0.50 0.50 C	0.416667 0.583333 0.250000 C	0.75 0.00 0.25 C
0.50 0.50 0.75 C	0.416667 0.583333 0.750000 C	0.75 0.00 0.50 C
0.75 0.25 0.25 C	0.666667 0.833333 0.250000 C	0.75 0.25 0.25 C
0.75 0.25 0.75 C	0.916667 0.333333 0.750000 C	0.75 0.25 0.50 C
0.75 0.50 0.25 C	0.916667 0.583333 0.250000 C	0.75 0.25 0.75 C
0.00 0.00 0.00 D	0.000000 0.500000 0.500000 D	0.00 0.25 0.75 D
0.25 0.00 0.75 D	0.250000 0.000000 0.500000 D	0.00 0.50 0.50 D
0.25 0.25 0.75 D	0.250000 0.250000 0.500000 D	0.00 0.75 0.50 D
0.25 0.50 0.00 D	0.250000 0.500000 0.500000 D	0.25 0.00 0.25 D
0.25 0.50 0.75 D	0.500000 0.000000 0.000000 D	0.25 0.00 0.50 D
0.25 0.75 0.50 D	0.750000 0.000000 0.000000 D	0.25 0.50 0.00 D
0.25 0.75 0.75 D	0.750000 0.250000 0.000000 D	0.25 0.75 0.00 D
0.50 0.00 0.00 D	0.750000 0.500000 0.000000 D	0.50 0.00 0.25 D
0.50 0.25 0.25 D	0.166667 0.083333 0.250000 D	0.50 0.00 0.50 D
0.50 0.25 0.50 D	0.166667 0.333333 0.250000 D	0.50 0.25 0.25 D
0.50 0.75 0.25 D	0.166667 0.583333 0.250000 D	0.50 0.25 0.50 D
0.50 0.75 0.50 D	0.416667 0.083333 0.750000 D	0.50 0.25 0.75 D
0.50 0.75 0.75 D	0.416667 0.333333 0.250000 D	0.50 0.75 0.75 D
0.75 0.50 0.00 D	0.916667 0.083333 0.750000 D	0.75 0.50 0.25 D
0.75 0.75 0.00 D	0.916667 0.583333 0.750000 D	0.75 0.50 0.75 D
0.75 0.75 0.50 D	0.916667 0.833333 0.250000 D	0.75 0.75 0.00 D

16-原子 FCC	16-原子 HCP
晶格常数	晶格常数
$\begin{pmatrix} -1 & -0.5 & -1.5 \\ -1 & 1.5 & 0.5 \\ 1 & 0.5 & -0.5 \end{pmatrix}$	$\begin{pmatrix} 1.5 & 0.866 & 3.266 \\ 0.5 & -0.866 & 3.266 \\ 2 & 0 & 0 \end{pmatrix}$
原子位置	原子位置

16-原子 FCC	16-原子 HCP
0.875 0.625 1.0 A	0.500000 0.500000 1.000000 A
0.875 0.125 0.5 A	0.291666 0.958333 0.041667 A
0.125 0.875 0.5 A	0.791666 0.458333 0.041667 A
1.000 0.500 0.5 A	0.041666 0.708333 0.791667 A
0.625 0.875 1.0 B	0.500000 0.500000 0.500000 B
0.750 0.750 0.5 B	0.750000 0.750000 0.250000 B
0.625 0.375 0.5 B	0.541666 0.208333 0.291667 B
0.375 0.625 0.5 B	0.041666 0.708333 0.291667 B
0.750 0.250 1.0 C	1.000000 1.000000 1.000000 C
0.500 0.500 1.0 C	1.000000 1.000000 0.500000 C
0.125 0.375 1.0 C	0.750000 0.750000 0.750000 C
0.250 0.250 0.5 C	0.291666 0.958333 0.541667 C
0.250 0.750 1.0 D	0.250000 0.250000 0.250000 D
0.375 0.125 1.0 D	0.250000 0.250000 0.750000 D
1.000 1.000 1.0 D	0.541666 0.208333 0.791667 D
0.500 1.000 0.5 D	0.791666 0.458333 0.541667 D
24-原子 FCC[15]	24-原子 HCP[5]
晶格常数	晶格常数

24-原子 FCC	24-原子 HCP
$\begin{pmatrix} 0.5 & -0.5 & -1 \\ -1.5 & -1.5 & 0 \\ -1.5 & 1.5 & -1 \end{pmatrix}$	$\begin{pmatrix} -2 & -1.732 & 1.633 \\ -2 & 1.732 & 1.633 \\ -1 & 0 & -1.633 \end{pmatrix}$
原子位置	原子位置
1.00 0.83333333 0.50 A	1.00 0.833333 0.50 A
0.50 0.50000000 1.00 A	0.50 0.500000 1.00 A
1.00 0.33333333 1.00 A	1.00 0.333333 1.00 A
0.25 0.33333333 0.75 A	0.25 0.333333 0.75 A
0.75 0.33333333 0.25 A	0.75 0.333333 0.25 A
0.25 0.16666667 0.25 A	0.25 0.166667 0.25 A
0.50 0.83333333 1.00 B	0.50 0.833333 1.00 B
0.75 0.66666667 0.25 B	0.75 0.666667 0.25 B
0.50 0.33333333 0.50 B	0.50 0.333333 0.50 B
0.50 0.16666667 1.00 B	0.50 0.166667 1.00 B
1.00 1.00000000 1.00 B	1.00 1.000000 1.00 B
0.75 0.16666667 0.75 B	0.75 0.166667 0.75 B
1.00 0.66666667 1.00 C	1.00 0.666667 1.00 C
0.25 0.66666667 0.75 C	0.25 0.666667 0.75 C
0.50 0.66666667 0.50 C	0.50 0.666667 0.50 C
1.00 0.50000000 0.50 C	1.00 0.500000 0.50 C
0.25 0.50000000 0.25 C	0.25 0.500000 0.25 C
0.25 1.00000000 0.75 C	0.25 1.000000 0.75 C
0.25 0.83333333 0.25 D	0.25 0.833333 0.25 D
0.75 0.83333333 0.75 D	0.75 0.833333 0.75 D
0.75 0.50000000 0.75 D	0.75 0.500000 0.75 D
1.00 0.16666667 0.50 D	1.00 0.166667 0.50 D
0.50 1.00000000 0.50 D	0.50 1.000000 0.50 D
0.75 1.00000000 0.25 D	0.75 1.000000 0.25 D

**表 10.2　五元 ABCDE SQS：20-原子 FCC/HCP[5] 和
125-原子 FCC/BCC[18]，以及 160-原子 HCP[18]**

125-原子 FCC	125-原子 BCC	160-原子 HCP
晶格常数	晶格常数	晶格常数
$\begin{pmatrix} 0 & 2.5 & 2.5 \\ 2.5 & 0 & 2.5 \\ 2.5 & 2.5 & 0 \end{pmatrix}$	$\begin{pmatrix} -2.5 & -2.5 & 2.5 \\ 2.5 & -2.5 & -2.5 \\ 2.5 & 2.5 & 2.5 \end{pmatrix}$	$\begin{pmatrix} 4 & 0 & 0 \\ -2 & 3.4641 & 0 \\ 0 & 0 & 8.165 \end{pmatrix}$
原子位置	原子位置	原子位置
0.2 0.8 0.4 A	0.2 0.4 0.4 A	0.000000 0.500000 0.400000 A
0.6 0.0 0.2 A	0.4 0.4 0.2 A	0.000000 0.500000 0.600000 A
0.6 0.4 0.8 A	0.6 0.4 0.8 A	0.000000 0.500000 0.800000 A
0.8 0.0 0.2 A	0.0 0.2 0.0 A	0.000000 0.750000 0.600000 A
0.0 0.8 0.8 A	0.0 0.6 0.4 A	0.250000 0.000000 0.200000 A
0.2 0.6 0.6 A	0.4 0.0 0.8 A	0.250000 0.000000 0.400000 A
0.4 0.0 0.4 A	0.8 0.8 0.8 A	0.250000 0.000000 0.800000 A
0.4 0.6 0.6 A	0.0 0.2 0.4 A	0.250000 0.250000 0.600000 A
0.6 0.4 0.4 A	0.0 0.6 0.2 A	0.250000 0.500000 0.600000 A
0.6 0.6 0.2 A	0.2 0.4 0.2 A	0.500000 0.250000 0.000000 A
0.8 0.8 0.4 A	0.4 0.2 0.6 A	0.500000 0.500000 0.200000 A
0.4 0.0 0.8 A	0.6 0.2 0.6 A	0.500000 0.500000 0.400000 A
0.4 0.2 0.6 A	0.8 0.6 0.4 A	0.750000 0.000000 0.000000 A
0.4 0.6 0.0 A	0.0 0.8 0.6 A	0.750000 0.000000 0.600000 A
0.6 0.6 0.0 A	0.2 0.0 0.0 A	0.750000 0.250000 0.600000 A
0.8 0.4 0.2 A	0.2 0.8 0.0 A	0.750000 0.500000 0.400000 A
0.0 0.0 0.4 0.4 A	0.4 0.0 0.6 A	0.750000 0.500000 0.600000 A
0.2 0.0 0.0 A	0.4 0.6 0.6 A	0.166667 0.083333 0.900000 A
0.6 0.2 0.2 A	0.8 0.4 0.8 A	0.166667 0.333333 0.700000 A
0.2 0.4 0.6 A	0.8 0.6 0.2 A	0.166667 0.583333 0.300000 A
0.2 0.8 0.6 A	0.0 0.0 0.0 0.6 A	0.166667 0.583333 0.700000 A
0.4 0.6 0.4 A	0.0 0.0 0.0 0.8 A	0.166667 0.833333 0.900000 A
0.6 0.0 0.0 A	0.2 0.0 0.6 A	0.416667 0.083333 0.100000 A
0.8 0.2 0.0 A	0.6 0.6 0.2 A	0.416667 0.333333 0.100000 A
0.8 0.2 0.8 A	0.8 0.0 0.4 A	0.416667 0.833333 0.900000 A
0.2 0.0 0.0 0.8 B	0.2 0.8 0.8 B	0.666667 0.333333 0.100000 A
0.4 0.4 0.8 B	0.4 0.4 0.0 B	0.666667 0.333333 0.700000 A
0.8 0.2 0.4 B	0.4 0.8 0.8 B	0.666667 0.833333 0.500000 A
0.8 0.4 0.8 B	0.6 0.2 0.2 B	0.666667 0.833333 0.700000 A
0.0 0.8 0.0 B	0.6 0.2 0.4 B	0.916667 0.083333 0.300000 A
0.2 0.4 0.4 B	0.6 0.2 0.8 B	0.916667 0.083333 0.500000 A
0.4 0.6 0.2 B	0.6 0.6 0.6 B	0.916667 0.833333 0.500000 A
0.6 0.6 0.8 B	0.6 0.8 0.8 B	0.000000 0.000000 0.400000 B
0.6 0.8 0.8 B	0.0 0.6 0.0 B	0.000000 0.500000 0.200000 B
0.8 0.0 0.0 B	0.2 0.0 0.4 B	0.250000 0.500000 0.800000 B
0.8 0.2 0.2 B	0.4 0.2 0.0 B	0.250000 0.750000 0.000000 B
0.2 0.0 0.6 B	0.4 0.2 0.2 B	0.500000 0.000000 0.000000 B

125-原子 FCC	125-原子 BCC	160-原子 HCP
0. 4 0. 0 0. 2 B	0. 4 0. 8 0. 2 B	0. 500000 0. 000000 0. 400000 B
0. 4 0. 8 0. 2 B	0. 6 0. 8 0. 6 B	0. 500000 0. 000000 0. 600000 B
0. 6 0. 0 0. 6 B	0. 8 0. 4 0. 2 B	0. 500000 0. 250000 0. 600000 B
0. 6 0. 6 0. 6 B	0. 2 0. 4 0. 6 B	0. 500000 0. 500000 0. 000000 B
0. 6 0. 8 0. 6 B	0. 6 0. 6 0. 4 B	0. 500000 0. 500000 0. 800000 B
0. 0 0. 6 0. 8 B	0. 8 0. 8 0. 2 B	0. 500000 0. 750000 0. 200000 B
0. 2 0. 6 0. 2 B	0. 2 0. 2 0. 6 B	0. 500000 0. 750000 0. 400000 B
0. 4 0. 0 0. 6 B	0. 4 0. 0 0. 0 B	0. 750000 0. 000000 0. 400000 B
0. 4 0. 2 0. 0 B	0. 4 0. 4 0. 4 B	0. 750000 0. 250000 0. 400000 B
0. 6 0. 2 0. 0 B	0. 0 0. 2 0. 6 B	0. 750000 0. 500000 0. 200000 B
0. 8 0. 6 0. 8 B	0. 4 0. 2 0. 8 B	0. 750000 0. 750000 0. 600000 B
0. 0 0. 6 0. 6 B	0. 6 0. 4 0. 6 B	0. 750000 0. 750000 0. 800000 B
0. 2 0. 2 0. 0 B	0. 8 0. 4 0. 6 B	0. 166667 0. 083333 0. 100000 B
0. 0 0. 0 0. 0 0. 8 C	0. 0 0. 0 0. 6 0. 8 C	0. 166667 0. 333333 0. 300000 B
0. 2 0. 2 0. 2 C	0. 2 0. 2 0. 8 C	0. 166667 0. 333333 0. 500000 B
0. 2 0. 2 0. 8 C	0. 4 0. 6 0. 4 C	0. 166667 0. 583333 0. 100000 B
0. 2 0. 8 0. 2 C	0. 8 0. 2 0. 0 C	0. 166667 0. 833333 0. 100000 B
0. 4 0. 0 0. 0 C	0. 0 0. 0 0. 6 0. 6 C	0. 416667 0. 083333 0. 500000 B
0. 8 0. 4 0. 6 C	0. 2 0. 2 0. 0 C	0. 416667 0. 333333 0. 900000 B
0. 0 0. 2 0. 0 C	0. 6 0. 0 0. 0 C	0. 416667 0. 583333 0. 100000 B
0. 4 0. 2 0. 2 C	0. 8 0. 2 0. 4 C	0. 416667 0. 583333 0. 900000 B
0. 8 0. 8 0. 8 C	0. 8 0. 8 0. 4 C	0. 666667 0. 333333 0. 300000 B
0. 0 0. 2 0. 2 C	0. 0 0. 4 0. 0 C	0. 666667 0. 583333 0. 100000 B
0. 0 0. 6 0. 4 C	0. 0 0. 4 0. 6 C	0. 916667 0. 083333 0. 900000 B
0. 2 0. 6 0. 4 C	0. 2 0. 6 0. 2 C	0. 916667 0. 333333 0. 300000 B
0. 4 0. 8 0. 8 C	0. 4 0. 6 0. 2 C	0. 916667 0. 333333 0. 700000 B
0. 6 0. 8 0. 4 C	0. 4 0. 8 0. 4 C	0. 916667 0. 583333 0. 700000 B
0. 8 0. 6 0. 0 C	0. 6 0. 4 0. 0 C	0. 000000 0. 000000 0. 600000 C
0. 8 0. 6 0. 2 C	0. 2 0. 0 0. 6 C	0. 000000 0. 250000 0. 400000 C
0. 8 0. 6 0. 4 C	0. 2 0. 2 0. 2 C	0. 000000 0. 750000 0. 800000 C
0. 0 0. 2 0. 8 C	0. 6 0. 8 0. 2 C	0. 250000 0. 500000 0. 000000 C
0. 6 0. 4 0. 2 C	0. 8 0. 8 0. 6 C	0. 250000 0. 750000 0. 200000 C
0. 0 0. 0 0. 4 C	0. 0 0. 2 0. 2 C	0. 250000 0. 750000 0. 600000 C
0. 0 0. 2 0. 4 C	0. 0 0. 4 0. 8 C	0. 250000 0. 750000 0. 800000 C
0. 0 0. 4 0. 2 C	0. 4 0. 6 0. 0 C	0. 500000 0. 250000 0. 400000 C
0. 0 0. 6 0. 0 C	0. 4 0. 8 0. 0 C	0. 500000 0. 500000 0. 600000 C
0. 4 0. 8 0. 0 C	0. 6 0. 0 0. 4 C	0. 500000 0. 750000 0. 000000 C
0. 6 0. 4 0. 0 C	0. 8 0. 4 0. 4 C	0. 750000 0. 000000 0. 800000 C
0. 0 0. 4 0. 6 D	0. 0 0. 0 0. 2 D	0. 750000 0. 250000 0. 000000 C
0. 0 0. 8 0. 4 D	0. 2 0. 6 0. 0 D	0. 166667 0. 083333 0. 700000 C
0. 6 0. 2 0. 4 D	0. 4 0. 0 0. 2 D	0. 166667 0. 333333 0. 900000 C
0. 6 0. 2 0. 8 D	0. 8 0. 4 0. 0 D	0. 166667 0. 583333 0. 500000 C
0. 6 0. 4 0. 6 D	0. 8 0. 6 0. 0 D	0. 166667 0. 583333 0. 900000 C
0. 6 0. 8 0. 0 D	0. 0 0. 4 0. 2 D	0. 416667 0. 083333 0. 300000 C

125-原子 FCC	125-原子 BCC	160-原子 HCP
0. 8 0. 4 0. 0 D	0. 0 0. 8 0. 4 D	0. 416667 0. 583333 0. 700000 C
0. 8 0. 6 0. 6 D	0. 4 0. 4 0. 6 D	0. 416667 0. 833333 0. 500000 C
0. 0 0. 0 0. 0 D	0. 6 0. 0 0. 8 D	0. 666667 0. 083333 0. 500000 C
0. 0 0. 2 0. 6 D	0. 8 0. 0 0. 8 D	0. 666667 0. 083333 0. 900000 C
0. 0 0. 4 0. 0 D	0. 6 0. 4 0. 2 D	0. 666667 0. 333333 0. 500000 C
0. 0 0. 4 0. 8 D	0. 6 0. 6 0. 8 D	0. 666667 0. 333333 0. 900000 C
0. 0 0. 8 0. 2 D	0. 8 0. 2 0. 8 D	0. 666667 0. 583333 0. 500000 C
0. 8 0. 0 0. 4 D	0. 0 0. 0 0. 0 D	0. 666667 0. 833333 0. 100000 C
0. 8 0. 8 0. 2 D	0. 2 0. 0 0. 2 D	0. 916667 0. 083333 0. 100000 C
0. 4 0. 4 0. 4 D	0. 2 0. 2 0. 4 D	0. 916667 0. 333333 0. 100000 C
0. 2 0. 0 0. 4 D	0. 2 0. 4 0. 0 D	0. 916667 0. 333333 0. 900000 C
0. 2 0. 6 0. 0 D	0. 2 0. 4 0. 8 D	0. 916667 0. 583333 0. 300000 C
0. 4 0. 8 0. 4 D	0. 2 0. 8 0. 2 D	0. 916667 0. 583333 0. 900000 C
0. 8 0. 0 0. 6 D	0. 8 0. 8 0. 0 D	0. 916667 0. 833333 0. 300000 C
0. 0 0. 6 0. 2 D	0. 2 0. 6 0. 8 D	0. 916667 0. 833333 0. 700000 C
0. 4 0. 4 0. 2 D	0. 2 0. 8 0. 4 D	0. 000000 0. 000000 0. 000000 D
0. 4 0. 4 0. 6 D	0. 2 0. 8 0. 6 D	0. 000000 0. 250000 0. 600000 D
0. 6 0. 0 0. 8 D	0. 6 0. 2 0. 0 D	0. 000000 0. 500000 0. 000000 D
0. 6 0. 2 0. 6 D	0. 6 0. 8 0. 4 D	0. 000000 0. 750000 0. 000000 D
0. 0 0. 0 0. 6 E	0. 4 0. 4 0. 8 E	0. 250000 0. 250000 0. 000000 D
0. 2 0. 2 0. 6 E	0. 6 0. 0 0. 2 E	0. 250000 0. 250000 0. 200000 D
0. 4 0. 6 0. 8 E	0. 6 0. 4 0. 4 E	0. 250000 0. 250000 0. 800000 D
0. 0 0. 0 0. 2 E	0. 8 0. 0 0. 2 E	0. 250000 0. 750000 0. 400000 D
0. 2 0. 2 0. 4 E	0. 8 0. 6 0. 6 E	0. 500000 0. 000000 0. 200000 D
0. 2 0. 4 0. 8 E	0. 0 0. 8 0. 2 E	0. 500000 0. 000000 0. 800000 D
0. 2 0. 8 0. 0 E	0. 8 0. 0 0. 0 E	0. 500000 0. 250000 0. 200000 D
0. 4 0. 2 0. 8 E	0. 8 0. 0 0. 6 E	0. 750000 0. 000000 0. 200000 D
0. 8 0. 2 0. 6 E	0. 8 0. 6 0. 8 E	0. 750000 0. 250000 0. 200000 D
0. 2 0. 0 0. 2 E	0. 0 0. 4 0. 4 E	0. 750000 0. 250000 0. 800000 D
0. 2 0. 4 0. 2 E	0. 0 0. 8 0. 0 E	0. 750000 0. 500000 0. 000000 D
0. 2 0. 6 0. 8 E	0. 0 0. 8 0. 8 E	0. 750000 0. 750000 0. 400000 D
0. 2 0. 8 0. 8 E	0. 2 0. 0 0. 8 E	0. 166667 0. 083333 0. 300000 D
0. 4 0. 2 0. 4 E	0. 2 0. 6 0. 4 E	0. 166667 0. 333333 0. 100000 D
0. 4 0. 4 0. 0 E	0. 4 0. 2 0. 4 E	0. 166667 0. 833333 0. 300000 D
0. 4 0. 8 0. 6 E	0. 6 0. 0 0. 6 E	0. 166667 0. 833333 0. 700000 D
0. 6 0. 0 0. 4 E	0. 0 0. 0 0. 4 E	0. 416667 0. 083333 0. 700000 D
0. 6 0. 8 0. 2 E	0. 4 0. 6 0. 8 E	0. 416667 0. 083333 0. 900000 D
0. 8 0. 8 0. 6 E	0. 6 0. 8 0. 0 E	0. 416667 0. 333333 0. 500000 D
0. 0 0. 8 0. 6 E	0. 8 0. 2 0. 6 E	0. 416667 0. 583333 0. 500000 D
0. 2 0. 4 0. 0 E	0. 0 0. 2 0. 8 E	0. 416667 0. 833333 0. 100000 D
0. 6 0. 6 0. 4 E	0. 4 0. 0 0. 4 E	0. 416667 0. 833333 0. 300000 D
0. 8 0. 0 0. 8 E	0. 4 0. 8 0. 6 E	0. 416667 0. 833333 0. 700000 D
0. 8 0. 4 0. 4 E	0. 6 0. 6 0. 0 E	0. 666667 0. 083333 0. 300000 D
0. 8 0. 8 0. 0 E	0. 8 0. 2 0. 2 E	0. 666667 0. 583333 0. 700000 D
		0. 916667 0. 333333 0. 500000 D

续表 10.2

20-原子 FCC[5]	20-原子 HCP[5]	0.916667 0.583333 0.100000 D
晶格常数	晶格常数	0.916667 0.833333 0.100000 D
$\begin{pmatrix} 0.5 & 2.0 & -0.5 \\ 0.5 & -0.5 & 2.0 \\ 1.0 & -0.5 & -0.5 \end{pmatrix}$	$\begin{pmatrix} -1.5 & 0.866 & 1.633 \\ 0 & 1.732 & 1.633 \\ -1 & 1.732 & -3.266 \end{pmatrix}$	0.000000 0.000000 0.200000 E
		0.000000 0.000000 0.800000 E
原子位置	原子位置	0.000000 0.250000 0.000000 E
0.15 0.35 0.25 A	1.000000 1.000000 0.50 A	0.000000 0.250000 0.200000 E
0.40 0.60 1.00 A	0.200000 0.200000 0.70 A	0.000000 0.250000 0.800000 E
0.55 0.95 0.25 A	0.400000 0.400000 0.90 A	0.000000 0.750000 0.200000 E
0.45 0.05 0.75 A	1.000000 1.000000 1.00 A	0.000000 0.750000 0.400000 E
0.20 0.80 1.00 B	0.200000 0.200000 0.20 B	0.250000 0.000000 0.000000 E
0.05 0.45 0.75 B	0.400000 0.400000 0.40 B	0.250000 0.000000 0.600000 E
0.60 0.40 1.00 B	0.600000 0.600000 0.60 B	0.250000 0.250000 0.400000 E
0.95 0.55 0.25 B	0.800000 0.800000 0.80 B	0.250000 0.500000 0.200000 E
0.65 0.85 0.75 C	0.600000 0.600000 0.10 C	0.250000 0.500000 0.400000 E
0.80 0.20 1.00 C	0.800000 0.800000 0.30 C	0.500000 0.250000 0.800000 E
0.85 0.65 0.75 C	0.766666 0.433333 0.35 C	0.500000 0.750000 0.600000 E
0.90 0.10 0.50 C	0.966666 0.633333 0.55 C	0.500000 0.750000 0.800000 E
0.35 0.15 0.25 D	0.166666 0.833333 0.75 D	0.750000 0.500000 0.800000 E
0.50 0.50 0.50 D	0.766666 0.433333 0.85 D	0.750000 0.750000 0.000000 E
0.75 0.75 0.25 D	0.966666 0.633333 0.05 D	0.750000 0.750000 0.200000 E
0.70 0.30 0.50 D	0.166666 0.833333 0.25 D	0.166667 0.083333 0.500000 E
0.10 0.90 0.50 E	0.366666 0.033333 0.45 E	0.166667 0.833333 0.500000 E
1.00 1.00 1.00 E	0.566666 0.233333 0.65 E	0.416667 0.333333 0.300000 E
0.30 0.70 0.50 E	0.366666 0.033333 0.95 E	0.416667 0.333333 0.700000 E
0.25 0.25 0.75 E	0.566666 0.233333 0.15 E	0.416667 0.583333 0.300000 E
		0.666667 0.083333 0.100000 E
		0.666667 0.083333 0.700000 E
		0.666667 0.583333 0.300000 E
		0.666667 0.583333 0.900000 E
		0.666667 0.833333 0.300000 E
		0.666667 0.833333 0.900000 E
		0.916667 0.083333 0.700000 E
		0.916667 0.583333 0.500000 E
		0.916667 0.833333 0.900000 E

表 10.3　FCC/BCC/HCP 结构的 250-原子五元 ABCDE SQS

250-原子 FCC	250-原子 BCC	250-原子 HCP
晶格常数	晶格常数	晶格常数
$\begin{pmatrix} 0 & -2.5 & 2.5 \\ 0 & 2.5 & 2.5 \\ -5 & 0 & 0 \end{pmatrix}$	$\begin{pmatrix} 5 & 0 & 0 \\ 0 & 5 & 0 \\ 0 & 0 & 5 \end{pmatrix}$	$\begin{pmatrix} 5 & 0 & 0 \\ -2.5 & 4.33 & 0 \\ 0 & 0 & 8.165 \end{pmatrix}$
原子位置	原子位置	原子位置

续表 10.3

250-原子 FCC	250-原子 BCC	250-原子 HCP
0. 1 0. 5 0. 9 A	0. 0 0. 0 0. 2 A	0. 000000 0. 000000 0. 200000 A
0. 3 0. 5 0. 1 A	0. 0 0. 4 0. 0 A	0. 000000 0. 000000 0. 800000 A
0. 5 0. 7 0. 9 A	0. 0 0. 6 0. 6 A	0. 000000 0. 600000 0. 600000 A
0. 7 0. 5 0. 1 A	0. 0 0. 8 0. 8 A	0. 000000 0. 600000 0. 800000 A
0. 9 0. 1 0. 1 A	0. 2 0. 0 0. 2 A	0. 200000 0. 200000 0. 400000 A
0. 9 0. 7 0. 1 A	0. 2 0. 0 0. 6 A	0. 200000 0. 600000 0. 000000 A
0. 2 0. 4 0. 6 A	0. 2 0. 2 0. 0 A	0. 200000 0. 600000 0. 200000 A
0. 6 0. 6 0. 4 A	0. 2 0. 2 0. 2 A	0. 200000 0. 600000 0. 400000 A
1. 0 0. 6 0. 2 A	0. 2 0. 2 0. 4 A	0. 200000 0. 800000 0. 200000 A
0. 1 0. 7 0. 9 A	0. 2 0. 6 0. 2 A	0. 400000 0. 000000 0. 200000 A
0. 1 0. 9 0. 5 A	0. 2 0. 6 0. 4 A	0. 400000 0. 000000 0. 600000 A
0. 5 0. 3 0. 9 A	0. 2 0. 8 0. 2 A	0. 400000 0. 000000 0. 800000 A
0. 5 0. 7 0. 1 A	0. 4 0. 0 0. 0 A	0. 400000 0. 200000 0. 200000 A
0. 7 0. 5 0. 3 A	0. 4 0. 0 0. 2 A	0. 400000 0. 400000 0. 600000 A
0. 8 1. 0 0. 4 A	0. 4 0. 2 0. 8 A	0. 400000 0. 600000 0. 000000 A
1. 0 0. 2 0. 6 A	0. 4 0. 4 0. 0 A	0. 400000 0. 600000 0. 200000 A
0. 1 0. 3 0. 7 A	0. 6 0. 0 0. 2 A	0. 400000 0. 600000 0. 800000 A
0. 1 0. 9 0. 9 A	0. 6 0. 0 0. 8 A	0. 600000 0. 200000 0. 600000 A
0. 5 0. 3 0. 5 A	0. 6 0. 2 0. 8 A	0. 600000 0. 400000 0. 600000 A
0. 5 0. 9 0. 5 A	0. 6 0. 4 0. 2 A	0. 600000 0. 600000 0. 200000 A
0. 9 0. 9 0. 5 A	0. 6 0. 6 0. 8 A	0. 800000 0. 200000 0. 400000 A
0. 2 0. 4 0. 2 A	0. 8 0. 0 0. 8 A	0. 133333 0. 066667 0. 500000 A
0. 4 0. 2 0. 6 A	0. 8 0. 4 0. 0 A	0. 133333 0. 066667 0. 700000 A
0. 4 0. 4 1. 0 A	0. 8 0. 6 0. 4 A	0. 133333 0. 266667 0. 900000 A
0. 4 0. 8 0. 2 A	0. 8 0. 8 0. 0 A	0. 133333 0. 466667 0. 500000 A
0. 8 0. 4 0. 2 A	0. 8 0. 8 0. 6 A	0. 133333 0. 866667 0. 300000 A
0. 8 0. 4 0. 8 A	0. 8 0. 8 0. 8 A	0. 133333 0. 866667 0. 700000 A
1. 0 0. 2 0. 2 A	0. 1 0. 3 0. 9 A	0. 333333 0. 066667 0. 700000 A
1. 0 0. 2 0. 8 A	0. 1 0. 5 0. 1 A	0. 333333 0. 466667 0. 300000 A
0. 1 0. 3 0. 5 A	0. 1 0. 5 0. 3 A	0. 333333 0. 666667 0. 100000 A
0. 3 0. 1 0. 7 A	0. 1 0. 5 0. 9 A	0. 333333 0. 866667 0. 100000 A
0. 3 0. 5 0. 7 A	0. 1 0. 7 0. 1 A	0. 333333 0. 866667 0. 700000 A
0. 5 0. 1 0. 5 A	0. 1 0. 9 0. 3 A	0. 533333 0. 066667 0. 500000 A
0. 5 0. 7 0. 3 A	0. 3 0. 1 0. 5 A	0. 533333 0. 266667 0. 900000 A
0. 9 0. 9 0. 1 A	0. 3 0. 3 0. 9 A	0. 533333 0. 466667 0. 700000 A
0. 4 0. 2 0. 8 A	0. 5 0. 1 0. 7 A	0. 533333 0. 466667 0. 900000 A
0. 6 0. 4 0. 8 A	0. 5 0. 3 0. 3 A	0. 533333 0. 666667 0. 300000 A
0. 6 0. 6 0. 8 A	0. 5 0. 3 0. 9 A	0. 533333 0. 600007 0. 700000 A
1. 0 0. 8 0. 8 A	0. 5 0. 7 0. 1 A	0. 533333 0. 866667 0. 700000 A
0. 1 0. 1 0. 5 A	0. 5 0. 7 0. 5 A	0. 733333 0. 266667 0. 900000 A
0. 1 0. 3 0. 3 A	0. 5 0. 9 0. 3 A	0. 733333 0. 466667 0. 300000 A
0. 3 0. 3 0. 3 A	0. 7 0. 3 0. 9 A	0. 733333 0. 666667 0. 300000 A

250-原子 FCC	250-原子 BCC	250-原子 HCP
0.9 0.3 0.7 A	0.7 0.5 0.9 A	0.733333 0.866667 0.700000 A
0.4 0.4 0.4 A	0.7 0.9 0.1 A	0.933333 0.066667 0.100000 A
0.4 0.8 0.4 A	0.7 0.9 0.9 A	0.933333 0.266667 0.500000 A
0.6 0.2 0.6 A	0.9 0.1 0.5 A	0.933333 0.466667 0.900000 A
0.6 0.4 0.2 A	0.9 0.3 0.1 A	0.933333 0.666667 0.500000 A
0.6 1.0 0.2 A	0.9 0.3 0.3 A	0.933333 0.666667 0.700000 A
0.8 1.0 0.2 A	0.9 0.7 0.1 A	0.933333 0.866667 0.500000 A
1.0 0.6 0.6 A	0.9 0.9 0.3 A	0.933333 0.866667 0.900000 A
0.1 0.1 0.9 B	0.0 0.0 0.0 B	0.000000 0.400000 0.200000 B
0.3 0.7 0.5 B	0.0 0.0 0.4 B	0.000000 0.400000 0.400000 B
0.3 0.9 0.7 B	0.0 0.0 2 0.4 B	0.000000 0.800000 0.400000 B
0.5 0.3 0.7 B	0.0 0.0 8 0.6 B	0.000000 0.800000 0.600000 B
0.5 0.9 0.9 B	0.2 0.4 0.6 B	0.200000 0.000000 0.200000 B
0.7 0.9 0.5 B	0.2 0.8 0.4 B	0.200000 0.000000 0.800000 B
0.9 0.5 0.1 B	0.2 0.8 0.6 B	0.200000 0.400000 0.400000 B
0.2 0.6 0.6 B	0.4 0.2 0.2 B	0.200000 0.400000 0.600000 B
0.6 0.2 0.4 B	0.4 0.2 0.6 B	0.200000 0.400000 0.800000 B
0.8 0.2 1.0 B	0.4 0.4 0.4 B	0.200000 0.800000 0.400000 B
1.0 1.0 0.2 B	0.4 0.4 0.8 B	0.400000 0.000000 0.000000 B
0.1 0.9 0.3 B	0.4 0.6 0.2 B	0.400000 0.400000 0.000000 B
0.3 0.9 0.1 B	0.4 0.6 0.4 B	0.400000 0.400000 0.200000 B
0.4 0.2 0.2 B	0.4 0.6 0.8 B	0.400000 0.600000 0.400000 B
0.4 0.2 0.4 B	0.4 0.8 0.2 B	0.400000 0.800000 0.400000 B
0.4 0.4 0.2 B	0.6 0.4 0.0 B	0.600000 0.000000 0.200000 B
0.4 0.8 0.6 B	0.6 0.4 0.6 B	0.600000 0.200000 0.400000 B
0.6 0.2 0.8 B	0.6 0.4 0.8 B	0.600000 0.600000 0.000000 B
0.8 0.2 0.2 B	0.6 0.6 0.0 B	0.600000 0.600000 0.600000 B
0.1 0.3 0.1 B	0.8 0.0 0.2 B	0.600000 0.800000 0.600000 B
0.2 0.1 0.4 B	0.8 0.4 0.2 B	0.800000 0.000000 0.000000 B
0.4 0.6 0.2 B	0.8 0.4 0.4 B	0.800000 0.000000 0.600000 B
0.4 0.6 1.0 B	0.8 0.4 0.8 B	0.800000 0.400000 0.400000 B
0.4 1.0 0.4 B	0.8 0.8 0.2 B	0.800000 0.600000 0.600000 B
0.6 0.4 0.4 B	0.8 0.8 0.4 B	0.800000 0.800000 0.200000 B
0.6 0.8 1.0 FCC	0.1 0.1 0.5 BCC	0.800000 0.800000 0.600000 B
0.8 0.4 1.0 B	0.1 0.3 0.1 B	0.133333 0.066667 0.900000 B
0.8 0.6 0.2 B	0.1 0.7 0.5 B	0.133333 0.266667 0.100000 B
0.3 0.1 0.9 B	0.1 0.9 0.1 B	0.133333 0.266667 0.300000 B
0.3 0.7 0.1 B	0.3 0.3 0.1 B	0.133333 0.266667 0.700000 B
0.5 0.1 0.7 B	0.3 0.3 0.3 B	0.133333 0.466667 0.100000 B
0.5 0.3 0.1 B	0.3 0.3 0.7 B	0.133333 0.866667 0.500000 B
0.7 0.7 0.7 B	0.3 0.5 0.9 B	0.333333 0.066667 0.300000 B

250-原子 FCC	250-原子 BCC	250-原子 HCP
0.7 0.7 0.9 B	0.3 0.7 0.1 B	0.333333 0.266667 0.900000 B
0.7 0.9 0.9 B	0.3 0.9 0.1 B	0.333333 0.466667 0.700000 B
0.9 0.1 0.3 B	0.3 0.9 0.5 B	0.533333 0.066667 0.100000 B
0.2 0.8 0.6 B	0.3 0.9 0.7 B	0.533333 0.066667 0.700000 B
0.2 1.0 0.6 B	0.3 0.9 0.9 B	0.533333 0.266667 0.100000 B
0.4 1.0 0.8 B	0.5 0.3 0.1 B	0.533333 0.466667 0.100000 B
0.6 0.6 1.0 B	0.5 0.3 0.5 B	0.533333 0.466667 0.500000 B
0.8 0.4 0.4 B	0.5 0.5 0.7 B	0.533333 0.666667 0.900000 B
1.0 0.8 1.0 B	0.5 0.9 0.7 B	0.533333 0.866667 0.100000 B
0.3 0.5 0.3 B	0.7 0.5 0.5 B	0.533333 0.866667 0.300000 B
0.3 0.9 0.3 B	0.7 0.7 0.5 B	0.533333 0.866667 0.500000 B
0.3 0.9 0.9 B	0.9 0.1 0.7 B	0.533333 0.866667 0.900000 B
0.5 0.9 0.1 B	0.9 0.3 0.9 B	0.733333 0.066667 0.700000 B
0.9 0.1 0.5 B	0.9 0.5 0.7 B	0.733333 0.266667 0.300000 B
0.4 0.8 0.8 B	0.9 0.7 0.5 B	0.733333 0.266667 0.700000 B
1.0 0.8 0.4 B	0.9 0.7 0.7 B	0.933333 0.066667 0.900000 B
1.0 1.0 0.8 B	0.9 0.9 0.5 B	0.933333 0.266667 0.300000 B
0.1 0.9 0.7 C	0.0 0.0 2.0 6 C	0.000000 0.000000 0.000000 C
0.3 0.5 0.5 C	0.2 0.0 0.0 C	0.000000 0.000000 0.600000 C
0.5 0.5 0.9 C	0.2 0.0 0.4 C	0.000000 0.200000 0.200000 C
0.7 0.5 0.5 C	0.2 0.0 0.8 C	0.000000 0.600000 0.000000 C
0.7 0.7 0.3 C	0.2 0.4 0.2 C	0.000000 0.600000 0.400000 C
0.9 0.1 0.7 C	0.2 0.4 0.8 C	0.000000 0.800000 0.200000 C
0.9 0.1 0.9 C	0.4 0.0 0.8 C	0.000000 0.800000 0.800000 C
0.2 0.6 0.4 C	0.4 0.6 0.0 C	0.200000 0.000000 0.000000 C
1.0 0.4 0.6 C	0.4 0.8 0.4 C	0.200000 0.000000 0.600000 C
0.1 0.3 0.9 C	0.4 0.8 0.6 C	0.200000 0.200000 0.000000 C
0.1 0.7 0.7 C	0.4 0.8 0.8 C	0.200000 0.200000 0.800000 C
0.3 0.3 0.9 C	0.6 0.0 0.6 C	0.200000 0.400000 0.000000 C
0.5 0.7 0.5 C	0.6 0.2 0.6 C	0.200000 0.600000 0.800000 C
0.7 0.9 0.1 C	0.6 0.6 0.6 C	0.200000 0.800000 0.800000 C
0.2 0.8 0.8 C	0.6 0.8 0.2 C	0.400000 0.200000 0.400000 C
0.4 1.0 1.0 C	0.6 0.8 0.8 C	0.400000 0.200000 0.800000 C
0.6 0.2 0.2 C	0.8 0.0 0.0 C	0.400000 0.400000 0.400000 C
0.6 0.8 0.6 C	0.8 0.0 0.4 C	0.400000 0.400000 0.800000 C
0.6 1.0 0.4 C	0.8 0.0 0.6 C	0.400000 0.800000 0.200000 C
1.0 0.4 0.2 C	0.8 0.2 0.6 C	0.400000 0.800000 0.800000 C
0.5 0.1 0.3 C	0.1 0.1 0.9 C	0.600000 0.000000 0.000000 C
0.7 0.5 0.9 C	0.1 0.3 0.3 C	0.600000 0.200000 0.800000 C
0.9 0.7 0.5 C	0.1 0.3 0.7 C	0.600000 0.400000 0.400000 C
0.2 0.4 0.4 C	0.1 0.7 0.7 C	0.800000 0.200000 0.200000 C

250-原子 FCC	250-原子 BCC	250-原子 HCP
0.4 0.2 1.0 C	0.3 0.1 0.7 C	0.800000 0.400000 0.200000 C
0.6 0.2 1.0 C	0.3 0.1 0.9 C	0.800000 0.600000 0.000000 C
0.6 1.0 0.8 C	0.3 0.5 0.1 C	0.800000 0.600000 0.800000 C
0.8 0.2 0.8 C	0.3 0.7 0.5 C	0.800000 0.800000 0.800000 C
0.8 0.8 0.6 C	0.3 0.7 0.7 C	0.133333 0.266667 0.500000 C
0.8 1.0 1.0 C	0.3 0.7 0.9 C	0.133333 0.866667 0.100000 C
1.0 0.2 0.4 C	0.3 0.9 0.3 C	0.133333 0.866667 0.900000 C
0.3 0.1 0.5 C	0.5 0.1 0.3 C	0.333333 0.066667 0.900000 C
0.7 0.3 0.3 C	0.5 0.1 0.9 C	0.333333 0.266667 0.300000 C
0.2 0.6 0.2 C	0.5 0.3 0.7 C	0.333333 0.266667 0.700000 C
0.6 0.4 1.0 C	0.5 0.7 0.9 C	0.333333 0.666667 0.700000 C
0.6 0.6 0.6 C	0.5 0.9 0.1 C	0.333333 0.666667 0.900000 C
0.6 0.8 0.4 C	0.7 0.1 0.9 C	0.533333 0.266667 0.500000 C
0.8 0.2 0.6 C	0.7 0.3 0.3 C	0.533333 0.666667 0.100000 C
1.0 1.0 0.4 C	0.7 0.5 0.1 C	0.533333 0.666667 0.500000 C
1.0 1.0 1.0 C	0.7 0.5 0.3 C	0.733333 0.066667 0.300000 C
0.3 0.7 0.7 C	0.7 0.7 0.3 C	0.733333 0.066667 0.500000 C
0.5 0.1 0.1 C	0.7 0.7 0.7 C	0.733333 0.266667 0.500000 C
0.5 0.5 0.1 C	0.7 0.9 0.3 C	0.733333 0.466667 0.900000 C
0.7 0.1 0.7 C	0.7 0.9 0.5 C	0.733333 0.666667 0.100000 C
0.9 0.3 0.5 C	0.9 0.1 0.9 C	0.733333 0.666667 0.500000 C
0.9 0.9 0.9 C	0.9 0.3 0.5 C	0.733333 0.666667 0.700000 C
0.2 0.6 0.8 C	0.9 0.5 0.3 C	0.933333 0.066667 0.300000 C
0.2 0.8 0.4 C	0.9 0.5 0.9 C	0.933333 0.266667 0.100000 C
0.6 0.8 0.2 C	0.9 0.9 0.7 C	0.933333 0.466667 0.100000 C
1.0 0.4 0.4 C	0.9 0.9 0.9 C	0.933333 0.866667 0.300000 C
0.5 0.5 0.3 D	0.0 0.0 0.8 D	0.000000 0.000000 0.400000 C
0.7 0.3 0.1 D	0.0 0.4 0.4 D	0.000000 0.200000 0.800000 D
0.2 0.2 0.4 D	0.0 0.4 0.6 D	0.000000 0.400000 0.000000 D
0.4 0.6 0.4 D	0.0 0.6 0.2 D	0.000000 0.400000 0.800000 D
0.8 0.2 0.4 D	0.0 0.6 0.8 D	0.200000 0.200000 0.600000 D
0.8 0.6 0.8 D	0.0 0.8 0.4 D	0.200000 0.600000 0.600000 D
0.8 0.8 0.2 D	0.2 0.2 0.8 D	0.200000 0.800000 0.000000 D
0.8 1.0 0.8 D	0.2 0.4 0.4 D	0.200000 0.800000 0.600000 D
1.0 0.4 1.0 D	0.2 0.6 0.6 D	0.400000 0.000000 0.400000 D
1.0 0.6 1.0 D	0.2 0.6 0.8 D	0.400000 0.200000 0.000000 D
1.0 0.8 0.6 D	0.2 0.8 0.0 D	0.400000 0.200000 0.600000 D
0.1 0.1 0.1 D	0.4 0.0 0.4 D	0.400000 0.600000 0.600000 D
0.1 0.5 0.3 D	0.4 0.2 0.0 D	0.400000 0.800000 0.000000 D
0.3 0.7 0.9 D	0.4 0.2 0.4 D	0.600000 0.000000 0.600000 D
0.7 0.1 0.1 D	0.4 0.6 0.6 D	0.600000 0.000000 0.800000 D
0.7 0.1 0.9 D	0.4 0.8 0.0 D	0.600000 0.200000 0.000000 D

250-原子 FCC	250-原子 BCC	250-原子 HCP
0.9 0.5 0.9 D	0.6 0.2 0.2 D	0.600000 0.200000 0.200000 D
0.2 0.6 1.0 D	0.6 0.2 0.4 D	0.600000 0.400000 0.000000 D
0.2 1.0 0.8 D	0.8 0.2 0.0 D	0.600000 0.400000 0.200000 D
0.4 0.4 0.8 D	0.8 0.2 0.2 D	0.600000 0.600000 0.400000 D
1.0 0.8 0.2 D	0.8 0.4 0.6 D	0.600000 0.800000 0.400000 D
0.3 0.1 0.3 D	0.8 0.6 0.6 D	0.600000 0.800000 0.800000 D
0.5 0.5 0.7 D	0.1 0.1 0.1 D	0.800000 0.000000 0.400000 D
0.7 0.3 0.5 D	0.1 0.1 0.3 D	0.800000 0.000000 0.800000 D
0.7 0.7 0.5 D	0.1 0.5 0.5 D	0.800000 0.400000 0.000000 D
0.9 0.5 0.7 D	0.1 0.5 0.7 D	0.800000 0.400000 0.600000 D
0.9 0.7 0.7 D	0.1 0.9 0.9 D	0.800000 0.600000 0.400000 D
0.9 0.7 0.9 D	0.3 0.1 0.1 D	0.800000 0.800000 0.000000 D
0.6 0.6 0.2 D	0.3 0.1 0.3 D	0.133333 0.066667 0.100000 D
0.8 1.0 0.6 D	0.3 0.3 0.5 D	0.133333 0.666667 0.100000 D
1.0 0.4 0.8 D	0.3 0.5 0.3 D	0.133333 0.666667 0.500000 D
0.1 0.1 0.3 D	0.3 0.5 0.7 D	0.333333 0.266667 0.100000 D
0.3 0.3 0.5 D	0.3 0.7 0.3 D	0.333333 0.266667 0.500000 D
0.7 0.7 0.1 D	0.5 0.1 0.5 D	0.333333 0.466667 0.900000 D
0.9 0.5 0.5 D	0.5 0.5 0.1 D	0.333333 0.866667 0.500000 D
0.9 0.7 0.3 D	0.5 0.7 0.3 D	0.333333 0.866667 0.900000 D
0.2 0.8 0.2 D	0.5 0.7 0.7 D	0.533333 0.066667 0.300000 D
0.2 1.0 0.2 D	0.5 0.9 0.5 D	0.533333 0.066667 0.900000 D
0.2 1.0 1.0 D	0.7 0.1 0.3 D	0.533333 0.266667 0.300000 D
0.4 1.0 0.6 D	0.7 0.1 0.7 D	0.733333 0.066667 0.900000 D
0.8 0.8 1.0 D	0.7 0.3 0.1 D	0.733333 0.466667 0.500000 D
1.0 1.0 0.6 D	0.7 0.7 0.1 D	0.733333 0.466667 0.700000 D
0.1 0.5 0.5 D	0.7 0.7 0.9 D	0.733333 0.866667 0.100000 D
0.1 0.7 0.5 D	0.7 0.9 0.7 D	0.733333 0.866667 0.300000 D
0.7 0.1 0.3 D	0.9 0.1 0.1 D	0.733333 0.866667 0.900000 D
0.9 0.3 0.3 D	0.9 0.1 0.3 D	0.933333 0.066667 0.700000 D
0.9 0.5 0.3 D	0.9 0.3 0.7 D	0.933333 0.466667 0.500000 D
0.8 0.4 0.6 D	0.9 0.5 0.1 D	0.933333 0.666667 0.100000 D
0.8 0.6 1.0 D	0.9 0.5 0.5 D	0.933333 0.666667 0.900000 D
0.8 0.8 0.8 D	0.9 0.9 0.1 D	0.933333 0.866667 0.700000 D
0.1 0.1 0.7 E	0.0 0.0 0.6 E	0.000000 0.200000 0.000000 E
0.1 0.9 0.1 E	0.0 0.2 0.0 E	0.000000 0.200000 0.400000 E
0.3 0.5 0.9 E	0.0 0.2 0.2 E	0.000000 0.200000 0.600000 E
0.3 0.9 0.5 E	0.0 0.2 0.8 E	0.000000 0.400000 0.600000 E
0.7 0.9 0.3 E	0.0 0.4 0.2 E	0.000000 0.600000 0.200000 E
0.2 0.2 0.6 E	0.0 0.4 0.8 E	0.000000 0.800000 0.000000 E
0.2 0.4 0.8 E	0.0 0.6 0.0 E	0.200000 0.000000 0.400000 E
0.2 0.4 1.0 E	0.0 0.6 0.4 E	0.200000 0.200000 0.200000 E

250-原子 FCC	250-原子 BCC	250-原子 HCP
0. 2 0. 8 1. 0 E	0. 0 0. 8 0. 0 E	0. 200000 0. 400000 0. 200000 E
1. 0 0. 6 0. 8 E	0. 0 0. 8 0. 2 E	0. 400000 0. 800000 0. 600000 E
0. 1 0. 7 0. 1 E	0. 2 0. 2 0. 6 E	0. 600000 0. 000000 0. 400000 E
0. 5 0. 3 0. 3 E	0. 2 0. 4 0. 0 E	0. 600000 0. 400000 0. 800000 E
0. 5 0. 7 0. 7 E	0. 2 0. 6 0. 0 E	0. 600000 0. 600000 0. 800000 E
0. 5 0. 9 0. 3 E	0. 2 0. 8 0. 8 E	0. 600000 0. 800000 0. 000000 E
0. 7 0. 3 0. 9 E	0. 4 0. 0 0. 6 E	0. 600000 0. 800000 0. 200000 E
0. 7 0. 5 0. 7 E	0. 4 0. 4 0. 2 E	0. 800000 0. 000000 0. 200000 E
0. 2 0. 2 0. 8 E	0. 4 0. 4 0. 6 E	0. 800000 0. 200000 0. 000000 E
0. 2 0. 2 1. 0 E	0. 6 0. 0 0. 0 E	0. 800000 0. 200000 0. 600000 E
0. 4 0. 6 0. 6 E	0. 6 0. 0 0. 4 E	0. 800000 0. 200000 0. 800000 E
0. 4 0. 8 1. 0 E	0. 6 0. 2 0. 0 E	0. 800000 0. 400000 0. 800000 E
0. 4 1. 0 0. 2 E	0. 6 0. 4 0. 4 E	0. 800000 0. 600000 0. 200000 E
0. 6 1. 0 0. 6 E	0. 6 0. 6 0. 2 E	0. 800000 0. 800000 0. 400000 E
0. 6 1. 0 1. 0 E	0. 6 0. 6 0. 4 E	0. 133333 0. 066667 0. 300000 E
0. 8 0. 6 0. 4 E	0. 6 0. 8 0. 0 E	0. 133333 0. 466667 0. 300000 E
0. 1 0. 5 0. 1 E	0. 6 0. 8 0. 4 E	0. 133333 0. 466667 0. 700000 E
0. 1 0. 7 0. 3 E	0. 6 0. 8 0. 6 E	0. 133333 0. 466667 0. 900000 E
0. 3 0. 3 0. 1 E	0. 8 0. 2 0. 4 E	0. 133333 0. 666667 0. 300000 E
0. 3 0. 7 0. 3 E	0. 8 0. 2 0. 8 E	0. 133333 0. 666667 0. 700000 E
0. 7 0. 9 0. 7 E	0. 8 0. 6 0. 0 E	0. 133333 0. 666667 0. 900000 E
0. 9 0. 3 0. 9 E	0. 8 0. 6 0. 2 E	0. 333333 0. 066667 0. 100000 E
0. 8 0. 6 0. 6 E	0. 8 0. 6 0. 8 E	0. 333333 0. 066667 0. 500000 E
0. 3 0. 1 0. 1 E	0. 1 0. 1 0. 7 E	0. 333333 0. 466667 0. 100000 E
0. 5 0. 5 0. 5 E	0. 1 0. 3 0. 5 E	0. 333333 0. 466667 0. 500000 E
0. 7 0. 3 0. 7 E	0. 1 0. 7 0. 3 E	0. 333333 0. 666667 0. 300000 E
0. 9 0. 3 0. 1 E	0. 1 0. 7 0. 9 E	0. 333333 0. 666667 0. 500000 E
0. 2 0. 2 0. 2 E	0. 1 0. 9 0. 5 E	0. 333333 0. 866667 0. 300000 E
1. 0 0. 6 0. 4 E	0. 1 0. 9 0. 7 E	0. 533333 0. 266667 0. 700000 E
0. 1 0. 5 0. 7 E	0. 3 0. 5 0. 5 E	0. 533333 0. 466667 0. 300000 E
0. 3 0. 3 0. 7 E	0. 5 0. 1 0. 1 E	0. 733333 0. 066667 0. 100000 E
0. 5 0. 1 0. 9 E	0. 5 0. 5 0. 3 E	0. 733333 0. 266667 0. 100000 E
0. 5 0. 9 0. 7 E	0. 5 0. 5 0. 5 E	0. 733333 0. 466667 0. 100000 E
0. 7 0. 1 0. 5 E	0. 5 0. 5 0. 9 E	0. 733333 0. 666667 0. 900000 E
0. 9 0. 9 0. 3 E	0. 5 0. 9 0. 9 E	0. 733333 0. 866667 0. 500000 E
0. 9 0. 9 0. 7 E	0. 7 0. 1 0. 1 E	0. 933333 0. 066667 0. 500000 E
0. 4 0. 4 0. 6 E	0. 7 0. 1 0. 5 E	0. 933333 0. 266667 0. 700000 E
0. 4 0. 6 0. 8 E	0. 7 0. 3 0. 5 E	0. 933333 0. 266667 0. 900000 E
0. 6 0. 4 0. 6 E	0. 7 0. 3 0. 7 E	0. 933333 0. 466667 0. 300000 E
0. 6 0. 8 0. 8 E	0. 7 0. 5 0. 7 E	0. 933333 0. 466667 0. 700000 E
0. 8 0. 8 0. 4 E	0. 9 0. 7 0. 3 E	0. 933333 0. 666667 0. 300000 E
1. 0 0. 0 2 1. 0 E	0. 9 0. 7 0. 9 E	0. 933333 0. 866667 0. 100000 E

注：对于未弛豫的晶格给出晶格矢量和原子位置（在分数坐标中）。

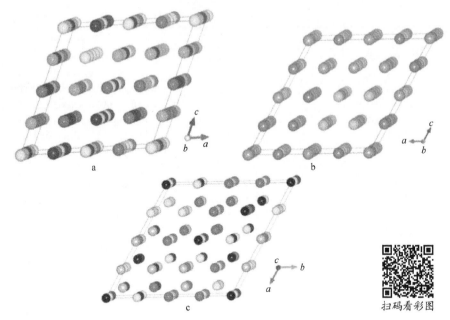

图 10.1 FCC(a)，BCC(b) 和 HCP(c) 等摩尔组成的 64 原子四元 SQS[18]
的输入未弛豫原子结构（一种颜色代表一种元素）

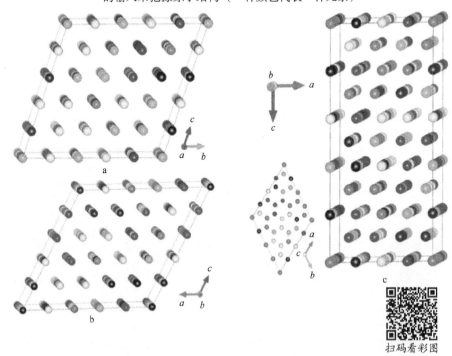

图 10.2 125 原子 FCC(a)，125 原子 BCC(b) 和 HCP(c) 晶格等摩尔组成的
160 原子的三元 SQS[18] 的未弛豫原子结构

10.4 SQS 的应用

为高熵合金建立适当的原子结构是基于 DFT 方法下预测高熵合金材料特性的第一步，包括热力学、动力学、电子学、振动和磁学性质。考虑到目前还处于高熵合金研究的初期，有关 SQS 的报告及其在文献中对高熵合金的应用非常有限[5,18]。本节介绍了前几节中介绍的 SQS 在几种单相高熵合金模型中的应用，包括它们在绝对零度下的相稳定性、声子振动特性、电子熵和自由能以及力学性能。

所有计算均使用 VASP(Vienna ab initio 模拟软件包)[19,20] 软件进行。缀加平面波（PAW）势[21] 用于 VASP，交换相关函数使用了 PerdewBurke-Ernzerhof[22] 梯度近似。所有结构（晶格参数和原子坐标）在压力为零下完全弛豫，直到能量收敛达到 1meV/原子。对于含有 Co、Cr、Fe、Mn 和 Ni 等磁性元素的成分，考虑共线磁性，并测试三种典型的磁性（铁磁性、反铁磁性和亚铁磁性）以及非磁性状态以识别每种成分的最低能量状态。值得注意的是，由于计算能力的限制，仅计算了每种成分的反铁磁性和亚铁磁性的数量邮箱的构型。

10.4.1 $T=0K$ 时的相稳定性

在文献中没有关于高熵合金形成焓（ΔH_f）的报道，因此提供这样的数据在材料科学界是至关重要的，例如在第 2 章详述的建立高熵合金形成规则中。先前关于高熵合金形成规则的研究（例如，文献［23］）使用半经验 Miedema 模型[24] 来估计液体混合焓。

ΔH_f 的计算方法是在绝对零度下结构完全弛豫后，从化合物的总能量中减去组成元素的组成加权总能量。在任意化学式 $A_mB_nC_oD_p$ 的四元化合物的实例中（此处 m、n、o、p 表示每种元素的摩尔比），ΔH_f 由下式确定：

$$\Delta H_{f(A_mB_nC_oD_p)} = E_{A_mB_nC_oD_p} - \frac{1}{m+n+o+p}(mE_A + nE_B + oE_C + pE_D) \quad (10.1)$$

式中，$E_{A_mB_nC_oD_p}$、E_A、E_B、E_C 和 E_D 分别代表化合物 $A_mB_nC_oD_p$、A、B、C 和 D 元素的能量，这些能量是由 VASP 计算的值。类似的方程也可用于计算五元合金的 ΔH_f。大多数报道计算得到的单相等摩尔高熵合金的形成焓和晶格参数列于表 10.4 中。为简单起见，本研究忽略了零点能量。

计算和实验之间的晶格参数一致性拟合很好。对于 CoCrFeNi 和 CoCrFeMnNi，FCC 和 HCP 结构的能量都提供了，因为它们对于层错能的计算很重要。对于其他合金，仅计算实验观察到的稳定结构的能量。FCC 和 HCP 结构之间的能量比

表 10.4 使用 SQS 计算的形成焓（ΔH_f, kJ/mol）和晶格参数（Å）

合金	原子数	相	ΔH_f FCC	晶格常数 a(FCC/BCC) a, c, c/a(HCP)
CoCrFeNi	16	FCC	+7.562	3.546
		HCP	+6.308	2.507, 4.061, 1.62
	24	FCC	+7.103	3.543
		HCP	+6.501	2.515, 4.036, 1.61
	64	FCC	+6.897	3.548; 3.575[5]
		HCP	+7.145	2.506, 4.056, 1.62
CoCrFeMnNi	20	FCC	+8.434	3.536
		HCP	+7.855	2.500, 4.043, 1.62
	125	FCC	+7.065	3.559; 3.597[5]
	160	HCP	+7.323	2.503, 4.014, 1.6
	250	FCC	+7.581	3.529
		HCP	+7.703	2.5, 4.027, 1.61
CoCrMnNi	64	FCC	+7.593	3.544
CoFeMnNi	64		+3.903	3.512
MoNbTaW	64		7.313	3.237; 3.2134[25]
MoNbTaVW	125	BCC	4.272	3.188; 3.1832[25]
	250		3.852	3.200
HfNbTaTiZr	125		+8.353	3.403; 3.404[26]
	250		+7.946	3.411
CoOsReRu	64		+3.846	2.7, 4.282, 1.59
ErGdHoTbY	160	HCP	+0.130	3.625, 5.641, 1.56
	250		+0.090	3.624, 5.641, 1.56
DyGdLuTbY	160		0.003	3.618, 5.631, 1.56; 3.64, 5.73, 1.57[27]
DyGdLuTbTm	160		0.079	3.601, 5.602, 1.56; 3.59, 5.65, 1.57[27]

注：还包括可用的实验晶格参数，第二列表示 SQS 单元中的原子数。16-，20-和 24-原子细胞的数据来自参考文献 [5]，其余来自参考文献 [18]。

较还提供了对所生成的 SQS 的准确性的基准测试。在绝对零度下，元素 Co、Cr、Fe 和 Ni 的基态结构分别是 HCP、BCC、BCC 和 FCC。对于 CoCrFeNi 和 CoCrFeMnNi，FCC 相是在室温以上观察到的稳定结构。本研究表明，形成焓对 SQS 晶胞大小敏感，FCC 和 HCP 结构之间的能量差异非常小（见表 10.4 和图 10.3）。对于小晶胞（16、20 和 24 原子 SQS），计算错误预测的 HCP 相是稳定的。对于大晶胞（64 个或更多原子），计算预测 FCC 相是稳定的，与实验观察一致。然而，值得注意的是，能量预计会随着 SQS 的原子位置和磁设置而波动。波动程度取决于合金成分，如本章第 10.5 节所述。对于那些大尺寸晶胞（约 64 个原子）的 SQS，图 10.3 所示的每个 SQS 中所有可能的磁性结构的详尽检查是一项艰巨的任务，因此只计算了代表性的能量最低的几个构型的磁状态。

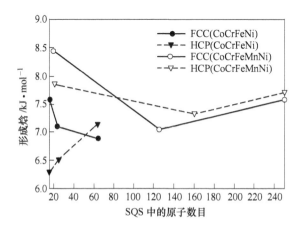

图 10.3 SQS 单元尺寸对零度下 CoCrFeNi 和 CoCrFeMnNi 晶格稳定性的影响[18]
（计算是在随机选择的晶格类型上完成的）

可以从原子结构理解 SQS 的总能量对晶胞尺寸的潜在依赖性。预计较大的 SQS 晶胞更好地代表高熵合金的无序结构。弛豫下的 FCC CoCrFeNi 在 16、10 和 64 原子 SQS 中的配对分布函数（PDF）如图 10.4 所示。为清楚起见，仅显示第一个最近邻 PDF。显然，随着晶胞尺寸的增加，PDF 呈现出原子对的距离和强度都朝着相等方向发展。值得注意的是，与 SQS 模型相比，使用混合蒙特卡罗/分子动力学（MC/MD）模拟的 108 原子结构在 Co-Ni 和 Cr-Ni 对上显示出明显优于 Fe-Fe 对。在所有情况下，对于 FCC CoCrFeNi，Cr-Cr 对的概率最低（图 10.4），这表明 Cr 更倾向于与其他元素结合。

在图 10.5 中显示了 20 个、125 个和 250 个原子 SQS 中的 FCC CoCrFeMnNi 的 PDF。Cr-Cr 对的分布比 CoCrFeNi 的情况明显改善，但在 20 原子单元中 Cr-Mn 对的分布不理想，在 125 原子晶胞特别是 250 原子晶胞中变得更好。注意，Cr-Cr 对在 250 原子晶胞中具有最低的概率。该结构的单元尺寸灵敏度可以部分影响图 10.3 和表 10.4 所示的计算能量波动。

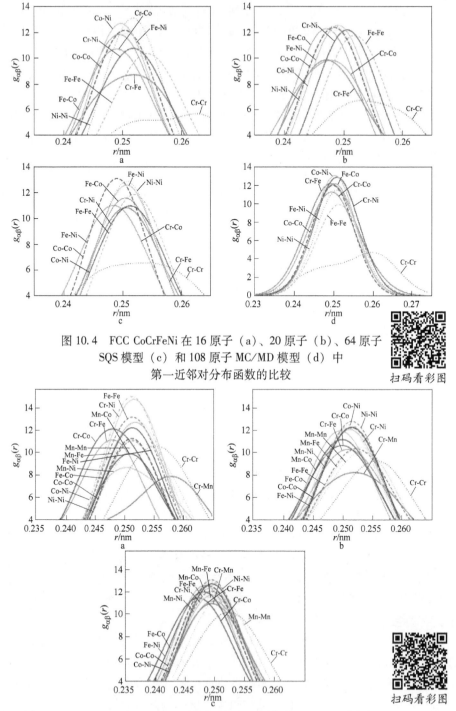

图 10.4　FCC CoCrFeNi 在 16 原子（a）、20 原子（b）、64 原子
SQS 模型（c）和 108 原子 MC/MD 模型（d）中
第一近邻对分布函数的比较

扫码看彩图

图 10.5　FCC CoCrFeMnNi 在 20 原子（a）、125 原子（b）、250 原子（c）SQS
模型中零度下全弛豫后第一近邻对分布函数的比较

扫码看彩图

10.4.2 振动熵和电子熵

高熵合金中除了构型熵之外，还需要量化其他熵，包括振动熵、磁熵和电子熵[28]，这取决于材料的组成和结构。虽然玻尔兹曼熵方程（$S^{conf} = k_B \ln \Omega$，其中 k_B 是玻耳兹曼常数，Ω 是配置数）已被广泛用于计算构型熵，但 Ω 强烈依赖于温度。对于固溶体，随着温度降低，原子排序或分离增强，这会使构型熵降低。在零度下，所有熵源都消失了。这些实例由 Widom 等人在难熔高熵合金中[29]使用 MC/MD 模拟给出，详见第 8 章。在本章中，利用本章提出的 SQS 给出了三个单相高熵合金的振动熵，即 FCC CoCrFeNi、BCC MoNbTaW 和 HCP CoOsReRu。CoOsReRu 是 Gao 和 Alman 基于相图预测的[30]。

SQS 的声子频率是根据 VASP 输出的原子间力常数，通过对动力矩阵对角化而简谐近似的形式计算的。然后通过使用以下等式对状态的振动密度 $g(\omega)$ 进行积分来计算振动自由能（f_{vib}）：

$$f_{vib}(T) = k_B T \int g(\omega) \ln \left[2\sinh \left(\frac{\hbar \omega}{2k_B T} \right) \right] d\omega \tag{10.2}$$

式中，k_B 是玻耳兹曼常数；$\hbar$ 是减小的普朗克常数；T 是绝对温度。振动熵（S_{ph}）由下式计算：

$$S_{ph}(V, T) = 3k_B \int_0^\infty n_{ph} \left[(f_{BE} + 1)\ln(f_{BE} + 1) - f_{BE}\ln f_{BE} \right] d\varepsilon \tag{10.3}$$

式中，n_{ph} 是状态的声子密度；f_{BE} 是玻色-爱因斯坦分布函数。在高温下，需要考虑由于跨费米能级的电子激发引起的电子熵，并且在方程式（8.17）和方程式（8.18）中描述了确定电子熵和自由能的方程。

图 10.6 比较了计算的声子态密度（DOS）和恒定体积下的热容量（C_V）。在低能量（小于 10meV）下，声子 DOS 与 FCC CoCrFeNi 和 BCC MoNbTaW 相当；

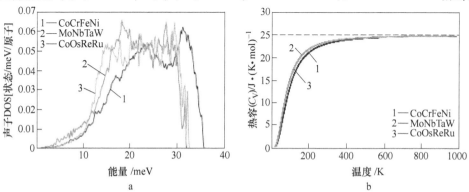

图 10.6 用 64 原子 SQS 计算了 FCC CoCrFeNi、BCC MoNbTaW、
HCP CoOsReRu 的振动 DOS 和等体积热容

两者都大于 HCP CoOsReRu。相比之下，对于这三种合金，热容量似乎非常相似，尽管 CoOReRu 和 MoNbTaW 在 $T \leqslant 400K$ 时比 CoCrFeNi 略大。

　　计算出的振动熵、电子熵及其相应的亥姆霍兹自由能如图 10.7 所示。BCC MoNbTaW 和 HCP CoOsReRu 的振动熵相似，而 FCC CoCrFeNi 的振动熵较小，零度下为零，随温度升高而迅速增加。在室温下，它已经是理想构型熵的两倍以上，如图 10.7a 中的虚线所示。相反，所有三种组合物的电子熵即使在高温下都很小（图 10.7b）。因此，预计在有限温度下与构型自由能和电子自由能相比，振动自由能占主导地位（图 10.7c，d）。

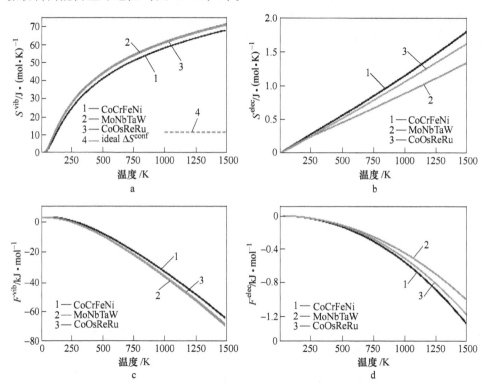

图 10.7　使用 64 原子 SQS 计算了振动熵（a）、电子熵（b）、振动亥姆霍兹自由能（c），FCC CoCrFeNi、BCC MoNbTaW 和 HCP CoOsReRu 的电子亥姆霍兹自由能（d）

　　为了确定合金的混合行为，需要减去构成元素的性质。通过以下方法计算了高熵合金的混合振动熵（$\Delta S_{\text{mix}}^{\text{vib}}$）和混合振动亥姆霍兹自由能（$\Delta F_{\text{mix}}^{\text{vib}}$）：

$$\Delta S_{\text{mix}}^{\text{vib}} = S_{\text{HEA}}^{\text{vib}} - \sum_{i=1}^{N} x_i S_i^{\text{vib}} \tag{10.4}$$

$$\Delta F_{\text{mix}}^{\text{vib}} = F_{\text{HEA}}^{\text{vib}} - \sum_{i=1}^{N} x_i F_i^{\text{vib}} \tag{10.5}$$

式中，$S_{\text{HEA}}^{\text{vib}}(F_{\text{HEA}}^{\text{vib}})$ 是高熵合金的振动熵（亥姆霍兹自由能）；$S_i^{\text{vib}}(F_i^{\text{vib}})$ 是第 i 个

元素的振动熵（亥姆霍兹自由能）；x_i 是第 i 个元素的摩尔组成；N 是高熵合金中元素的总数。高熵合金的混合电子熵（ΔS_{mix}^{elec}）和混合电子自由能（ΔF_{mix}^{elec}）以类似的方式计算：

$$\Delta S_{mix}^{elec} = S_{HEA}^{elec} - \sum_{i=1}^{N} x_i S_i^{elec} \qquad (10.6)$$

$$\Delta F_{mix}^{elec} = F_{HEA}^{elec} - \sum_{i=1}^{N} x_i F_i^{elec} \qquad (10.7)$$

式中，$S_{HEA}^{elec}(F_{HEA}^{elec})$ 是高熵合金的电子熵（自由能），而 $S_i^{elec}(F_i^{elec})$ 是第 i 个元素的电子熵（自由能）。

在图 10.8 中通过方程式（10.4）~ 方程式（10.7）给出了 CoCrFeNi、MoNb-TaW 和 CoOsReRu 相应的混合振动熵（自由能）和混合电子熵（自由能）。计算表明当温度 $T \geqslant 400K$ 时，三种合金的混合振动熵都接近一个常数，即 FCC CoCrFeNi、BCC MoNbTaW 和 HCP CoOsReRu 分别接近于 + 2.8J/（mol·K）、-3.6J/（mol·K）和-0.4J/（mol·K）。换言之，晶格声子振动在 FCC CoCrFeNi 中增加了熵值而在 BCC MoNbTaW 却相反。混合振动自由能在低温下很小，但会随着 CoCrFeNi 和 MoNbTaW 合金温度的升高而迅速升高。对于 CoOsReRu 合金，ΔS_{mix}^{vib} 和 ΔF_{mix}^{vib} 均可忽略不计。另外，对于这三种合金，混合电子熵都可以忽略不计。

还使用 CALPHAD（Alculation of phase diagrams）方法检查所选择的单相高熵合金的总熵和混合熵，如第 12 章中所示。CALPHAD 计算预测过剩熵是由理想构型熵减去总熵，对于 FCC CoCrFeNi 为+2.5J/（mol·K），对于 CoCrFeNiMn 在 1000℃时为+1.3J/（mol·K）。目前的 DFT 计算表明，CoCrFeNi 中的正混合振动熵（+2.8J/（mol·K））主要是正过剩熵的原因。

考虑到高温下的非谐声子效应，为了提高晶格声子振动的精度，更重要的是为了预测线膨胀系数，准谐近似是一个合理选择。由于磁有序温度远低于室温[31,32]，因此假定所报道的 FCC 高熵合金（如 CoCrFeNi 和 CoCrFeMnNi）中由于磁自旋起伏引起的磁熵很小。

10.4.3 力学性能

任何晶体的弹性都可以使用基本的弹性应力-应变关系来计算：

$$\sigma_i = \sum_{j=1}^{6} C_{ij} \varepsilon_j \qquad (10.8)$$

式中，σ_i、ε_j 和 C_{ij} 分别是 Voigt 符号中的弹性应力、应变和张量。C_{ij} 可以通过在 VASP[3,33] 中实现的六个有限晶格畸变来推导出。虽然原子在 FCC（或 BCC，HCP）晶格上，但较小 SQS 晶胞单元中的化学分布可能导致各向异性，因此在预测的弹性常数中散射更多。对于较大的 SQS 晶胞单元，化学分布会更加接近真实

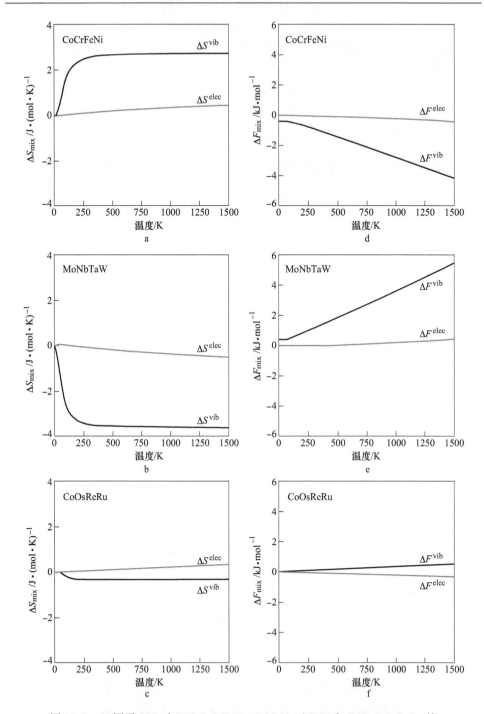

图 10.8　64 原子 SQS 对 FCC CoCrFeNi、BCC MoNbTaW 和 HCP CoOsReRu 的
混合（a~c）振动和电子熵以及（d~f）振动和电子亥姆霍兹自由混合能

材料。因此在使用较小的晶胞单元时，克服此问题的一种途径是使用平均方案[3]来获得单晶 C_{11}、C_{22} 和 C_{44} 的立方结构：

$$C_{11} = \frac{C_{11} + C_{22} + C_{33}}{3}\bigg|SQS$$

$$C_{12} = \frac{C_{12} + C_{23} + C_{13}}{3}\bigg|SQS \qquad (10.9)$$

$$C_{44} = \frac{C_{44} + C_{55} + C_{66}}{3}\bigg|SQS$$

或者总能量方法[5,34~36]可以通过执行压力-体积状态方程（EOS）并应用体积守恒的正交和单斜变形来求解单个 C_{11}、C_{22} 和 C_{44} 没有平均的晶胞。这里的体积模量是通过将能量体积数据拟合到 Birch-Murnaghan 状态方程（称为 BEOS）来获得的，以将其与由应力-应变关系 $B = (C_{11} + 2C_{12})/3$ 计算的体积模量（B）区分开来，尽管两种方法得到的体积模量在计算误差范围内是相等的。但原始稿件[5]采用了 Murnaghan 状态方程，通过将体积守恒的正交晶系应用于基础晶格，可以通过拟合能量得到四方剪切模量 $C' = (C_{11} + C_{12})/2$，通过对基础晶格施加体积守恒的正交应变，使 $E = E_0 + 2VC'\delta^2$：

$$I + \varepsilon_0 = \begin{pmatrix} 1 + \delta & 0 & 0 \\ 0 & 1 - \delta & 0 \\ 0 & 0 & \dfrac{1}{1 - \delta^2} \end{pmatrix} \qquad (10.10)$$

式中，δ 是应变；I 是单位矩阵；ε_0 是应变张量。

通过将单斜应变（δ）应用于基础晶格[5,34~36]，将能量拟合到 $E = E_0 + 2VC_{44}\delta^2$ 方程，可以得到弹性常数 C_{44}：

$$I + \varepsilon_m = \begin{pmatrix} 1 & 0 & 0 \\ \delta & 1 & 0 \\ 0 & 0 & \dfrac{1}{1 - \delta^2} \end{pmatrix} \qquad (10.11)$$

使用弹性常数和 Voigt-Reuss(VR) 平均法可以得到多晶弹性特性-各向同性晶体的多晶体积模量与其单晶体积模量相等，而剪切模量（G）可以估算为由文献 [3，35，36] 给出的上限（G_V）和下限（G_R）的平均值：

$$G_V = \frac{C_{11} - C_{12} + 3C_{44}}{3}$$

$$G_R = \frac{5(C_{11} - C_{12})C_{44}}{4C_{44} + 3(C_{11} - C_{12})} \qquad (10.12)$$

泊松比（ν）和杨氏模量（E）可以从体积模量（B）和剪切模量（G）

得出:

$$\nu = \frac{3B - 2G}{2(3B + G)}; \quad E = \frac{9BG}{3B + G} \tag{10.13}$$

在表 10.5 中列出了使用较小晶胞 SQS 计算的 CoCrFeNi 和 CoCrFeMnNi 的弹性性质。EMTO-CPA、应力-应变关系和总能量法三种方法在两种合金的 C_{ij} 和多晶性能 (B、G、E 和 ν) 方面存在明显差异,值得注意的是,使用 Birch-Murnaghan 方法的总能量方法得出的五元 CoCrFeMnNi 高熵合金的泊松比高于使用 Murnaghan 方法算得的[5]。这并不奇怪,因为 Murnaghan 状态方程对能量与体积拟合中使用的应变范围更敏感。注意在 EMTO-CPA 和 VASP-SQS 之间磁性的不同处理可能一定程度上解释了观察到的差异。EMTO-CPA 计算是利用顺磁状态的无序局部矩 (DLM) 近似来完成的,来尝试表示真正的合金。使用 EMTO-CPA 进一步铁磁计算预测在 0K 时的总能量较低,弹性常数与 VASP 计算更接近,尽管 CPA 方法缺乏原子弛豫。此外,研究组中这三种方法之间的计算设置的差异可能归因于能量和弹性性质的差异。

表 10.5　从 EMTO-CPA 和 VASP-SQS 得到的计算晶格常数 (a, Å),
CoCrFeNi 和 CoCrFeMnNi 的弹性性能: 泊松比 (ν),杨氏模量
(E, GPa),体积弹性模量 (B, GPa),弹性常数 (C_{ij}, GPa)

	结构	a	ν	G	E	B_{EOS}	B	C_{11}	C_{12}	C_{44}	方式
CoCrFeNi	SQS-16	3.552	0.248	88.3	220.2		145.4	210.7	113.2	131.9	应力[18]
	SQS-24	3.543	0.311	74.4	195	171.6		227.1	143.8	109.6	能量[5]
	SQS-24	3.551	0.275	85.6	218.2	161.5	161.9	224.1	131.8	130.5	应力[18]
	EMTO-CPA	3.582	0.319	85.2	225		208.6	259.2	183.3	146.3	[5]
CoCrFeMnNi	SQS-20	3.536	0.250	96.4	241.1	160.2		229.3	125.6	146.0	能量
	SQS-20	3.545	0.261	95.6	241.1	167.5	168.1	243.0	134.2	141.1	应力[18]
	EMTO-CPA	3.600	0.313	78.8	207		184.5	229.7	161.9	138.2	[5]

注: 由应力-体积等式所得到的体积弹性模量 B_{EOS} 也在表中列出。

在 24 原子 CoCrFeNi 和 20 原子 CoCrFeMnNi 上使用应力-应变方法预测的泊松比分别为 0.275 和 0.261。这些值似乎与 CoCrFeMnNi 中实验观察到的良好延展性相矛盾[37]。然而合金的延展性是一个极其复杂的问题,因为它对固有 (合金化学) 和外在 (加工、温度、杂质、微观结构等) 因素都很敏感。直观地说考虑到 Cr 和 Mn 的这种高浓度脆性元素,可能不会期望两种合金本身具有延展性。另一方面,实验表明高密度的纳米孪晶可能是 CoCrFeMnNi 异常大的延展性的一部分原因[37],特别是在低温下,而其他因素可能值得进一步研究。

一般而言,低的堆垛层错能提高了合金的延展性。FCC 结构合金中的堆垛层错能量是从 FCC 晶格的 ABC 堆叠中移除密堆积平面所需的能量消耗。理想情况

下，高熵合金的堆垛层错能可以通过 DFT 计算独立预测。由于高熵合金成分的复杂性，高熵合金堆垛层错能的直接计算是一项艰巨的任务。但是 Zaddach 等人[5]设法结合 DFT 的力学性能和堆垛层错概率测量，以获得 CoCrFeNi 和 CoCrFeMnNi 高熵合金的堆垛层错能。在这种情况下计算堆垛层错能：

$$\gamma = \frac{K_{111}\omega_0 G_{(111)} a_0 A^{-0.37}}{\pi\sqrt{3}} \cdot \frac{\varepsilon^2}{\alpha} \tag{10.14}$$

式中，$K_{111}\omega_0$ 对于所有 FCC 晶体假定为常数（即6.6）；$G_{(111)}$ 是（111）平面中的剪切模量；a_0 是晶格参数；$A = 2C_{44}/(C_{11} - C_{12})$；$\varepsilon^2$ 是均方微应变；α 是测量的堆垛层错概率。报道了各种 FeNi、CrFeNi、CoCrFeNi 和 CoCrFeMnNi 合金的 ε^2/α 的实验测量值[5]。使用表 10.5 中的弹性常数（仅使用总能量方法），计算等原子 CoCrFeNi 和 CoCrFeMnNi 的堆垛层错能（见表 10.6）。与 EMTO-CPA 相比，VASP-SQS 对于四元 CoCrFeNi 高熵合金的结果非常接近，但对于 CoCrFeMnNi 高熵合金则偏大。从这些计算中，可以得出这样的结论：使用小 SQS（20~24 个原子）的 VASP 计算可能导致随机固溶体高熵合金的弹性性质不太准确。在 VASP+SQS 方法中，所计算属性的收敛将对目标属性非常敏感。正如 von Pezold 等人所指出的，从小的 32 原子 SQS 中获得了二元 Al-Ti 合金的高质量弹性常数[11]。在这种方法中，弹性常数在方程式（10.8）和方程式（10.9）中提出的张量应变的不同排列上取平均值，以更好地解释体积中的化学分布，也可以采用这种方法来改善这里介绍的小型 VASP-SQS 晶胞的收敛性。根据测量结果，观测到测得的层错能的波动，表明样品可能存在化学或结构不均匀性。

表 10.6　FCC CoCrFeNi 和 CoCrFeMnNi 的堆垛层错能量（SFE）[5]

材　料	输　入　源	堆垛层错能/mJ·m⁻²
CoCrFeNi	VASP（SQS-24，能量）[5]	27.8
	VASP（SQS-16，应力）[18]	32.7
	VASP（SQS-24，应力）[18]	31.3
	EMTO［5］	27.8
CoCrFeMnNi	VASP（SQS-20，能量）①[5]	26.4
	VASP（SQS-20，应力）[18]	27.2
	VASP（SQS-20，能量）②	26.4
	EMTO[5]	19.0

注：这些堆垛层错能是 CoCrFeNi 的三个点的平均值和 CoCrFeMnNi 的两个点的平均值。
① 使用了 Murnaghan 状态方程；
② 使用了 Birch-Murnaghan 状态方程。

10.5　与其他方法的比较及今后的工作

到目前为止，已经介绍了三种高熵合金结构的建模方法：第 8 章的 MC/MD、

第 9 章的 CPA 和本章的 SQS。它们都以某种方式生成高熵合金的原子结构，可用于预测包括晶格参数、生成焓的热力学性质、弹性常数 C_{ij} 和体积模量的弹性性质、电子结构性质，如态密度（DOS），以及磁特性，如原子磁矩。与 MC/MD 和 CPA 相比，SQS 的一个显著优点是易于捕获"物理"晶格中的随机固溶体。

MC/MD 模拟计算量很大，它要求用户具备分子动力学和蒙特卡罗模拟的技能，对结果的解释也是非常重要的。另一方面由于用于 CPA 的单一近似，它不能包括短程有序效应。此外，CPA 对于具有大尺寸不匹配的系统具有局限性，并且最重要的是，忽略了各向异性晶格畸变。此外，基于 CPA 近似的晶格声子计算可能是一个难以克服的障碍。作为原子模型的 SQS 可以在很大程度上克服这些缺点。使用 SQS 可以轻松地研究局部化学环境，包括短程有序效应。在本小节中，我们首先比较从 SQS 和 MC/MD 预测的所选 HEA 的电子结构和 PDF，然后讨论 SQS 的一些缺点。

10.5.1　电子结构

分别在 $T = 1473K$、2173K 和 1673K 的温度下，用 108、96 和 128 原子超原胞，步长为 50ns、40ns 和 10ns，模拟了 CoCrFeNi、CoOsReRu 和 MoNbTaW 的 MC/MD 结构，并在绝对零度下完全弛豫。电子 DOS 中的比较如图 10.9 所示[18]，CoCrFeNi 和 CoOsReRu 的总体一致性很好，费米能级位于局部间隙。值得注意的是，CoCrFeNi 的预测电子 DOS（如图 10.9a 所示）与使用 CPA 产生的电子 DOS 有很大不同（如图 9.4 所示）。对于 MoNbTaW，SQS 在费米能级上产生比 MC/MD 略高的 DOS，这可能是因为 MC/MD 使用了更大的晶胞。

10.5.2　原子结构

与其他原子模型相比，SQS 方法也有其自身的局限性。SQS 是在前几个最近邻原子相互作用中假设其完全随机的固溶体，因此可能不存在优选的原子间相互作用。举个例子如图 10.10a 所示，对于 BCC MoNbTaW：第一近邻中各种原子对的强度在 9.2~10.2 的小范围内波动[18]。然而，真实合金通常表现出或多或少的短程有序或聚集，这取决于组成，尤其是温度。与第 8 章中详述的 MC/MD 相比，SQS 缺乏原子位置的变化，因此，可能无法捕获某些合金中优选的原子对相互作用。以前的 Widom 等人的 MC/MD 模拟[29]已经显示出在 MoNbTaW 中 Nb/Ta 和 Mo/W 之间的优选原子间相互作用，如图 10.10b 所示。尽管如此，对于接近理想随机混合行为的单相高熵合金，特别是在高温下（相对于它们的熔点），SQS 对于结构预测是一个快速且接近完美的选择。此外，人们总是可以将 MC/MD 程序应用于 SQS 以获得更真实的原子结构作为温度的函数。

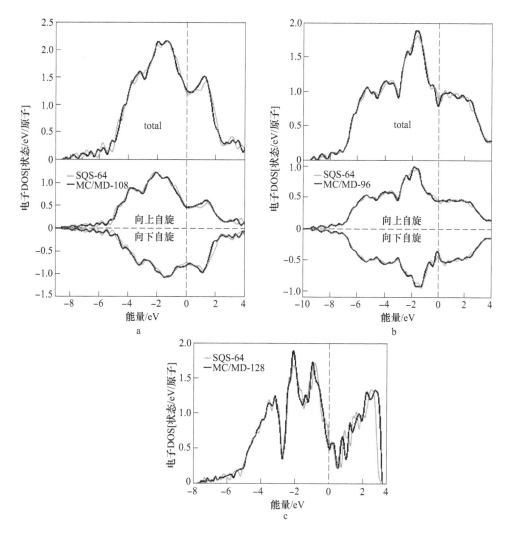

图 10.9　FCC CoCrFeNi（a），HCP CoOsReRu（b）和由 SQS 和 MC/MD
方法生成的 BCC MoNbTaW（c）的电子 DOS 的比较[18]

如图 10.11 所示，在 CoOsReRu 中也观察到 SQS 与 MC/MD 生成的 PDF 的细微差别。最近邻对中的分布在 SQS 中更加均匀，而在 Co-Os 和 Re-Ru 对中对 Re-Re 对的明显偏好存在于 MC/MD 结构中。CoCrFeNi 的 PDF 中的类似观察结果如图 10.4 所示。

10.5.3　对原子位置的敏感性

高熵合金 SQS 模拟的第二个缺点是结构的原子配置总数相当大（例如，五元合金中 A/B/C/D/E 元素之间原子位置的排列），因此可能存在这些构型的能

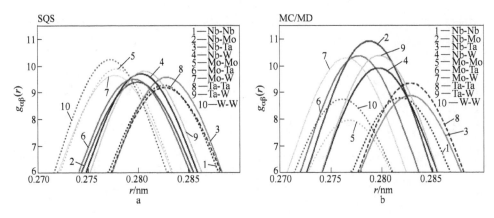

图 10.10　由 64 原子 SQS（a）和 128 原子 MC/MD（b）产生
的 FCC MoNbTaW 结构的比较[18]

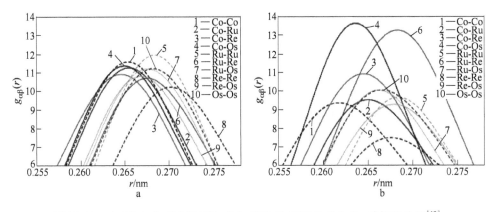

图 10.11　由 QS（a）和 MC/MD（b）产生的 HCP CoOsReRu 结构的比较[18]

量是不确定的，特别是对于各向异性晶格（例如，HCP）或不存在小排序（例
如，磁性或化学）的组合物。对于等摩尔高熵合金，对于四元、五元、六元、七
元和八元合金，原子构型的总数分别为 24、120、720、5040 和 40320。为了检验
这种不确定性，FCC CoCrFeNi、HCP CoOsReRu 和 BCC MoNbTaW 的形成焓与其
原子结构的关系绘制在图 10.12 中。结果表明，CoOsReRu（MoNbTaW）对原子配
置最敏感（最不敏感）。对于 CoOsReRu、CoCrFeNi 和 MoNbTaW，ΔH_f 值（即
$|\Delta H_f^{mix} - \Delta H_f^{min}|$）的变化幅度分别为 1.7kJ/mol、0.8kJ/mol 和 0.3kJ/mol，相应的
简单平均形成焓为（2.724±0.49）kJ/mol、（8.354±0.266）kJ/mol 和（-7.407±
0.069）kJ/mol。对原子构型的敏感性可能由晶格的各向异性和构成元素在电负
性、价电子浓度、晶体结构和原子尺寸方面的化学相似性决定。进一步假设该灵
敏度随着 SQS 细胞尺寸的增加而降低。

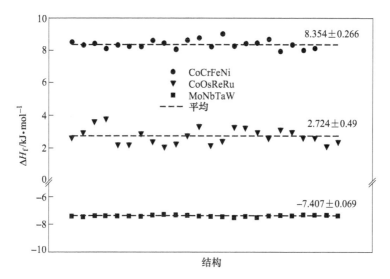

图 10.12 形成焓（ΔH_f）与四元 BCC MoNbTaW 和
HCP CoOsReRu SQS 的原子结构函数关系

10.5.4 其他问题

SQS 方法的第三个缺点在于无法生成一些"特殊"化合物结构，例如 $A_{1/3}$ BCDE，ABCDE 和 $A_{2/3}$ BCDE，而 CPA 方法能够探索任意组元合金的任何组分。此外，MC/MD 和 SQS 都对磁性材料的计算量很大，特别是在顺磁状态下。它们的计算成本比 CPA 多很多个数量级。对于那些具有大晶胞尺寸的 SQS，由于计算能力的限制，特别是对于磁性成分的弹性性质的计算是一项艰巨的任务。

10.6 结论

本章提供了四元和五元等摩尔高熵合金的 SQS 模型，以及 SQS 的详细应用，以预测所选单相高熵合金的热力学、振动、电子和机械特性。提供了 SQS、MC/MD 和 CPA 之间的比较。得出以下结论：

（1）使用 ATAT 包为无序的 FCC、BCC 和 HCP 等摩尔 HEAs 生成四元和三元 SQS 模型。提供晶格矢量和原子位置用于 16-原子、20-原子、24-原子、64-原子、125-原子和 250-原子晶胞。

（2）这些 SQS 模型的准确性对细胞大小敏感，较大的细胞产生更可靠的结果。对于 CoCrFeNi 和 CoCrFeMnNi，较大的超级单元（≥64 个原子）预测 FCC 结构比 HCP 更稳定，与实验一致，计算已知单相 HEAs 的形成焓和晶格参数。

（3）在室温下，所研究的 HEAs 的振动熵是理想配置熵的两倍以上。然而，混合的振动熵非常小。在 $T>400K$ 时，对于 FCC CoCrFeNi、BCC MoNbTaW 和 HCP CoOsReRu，计算的混合振动熵分别为+2. 8J/(mol·K)、−3. 6J/(mol·K)和 −0. 3J/(mol·K)。计算出的 CoCrFeNi 混合正振动熵与 CALPHAD 预测的+2. 5J/(mol·K)的正过剩熵一致，见第 12 章。

（4）电子熵非常小，混合的电子熵对于 FCC CoCrFeNi、BCC MoNbTaW 和 HCP CoOsReRu 来说实际上可以忽略不计。

（5）对于 FCC CoCrFeNi、BCC MoNbTaW 和 HCP CoOsReRu，使用 64 原子 SQS 与 MC/MD 的电子态密度一致性非常好。

（6）MC/MD 比 SQS 更能揭示化学有序性。

参 考 文 献

[1] Zunger A, Wei S H, Ferreira L G, Bernard J E (1990). Special quasirandom structures. Phys Rev Lett, 65 (3): 353-356. doi: 10. 1103/PhysRevLett. 65. 353.

[2] Wei S H, Ferreira L G, Bernard J E, Zunger A (1990). Electronic properties of random alloys: special quasirandom structures. Phys Rev B, 42 (15): 9622-9649. doi: 10. 1103/PhysRevB. 42. 9622.

[3] Gao M C, Suzuki Y, Schweiger H, Doǧan Ö N, Hawk J, Widom M (2013). Phase stability and elastic properties of Cr-V alloys. J Phys Cond Matter, 25: 075402. doi: 10. 1088/0953-8984/25/7/075402.

[4] Tasnádi F, Odén M, Abrikosov I A (2012). Ab initio elastic tensor of cubic $Ti_{0.5}Al_{0.5}N$ alloys: dependence of elastic constants on size and shape of the supercell model and their convergence. Phys Rev B, 85 (14): 144112. doi: 10. 1103/PhysRevB. 85. 144112.

[5] Zaddach A J, Niu C, Koch C C, Irving D L (2013). Mechanical properties and stacking fault energies of NiFeCrCoMn high-entropy alloy. JOM, 65 (12): 1780-1789. doi: 10. 1007/s11837-013-0771-4.

[6] Lu Z W, Wei S H, Zunger A (1992). Electronic-structure of ordered and disordered Cu_3Au and Cu_3Pd. Phys Rev B, 45 (18): 10314-10330. doi: 10. 1103/PhysRevB. 45. 10314.

[7] Wei S H, Zunger A (1995). Band offsets and optical bowings of chalcopyrites and Zn-based Ⅱ-Ⅵ alloys. J Appl Phys, 78 (6): 3846-3856. doi: 10. 1063/1. 359901.

[8] Jiang C, Stanek C R, Sickafus K E, Uberuaga B P (2009). First-principles prediction of disordering tendencies in pyrochlore oxides. Phys Rev B, 79 (10): 104203. doi: 10. 1103/PhysRevB. 79. 104203.

[9] Jiang C, Wolverton C, Sofo J, Chen L Q, Liu Z K (2004). First-principles study of binary bcc alloys using special quasirandom structures. Phys Rev B, 69 (21): 214202. doi: http://dx. doi. org/10. 1103/PhysRevB 69. 214202.

[10] Shin D, Arroyave R, Liu Z K, Van de Walle A (2006). Thermodynamic properties of binary

hcp solution phases from special quasirandom structures. Phys Rev B, 74 (2): 024204, doi: http://dx. doi. org/10. 1103/PhysRevB. 74. 024204.

[11] Von Pezold J, Dick A, Friak M, Neugebauer J (2010). Generation and performance of special quasirandom structures for studying the elastic properties of random alloys: application to Al-Ti. Phys Rev B, 81 (9): 094203. doi: 10. 1103/PhysRevB 81. 094203.

[12] Shin D W, Liu Z K (2008). Enthalpy of mixing for ternary fcc solid solutions from special quasirandom structures. CALPHAD, 32 (1): 74-81. doi: 10. 1016/j. calphad. 2007. 09. 002.

[13] Jiang C (2009). First-principles study of ternary bcc alloys using special quasi-random structures. Acta Mater, 57 (16): 4716-4726. doi: 10. 1016/j. actamat. 2009. 06. 026.

[14] Van de Walle A, Asta M, Ceder G (2002). The alloy theoretic automated toolkit: a user guide. CALPHAD, 26 (4): 539-553. doi: 10. 1016/S0364-5916(02)80006-2.

[15] Van de Walle A (2009). Multicomponent multisublattice alloys, nonconfigurational entropy and other additions to the alloy theoretic automated toolkit. CALPHAD, 33 (2): 266-278. doi: 10. 1016/j. calphad. 2008. 12. 005.

[16] Van de Walle A, Tiwary P, De Jong M, Olmsted D L, Asta M, Dick A, Shin D, Wang Y, Chen L Q, Liu Z K (2013). Efficient stochastic generation of special quasirandom structures. CALPHAD, 42: 13-18. doi: 10. 1016/j. calphad. 2013. 06. 006.

[17] Van de Walle A. Alloy Theoretic Automated Toolkit (ATAT) Home Page. http://www. brown. edu/Departments/Engineering/Labs/avdw/atat/.

[18] Gao M C, Jiang C, Widom M (2014). Unpublished work.

[19] Kresse G, Hafner J (1993). Ab initio molecular dynamics for liquid metals. Phys Rev B, 47: 558-561. doi: http://dx. doi. org/10. 1103/PhysRevB. 47. 558.

[20] Kresse G, Furthmüller J (1996). Efficient iterative schemes for ab initio total-energy calculations using a plane-wave basis set. Phys Rev B, 54: 11169-11186. doi: http://dx. doi. org/10. 1103/PhysRevB. 54. 11169.

[21] Blochl P E (1994). Projector augmented-wave method. Phys Rev B, 50 (24): 17953. doi: http://dx. doi. org/10. 1103/PhysRevB. 50. 17953.

[22] Perdew J P, Burke K, Ernzerhof M (1996). Generalized gradient approximation made simple. Phys Rev Lett, 77: 3865-3868. doi: http://dx. doi. org/10. 1103/PhysRevLett. 77. 3865.

[23] Zhang Y, Zhou Y J, Lin J P, Chen G L, Liaw P K (2008). Solid-solution phase formation rules for multi-component alloys. Adv Eng Mat, 10 (6): 534-538. doi: 10. 1002/adem. 200700240.

[24] Miedema A R, De Boer F R, Boom R (1977). Model predictions for the enthalpy of formation of transition metal alloys. CALPHAD, 1(4): 341-359. doi: 10. 1016/0364-5916(77)90011-6.

[25] Senkov O N, Wilks G B, Miracle D B, Chuang C P, Liaw P K (2010). Refractory high-entropy alloys. Intermetallics, 18(9): 1758-1765. doi: 10. 1016/j. intermet. 2010. 05. 014.

[26] Senkov O N, Scott J M, Senkova S V, Miracle D B, Woodward C F (2011). Microstructure and room temperature properties of a high-entropy TaNbHfZrTi alloy. J Alloys Comp, 509(20): 6043-6048. doi: 10. 1016/j. jallcom. 2011. 02. 171.

[27] Takeuchi A, Amiya K, Wada T, Yubuta K, Zhang W (2014). High-entropy alloys with hex-

agonal close-packed structure designed by equi-atomic alloy strategy and binary phase diagrams. JOM, 66 (10): 1984-1992. doi: 10. 1007/s11837-014-1085-x.

[28] Zhang Y, Zuo T T, Tang Z, Gao M C, Dahmen K A, Liaw P K, Lu Z P (2014). Microstructures and properties of high-entropy alloys. Prog Mat Sci, 61: 1-93. doi: 10. 1016/j. pmatsci. 2013. 10. 001.

[29] Widom M, Huhn W P, Maiti S, Steurer W (2014). Hybrid Monte Carlo/molecular dynamics simulation of a refractory metal high entropy alloy. Metall Mater Trans A, 45A(1): 196-200. doi: 10. 1007/s11661-013-2000-8.

[30] Gao M C, Alman D E (2013). Searching for next single-phase high-entropy alloy compositions. Entropy, 15: 4504-4519. doi: 10. 3390/e15104504.

[31] Lucas M S, Mauger L, Munoz J A, Xiao Y, Sheets A O, Semiatin S L, Horwath J, Turgut Z (2011). Magnetic and vibrational properties of high-entropy alloys. J Appl Phys, 109 (7): 07E307. doi: 10. 1063/1. 3538936.

[32] Lucas M S, Belyea D, Bauer C, Bryant N, Michel E, Turgut Z, Leontsev S O, Horwath J, Semiatin S L, McHenry M E, Miller C W (2013). Thermomagnetic analysis of FeCoCr$_x$Ni alloys: Magnetic entropy of high-entropy alloys. J Appl Phys, 113 (17): 17A923. doi: 10. 1063/1. 4798340.

[33] Le Page Y, Saxe P (2002). Symmetry-general least-squares extraction of elastic data for strained materials from ab initio calculations of stress. Phy Rev B, 65: 104104. doi: http://dx. doi. org/10. 1103/PhysRevB. 65. 104104.

[34] Mehl M J, Osburn J E, Papaconstantopoulos D A, Klein B M (1990). Structural properties of ordered high-melting-temperature intermetallic alloys from first-principles total-energy calculations. Phys Rev B, 41 (15): 10311-10323. doi: http://dx. doi. org/10. 1103/PhysRevB. 41. 10311.

[35] Vitos L (2007). Computational quantum mechanics for materials engineers: the EMTO method and applications. Eng Mater Proc Springer London. doi: 10. 1007/978-1-84628-951-4.

[36] Gao M C, Dogan O N, King P, Rollett A D, Widom M (2008). The first-principles design of ductile refractory alloys. JOM, 60 (7): 61-65. doi: 10. 1007/s11837-008-0092-1.

[37] Otto F, Dlouhy A, Somsen C, Bei H, Eggeler G, George E P (2013). The influences of temperature and microstructure on the tensile properties of a CoCrFeMnNi high-entropy alloy. Acta Mater, 61(15):5743-5755. doi: 10. 1016/j. actamat. 2013. 06. 018.

11 高熵合金的设计

<<<<<<<<<<<<<<<<<<<<<<<<<<<<<<<<<<<<<<<<<<<<<<<<<<<<

摘　要：识别单相高熵合金对于理解 HEA 形成及其内在性质极为重要，但有效指导方针的缺乏阻碍了它们的发现。因此，迄今为止，单相 HEA 的总数仍然非常有限。本章概述了可能有助于 HEA 设计的五种主要方法，包括 CALPHAD 建模，实验相图检验，经验参数标准，密度泛函理论计算和从头算分子动力学模拟。我们讨论了这些方法的优缺点，综述了实验报道的等摩尔单相 HEAs，并提供了通过建模和相图筛查预测的各种具有面心立方（FCC），体心立方（BCC）和密排六方（HCP）结构的新合金成分。

关键词：单相　多相　块体金属玻璃　混合焓　混合熵　原子尺寸差异　电负性差异　HumeRothery 规则　经验规则　CALPHAD　相图检验　无序固溶体　溶解度　相图　第一性原理　密度泛函理论（DFT）　从头算分子动力学模拟（AIMD）　面心立方（FCC）　密排六方（HCP）　体心立方（BCC）　相稳定性　合金设计　高熵合金（HEAs）

11.1 引言

如第 1 章所述，自 Yeh[1] 和 Cantor[2] 于 2004 年首次提出以来，高熵合金（HEAs）的研究仍处于初期阶段，Yeh 的关于高熵合金的两个定义，在第 1 章中给出了详细的解释，包括广泛的微观结构。迄今为止，在研究论文中发表的大多数高熵合金在第 2 章和其他地方[3~6]汇编的微观结构（在铸态或退火后）中包含多个相，并且由于 Gao 等人[7,8]所指出的缺乏有效筛选准则，单相固溶高熵合金的总数仍然非常有限。表 11.1 总结了实验报道的具有面心立方（FCC），体心立方（BCC）和密排六方（HCP）结构的等摩尔成分中的单相高熵合金。FCC 合金主要基于 CoCrFeMnNi[2] 及其子系统和衍生物[7,9~11]。BCC 合金基于四元[12~16]，五元[12~14,17~20]，六元[20~23]和七元[20]组分的难熔金属。Zhang 等人[3]首先提出在稀土（RE）元素中形成 HCP 高熵合金，因为这些 RE 元素具有极其相似的原子尺寸，电负性和化学性质，并且根据它们的二元相图在 HCP 结构中形成同晶或扩展固溶体[24]。实际上，后来在 DyGdLuTbY[25]，DyGdLuTbTm[25] 和 DyGd-HoTbY[26]中证实了稀土 HCP 高熵合金的形成。基于过渡金属的 HCP 高熵合金在 CoFeReRu[8]中通过实验证实，并预测在 CoOsReRu 中生成[7]。Youssefa 等人[27]报道了 $Al_{20}Li_{20}Mg_{10}Sc_{20}Ti_{30}$ 通过在 500℃退火 1h 实现从 FCC 到 HCP 结构的多晶转变，但 FCC 和 HCP 相是否热力学稳定需要进一步研究。

表 11.1　通过实验确认的单相 HEA 组合物

合　　金	结　　构	参考文献
CoCrFeNi	FCC	[9]
CoFeMnNi	FCC	[7, 10]
CoCrMnNi	FCC	[10]
CoFeNiPd	FCC	[28]
CoCrFeMnNi	FCC	[2]
CoCrFeNiPd	FCC	[11]
$Al_{20}Li_{20}Mg_{10}Sc_{20}Ti_{30}$	FCC	[27]
AlNbTiV	BCC	[29]
HfNbTiZr	BCC	[16]
MoNbTaW	BCC	[12, 13]
NbTaTiV	BCC	[14]
NbTiVZr	BCC	[15]
AlCrMoTiW	BCC	[18]
AlNbTaTiV	BCC	[14]
HfNbTaTiZr	BCC	[17]
HfNbTiVZr	BCC	[30]
MoNbTaVW	BCC	[12, 13]
MoNbTaTiV	BCC	[20]
MoNbTiVZr	BCC	[19]
NbReTaTiV	BCC	[20]
MoNbReTaW	BCC	[20]
CrMoNbTaVW	BCC	[21]
HfNbTaTiVZr	BCC	[22]
MoNbTaTiVW	BCC	[23]
MoNbReTaVW	BCC	[20]
MoNbReTaTiVW	BCC	[20]
CoFeReRu	HCP	[8]
MoPdRhRu	HCP	[31]
DyGdHoTbY	HCP	[25]
DyGdLuTbTm	HCP	[25]
DyGdLuTbY	HCP	[32]
$Al_{20}Li_{20}Mg_{10}Sc_{20}Ti_{30}$	HCP	[27]

　　由于任何 HEA 系统的非等摩尔组分的"虚拟"变化可能是无数的，特别是对于那些形成同晶固溶体的高熵合金（例如：$Hf_xNbTaTiVZr$，$HfNb_xTaTiVZr$，$HfNbTa_xTiVZr$，$HfNbTaTi_xVZr$ 和 $HfNbTaTiVZr_x$[22]），本章主要是重点关注最能代表其合金化体系的等摩尔组成成分。这并不是说那些非等摩尔组成成分不重要。事实上，固溶体混合的最大熵可能不一定在等摩尔组分中发生，因为大多数合金可能偏离理想混合更多或更少，如 CoCrFeMnNi（见第 12 章），MoNbTaTiVW（见第 12 章），AlCrCuFeNi[33] 和 HfNbTaTiVZr 系[22]。

　　关于单相固溶体高熵合金形成的经验规则在第 2 章中考虑了拓扑，热力学和物理参数，包括原子尺寸差异（δ）[34]，混合焓（ΔH_{mix}）[34]，价电子浓度（VEC）[35]，Ω 参数[4] 和电负性差异（χ）[36]。在这些参数中，ΔH_{mix} 和 δ 具有最重要的意义，并且已经认为 $-15 \leqslant \Delta H_{mix}^{liq} \leqslant +5 kJ/mol$[4]，$\Omega \geqslant 1$ 和 $\delta \leqslant 6.6\%$ 有利于形成无序固溶体高熵合金。然而，如参考文献 [34] 中提出的，从经验 Miedema 模型[37] 获得的 ΔH_{mix} 值是用于液态的，而与固溶体相的晶体结构无关。此外，这些经验规则没有涉及针对固溶相解决任何竞争相。因此，观察到这些规则有时会失败并不奇怪。例如，AlLiMgSnZn 具有 $\Delta H_{mix} = -6.08 kJ/mol$，$\delta = 5.52\%$，$\Omega = 1.56$，VEC = 5.4 和 $\Delta \chi = 0.33$，但在合金中形成多于四相[38]。在 HfMoNbTaTiVWZr[39] 中观察到多相，尽管它具有 $\Delta H_{mix} = -2.9 kJ/mol$，$\delta = 5.49\%$，$\Omega = 15.7$ 和 $\Delta \chi = 0.36$。注意，最近还提出了晶格拓扑不稳定性[40]，单参数（φ）[6] 和固有残余应变模型[5] 来解决单相固溶体形成问题。

　　另一方面，Gao 和 Alman[7] 提出了一种有效的筛选策略，它结合了实验相图检测，CALPHAD（CALculation of PHAse Diagram 的缩写）建模和从头分子动力学（AIMD）模拟。使用 CALPHAD 方法加速高熵合金设计已在 Zhang 等人[23,41,42]、Gao 等人[8,22] 和 Senkov 等人[43] 的文献中得到解决。最近，Troparevsky 等人[30] 提出了一个简单的模型，比较了等摩尔固溶体的理想构型熵与合金体系中最稳定的二元化合物的形成焓，这些模型取自文献中的第一性原理密度泛函理论（DFT）。

　　本章概述并比较了与单相高熵合金设计有关的主要方法。关于 DFT 的理论背景及其在高熵合金中的应用见第 8、第 9 和第 10 章，而 CALPHAD 及其数据库开发的详细方法见第 12 章，提出了各种具有 FCC、BCC 和 HCP 结构的模型预测的等摩尔组成成分。本章最后通过比较这些方法的优缺点和未来发展的前景，以获得更强大的筛选方法。请注意，复合高熵合金在平衡许多具有挑战性应用的材料属性方面非常重要，读者可参考第 6 章和文献 [44~46] 了解详情。

11.2　CALPHAD 建模

　　CALPHAD 方法的本质是开发一个可靠的热力学数据库，该数据库包括系统中每个相的吉布斯能量的自洽描述，这一描述利用基于可靠实验数据和精确 DFT 结果的半经验方程作为温度和成分函数。一旦开发了数据库，就可以用它来预测该系统的相图和热力学性质。因此，CALPHAD 可被视为设计高熵合金的最直接方法[8,22,23,41~43]。

此前，Otto 等人[47]研究了六个合金 CoCrFeMnNi、CoCrCuFeMn、CoCrMnNiV、CoFeMnMoNi、CoFeMnNiV 和 CrFeMnNiTi 中的相稳定性，他们发现，仅在 CoCrFeMnNi 合金中形成单相 FCC 固溶体，而其他五种合金在 1000℃ 或 800℃ 退火后不只形成一种相。使用 TCNI7 数据库，涵盖所有边缘二元组和这些合金的一些三元组（除了 TTNI8 数据库用于 CoCrCuFeMn 和 CoFeMnNiV），Otto 等人的实验观察通过 CALPHAD 计算定性地再现于图 11.1。两个数据库仅在 CoCrFeMnNi 中预测了一个单相 FCC。在 CoFeMnMoNi 中正确预测了 FCC 基体相和微量 μ 相，并且在 CrFeMnNiTi 中预测了四种相的复杂微观结构。对于 CoFeMnNiV，预测 FCC 相在较窄的温度范围内是稳定的，并且在较低温度下形成少量的 σ 相。似乎两个数据库都低估了系统中 σ 相的热稳定性，因为它被 Otto 等人在 CoCrCuFeMn 和 CoCrMnNiV 中观察到了[47]。这也表明两个数据库都需要进一步改进，特别是对所有三元系统的描述。

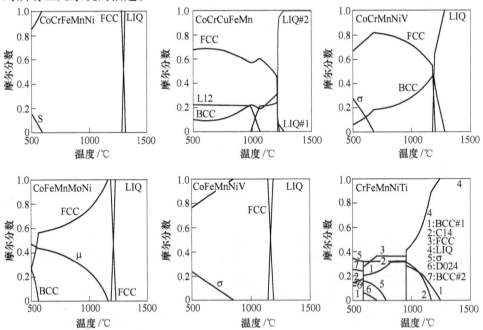

图 11.1　由 Otto 等人[47]实验研究的 CoCrFeMnNi、CoCrCuFeMn、CoCrMnNiV、CoFeMnMoNi、CoFeMnNiV 和 CrFeMnNiTi 的计算平衡相摩尔分数与温度的关系

旨在设计具有 3~6 个主要成分的固溶体合金，其具有可用的温度 ≥1000℃，

密度<10g/cm³，杨氏模量≥100GPa，并且成本为每公斤 200 美元以下，Senkov 等人[43] 使用 CompuTherm[48] 开发的各种热力学数据库进行 CALPHAD 计算。他们将结果分为固溶（SS）相，金属间（IM）相和 SS+IM 相。他们发现，随着元素数量的增加，SS 相的比例减少，而 SS+IM 相的比例增加，如图 11.2 所示。这表明虽然增加元素（N）的数量会增加 SS 相的最大构型熵 $R\ln(N)$（其中 R 是理想气体常数），但它也降低了竞争金属间化合物的焓，从而有利于复合材料 SS 和 IM 相的形成。

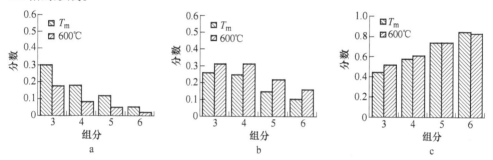

图 11.2　按类别分类的多主元素合金的分布（在固相线温度（T_m）和 600℃ 下，
不同相的等摩尔合金在 3~6 组分合金系统中[43]的分布）
a—SS 相；b—IM 相；c—（SS+IM）相

固相线温度和 600℃ 时不同相的分布（分数）如图 11.3 所示。按降序排列的前四个最常观察的相是 BCC，M_5Si_3，FCC 和 B2（CsCl-型）相。就固溶体相而言，BCC 结构优于 FCC 和 HCP 结构。

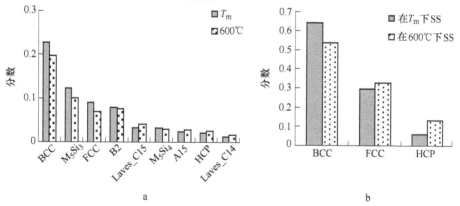

图 11.3　所有合金（a）和固溶合金（b）[43]中不同相的分数

为了设计 HCP 高熵合金，Gao 等人[8] 使用 TCNI7 数据库设计了 CoFeReRu、CoPtReRu、CoCrReRu 和 CoCrFeReRu，并使用 X 射线衍射（XRD）和扫描电子显微镜（SEM）验证了铸态 CoFeReRu 是单个 HCP 相，如图 11.4 所示。在使用

TCNI7 数据库进行 CALPHAD 建模的辅助下，Gao 及其同事也成功设计了几种包含 CrMoNbTaVW[21]、HfNbTaTiVZr[22] 和 MoNbTaTiVW[23] 的六元难熔高熵合金，并在这些铸态合金中通过实验证实了单相 BCC 固溶体的存在。他们使用 CALPHAD 建模以及经验参数设计的其他 BCC 高熵合金包括 HfMoNbTiZr、HfMoTaTiZr、NbTaTiVZr、HfMoNbTaTiZr、HfMoTaTiVZr 和 MoNbTaTiVZr[39]。

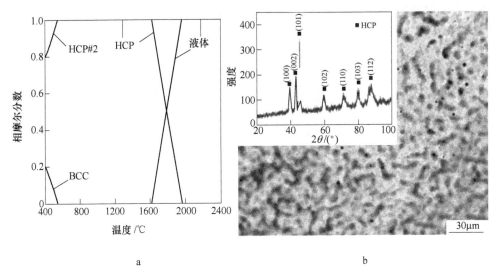

a　　　　　　　　　　　　　　　b

图 11.4　平衡相摩尔分数与温度的关系（a）和铸态
CoFeReRu 的 SEM 显微照片和 XRD 图[8]（b）

将 TCNI7 数据库成功应用于难以处理的 BCC 高熵合金设计的一个重要原因在于，对于这九种难熔金属，在其大多数二元和三元态中几乎没有稳定的化合物（Cr，Hf，Mo，Nb，Ta，Ti，V，W 和 Zr）；虽然数据库只涵盖所有边缘二元组。然而，所有组成三元系统的优化将绝对增强数据库的可靠性，从而提高使用数据库的高熵合金筛选的成功率。三元的典型优化包括引入三元相互作用参数，拟合 BCC、HCP、Laves 和其他相之间的相界，再现实验液相面等。还需要注意那些为了数据库兼容性而需要假设的合金成分的能量（详见第 12 章）。

为了确定合金是否会在铸态下形成单相固溶体，可以使用 Scheil-Gulliver 模型进行非平衡凝固模拟[49,50]。Scheil 模拟预测在 MoNbTaTiVW 的整个凝固期间形成单个 BCC 相（参见第 12 章中的图 12.19）和在 $Al_x CoCrFeNi$ 中连续形成多相（$x \geqslant 0.8$，参见第 12 章中的图 12.17）。或者，也可以通过从平衡相摩尔分数对温度的曲线图（例如图 11.1 和图 11.4a）筛查固溶体相稳定的温度范围（ΔT）来进行有根据的猜测。经验表明 $\Delta T \geqslant 0.3 T_{sol}$（其中 T_{sol} 代表固溶体相是主要结晶相的固相线温度）通常有利于铸态的单相固溶体。由于结构过冷和非平衡凝固路径（有关制造路线的详细信息，请参见第 5 章），铸态树枝状结构中不可避免地存在化学偏析，因此需要在较高温度下进行适当的均质化和（或）热机械处理以获得等轴晶粒微观结构并实现合格的化学均匀性。

使用 Senkov[43]、Gao 等人[7,8] 的 CALPHAD 建模预测的单相高熵合金成分汇编在表 11.2 中，但是需要进一步的实验来验证这些合金成分的微观结构。正如第 12 章所指出的，大多数商业 CALPHAD 数据库是针对基于单一主要元素（例如：Al、Mg、Fe、Ni 或 Ti 基合金等）的传统合金开发的，并且它们对于位于富含主要元素的顶角的合金成分是最准确的。因此，在将合金成分外推到多组分相图的中心时应该谨慎。

为了获得准确的结果，数据库应该至少涵盖所有组成的二元和三元系统，因为高阶组合的描述通常是通过从低阶系统推断得到的。因此，当数据库未涵盖所有组成二元组或三元组时，不应过高估计 CALPHAD 预测。例如，实验显示 CoReRuV 中有多相形成而不是 TCNI7 数据库预测的单个 HCP 相[8]。Yang 等人对 AlNbTaTiV 的实验研究[14] 显示了在铸态下单相 BCC 固溶体的形貌，但 TCNI7 数据库预测了 BCC 和 σ 相的形成。这些分歧证明了热力学数据库可靠性的重要性。

表 11.2　通过建模和相图筛查预测的单相 HEA 组成

合　　金	结　　构	参考文献
CuMnNiZn	FCC	这项研究
CuNiPdPt	FCC	[7]
CoFeIrOsRh	*a	[30]
CoIrNiOsRh	*a	[30]
CoIrNiRhPd	*a	[30]
CoIrOsPtRh	*a	[30]
CuNiPdPtRh	FCC	[7]
IrNiOsPtRh	*a	[30]
IrOsPtRhRu	*a	[30]
NiOsPtRhRu	*a	[30]
CoCrFeMnNiOs	*a	[30]
CoCrFeNiOsRh	*a	[30]
CoCrFeNiOsRe	*a	[30]
CoFeIrNiOsRh	*a	[30]
CoFeIrNiRhPd	*a	[30]
CoIrNiOsPtRh	*a	[30]
CoIrNiRhPdPt	*a	[30]
IrNiOsPtRhRu	*a	[30]
CoCrFeMnNiOsRh	*a	[30]

合　　金	结　　构	参考文献
CoCrFeMnOsReRh	*a	[30]
CoCrFeMnNiOsRe	*a	[30]
CoCrFeNiOsReRh	*a	[30]
CoCrFeNiReRhPd	*a	[30]
CoCrMnNiOsReRh	*a	[30]
CoCrMnNiOsReW	*a	[30]
CoFeMnNiOsReRh	*a	[30]
CoIrFeMnNiOsRh	*a	[30]
CrMnNiOsReRuW	*a	[30]
CoFeMnOsReZn	*a	[30]
AlCrFeMn	BCC	[43]
AlCrFeMo	BCC	[43]
AlCrFeV	BCC	[43]
AlCrMnMo	BCC	[43]
AlCrMnTi	BCC	[43]
AlCrMnV	BCC	[43]
AlCrMoV	BCC	[43]
AlCrVW	BCC	[43]
AlFeMnV	BCC	[43]
AlFeMoV	BCC	[43]
AlFeTiV	BCC	[43]
AlMnTiV	BCC	[43]
AlMoNbV	BCC	[43]
AlNbVW	BCC	[43]
BaCaEuSr	BCC	本工作
BaCaEuYb	BCC	本工作
BaEuSrYb	BCC	本工作
BaCaEuYb	BCC	本工作
CaEuSrYb	BCC	本工作
CrFeMnV	BCC	[43]
CrFeTiV	BCC	[43]
CrMnTiV	BCC	[43]
CrMoNbV	BCC	[43]

合 金	结 构	参考文献
CrMoTiV	BCC	[43]
FeMoTiV	BCC	[43]
MoNbReTa	BCC	本工作
MoNbReTi	BCC	本工作
MoNbReV	BCC	本工作
MoNbTaTi	BCC	本工作
MoNbTaV	BCC	本工作
MoNbTiV	BCC	[43]，本工作
MoNbTiW	BCC	本工作
MoNbVW	BCC	本工作
MoReTaTi	BCC	本工作
MoReTaV	BCC	本工作
MoReTaW	BCC	本工作
MoReTiV	BCC	本工作
MoReTiW	BCC	本工作
MoReVW	BCC	本工作
MoTiVW	BCC	本工作
NbReTaTi	BCC	本工作
NbReTaV	BCC	本工作
NbReTaW	BCC	本工作
NbReTiV	BCC	本工作
NbReTiW	BCC	本工作
NbReVW	BCC	本工作
NbTaTiW	BCC	本工作
NbTaVW	BCC	本工作
NbTiVW	BCC	本工作
ReTaTiV	BCC	本工作
ReTaTiW	BCC	本工作
ReTaVW	BCC	本工作
ReTiVW	BCC	本工作
TaTiVW	BCC	本工作
BaCaEuSrYb	BCC	本工作
AlCrFeMnV	BCC	[43]

合　　金	结　　构	参考文献
AlCrFeMoV	BCC	[43]
AlCrMnTiV	BCC	[43]
AlCrNbVW	BCC	[43]
HfMoNbTiZr	BCC	[39]
HfMoNbTiZr	BCC	[39]
HfMoTaTiZr	BCC	[39]
MoNbTaTiW	BCC	[20]，本工作
MoNbReTiW	BCC	[20]，本工作
MoNbTiVW	BCC	[20]，本工作
MoNbReTaTi	BCC	[20]，本工作
MoNbReTaV	BCC	[20]，本工作
MoNbReTiV	BCC	[20]，本工作
MoNbReVW	BCC	[20]，本工作
MoReTaTiV	BCC	[20]，本工作
MoReTaTiW	BCC	[20]，本工作
MoReTaVW	BCC	[20]，本工作
MoReTiVW	BCC	[20]，本工作
MoTaTiVW	BCC	[20]，本工作
NbReTaTiW	BCC	[20]，本工作
NbReTaVW	BCC	[20]，本工作
NbReTaTiV	BCC	本工作
NbReTiVW	BCC	[20]，本工作
NbTaTiVW	BCC	[20]，本工作
NbTaTiVZr	BCC	[39]
ReTaTiVW	BCC	[20]，本工作
AlCrMoNbVW	BCC	[43]
HfMoNbTaTiZr	BCC	[39]
HfMoTaTiVZr	BCC	[39]
MoNbReTaTiV	BCC	[20]，本工作
MoNbReTaTiW	BCC	[20]，本工作
MoNbReTaVW	BCC	本工作
MoNbReTiVW	BCC	[20]，本工作
MoNbReTiVW	BCC	[20]，本工作

合 金	结 构	参考文献
MoNbTaTiVZr	BCC	[39]
MoReTaTiVW	BCC	[20]，本工作
NbReTaTiVW	BCC	[20]，本工作
CoCrReRu	HCP	[8]
CoOsReRu	HCP	[7，8]
CoPtReRu	HCP	[8]
CrIrMoRh	HCP	[8]
CrIrRhW	HCP	[8]
CrMoOsRu	HCP	[8]
CrOsRuW	HCP	[8]
CoPtReRu	HCP	[8]
IrMoPdRu	HCP	[8]
IrMoRhW	HCP	[8]
IrMoPtRu	HCP	[8]
MoOsRuW	HCP	[8]
MoPdRhRu	HCP	[8]
MoPtRhRu	HCP	[8]
CoCrFeReRu	HCP	[8]
CoFeOsReRu	HCP	[8]
CoIrOsReRu	HCP	[8]
CoNiOsReRu	HCP	[8]
CoOsPdReRu	HCP	[8]
CoOsPtReRu	HCP	[8]
CoOsReRhRu	HCP	[8]
CoOsReRuTc	HCP	[8]
CrIrMoRhW	HCP	[8]
CrMoOsRuW	HCP	[8]
CrMoOsRuW	HCP	[8]
MoPdRhRuTc	HCP	[51]
210 四元稀土合金 *b	HCP	[8]
378 五元稀土合金 *b	HCP	[8]
210 六元稀土合金 *b	HCP	[8]
120 七元稀土合金 *b	HCP	[8]

续表 11.2

合　　金	结　　构	参考文献
45 八元稀土合金[*b]	HCP	[8]
10 九元稀土合金[*b]	HCP	[8]
1 十元稀土合金[*b]	HCP	[8]
CeNdPmPr	DHCP	[8]
CeLaPmPr	DHCP	[8]
CeLaNdPr	DHCP	[8]
CeLaNdPm	DHCP	[8]
LaNdPmPr	DHCP	[8]
CeLaNdPmPr	DHCP	[8]

注：[*a]　参考文献［30］中未提出这些组合物的晶体结构。虽然他们中的大多数人可能更喜欢 FCC 结构。

　　　[*b]　这些数字分别代表四元、五元、六元、七元、八元、九元和十元系统的等摩尔组分总数，包括从 DyErGdHoLuScSmTbTmY 系统任意选择稀土元素[8]。

11.3　相图筛查

如果必要的 CALPHAD 数据库不可用或不够准确（例如：它们不包括所有边缘二元组或三元组），则相图筛查变得尤为重要。检查表 11.1 中列出的那些单相高熵合金的相图揭示了它们系统中的一些共同的重要特征[7]：它们要么呈现同晶固溶体合金（例如：Nb-Mo-Ta-W，Hf-Nb-Ta-Ti-Zr），或末端溶解度在它们二元和三元合金中非常大（例如：Co-Fe-Mn-Ni）。相图筛查的关键是寻找宽溶解度（即感兴趣的固溶体相的成分均匀性范围）。为了寻找航空航天应用的轻量级高熵合金，Cotton 等人[52]专门在二元相图中使用末端溶解度作为筛选中的重要参数。主要在相图中有三种类型的固溶体，如图 11.5 所示，其在高熵合金形成中具有最重要的意义：（1）同晶固溶体（例如，Re-Ru）；（2）扩展的末端固体溶解度（例如，Cr-Ru 二元中的 BCC 和 HCP）；（3）中间固溶体（例如，Cr-Rh 二元中的 HCP 相）。

11.3.1　所有边缘二元组中的独有的同晶固溶体

相图筛查实际上是一种强大的筛选工具，因为它允许立即进行高熵合金设计而无需其他输入。例如，可以预期在 MoNbTaTiVW 体系内等摩尔组成的四元、五元和一元合金的单相 BCC 固溶体形成，因为所有边缘二元体都显示出同晶 BCC 固溶体。结果，该系统的等摩尔高熵合金组合物总数达到 22：

$$C_6^4 + C_6^5 + C_6^6 = 15 + 6 + 1 = 22 \tag{11.1}$$

此前，Gao 等人[7]预测在 CoOsReRu 中形成单相 HCP 固溶体，因为所有六个组成

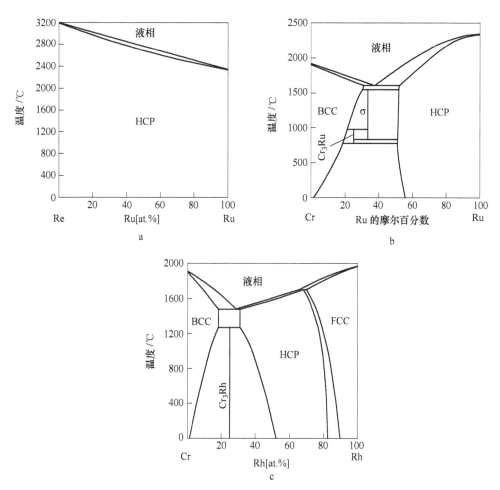

图 11.5 示例实验二元相图[53]显示了 Re-Ru 中的同晶 HCP 固溶体，Cr-Ru
中的终端 HCP 和 BCC 溶解度，以及 Cr-Rh 二元中间 HCP 相的大均匀性范围

a—同晶固溶体（例如，Re-Ru）；b—扩展的末端固体溶解度（例如，Cr-Ru 二元中的 BCC 和 HCP）；
c—中间固溶体（例如，Cr-Rh 二元中的 HCP 相）

二元合金都形成同晶 HCP 固溶体。HCP 高熵合金的另一个例子是 Gao 等人提出的[8]基于稀土元素 Dy、Er、Gd、Ho、Lu、Sc、Sm、Tb、Tm 和 Y。这些稀土元素都具有稳定的 HCP 结构，并且在它们的二元体中形成同晶 HCP 固溶体。结果，该系统的等摩尔高熵合金组合物的总数等于 974，如下确定：

$$C_{10}^4 + C_{10}^5 + C_{10}^6 + C_{10}^7 + C_{10}^8 + C_{10}^9 + C_{10}^{10}$$
$$=210 + 378 + 210 + 120 + 45 + 10 + 1 \tag{11.2}$$

方程式（11.2）中的各个项目分别代表四元、五元、六元、七元、八元、九元和十元系统的成分总数。由于这些元素中的一些在熔化之前非常高的温度下转变为 BCC 结构，因此一些所提出的高熵合金可能需要在 HCP 相场中进行后续退火以分解主要 BCC 相（如果存在的话）。

相图筛查还表明：La、Ce、Pr、Nd 和 Pm 之间可能形成同晶双 HCP（DHCP）固溶体，它们在较低温度下都具有稳定的 DHCP 结构[24]。其结果是，单相 DHCP 固溶有望在 CeLaNdPmPr、CeNdPmPr、CeLaPmPr、CeLaNdPr、CeLaNdPm 和 LaNdPmPr 中形成。在 CuNiPdPt 和 CuNiPdPtRh[7] 中形成 FCC 固溶体；这是由于同晶固溶体在 CuNiPdPt 系统的所有六个边缘二元体系中形成，Rh 也分别与 Cu、Ni、Pd 和 Pt 形成同晶固溶体。相图筛查的另一个例子是 BaCaEuSrYb 及其子系统合金（即 BaCaEuSr、BaCaEuYb、BaEuSrYb、BaCaEuYb 和 CaEuSrYb），可形成单相 BCC 固溶体，因为在所有可用的边缘二元体中形成同晶 BCC 固溶体。虽然文献中没有 EuSr 和 SrYb 二元相图，但预计它们可能分别类似于 Ca/Ba-Eu 和 Ca/Ba-Yb 二元体系。

11.3.2　同晶固溶体与大终端溶解度的组合

尽管大多数二元相图没有表现出上述同晶固溶体，但是在低阶系统中同晶固溶体和大终端溶解度的组合也有利于在高阶系统中形成固溶体。例如，对于经过充分研究的 CoCrFeMnNi 合金，CoFe、CoNi、FeMn、FeNi 和 MnNi 二元体表现出同晶 FCC 固溶体，而 CoCr、CoMn 和 Cr-Ni 显示出大的 FCC 末端溶解度。尽管在 CoCr 和 CrMn 中存在稳定的 σ 相并且在 CrMn 中不存在稳定的 FCC 固溶体，但在 CoCrFeMnNi 中形成 FCC 固溶体。同样地，FCC 固溶体可以在 CuMnNiZn 中形成，因为同晶型 FCC 固溶体存在于 CuMn、CuNi 和 MnNi 中，而 Zn 在 Cu、FCC γ-Mn 和 Ni 中的溶解度非常大。

一旦单相高熵合金成分基于第 11.3.1 节中所述的专有同晶固溶体进行鉴定，则可以通过用一种新元素（或添加新元素）取代一种元素来设计新合金，所述新元素在基础合金中的大部分元素有延长的末端溶解度。例如，可以考虑 MoNbReTaTiVW 体系，因为 Mo、Nb、Ta、Ti、V 和 W 都对稀土金属具有相当大的溶解度。因此，该系统内的等摩尔 HEA 组合物的总数可以达到：

$$C_7^4 + C_7^5 + C_7^6 + C_7^7 = 35 + 21 + 7 + 1 = 64 \qquad (11.3)$$

11.3.3　具有宽组分均匀性范围的中间相

HCP MoPdRhRu 高熵合金[31] 的形成属于在其二元相图中间具有大均匀性的中间相的情况（例如，MoPd 中的 $Mo_{0.46}Pd_{0.54}$，MoRh 中的 $Mo_{0.4}Rh_{0.6}$，以及 MoRu 中的 $Mo_{0.63}Ru_{0.37}$）。Pd 和 Pt 之间以及 Rh 和 Ir 之间的化学相似性表明可以形成几种 HCP 固溶体，它们是 MoPdRhRu 的变体，例如 MoPtRhRu、MoIrPtRu、MoIrPtRhRu 和 MoIrPdPtRhRu。在组分（Cr，Mo，W）和基团（Ir，Rh）之间也

形成具有宽组成均匀性的中间 HCP 相[24]；因此，Gao 等人[8]提出了可能有利于形成 HCP 高熵合金的组合物：CrIrMoRh、CrIrRhW、IrMoRhW、$(Cr，Mo，W)_{0.5}$ $(IrRh)_{0.5}$ 和 CrIrMoRhW。

总之，相图筛查提供了有关固溶体与金属间化合物的有用信息，可帮助快速选择对目标固溶体相重要的元素。同晶固溶体，大的末端溶解度和宽均匀性的中间相是高熵合金设计或筛选活动中应该注意的最重要的特征。边缘二元组和三元组中的这些特征按照与高熵合金形成有关的重要性的降序列出：

（1）所有边缘二元组中的同晶固溶体；

（2）大多数三元等温和等值区段中的同晶固溶体；

（3）大多数边缘二元体中的同晶固溶体+在一些边缘二元体中的大终端溶解度（例如，原子分数≤20%）+不存在稳定化合物或在固态下完全不混溶；

（4）一些二元体中的同晶固溶体+大多数边缘二元体中的大终端溶解度（例如，原子分数≤20%）+不太稳定的化合物+固态不完全不混溶；

（5）中间固溶体相在大多数组成二元和三元的相图中间具有宽的组成均匀性。

11.4 经验参数

迄今为止，最广泛研究的经验参数是 ΔH_{mix}、δ、VEC、$\Delta \chi$ 和 Ω 参数。Praveen 等人[54]研究了机械合金化和放电等离子烧结后 AlCoCrCuFe 和 CoCrCuFeNi 高熵合金的相变。对于 AlCoCrCuFe 和 CoCrCuFeNi，$\Delta H_{mix}(\delta)$ 值分别为-2.56(4.99%)kJ/mol 和 3.20(1.07%)kJ/mol。他们得出结论，构型熵不足以抑制富 Cu 的 FCC 和 σ 相的形成，并且他们强调了混合焓在分析高熵合金的相稳定性中的作用。Singh 和 Subramaniam[55]研究了在 850℃ 退火 24h 后 CoFeNi、CrFeNi、CoCrFeNi、CuCoFeNi、AlCrFeNi 和 AlCuCoFeNi 中的相形成，发现仅在 CoFeNi 和 CoCrFeNi 中形成 FCC 固溶体，而在其他合金中出现不止一个相。他们得出结论，ΔH_{mix} 和 δ 可以被认为是决定无序固溶体形成的最重要参数，而 Ω 参数的作用在他们的例子中并不清楚。

最近，Gao 等人[39]研究了 16 种难熔高熵合金的经验参数和热力学性质。通过 CALPHAD 方法使用 TCNI7 数据库计算热力学性质。图 11.6 通过 Takeuchi 表[56]和 CALPHAD 预测，使用 Miedema 模型比较 ΔH_{mix}^{liq}、ΔH_{mix}^{BCC} 和 Ω 参数。总的来说，使用 Takeuchi 表[56]和 CALPHAD，ΔH_{mix}^{liq} 的一致性是非常好的，除了 NbTaTiVZr、HfNbTaTiVZr 和 HfNbTaTiZr 产生负值之外，其中 HCP 金属构成 ≥50%（原子分数）。然而，ΔH_{mix}^{BCC} 的符号和绝对值都不一定与 ΔH_{mix}^{liq} 一致：例如，九种合金表现出相反的符号，而七种合金的绝对值显示出明显的差别。尽管如此，Miedema 模型和 CALPHAD 计算都预测 MoNbTaW 具有 ΔH_{mix}^{liq} 和 ΔH_{mix}^{BCC} 的最负

值。预计 HfNbTaTiZr 具有最正的 ΔH_{mix}^{liq}，而 HfNbTaTiVZr 具有最正的 ΔH_{mix}^{BCC}。

计算出的 Ω 参数（如图 11.6b 所示）都相对较大（例如，如果使用 ΔH_{mix}^{liq}，则 $\Omega \leqslant 4.5$，如果使用 ΔH_{mix}^{BCC}，则 $\Omega \leqslant 3.6$），并且令人惊讶的是，HfMoNbTaTiVZr、HfMoNbTaTiVWZr 和 CrHfMoNbTaTiVWZr 的多相组成比 MoNbTaW 显示更大值，其具有最低的 Ω 参数，因为它具有最大的负混合焓。此外，Ω 参数显示了几种合金的液相和 BCC 相之间更明显的对比。简而言之，Ω 参数至少在这组合金中不能区分单相高熵合金与多相高熵合金，尽管它在先前的研究中表现出更好的功能，以将无序固溶体与复合材料和块状金属玻璃分离[4,19]。

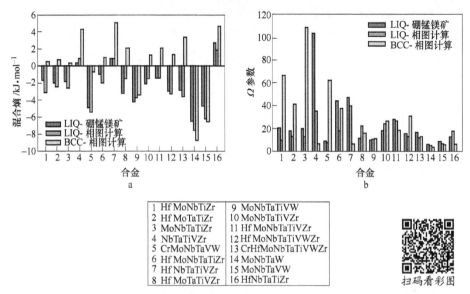

1 Hf MoNbTiZr	9 MoNbTaTiVW
2 Hf MoTaTiZr	10 MoNbTaTiVZr
3 MoNbTaTiZr	11 Hf MoNbTaTiVZr
4 NbTaTiVZr	12 Hf MoNbTaTiVWZr
5 CrMoNbTaVW	13 CrHfMoNbTaTiVWZr
6 Hf MoNbTaTiZr	14 MoNbTaW
7 Hf NbTaTiVZr	15 MoNbTaVW
8 Hf MoTaTiVZr	16 HfNbTaTiZr

扫码看彩图

图 11.6　混合焓的比较（a），16 种等摩尔难熔合金的液相和 BCC 相的 Ω 参数[39]（b）
（从 Takeuchi 表[56] 和 CALPHAD 建模中获得的经验数据均显示[39]）

所有 16 种合金的 ΔH_{mix}^{liq}、Ω 参数和 $\Delta \chi$ 与 δ 的关系如图 11.7 所示。除 HfMoNbTaTiVZr、HfMoNbTaTiVWZr 和 CrHfMoNbTaTiVWZr 之外，经预测或实验验证其他所有合金均为单相 BCC 固溶体。然而，这些图不能清楚地将这三种多相合金与 13 种固溶体合金的其余部分分开。该结果与先前的研究[47,54,55]一起证明了：（1）构型熵并不总是占主导地位；（2）这些现有的经验参数在无序固溶体形成方面不是决定性的。

值得一提的是，两个新提出的参数在高熵合金设计中可能具有重要意义，单参数（ϕ）[6]和固有残余应变模型通过均方根（RMS）残余应变 $\langle \varepsilon^2 \rangle^{1/2}$[5]。这两个参数很好地将单相高熵合金与多相合金分开。单参数 ϕ 最初由 Ye 等人定义[6]如下：

$$\phi = \frac{- R \sum\limits_{i=1}^{N} x_i \ln x_i - \left| \sum\limits_{i \neq j} 4 H_{ij} x_i x_j \right| / T_{\mathrm{m}}}{| S_{\mathrm{E}} |} \qquad (11.4)$$

式中，N 是固溶体中组分的总数；$x_i (x_j)$ 是组分 $i(j)$ 的摩尔分数；R 是理想气体常数；T_{m} 是估计的熔点；H_{ij} 是液体中混合的焓。

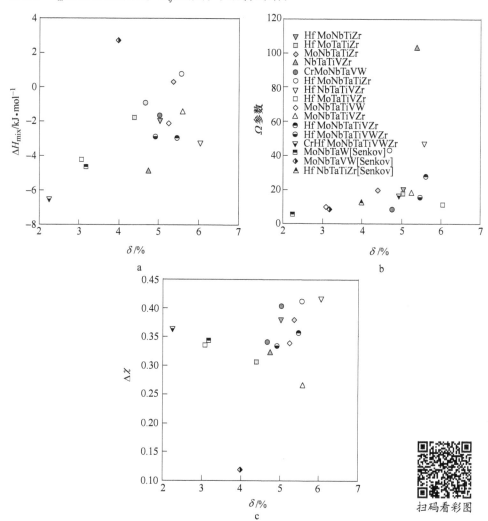

图 11.7　计算的经验参数：来自 Miedema 模型的 $\Delta H_{\mathrm{mix}}^{\mathrm{liq}}$（a）、$\Omega$ 参数（b）和 $\Delta \chi$（c）相对于 δ[39]

（注意：除了 HfMoNbTaTiVZr、HfMoNbTaTiVWZr 和 CrHfMoNbTaTiVWZr 之外，

所有合金都预测或实验验证了单相 BCC 固溶体）

使用 Miedema 模型估算等摩尔组成[56]，S_{E} 是使用硬球模型估算的过剩熵，该模型将整体填充效率视为成分，原子直径和数密度的函数[57]。ϕ 参数结合了理想

的构型熵，过量熵和混合焓，很好地将单相高熵合金与多相合金分离，如图 11.8 所示。φ 参数[6]和 Ω 参数[4,19]之间的主要区别在于前者考虑了过量熵。应该指出的是，过量的熵值和相应的 φ 参数可以根据所使用的模型而变化，并且读者可以参考第 8、第 10 和第 12 章，以获得使用 CALPHAD 和 DFT 方法获得过量熵的指导。

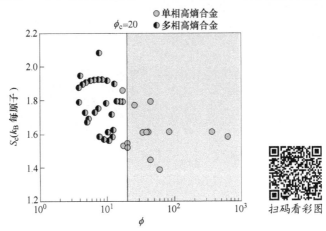

图 11.8　单相和多相的高熵合金结构熵（S_c）与 φ 参数的关系图[6]

用于计算 RMS 残余应变 $\langle \varepsilon^2 \rangle^{1/2}$ 的模型在参考文献［5］中详述，这里不再重复。图 11.9 显示单相高熵合金，多相合金和非晶合金很好地通过 RMS 残余应变分离。当 $\langle \varepsilon^2 \rangle^{1/2}$ 小于 0.05 时，单相高熵合金是有利的，而当 $\langle \varepsilon^2 \rangle^{1/2}$ 大于 0.08 时，形成非晶合金，多相合金形成在这些值之间。

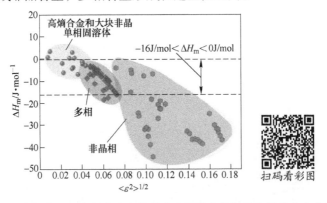

图 11.9　单相高熵合金，多相合金和非晶合金的混合热与均方根残余应变的关系图[5]

11.5　DFT 计算

经验规则使用液相混合焓，因此出现以下问题：高熵合金的形成焓如何随晶体结构变化？这又将如何影响那些现有的经验规则？使用特殊的拟随机结构（SQS）来表示固溶体（细节见第 10 章），代表性等摩尔单相高熵合金的形成焓（ΔH_f）以及 Otto 等人[47]研究的五种多相合金成分计算，结果如图 11.10 所示。对于那些单相高熵合金，FCC 和 HCP 高熵合金具有正 ΔH_f，而对于 BCC 高熵合金，ΔH_f 在 −8kJ/mol 和 +8kJ/mol 之间变化。关于原子尺寸差异（δ），它是 FCC 合金中最小的（≤1%）。或者，HCP 为 1%~4%，BCC 合金为 2%~4%。

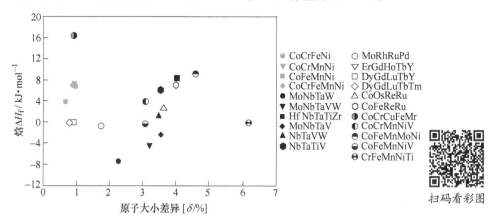

扫码看彩图

图 11.10　DFT 计算 FCC[2,7,9,10]，BCC[12,13,17] 和 HCP 中各种单相高熵合金的
形成焓（符号）[25]结构和五种合金，表现出多个相位（其他）

对于复合合金，CoCrCuFeMn 具有非常大的正 ΔH_f，为 +16kJ/mol，而 CrFeMnNiTi 具有略大的 δ，为 6.2%。另一方面，其他三种复合材料（CoFeMnNiV，CoCrMnNiV 和 CoFeMnMoNi）具有与那些单相高熵合金相似的 ΔH_f 和 δ 值，并且它们满足经验 ΔH-δ 规则。二元相图信息[24]表明：V 在 CoV、FeV、MnV 和 NiV 系统中形成非常稳定的 σ 相。因此，即使在 1000℃下退火 3 天后，也观察到 CoFeMnNiV 中 FCC 基体中存在 σ 相。显然，对于这三种复合合金，金属间化合物竞争相的焓超过固溶体相的构型熵。

简而言之，即使使用 DFT 计算的准确焓数据，ΔH-δ 规则[34]并不总是有效，特别是对于在大多数边缘二元组中形成非常稳定的金属间化合物的系统。显然，需要更严格的筛选规则，这涉及竞争相。通过 DFT 计算对 4-，5-和更高阶系统中稳定化合物的计算识别在计算上是非常艰巨的[58~61]，包括温度效应将使计算更加困难（详见第 8 章）。为了规避计算难度，Troparevsky 等人[30]提出使用在 $T = 0K$ 预测的最稳定的二元化合物来表示竞争的金属间相，并认为如果满足以下标准，将形成等摩尔单相高熵合金：

$$-RT_{crit}\sum_{i=1}^{N}x_i\ln x_i \geq |\{H_{ij}\}|_{max} \qquad (11.5)$$

式中，T_{crit} 是指可根据目标应用设定的临界温度，例如 $T_{crit} = (0.55 \sim 0.6) T_m$（其中 T_m 是合金的预测熔点）。$|\{H_{ij}\}|_{max}$ 是指系统中最稳定的二元化合物的绝对熵值。Troparevsky[30] 将这个模型应用于 Otto 等人[47] 研究的六种合金，并发现只有 CoCrFeMnNi 满足方程式（11.5），形成单相固溶体，而其他五种合金不符合方程式（11.5），结果形成多相（见图 11.11）。他们进一步将该模型用作筛选工具，并在表 11.2 中汇编了 5~7 个组分系统中的一系列新的单相高熵合金成分。

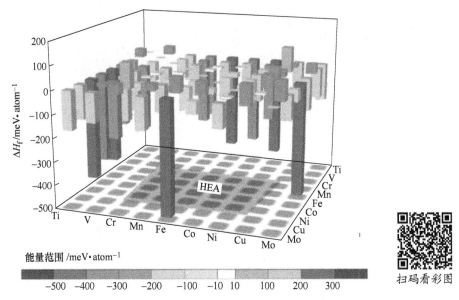

图 11.11　参考文献中研究的合金的 DFT 计算形成[30] 二元化合物的
熵的图形表示[47]（标记为 "HEA" 代表 CoCrFeMnNi)

该方法允许直接的计算机筛选，因为已经使用 DFT 方法研究了所有二元过渡金属二元系统在零度下的相稳定性，并且二元化合物的熵数据可在文献中获得。然而，该方法的显著缺点是它严重低估了可能的等摩尔单相高熵合金成分的总数。例如，在表 11.1 中通过实验验证的那些含有 Al 和 Ti 或 Al 和 Nb 的等摩尔合金成分不满足方程式（11.5）。由于最稳定的 Al-Ti 二元化合物的形成熵为 −428meV/atom[30]，因此需要在 $T \geq 1000℃$ 下使用 50 种成分的等摩尔合金，以补偿熵效应。此外，所使用的模型不能预测满足方程式（11.5）的那些合金成分的晶体结构。因此，仍然需要额外的计算工作来确定每种合金成分相对于 FCC，BCC 和 HCP 结构的相稳定性。

此外，在 Troparevsky 等人[30] 的模型预测之间，已经观察到几种五元 BCC 成分中相形成的差异，使用 TCNI7 数据库进行 CALPHAD 预测，CALPHAD 计算预测了 MoNbTaWZr 和 MoNbTaVZr 中的多相形成以及 HfMoNbTaW，HfMoNbTaV 和

HfMoNbTaTi 中的单相固溶体形成。但是，Troparevsky 等人[30]预测了前两种合金中的单一 BCC 相形成和后三种合金中的多相形成。因此，表 11.2 中未列出这五种组合物，需要未来进行的实验验证以澄清差异。

11.6　AIMD 模拟

如果相图不可用，则识别多组分系统中固溶体相的所有竞争金属间相是一项艰巨的任务。例如，在第 8 章 Widom 说明了一种预测三种四元难熔高熵合金系统相稳定性的 DFT 方法[58~60]。在凝固过程中形成金属间化合物的趋势与原子间键强度密切相关；即键越强，形成化合物的倾向越大。计算高熵合金系统中所有可能化合物的键强度并非无足轻重，因为它们依赖于晶体结构。然而液态的 AIMD 模拟可以揭示关于优选原子间键合的有用信息，这可能影响凝固过程中无序固溶体的形成[3,7,62]，同时极大地减少了计算量。先前的 AIMD 模拟[3,7,62]表明，液态 $Al_{1.25}CoCrCuFeNi$ 中的 AlNi，CrFe 和 CuCu 的优先键对可以在凝固期间分别用作成核 B2，BCC 和 FCC 相的前体。通过比较单相高熵合金，多相高熵合金和高熵大块金属玻璃之间的偏对分布函数（PDF），Zhang 等人[3,7,62]提出，缺乏强元素偏析或强有力的短程有序的液体结构将促进凝固过程中无序固溶体的形成。AIMD 模拟的另一个显著优点是与传统的 MD 模拟相比，不需要开发经验相互作用势。

此前，Gao 和同事对单相固溶体高熵合金（例如，HfNbTaTiZr[3,7]，HfNbTaTiVZr[22]，GdDyLuTbY[8]，CoOsReRu[8] 和 MoPdRhRu[8]），多相合金 $Al_{1.3}CoCrCuFeNi$[3,7,62]和高熵金属玻璃形成合金（即 CuNiPPdPt[3,7] 和 AlErDyNiTb，CuHfNiTiZr 和 BeCuNiTiZr（参见第 13 章））进行了 AIMD 模拟。所有 AIMD 模拟均使用 Vienna Ab Initio Package（VASP），在规范集合中进行，即恒定原子数目、体积和温度，原子构型弛豫和温度由 Nose-Hoover 恒温器控制[63]。使用 PAW 电位[64]和修正的 Perdew-Burke-Ernzerhof[65]梯度近似于交换相关函数。

偏 PDF 通过测量近邻对的强度与总随机分布来给出关于原子间键形成概率的信息。偏 $PDF(g_{ab})$ 使用以下公式计算：

$$g_{ab}(r) = \frac{V}{N_a N_b} \frac{1}{4\pi r^2} \sum_{i=1}^{N_a} \sum_{j=1}^{N_b} \langle \delta(|r_{ij}| - r) \rangle \tag{11.6}$$

式中，V 是超晶胞的体积；N_a 和 N_b 是元素 a 和 b 的数量；$|r_{ij}|$ 是元素 a 和 b 之间的距离，括号 $\langle \rangle$ 表示不同构型的时间平均值。

在 1800℃ 的液体中的四个 FCC 高熵合金的偏 PDF 显示在图 11.12 中。除了 CrCr 对之外，第一最近邻（FNN）的峰值强度都是可比较的。CrCr 对具有最低的峰强度，表明 Cr 优先与其他元素而不是其自身成键。换句话说，Cr 优先不在液体中分离，这与使用 DFT 方法预测的固态 CoCrFeNi 和 CoCrFeMnNi 中的原子结构一致（详见第 10 章）。NiNi 对的峰强度略高于其他对（图 11.12）。

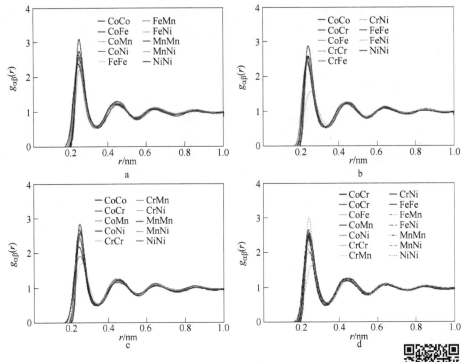

图 11.12　AIMD 模拟 FCC 高熵合金的偏 PDF（$T=1800℃$）:
CoFeMnNi（a），CoCrFeNi（b），CoCrMnNi（c）和 CoCrFeMnNi（d）

扫码看彩图

　　液体中两种 BCC 高熵合金（即 MoNbTaVW 和 HfNbTaTiZr）的
偏 PDF 显示在图 11.13 中。对于 MoNbTaVW，MoTa 和 TaW 对的 FNN 峰强度略
高于另一对。对于 HfNbTaTiZr，尽管 TaTa、HfTa 和 NbTa 对的强度略高于其他
对，但 FNN 峰强度在所有对中都是比较强的（图 11.13）。

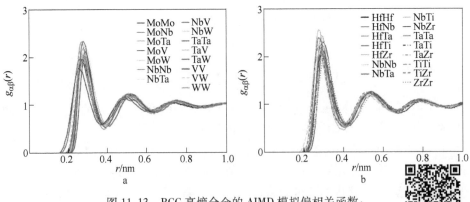

图 11.13　BCC 高熵合金的 AIMD 模拟偏相关函数:
$T=3100℃$ 时的 MoNbTaVW（a）和 $T=2500℃$ 时的 HfNbTaTiZr（b）

扫码看彩图

图 11.14 比较了三种代表性 HCP 高熵合金的熔体偏 PDF，即 DyGdLuTbY，CoOsReRu 和 MoPdRhRu。DyGdLuTbY 和 CoOsReRu 合金在其组成二元相图中都显示出同晶 HCP 固溶体。正如所料，DyGdLuTbY 的所有部分 PDF 在 FNN 峰强度和对距离方面几乎没有变化，至于 CoOsReRu，除了 g_{CoCo} 和 g_{ReRe} 略低之外，FNN 峰强度似乎非常均匀。MoPdRhRu 包含过渡金属元素，其形成中间 HCP 相，在 Mo-M（M=Pd，Rh，Ru）二元中间具有大的成分均匀性。液体 MoPdRhRu 的偏 PDF 的 FNN 峰强度除 MoMo 对之外的所有对也是可比较的。g_{MoMo} 的峰值明显低于其他对，表明 Mo 更倾向于与 Pd，Rh 或 Ru 成键而不是与其自身成键，这与相应的二元相图一致。AIMD 模拟结果表明：DyGdLuTbY 和 CoOsReRu 缺乏强烈的化学有序或偏析，而 Mo 更倾向于与 MoPdRhRu 中的其他元素结合（图 11.14）。

与上述用于单相高熵合金的偏 PDF 相比，在 AlCoCrFeNi 和 Al$_{1.25}$CoCrCuFeNi 中，在 1800℃ 下可以看到对相关性的显著偏好，如图 11.15 所示。对于 AlCoCrFeNi，

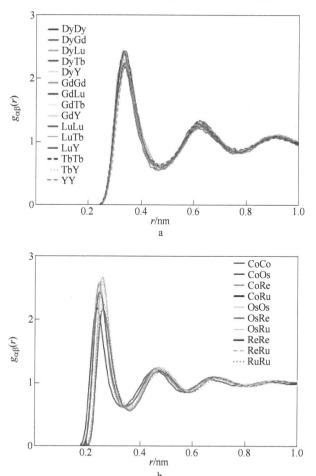

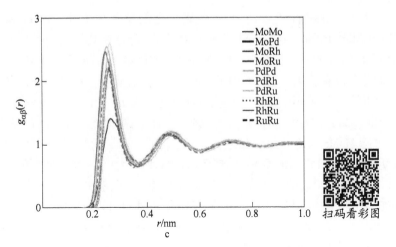

图 11.14　从 AIMD 模拟预测的偏 PDFs：1800℃的 GdDyLuTbY（a），

2800℃的 CoOsReRu（b）和 2800℃的 MoPdRhRu[8]（c）

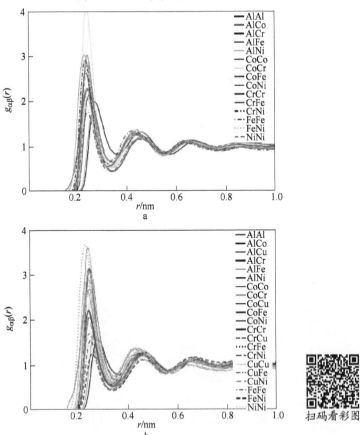

图 11.15　AIMD 模拟了 AlCoCrFeNi（a）和 Al$_{1.25}$CoCrCuFeNi（b）在 T = 1800℃的偏 PDF

最优选的对是 AlNi，其次是 AlCo 和 CrFe。最不利的相互作用是 CrNi 对，其次是 FeNi 和 AlAl 对。对于 $Al_{1.25}CoCrCuFeNi$，优选的对相关性是 CrFe，AlNi 和 CuCu，最不利的是 CrCu 对，接着是 CuFe 和 AlAl 对。这些结果表明，对于两种合金，在液体中存在 AlNi，CoCr 和 CrFe 对的优选短程有序，而 Cu 在 $Al_{1.25}CoCrCuFeNi$ 中具有很强的偏析倾向。这些在液体原子尺度上预测的结构特征与在两种合金和两种合金与富 Cu 的 FCC 相[62,66,68] 的 $Al_{1.25}CoCrCuFeNi$ 的凝固过程中形成 B2-NiAl[62,66] 和富（Cr-Co-Fe）的 BCC 相[62,67] 实验观察一致。Tong 等人[68] 的早期实验研究也证实了所研究的所有 7 种 $Al_xCoCrCuFeNi(x \leqslant 3)$ HEAs 中的 Cu 偏析，表明在固化状态下枝晶间区域的 Cu 含量可高达 78.5%（原子分数）（图 11.15）。

11.7 总结和展望

本章介绍了可用于设计单相高熵合金的各种方法，包括 CALPHAD 建模，相图筛查，经验参数，DFT 计算和 AIMD 仿真。对现有的等摩尔单相高熵合金进行了评估，并使用这些方法提出了新的合金成分。尽管它们在尺度和方法上存在明显差异，但这五种方法指出了高熵合金设计中的一些共同指导原则。减少混合焓（即接近零），低原子尺寸差异，高构型熵（$\geqslant 1.5R$），以及大多数二元体中缺乏非常稳定的金属间化合物有利于在多组分中形成无序固溶体相合金系统。然而，减少液体中混合的焓并不一定伴随着非常稳定的金属间化合物的缺失，这基本上解释了为什么这些现有的经验规则（涉及 ΔS，ΔH，δ，$\Delta \chi$ 和 Ω 参数）可能并不总是起作用。然而，最近提出的单个 ϕ 参数和均方根残余应变在从多相合金和块状金属玻璃中分离单相高熵合金方面显示出巨大的希望，并且值得进一步利用，诸如 DFT 的更多物理基础方法。

本章涉及的五种方法有各自的优点和缺点。CALPHAD 建模可以被认为是合金设计的最直接的方法，因为它涉及系统的吉布斯自由能的全局最小化作为温度和成分的函数，但它受到数据库可靠性的影响，涵盖了高熵合金的所有边缘二元组和三元组系统。筛查实验二元和三元相图可以为形成固溶体中元素的正确组合提供有用的指导，并且是一种强大的筛选工具，其寻找同晶固溶体，大的末端溶解度和大均匀度范围的中间相。一些引人注目的例子包括 DyErGdHoLuScSmTbTmY 系统中的大量单 HCP 相（974）HEAs 和 Mo-Nb-Re-Ta-Ti-V-W 中的单个 BCC 相（64）HEA 系统，等摩尔组成。然而，尚不清楚边缘二元/三元将如何扩展到更高阶系统或高阶系统中是否存在其他可能的金属间化合物。迄今为止，只有一小部分三元相图经过实验研究。

DFT 筛选方法通过方程式（11.5）使用 DFT 计算的文献中可用的二元化合物的焓数据进行筛选，但这种方法严重低估了单相 HEAs 的总数。仍有待开发基于 DFT 方法的更强大的筛选工具。液体中的 AIMD 模拟可用于间接关联固溶体相形成,液体中预测的原子结构可用于快速识别短程有序/分离的强度(如果存在于系统中)。因此,AIMD 模拟可以提供补充信息以补充 CALPHAD 建模和相图筛查的不足。由于一方面计算限制和另一方面是原子在低势能位点的捕获,直接利用 AIMD 模拟固态相变仍然是一个重大障碍。因此,混合蒙特卡罗/分子动力学模拟(详见第 8 章和第 10 章)在快速达到平衡状态方面可能非常有用。

参 考 文 献

[1] Yeh J W, Chen S K, Lin S J, Gan J Y, Chin T S, Shun T T, Tsau C H, Chang S Y (2004). Nanostructured high-entropy alloys with multiple principal elements: novel alloy design concepts and outcomes. Adv Eng Mat, 6 (5): 299-303. doi: 10. 1002/adem. 200300567.

[2] Cantor B, Chang I T H, Knight P, Vincent A J B (2004). Microstructural development in equiatomic multicomponent alloys. Mat Sci Eng. A, 375-377: 213-218. doi: 10. 1016/j. msea. 2003. 10. 257.

[3] Zhang Y, Zuo T T, Tang Z, Gao M C, Dahmen K A, Liaw P K, Lu Z P (2014). Microstructures and properties of high-entropy alloys. Prog Mat Sci, 61: 1-93. doi: 10. 1016/j. pmatsci. 2013. 10. 001.

[4] Zhang Y, Lu Z P, Ma S G, Liaw P K, Tang Z, Cheng Y Q, Gao M C (2014). Guidelines in predicting phase formation of high-entropy alloys. MRS Commun, 4 (2): 57-62. doi: 10. 1557/mrc. 2014. 11.

[5] Ye Y F, Liu C T, Yang Y (2015). A geometric model for intrinsic residual strain and phase stability in high entropy alloys. Acta Mater, 94: 152-161. doi: 10. 1016/j. actamat. 2015. 04. 051.

[6] Ye Y F, Wang Q, Lu J, Liu C T, Yang Y (2015). Design of high entropy alloys: a singleparameter thermodynamic rule. Scr Mater, 104: 53-55. doi: 10. 1016/j. scriptamat. 2015. 03. 023.

[7] Gao M C, Alman D E (2013). Searching for next single-phase high-entropy alloy compositions. Entropy, 15: 4504-4519. doi: 10. 3390/e15104504.

[8] Gao M C, Zhang B, Guo S M, Qiao J W, Hawk J A (2016). High-entropy alloys in hexagonal close packed structure. Metall Mater Trans A (in press). doi: 10. 1007/s11661-015-3091-1.

[9] Lucas M S, Wilks G B, Mauger L, Munoz J A, Senkov O N, Michel E, Horwath J, Semiatin S L, Stone M B, Abernathy D L, Karapetrova E (2012). Absence of long-range chemical ordering in equimolar FeCoCrNi. Appl Phys Lett, 100 (25): 251907-251904. doi: http: //dx. doi. org/10. 1063/1. 4730327.

[10] Wu Z, Bei H, Otto F, Pharr G M, George E P (2014). Recovery, recrystallization, grain growth and phase stability of a family of FCC-structured multi-component equiatomic solid solution alloys. Intermetallics, 46: 131-140. doi: 10. 1016/j. intermet. 2013. 10. 024.

[11] Lucas M S, Mauger L, Munoz J A, Xiao Y, Sheets A O, Semiatin S L, Horwath J, Turgut

Z (2011). Magnetic and vibrational properties of high-entropy alloys. J Appl Phys, 109 (7) 07E307. doi: 10.1063/1.3538936.

[12] Senkov O N, Wilks G B, Miracle D B, Chuang C P, Liaw P K (2010). Refractory high-entropy alloys. Intermetallics, 18 (9): 1758-1765. doi: 10.1016/j.intermet.2010.05.014.

[13] Senkov O N, Wilks G B, Scott J M, Miracle D B (2011). Mechanical properties of $Nb_{25}Mo_{25}Ta_{25}W_{25}$ and $V_{20}Nb_{20}Mo_{20}Ta_{20}W_{20}$ refractory high entropy alloys. Intermetallics, 19 (5): 698-706. doi: 10.1016/j.intermet.2011.01.004.

[14] Yang X, Zhang Y, Liaw P K (2012). Microstructure and compressive properties of $NbTiVTaAl_x$ high entropy alloys. Iumrs International Conference in Asia, 36: 292-298. doi:10.1016/j.proeng. 2012.03.043.

[15] Senkov O N, Senkova S V, Miracle D B, Woodward C (2013). Mechanical properties of low-density, refractory multi-principal element alloys of the Cr-Nb-Ti-V-Zr system. Mater Sci Eng A Struct Mater Prop Microstruct Proc, 565: 51-62. doi: 10.1016/j.msea.2012.12.018.

[16] Wu Y D, Cai Y H, Wang T, Si J J, Zhu J, Wang Y D, Hui X D (2014). A refractory $Hf_{25}Nb_{25}Ti_{25}Zr_{25}$ high-entropy alloy with excellent structural stability and tensile properties. Mater Lett, 130: 277-280. doi: 10.1016/j.matlet.2014.05.134.

[17] Senkov O N, Scott J M, Senkova S V, Miracle D B, Woodward C F (2011). Microstructure and room temperature properties of a high-entropy TaNbHfZrTi alloy. J Alloys Compd, 509 (20): 6043-6048. doi: 10.1016/j.jallcom.2011.02.171.

[18] Gorr B, Azim M, Christ H J, Mueller T, Schliephake D, Heilmaier M (2015). Phase equilibria, microstructure, and high temperature oxidation resistance of novel refractory high-entropy alloys. J Alloys Compd, 624: 270-278. doi: 10.1016/j.jallcom.2014.11.012.

[19] Zhang Y, Yang X, Liaw P K (2012). Alloy design and properties optimization of high-entropy alloys. JOM, 64 (7): 830-838. doi: 10.1007/s11837-012-0366-5.

[20] Bei H (2013). Multi-component solid solution alloys having high mixing entropy. USA Patent US 2013/0108502 A1, 2 May 2013.

[21] Zhang B, Gao M C, Zhang Y, Guo S M (2016). Senary refractory high-entropy alloy Cr_xMoNbTaVW. CALPHAD, 51: 193-201.

[22] Gao M C, Zhang B, Yang S, Guo S M (2016). Senary refractory high-entropy alloy HfNbTaTiVZr. Metall Mater Trans A (in press). doi: 10.1007/s11661-015-3105-z.

[23] Zhang B, Gao M C, Zhang Y, Yang S, Guo S M (2015). Senary refractory high-entropy alloy MoNbTaTiVW. Mat Sci Tech, 31: 1207-1213. doi: 10.1179/1743284715Y.0000000031.

[24] Okamoto H (2000). Desk handbook: phase diagrams for binary alloys. ASM International, Materials Park, OH 44073.

[25] Takeuchi A, Amiya K, Wada T, Yubuta K, Zhang W (2014) High-entropy alloys with hexagonal close-packed structure designed by equi-atomic alloy strategy and binary phase diagrams. JOM, 66 (10): 1984-1992. doi: 10.1007/s11837-014-1085-x.

[26] Feuerbacher M, Heidelmann M, Thomas C (2014). Hexagonal high-entropy alloys. Mat Res Lett. doi: 10.1080/21663831.2014.951493.

[27] Youssefa K M, Zaddach A J, Niu C, Irving D L, Koch C C (2015). A novel low-density, highhardness, high-entropy alloy with close-packed single-phase nanocrystalline structures. Mater Res Lett, 3(2): 95-99. doi: http: //dx. doi. org/10. 1080/21663831. 2014. 985855.

[28] Kozak R, Alla Sologubenko A, Steurer W (2014). Single-phase high-entropy alloys-an overview. Z Kristallogr, 230(1): 55-68. doi: 10. 1515/zkri-2014-1739.

[29] Stepanov N D, Shaysultanov D G, Salishchev G A, Tikhonovsky M A (2015). Structure and mechanical properties of a light-weight AlNbTiV high entropy alloy. Mater Lett, 142: 153-155. doi: 10. 1016/j. matlet. 2014. 11. 162.

[30] Troparevsky M C, Morris J R, Kent P R C, Lupini A R, Stocks G M (2015). Criteria for predicting the formation of single-phase high-entropy alloys. Phys Rev X, 5 (1): 011041. doi: 10. 1103/PhysRevX. 5. 011041.

[31] Paschoal J O A, Kleykamp H, Thummler F (1983). Phase-equilibria in the quaternary molybdenum-ruthenium-rhodium-palladium system. Z Metallkd, 74 (10): 652-664.

[32] Feuerbacher M, Heidelmann M, Thomas C (2014). Hexagonal high-entropy alloys. Mater Res Lett, 3: 1-6. doi: 10. 1080/21663831. 2014. 951493.

[33] Yong L, Ma S G, Gao M C, Zhang C, Zhang T, Yang H, Wang Z, Qiao J W (2015). Tribological properties of AlCrCuFeNi$_2$ high-entropy alloy in different conditions. Metall Mater Trans A (in press). doi: 10. 1007/s11661-016-3396-8.

[34] Zhang Y, Zhou Y J, Lin J P, Chen G L, Liaw P K (2008). Solid-solution phase formation rules for multi-component alloys. Adv Eng Mat, 10 (6): 534-538. doi:10. 1002/adem. 200700240.

[35] Guo S, Ng C, Lu J, Liu C T (2011). Effect of valence electron concentration on stability of fcc or bcc phase in high entropy alloys. J Appl Phys, 109 (10): 103505. doi:10. 1063/1. 3587228.

[36] Poletti M G, Battezzati L (2014). Electronic and thermodynamic criteria for the occurrence of high entropy alloys in metallic systems. Acta Mater, 75: 297-306. doi: 10. 1016/j. actamat. 2014. 04. 033.

[37] Miedema A R, De Boer F R, Boom R (1977). Model predictions for the enthalpy of formation of transition metal alloys. CALPHAD, 1 (4): 341-359. doi: 10. 1016/0364-5916 (77) 90011-6.

[38] Yang X, Chen S Y, Cotton J D, Zhang Y (2014). Phase stability of Low-density, multiprincipal component alloys containing aluminum, magnesium, and lithium. JOM, 66(10): 2009-2020. doi: 10. 1007/s11837-014-1059-z.

[39] Gao M C, Carney C S, Doǧan Ö N, Jablonksi P D, Hawk J A, Alman D E (2015). Design of refractory high-entropy alloys. JOM, 67 (11): 2653-2669. doi: 10. 1007/s11837-015-1617-z.

[40] Guo S, Ng C, Wang Z J, Liu C T (2014). Solid solutioning in equiatomic alloys: limit set by topological instability. J Alloys Compd, 583: 410-413. doi: 10. 1016/j. jallcom. 2013. 08. 213.

[41] Zhang F, Zhang C, Chen S L, Zhu J, Cao W S, Kattner U R (2014). An understanding of high entropy alloys from phase diagram calculations. CALPHAD, 45: 1-10.

[42] Zhang C, Zhang F, Chen S L, Cao W S (2012). Computational thermodynamics aided high-

entropy alloy design. JOM, 64 (7): 839-845. doi: 10.1007/s11837-012-0365-6.

[43] Senkov O N, Miller J D, Miracle D B, Woodward C (2015). Accelerated exploration of multiprincipal element alloys with solid solution phases. Nature Commun, 6 (1-10): 6529. doi: 10.1038/ncomms7529.

[44] Lu Y, Dong Y, Guo S, Jiang L, Kang H, Wang T, Wen B, Wang Z, Jie J, Cao Z, Ruan H, Li T (2014). A promising new class of high-temperature alloys: eutectic high-entropy alloys. Sci Rep, 4: 1-5. doi: 10.1038/srep06200.

[45] Liu S, Gao M C, Liaw P K, Zhang Y (2015). Microstructures and mechanical properties of $Al_x CrFeNiTi_{0.25}$ alloys. J Alloys Compd, 619: 610-615, doi: http://dx.doi.org/10.1016/j.jallcom.2014.09.073.

[46] Miracle D B, Miller J D, Senkov O N, Woodward C, Uchic M D, Tiley J (2014). Exploration and development of high entropy alloys for structural applications. Entropy, 16: 494-525.

[47] Otto F, Yang Y, Bei H, George E P (2013). Relative effects of enthalpy and entropy on the phase stability of equiatomic high-entropy alloys. Acta Mater, 61: 2628-2638. doi: 10.1016/j.actamat.2013.01.042.

[48] Pandat™ Thermodynamic Calculations and Kinetic Simulations. CompuTherm LLC, Madison, WI 53719, USA. http://www.computherm.com.

[49] Scheil E (1942). Comments on the layer crystal formation. Z Metallkd, 34: 70-72.

[50] Gulliver G H (1913). The quantitative effect of rapid cooling upon the constitution of binary alloys. J Ins Met, 9: 120-157.

[51] Middleburgh S C, King D M, Lumpkin G R (2015). Atomic scale modelling of hexagonal structured metallic fission product alloys. R Soc Open Sci, 2: 140292. doi: http://dx.doi.org/10.1098/rsos.140292.

[52] Cotton J D (2014). Forget entropy: an informatics approach to identifying useful complex alloy compositions, presentation at Compositionally complex alloys workshop, Munich, Germany, July 16-18, 2014.

[53] ASM Alloy Phase Diagram Database. http://www1.asminternational.org/asmenterprise/apd/.

[54] Praveen S, Murty B S, Kottada R S (2012). Alloying behavior in multi-component AlCoCrCuFe and NiCoCrCuFe high entropy alloys. Mat Sci Eng A, 534: 83-89. doi: 10.1016/j.msea.2011.11.044.

[55] Singh A K, Subramaniam A (2014). On the formation of disordered solid solutions in multicomponent alloys. J Alloys Compd, 587: 113-119. doi: 10.1016/j.jallcom.2013.10.133.

[56] Takeuchi A, Inoue A (2005). Classification of bulk metallic glasses by atomic size difference, heat of mixing and period of constituent elements and its application to characterization of the main alloying element. Mater Trans, 46 (12): 2817-2829. doi: 10.2320/matertrans.46.2817.

[57] Ye Y F, Wang Q, Lu J, Liu C T, Yang Y (2015). The generalized thermodynamic rule for phase selection in multicomponent alloys. Intermetallics, 59: 75-80. doi: 10.1016/j.intermet.2014.12.011.

[58] Mihalkovič M, Widom M (2004). Ab initio calculations of cohesive energies of Fe-based glass-

forming alloys. Phys Rev B, 70 (14): 144107. doi: 10. 1103/PhysRevB. 70. 144107.

[59] Widom M, Huhn W P, Maiti S, Steurer W (2014) Hybrid Monte Carlo/molecular dynamics simulation of a refractory metal high entropy alloy. Metall Mater Trans A, 45A (1): 196-200. doi: 10. 1007/s11661-013-2000-8.

[60] Huhn W P, Widom M, Cheung A M, Shiflet G J, Poon S J, Lewandowski J (2014). Firstprinciples calculation of elastic moduli of early-late transition metal alloys. Phys Rev B, 89 (10). doi: 10. 1103/PhysRevB. 89. 104103.

[61] Ganesh P, Widom M (2008). Ab initio simulations of geometrical frustration in supercooled liquid Fe and Fe-based metallic glass. Phys Rev B, 77 (1): 014205. doi: 10. 1103/PhysRevB. 77. 014205.

[62] Santodonato L J, Zhang Y, Feygenson M, Parish C M, Gao M C, Weber R J K, Neuefeind J C, Tang Z, Liaw P K (2015). Deviation from high-entropy configurations in the atomic distributions of a multi-principal-element alloy. Nature Commun, 6: 5964. doi: 10. 1038/ncomms6964.

[63] Nose S (1984). A unified formulation of the constant temperature molecular-dynamics methods. J Chem Phys, 81 (1): 511-519.

[64] Blochl P E (1994). Projector augmented-wave method. Phys Rev B, 50 (24): 17953. doi: http: //dx. doi. org/10. 1103/PhysRevB. 50. 17953.

[65] Perdew J P, Ruzsinszky A, Csonka G I, Vydrov O A, Scuseria G E, Constantin L A, Zhou X L, Burke K (2008). Restoring the density-gradient expansion for exchange in solids and surfaces. Phys Rev Lett, 100 (13): 136406. doi: 136406 10. 1103/PhysRevLett. 100. 136406.

[66] Singh S, Wanderka N, Murty B S, Glatzel U, Banhart J (2011). Decomposition in multicomponent AlCoCrCuFeNi high-entropy alloy. Acta Mater, 59 (1): 182-190. doi: 10. 1016/j. actamat. 2010. 09. 023.

[67] Singh S, Wanderka N, Kiefer K, Siemensmeyer K, Banhart J (2011). Effect of decomposition of the Cr-Fe-Co rich phase of AlCoCrCuFeNi high entropy alloy on magnetic properties. Ultramicroscopy, 111 (6): 619-622. doi: 10. 1016/j. ultramic. 2010. 12. 001.

[68] Tong C J, Chen Y L, Chen S K, Yeh J W, Shun T T, Tsau C H, Lin S J, Chang S Y (2005). Microstructure characterization of Al$_x$CoCrCuFeNi high-entropy alloy system with multi-principal elements. Metall Mat Trans A, 36A (4): 881-893. doi: 10. 1007/s11661-005-0283-0.

12 高熵合金的 CALPHAD 模型

<<<<<<<<<<<<<<<<<<<<<<<<<<<<<<<<<<<<<<<<<<<<<<<<<<<<<<<<<<<<<<<<

摘　要： 相图是理解高熵合金形成的关键。本章首先介绍了 CALPHAD
（相图计算的首字母缩写）方法的基础知识，然后详细介绍了高熵合金自
洽热力学数据库的开发过程。为 AlCoCrFeNi 系统开发的一个自洽的热力
学数据库（PanHEA），涵盖了所有二元和三元的完整成分范围，对未来的
高熵合金设计和加工优化非常有用。然后使用 TCNI7 系统从热力学观点出
发，给出了三个高熵合金系统相的形成：CoCrFeMnNi，AlCoCrFeNi，以及
MoNbTaTiVW。FCC 系统显示出大的正过剩熵，而 BCC 系统显示出小的负过剩
剩熵，并且这些结果与第 10 章"特殊准随机结构在高熵合金中的应用"中
第一原理计算预测的混合振动熵一致。向 CoCrFeNi 中添加 Al 可以通过主要
的焓效应稳定 BCC 相。本研究表明，构型熵并不总是占主导地位，需要在
相稳定性方面考虑焓和竞争相。然后针对几种合金的情况提出了 CALPHAD
在高熵合金设计和微观结构发展中的应用，并且观察到建模计算和实验结
果之间的令人满意的一致性，预测 AlCoCrFeNi 系统的各种等温线和等值线。
关于 CALPHAD 开发的未来前景，包括与高熵合金相关的短程排序和动力
学数据库开发都在本章中涉及。

关键词： 单相　多相　混合焓　混合熵　吉布斯混合能　过剩熵　CAL-
PHAD　相图　热力学数据库　动力学　相变　固化　无序固溶体　溶解性
面心立方（FCC）　密排六方（HCP）　体心立方（BCC）　相稳定性
合金设计　高熵合金（HEAs）

12.1　简介

高熵合金（HEA）[1,2]概念的核心是在等摩尔成分中具有多种主元素的固溶
体合金中的理想构型熵的最大化。这不同于传统的合金设计，传统的合金设计通
常基于一个或至多两个关键元素。然而，迄今为止，文献中报道的绝大多数具有
多种主要元素的合金含有多个相，而只有那些精心挑选的成分才能形成单相固溶
体[3]。从周期表中任意混合元素不会形成单相固溶体而是复合结构。例如，
Cantor 等人[4]研究了等摩尔比的 20 和 16 组分合金，发现两种合金都含有多相，
并且在铸态和包带状态下是脆性的。虽然他们成功地制造了 CoCrFeMnNi 的单相
FCC 合金，但他们尝试添加额外的 1~4 种元素时都失败了。Otto 等人[5]通过使

用化学相似的元素一次更换一种元素，基于 CoCrFeMnNi 的组成研究了五种合金，但是所有五种新合金在铸态下都由多相组成。这些实验表明，构型熵不能（至少不总是）在确定相稳定性以及合金的微观结构中起主导作用。

另一方面，建立高熵合金形成的通用规则并非易事，其涉及许多经验参数，包括原子尺寸差异，熵和价电子浓度（VEC），详见第 2 章。尽管这些经验规则有用，但他们可能无法令人信服地解释 Cantor[4]，Otto[5] 和其他人的实验。实际上，表示材料中相稳定性的最直观的方式是它的相图[6~8]。因此，理解 HEA 形成的一个合理关键可能是 Zhang[9,10]，Gao 和 Alman[3] 等人指出的相图。

相图通常使用平衡实验确定，然后使用衍射和显微镜技术进行热分析和相鉴定，因此对于高阶系统而言可能昂贵且耗时。CALPHAD 方法[11,12] 使得获得多组分相图，这种方法不仅用于相关领域的基础材料研究，例如凝固和固态转变，而且还用于合金设计和加工开发与改进。基于众所周知的热力学定律，当系统在给定的成分，温度和压力下达到最低的吉布斯能量时，系统达到平衡。如果吉布斯能量（作为压力，温度和成分的函数）对于各个相是已知的，则可以通过能量最小化程序计算系统的平衡状态。

CALPHAD 方法的一个重要优点是能够通过从其成分的低阶系统（例如，二元和三元系统）进行外推来预测高阶相图。这对于工业合金系统特别有用，工业合金系统通常是多组分系统并且缺乏足够的实验数据。例如，Haynes 282 具有约 57%（质量分数）的 Ni，其中添加了各种量的 Cr，Co，Mo，Ti，Al，Fe，Mn，Si，C 和 B 的合金元素。不锈钢 316 以 Fe 为主要元素，含有 Cr，Ni，Mo，Mn，C 和 N 等合金元素。与完整的试错法相比，多组分相图的预测可以反过来减少在温度，成分和压力空间中确定完整相图所需的实验数量。CALPHAD 方法的应用需要计算软件和热力学数据库。在过去的三十年中，已有几种商业软件包，如 Pandat™[13]，Thermo-Calc[14]，FactSage[15] 等。对一致的多组分热力学数据库的需求稳步增长。本章主要使用两个数据库：PanHEA[13] 和 TCNI7[14]。PanHEA 包含 AlCoCrCuFeMnNi 的所有二元和三元组成，而 TCNI7 包含对 Ni 基合金所有重要的二元系统和有限的三元系统。

在本章中，我们首先提供有关 CALPHAD 方法的简明描述，然后是针对高熵合金系统定制的优化过程。然后我们证明了在众所周知的 CoCrFeMnNi FCC 高熵合金系统相中高熵合金形成的热力学分析。随着系统中组元数量的增加，σ 相变得不稳定。我们分析了关键相中吉布斯自由能，焓和熵的混合行为，并重点分析了过剩熵。然后通过向 CoCrFeNi 系统中添加 Al 引入对比的实例，Al 的加入使 FCC 固溶体不稳定同时稳定 BCC 相。然后将类似的热力学分析应用于 BCC MoNbTaTiVW 六元高熵合金系统，以说明 C15 Laves 相如何通过 BCC 相的熵变得不稳定。然后介绍了 CALPHAD 建模在几种高熵合金系统微观结构演变中的应用。最后，我们介绍了高熵合金的 CALPHAD 建模展望，例如解决短程有序和开发移动数据库，然后得出结论。

12.2 CALPHAD 方法

CALPHAD 方法[11]采用现象学方法获得多组分系统的自洽热力学描述，如图12.1 所示。术语"热力学数据库"意味着已经组装了大量二元和三元系统的吉布斯能量的参数，这些参数对于预测成分范围是重要的。开发多组分系统的热力学数据库的第一步是从文献中收集低阶系统的热化学和相平衡数据，通常是二元和三元系，但是，如果没有这样的数据，则有必要设计和进行实验。在这方面，从第一性原理计算获得的热力学数据将有助于补充实验数据。然后通过优化程序确定所涉及的相的模型参数。如果可用的实验数据非常有限，那么始终注意确保这些吉布斯能量参数在物理上是真实可信的，而不是完全依赖于优化[7]，这一点尤为重要。

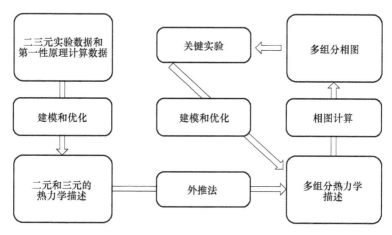

图 12.1 CALPHAD 或现象学方法用于获得多组分系统的热力学描述

一旦获得了低阶构成系统（通常是二元和三元）的可靠热力学描述，高阶热力学数据库可以通过外推法作为第一步实现[16]。事实上，丰富的经验表明，可以从低阶系统的那些中获得对四元系统的可靠描述。如果存在新的四元相形式，则需要通过优化程序提供与数据库一致的吉布斯自由能描述，但是，如果外推和实验相图之间的一致性令人不满意，则可能需要重新调整二元和三元系统，需要特别高度关注在一些组成二元和三元组内不稳定或亚稳定的"假设"阶段的吉布斯能量描述，并在第 12.5 节中给出更多的讨论。

传统上用于特定材料系统的多组分热力学数据库，例如铝合金，钢或镍基超合金，仅关注富含关键元素的部分。然而，适用于高熵合金的热力学数据库需要覆盖其整个成分范围，因为高熵合金的组成位于多维成分空间的中心。与具有相同数量组分的传统合金化系统相比，这需要更多努力来开发高熵合金热力学数据库。需要选择适当的热力学模型以描述高熵合金系统中涉及的所有相的吉布斯能量。

12.2.1　要素

具有一定结构 φ 的纯元素 i 的吉布斯能量，在室温下称其为标准状态的焓，通过用以下等式描述为温度的函数：

$$^0G_i^\varphi(T) = a + bT + cT\ln T + dT^2 + eT^3 + fT^{-1} + gT^7 + hT^{-9} \tag{12.1}$$

式中，系数 a、…、h 的值取自 Dinsdale[17]。

对于显示磁有序的元素，例如 Ni，在方程式（12.1）右侧的摩尔吉布斯能量上增加了一个附加项 $^{mag}G_m^\varphi$：

$$^{mag}G_m^\varphi = RT\ln(\beta^* + 1)f\left(\frac{T}{T^*}\right) \tag{12.2}$$

式中，T^* 是磁有序的临界温度；β^* 是玻尔磁子中表示的元素每个原子的平均磁矩。系数 β^* 的值和函数 f 的表达式也取自 Dinsdale[17]。

12.2.2　替代解决方案模型

高熵合金系统中最常见的溶液相是液体，BCC，FCC 和 HCP。无论溶液中组分的数量如何，每个溶液相中的所有组分均匀分布在该相中，而与其的偏差由过剩自由能描述。固溶体相（φ）的摩尔吉布斯能量描述为：

$$G_m^\varphi = {}^{ref}Gm_m^\varphi + {}^{id}G_m^\varphi + {}^{ex}Gm_m^\varphi + {}^{mag}Gm_m^\varphi \tag{12.3}$$

术语 $^{ref}G_m^\varphi$ 定义了一个参考，即：

$$^{ref}G_m^\varphi = \sum_i x_i \cdot {}^0Gm_m^\varphi \tag{12.4}$$

式中，x_i 是元素 i 的摩尔分数；而数量 $^0G_i^\varphi$ 是具有结构 φ 的元素 i 的摩尔吉布斯能量。术语 $^{ex}G_m^\varphi$ 描述了非磁性状态下相的过剩自由能，并且需要额外的术语 $^{mag}G_m^\varphi$ 来描述由于合金的磁性贡献引起的过量。

术语 $^{id}G_m^\varphi$ 与摩尔理想构型熵有关，即：

$$^{id}G_m^\varphi = RT \sum_i x_i \ln x_i \tag{12.5}$$

并且对于五元系统，非磁性过剩吉布斯能量 $^{ex}G_m^\varphi$ 是：

$$^{ex}G_m^\varphi = \sum_{i\neq j} x_i x_j L_{i,j}^\varphi + \sum_{i\neq j\neq k} x_i x_j x_k L_{i,j,k}^\varphi + \sum_{i\neq j\neq k\neq l} x_i x_j x_k x_l L_{i,j,k,l}^\varphi + x_i x_j x_k x_l x_m L_{i,j,k,l,m}^\varphi$$

$$\tag{12.6}$$

三个总结在所有组元上完成，并分别考虑非磁性状态下的二元、三元和四元过剩自由能贡献。项 $L_{i,j}^\varphi$、$L_{i,j,k}^\varphi$、$L_{i,j,k,l}^\varphi$ 和 $L_{i,j,k,l,m}^\varphi$ 分别是来自组成二元，三元和五元的相互作用参数。

二元交互参数 $L_{i,j}^{\varphi}$ 可以用多项式描述，该多项式最常见的是具有温度相关系数的 Redlich-Kister 多项式[18]，如下：

$$L_{i,j}^{\varphi} = \sum_{\nu=0}^{n} {}^{\nu}L_{i,j}^{\varphi}(x_i - x_j)^{\nu} \qquad (12.7)$$

$${}^{\nu}L_{i,j}^{\varphi} = {}^{\nu}a_{i,j}^{\varphi} + {}^{\nu}b_{i,j}^{\varphi}T + {}^{\nu}c_{i,j}^{\varphi}T\ln(T) + \cdots \qquad (12.8)$$

式中，系数 ${}^{\nu}a_{i,j}^{\varphi}$、${}^{\nu}b_{i,j}^{\varphi}$、${}^{\nu}c_{i,j}^{\varphi}$ 等是要优化的参数。

三元相互作用参数 $L_{i,j,k}^{\varphi}$ 由方程（12.9）表示：

$$L_{i,j,k}^{\varphi} = v_i L_i^{\varphi} + v_j L_j^{\varphi} + v_k L_k^{\varphi} \qquad (12.9)$$

其中：$v_i = x_i - \dfrac{1-x_i-x_j-x_k}{3}$，$v_j = x_j - \dfrac{1-x_i-x_j-x_k}{3}$，$v_k = x_k - \dfrac{1-x_i-x_j-x_k}{3}$。

并且 L_i^{φ}，L_j^{φ} 和 L_k^{φ} 分别表示三元系统的三个角中的吉布斯能量表面上的相互作用。

术语 ${}^{mag}G_m^{\varphi}$ 仅适用于溶液相呈现磁有序并且类似于方程式（12.2）的描述。临界有序温度（T_m^*）和磁矩（β_m^*）的成分依赖性由下式表示：

$$T_m^* = \sum_i x_i T_i^* + {}^{ex}T_m^* \qquad (12.10)$$

$$\beta_m^* = \sum_i x_i \beta_i^* + {}^{ex}\beta_m^* \qquad (12.11)$$

${}^{ex}T_m^*$ 和 ${}^{ex}\beta_m^*$ 的过量项均由类似于方程式（12.7）和方程式（12.8）的等式表示。

应该注意的是，如公式（12.6）所示，四元和五元过剩项很少使用。与二元和三元相互作用参数相比，它们起着不太重要的作用，因为摩尔分数的乘积（即四元的 $x_i x_j x_k x_l$，五元的 $x_i x_j x_k x_l x_m$ 等）对于四元和五元系统变得可忽略不计。对于 2~6 组分体系中等摩尔比的组合物，在图 12.2 中证明了这种效果。

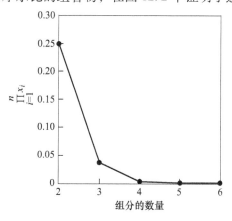

图 12.2 0.30 等摩尔组合物的产物与组分的数量

12.2.3　化学计量化合物模型

具有零或可忽略的均匀性范围的金属间相通常由化学计量化合物模型描述。二元化学计量化合物 A_pB_q 的吉布斯能量 G_m^φ 仅被描述为温度的函数：

$$G_m^\varphi = \sum_i x_i^0 G_i^\varphi + \Delta_f G(A_pB_q) \tag{12.12}$$

式中，x_i 是组分 i 的摩尔分数；$^0G_i^\varphi$ 代表具有 φ 结构的组分 i 的吉布斯能量；$\Delta_f G(A_pB_q)$ 通常是温度的函数（方程式（12.1）），表示化学计量化合物形成的吉布斯能量。如果 $\Delta_f G(A_pB_q)$ 是温度的线性函数，有：

$$\Delta_f G(A_pB_q) = \Delta_f H(A_pB_q) - T \cdot \Delta_f S(A_pB_q) \tag{12.13}$$

式中，$\Delta_f H(A_pB_q)$ 和 $\Delta_f S(A_pB_q)$ 分别是化学计量化合物的形成焓和形成熵。等式（12.12）和等式（12.13）可以容易地扩展到多组分化学计量化合物相。

12.2.4　化合物能量的形成（CEF）

有序中间相可以通过各种亚晶格模型来描述，例如复合能形式[19,20]和键能模型[21,22]。在这些模型中，吉布斯能量是亚晶格物质浓度和温度的函数。例如，使用双子晶格模型 $(Al,Co,Cr,Fe,Ni)_1 : (Co,Cr,Fe,Ni,Va)_1$ 描述 PanHEA 数据库中的 B2 阶段，并描述 σ 相，使用三亚晶格模型 $(Al,Co,Fe,Ni)_8(Cr)_4(Al,Co,Cr,Fe,Ni)_{18}$。为了清楚地演示，这里我们只显示由双子晶格复合能量形式 $(A,B)_p : (A,B)_q$ 描述的二元有序相的吉布斯能量：

$$\begin{aligned}
G_m^\varphi = &\sum_{i=A,B} \sum_{j=A,B} y_i^I y_j^{II} G_{i:j}^\varphi + RT \Big[p \sum_{i=A,B} y_i^I \ln y_i^I + q \sum_{i=A,B} y_i^{II} \ln y_i^{II} \Big] + \\
&\sum_{j=A,B} y_A^I y_B^I y_j^{II} \sum_\nu (y_A^I - y_B^I)^\nu L_{A,B:j}^\nu + \sum_{i=A,B} y_i^I y_A^{II} y_B^{II} \sum_\nu (y_A^{II} - y_B^{II})^\nu L_{i:A,B}^\nu + \\
&y_A^I y_B^I y_A^{II} y_B^{II} L_{A,B:A,B}
\end{aligned} \tag{12.14}$$

其中，y_i^I 和 y_i^{II} 分别是第一和第二子晶格中组分 i 的物质浓度。注意，逗号通常用于分离同一子晶格中的物种，而冒号用于分离属于不同子晶格的物种以用于吉布斯能量表达，例如在等式（12.14）中。等式右边的第一项表示具有稳定或假设化合物的机械混合物的参考状态：A，A_pB_q，B_pA_q 和 B，$G_{i:j}^\varphi$ 是具有 φ 结构的化学计量化合物 i_pj_q 的吉布斯能量。如果 i_pj_q 是稳定化合物或通过优化，则可以通过实验获得 $G_{i:j}^\varphi$ 的值。如果 i_pj_q 相在其二元/三元系统中不稳定或亚稳定，那么通过实验测量它们的热力学性质是极其困难的，因此基于物理的这些相的优化变得具有挑战性。在这方面，它们从第一性原理密度泛函理论（DFT）预测的热力学性质可能很重要，并用作优化程序的输入[23~27]。

方程式（12.14）中的第二项是理想的混合吉布斯能量，其对应于第一和第二子晶格上的物质的随机混合。最后三个术语是混合过剩吉布斯能量。这些术语中的"L"参数是模型参数，其值将使用实验相平衡和热力学数据进行优化。$L^{\nu}_{A,B:j}$ 和 $L^{\nu}_{i:A,B}$ 是所谓的"常规相互作用"参数，当一个子晶格被 A 和 B 占据时，它们分别代表另一个子晶格中的成分 A 和 B 之间的下一个最近邻相互作用。$L_{A,B:A,B}$ 是所谓的倒数参数，并且同时表示两个子晶格中的成分 A 和 B 之间的相互作用。在第 12.5.1 节中将详细讨论 CEF 模型中的倒数参数。通过考虑来自所有三元体系的相互作用，复合能量形式可以应用于多组分系统中的相。另外的三元和更高阶相互作用项也可以与方程式（12.14）类似的方式添加到过量的吉布斯能量项。

对于 $(A，B)_8(B)_4(A，B)_{18}$ 模型，除了第二子晶格之外，在第一和第三子晶格中存在混合的元素。因此，总混合熵仅由第一和第三子晶格产生。该阶段的吉布斯能量可表示如下：

$$G^{\varphi}_m = y^{I}_A y^{III}_A {}^0G_{A:B:A} + y^{I}_A y^{III}_B {}^0G_{A:B:B} + y^{I}_B y^{III}_A {}^0G_{B:B:A} + y^{I}_B y^{III}_B {}^0G_{B:B:B} +$$
$$8RT[y^{I}_A \ln(y^{I}_A) + y^{I}_B \ln(y^{I}_B)]18RT[y^{III}_A \ln(y^{III}_A) + y^{III}_B \ln(y^{III}_B)] + {}^{ex}G^{\varphi}_m$$

$$\tag{12.15}$$

$$ {}^0G^{\varphi}_{i:B:j} = 8{}^0G^{\varphi}_i + 4{}^0G^{\varphi}_B + 18{}^0G^{\varphi}_j \tag{12.16}$$

${}^{ex}G^{\varphi}_m$ 是非磁性状态下的过剩能量，可以描述为：

$$ {}^{ex}G^{\varphi}_m = \sum_{k=A,B} y^{I}_i y^{II}_j y^{III}_k \sum_n L^n_{i,j:B:k}(y^{I}_i - y^{I}_j)^n + \sum_{k=A,B} y^{I}_k y^{III}_i y^{III}_j \sum_n L^n_{k:B:i,j}(y^{III}_i - y^{III}_j)^n $$

$$\tag{12.17}$$

式中，n 是交互参数的顺序，例如 0，1，2，…。

注意，由 CEF 模型描述的对相的吉布斯自由能的磁贡献也可以使用方程式（12.2）。

12.2.5　优化

优化是最终获得每一相的吉布斯能量函数的参数的处理，这将使热力学描述考虑已知的实验数据，但也能够推断超出可获得数据的温度和组成的范围。当适当的热力学模型用于所讨论的相时，可以实现这一点。不用说，执行优化的用户的广泛热力学知识也很重要。以下步骤是使用 CALPHAD 方法对高熵合金系统进行热力学优化的一般指导原则[28]：

（1）收集所有公布的热力学数据库，用于组成二元和三元系统，然后评估这些数据库的可靠性和兼容性。

（2）根据系统中所有相的晶体学信息选择合适的热力学模型。

（3）对于数据库不可用或需要重新优化的系统，首先收集热力学和相平衡数据并对其进行分类。原则上，明确或隐含地与吉布斯能量相关联的任何类型的实验数据可以用作优化的输入。对于那些"假设"阶段，从 DFT 计算中获得热力学数据可能是一个可行的选择。

（4）通过消除不良和矛盾的数据，批判性地评估收集的数据。关键评估需要相图相关的大量专业知识，并且需要熟悉不同的实验技术。重要的是要考虑所使用的技术，存在的相，样品的纯度，实验条件，测量的量和它们的可靠性等细节。在优化过程中经常出现困难，主要是由于实验数据评估不佳，例如矛盾的数据或理论上不可接受的数据作为输入。然而，不同类型的数据之间的矛盾，例如，相图数据和热化学数据，可能仅在优化过程中被揭示。

（5）为相图的计算热力学优化分配适当的起始值。这很重要，因为如果将不良的起始值用于要优化的参数，则非线性方程可能不会产生任何解。因此，用"最小"数据集开始优化更实际，该数据集仅包括几个重要的实验数据。在优化的最初阶段包含太多实验数据可能会变得难以处理。例如，在二元系统的情况下，通常使用明确定义的三相不变相平衡，一致转变和经历全等转化的化合物的形成焓通常就足够了。

（6）在整个组成范围内完成所有必要的二元和三元系统的优化后，尝试对高熵合金进行计算，然后将计算结果与可用的实验数据进行比较。重新调整那些关键阶段（特别是那些假设阶段）的描述，直到达到满意为止。

已经运用这些程序来开发使用 Pandat^{TM} 的 AlCoCrFeNi 数据库[13]，并且对于这个重要的高熵合金系统的所有组成 10 个二元组和 10 个三元组的大多数可靠实验数据已经获得了令人满意的一致，在报告该系统的新实验数据后，将继续改进数据库。该数据库是 PanHEA 数据库的一部分，由于在该系统中没有报道四元或五元化合物，因此该五元和四元体系的相图和热力学性质可以通过在整个组成范围内的外推法[16]获得。将使用 PanHEA 数据库与实验数据进行 CALPHAD 预测的比较，并在本章的第 12.4 节中详细讨论。

12.3　高熵合金形成的热力学分析

从物理观点来看，那些经验参数，例如原子尺寸差异，VEC 和电负性等的差异，应该至少部分地反映在系统的自由能中。相稳定性的本质涉及各阶段之间的能量竞争，因此研究和分析系统中各相的吉布斯自由能是至关重要的。对于无序的固溶体相（φ），混合性质是指通过排除机械混合部分可以获得的热力学量，例如，混合 $\Delta G_{\text{mix}}^{\varphi}$ 的吉布斯能量可以通过排除方程式（12.3）中的 $^{\text{ref}}G_m^{\varphi}$ 项来确定。因此可以得出：

$$\Delta G_{\text{mix}}^{\varphi} = {}^{\text{id}}G_m^{\varphi} + {}^{\text{ex}}G_m^{\varphi} + {}^{\text{mag}}G_m^{\varphi} = \Delta H_{\text{mix}}^{\varphi} - T\Delta S_{\text{mix}}^{\varphi} \tag{12.18}$$

其中 $\Delta H_{\text{mix}}^{\varphi}$ 和 $\Delta S_{\text{mix}}^{\varphi}$ 分别是混合焓和混合熵，它们由下式确定：

$$\Delta H_{\text{mix}}^{\varphi} = H_m^{\varphi} - \sum_i x_i H_i^{\varphi} \tag{12.19}$$

$$\Delta S_{\text{mix}}^{\varphi} = S_m^{\varphi} - \sum_i x_i S_i^{\varphi} \tag{12.20}$$

$H_m^{\varphi}(S_m^{\varphi})$ 是合金的总焓（熵），$H_i^{\varphi}(S_i^{\varphi})$ 是具有结构 φ 的每个部件的焓（熵）。包括磁性贡献的合金的总过剩熵由下式确定：

$$^{\text{ex}}S_m^{\varphi} = S_m^{\varphi} + R \sum_i x_i \ln x_i \tag{12.21}$$

总过剩吉布斯自由能（术语 $^{\text{ex}}G_m^{\varphi} + ^{\text{mag}}G_m^{\varphi}$）包括除理想构型熵之外的所有其他贡献，例如混合的振动自由能，混合的磁自由能，混合的电子熵以及由于存在短程化学序/团簇构型熵的破坏。因此，从 CALPHAD 方法单独列出这些贡献可能是一项艰巨的任务。但是，这可以使用 DFT 计算来执行，详见第 8 章和第 10 章。

在下文中，我们提出三个案例研究来说明作为系统尺寸和合金成分函数的吉布斯能量，焓和熵的演变。它们是形成 FCC 的 CoCrFeMnNi，形成 FCC 和 BCC 的 AlCoCrFeNi，以及形成 BCC 的 MoNbTaTiVW 系统。TCNI7 数据库用于一致性，其 σ 相的子晶格模型允许扩展到整个组成范围，请注意，TCNI7 对 FCC 和 BCC 阶段的无序和有序贡献使用单相描述，并且没有尝试在本节的演示中区分这些贡献。一旦所有组成三元的热力学描述将来包括在数据库中，预计将获得关于这些系统的相图的更准确结果。

12.3.1　FCC CoCrFeMnNi 高熵合金系统

迄今为止，CoCrFeMnNi 系统是迄今为止广泛研究的唯一 FCC 高熵合金系统。与 FCC 固溶体竞争的主要固态相包括 BCC 固溶体，σ 相和 HCP 固溶体相。σ 相来自 Co-Cr 二元系统（见图 12.3a），具有复杂的四方晶体结构（Pearson 符号 tP30，空间群 P4$_2$/mnm），但它对其他过渡金属具有一定的溶解度[29]。使用 TCNI7 数据库，二元 Co-Cr 和伪二元 CoFe-Cr，CoFeNi-Cr 和 CoFeMnNi-Cr 相图如图 12.3 所示。通过增加系统的组元数量，σ 相场收缩并最终在五元系统的垂直部分变得不稳定。然而，尽管理想的构型熵在五元系中是最高的，但是 FCC 相的相场在四元区中是最宽的（例如，最大的 Cr 溶解度和最高的热稳定性）。这表明其他因素（例如焓，竞争阶段，液体和 BCC 等）可能超过 FCC 阶段的构型熵。

相稳定性涉及使用相同参考状态的系统中所有相之间的自由能竞争。对于图 12.3 所示的四个系统，σ、BCC 和 HCP 阶段与 FCC 固溶体阶段发生平衡，因此所有这四个阶段的热力学性质包括吉布斯自由能，焓和熵。在具有不同 Cr 含量的一系列温度下检查相。为清楚起见，图 12.4 中仅显示了在 $T = 1000℃$ 下二元 Co-Cr 和伪二元（CoFeMnNi）-Cr 系统的结果。注意 TCNI7 数据库采用 $(\text{Co,Cr,Fe,Mn,Ni})_{10}(\text{Co,Cr,Fe,Mn,Ni})_4(\text{Co,Cr,Fe,Mn,Ni})_{16}$ 的亚晶格模型作为

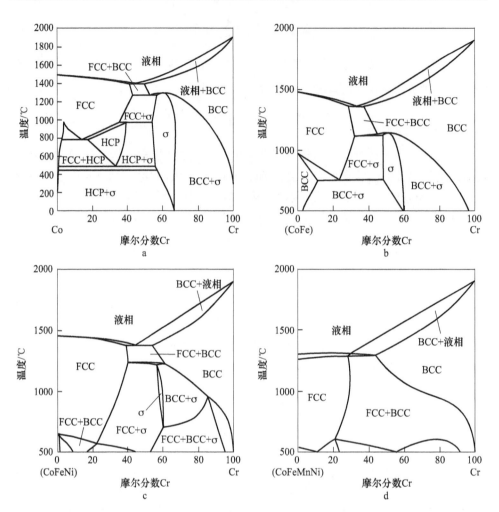

图 12.3 Co-Cr 二元和伪二元 (a),CoFe-Cr(b), CoFeNi-Cr(c) 和使用 TCNI7
数据库计算的 CoFeMnNiCr 相图 (d) (主要阶段字段已标记)

σ 相在这个五元系统中，它与 PanHEA 数据库中使用的第 12.2.4 节中介绍的系统不同。对于二元系统，两相区域的连接线位于吉布斯能量-组分平面内，而共切线方法可用于确定相平衡 (即平衡相及其组成)。例如，图 12.4a 中所示的公共切线清楚地分别定义了 FCC+σ 和 σ+BCC 的两个两相区域。对于多组分体系，通过共切面法确定两相或更多相区域的平衡相组成。然而，大多数情况下，由多组分系统的共同切面法确定的连接线以及平衡相组成可能位于二维 (2D) 吉布斯能量组成平面之外 (例如图 12.4d～f 中所示的 CoCr$_x$FeMnNi 的情况)。因此，对于这些情景，2D 平面内的热力学分析仅对单相区域有意义，并且不能用于确定共存相区域的全局相平衡。

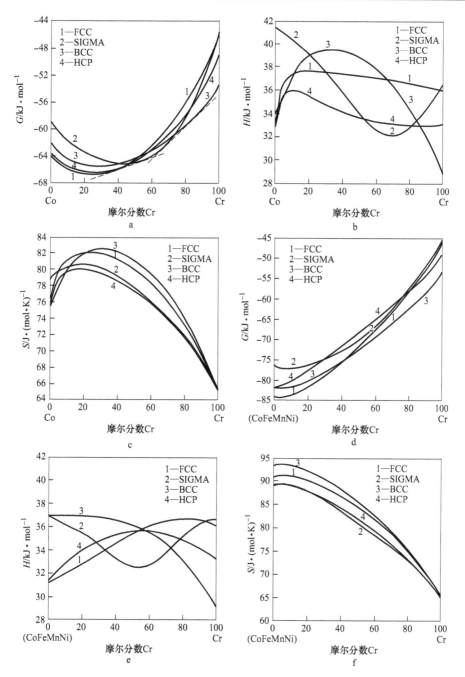

图 12.4　二元 Co-Cr(a~c) 和拟二元（CoFeMnNi）的 FCC（d~f），σ，BCC 和 HCP 相（图中标记为 1~4）的计算热力学性质-Cr 系统：（a，d）吉布斯自由能，（b，e）焓和（c，f）熵作为 T＝1000℃ 时 Cr 含量的函数，参考状态是 P＝101325Pa 和 T＝25.15℃ 时纯元素的稳定结构（a 中的虚线表示连接线（或公共切线），其限定了两相区域，其中组分的化学势在两个相中相等；在 d 中，连线位于 2D 平面之外）

尽管如此，对 2D 平面内热力学性质的成分依赖性的分析仍然提供了关于它们的大小以及多组分系统的整个成分范围内各个阶段之间趋势的丰富信息。图 12.3 显示，与二元系统相比，每个单独相的组分数量的影响各不相同，并且 FCC 和 BCC 相比齐次系统中的 σ 和 HCP 相更稳定，稳定效应实际上来自焓和熵贡献。向 CoCr 中添加 Fe，Mn 和 Ni 会降低除 HCP 相之外的所有相的总焓（即，使其更负）。就熵而言，BCC 相具有最高的熵，其次是 $CoCr_xFeMnNi$ 中的 FCC 相，但是对于含有高达 40%（原子分数）Cr 的合金，FCC 相具有较低的能量。结果表明，相稳定性分析需要考虑焓和熵。

这些系统中 FCC 相的吉布斯能量，焓和熵的混合行为如图 12.5 所示。随着系统中组分数量的增加，ΔG_{mix} 在整个成分范围内单调下降（如图 12.5a 所示）。

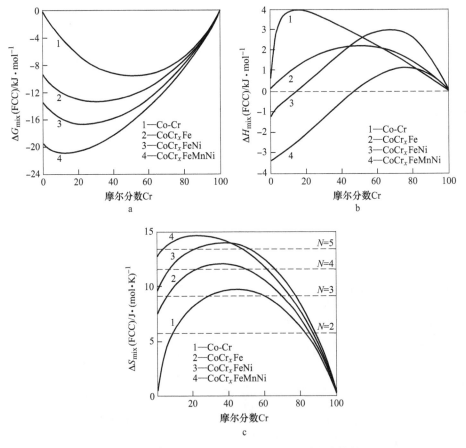

图 12.5　计算的 FCC 相在 $T=1000℃$ 下的混合特性

（参考状态是 FCC，$T=1000℃$，c 中的虚线表示混合的最大配置熵，N 表示组件的总数）

（a）混合的吉布斯自由能；（b）混合焓；（c）$CoCr_x$，$CoCr_xFe$，$CoCr_xFeNi$ 和 $CoCr_xFeMnNi$ 混合的熵作为 Cr 含量的函数

这是由于 ΔH_{mix} 的降低和 ΔS_{mix} 的增加。图 12.5b 显示 ΔH_{mix} 减小并且最终对于 $CoCr_x FeMnNi$ 变为负（具有小于 40%（原子分数）的 Cr）。实现更负的 ΔH_{mix} 意味着在元素之间形成更强的键。在 20%（原子分数）Cr 时，与二元合金相比，ΔH_{mix} 的下降约为 6.5kJ/mol，而 ΔS_{mix} 的增加约为 7J/（mol·K），相当于 7×1273 = 8911J/mol，约相当于在 1000℃ 下为 9kJ/mol。

图 12.5c 显示，对于所研究的所有四个系统，它们通过显示正过剩熵显著偏离理想混合。特别地，二元 FCC CoCr 合金的混合熵 ΔS_{mix} 已经超过三元系统的最大理想构型熵。对于 FCC CoCr、CoCrFe、CoCrFeNi 和 CoCrFeMnNi，预测的正过剩熵分别为 +3.9J/（mol·K），+2.9J/（mol·K），+2.5J/（mol·K） 和 +1.3J/（mol·K）。此外，对于 2-、3-、4- 和 5-组分体系，最大 ΔS_{mix} 分别在 Cr = 44.2%、35.3%、35.9% 和 22.8%（原子分数）处发生。除了四元 $CoCr_x FeNi$ 系统之外，这些成分与其最大理想结构熵情况的偏差不大，其为 x = 35.9% − 25% = 10.9%（原子分数）。最大熵的成分偏差和大的正过剩熵的存在表明除了构型熵之外还存在其他熵贡献。事实上，Gao 等人（见第 10 章）使用 DFT 方法预测 FCC CoCrFeNi 混合 +2.8J/（mol·K）的正振动熵，与使用 TCNI7 数据库计算的 +2.5J/（mol·K）的正过剩熵一致。然而，对于 CoCr、CoCrFe 和 CoCrFeMnNi 的振动，磁性，电子和构型熵的 DFT 计算将是期望的，以使用 TCNI7 验证计算的正过剩熵。

12.3.2 与 $CoCrFeMn_x Ni$ 相比，$Al_x CoCrFeNi$ 的高熵合金形成

上面给出的 CoCrFeMnNi 系统的热力学分析证明了焓和熵在相稳定性方面的重要性。在下一个例子中，我们比较了 FCC，BCC 和 HCP 的固溶体相在 $CoCrFeMn_x Ni$ 和 $Al_x CoCrFeNi$ 中的热力学性质的混合行为，如图 12.6 所示。对于 $CoCrFeMn_x Ni$，FCC 相具有最低的 ΔG_{mix}，接着是 BCC，然后是 HCP 相（图 12.6a）。向 CoCrFeNi 中添加 Mn 会使所有三相的 ΔH_{mix} 少量降低（<5kJ/mol），并且显然 FCC 相具有最低的 ΔH_{mix}（图 12.6b）。与 $CoCr_x FeMnNi$ 的情况类似，BCC 相具有最高的 ΔS_{mix}，但这 3 个溶液相之间的差异非常小（图 12.6c）。此外，值得注意的是，最大熵发生在 FCC 相为 13.2%（原子分数）的 Mn，BCC 相为 12.2%（原子分数）的 Mn，HCP 相为 13.2%（原子分数）的 Mn，与等摩尔组成基本不同（即，原子分数为 20%）。$CoCr_x FeMnNi$ 和 $CoCrFeMn_x Ni$ 的实例表明，即使对于相同体系中的固溶体相，混合焓与混合熵一样重要。

与 $CoCrFeMn_x Ni$ 的情况相反，向 CoCrFeNi 添加 Al 会显著改变其热力学，如图 12.6d~f 所示。FCC 和 BCC 相的 ΔG_{mix} 和 ΔH_{mix} 曲线在原子分数约 20%Al 处交叉；在较高的 Al 含量下，BCC 相具有比 FCC 相低的 ΔG_{mix} 和 ΔH_{mix}。FCC 和 BCC 相的熵曲线在原子分数约 30%Al 处交叉，但它们在整个成分范围内相当接近。显然，从 Al 添加中稳定 BCC 相是由焓效应而不是熵效应决定的。与 $CoCrFeMn_x Ni$

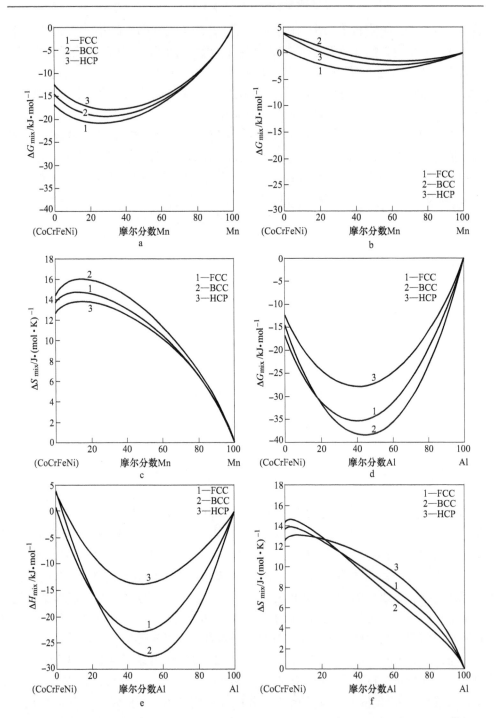

图 12.6　CoCrFeMn$_x$Ni(a~c) 和 Al$_x$CoCrFeNi（d~f）合金的 FCC，BCC 和 HCP 相（图中标记为 1~3）的计算热力学性质：（a，d）吉布斯混合的自由能，（b，e）混合焓，（c，f）混合熵作为在 T = 1000℃时 Mn 或 Al 含量的函数（参考状态是 FCC、BCC 和 HCP，T = 1000℃）

相比，Al$_x$CoFeMnNi 中的所有相的最大 ΔS_{mix} 明显更小，并且对于 Al$_x$CoFeMnNi，其在 FCC 和 BCC 相中均小于 5%（原子分数）的 Al，然后随着 Al 含量的增加而迅速下降。

12.3.3 BCC MoNbTaTiVW 高熵合金系统

在高熵合金[3]的最近一项研究[30]中报道了单相传统 BCC 高熵合金 MoNbTaTiVW 的形成。对于这种传统系统，在所有 15 个边缘二元系统中都观察到了同晶 BCC 固溶体的形成[29]。大多数固体溶液的温度范围极宽，但 Ta-V 系统除外，其中 C15 TaV$_2$ Lave 相从室温到 1300℃稳定[29]。使用 DFT 方法，Widom 预测在 Nb-V 二元系统中在低温下形成稳定的 C15 NbV$_2$，如第 8 章[31]所示。在本小节中，我们进行相图计算，并针对 C15 相呈现 BCC 高熵合金形成的热力学分析。使用 TCNI7 数据库，因为它具有该六元系统的所有二元组分。用于 C15 相的亚晶格模型是 TCNi7 数据库中的（Mo, Nb, Ta, Ti, V, W）$_2$(Mo, Nb, Ta, Ti, V, W)。

图 12.7 说明了 MoTa-V，MoTaW-V，MoNbTaW-V 和 MoNbTaTiWV 的二元 Ta-V 和伪二元系统的计算相图。对于等摩尔成分，BCC 相稳定的温度范围从二元到三元，四元和五元组增加，然后对于温度系统开始降低。这是可以理解的，因为 Ti 具有最低的熔点，并且组成元素的熔点以降序为 3422（W），3017（Ta），2623（Mo），2477（Nb），1910（V）和 1668℃（C）。经常观察到，如果构成元素具有高熔点，则置换固溶体合金的液相线温度高。换句话说，如果高熔点和高强度对于应用是重要的，则当它们在化学上相似时，需要避免添加熔点太低的元素。虽然六元 BCC 阶段具有最高的构型熵，但其相场小于四元和五元系统。这再次表明，相的构型熵可能并不总是支配其相稳定性，并且需要考虑诸如竞争相和焓之类的其他因素。该结论与第 12.3.1 节和第 12.3.2 节中介绍的 CoCrFeMnNi 和 AlCoCrFeNi 系统的相图和热力学分析一致。

接下来，我们分析这些系统的潜在热力学量。对于 BCC，C15 和 HCP 阶段，在 T = 1000℃时二元系统和传统系统之间的吉布斯能量，焓和熵的比较如图 12.8 所示。C15 相在 Ta-V 中是稳定的（图 12.8a），但在六元体系中变得不稳定（图 12.8d）。焓的趋势在二元和六元之间是相似的。两种系统在 C15 相的焓曲线中具有最小值，其对于二元（六元）发生在约 65%（原子分数）的 V(50%（原子分数）的 V)。C15 阶段在六元中的不稳定主要是由于 C15 与竞争 BCC 和 HCP 阶段的熵的对比趋势。注意，C15 相的熵与 BCC 相的熵非常接近，除了 Ta-V 二元中 60%（原子分数）的 V 附近的小范围，并且两者都远高于 HCP 相的熵。考虑到 C15 相的金属间性质，有点违反直觉；因此，需要对 Ta-V 中 C15，BCC 和 HCP 相的熵源进行进一步的理论和实验研究。然而，HCP 相在 Ta-V 中是不稳定的，因此对其热力学性质的实验测量将是非常困难的。

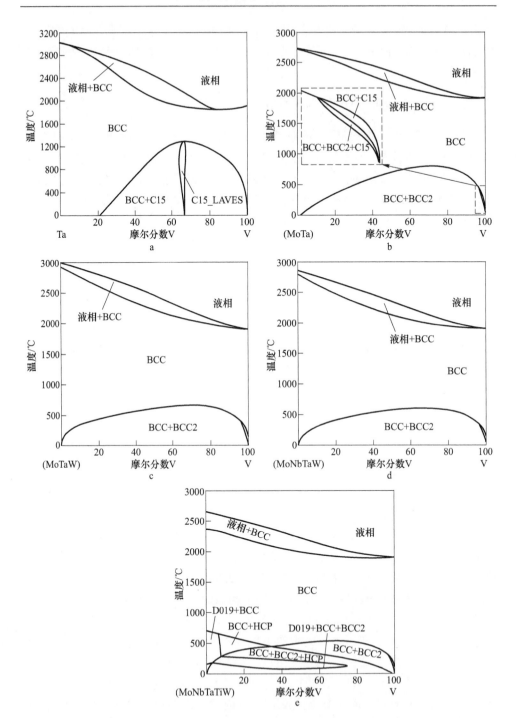

图 12.7　Ta-V 二元（a）和伪二元（MoTa）-V(b)，（MoNbTa）-V(c)，（MoNbTaW）-V(d)，
（MoNbTaTiW）-V(e) 相使用 TCNI7 数据库计算的图表（主要阶段字段已标记）

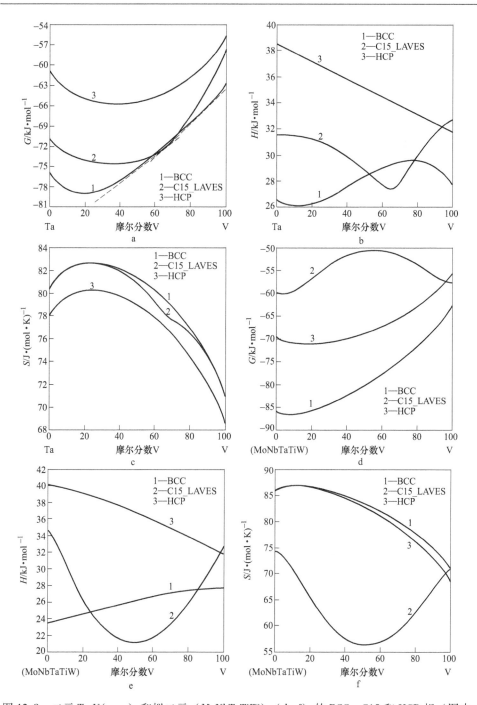

图 12.8 二元 Ta-V(a~c) 和拟二元 (MoNbTaTiW) (d~f) 的 BCC, C15 和 HCP 相 (图中标记为 1~3) 的计算热力学性质-V 系统：(a, d) 吉布斯自由能, (b, e) 焓, (c, f) 熵在 $T = 1000℃$ 时 V 含量的函数 (参考状态是 $P = 101325Pa$ 和 $T = 25.15℃$ 时纯元素的稳定结构，a 中的虚线表示公共切线，其定义了两相区域)

与 Ta-V 二元系统相比，在六元系统中 C15 相的熵减少是明显的，并且熵在 52.2%（原子分数）V 附近具有最小值（图 12.8f）。这种减少对应于焓曲线（图 12.8e），表明合金中有效的化学有序性导致其熵的急剧下降。对于 52.2%（原子分数）V 的温度系统，C15 相的熵比 BCC 相低 27J/（mol·K）（即 S_{BCC}-S_{C15}），超过 5.1kJ/mol 的焓增益（即 H_{BCC}-H_{C15}）。换句话说，熵效应明显超过焓效应几乎 7 倍，这导致在 T=1000℃ 的温度系统中 C15 相的不稳定。

BCC 相的热力学混合特性如图 12.9 所示。熵的单调增加和焓的复杂变化的组合导致 ΔG_{mix} 在高阶系统中变得比二元系统更低。但 ΔG_{mix} 的下降趋势不是单调

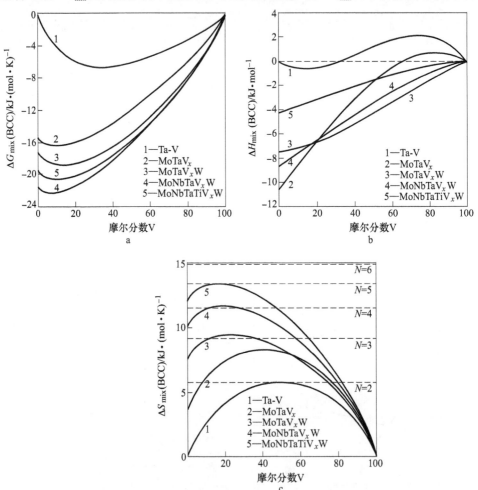

图 12.9 在 T=1000℃ 时计算的 BCC 相的混合特性：（a）混合的吉布斯自由能，
（b）混合焓，（c）TaV$_x$，MoTaV$_x$，MoTaV$_x$W 的混合熵和 MoTaTiV$_x$W 是 V 内
容的函数（参考状态是 P=101325Pa 和 T=1000℃ 时的 BCC 相位，c 中的虚线
表示混合的最大配置熵，N 表示组分的总数）

的，而是按降序排列：二元≥三元>四元>一元>五元（图 12.9a）。换句话说，五元系统在整个组成范围内具有最低的 ΔG_{mix}。结果表明，更多组分可能并不总是导致较低的吉布斯混合能。图 12.9b 显示 ΔH_{mix} 的减小相对于系统中的组件数量不是单调的。在小于 20%（原子分数）V 时，ΔH_{mix} 以二元>一元>四元>五元>三元的降序变化（即三元具有最负的 ΔH_{mix}）。在 20%~50%（原子分数）V 之间，顺序变为二元>一元>三元>五元>四元。对于大于 50%（原子分数）V 的合金，顺序变为二元>三元>一元>五元>四元。图 12.9c 显示 Ta-V 二元混合的熵遵循熵的理想混合，混合的最大熵等于 50%V 的最大构型熵。随着系统中组元数量的增加，ΔS_{mix} 按预期增加，但解决方案偏离理想的解决方案，过剩熵变为负。对于 TaV，MoTaV、MoTaVW、MoNbTaVW 和 MoNbTaTiVW，计算的过剩熵分别为 0J/（mol·K），$-0.9J/$（mol·K），$-2.1J/$（mol·K），$-1.7J/$（mol·K）和$-1.5J/$（mol·K）。注意，DFT 计算预测 MoNbTaW 的混合的负振动熵为$-3.6J/$（mol·K）（参见第 10 章）。尽管如此，具有最大混合熵的高熵合金与理想混合情况的偏差非常小。

12.4 计算热力学辅助高熵合金设计

经常使用"计算热力学"这一表达来代替"相图的计算"。这反映了相图只是这些计算中获得的信息的一部分[32]。作为一种有价值的工具，计算热力学在各种系统中的合金设计和开发中的应用已经建立了数十年[7,33,35]。近年来，已发表了数百篇关于高等教育机构的研究论文（见第 1 章）。然而，很少有研究采用计算热力学方法来帮助高熵合金发展[3,9,10,36~38]。如前所述，相图是理解高熵合金形成的关键。相图包含关于平衡中稳定相的热力学性质的简明信息。在前面的第 12.3 节中，我们从热力学角度阐述了对高熵合金形成的理解，并分析了不同合金元素对热力学性质的影响，如吉布斯能量，焓和熵。在本节中，我们首先通过比较几个案例研究中的模型计算和实验结果来提供 PanHEA 数据库的实验验证。它们是 Al 含量的函数的相位关系，如 Al_xCoCrFeNi 等值线中所反映的，$Al_{0.3}$CoCrFeNi 和 $Al_{0.875}$CoCrFeNi 中的相变，以及 $Al_{0.7}$CoCrFeNi 中的平衡研究。然后介绍了其他相图计算和建模凝固的应用。

12.4.1 AlCoCrFeNi 系统的相图

12.4.1.1 Al_xCoCrFeNi 的等值线

Al_xCoCrFeNi 系统是迄今为止研究最彻底的高熵合金之一[39~46]。已经系统地研究了 Al 的添加对微观结构，力学性能，热物理性质以及磁性和电学性质的影响。图 12.10 显示了 Al_xCoCrFeNi 的计算垂直剖面，其中 x 使用 PanHEA 数据库[13]在 0 和 2 之间变化。该图清楚地表明相位关系对 Al_xCoCrFeNi 中的 Al 含量非常敏感。可以看出，当 $x < 0.78$ 时，初级固化相是 FCC，当 $x > 0.78$ 时，B2 首先固化。图 12.10 还表明，只有当 Al 比率保持较小时才开发单相 FCC，而如果使用更高的 Al 比率，则开发 BCC 和/或 B2 相，以及 FCC+BCC 相和 B2 相的混合物应该在两者之间形成。这正是 Al_x CoCrFeNi 合金的许多实验研究所观察到的[39~46]。此外，Kao 等人[39]表征了均质化 Al_x CoCrFeNi 高熵合金在 1100℃下 24h 的结构演变。他们的实验结果表明 FCC+BCC 和/或 B2 多相区域为 $0.3 < x < 1.17$，而我们的 CALPHAD 预测显示相同的区域为 $0.31 < x < 1.18$，如在图 12.10 中 1100℃ 时的水平线所示。

　　结构合金的液相线和固相线温度对于确定它们的工作温度很重要，并且这些温度与实验数据的良好一致性如图 12.10 所示。由 Wang 等人测量固相线温度[42]，使用差示扫描量热法（DSC），而本文作者及其合作者使用差示热分析（DTA）测量了四种 Al_x CoCrFeNi 合金（$x = 0.1, 1, 1.5$ 和 2）的液相线温度，以 10℃/min 在室温和 1600℃ 之间的加热和冷却循环的。

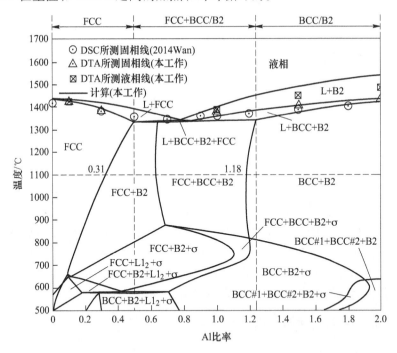

图 12.10　使用目前的热力学描述和 DSC/DTA 实验数据计算
Al_x CoCrFeNi 合金的等值线（$x = 0 \sim 2$）

12.4.1.2　$Al_{0.3}$ CoCrFeNi 和 $Al_{0.875}$ CoCrFeNi 中的相变

　　为了揭示合金中相的演变随温度的变化，可以在等值线中绘制一条垂直线

（如图 12.10 所示）。然而，除非等值线是真正的准二元截面，其中所有连接线都在截面的平面中，否则不能从这样的截面获得相对相位分数。接下来我们在图 12.11 中显示了 Al$_{0.3}$CoCrFeNi 和 Al$_{0.875}$CoCrFeNi 固定成分的一维平衡热力学计算的两个例子，并与现有的实验结果进行了比较。

图 12.11 预测 Al$_{0.3}$CoCrFeNi 在高温下的主要相是 FCC，而 B2 相在低于固溶温度 1060℃ 下形成。Shun 等人[46] 研究了 Al$_{0.3}$CoCrFeNi 高熵合金的微观结构和拉伸行为。他们发现这种合金的铸态结构是 FCC，当在 900℃ 下老化 72h 时，B2 相析出。热处理后该合金的拉伸强度显著提高。虽然文献［46］的结果并未用于开发我们的 AlCoCrFeNi 数据库，但我们的预测与他们的实验观察一致。

Chou 等人[47] 使用 DTA 和高温 X 射线衍射（HTXRD）研究了 Al$_{0.875}$CoCrFeNi 合金在低温下的相变，仅在高于 600℃ 的温度下观察到 σ 相的沉淀。我们的 CALPHAD 计算（如图 12.11b 所示）预测 σ 相在 375~860℃ 的温度范围内形成（在灰色区域突出显示）。Chou 等人[47] 没有观察到 600℃ 以下的 σ 相的主要原因可能是在如此低的温度下 σ 形成的缓慢动力学。复杂 σ 相的形成涉及典型的成核和生长过程，其中长程扩散是低温下的速率控制因素。众所周知，σ 形成的动力学非常缓慢，例如在高 Cr 钢中[48]。其次，典型 DTA 和 HTXRD 实验中使用的加热速率通常不允许在低温下进行热力学平衡，因为原子扩散率较慢，遵循 Arrhenius 与温度的关系。为了进一步验证目前的 CALPHAD 预测，需要在 400~550℃ 下进行热平衡实验。

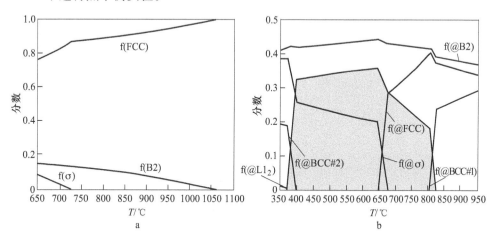

图 12.11 Al$_{0.3}$CoCrFeNi（a）和 Al$_{0.875}$CoCrFeNi（b）高熵合金的 1D 平衡计算（b 中的阴影区域表示形成 σ 相的温度范围）

12.4.1.3 Al$_{0.7}$CoCrFeNi 中的相变

由于退火时间不够长，以前在 Al$_x$CoCrFeNi 合金[39~46] 的实验中可能没有达到相平衡。因此，本人及其合作者在 1250℃下将合金 $Al_{0.7}CoCrFeNi$ 退火 1000h，以确保达到平衡状态。在 Ti 吸气氩气氛下，使用电弧熔化器，在至少 0.01Torr 的真空中，使用纯度大于 99%（质量分数）的构成元素制备合金。将样品重新熔化数次以改善其均匀性。所获得的样品重量约为 300g，厚度为 10mm。通过电感耦合等离子体发射光谱仪（ICP-OES）的定量分析确认合金的最终组成，其非常接近标称组成，然后将铸态合金切割成长方体并用 Ta 箔包裹，然后密封在具有回填氩气氛的石英管中。将包封的样品置于 1250℃的箱式炉中 1000h，然后在热处理结束时水淬。通过使用高能同步辐射 X 射线衍射（XRD），扫描电子显微镜（SEM）（包括能量色散 X 射线光谱（EDS）和取向图像映射）进行热处理样品中相的鉴定（OIM），电子背散射衍射（EBSD），以及原子探针断层扫描（ATP）。

$Al_{0.7}CoCrFeNi$ 的一维平衡计算（见图 12.12）表明没有单固相区。FCC 相在高温（850℃＜T＜1340℃）下与无序 BCC 和有序 B2 相共存。σ 相在较低温度（＜850℃）下从 FCC 相中沉淀出来。在虚线所示的 1250℃下，主要相是约 64%摩尔百分比的 FCC。BCC 和 B2 相的量是可比较的（每相约 20%）。

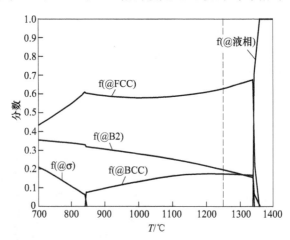

图 12.12　使用 PanHEA 数据库计算 $Al_{0.7}CoCrFeNi$ 高熵合金的平衡

平衡 $Al_{0.7}CoCrFeNi$ 合金的显微组织如图 12.13a 所示。它包含两个不同的阶段（灰色和黑色）。使用 XRD 和 SEM/EDS 的相鉴定结果表明灰相是 FCC，黑色是 BCC。EBSD 相位图显示在图 12.13b 中，测得的 FCC 相分数约为 67%，这与我们 64%的热力学预测一致。注意，由于它们在晶体结构上的相似性，XRD 和 EBSD 可能无法区分无序 BCC 和有序 B2 相。为了澄清这个问题，在 Oak Ridge 国家实验室（ORNL）进行了高精度原子探针调查。图 12.14 显示了不同阶段中检测到的元素分布。图 12.14a 显示每个元素均匀分布在 FCC 相内，这证实了图 12.14b 中的红相区是单一固溶体相。相反，图 12.14b 显示了蓝相区域内明显的元素偏析。如图 12.14b~f 所示，有两个浓度丰富的区域：一个是富含 NiAl，另一个是富含 CrFe 的区域。结合我们的 XRD 结果，它们被证实是富含 NiAl 的 B2 和富含 CoCrFe 的 BCC 相，这证实了我们热力学预测的可靠性。根据我们目前的 APT 结果（如图 12.14 所示），BCC 和 B2 阶段是伴随的。在 CrFerich BCC 相区附近发现了富含 NiAl 的小颗粒。

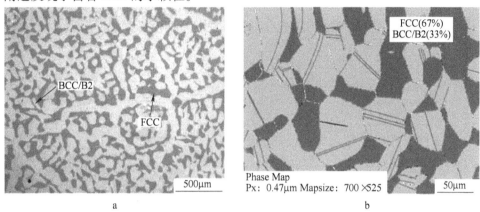

图 12.13 Al$_{0.7}$CoCrFeNi HEA 的微观结构在 1250℃退火 1000h

a—SEM；b—EBSD

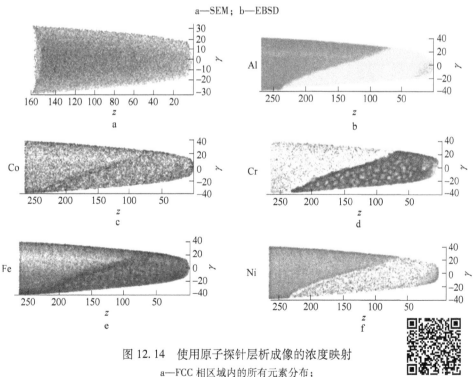

图 12.14 使用原子探针层析成像的浓度映射

a—FCC 相区域内的所有元素分布；

b~f—基于 BCC 的相区域内的每个组分的分布

扫码看彩图

由 PanHEA 计算的在 1000℃下 $Al_{0.7}CoCrFeNi$ 中的 FCC，BCC 和 B2 相的化学组成列于表 12.1 中，并且与实验测量的一致性良好。Liu 等人先前的一项研究[49]也表明在 CALPHAD 预测和 TEM 测量之间 $Al_{0.5}CrFeNiTi_{0.25}$ 中 BCC 和 B2 相的化学组成具有良好的一致性。

表 12.1　与在 1250℃下平衡 1000h 的 $Al_{0.7}CoCrFeNi$ 合金的
实验测量值相比，稳定相的计算化学组成

相结构	化学组成（原子分数）/%									
	Al		Co		Cr		Fe		Ni	
	Cal.	Exp.	Cal.	Exp.	Cal.	Exp.	Cal.	Exp.	Cal.	Exp.
FCC	9.54	10.2	23.95	22.7	22.32	23.1	24.69	23.6	19.50	20.1
BCC	8.68	5.1	21.14	21.1	34.59	37.1	27.14	27.2	8.45	9.5
B2	37.5	35.8	12.86	15.6	6.23	4.4	5.21	7.8	38.2	36.4

总之，考虑到实验和热力学计算的不确定性，使用 PanHEA 数据库的 CALPHAD 建模与 AlCoCrFeNi 系统的可用实验之间的相图中的一致性被认为是可接受的。

12.4.1.4　相图预测

利用计算热力学，使用当前的 PanHEA 数据库计算更多 AlCoCrFeNi 系统的相图，以更好地理解 AlCoCrFeNi 中高熵合金微观结构随成分和温度的变化。图 12.15 显示了在 1000℃下计算的等温截面如何相对于合金系统的变化。对于 CrFeNi 三元体系，FCC 固溶体相在低 Cr 含量下占优势，BCC 在富 Cr 区域稳定。通过向 Cr-Fe-Ni 系统中添加 Al，形成 BCC 结构（即 B2），并且 BCC+B2 的相场占主导地位。有序的 FCC 结构（即 FCC_L1_2）仅在富 Ni 角处形成（术语 $L1_2$ 和 FCC_L1_2 在本章中可互换使用）。通过在 Cr-Fe-Ni 系统中添加 Co，FCC 固溶体相占优势，并且其 Cr 溶解度比三元 CrFeNi 系统大得多。注意，σ 相在富 Cr 角形成，因为 σ 相在 Cr-Fe 和 Co-Cr 二元系统中都是稳定的。特别是对于 Co-Cr 系统，σ 相可以稳定在 1283℃。因此 Co 具有稳定 σ 相的作用，尽管它是用于 AlCoCrFeNi 系统的有效 FCC 稳定剂。通过添加 Al 和 Co，相位关系（图 12.15d）类似于仅添加 Al 时获得的相位关系（图 12.15b）。这些发现表明，Al 对 Al-Co-Cr-Fe-Ni 系统内溶液相的稳定性具有比 Co 更强的作用。这是由于如第 12.3 节所示，在添加 Al 的情况下 BCC 相的焓显著降低。尽管如此，$CrFeNi_{0.2}Al_{0.2}Co$ 中 BCC+B2 的相场远小于 $CrFeNi_{0.25}Al$。

之前的实例已经显示了 Al 的添加对 FCC/BCC 相变的影响，因为它极大地影响了各种高熵合金系统的微观结构和力学性能[50]。在这方面充分理解其他合金

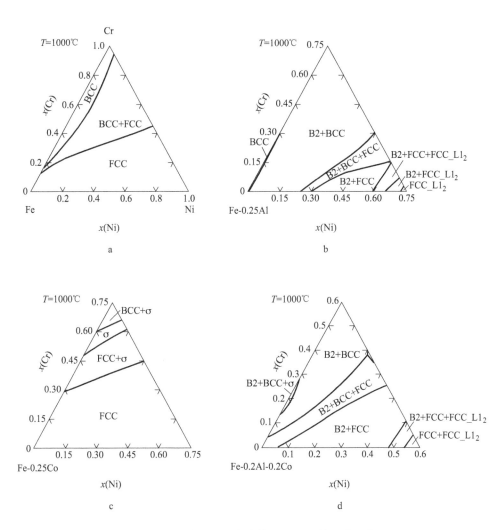

图 12.15　使用目前的热力学数据库计算 1000℃ 的等温截面为 CrFeNi（a），
CrFeNi$_{0.25}$Al（b），CrFeNi$_{0.25}$Co（c）和 CrFeNi$_{0.2}$Al$_{0.2}$Co（d）系统

元素的影响是有趣的，这些例子如图 12. 16 所示，Al$_x$Co$_{1.5}$CrFeNi，Al$_x$CoCr$_{1.5}$FeNi，Al$_x$CoCrFe$_{1.5}$Ni 和 Al$_x$CoCrFeNi$_{1.5}$的等值线为 $x = 0 \sim 2$。图 12.16a 表明，与 Al$_x$CoCrFeNi 相比，较高的 Co 含量对 BCC/FCC 相变没有显著影响（图 12.10）。较高的 Cr 含量（图 12.16b）使无序的 BCC 相稳定在有序的 B2 和 FCC 上。已经发现 Al 和 Cr 都是基于 BCC 的结构的稳定剂[45,51]，这与我们的热力学计算一致。此外，我们的计算还表明，Al 稳定了 BCC 和 B2 相，更多的是有利于 B2 相，而 Cr 稳定了 BCC 相但使 B2 相稳定。图 12.16c 中所示的具有较高 Fe 含量的等值线表明 Fe 还可以稳定 BCC 相，尤其是在高温下。但是，Fe 的 BCC 稳定效应比 Al

和 Cr 弱得多。图 12.16d 显示 Ni 的较高含量使 FCC 相稳定至较高的 Al 含量。

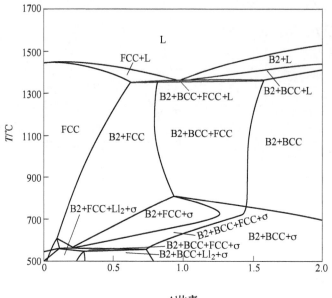

a

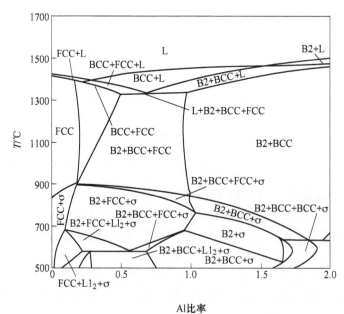

b

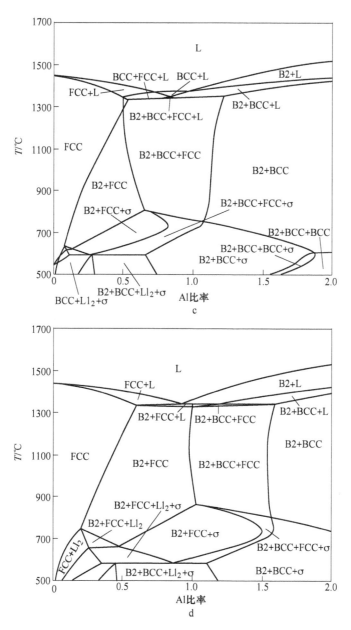

图 12.16 使用 PanHEA 热力学数据库计算 $Al_xCo_{1.5}CrFeNi$ （a），$Al_xCoCr_{1.5}FeNi$ （b），$Al_xCoCrFe_{1.5}Ni$ （c）和 $Al_xCoCrFeNi_{1.5}$ （d）与 $x=0\sim2$ 的等值线

12.4.1.5 凝固模型

如图 12.10~图 12.16 所示，在恒定成分或恒定温度下，可以根据热力学计

算直接预测平衡条件下的相。虽然在某些情况下，高熵合金是在铸态条件下获得的，这些条件不是热力学平衡的。高熵合金的铸态微观结构，例如微观偏析的程度以及第二相的类型和数量，将显著影响凝固合金的力学性能。因此，在给定的凝固条件下精确预测多组分合金的凝固路径和微观偏析对于优化开发新高熵合金中的成分和加工参数是重要的。基于 CALPHAD 方法，通常采用两种模型以简单有效的方式模拟凝固过程，而不需要动力学计算：平衡（杠杆规则）和非平衡（Scheil-Gulliver）模型[52,53]。它们都假设液体中溶质完全混合。对于固体，杠杆规则模型假设溶质扩散是无穷大，而 Scheil-Gulliver 模型假设固体内没有溶质扩散。这两个模型描述了两种极端的凝固情况。大多数高熵合金通常采用滴铸或电弧熔炼技术制造，冷却速度相对较高；因此我们可以使用 Scheil-Gulliver 模型。

　　Kao 等人[40]还对具有各种 Al 含量的铸态 Al$_x$CoCrFeNi 高熵合金进行了系统的微观结构研究。基于他们对微观结构依赖于 Al 含量的实验观察，他们发现当 $x<0.45$ 时它是单相 FCC，而当 $x>0.88$ 时是 BCC/B2。当 Al 比率在中间范围内时，可以看到 FCC+BCC/B2 双相结构，即 $0.45<x<0.88$。图 12.17a 显示了使用 Scheil-Gulliver 模型的 Al$_x$CoCrFeNi 高熵合金的模拟凝固路径，其中 $x=0.1$，0.5 和 0.8。按照图 12.17a 所示的黑线，可以直接预测 Al$_{0.1}$CoCrFeNi 合金的凝固路径，这是液体→液体+FCC→液体+FCC+BCC→液体+FCC+BCC+B2→FCC+BCC+B2。它表明 FCC+BCC/B2 结构即使对于 $x=0.1$ 也从液体固化在一起。然而，99.8% 的液体形成主要的 FCC 相，并且由计算形成的 BCC+B2 的总量仅为 0.2%，即使它确实存在也几乎看不到。当 $x=0.5$ 时，计算的凝固路径与 Al$_{0.1}$CoCrFeNi 相同。从图 12.17a 的灰线可以看出，当 $x=0.5$ 时，仍有 28% 的液体形成 FCC+BCC/B2 双相结构。模拟表明，在这种情况下可能形成的 BCC+B2 的总摩尔分数为 8.7%，这足以在微观结构中观察到。$x=0.8$ 的模拟显示了非常有趣的特征

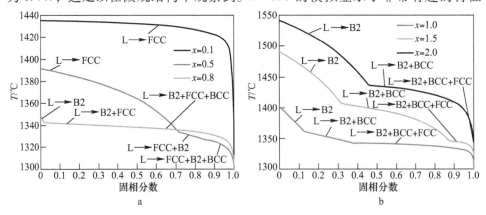

图 12.17　使用当前的热力学描述和 Scheil-Gulliver 模型计算的
Al$_x$CoCrFeNi 合金的凝固路径（$x=0\sim2$）

（图 12.17a 中的浅灰线）。计算出的凝固路径是液体→液体+B2→液体+FCC+B2→液体+FCC+BCC+B2→FCC+BCC+B2。初级固化相是 B2（总共 1.8%），而 98.2%液体是形成 B2+BCC+FCC 的混合物。该合金的凝固在 1342~1294℃的窄温度范围内完成。该组合物接近所谓的深共晶点，并且可以在非常高的冷却速率下发展成无定形结构[35]。

图 12.17b 显示了 $x>0.8$ 的 $Al_x CoCrFeNi$ 合金的模拟凝固路径，表明初级凝固相为 B2。根据我们的模拟，它们的凝固路径是相同的：液体→液体+B2→液体+B2+BCC→液体+FCC+BCC+B2→FCC+BCC+B2。当 $x=1.0$ 时，仅消耗 12.8%的液体形成初级 B2，接下来 8.4%的液体形成 BCC 基相（BCC 和 B2）。然后剩余的液体形成 FCC+BCC/B2 结构。还应该指出的是，当 $x>1.0$ 时，模拟显示 BCC 结构是有序 B2 和无序 BCC 的混合物，这与许多公开的实验结果一致[39,45,47]。模拟显示即使在 $x=2$ 时也应出现 FCC 相，而实际上由于其不显著的量（0.3%）可能无法观察到。可以看出，随着 x 的增加，剩下的液体量为 L→B2+BCC+FCC 反应变小，凝固温度范围变窄。这两个因素使得在高冷却速率下难以观察固化后的微观结构中的 FCC 相。

以 AlCoCrFeNi 系列为例，我们展示了如何应用适当的热力学计算来理解实验结果并指导高熵合金设计。应该指出的是，合金的性能取决于它们的微观结构，微观结构不仅取决于合金的化学性质，还取决于加工和热处理。大多数高熵合金通常通过电弧熔化然后滴铸来制备，这倾向于保持初级固化相的结构。但是，如果平衡相不是无序的固溶体相，则在高温退火足够长的时间后会形成其他相。具有 FCC 结构的合金显示出良好的延展性但是低强度，而 B2 型金属间化合物通常显示出优异的强度但是低延展性。因此，预期 FCC 基质与 B2 沉淀物的复合物可提供强度和延展性的最佳平衡，例如 $Al_{0.3} CoCrFeNi$。根据图 12.16 所示的相图信息，预计在 $Al_x Co_{1.5} CrFeNi$，$Al_x CoCrFe_{1.5} Ni$ 和 $Al_x CoCrFeNi_{1.5}$ 中也可以获得类似的微观结构，具有更宽的 x 值范围。

12.4.2 AlCrCuFeNi 系统的相图

以前，铸造的 $Al_x CrCuFeNi_2$ 合金（$x=0.2~2.5$）的微观结构被 Guo 等人[54]证实，研究表明，当 $x≤0.7$ 时仅检测到 FCC 固溶体，并且通过 XRD 在 $x=0.8$ 时开始检测到 BCC 无序固溶体。从 XRD 的那些超晶格衍射峰看，有序 BCC（B2 相）的形成开始在 $x=0.9$ 处形成。在 $x≥1.8$ 时，无法检测到 FCC 固溶体，表明该阶段不再存在或其数量很少。基于 $Al_x CrCuFeNi_2$ 合金的铸态显微组织，得出结论 $Al_{1.2} CrCuFeNi_2$ 是共晶组合物。

使用 PanHEA 数据库计算的等值线如图 12.18 所示。与 Guo 等人的实验[54]

达成的一致性非常好。如图 12.18 所示，在 1100~1150℃ 的温度范围内 $x \leqslant 0.6 \sim 0.74$，仅存在 FCC 相。随着 Al 含量的增加，形成 BCC 型相（有序 B2 和/或无序 BCC）并且 FCC 相的量减少。在 $x \approx 1.1$，计算的液相线温度达到局部最小值，这意味着共晶点在该组合物附近。当 $x \geqslant 1.8$ 时，FCC 量变得可以忽略不计。这表明我们的热力学计算可以很好地描述实验观察[54]，这使我们对热力学数据库的能力很有信心，它可用来协助 AlCrCuFeNi 系统中的合金设计。

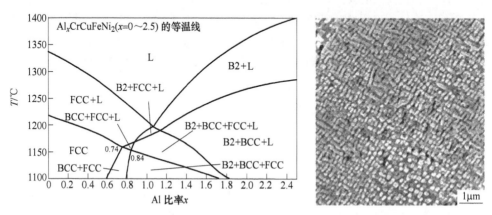

图 12.18 $Al_x CrCuFeNi_2$ 的计算等值线 （$x = 0 \sim 2.5$）[55]（SEM 图片来源于文献 [54]）

12.4.3   MoNbTaTiVW 系统的相图

MoNbTaTiVW 系统的相图和热力学性质在第 12.3.3 节中给出。在这里，我们提出了与实验相比，成分为 MoNbTaTiVW 的合金在非平衡凝固过程中的相组成演变，如图 12.19 所示。使用 ScheilGulliver 模型模拟的非平衡凝固表明在铸态下形成单相 BCC 结构。模拟预测液相线温度为 2533℃，平衡固相线温度为 2246℃[30]，（非平衡）固相线温度为 1661℃。模拟还预测液体中的高熔点元素以 W> Ta> Mo> Nb 的降序排列，同时富含 Ti 和 V。在凝固开始时，BCC 相富含 W，其次是 Ta，但是 V 和 Ti 耗尽，而 Mo 和 Nb 似乎接近标称成分。因此，由于在用于铸锭制备的典型电弧熔化过程期间在非平衡路径中的连续冷却，在铸态合金中预期在宽范围内的成分波动，特别是对于 W，Ta，Ti 和 V。预测的微观偏析行为实际上与使用 SEM-EDX 的实验测量很好地吻合，如图 12.19d 所示。树枝状晶体在凝固过程中首先形成，并且真正富集在 W 中，然后是 Ta，而枝晶间区域在较低温度下形成并富含 Ti，V 和 Nb。Mo 的分布似乎相当均匀，并且在枝晶间区域存在小的 Nb 偏析。如果在移动数据库可用的情况下可以在模拟中考虑原子扩散，则预期协议可以得到改善。

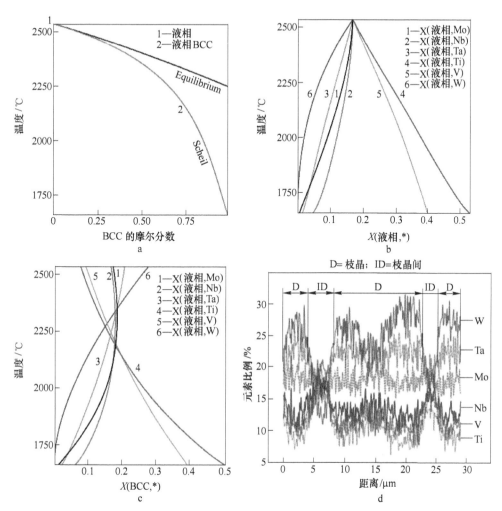

图 12.19　使用 Scheil-Gulliver 模型的非平衡凝固：（a）固体的摩尔分数，（b）液体组成，（c）BCC 相组成和（d）树枝状晶体和枝晶间的组成分布（复制于参考文献[30]）

12.5　展望

CALPHAD 方法采用半经验方法，涉及的许多交互参数的系数可能没有真正的物理意义。使用 CALPHAD 方法开发的热力学数据库非常依赖于相图和相的热化学的实验数据的可靠性。将二元和三元外推到更高级系统可能并不总能保证与实验保持一致，特别是如果存在稳定的四元或五元金属间化合物。当使用热力学数据库进行高熵合金设计时，用户需要考虑以下关键问题：

（1）二元和三元系统描述的可靠性如何？它们是否涵盖了整个成分和温度范围？

（2）对于那些"假设"阶段和纯元素的吉布斯能量描述在物理上是否合理？例如，在 AlCoCrCuFeMnNiTi 中与 FCC 相竞争的相包括 σ，BCC，B2 和 HCP 相，但是对于那些含有 Al 或 Cu 的二元系统，σ 相是不稳定的。对于那些基于难熔金属的 BCC 高熵合金系统，也出现了类似的问题。Laves 相（C14，C15 和 C36）仅在某些二元体系中是稳定的（例如，具有 Ti，Zr，Hf，Nb，Ta 的 Cr；具有 Hf/Zr 的 Mo/W 等），并且在许多其他二元中不稳定（例如，具有 V/Mo/W 的 Cr；具有 V/Nb/Ta/Mo/Ta 的 Ti 等）。但是，这些假设/不稳定金属间化合物的吉布斯能量仍然需要用于自洽数据库开发（见方程式（12.13）和方程式（12.14））。选择吉布斯能量描述并不足以使这些假设阶段不稳定，但它们是否具有物理意义仍然是一个大问题。毫无疑问，这些假设阶段的能量将影响 HEAs 等多组分系统的相稳定性，因此在 CALPHAD 数据库开发过程中不能忽略这些数据的基本原理。

（3）由于高熵合金仍处于初期研究阶段，因此很少有专门用于其相平衡和热化学数据的实验数据。这使得热力学数据库的直接验证非常困难。

随着最初的第一性原理 DFT 计算的进展，可以在没有实验输入的情况下预测形成焓[23~27,56]，甚至金属间化合物的吉布斯自由能。将这些数据应用于二元和三元系统中的假设化合物，对于为高熵合金系统开发具有物理意义的数据库尤为重要。

由于 Santodonato 等人[57]指出，高熵合金系统中部分无序固溶体和部分有序金属间化合物的普遍存在。Santodonato 研究了 $Al_{1.3}CoCrCuFeNi$ 中的凝固行为，重要的是量化真实的构型熵，然后在 CALPHAD 框架内量化高熵合金中的其他熵源，使用 CALPHAD 方法开发动力学数据库与开发热力学数据库同样重要，这将允许用户模拟更真实的凝固行为和相变动力学。以下小节提供了沿这些方向的简短讨论。

12.5.1　化学序对熵的影响

冶金术语中的术语"顺序"表示结晶度的存在，而不是原子的无定形排列。与原子间距离相当的距离上的有序性称为短程有序（SRO），而在无限远距离上重复的有序性称为长程有序（LRO）。LRO 区分结晶固溶体，其中两种或更多种原子种类存在于不同的亚晶格上。SRO 区分了一种固体，其中一种物种的原子与其他物种的最近邻相比，如果环境完全是随机的，那么它们就会被发现[58]。通过热力学模型在 CALPHAD 评估中很好地处理了无序溶液和 LRO[59]。

在热力学中，熵被定义为系统中原子排列的无序的度量。根据热力学第三定律[60]，晶相具有完美的"有序"结构，并且在绝对零温度下熵为零。为了揭示温度对高熵合金熵的影响，计算了 CoCr，CoCrFe，CoCrFeMn 和 CoCrFeMnNi 组

分中 BCC，FCC 和 HCP 相的总熵和混合熵，并在本小节中给出。使用与每种组
分的相应相相同的晶体结构作为参考状态，例如，BCC 结构中纯 Co 和 Cr 的热力
学性质用作它们的参考状态，以计算 BCC CoCr 相的熵混合。

图 12.20a 显示了随温度降低的 BCC 阶段总熵的下降趋势，遵循热力学第三
定律。注意，图 12.20a 中每条线上的拐点是由于 BCC 相分离：BCC = BCC#1 +
BCC#2。CoCrFeMnNi 系统在较低温度下的第二个拐点是根据 BCC = BCC#1+BCC#
2+BCC#3 的反应。使用方程式（12.19）计算的每种合金的混合熵（ΔS_{mix}），如
图 12.20b 所示。这表明 ΔS_{mix} 随着温度的降低而略微增加，直到 565℃ 附近
（CoCr 二元），然后在发生相分离时在较低温度下迅速下降。可以理解的是，相
分离会使系统更加无序化；因此 ΔS_{mix} 随着温度的降低而降低。然而，在相分离

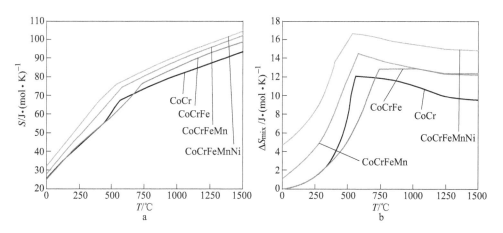

图 12.20 以原子比计算不同系统中 BCC 相的熵
a—总熵；b—混合熵

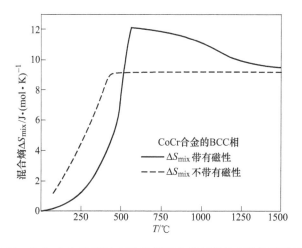

图 12.21 CoCr 合金的 BCC 相的计算混合熵与不具有磁性贡献的比较

发生之前 ΔS_{mix} 与温度的趋势似乎非常违反直觉，因此我们将 BCC CoCr 的 ΔS_{mix} 考虑和不考虑磁贡献进行比较，结果如图 12.21 所示。并清楚地表明，当温度降低时，磁性贡献导致 ΔS_{mix} 略微增加。另一方面，在不考虑磁性贡献的情况下，混合熵对于 $T \geqslant 450℃$ 是恒定的，这意味着在数据库中不考虑 SRO。请注意，如图 12.22 所示，在 FCC 和 HCP 结构中 CoCr，CoCrFe，CoCrFeMn 和 CoCrFeMnNi 合金总熵和混合熵都有非常相似的趋势。

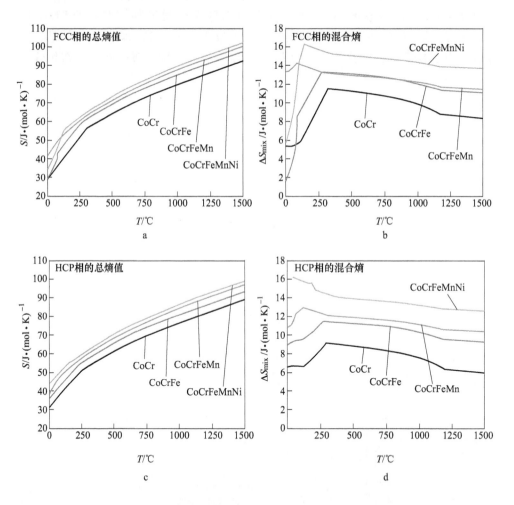

图 12.22　以等原子比率计算不同系统中 FCC 和 HCP 相的熵

a—FCC 相的总熵；b—混合 FCC 相的熵；c—HCP 阶段的总熵；d—混合 HCP 相的熵

SRO 不仅存在于固体中（参见第 10 章的例子），而且还存在液体（参见第 11 章的细节和参考文献 [2，3] ）。固溶体相的构型熵应随着温度的降低而降低，如第 8 章中的 BCC MoNbTaW 所示。因此，对于使用 CALPHAD 方法的高熵合金系统中的构型熵的物理建模，需要考虑对 SRO 的适当处理。然而，缺乏明确的 SRO 被认为是使用 CALPHAD 方法考虑有序/无序相变的主要缺点之一。布拉格 WilliamGorsky（BWG）近似[61]是用于计算有序 FCC 相图的第一个模型[62]。但由于在有序（在亚晶格内）或无序相位中忽略了 SRO 贡献，它显示出与实际相图的巨大差异。目前，已经开发了几种模型并逐步改进以描述 SRO。团簇变化方法（CVM）[63]和蒙特卡罗（MC）技术[64]是通过使用改进的 Ising 模型近似来考虑 SRO 贡献并再现实验相图的主要特征而开发的。然而，CVM 和 MC 的热力学建模主要应用在二元系统中，因为它们具有模型参数的复杂性，并且对于多组分系统而言计算量大。CEF 模型已被广泛使用多年，以模拟合金中的化学序。在该模型中，LRO 由子晶格描述，并且 SRO 对吉布斯能量的贡献通过准化学对近似的方式近似。在 CEF 的框架内，Sundman 等人[65,66]明确表达了具有两个子格和四个子格阶段的 SRO。在这种情况下，团簇/位点近似（CSA）方法是能够产生定量有序相图的最简单的热力学模型，它只允许共享角而不是面和边，可以用来描述 LRO 和 SRO，这大大减少了变量的数量，提高了计算效率，特别是对于多组分系统。首先由 Fowler[67]引入的用于处理原子/分子平衡的 CSA 适用于描述 Oates 等人[68]的 FCC 相的热力学。CSA 模型在 PandatTM 软件[13]中实现，并已成功用于描述 FCC 和 HCP 相图的相稳定性[69~72]。目前，CSA 模型仅限于这些相图。

12.5.2　HEA 的动力学建模

迄今为止所提供的材料专注于开发高熵合金系统的热力学数据库及其应用于相图和合金设计以及通过 CALPHAD 方法的处理。此外，CALPHAD 方法还可以扩展到模拟原子迁移率和扩散系数。使用参考文献［73］中描述的方法，开发了具有当前 PanHEA 热力学数据库的兼容移动性数据库，包括液体，BCC，FCC 和 B2 相中每种组分的自身，杂质和化学扩散性。通过组合热力学和迁移率数据库，可以模拟凝固过程中的动力学反应和随后的热处理过程。液体，BCC，FCC 和 B2 阶段的移动数据可在当前的 PanHEA 数据库中获得，这使我们能够进行扩散模拟。

与 Tsai 等人[74]的实验结果相比，CoCrFeMnNi 扩散偶在 1000℃下的模拟浓度分布，叠加在同一图中进行比较。它表明我们的模拟结果与实验测量结果非常一致（图 12.23）。

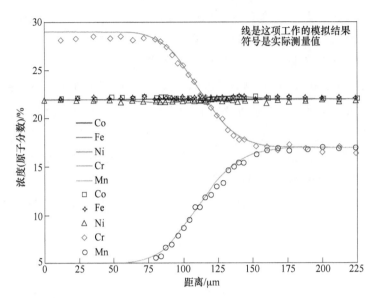

图 12.23　与 Tsai 等人[74]的实验结果相比，CoCrFeMnNi
扩散偶在 1000℃下的模拟浓度分布图

12.6　结论

　　本章介绍了 CALPHAD 方法在高熵合金中的应用，并阐述了开发高熵合金系统热力学数据库的策略。使用 PanHEA 和 TCNI7 分析 CoCrFeMnNi，AlCoCrFeNi 和 MoNbTaTiVW 系统的关键相的吉布斯自由能，焓和熵。在几个高熵合金系统中显示了这些数据库在凝固过程中在相图和微观结构演变方面辅助高熵合金设计的应用。得出以下结论：

　　（1）AlCoCrFeNi 系统的热力学数据库是根据现有的实验数据开发的，并包含在 PanHEA 数据库中。优化涵盖了所有 10 个二元组和 10 个三元组。使用该数据库预测了各种相图，这可能对将来的高熵合金设计和处理有用。在各种合金中观察到模型计算和实验之间的可接受的一致性，例如 $Al_{0.3}CoCrFeNi$，$Al_{0.7}CoCrFeNi$，$Al_{0.875}CoCrFeNi$ 和 $Al_xCrCuFeNi_2$。

　　（2）使用 TCNI7 数据库的热力学分析预测 FCC CoCr，CoCrFe，CoCrFeNi 和 CoCrFeMnNi 的正过量熵分别为+3.9J/（mol·K），+2.9J/（mol·K），+2.5J/（mol·K）和+1.3J/（mol·K）。CoPHrFeNi 的 CALPHAD 预测过量熵与 DFT 计算预测的+2.8J/（mol·K）混合的正振动熵一致（见第 10 章）。此外，对于 2-，3-，4-和 5-组分体系，最大 ΔS_{mix} 分别在 Cr=44.2%，35.3%，35.9% 和 22.8% 时发生，其明显偏离等摩尔成分。

　　（3）使用 TCNI7 数据库的热力学分析预测 MoTaV，MoTaVW，MoNbTaVW 和

MoNbTaTiVW 的小负过剩熵分别为-0.9J/(mol·K), -2.1J/(mol·K), -1.7J/(mol·K) 和-1.5J/(mol·K)。

（4）由于主要的焓效应，向 CoCrFeNi 中添加 Al 显著稳定了 BCC 相。FCC 和 BCC 相的最大 ΔS_{mix} 均在低于 5% 的 Al 下发生，然后随着 Al 含量的进一步增加而迅速下降。

（5）高熵合金中的更多主要元素可能不一定导致解决方案阶段的更广泛的相位场，这是因为在解决相位稳定性时，不能忽略焓因子和竞争相位。例如，CoCrFeNi 中的 FCC 相场比 CoCrFeMnNi 中的更宽，并且 MoNbTaTiVW 中的 BCC 相场小于 MoNbTaW 和 MoNbTaVW 中的 BCC 相场。

（6）讨论了解决短程有序和开发移动数据库的展望。

参 考 文 献

［1］ Yeh J W, Chen Y L, Lin S J, Chen S K (2007). High-entropy alloys-a new era of exploitation. Mater Sci Forum, 560: 1-9. doi: 10.4028/www. scientific. net/MSF. 560. 1.

［2］ Zhang Y, Zuo T T, Tang Z, Gao M C, Dahmen K A, Liaw P K, Lu Z P (2014). Microstructures and properties of high-entropy alloys. Prog Mater Sci, 61: 1-93. doi: 10.1016/j. pmatsci. 2013. 10. 001.

［3］ Gao M C, Alman D E (2013). Searching for next single-phase high-entropy alloy compositions. Entropy, 15: 4504-4519. doi: 10.3390/e15104504.

［4］ Cantor B, Chang I T H, Knight P, Vincent A J B (2004). Microstructural development in equiatomic multicomponent alloys. Mater Sci Eng A, 375-377: 213-218. doi: 10.1016/j. msea. 2003. 10. 257.

［5］ Otto F, Yang Y, Bei H, George E P (2013). Relative effects of enthalpy and entropy on the phase stability of equiatomic high-entropy alloys. Acta Mater, 61: 2628-2638. doi: 10.1016/j. actamat. 2013. 01. 042.

［6］ Ohtania H, Ishida K (1998). Application of the CALPHAD method to material design. Thermochimica Acta, 314: 69-77. doi: 10.1016/S0040-6031（97）00457-7.

［7］ Chang Y A, Chen S L, Zhang F, Yan X Y, Xie F Y, Schmid-Fetzer R, Oates W A (2004). Phase diagram calculation: past, present and future. Prog Mater Sci, 49: 313-345. doi: 10.1016/S0079-6425（03）00025-2.

［8］ Olson G B, Kuehmann C J (2014). Materials genomics: from CALPHAD to flight. Scr Mater, 70: 25-30. doi: 10.1016/j. scriptamat. 2013. 08. 032.

［9］ Zhang C, Zhang F, Chen S, Cao W (2012). Computational thermodynamics aided high-entropy alloy design. JOM, 64 (7): 839-845. doi: 10.1007/s11837-012-0365-6.

［10］ Zhang F, Zhang C, Chen S, Zhu J, Cao W, Kattner U R (2014). An understanding of high entropy alloys from phase diagram calculations. Calphad, 45: 1-10. doi: 10.1016/j. calphad.

2013. 10. 006.

[11] Kaufman L, Bernstein H (1970). Computer calculation of phase diagrams. Academic, New York.

[12] Hillert M (1968). Phase transformations. ASM, Cleveland.

[13] Pandat™ Thermodynamic Calculations and Kinetic Simulations. CompuTherm LLC, Madison, WI, USA-53719.

[14] Thermo-Calc thermodynamic equilibrium calculations. Thermo-Calc Software, Stockholm, Sweden.

[15] FactSage Thermochemical Software. Montreal, Canada.

[16] Chou K C, Chang Y A (1989). A study of ternary geometrical models. Berichte der Bunsengesellschaft für physikalische Chemie, 93 (6): 735-741. doi: 10. 1002/bbpc. 19890930615.

[17] Dinsdale A T (1991). SGTE data for pure elements. Calphad, 15 (4): 317-425. doi: 10. 1016/0364-5916 (91) 90030-N.

[18] Redlich O, Kister A T (1948). Algebraic representation of thermodynamic properties and the classification of solutions. Ind Eng Chem, 40: 345-348. doi: 10. 1021/ie50458a036.

[19] Ansara I (1979). Comparison of methods for thermodynamic calculation of phase diagrams. Int Met Rev, 24 (1): 20-53. doi: http: //dx. doi. org/10. 1179/imtr. 1979. 24. 1. 20.

[20] Anderson J O, Guillermet A F, Hillert M, Jason B, Sundman B (1986). A compound-energy model of ordering in a phase with sites of different coordination numbers. Acta Metall, 34 (3): 437-445. doi: 10. 1016/0001-6160 (86) 90079-9.

[21] Oates W A, Wenzl H (1992). The bond energy model for ordering in a phase with sites of different coordination numbers. Calphad, 16 (1): 73-78. doi: 10. 1016/0364-5916 (92) 90040-5.

[22] Chen S L, Kao C R, Chang Y A (1995). A generalized quasi-chemical model for ordered multicomponent, multi-sublattice intermetallic compounds with anti-structure defects. Intermetallics, 3 (3): 233-242. doi: 10. 1016/0966-9795 (95) 98934-z.

[23] Gao M C, Unlu N, Shiflet G J, Mihalkovic M, Widom M (2005). Reassessment of Al-Ce and Al-Nd binary systems supported by critical experiments and first-principles energy calculations. Metall Mater Trans A Phys Metall Mater Sci, 36A (12): 3269-3279. doi: 10. 1007/s11661-005-0001-y.

[24] Gao M C, Rollett A D, Widom M (2006). First-principles calculation of lattice stability of C15-M_2R and their hypothetical C15 variants (M = Al, Co, Ni; R = Ca, Ce, Nd, Y). Calphad Comput Coupling Phase Diagrams Thermochem, 30 (3): 341-348. doi: 10. 1016/j. calphad. 2005. 12. 005.

[25] Gao M C, Rollett A D, Widom M (2007). The lattice stability of aluminum-rare earth binary systems: a first principles approach. Phys Rev B, 75: 174120. doi: http: //dx. doi. org/10. 1103/PhysRevB. 75. 174120.

[26] Mihalkovic M, Widom M (2004). Ab initio calculations of cohesive energies of Fe-based glass-forming alloys. Phys Rev B, 70 (14): 144107. doi: 10. 1103/PhysRevB. 70. 144107.

[27] Gao M C, Suzuki Y, Schweiger H, Dogan O N, Hawk J, Widom M (2013). Phase stability and elastic properties of Cr-V alloys. J Phys Condensed Matter, 25 (7): 075402. doi: 10. 1088/0953-8984/25/7/075402.

[28] Kumar K C H, Wollants P (2001). Some guidelines for thermodynamic optimisation of phase diagrams. J Alloys Compd, 320 (2): 189-198. doi: 10. 1016/S0925-8388(00)01491-2.

[29] Ishida K, Nishizawa T (1990). Co-Cr phase diagram, vol 3, Alloy phase diagrams. ASM International, Materials Park.

[30] Zhang B, Zhang Y, Gao M C, Yang S, Guo S M (2015). Senary refractory high-entropy alloy MoNbTaTiVW. Mat Sci Tech, 31(10): 1207-1213. doi: 10. 1179/1743284715Y. 0000000031.

[31] Widom M (2015). Prediction of structure and phase transformations. In: Gao M C, Yeh J W, Liaw P K, Zhang Y (eds) High entropy alloys: fundamentals and applications. Springer, Cham.

[32] Kattner U R (1997). The thermodynamic modeling of multicomponent phase equilibria. JOM, 49 (12): 14-19. doi: 10. 1007/s11837-997-0024-5.

[33] Schmid-Fetzer R, Grobner J (2001). Focused development of magnesium alloys using the calphad approach. Adv Eng Mater, 3(12): 947-961. doi: 10. 1002/1527-2648 (200112) 3: 12<947: AID-ADEM947>3. 0. CO; 2-P.

[34] Saunders N, Fahrmann M, Small C J (2000). The application of CALPHAD to Ni-based superalloys. Superalloys. TMS (The Minerals, Metals & Materials Society). In "Superalloys 2000" eds. K. A. Green, T. M. Pollock and R. D. Kissinger (TMS, Warrendale, 2000), 803-811.

[35] Chang Y A (2006). Phase diagram calculations in teaching, research, and industry. Metall Mater Trans A, 37 (2): 273-305. doi: 10. 1007/s11661-006-0001-6.

[36] Hsieh K C, Yu C F, Hsieh W T, Chiang W R, Ku J S, Lai J H, Tu C P, Yang C C (2009). The microstructure and phase equilibrium of new high performance high-entropy alloys. J Alloys Compd, 483 (1-2): 209-212. doi: 10. 1016/j. jallcom. 2008. 08. 118.

[37] Miracle D B, Miller J D, Senkov O N, Woodward C, Uchic M D, Tiley J (2014). Exploration and development of high entropy alloys for structural applications. Entropy, 16 (1): 494-525. doi: 10. 3390/e16010494.

[38] Senkov O N, Zhang F, Miller J D (2013). Phase composition of a $CrMo_{0.5}NbTa_{0.5}TiZr$ high entropy alloy: comparison of experimental and simulated data. Entropy, 15(9): 3796-3809. doi: 10. 3390/e15093796.

[39] Kao Y F, Chen T J, Chen S K, Yeh J W (2009). Microstructure and mechanical property of as-cast, homogenized, and-deformed $Al_x CoCrFeNi$ ($0 \leqslant x \leqslant 2$) high-entropy alloys. J Alloys Compd, 488: 57-64. doi: 10. 1016/j. jallcom. 2009. 08. 090.

[40] Kao Y F, Chen S K, Chen T J, Chu P C, Yeh J W, Lin S J (2011). Electrical, magnetic, and hallproperties of $Al_x CoCrFeNi$ high-entropy alloys. J Alloys Compd, 509 (5): 1607-1614. doi: 10. 1016/j. jallcom. 2010. 10. 210.

[41] Lin C M, Tsai H L (2011). Evolution of microstructure, hardness, and corrosion properties of

high-entropy $Al_{0.5}$CoCrFeNi alloy. Intermetallics, 19 (3):288-294. doi: 10. 1016/j. intermet. 2010. 10. 008.

[42] Wang W R, Wang W L, Yeh J W (2014). Phases, microstructure and mechanical properties of Al_xCoCrFeNi high-entropy alloys at elevated temperatures. J Alloys Compd, 589: 143-152. doi: 10. 1016/j. jallcom. 2013. 11. 084.

[43] Li C, Li J C, Zhao M, Jiang Q (2010). Effect of aluminum contents on microstructure and properties of Al_xCoCrFeNi alloys. J Alloys Compd, 504: S515-S518. doi: 10. 1016/j. jallcom. 2010. 03. 111.

[44] Wang W R, Wang W L, Wang S C, Tsai Y C, Lai C H, Yeh J W (2012). Effects of Al addition on the microstructure and mechanical property of Al_xCoCrFeNi high-entropy alloys. Intermetallics, 26: 44-51. doi: 10. 1016/j. intermet. 2012. 03. 005.

[45] Li C, Zhao M, Li J C, Jiang Q (2008). B2 structure of high-entropy alloys with addition of Al. J Appl Phys, 104: 113504-113506. doi: http: //dx. doi. org/10. 1063/1. 3032900.

[46] Shun T T, Du Y C (2009). Microstructure and tensile behaviors of FCC $Al_{0.3}$CoCrFeNi high entropy alloy. J Alloys Compd, 479 (1-2): 157-160. doi: 10. 1016/j. jallcom. 2008. 12. 088.

[47] Chou H P, Chang Y S, Chen S K, Yeh J W (2009). Microstructure, thermophysical and electrical properties in Al_xCoCrFeNi ($0 \leqslant x \leqslant 2$) high-entropy alloys. Mater Sci Eng B, 163 (3): 184-189. doi: 10. 1016/j. mseb. 2009. 05. 024.

[48] Vitek J M, David S A (1986). The sigma phase transformation in austenitic stainless steels. Weld Res Suppl, 65: 106-111.

[49] Liu S, Gao M C, Liaw P K, Zhang Y (2015). Microstructures and mechanical properties of Al_xCrFeNiTi$_{0.25}$ alloys. J Alloys Compd, 619: 610-615. doi: http: //dx. doi. org/10. 1016/j. jallcom. 2014. 09. 073.

[50] Tang Z, Gao M C, Diao H Y, Yang T, Liu J, Zuo T, Zhang Y, Lu Z, Cheng Y, Zhang Y, Dahmen K A, Liaw P K, Egami T (2013). Aluminum alloying effects on lattice types, microstructures, and mechanical behavior of high-entropy alloys systems. JOM, 65 (12): 1848-1858. doi: 10. 1007/s11837-013-0776-z.

[51] Tung C T, Yeh J W, Shun T T, Chen S K, Huang Y S, Cheng H C (2007). On the elemental effect of AlCoCrCuFeNi high-entropy alloy system. Mater Lett, 61(1): 1-5. doi: 10. 1016/j. matlet. 2006. 03. 140.

[52] Scheil E (1942). Z Metallkd, 34: 70-72.

[53] Gulliver G H (1913). The quantitative effect of rapid cooling upon the constitution of binary alloys. J Ins Met, 9: 120-157.

[54] Guo S, Ng C, Liu C T (2013). Anomalous solidification microstructures in Co-free Al_xCrCuFeNi$_2$ high-entropy alloys. J Alloys Compd, 557: 77-81. doi: 10. 1016/j. jallcom. 2013. 01. 007.

[55] Liu Y, Ma S G, Gao M C, Zhang C, Zhang T, Yang H, Wang Z H, Qiao J W (2016). Tribological properties of AlCrCuFeNi$_2$ high-entropy alloy in different conditions. Metallurgical and Materials Transactions A (in press), doi: 10. 1007/s11661-016-3396-8.

[56] Ghosh G, Asta M (2005). First-principles calculation of structural energetics of Al-TM (TM=Ti,

Zr, Hf) intermetallics. Acta Mater, 53 (11): 3225-3252. doi: 10.1016/j.actamat. 2005. 03.028.

[57] Santodonato L J, Zhang Y, Feygenson M, Parish C M, Gao M C, Weber R J K, Neuefeind J C, Tang Z, Liaw P K (2015). Deviation from high-entropy configurations in the atomic distributions of a multi-principal-element alloy. Nat Commun, 6: 5964. doi: 10.1038/ncomms6964.

[58] Cahn R W (1991). Mechanisms and kinetics in ordering and disordering. In: Yavari A R (ed) Odering and disordering in alloys. Elsevier Science Publishers LTD, Grenoble, pp 3-12.

[59] Lukas H L, Fries S G, Sundman B (2007). Computational thermodynamics-the Calphad method. Cambridge University Press, New York. doi: www.cambridge.org/9780521868112.

[60] Greven A, Keller G, Warnercke G (2003). Entropy, Princeton series in applied mathematics. Princeton University Press, Princeton.

[61] Grosky W (1928). X-ray analysis of transformations in the alloy Cu Au. Zeitschrift für Physik, 50 (1-2): 64-81. doi: 10.1007/BF01328593.

[62] Shockley W (1938). Theory of order for the copper gold alloy system. J Chem Phys, 6 (3): 130-144. doi: 10.1063/1.1750214.

[63] DeFontaine D, Kikuchi R (1978). Fundamental calculations of phase diagrams using the cluster variation method, vol 2, Applications of phase diagrams in metallurgy and ceramics. NBS, National Bureau of Standards, Gaithersburg.

[64] Ackermann H, Crusius S, Inden G (1986). On the ordering of face-centered-cubic alloys with nearest neighbour interactions. Acta Metall, 34 (12): 2311-2321. doi: 10.1016/0001-6160 (86) 90134-3.

[65] Sundman B, Fries S G, Oates W A (1998). A thermodynamic assessment of the Au-Cu system. Calphad, 22 (3): 335-354. doi: 10.1016/S0364-5916 (98) 00034-0.

[66] Abe T, Sundman B (2003). A description of the effect of short range ordering in the compound energy formalism. Calphad, 27 (4): 403-408. doi: 10.1016/j.calphad.2004.01.005.

[67] Fowler R H (1938). Statistical mechanics, 2nd edn. Cambridge University Press, Cambridge.

[68] Oates W A, Wenzl H (1996). The cluster/site approximation for multicomponent solutions-a practical alternative to the cluster variation method. Scr Mater, 35 (5): 623-627. doi: 10.1016/1359-6462 (96) 00198-4.

[69] Cao W, Zhu J, Yang Y, Zhang F, Chen S, Oates W A, Chang Y A (2005). Application of the cluster/site approximation to fcc phases in Ni-Al-Cr system. Acta Mater, 53 (15): 4189-4197. doi: 10.1016/j.actamat.2005.05.016.

[70] Zhang C, Zhu J, Bengtson A, Morgan D, Zhang F, Cao W S, Chang Y A (2008). Modeling of phase stability of the fcc phases in the Ni-Ir-Al system using the cluster/site approximation method coupling with first-principles calculations. Acta Mater, 56 (11): 2576-2584. doi: 10.1016/j.actamat.2008.01.056.

[71] Zhang C, Zhu J, Bengtson A, Morgan D, Zhang F, Yang Y, Chang Y A (2008). Thermodynamic modeling of the Cr-Pt binary system using the cluster/site approximation coupling with firstprinciples energetics calculation. Acta Mater, 56(19): 5796-5803. doi: 10.1016/j.act-

amat. 2008. 07. 057.

[72] Zhang F, Chang Y A, Du Y, Chen S L, Oates W A (2003). Application of the cluster-site approximation (CSA) model to the fcc phase in the Ni-Al system. Acta Mater, 51(1): 207-216. doi: 10. 1016/S1359-6454 (02) 00392-0.

[73] Campbell C E, Boettinger W J, Kattner U R (2002). Development of a diffusion mobility database for Ni-base superalloys. Acta Mater, 50(4): 775-792. doi: 10. 1016/S1359-6454 (01) 00383-4.

[74] Tsai K Y, Tsai M H, Yeh J W (2013). Sluggish diffusion in Co-Cr-Fe-Mn-Ni high-entropy alloys. Acta Mater, 61(13): 4887-4897. doi: 10. 1016/j. actamat. 2013. 04. 058.

13 高熵金属玻璃合金

摘　要： 本章将高熵合金的概念应用于金属玻璃（也称非晶合金），特别是大块金属玻璃，得到同时具有高熵合金和非晶合金优良性能的合金，称为块体高熵金属玻璃（高熵-非晶合金）。本章首先通过总结高熵合金和非晶合金之间的差异对高熵-非晶合金的历史背景进行了介绍。然后根据热力学和力学行为描述了高熵-非晶合金最具代表性的基本性质。除此之外，本章采用了最新的 ab initio 分子动力学模拟的方法，根据合金中原子结构、化学相互作用和扩散的结果将高熵-非晶合金进行分类。高熵-非晶合金优异的性能及重要地位使其具有广阔的应用前景。

关键词： 大块金属玻璃（非晶合金）　无定形　玻璃形成能力　多相　混合焓　混合熵　原子尺寸差异相图　热力学　动力学　相变　凝固　相位稳定性　ab initio 分子动态模拟（AIMD）　扩散系数　高熵合金

13.1　引言

本章重点研究了高熵合金和金属玻璃的形成机制、力学性能和原子结构[1,2]。特别是具有高熵合金组成特征的块体非晶合金即块体高熵金属玻璃[3]。高熵-非晶合金是金属玻璃和高熵合金的数学交集。特别的，高熵-非晶合金同时具有金属玻璃的尺寸特征（样品尺寸达到几毫米甚至更大）以及高熵合金中近等原子比组成这两个鲜明特征。事实上，非晶合金和高熵合金（分别是块体金属玻璃、金属玻璃和高熵合金）具有不同的晶体结构，并且形成了玻璃相和结晶相。然而，最近发现的高熵-非晶合金在理论上可以使高熵合金的定义从结晶固溶体扩展到包括玻璃相的整个固溶体。此外，利用高熵合金的独特性质新体系的非晶合金研制成功。因此，高熵-非晶合金在高熵合金和非晶合金的未来研究方向上起到了重要的引导作用。

本引言以描述非晶合金与高熵合金之间的异同开始，引出同时具有高熵合金与非晶合金特征的高熵-非晶合金。本章的后续部分将介绍高熵-非晶合金的设计，以及目前发现的高熵-非晶合金的性能特征。

13.1.1　大块金属玻璃和高熵合金之间的差异

长期以来，由于高熵合金和大块金属玻璃之间存在许多不同的特性，人们一直认为它们是完全不同的，例如：（1）晶体结构不同，（2）热力学状态不同，（3）成分特征不同。第一，非晶合金被定义为具有玻璃化转变温度（T_g）的块状非晶金属固体。相反，高熵合金是晶体材料，一些高熵合金可以制成具有非晶结构的薄膜物质，本章暂不提及这种材料。第二，大块金属玻璃是在凝固过程中以约 $10^3 K/s$ 的冷却速率快速淬火来抑制晶体相的成核和生长而形成的一种非平衡态。而具有 BCC、FCC 结构以及最近报道的一些 HCP 结构[5~8]的高熵合金[4]在热力学上是稳定的。第三，金属玻璃具有一种或两种主要元素：Zr，La，Fe，Mg，Pd，Cu 和 Ca[9]，而高熵合金各元素间都是等摩尔比，并没有主要元素。自20 世纪 90 年代初以来，金属玻璃和高熵合金之间的根本差异使它们各自独立发展。

13.1.2　大块高熵金属玻璃合金的由来及其历史背景

由于一种既具有高熵合金组成结构又具有非晶合金结构的新合金出现，打破了金属玻璃和高熵合金不同的传统观念。这些新合金被认为是高熵-非晶合金或高熵的块体金属玻璃合金。自 2002 年首次报道 $Cu_{20}Hf_{20}Ni_{20}Ti_{20}Zr_{20}$ 合金以来，一些高熵-非晶合金逐渐被发现[10]。如表 13.1 所示，其中包括一些代表性的非晶合金及高熵-非晶合金的原型。1993 年，Greer 根据"混乱原理"首次提出 $Cu_{20}Hf_{20}Ni_{20}Ti_{20}Zr_{20}$ 高熵-非晶合金[11]。Greer 认为"混乱原理"适用于玻璃形成过程，其所涉及的元素越多，形成晶体结构的可能性越低，而玻璃形成的机会越大。2004 年，Cantor 等人[12]报道了"混乱原理并不适用于玻璃形成过程，而是有其他更重要的因素影响它"，实验结果表明玻璃状结构不是通过铸造或熔融纺丝后过渡金属富集而形成的等原子比多组分合金。在这些观点出现后，研究人员便一直忽略了高熵-非晶合金。

表 13.1　已发现的高熵-非晶合金和代表性的非晶合金（包括高熵-非晶
合金的原型样品）的最大样品厚度（d_c）以及发表年份

序　号	合　金	d_c/mm	发表年份	参考文献
高熵-非晶合金-1	$Cu_{20}Hf_{20}Ni_{20}Ti_{20}Zr_{20}$	1.5	2002	[10]
高熵-非晶合金-2	$Ca_{20}(Li_{0.55}Mg_{0.45})_{20}Sr_{20}Yb_{20}Zn_{20}$	3	2011	[13]
高熵-非晶合金-3	$Cu_{20}Ni_{20}P_{20}Pd_{20}Pt_{20}$	10	2011	[14]
高熵-非晶合金-4	$Ca_{20}Mg_{20}Sr_{20}Yb_{20}Zn_{20}$	$2 \times 5 mm^2$ 工作表示例	2011	[15]
高熵-非晶合金-5	$Ca_{20}Cu_{10}Mg_{20}Sr_{20}Yb_{20}Zn_{10}$	5	2011	[15]
高熵-非晶合金-6	$Al_{20}Er_{20}Dy_{20}Ni_{20}Tb_{20}$	2	2011	[15]
HE-MGB-7	$Be_{20}Cu_{20}Ni_{20}Ti_{20}Zr_{20}$	3	2013	[17]
高熵-非晶合金-8	$Be_{16.7}Cu_{16.7}Ni_{16.7}Hf_{16.7}Ti_{16.7}Zr_{16.7}$	>15	2014	[18]

续表 13.1

序　号	合　金	d_c/mm	发表年份	参考文献
高熵-非晶合金-9	$Ti_{20}Zr_{20}Hf_{20}Be_{20}Cu_{7.5}Ni_{12.5}$	30	2015	[19]
高熵-非晶合金-10	$Ti_{20}Zr_{20}Hf_{20}Be_{20}Ni_{20}$	15	2015	[20]
高熵-非晶合金-11	$Er_{18}Gd_{18}Y_{20}Al_{24}Co_{20}$	5	2018	[20]
高熵-非晶合金-12	$Fe_{25}Co_{25}Ni_{25}(P_{0.4}C_{0.2}B_{0.2}Si_{0.2})_{25}$	2	2018	[21]
高熵-非晶合金-13	$Fe_{25}Co_{25}Ni_{25}(P_{0.5}C_{0.1}B_{0.2}Si_{0.2})_{25}$	2	2018	[21]
非晶合金-01	$Pd_{40}Cu_{30}Ni_{10}P_{20}$	72	1997	[24]
非晶合金-02	$Zr_{41.2}Ti_{13.9}Cu_{12.5}Ni_{10}Be_{22.5}(Vit1)$	>50	1996	[23]
非晶合金-03	$Pd_{35}Pt_{15}Cu_{30}P_{20}$	30	2005	[25]
非晶合金-04	$Zr_{55}Al_{10}Ni_5Cu_{30}$	30	1996	[26]
非晶合金-05	$Mg_{59.5}Cu_{22.9}Ag_{6.6}Gd_{11}$	27	2007	[27]
非晶合金-06	$Mg_{54}Cu_{26.5}Ag_{8.5}Gd_{11}$	25	2005	[28]
非晶合金-07	$Zr_{48}Cu_{36}Ag_8Al_8$	25	2008	[29]
非晶合金-08	$Pd_{40}Ni_{40}P_{20}$	25	1996	[22]
非晶合金-09	$Y_{36}Sc_{20}Al_{24}Co_{20}$	25	2003	[30]
非晶合金-10	$(La_{0.7}Ce_{0.3})_{65}Co_{25}Al_{10}$	25	2007	[33]
非晶合金-11	$La_{62}(Cu_{5/6}Ag_{1/6})_{14}Ni_5Co_5Al_{14}$	>20	2006	[32]
非晶合金-12	$Zr_{57}Ti_5Cu_{20}Ni_8Al_{10}$	20	1997	[35]
非晶合金-13	$Pt_{42.5}Cu_{27}Ni_{9.5}P_{21}$	20	2004	[34]
非晶合金-14	$(Fe_{0.8}Co_{0.2})_{48}Cr_{15}Mo_{14}C_{15}B_6Tm_2$	18	2008	[35]
非晶合金-15	$Pt_{60}Cu_{16}Ni_2P_{22}$	16	2004	[34]
非晶合金-16	$Mg_{54}Cu_{28}Ag_7Y_{11}$	16	2005	[28]
非晶合金-17	$Ca_{65}Mg_{15}Zn_{20}$	>15	2004	[36]
非晶合金-18	$Zr_{58.5}Nb_{2.8}Cu_{15.6}Ni_{12.8}Al_{10.3}$	15	1998	[37]
非晶合金-19	$Ni_{50}Pd_{30}P_{20}$	21	2009	[38]
非晶合金-20	$Pd_{40}Ni_{40}Si_4P_{16}$	20	2011	[39]
非晶合金-21	$Zr_{61}Ti_2Nb_2Al_{7.5}Ni_{10}Cu_{17.5}$	20	2009	[40]
非晶合金-22	$Zr_{60}Ti_2Nb_2Al_{7.5}Ni_{10}Cu_{18.5}$	20	2009	[40]
非晶合金-23	$Ti_{40}Zr_{25}Cu_{12}Ni_3Be_{20}$	14	2005	[41]
非晶合金-24	$Fe_{48}Cr_{15}Mo_{14}Er_2C_{15}B_6$	12	2004	[42]

2011 年，一系列高熵-非晶合金依次被发现，$Ca_{20}(Li_{0.55}Mg_{0.45})_{20}Sr_{20}Yb_{20}Zn_{20}$合金[13]和 $Cu_{20}Ni_{20}P_{20}Pd_{20}Pt_{20}$合金[14]，以及与两种合金[15]相关的 $Ca_{20}Mg_{20}Sr_{20}$ $Yb_{20}Zn_{20}$ 和 $Ca_{20}Cu_{10}Mg_{20}Sr_{20}Yb_{20}Zn_{10}$ 系列中的 Ca-(Li,Mg)-Sr-Yb-Zn[13] 和 $Al_{20}Er_{20}$ $Dy_{20}Ni_{20}Tb_{20}$合金[15]。其中，$Ca_{20}Mg_{20}Sr_{20}Yb_{20}Zn_{20}$ 已经被研究应用于生物医学方面[16]。此外，最近报道的最新高熵-非晶合金是 $Be_{20}Cu_{20}Ni_{20}Ti_{20}Zr_{20}$[17] 和 $Be_{16.7}$ $Cu_{16.7}Ni_{16.7}Hf_{16.7}Ti_{16.7}Zr_{16.7}$[18]。这些合金是通过选择五种或五种以上的主要元素通过等摩尔比的方式进行组合并最终形成非晶合金。随着高熵-非晶合金的应用进程加快，高熵-非晶合金根据其是否包含非金属元素，如 B、C、Si、P 和 Ge，而分为金属-金属以及金属-非金属两类。金属-非金属型的高熵-非晶合金仅有 $Cu_{20}Ni_{20}P_{20}Pd_{20}Pt_{20}$这一类合金。高熵-非晶合金的阵容如表 13.1 所示。高熵-非晶合金的组成元素是过渡金属，s 区元素，准金属元素，镧系元素和 p 区金属元素的混合物。这些组成元素的组合表明非晶合金的分类[9]可以用来寻找新型的非晶合金以及高熵-非晶合金。

高熵-非晶合金的组成及其组成元素类似于典型的非晶合金。通常新合金是通过添加或替换元素周期表中同一系列的或是具有相似化学性质的元素来进行的。以高熵-非晶合金为例，$Cu_{20}Ni_{20}P_{20}Pd_{20}Pt_{20}$ 和 $Be_{20}Cu_{20}Ni_{20}Ti_{20}Zr_{20}$ 就是分别通过改变 $Pd_{40}Ni_{40}P_{20}$[14,21] 和 $Zr_{41.2}Ti_{13.9}Cu_{12.5}Ni_{10}Be_{22.5}$[23]这两种金属玻璃的组成元素使其满足等原子比而来。

13.1.3　非晶玻璃和高熵合金成分设计的相似性

非晶合金和高熵合金是在相同的合金设计原则下开发的，包括以下因素：
(1) 元素的数量（N）；
(2) 原子尺寸的不匹配（原子尺寸的不同）；
(3) 混合热（混合熵 ΔH_{mix}）。

对于非晶合金和高熵合金发展的三个因素的具体描述如下。除了一些二元非晶合金，如 Cu-Zr[43,44] 和 Ni-Nb[45] 以外，非晶合金的元素个数通常限制在 $N \geqslant 3$，而高熵合金一般元素数 $N \geqslant 5$，并且元素之间遵守等原子比或近似等原子比组成的原则。非晶合金的第二和第三因素可以简单描述为不匹配度为 12% 或 12% 以上以及负混合热[46]。另一方面，高熵合金的第二和第三因素比非晶合金要复杂，并且与 δ-ΔH_{mix}图[44]中的参数（δ）和 ΔH_{mix}的值相关联，关于无序的 S'区和有序的 S'区的形成，详见本书的第 2 章。值得注意的是，上面提到的有序和无序是指化学物质（元素），而不是晶学中的原子位置。此外，非晶合金的区域也是指 δ-ΔH_{mix}图中的区域 Bs。

此外，由平均熔化温度乘以构型熵并除以混合熵的新参数（Ω）形成了用于预测高熵合金以及非晶合金的 δ-Ω 图[48]。关于高熵合金的这些准则的介绍请参阅第 3 章。综上所述，高熵合金和非晶合金设计中的这三个因素都考虑了数值和热力学量，从而实现了高熵合金和非晶合金的合金设计。有几种方法可以计算 ΔH_{mix} 的值，例如基于 CALPHAD 的热力学方法[49]，如第 6 章所述。本书的第 8～12 章描述的电子密度泛函理论。此外，Miedema 的经验方法[50] 也被广泛用于评估非晶合金和高熵合金的 ΔH_{mix}。在之前的工作中[9]，利用 Miedema 模型可以获得 73 个元素组合的 2628 个原子对的 ΔH_{mix}，这些元素在等原子二元合金成分中一次取 2 个（$_{73}C_2$）。

自 20 世纪 80 年代以来，Hafner[51]、Masumoto[52] 和 Inoue[46] 以及 Takeuchi 和 Inoue[9,53] 就已经报道了块体金属玻璃和金属玻璃的分类。Inoue[46] 总结了五种非晶合金组合，包括（1）Zr 和 La 基，（2）Fe-ETM 基，（3）Fe(Al，Ga) 基，（4）Mg 基，（5）基于 ETM 代表前过渡金属的 Pd 基和 Pt 基。Takeuchi 和 Inoue[9,53] 后来添加了以下两个补充组：（6）LTM 基（后过渡金属）和（7）Ca 基非晶合金。Takeuchi 和 Inoue[9] 的分类基本上是分别考虑了前过渡金属，镧系元素，后过渡金属，IIIB-IVB 组的 ETM，Ln，LTM，BM 和 IIA 的亚组以及 IIA 族金属。另一方面，Takeuchi 和 Inoue[53] 提出的最新非晶合金分类分别基于与周期表中 s 区元素对应的来源于 s-、d-、f-和 p-区元素的 s，d_Ef，d_Lp 和 p 的四个子群，前过渡金属和镧系元素，后过渡金属和 p 区块金属元素以及 p 区块中的类金属。

这些分类提供了发现未知高熵-非晶合金的线索。Takeuchi 和 Inoue[53] 以包含 s，d_Ef，d_Lp 和 p 的常规四面体组成图为基础最终成功获得了形成非晶合金的普遍趋势，该趋势显示与非晶合金关联的一条组合带位于常规四面体组成图的表面。

高熵-非晶合金设计的原则分为两个部分。首先，应该从非晶合金的早期研究中找出原型合金成分。其次，应该通过考虑元素中的化学相似性来确定相近原型非晶合金的组成，例如元素周期表的同一族。表 13.2[54] 总结了迄今为止发现的代表性非晶合金与相应的高熵-非晶合金之间的关系，其分别从合金的类别、子群、相对原子尺寸，以及高熵-非晶 s-d_Ef-dL$_p$-p 描述方面对非晶合金与相应的高熵-非晶合金进行概括。

$Al_{20}Er_{20}Dy_{20}Ni_{20}Tb_{20}$ 和 $Be_{20}Cu_{20}Ni_{20}Ti_{20}Zr_{20}$ 在化学上近似于 $La_{60}Al_{15}Ni_{20}$[55,58]，$Ca_{20}Mg_{20}Sr_{20}Yb_{20}Zn_{20}$ 在 $Mg_{50}Ni_{30}La_{20}$[56] 和 $Mg_{65}Cu_{25}Y_{10}$[60] 之间，$Cu_{20}Ni_{20}P_{20}Pd_{20}Pt_{20}$ 化学近似于 $Pd_{40}Ni_{40}P_{20}$[25,64]，$Cu_{20}Hf_{20}Ni_{20}Ti_{20}Zr_{20}$ 与 $Cu_{23}Ni_{11}Fe_7Ti_{52}Mo_7$[59] 的化学性相近。这些高熵-非晶合金确实精确或接近等原子比，组成元素之间的化学相似性使高熵-非晶合金与传统非晶合金具有相似性。

表 13.2　七种非晶合金和高熵-非晶合金之间的关系

种类	子群				代表性非晶合金	参考文献	s-d_{Ef}-d_{LP}-p 类型	相关高熵非晶合金	参考文献
	S	d_{Ef}	d_{LP}	p					
I	M	L	S	—	$La_{60}Al_{15}Ni_{25}$	[52]	$(d_{Ef})_{60}S_{15}(d_{LP})_{25}$	$Al_{20}Er_{20}Dy_{20}Ni_{20}Tb_{20}$	[15]
	S	L	M	—	$Zr_{41.2}Ti_{13.9}Cu_{12.5}Ni_{10}Be_{22.5}$	[20]	$(d_{Ef})_{55}(d_{LP})_{22.5}S_{22.5}$	$Be_{20}Cu_{20}Ni_{20}Ti_{20}Zr_{20}$	[17]
II	—	L	M	S	$(Fe_{0.8}Co_{0.2})_{48}Cr_{15}Mo_{14}Tm_2C_{15}B_6$	[32]	$(d_{LP})_{48}(d_{Ef})_{31}P_{21}$	—	—
III	L	—	M	S	$Fe_{73}Al_5Ga_2P_{11}C_5B_4$	[53]	$(d_{LP})_{73}P_{20}$	—	—
IV	M	L	S	—	$Mg_{59.5}Cu_{22.9}Ag_{6.6}Gd_{11}$	[25]	$S_{59.5}(d_{LP})_{29.5}(d_{Ef})_{11}$	$Ca_{20}Mg_{20}Sr_{20}Yb_{20}Zn_{20}$	[15]
V	—	—	L	S	$Pd_{40}Ni_{40}P_{20}$	[19]	$(d_{LP})_{80}P_{20}$	$Cu_{20}Ni_{20}P_{20}Pd_{20}Pt_{20}$	[14]
	—	L	S	—	$Pd_{40}Cu_{30}Ni_{10}P_{20}$	[21]	$(d_{Ef})_{60}(d_{LP})_{40}$	—	—
VI	—	L	S	—	$Cu_{60}Zr_{30}Ti_{10}$	[52]	$(d_{Ef})_{60}(d_{LP})_{40}$	$Cu_{20}Hf_{20}Ni_{20}Ti_{20}Zr_{20}$	[10]
VI-I	—	L	S	—					
VII	L	—	S	—	$Ca_{65}Mg_{15}Zn_{20}$	[33]	$S_{80}(d_{LP})_{20}$	—	—

注：经 Ref. 可转载[54]。

13.2 高熵-非晶合金的相关合金及特性

本小节涉及三种类型的合金：$Cu_{20}Ni_{20}P_{20}Pd_{20}Pt_{20}$、$Be_{20}Cu_{20}Ni_{20}Ti_{20}Zr_{20}$ 和基于 $Ca_{20}Mg_{20}Sr_{20}Yb_{20}Zn_{20}$ 的高熵-非晶合金。主要对 $Cu_{20}Ni_{20}P_{20}Pd_{20}Pt_{20}$ 高熵-非晶合金 及其相关的高熵合金的热力学性质进行了解释。介绍了包含金属元素的金属-金 属类型的 $Be_{20}Cu_{20}Ni_{20}Ti_{20}Zr_{20}$ 和 $Ca_{20}Mg_{20}Sr_{20}Yb_{20}Zn_{20}$ 高熵-非晶合金的力学性能， 含有 B、C、Si、P 和 Ge 的金属-非金属类型的 $Cu_{20}Ni_{20}P_{20}Pd_{20}Pt_{20}$ 高熵-非晶合 金，由于具有脆性，因此其力学性能被忽略。

13.2.1 $Cu_{20}Ni_{20}P_{20}Pd_{20}Pt_{20}$ 块状高熵金属玻璃及相关合金

迄今为止，所有已发现的高熵-非晶合金中，$Cu_{20}Ni_{20}P_{20}Pd_{20}Pt_{20}$[14] 以 及 $Be_{16.7}Cu_{16.7}Ni_{16.7}Hf_{16.7}Ti_{16.7}Zr_{16.7}$[18] 高熵-非晶合金的样品尺寸已达到厘米级。 $Cu_{20}Ni_{20}P_{20}Pd_{20}Pt_{20}$ 高熵-非晶合金的横截面外观形貌和 XRD 曲线如图 13.1 所示。 $Cu_{20}Ni_{20}P_{20}Pd_{20}Pt_{20}$ 高熵-非晶合金是由直径 $d_c = 25mm$[21] 的 $Pd_{40}Ni_{40}P_{20}$ 非晶合金为 原型设计而来，用 Pt、Cu 和 Ni 替换一半的 Pd。但是，这些替代元素降低了玻璃 形成能力（GFA），使 d_c 从 $Pd_{40}Ni_{40}P_{20}$ 非晶合金的 25mm 降低到 $Cu_{20}Ni_{20}P_{20}Pd_{20}Pt_{20}$ 高熵-非晶合金的 10mm。GFA 的降低表明最好的非晶合金化合物并不一定适合于 高熵合金。

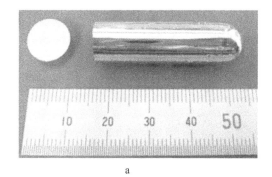
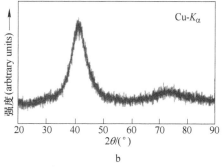

图 13.1 外观（a）和直径 10mm 的 $Cu_{20}Ni_{20}P_{20}Pd_{20}Pt_{20}$ 高熵-非
晶合金（b）的横截面面积取得的 XRD 曲线
（经参考文献 [14] 许可转载）

$Cu_{20}Ni_{20}P_{20}Pd_{20}Pt_{20}$ 高熵-非晶合金的另一个鲜明特征是玻璃化转变温度（$T_g/$ T_l）的降低，该特征是通过用液相温度（T_l）和玻璃化转变温度（T_g）来评估 的。一般认为 $T_g/T_l \geqslant 0.6$ 的合金具有高的 GFA。$Cu_{20}Ni_{20}P_{20}Pd_{20}Pt_{20}$ 高熵-非晶合 金的 T_g/T_l 值高达 0.71，这是 $d_c \geqslant 10mm$ 的非晶合金中的最高值，但看起来该结 论与其较小的直径 $d_c = 10mm$ 相矛盾。包括 T_g/T_l 在内，已经提出了 12 个 GFA 参数来评估 GFA，其中关于每个参数特征的总结都可以在相关文献中找到[63]。具有代表性的 GFA 参数包括 T_g/T_l，过冷液体区域（$\Delta T_x = T_x - T_g$），其代表结晶起始温度 T_x 与 T_g 之间的温度差，γ 参数定义为 $T_x/(T_g + T_l)$。然而，这些 GFA 参数有一个至关重要的问题，即没有完全统一的 GFA 参数在不同成分、不同类型的非晶合金中普遍地评估 GFA。因此，12 个 GFA 参数各自优先表征具有特定基本元素的非晶合金。例如，用 T_g/T_l 参量为 Co 基非晶合金的 GFA 提供了最佳拟合[63]。

从这个意义上讲，GFA 参数比较混乱。每个 GFA 参数的优先基本元素限制了没有主要元素的高熵-非晶合金的描述，并且目前已知的 GFA 参数的使用也出现了问题。所以在接下来的研究中，GFA 参数问题亟待解决。在制备 $Cu_{20}Ni_{20}P_{20}Pd_{20}Pt_{20}$ 高熵-非晶合金的过程中，通过固定 Pd、Pt 和 P 以及改变 Cu 和 Ni 的 LTM 来检测其他可能的组合，可以发现 $P_{20}Pd_{20}Pt_{20}TM1_{20}TM2_{20}$ 合金仅通过（TM1，TM2=Cu，Ni）形成玻璃相，如图 13.2[64] 所示。此外，Takeuchi 等人用 $ETM_{60}LTM_{40}$、$ETM_{50}LTM_{50}$ 和 $ETM_{40}LTM_{60}$ 分别检测了三种合金，$Hf_{20}Ni_{20}Pd_{20}Ti_{20}Zr_{20}$、$Cu_{16.7}Ni_{16.7}Hf_{16.7}Pd_{16.7}Ti_{16.7}Zr_{16.7}$ 和 $Cu_{20}Ni_{20}Pd_{20}Ti_{20}Zr_{20}$，发现只有 $ETM_{40}LTM_{60}$ 型的 $Cu_{20}Ni_{20}Pd_{20}Ti_{20}Zr_{20}$ 合金可以作为高熵-非晶合金的候选合金，因为在它的棒状样品中形成玻璃相。然而，即使样品直径小至 1mm，也不能成功获得 $Cu_{20}Ni_{20}Pd_{20}Ti_{20}Zr_{20}$ 高熵-非晶合金。相反，当用直径为 1.5mm 的圆柱形状制备时，如果向 $ETM_{40}LTM_{60}$ 型合金中添加 Al（$Al_{0.5}$）即 $Al_{0.5}CuNiPdTiZr$，该合金形成了具有 BCC 结构的高熵合金，如图 13.3[65] 所示。在图 13.3 中，值得注意的是虽然 $Cu_{20}Hf_{20}Ni_{20}Ti_{20}Zr_{20}$ 合

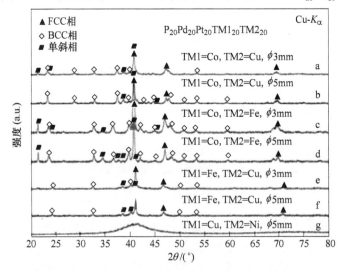

图 13.2 $P_{20}Pd_{20}Pt_{20}TM1_{20}TM2_{20}$ 圆柱形合金的 XRD 图[61]

（直径为 3mm，高为 5mm）

金是高熵-非晶合金，但 $Al_{0.5}CuNiPdTiZr$ 却不是[10]。图 13.3 中的 XRD 曲线表明，$Al_{0.5}$的添加可以有效地获得高熵合金，但是却不能很好地提高 GFA。总之，$Al_{0.5}CuNiPdTiZr$ 合金具有独特的成型能力，它既可以形成玻璃相也可以形成晶体高熵合金，这取决于样品尺寸和冷却速率。因此，$Al_{0.5}CuNiPdTiZr$ 合金是一种可以科学地将高熵合金和非晶合金连接起来的高熵金属玻璃。

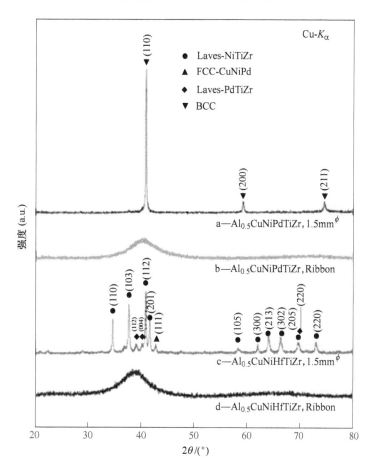

图 13.3 （a）和（b）是 $Al_{0.5}CuNiPdTiZr$ 的 XRD 图，样品是直径 1.5mm 的圆柱形，

（c）和（d）是 $Al_{0.5}CuNiHfTiZr$ 的 XRD 图，样品是带状物[65]

（经允许以参考）

$Al_{0.5}CuNiPdTiZr$ 合金的特殊性能通过它的两相体现出来，其玻璃相或 BCC 相取决于冷却速率，具体的连续冷却转变（CCT）图如图 13.4 所示。

在图 13.4 中 C 曲线是高温范围内的 BCC 相图。这是由于纯 Ti 和 Zr 的同素异形转变[66]以及 BCC 结构通常是一种高温结构，而具有这种结构的金属在较低温度下具有紧密堆积结构[66]。因此，可以[66]认为纯 Ti 和 Zr 的同素异形转变可以提供 $Al_{0.5}CuNiPdTiZr$ 合金在高温下形成 BCC 相的引发点。这种引发点将为形核位点或晶胚提供参考。如图 13.4（2）所示，合金在铸造过程中，由于在中等冷却速率（R）下的原子扩散有限，所以合金保持 BCC 结构。另一方面，在工艺（1）中的高冷却速率（R）下可获得玻璃相，而在工艺（3）中 BCC 相可以在低 R 下转变成稳定相。除 Ti 和 Zr 外，Al 也可被视为高熵合金[64]中的 BCC 形成剂，使合金在高温下形成 BCC 相。

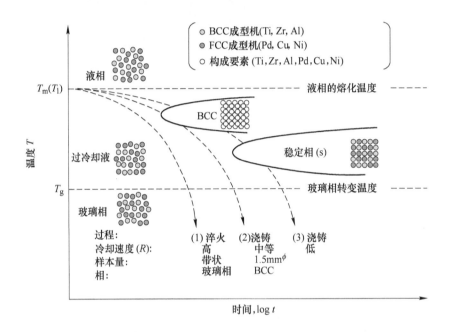

图 13.4　不同工艺的 $Al_{0.5}CuNiPdTiZr$ 合金的连续冷却转变（CCT）图

（图中给出了液相，过冷液体，玻璃相，BCC 相和稳定相的二维原子排列，表示了
$Al_{0.5}CuNiPdTiZr$ 合金对 BCC（Ti，Zr 和 Al）和 FCC（Pd，Cu 和 Ni）形成的原子键合的重要地位；
原子排列显示：BCC 和 FCC 形成剂从统计学上分别在液体，过冷液体，玻璃相和稳定相中以原子水
平渗透；BCC 和 FCC 形成剂随机占据 BCC 结构中的位点，其中 BCC 结构被假设为层状结构，
以便将其与稳定相分开。经参考文献［65］许可转载）

$Al_{0.5}CuNiPdTiZr$、$Cu_{20}Ni_{20}Pd_{20}Ti_{20}Zr_{20}$、$Al_{0.5}CuNiPdTiZr$ 和 $Al_{0.5}CuNiHfTiZr$ 高熵合金的 δ 和 ΔH_{mix} 值见表 13.3。δ-ΔH_{mix} 值可以根据本书第 2 章中给出的等式计算。$Al_{0.5}CuNiPdTiZr$ 高熵合金位于被三元非晶合金覆盖的 δ-ΔH_{mix} 图中密度较小的区域[44]。鉴于 $Al_{0.5}CuNiPdTiZr$ 高熵合金的这些特性，我们可以通过参考 δ-ΔH_{mix} 图来开发新的高熵合金。

表 13.3　带状和 1.5mm 棒状高熵合金试样的混合焓（ΔH_{mix}），

Delta 参数（δ）的相位和参考

高熵合金	$\Delta H_{mix}/kJ \cdot mol^{-1}$	δ	相/（1.0）① 1.5mm 棒
$Cu_{20}Ni_{20}Pd_{20}Ti_{20}Zr_{20}$	-45.1	9.2	玻璃/（FCC+HCP+Laves+未知）①
$Cu_{20}Hf_{20}Ni_{20}Ti_{20}Zr_{20}$	-27.4	10.3	玻璃/玻璃
$Al_{0.5}CuNiPdTiZr$	-46.7	8.8	玻璃/BCC
$Al_{0.5}CuNiHfTiZr$	-31.6	9.9	玻璃/（FCC+Laves）

① 仅在 $Cu_{20}Ni_{20}Pd_{20}Ti_{20}Zr_{20}$ 样品直径为 1.0mm，而其他样品直径为 1.5mm 的情况下适用。经许可转载[65]。

$Cu_{20}Ni_{20}P_{20}Pd_{20}Pt_{20}$ 高熵-非晶合金表现出较差的力学性能，简单说就是脆性较大。当非晶合金是金属-类金属类型时，这些合金在铸态下通常是脆性的。高熵-非晶合金的局部原子排列可能与金属间化合物的原子排列紧密相关。通过退火得到的结构弛豫或是晶化等其他处理手段将使合金变脆。

13.2.2　$Be_{20}Cu_{20}Ni_{20}Ti_{20}Zr_{20}$ 高熵-非晶合金及其力学性能

基于原型非晶合金 $Zr_{41.2}Ti_{13.9}Cu_{12.5}Ni_{10}Be_{22.5}$（Vit1），可以将 $Be_{20}Cu_{20}Ni_{20}Ti_{20}Zr_{20}$ 高熵-非晶合金作为金属-金属类型高熵-非晶合金的典型代表[23]。$Be_{20}Cu_{20}Ni_{20}Ti_{20}Zr_{20}$ 高熵-非晶合金通过电弧熔炼的方法在水冷 Cu 坩埚中熔炼纯 Zr、Ti、Be、Cu 和 Ni 的混合物制备而成。样品尺寸：直径为 3mm，长度约为 70mm 的棒状样品。图 13.5 是 $Be_{20}Cu_{20}Ni_{20}Ti_{20}Zr_{20}$ 高熵合金的 SEM 图，没有称度，表明该合金为非晶结构。$Be_{20}Cu_{20}Ni_{20}Ti_{20}Zr_{20}$ 高熵-非晶合金的热力学参数如下：$T_g = 683K$ 和 $T_x = 729K$。该高熵-非晶合金的高热稳定性和强度归因于它的高熵（等原子）性质以

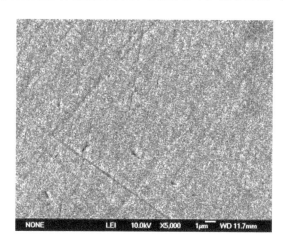

图 13.5　$Be_{20}Cu_{20}Ni_{20}Ti_{20}Zr_{20}$ 高熵合金扫描图

及 Ni 浓度的增加，将其在温度为 813K 的真空环境下退火 1h 后，可以在样品内沉淀出 FCC，BCC 固溶体和 Ni_7Zr_2 金属间化合物三相。

室温单轴压缩试验结果如图 13.6 所示，所用试样是从直径为 2mm 的圆柱体上截取，长度为 6mm，应变率为 $2×10^{-4}/s$，所用仪器为 MTS 809 拉伸试验机。压缩测试是将样品夹在两个 WC 压板之间，并将两个刀片机械地固定在 WC 压板的侧表面上。图 13.6a 是 $Be_{20}Cu_{20}Ni_{20}Ti_{20}Zr_{20}$ 在室温下的工程应力-应变曲线，从图中可以得到，该高熵合金并没有塑性，而是脆性断裂。它的屈服强度约为 2600MPa，弹性极限为 1.9%。图 13.6b 为当前非晶高熵合金的金属断面图，从图中可以看出，它的主要特征是具有多个面，这表明在断裂期间需要更多的断裂能转换为表面能。图 13.6c 是破裂表面局部高倍图，其表面呈放射状。在该图的前面可以看到大量的熔融液体，可能与剪切热有关。此外，在放射图案的中心存在镜面区域。

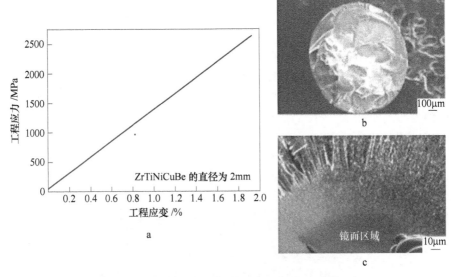

图 13.6　$Be_{20}Cu_{20}Ni_{20}Ti_{20}Zr_{20}$ 的工程应力-应变曲线（a），
非晶高熵合金的断面分析（b 和 c）

相比于 Zr 基非晶合金，$Be_{20}Cu_{20}Ni_{20}Ti_{20}Zr_{20}$ 高熵-非晶合金的断裂强度高达 2000MPa，但是却表现出了脆性。这种脆性是由于除了 FCC 和 BCC 结构的简单固溶体之外还有 Ni_7Zr_2 金属间化合物的存在。利用 Miedema 模型计算出 $Be_{20}Cu_{20}Ni_{20}Ti_{20}Zr_{20}$ 高熵-非晶合金的 $\Delta H_{mix} = 30.24kJ/mol$，对于一般的高熵合金来说，这个数值很大并且对其性能非常不利，这也从侧面验证了该合金的脆性较大。通常金属间化合物的形成是导致合金脆性断裂的重要因素。

13.2.3　$Ca_{20}Mg_{20}Sr_{20}Yb_{20}Zn_{20}$基高熵-非晶合金及其力学性能

本小节描述了 $Ca_{20}Mg_{20}Sr_{20}Yb_{20}Zn_{20}$ 高熵-非晶合金的优异力学性能。实际上，晶体和玻璃相在受力时表现出不同的力学性能[66]。材料力学性能的差异是由不同的因素引起，例如化学键合、有无晶界的宏观形态和原子排列产生的位错等。这些因素决定了材料的性质。在各种性能中，材料的不均匀性对其影响最大，例如材料的缺陷、裂缝、二次相和气孔等。决定材料力学性能的重要因素可能是夹杂物在尖角和边缘产生的应力集中，如晶体中的位错和玻璃相中的裂纹。

实际上，高熵-非晶合金在力学测试中表现为非晶材料的性能。与其他的氧化物及玻璃材料类似，高熵-非晶合金宏观致密，是一种长程无序无周期性的材料，并且它在室温力学测试中表现为脆性。高熵-非晶合金呈现脆性是因为缺少晶体合金所具有的位错，因此，剪切带的增殖扩展导致裂纹在样品中快速传播并最终导致脆性断裂。晶体材料在受力时会产生位错并且形成位错网，通过位错的移动释放应力从而产生宏观变形。而在非晶合金中，应力集中发生在缺陷处，导致裂纹扩展并断裂。非晶材料拉伸试验的应力-应变曲线表现出极大的脆性，应变（ε）约 0.2%，而塑性金属晶体合金的 ε 达到几十甚至更大，远远大于非晶材料。然而一些非晶合金，如 $Cu_{60}Zr_{30}Ti_{10}$ 非晶合金[57]，在室温下表现出塑性变形，但其变形只能在压缩试验中观察到。非晶合金与晶体合金的典型特征比较总结如下：相对较高的拉伸强度和较低的杨氏模量和由于不均匀变形使其在室温下没有明显的塑性伸长率。图 13.7 中高熵-非晶合金显示出较低的杨氏模量[13]。

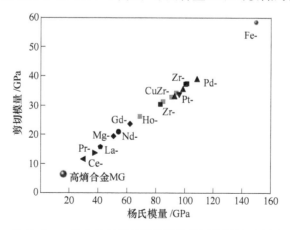

图 13.7　一些非晶材料杨氏模量及剪切模量的对比图

（$Ca_{20}(Li_{0.55}Mg_{0.45})_{20}Sr_{20}Yb_{20}Zn_{20}$非晶合金在多种
非晶合金中具有最小的弹性常数）

通常，非晶合金的室温脆性是它作为结构材料的绊脚石。但是，玻璃态合金

在相对高温的 T_g 附近表现出超塑性变形。非晶合金的黏性流动是由于过冷液体区域 ΔT_x 的温度范围内均匀变形的结果，ΔT_x 定义为 T_g 和 T_x 之间的温度区间。因此，高熵-非晶合金和较低 T_g 的非晶合金为我们克服室温脆性提供了很大的可能性。图 13.8[13] 是 $Ca_{20}Mg_{20}Sr_{20}Yb_{20}Zn_{20}$ 高熵-非晶合金在室温下测试的例子。图 13.7 和图 13.8 是高熵-非晶合金力学性能的最新结果，并且在参考文献［68］中有所总结。

图 13.8　$Ca_{20}(Li_{0.55}Mg_{0.45})_{20}Sr_{20}Yb_{20}Zn_{20}$ 高熵-非晶合金的压缩图，
最大压缩至其原始高度的 70% 而不会产生剪切带和裂纹[13]
（经参考文献［13］许可转载）

13.2.4　影响高熵-非晶合金力学性能的因素

　　本小节重点介绍影响高熵-非晶合金力学性能的两个因素。第一个因素是高熵-非晶合金，金属玻璃和大块金属玻璃的类型：金属-金属型和金属-非金属型。实际上，金属-非金属型的非晶合金和大块非晶合金往往比金属-金属型更脆[69]，因为金属和非金属之间缺少共价状态的原子键，这样易于促进化学诱导结构弛豫和拓扑结构。第二个因素是 ΔH_{mix} 的大小[70]，它代表着形成玻璃相和金属间化合物的能力大小。在 δ-ΔH_{mix} 图中我们可以发现，高熵-非晶合金以及非晶合金有更大更负的 ΔH_{mix} 和较高熵合金更大的 δ 值[44]。实际上，ΔH_{mix} 的值大约在 0～10kJ/mol 的范围内，一般形成于 δ-ΔH_{mix} 图中的 S 区域。另一方面，$Be_{20}Cu_{20}Ni_{20}Ti_{20}Zr_{20}$ 高熵-非晶合金的 $\Delta H_{mix} = 30.24$kJ/mol，$Cu_{20}Ni_{20}P_{20}Pd_{20}Pt_{20}$ 高熵-非晶合金的 $\Delta H_{mix} = 25$kJ/mol，相比于高熵合金，其值更大更负。然而，$Ca_{20}Mg_{20}Sr_{20}Yb_{20}Zn_{20}$ 基高熵-非晶合金的 $\Delta H_{mix} = -10$～-12kJ/mol，位于结晶高熵合金的 ΔH_{mix} 范围内。高熵-非晶合金的 ΔH_{mix} 可以在一定程度上确定其力学性能中的韧脆性。ΔH_{mix} 值与合金中的原子间相互作用和键合密切相关，这将在下一小节中通过高熵-非晶合金的分子动力学（AIMD）模拟结果来解释。

13.2.5　AIMD 模拟

利用（NVT）AIMD 模拟在 $T = 1400K^{[68]}$ 时研究了 $Cu_{20}Ni_{20}P_{20}Pd_{20}Pt_{20}$、$Al_{20}Er_{20}Dy_{20}Ni_{20}Tb_{20}$、$Cu_{20}Hf_{20}Ni_{20}Ti_{20}Zr_{20}$ 和 $Be_{20}Cu_{20}Ni_{20}Ti_{20}Zr_{20}$ 高熵-非晶合金的原子结构模型。除了 $Cu_{20}Ni_{20}P_{20}Pd_{20}Pt_{20}$ 合金以 100 个原子为一个单位，其余材料皆以 200 个原子为一个单位，并在 50ps 下收集数据，计算出的偏对分布函数（PDF）如图 13.9 所示。类似于 13.1.3 节中非晶合金的分类，我们将化学性相似的元素归为"单元元素"。以 CuNiPPdPt 为例，我们将 Ni、Pd、Pt 和 N 分为"镍组"。部分 CuN PDF 是由 CuNi、CuPd 和 CuPt 的平均值而求，类似于利用 NN 和 PN 求平均值的部分 PDF。显然，P 与镍基团的结合比 Cu 与镍基团的结合更强，这符合预期，因为 P 与 Ni 基团的形成熵大约是 Cu 的四倍。同样重要的是由于峰值附近没有 P—P 键，使得 P 倾向于与金属原子相结合。合金 $Cu_{20}Ni_{20}P_{20}Pd_{20}Pt_{20}$ 在 $T = 1200K$ 时 PDF 在参考文献 [7] 中详细介绍。

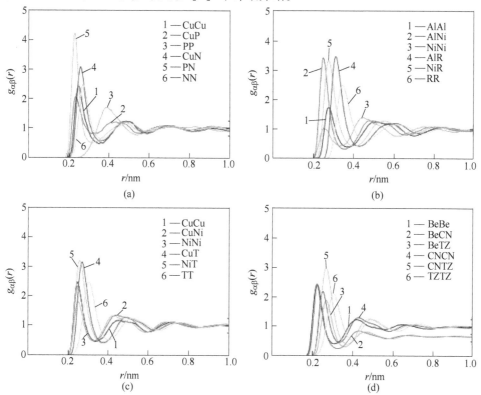

图 13.9　计算（a）$Cu_{20}Ni_{20}P_{20}Pd_{20}Pt_{20}$（其中 N＝Ni, Pd, Pt），（b）$Al_{20}Er_{20}Dy_{20}Ni_{20}Tb_{20}$（其中 R＝Dy, Er, Tb），（c）$Cu_{20}Hf_{20}Ni_{20}Ti_{20}Zr_{20}$（其中 T＝Hf, Ti, Zr）和（d）$Be_{20}Cu_{20}Ni_{20}Ti_{20}Zr_{20}$（其中 TZ＝Ti, Zr 和 CN＝Cu, Ni）几种物质与 Ni 的相关性[71]

众所周知，稀土镧系是由化学性相近的元素组成，因为强烈局域化的 $4f$ 电子几乎不参与化学键合。因此，RX（R = Er，Dy，Tb；X = Al，Ni）相关性对 $Al_{20}Dy_{20}Er_{20}Ni_{20}Tb_{20}$ 中的稀土元素"R"几乎没有依赖性，我们将 R 元素的相关函数进行平均。化学性不相似的元素对之间相关性最强，因此，稀土元素与 Al 和 Ni 有强烈的结合性而 Al—Ni 相关性也很强，它和固体 Al—Ni 合金中普遍存在的强化合物形成和化学序列一致。对不同元素结合的偏好导致最近邻 Al—Al 和 Ni—Ni 峰强度的强烈降低。

由于 Ti 基团位于过渡金属行的前面，所以 Ti 族具有 4^+ 的化合价和相对大的半径以及低电负性。因此，我们将这些元素分组为"T"并计算出它们的平均相关函数。该基团能强烈地与强电负性的后过渡金属 Cu 和 Ni 结合。在峰处，原子的相对大小非常明显，从具有最短距离的后—后结合对开始，然后是后—前结合对，最后是前—前结合对。

对于最后一种合金 $Be_{20}Cu_{20}Ni_{20}Ti_{20}Zr_{20}$，我们分别将前过渡金属 Ti、Zr（标记"TZ"）分为一组，将后过渡金属 Ni 和 Cu（标记"CN"）分为一组。按照 Be、CN、TZ 的顺序，其物质的尺寸差异非常明显。CN 和 TZ 之间的结合力最强，反映出它们之间的巨大电负性差异，Be 的电负性及结合力位于 CN 和 TZ 之间。

通过绘制均方位移（MSD）与时间的关系图可得扩散常数。对于所有物质，该图线基本上是线性的，其扩散常数如图 13.10 和表 13.4 所示[71]。由于 P 与金属元素之间的化学键合较强，并且 P 在 $T = 1400K$ 时具有最小的原子尺寸，这使得 P 具有最小的扩散系数。对于其余三种合金，原子扩散率与它们的原子尺寸成反比关系，即大原子半径的元素扩散缓慢。值得注意的是，原子扩散系数和它所在的体系有关。$Cu_{20}Ni_{20}P_{20}Pd_{20}Pt_{20}$ 中 Ni 的扩散系数几乎是 $Be_{20}Cu_{20}Ni_{20}Ti_{20}Zr_{20}$ 的两倍。

表 13.4　$T = 1400K$ 时，从 AIMD 模拟获得的扩散常数　　　　$(\times 10^{-5} cm^2/s)$

$Cu_{20}Ni_{20}P_{20}Pd_{20}Pt_{20}$	Cu	Ni	P	Pd	Pt
	2.35	1.98	1.55	1.70	1.77
$Al_{20}Er_{20}Dy_{20}Ni_{20}Tb_{20}$	Al	Er	Dy	Ni	Tb
	1.17	1.09	0.95	1.78	1.11
$Be_{20}Cu_{20}Ni_{20}Ti_{20}Zr_{20}$	Be	Cu	Ni	Ti	Zr
	1.11	0.94	0.81	0.83	0.69
$Cu_{20}Hf_{20}Ni_{20}Ti_{20}Zr_{20}$	Cu	Hf	Ni	Ti	Zr
	1.05	0.63	0.98	0.88	0.75

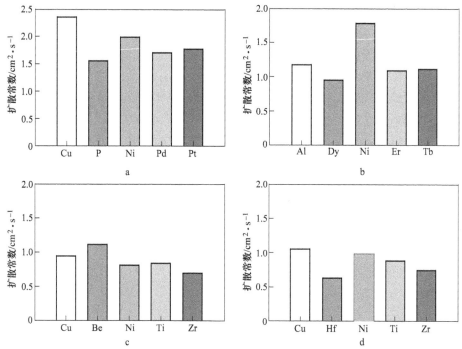

图 13.10　$T=1400K$ 下，AIMD 模拟（a）$Cu_{20}Ni_{20}P_{20}Pd_{20}Pt_{20}$，（b）$Al_{20}Er_{20}Dy_{20}Ni_{20}Tb_{20}$，（c）$Be_{20}Cu_{20}Ni_{20}Ti_{20}Zr_{20}$ 和（d）$Cu_{20}Hf_{20}Ni_{20}Ti_{20}Zr_{20}$ 的 MSD 曲线所得的扩散常数[68]

$Cu_{20}Ni_{20}P_{20}Pd_{20}Pt_{20}$ 的玻璃结构是在 $T=1200K$ 至 $T=500K$ 之间，以 $8.75×10^{13}K/s$ 的冷却速率通过淬火而得，$T=0K$ 时完全弛豫。相应的 PDF 和原子结构如图 13.11 所示。为与液体模拟一致，PNi 对排序在最短键长处具有最高概率。

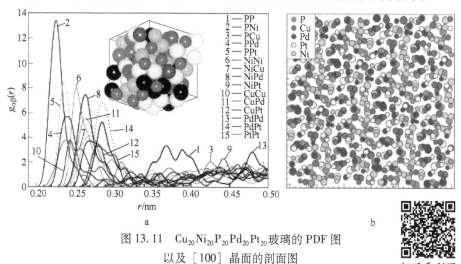

图 13.11　$Cu_{20}Ni_{20}P_{20}Pd_{20}Pt_{20}$ 玻璃的 PDF 图
以及 [100] 晶面的剖面图

扫码看彩图

13.3　高熵合金应用展望

最近报道的关于非晶合金[3]产品的应用主要是集中在 Zr 基，Ti 基和 Fe 基合金的力学性能方面，其中前两种合金是金属-金属型，最后一种是金属-非金属型。在这三种合金中，由于金属和非金属之间的限制性选择（金属)$_{80}$（非金属)$_{20}$，很难发现新的高熵-非晶合金物质作为包含铁族元素的磁性合金。最近报道[72]的关于含有铁基元素和非金属的合金，其成分为 $Al_{x/2}CoFeNiSi_{x/2}$ （$0 \leqslant x \leqslant 0.8$)，可以形成软磁高熵合金，但是这些软磁物质铁族元素含量有限，使其限制在 $1.3T$ 左右。因此，预期属于金属-金属型的新高熵-非晶合金可用于非晶合金已实现的应用领域。预期的应用有多孔结构，纳米级压印等方面，这些都是通过利用非晶合金的高温黏性行为实现的。据报道，$Ca_{20}(Li_{0.55}Mg_{0.45})_{20}Sr_{20}Yb_{20}Zn_{20}$ 合金已被应用于印迹材料[13]。此外，较低的杨氏模量也是高熵-非晶合金得以应用的潜在优势，在此之前由 Zr 基非晶合金制成的高尔夫球杆头材料[43]的应用就源于非晶合金这一性能。除了高熵-非晶合金独特的力学性能之外，高熵-非晶合金和非晶合金还可以利用玻璃内部不含晶体缺陷的性质用作涂层材料[3]。总之，高熵-非晶合金将由于其固有的玻璃特性而具有新应用。

13.4　结论

将非晶合金中化学性质相似元素替换可以得到高熵非晶合金。例如，$Cu_{20}Ni_{20}P_{20}Pd_{20}Pt_{20}$ 和 $Be_{20}Cu_{20}Ni_{20}Ti_{20}Zr_{20}$ 高熵-非晶合金分别来源于非晶合金 $Pd_{40}Ni_{40}P_{20}$ 和 $Zr_{41.2}Ti_{13.9}Cu_{12.5}Ni_{10}Be_{22.5}$。然而，高熵-非晶合金的玻璃形成能力明显地低于非晶合金，表现出玻璃材料本质的脆性。它们的混合焓（ΔH_{mix}）比晶体高熵合金要小，从而优先形成金属间化合物。此外，$Cu_{20}Ni_{20}P_{20}Pd_{20}Pt_{20}$ 中包含的非金属元素可以使其脆性增加。形成鲜明对比的是，$Ca_{20}Mg_{20}Sr_{20}Yb_{20}Zn_{20}$ 高熵-非晶合金具有延展性，其特殊的力学性能优于高熵合金和非晶合金。$Ca_{20}Mg_{20}Sr_{20}Yb_{20}Zn_{20}$ 高熵-非晶合金在接近室温的极低的玻璃化转变温度会产生极大的塑性变形，而其他非晶合金没有这种现象。与单相高熵合金不同，AIMD 模拟揭示了高熵-非晶合金中的近邻相互作用，解释了该合金具有形成金属间化合物的强烈趋势的原因。目前，由非晶合金而来的高熵-非晶合金即将进行产品应用。在不久的将来，高熵-非晶合金将有可能利用高熵合金和非晶合金的独特性能开辟新的研究领域。

参 考 文 献

[1] Yeh J W, Chen S K, Lin S J, Gan J Y, Chin T S, Shun T T, Tsau C H, Chang S Y (2004).

Nanostructured high-entropy alloys with multiple principal elements: novel alloy design concepts and outcomes. Adv Eng Mater, 6 (5): 299-303. doi: 10. 1002/adem. 200300567.

[2] Yeh J W (2006). Recent progress in high-entropy alloys. Annales De Chimie-Science Des Materiaux, 31 (6): 633-648. doi: 10. 3166/acsm 31. 633-648.

[3] Inoue A, Takeuchi A (2011). Recent development and application products of bulk glassy alloys. Acta Mater, 59 (6): 2243-2267. doi: 10. 1016/j. actamat. 2010. 11. 027.

[4] Murty B S, Yeh J W, Ranganathan S (2014). High-entropy alloys. Butterworth-Heinemann, London.

[5] Takeuchi A, Amiya K, Wada T, Yubuta K, Zhang W (2014). High-entropy alloys with a hexagonal close-packed structure designed by equi-atomic alloy strategy and binary phase diagrams. JOM, 66(10): 1984-1992. doi: 10. 1007/s11837-014-1085-x.

[6] Feuerbacher M, Heidelmann M, Thomas C (2015). Hexagonal high-entropy alloys. Mater Res Lett, 3(1): 1-6. doi: 10. 1080/21663831. 2014. 951493.

[7] Zhang Y, Zuo T T, Tang Z, Gao M C, Dahmen K A, Liaw P K, Lu Z P (2014). Microstructures and properties of high-entropy alloys. Prog Mater Sci, 61: 1-93. doi: 10. 1016/j. pmatsci. 2013. 10. 001.

[8] Gao M C, Alman D E (2013). Searching for next single-phase high-entropy alloy compositions. Entropy, 15: 4504-4519. doi: 10. 3390/e15104504.

[9] Takeuchi A, Inoue A (2005). Classification of bulk metallic glasses by atomic size difference, heat of mixing and period of constituent elements and its application to characterization of the main alloying element. Mater Trans, 46(12): 2817-2829. doi: 10. 2320/matertrans. 46. 2817.

[10] Ma L Q, Wang L M, Zhang T, Inoue A (2002). Bulk glass formation of Ti-Zr-Hf-Cu-M (M = Fe, Co, Ni) alloys. Mater Trans, 43 (2): 277-280. doi: 10. 2320/matertrans. 43. 277.

[11] Greer A L (1993). Materials science - confusion by design. Nature, 366 (6453): 303-304. doi: 10. 1038/366303a0.

[12] Cantor B, Chang I T H, Knight P, Vincent A J B (2004). Microstructural development in equiatomic multicomponent alloys. Mater Sci Eng A Struct Mater Proper Microstruct Proc, 375: 213-218. doi: 10. 1016/j. msea. 2003. 10. 257.

[13] Zhao K, Xia X X, Bai H Y, Zhao D Q, Wang W H (2011). Room temperature homogeneous flow in a bulk metallic glass with low glass transition temperature. Appl Phys Lett, 98 (14): 141913-1-141913-3. doi: 10. 1063/1. 3575562.

[14] Takeuchi A, Chen N, Wada T, Yokoyama Y, Kato H, Inoue A, Yeh J W (2011). $Pd_{20}Pt_{20}Cu_{20}Ni_{20}P_{20}$ high-entropy alloy as a bulk metallic glass in the centimeter. Intermetallics, 19 (10): 1546-1554. doi: 10. 1016/j. intermet. 2011. 05. 030.

[15] Gao X Q, Zhao K, Ke H B, Ding D W, Wang W H, Bai H Y (2011). High mixing entropy bulk metallic glasses. J Non Cryst Solids, 357(21): 3557-3560. doi: 10. 1016/j. jnoncrysol. 2011. 07. 016.

[16] Li H F, Xie X H, Zhao K, Wang Y B, Zheng Y F, Wang W H, Qin L (2013). In vitro and in vivo studies on biodegradable CaMgZnSrYb high-entropy bulk metallic glass. Acta Biomater,

9 (10)：8561-8573. doi：10. 1016/j. actbio. 2013. 01. 029.

[17] Ding H Y, Yao K F (2013). High entropy $Ti_{20}Zr_{20}Cu_{20}Ni_{20}Be_{20}$ bulk metallic glass. J Non Cryst Solids, 364：9-12. doi：10. 1016/j. matlet. 2014. 03. 185.

[18] Ding H Y, Shao Y, Gong P, Li J F, Yao K F (2014). A senary TiZrHfCuNiBe high entropy bulk metallic glass with large glass-forming ability. Mater Lett, 125：151-153. doi：10. 1016/ j. matlet. 2014. 03. 185.

[19] Kim J, et al. Utilization of high entropy alloy characteristics in Er-Gd-Y-Al-Co high entropy bulk metallic glass. Acta Materialia, 2018, 155：350-361.

[20] Xu Y, et al. Formation and properties of $Fe_{25}Co_{25}Ni_{25}(P,C,B,Si)_{25}$ high-entropy bulk metallic glasses. Journal of Non-Crystalline Solids, 2018, 487：60-64.

[21] Hsu W L, et al. On the study of thermal-sprayed $Ni_{0.2}Co_{0.6}Fe_{0.2}CrSi_{0.2}AlTi_{0.2}$ HEAs overlay coating. Surface and Coatings Technology, 2017, 316：71-74.

[22] He Y, Schwarz R B, Archuleta J I (1996). Bulk glass formation in the Pd-Ni-P system. Appl Phys Lett, 69 (13)：1861-1863. doi：10. 1063/1. 117458.

[23] Johnson W L (1996). Fundamental aspects of bulk metallic glass formation in multicomponent alloys. Metastab Mech Alloyed Nanocryst Mater Pts 1 and 2, 225：35-49.

[24] Inoue A, Nishiyama N, Kimura H (1997). Preparation and thermal stability of bulk amorphous $Pd_{40}Cu_{30}Ni_{10}P_{20}$ alloy cylinder of 72mm in diameter. Mater Trans JIM, 38 (2)：179-183. doi：10. 2320/matertrans1989. 38. 179.

[25] Nishiyama N, Takenaka K, Wada T, Kimura H, Inoue A (2005). Undercooling behavior and critical cooling rate of Pd-Pt-Cu-P alloy. Mater Trans, 46(12)：2807-2810. doi：10. 2320/ matertrans. 46. 2807.

[26] Inoue A, Zhang T (1996). Fabrication of bulk glassy $Zr_{55}Al_{10}Ni_5Cu_{30}$ alloy of 30mm in diameter by a suction casting method. Mater Trans JIM, 37 (2)：185-187. doi：10. 2320/mater-trans1989. 37. 185.

[27] Zheng Q, Xu J, Ma E (2007). High glass-forming ability correlated with fragility of Mg-Cu (Ag)-Gd alloys. J Appl Phys, 102 (11)：113519-1-113519-5. doi：10. 1063/1. 2821755.

[28] Ma H, Shi L L, Xu J, Li Y, Ma E (2005). Discovering inch-diameter metallic glasses in threedimensional composition space. Appl Phys Lett, 87 (18)：181915-1-181915-3. doi：10. 1063/1. 2126794.

[29] Zhang W, Zhang Q S, Qin C L, Inoue A (2008). Synthesis and properties of Cu-Zr-Ag-Al glassy alloys with high glass-forming ability. Mater Sci Eng B Adv Funct Solid State Mater, 148 (1-3)：92-96. doi：10. 1016/j. mseb. 2007. 09. 064.

[30] Guo F Q, Poon S J, Shiflet G J (2003). Metallic glass ingots based on yttrium. Appl Phys Lett, 83 (13)：2575-2577. doi：10. 1063/1. 1614420.

[31] Li R, Pang S J, Ma C L, Zhang T (2007). Influence of similar atom substitution on glass formation in (La-Ce)-Al-Co bulk metallic glasses. Acta Mater, 55(11)：3719-3726. doi：10. 1016/j. actamat. 2007. 02. 026.

[32] Jiang Q K, Zhang G Q, Chen L Y, Wu J Z, Zhang H G, Jiang J Z (2006). Glass formabili-

ty, thermal stability and mechanical properties of La-based bulk metallic glasses. J Alloys Compd, 424 (1-2): 183-186. doi: 10.1016/j. jallcom. 2006. 07. 109.

[33] Xing L Q, Ochin P (1997). Bulk glass formation in the Zr-Ti-Al-Cu-Ni system. J Mater Sci Lett, 16 (15): 1277-1280. doi: 10.1023/A: 1018574808365.

[34] Schroers J, Johnson W L (2004). Highly processable bulk metallic glass-forming alloys in the Pt-Co-Ni-Cu-P system. Appl Phys Lett, 84 (18): 3666-3668. doi: 10.1063/1. 1738945.

[35] Amiya K, Inoue A (2008). Fe-(Cr,Mo)-(C,B)-Tm bulk metallic glasses with high strength and high glass-forming ability. Rev Adv Mater Sci, 18 (1): 27-29.

[36] Park E S, Kim D H (2004). Formation of Ca-Mg-Zn bulk glassy alloy by casting into cone-shaped copper mold. J Mater Res, 19 (3): 685-688. doi: 10.1557/jmr. 2004. 19. 3. 685.

[37] Busch R, Masuhr A, Bakke E, Johnson W L (1998). Bulk metallic glass formation from strong liquids. Mech Alloyed Metastab Nanocryst Mater Part 2, 269 (2): 547-552.

[38] Zeng Y Q, Nishiyama N, Yamamoto T, Inoue A (2009). Ni-rich bulk metallic glasses with high glass-forming ability and good metallic properties. Mater Trans, 50(10): 2441-2445. doi: 10.2320/matertrans. MRA2008453.

[39] Chen N, Yang H A, Caron A, Chen P C, Lin Y C, Louzguine-Luzgin D V, Yao K F, Esashi M, Inoue A (2011). Glass-forming ability and thermoplastic formability of a $Pd_{40}Ni_{40}Si_4P_{16}$ glassy alloy. J Mater Sci, 46 (7): 2091-2096. doi: 10.1007/s10853-010-5043-x.

[40] Inoue A, Zhang Q S, Zhang W, Yubuta K, Son K S, Wang X M (2009). Formation, thermal stability and mechanical properties of bulk glassy alloys with a diameter of 20mm in Zr-(Ti,Nb)-Al-Ni-Cu system. Mater Trans, 50 (2): 388-394. doi: 10.2320/matertrans. MER2008179.

[41] Guo F Q, Wang H J, Poon S J, Shiflet G J (2005). Ductile titanium-based glassy alloy ingots. Appl Phys Lett, 86 (9): 091907-1-091907-3. doi: 10.1063/1. 1872214.

[42] Ponnambalam V, Poon S J, Shiflet G J (2004). Fe-based bulk metallic glasses with diameter thickness larger than one centimeter. J Mater Res, 19 (5): 1320-1323. doi: 10.1557/jmr. 2004.0176.

[43] Wang D, Li Y, Sun B B, Sui M L, Lu K, Ma E (2004). Bulk metallic glass formation in the binary Cu-Zr system. Appl Phys Lett, 84 (20): 4029-4031. doi: 10.1063/1. 1751219.

[44] Xu D H, Lohwongwatana B, Duan G, Johnson W L, Garland C (2004). Bulk metallic glass formation in binary Cu-rich alloy series-$Cu_{100-x}Zr_x$ (x=34, 36, 38.2, 40 at.%) and mechanical properties of bulk $Cu_{64}Zr_{36}$ glass. Acta Mater, 52 (9): 2621-2624. doi: 10.1016/j. actamat. 2004. 02. 009.

[45] Xia L, Li W H, Fang S S, Wei B C, Dong Y D (2006). Binary Ni-Nb bulk metallic glasses. J Appl Phys, 99 (2). doi: 10.1063/1. 2158130.

[46] Inoue A (2000). Stabilization of metallic supercooled liquid and bulk amorphous alloys. Acta Mater, 48 (1): 279-306. doi: 10.1016/S1359-6454(99)00300-6.

[47] Zhang Y, Zhou Y J, Lin J P, Chen G L, Liaw P K (2008). Solid-solution phase formation rules for multi-component alloys. Adv Eng Mater, 10 (6): 534-538. doi: 10.1002/adem.

200700240.

[48] Yang X, Zhang Y (2012). Prediction of high-entropy stabilized solid-solution in multicomponent alloys. Mater Chem Phys, 132(2-3): 233-238. doi: 10. 1016/j. matchemphys. 2011. 11. 021.

[49] Saunders N, Miodownik A P, Dinsdale A T (1988). Metastable lattice stabilities for the elements. Calphad Comput Coupling Phase Diagrams Thermochem, 12 (4): 351-374. doi: 10. 1016/0364-5916 (88) 90038-7.

[50] De Boer F R, Boom R, Mattens W C M, Miedema A R, Nissen A K (1988). Cohesion in metals: transition metal alloys, vol 1, Cohesion and structure. North Holland Physics Publishing, a division of Elsevier Science Publishers B. V, The Netherlands.

[51] Hafner J (1980). Theory of the formation of metallic glasses. Phys Rev B, 21 (2): 406-426. doi: 10. 1103/PhysRevB. 21. 406.

[52] Masumoto T (1982). Present status and prospects of rapidly quenched metals. In: Masumoto T, Suzuki K (eds) The 4th international conference on rapidly quenched metals. The Japan Institute of Metals, Sendai, pp 1-5.

[53] Takeuchi A, Murty B S, Hasegawa M, Ranganathan S, Inoue A (2007). Analysis of bulk metallic glass formation using a tetrahedron composition diagram that consists of constituent classes based on blocks of elements in the periodic table. Mater Trans, 48(6): 1304-1312. doi: 10. 2320/matertrans. MF200604.

[54] Takeuchi A, Amiya K, Wada T, Yubuta K, Zhang W, Makino A (2014). Alloy designs of highentropy crystalline and bulk glassy alloys by evaluating mixing enthalpy and delta parameter for quinary to decimal equi-atomic alloys. Mater Trans, 55(1): 165-170. doi: 10. 2320/matertrans. M2013352.

[55] Inoue A, Zhang T, Masumoto T (1990). Production of amorphous cylinder and sheet of La_{55} $Al_{25}Ni_{20}$ alloy by a metallic mold casting method. Mater Trans JIM, 31(5): 425-428. doi: 10. 2320/matertrans 1989. 31. 425.

[56] Inoue A, Shinohara Y, Gook J S (1995). Thermal and magnetic properties of bulk Fe-based glassy alloys prepared by copper mold casting. Mater Trans JIM, 36(12): 1427-1433. doi: 10. 2320/matertrans, 1989. 36. 1427.

[57] Inoue A, Zhang W, Zhang T, Kurosaka K (2001). High-strength Cu-based bulk glassy alloys in Cu-Zr-Ti and Cu-Hf-Ti ternary systems. Acta Mater, 49 (14): 2645-2652. doi: 10. 1016/ S1359-6454(01)00181-1.

[58] Inoue A, Zhang T, Masumoto T (1989). Al-La-Ni amorphous-alloys with a wide supercooled liquid region. Mater Trans JIM, 30 (12): 965-972. doi: 10. 2320/matertrans 1989. 30. 965.

[59] Inoue A, Kohinata M, Tsai A P, Masumoto T (1989). Mg-Ni-La amorphous-alloys with a wide supercooled liquid region. Mater Trans JIM, 30 (5): 378-381. doi: 10. 2320/ matertrans 1989. 30. 378.

[60] Inoue A, Kato A, Zhang T, Kim S G, Masumoto T (1991). Mg-Cu-Y amorphous-alloys with igh mechanical strengths produced by a metallic mold casting method. Mater Trans JIM, 32 (7): 609-616. doi: 10. 2320/matertrans1989. 32. 609.

[61] Kui H W, Greer A L, Turnbull D (1984). Formation of bulk metallic-glass by fluxing. Appl Phys Lett, 45 (6): 615-616. doi: 10. 1063/1. 95330.

[62] Nishiyama N, Amiya K, Inoue A (2004). Bulk metallic glasses for industrial products. Mater Trans, 45 (4): 1245-1250. Elsevier Ltd. (Published online) doi: 10. 2320/matertrans 45. 1245.

[63] Suryanarayana C, Inoue A (2011) Bulk metallic glasses. CRC Press, Boca Raton.

[64] Takeuchi A, Chen N, Wada T, Zhang W, Yokoyama Y, Inoue A, Yeh J W (2011). Alloy design for high-entropy bulk glassy alloys. In: IUMRS international conference in Asia (Procedia Engineering). Procedia Engineering, pp 226-235. doi: 10. 1016/j. proeng. 2012. 03. 035.

[65] Takeuchi A, Wang J Q, Chen N, Zhang W, Yokoyama Y, Yubuta K, Zhu S L (2013). $Al_{0.5}TiZrPdCuNi$ high-entropy (H-E) alloy developed through $Ti_{20}Zr_{20}Pd_{20}Cu_{20}Ni_{20}$ H-E glassy alloy comprising inter-transition metals. Mater Trans, 54(5): 776-782. doi: 10. 2320/matertrans. M2012370.

[66] Understanding Solids (2004). The science of materials. Wiley, West Sussex.

[67] Guo S, Ng C, Lu J, Liu C T (2011). Effect of valence electron concentration on stability of fcc or bcc phase in high entropy alloys. J Appl Phys, 109 (10) 103505-1-103505-5. doi: 10. 1063/1. 3587228.

[68] Wang W H (2014). High-entropy metallic glasses. JOM, 66 (10): 2067-2077: doi: 10. 1007/s11837-014-1002-3.

[69] Chen H S (1980). Glassy metals. Rep Prog Phys, 43(4): 353-432. doi: 10. 1088/0034-4885/43/4/001.

[70] Takeuchi A, Amiya K, Wada T, Yubuta K, Zhang W, Makino A (2013). Entropies in alloy design for high-entropy and bulk glassy alloys. Entropy, 15 (9): 3810-3821. doi: 10. 3390/e15093810.

[71] Gao M C, Widom M (2015). On the structural, electronic, thermodynamic, and elastic properties of high-entropy metallic glasses: a first-principles study (Unpublished work).

[72] Zhang Y, Zuo T T, Cheng Y Q, Liaw P K (2013). High-entropy alloys with high saturation magnetization, electrical resistivity, and malleability. Sci Rep, 3: 1455-1-1455-7. doi: 10. 1038/srep01455.

14 高熵合金涂层

摘 要：高熵合金（HEAs）可以作为厚或薄的合金薄膜沉积在基材上，以防止磨损，腐蚀和热侵蚀，并用来增强功能性并达到装饰的目的。此外，在沉积期间，将自靶原子或离子与含 N_2 的 Ar 气流反应，可以使用活性涂覆技术来沉积基于高熵合金的各种高熵合金氮化物涂层。类似地，高熵合金碳化物，氧化物和碳氮化物可分别在含 CH_4，O_2 和 CH_4+N_2 的 Ar 流下沉积。这种高熵合金陶瓷涂层表现出了在高熵合金中观察到的四大效应：高熵效应，缓慢扩散效应，严重的晶格畸变和鸡尾酒效应。通常，物质的结构比预期的要简单，可以获得非晶态，纳米晶和纳米复合膜。高熵合金涂层和高熵合金陶瓷涂层的性能优异，如果选择适当的组分和沉积参数，这些涂层将具有巨大的应用潜力。

关键词：高熵合金涂层 高熵合金氮化物涂层 高熵合金碳化物涂层 非晶层 纳米复合涂层

14.1 引言

表面涂层技术是提高材料的性能、耐久性和装饰性的有效方法。对于具有优异力学性能和良好热稳定性的保护层的切削工具，即使在恶劣环境下也能保持工具的优异性能，延长其使用寿命。在过去的几十年中，人们一直在探索具有高硬度，低摩擦系数，与基材具有良好黏合性以及高的抗氧化性和耐磨性的保护涂层，以应用于工具和模具。同样，优异的耐化学性是涂层应用于腐蚀环境中的重要要求。现代表面涂层还要求具有更好的扩散阻挡，生物医学，抗菌，EMI 屏蔽，防指纹，不黏和亲水/疏水等性能。

自 20 世纪 80 年代以来，过渡金属氮化物一直被用于部件表面以提供磨损保护[1]。在二元氮化物系统中，氮化钛（TiN）由于具有优异的力学性能和耐腐蚀性而广泛用于加工和切削工具的材料。在 20 世纪 90 年代，钛氮化铝（$Ti_{1-x}Al_xN$）硬质涂层用来提高 TiN 薄膜的硬度和稳定性，从而实现高速加工[2]。据报道，在 TiN 薄膜中添加铝使其抗氧化性从 500℃ 提高到 800℃，这是由于在薄膜表面上形成了一层氧化铝保护层。添加铬或锆等元素形成三元体系（$Ti_{1-x}Cr_xN$ 或 $Ti_{1-x}Zr_xN$）可以大幅度提高其性能[3]。并且将合适的元素合金化形成二元氮化物涂层，可以有效的改变涂层的性能。然而，现如今关于涂层的大多数研究仍局限于三元或四元体系。在 2004 年和 2005 年，科研人员从高熵合金靶中沉积了超过五种元素的多元素氮化物薄膜[4,5]。随后，由于高熵合金和高熵合金基涂层具有优异的性能和巨大的应用潜力，引起了广泛的研究与关注。

薄膜涂覆工艺主要包括化学镀、电镀、物理气相沉积（PVD）和化学气相沉积（CVD）。然而，由于不同金属离子之间的还原电位不同，使用化学镀或电镀难以制备均匀的高熵合金涂层。类似地，对于高熵合金和高熵合金基涂层，利用不同前驱体的 CVD 制备也是困难的。此外，通过沉积方法（一种 PVD）实现高熵合金涂层的不同元素的同时沉积也不容易，因为它们具有不同的熔点和沸点温度，并且不同元素也需要单独的坩埚。相反，包括阴极电弧沉积、离子电镀和磁控溅射在内的 PVD 技术对于制造具有所需特性的高熵合金和高熵合金基涂层是可行的，因为通过应用高能工艺可以同时溅射靶中的不同元素，直到电弧和离子轰击而达到稳定状态。因此，利用 PVD 方法可以容易地制备出我们所需的物质。

使用合适的反应气体，可以获得高熵合金陶瓷涂层。高熵合金氮化物涂层可以通过单个高熵合金靶的原子或离子（或通过组合具有不同成分的分段靶）与 Ar 中的 N_2 相互反应来沉积成膜。类似地，高熵合金碳化物可以在含 CH_4 的 Ar 中沉积或是利用石墨坩埚共同沉积。高熵合金氧化物可以在含有 O_2 的 Ar 中沉积，高熵合金碳氮化物在含有 CH_4+N_2 的 Ar 中沉积。

另一方面，可以使用火焰喷涂，等离子喷涂，爆炸喷涂，电弧喷涂和高速氧-燃料涂层喷涂（HVOF）的热喷涂方法来沉积 $20\mu m$ 至几毫米厚的涂层。使用激光、电子束、等离子体或电弧焊的包覆方法可以产生表面改性的厚表面层。大多数关于涂层的研究是通过溅射、热喷涂、电弧和包覆方法沉积的高熵合金涂层和在基于高熵合金的涂层上进行沉积，例如高熵合金氮化物以及高熵合金碳化物。本章内容主要包括基于高熵合金表面涂层领域的研究进展。块状高熵合金中传统液芯凝固和机械合金化的制备方法，用于沉积高熵合金和高熵合金基表面涂层的激光熔覆及 PVD 方法，在本书的第 5 章已经详细介绍。

14.2 高熵合金涂层

高熵合金涂层可以通过不同技术产生，包括热喷涂、气体钨极电弧焊（GTAW）、激光熔覆和溅射等。经过测试，这些涂层的作用包括保护性表面涂层和扩散阻挡层等方面。因为高熵合金涂层具有较小的厚度并且通过诸如热喷涂、激光熔覆、溅射（气相沉积）的快速凝固方法形成，这些方法具有高的冷却速率，这增加了涂层的成核速率并使其产生较小的晶粒尺寸，抑制了相分离而产生过饱和状态。然而，这种冷却速率效应也发生在传统的合金涂层中。不同的是，由于在沉积过程中涉及多组分，所以高熵合金的缓慢扩散效应可以强化高冷却速率的影响。这意味着在相似的冷却速率下，高熵合金涂层对于微观结构的改善和第二阶段抑制的效率比传统合金涂层强得多。此外，高熵合金涂层的缓慢扩散通常会降低晶粒和相的粗化速率，并阻碍非晶结构在高温下的结晶。除此之外，高熵合金中严重的晶格畸变效应也会影响高熵合金涂层的微观结构和性能，从而为特殊应用带来优势。

14.2.1　热喷涂涂层

保护性表面涂层可显著改善部件的磨损，侵蚀，腐蚀和抗氧化性。在这方面做的第一项工作是通过热喷涂 $AlCrFeMo_{0.5}NiSiTi$ 和 $AlCoCrFeMo_{0.5}NiSiTi$ 合金，在基板上制备出厚度约为 $200\mu m$ 的保护层[1]。通过电弧熔炼法制备出合金锭，然后将其粉碎并将颗粒球磨成更细的粉末用作喷涂。两种涂层主要由 BCC 相结构组成，但也存在其他未知相。该涂层具有典型的热喷涂涂层的层状结构。由于基体中含有过饱和溶质，喷涂产生的 $AlCrFeMo_{0.5}NiSiTi$ 和 $AlCoCrFeMo_{0.5}NiSiTi$ 涂层硬度分别约为 525HV 和 485HV。由于含 Cr 硅化物相的沉淀析出，两种涂层在高温下都显著硬化。例如，在 800℃下热处理 1h 后，两种涂层的硬度约为 925HV，且都表现出优异的耐磨性，如图 14.1 所示。尽管喷涂涂层的硬度明显较低，但它们的耐磨性与 SUJ2 轴承钢（AISI 52100）相似。退火涂层由于其较高的硬度，所以比 SUJ2 和 SKD61 工具钢（AISI H13）更耐磨。例如，使用 pinon-belt 方法测量的 $AlCrFeMo_{0.5}NiSiTi$（$18.8m/mm^3$）的耐磨性（每单位体积损耗的磨损距离）几乎是 SKD61（$10.2m/mm^3$）的两倍。这些涂层的抗氧化性也很好，主要原因是在涂层表面上形成致密的氧化铝层。$AlCrFeMo_{0.5}NiSiTi$ 和 $AlCoCrFeMo_{0.5}NiSiTi$ 涂层在 1100℃下保温 150h，重量分别增加了约 $8.2mg/cm^2$ 和 $9.2mg/cm^2$，与商业

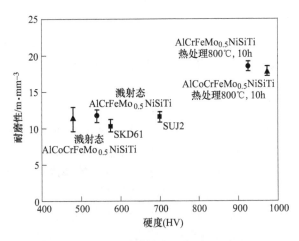

图 14.1　SKD61，SUJ2 以及喷涂和退火后 $AlCrFeMo_{0.5}NiSiTi$ 和
$AlCoCrFeMo_{0.5}NiSiTi$ 涂层的耐磨性和硬度

上抗氧化 NiCrAlY 合金相当。Wei-Lin Hsu 等人[1]利用大气等离子喷涂（APS）和高速氧燃料喷涂（HVOF）制备了 $Ni_{0.2}Co_{0.6}Fe_{0.2}CrSi_{0.2}AlTi_{0.2}$ 涂层，并研究了高熵合金涂层的微观结构，力学性能和氧化行为。高熵合金涂层的硬度约为 800HV，其耐磨性（$20m/mm^3$）几乎是 SUJ2 轴承钢（$12m/mm^3$）的两倍。由于形成保护性 $\alpha\text{-}Al_2O_3$ 氧化皮，高熵合金涂层在 1100℃下表现出与 MCrAlY 涂层类似的良好抗氧化性。因此，热喷涂的高熵合金涂层有望用作高温应用的覆盖涂层。结果表明，这些涂层在要求具有高氧化性和高耐磨性的部件方面具有很大的应用潜力。

14.2.2 包覆涂层

Chen 等人[2]通过 GTAW 技术（也称为钨惰性气体（TIG）焊接）制备了 Al-Co-Cr-Fe-Mo-Ni 包层。铁源不是来自混合元素粉末，而是来自低碳钢基材，因此，铁含量在每个包层中发生变化。单层涂层（直接在基材顶部）含有的原子百分比约为 50% 的 Fe。双层涂层（其中第二层使用相同的粉末源包覆在第一层的顶部上）含有的原子百分比约为 15.3% 的 Fe，形成近等摩尔比高熵合金涂层。两种涂层均由富 Fe 的软相 BCC 和富 Mo 的硬四方相组成。单层涂层的硬度约为 500HV，双层涂层的硬度约为 800HV。这是由于后者中 Fe 的量减少使富含 Fe 的软相 BCC 减少。双层涂层的耐磨性比钢基体好三倍以上。

Lin 等人也是通过 GTAW 技术制备了 AlCoCrNiW 和 AlCoCrNiSi 高熵合金涂层[3]。AlCoCrNiW 涂层由 W 基相、NiAl 基相和 Cr-Fe-C 碳化物相组成。AlCoCrNiSi 涂层主要由 BCC 相组成。两种涂层的硬度均约为 700HV。然而，前者的耐磨性明显高于后者，这是由于 AlCoCrNiW 涂层的复杂相和微观结构之间有着强烈的机械互锁作用。

Zhang 等人[4]通过激光熔覆法制备了厚度约为 $1.2\mu m$ 的 $AlCoCrFe_6NiSiTi$ 涂层。涂层的微观结构表现为由枝晶间区域包围的等轴多边形晶粒。两个区域的组成非常相似，只是枝晶间略微富含 Ti 和 Si。因此，XRD 图仅显示对应于 BCC 结构的一组峰，该涂层的硬度约为 780HV。进一步研究发现，$AlCoCrFe_6NiSiTi$ 涂层在 500℃、750℃和 1000℃下退火处理 5h 将导致枝晶间区域粗化，而枝晶间区域中的 Si 和 Ti 含量明显增加，使其在 1000℃下形成 SiTi 相。在最高退火温度（1150℃）下，富 (Si,Ti) 相明显粗化，从而形成孤岛状嵌入在富 Fe 基体中。在该退火温度下，样品的 XRD 图中也可以观察到 $SiTi_2$ 相的存在。在 500℃和 750℃退火后，涂层的硬度保持不变。但是，在 1000℃和 1150℃退火后观察到软化现象，硬度分别降至 700HV 和 650HV。这些数据表明涂层具有非常好的抗软化性。

Huang 等人[5]对激光熔覆法制备的以 Ti-6Al-4V 为基体厚 2mm 的 AlCrSiTiV 高熵合金涂层进行了热稳定性和抗氧化性测试。包覆涂层由嵌入 BCC 基体中的

（Ti，V）$_5$Si$_3$ 岛状物组成。将涂层在不同的温度下退火 3 天，使其在每个温度状态下接近平衡态。结果发现在 900℃ 或更高温度下淬火的样品由 BCC 固溶体和（Ti，V）$_5$Si$_3$ 相组成，而在 $T \leqslant 800℃$ 下退火的样品则由（Ti，V）$_5$Si$_3$、Al$_8$（V，Cr）$_5$ 和 BCC 固溶体组成，这些结果与利用 CALPHAD 方法计算得到的结果具有很高的吻合度。金相观察和 EDS 分析共同表明，在 800℃ 或更低温度下观察到的 Al$_8$（V，Cr）$_5$ 相可能是由于 BCC 相的分解才出现在退火基体中。在 800℃ 下处理 50h 后重量增加约为 4.2mg/cm^2，明显的优于基体（约 19.3mg/cm^2），结果表明该涂层可有效保护 Ti-6Al-4V 合金。涂层的氧化皮薄且黏附性强，由 SiO$_2$、Cr$_2$O$_3$、TiO$_2$、Al$_2$O$_3$ 和少量 V$_2$O$_5$ 组成[5]。干滑磨损试验还表明，采用 AlCrSiTiV 激光熔覆可提高 Ti-6Al-4V 的耐磨性[6]，包层的外观和微观结构如图 14.2 所示。耐磨性的提高可通过分散在 BCC 基体中的硬质硅化物来解释，这一现象保证了在温和的氧化条件下将滑动磨损应用于各种测试条件的可行性。另一项研究表明，FCC 结构的 CoCrCuFeNi 高熵合金通过激光手段包覆在钢基体上[7]，其合金涂层的相组成和树枝状形态均显示出高达 0.7T_m（750℃）的稳定性，即使在 1000℃ 下退火 5h 后也具有较高的硬度。Guo 等人[8] 采用矩形点激光熔覆技术成功制备了 MoFeCrTi-WAlNb 高熵合金涂层，高熵合金涂层的最高平均显微硬度值达到 1050 HV$_{0.2}$，远远高于基体（约 330HV$_{0.2}$）。此外，与基体相比，高熵合金涂层在相同条件下具有显著的耐磨性、较低的摩擦系数、较少的磨损体积和较光滑的磨损表面。

 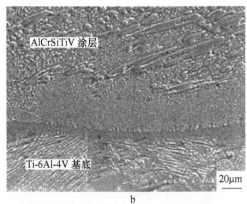

a　　　　　　　　　　　　　　　　b

图 14.2　激光熔覆 AlCrSiTiV 涂层的表面形态（a）和 AlCrSiTiV 涂层
与 Ti-6Al-4V 基底之间界面的 SEM 显微照片[6]（b）

14.2.3　扩散阻挡层

　　高熵合金涂层的另一个重要应用是扩散阻挡层。中间层在集成电路的互连结构中非常重要，它们也被称为"扩散阻挡层"，并且是诸如 Cu 或 Al 线与电介质之间或金属垫与焊料之间的层结构。为了抑制相邻材料的形式，以使微电子器件发生早期失效（例如，Cu 和 Si）的快速相互扩散或有害化合物（例如，Cu 硅化物）的形成，需要具有高热稳定性、低电阻率和与邻接层具有良好黏附性的坚固中间层。耐火过渡金属（如 Ti 和 Ta）[8]，以及包括 TiN 和 TaN[9] 在内的单一过渡金属的氮化物，是用作互连扩散阻挡层的首选材料，但是多晶/柱状结构由于具有较多的边界而成为了快速扩散的路径。近年来，已经开发出更薄和更有效的阻挡层，这些阻挡层通常从以下两个方面来提高性能：（1）具有非晶结构的三元组分来减少扩散路径，例如 Ru-Ti-N 和 Ru-Ta-N[10~12]，（2）具有界面不匹配的层状结构以延长扩散路径，例如 Ru/TaN 和 Ru/TaCN[13~15]。然而，在下一代 20nm 以下集成电路的制造中，迫切需要具有更高扩散阻力的更坚固且超薄（<3nm）的阻挡层。

在最近的研究中，高熵合金涂层如 AlMoNbSiTaTiVZr、NbSiTaTiZr 和 AlCrRuTaTiZr 合金由于具有简单的固溶非晶结构，高热稳定性和低于 $250\mu\Omega\cdot cm$ 的低电阻率而被开发成为有效的扩散阻挡层[16~18]。这类高熵合金涂层通过溅射的方法从单一合金靶沉积。厚度为 20nm 的 NbSiTaTiZr 阻止了 Cu 和 Si 在 800℃ 下保温 30min 的相互扩散[17]，厚度仅为 5nm 的六元 AlCrRuTaTiZr 表现出相同的阻挡效果[18]。用作扩散阻挡层和黏附层的 500nm 厚的六元 AlCrRuTaTiZr 可以防止印刷电路板上的 Cu 焊盘在 250℃ 保温 60min 后溶解到熔融焊料（Sn-AgCu）中，而在相同的条件下，厚度为 1mm 的 Cu 板则完全溶解。高熵合金涂层可持久耐高温，阻碍 Cu 和 Si 的相互扩散以及在薄膜厚度小的熔融焊料中溶解较小，这使得它们在微电子器件中具有很大的应用潜力。

2014 年，Chang 等人从结构和热力学角度阐明了高熵合金涂层高度阻碍相互扩散（即相互扩散动力学）的机制[19]。他们用不同的金属元素系统地检测了薄的固溶体合金薄膜（厚度约 7nm）的扩散阻力，包括一元 Ti、二元 TiTa、三元 TiTaCr、四元 TiTaCrZr、五元 TiTaCrZrAl 和六元 TiTaCrZrAlRu。由于 Cu 和 Si 在约 400℃ 下就有严重的相互扩散行为而导致 Si 结构（没有阻挡层）失效，当加入更多的金属元素时，合金阻挡层的失效温度从 550℃ 显著增加到 900℃，如图 14.3 所示。Cu 原子穿过 Ti 的扩散系数在 600℃ 达到 $4.1\times10^{-20}m^2/s$，而在 700℃ 下通过六元 TiTaCrZrAlRu 的扩散率只有 $1.6\times10^{-21}m^2/s$，900℃ 下扩散率只有 $8\times10^{-20}m^2/s$。实验结果表明，在 Cu 中添加 Ti 元素和六元合金 TiTaCrZrAlRu，其扩散率从 110kJ/mol 增加到 163kJ/mol。由此可知，多组元合金具有更强的扩散抑制性。常等人的机理分析表明[19]，由不同原子尺寸引起的严重的晶格结构的扭曲将影响空位形成位置和原子运动方向并延长扩散路径。与没有任何变形的单一 Ti 元素的正常（规则，各向同性）晶格相比，TiTaCrZrAlRu 的晶格应变能从理论上将增加到 14.6kJ/mol。在热力学上，强化和各向异性的内聚力会抑制空位形成和原子扩散的键断裂，而改变原子扩散的方向。从理论上讲，相对于单一 Ti 的低内聚能，传统 TiTaCrZrAlRu 的内聚能将增加到 38.1kJ/mol。

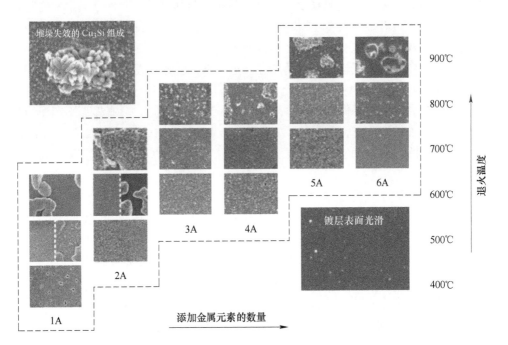

图 14.3　在 N_2/H_2 还原气氛中，不同温度下管式炉中退火 30min，Si/阻挡层 nA/Cu 薄膜叠层的表面形态（总气体流速为 500sccm，H_2 流量比为 5%；nA：合金与 n 个元素），薄膜中的虚线表示阻挡层 1A 在 500℃时的堆叠和阻挡层 2A 在 600℃下的堆叠：（左）没有失效，（右）Cu 膜聚集成岛状；插图：（左上）沉积的典型 Cu 膜表面，（右下）典型的硅化物形成[19]

　　另外，不同原子尺寸引起的原子堆积密度的增加，即自由体积的收缩，会减少空位形成浓度。从理论上讲，单元 Ti 的原子尺寸比为 1，而六元 TiTaCrZrAlRu 的堆积密度的比率约为 1.1。结合晶格畸变应变能的贡献，内聚能和填充密度的增加，使得 TiTaCrZrAlRu 合金（55kJ/mol）中 Cu 的扩散活化能从 110kJ/mol 增加到 163kJ/mol，即增加了 53kJ/mol，有效抑制了空位的形成并阻碍了原子的运动，因此，通过多组元高熵合金保护层可以抑制动力学上的相互扩散。Xia 等人[20]利用化学镀的方法在 $Al_{0.3}$CoCrFeNi 高熵合金上成功涂覆了 1.2μm 厚的 Ni-P 非晶薄膜，该薄膜屈服强度为 400MPa，比基体的强度（275MPa）高出 45%。由于化学均匀性和 Ni-P 非晶膜中没有微观缺陷，镀膜后高熵合金在 3.5%（质量分数）NaCl 溶液中的耐腐蚀性能远远高于未镀膜基体。表面涂层是优化高熵合金性能的有效手段，薄的 Ni-P 涂层可以显著提高高熵合金的强度以及耐腐蚀性能。

14.3 高熵合金氮化物涂层

在过去十年（2004~2014 年）内，高熵合金氮化物（HEANs）受到了极大地关注。目前，通过反应 DC/RF 溅射技术已经制备和研究了 30 多种不同的氮化物系统。这些材料的实际应用包括硬质保护涂层和扩散阻挡层。尽管氮涉及形成高熵合金氮化物的问题，但涂层仍处于金属状态，即把氮视为组分是不合适的。实际上，高熵合金氮化物是由二元氮化物组合而成的混合物。由于大多数强二元氮化物如 TiN、CrN、TaN、HfN、ZrN 和 NbN 具有 NaCl 型 FCC 结构，且具有相似的晶格常数，它们的混合物倾向于形成具有 NaCl 型 FCC 结构的二元氮化物固溶体。由于在混合前后整体的氮—金属键几乎相同，因此它具有高熵效应。例如，上述六种二元氮化物可以形成具有 NaCl 型 FCC 结构的 $(Ti,Cr,Ta,Hf,Zr,Nb)_{50}N_{50}$ 高熵合金氮化物，其中金属元素占据 Na 位点，氮存在 Cl 位点。除了高熵效应外，晶格畸变和缓慢的扩散效应也会影响到的微观结构和性能。因此，通过利用这些优势进行适当的成分设计可以获得所需性能的合金。Zhang 等人[21]利用磁控溅射的方法在硅片上通过改变 N_2 的流速制备出了 $(Al_{0.5}CrFeNiTi_{0.25})N_x$ 薄膜，并且发现随着氮含量的增加，薄膜的结构由非晶转变为 FCC 结构，而通过铸造制备的块状 $Al_{0.5}CrFeNiTi_{0.25}$ 氮化物具有 BCC 结构。$(Al_{0.5}CrFeNiTi_{0.25})N_x$ 薄膜的硬度和杨氏模量分别达到 21.45GPa 和 253.8GPa，远高于铸态 $Al_{0.5}CrFeNiTi_{0.25}$ 块状合金。这主要是由于固溶强化和晶格畸变的原因，在此过程中形成的较小的晶粒尺寸也是提高硬度的重要因素。

14.3.1 硬质涂层

20 世纪 80 年代，过渡金属氮化物就开始作为切削工具和模具保护涂层。由于过渡金属氮化物涂层具有高硬度，耐磨性和良好的抗氧化性，如 TiN、TiAlN、TiAlSiN、TiC、CrN 和 TiCN，可以显著提高部件的寿命。因为高熵合金具有许多优异的性质，所以预测它们的氮化物也具有这些优点。大多数报道的高熵合金氮化物是基于强氮化物形成元素而获得的，如 Al、Cr、Ti、Si、Ta、Zr、Hf、Nb 等，表14.1 列出了其结构、硬度、模量，基体偏压和抗氧化性，已报道的具有最高硬度的高熵合金硬质涂层对应的高熵合金硬质涂层。结果表明，具有合适成分和加工性能的高熵合金硬质涂层具有优异的性能，如硬度大于 40GPa（超硬涂层的最低水平）和优异的抗氧化性，在 900℃退火 2h 后仅形成 80nm 厚的氧化层。

14.3.1.1 与成分和工艺参数相关的现象

涂层中的氮浓度可以通过沉积气体中的氮流量比（R_n）来控制。对于主要基于强氮化物形成元素的高熵合金氮化物，R_n 约为 15%，通常足以制造 $M_{50}N_{50}$

型化学计量氮化物（M：金属，N：氮，金属：氮 = 1∶1）。因为许多二元化学计量的氮化物具有 NaCl 型 FCC 结构（例如：TaN、TiN、ZrN、CrN、NbN、HfN、VN），所以主要由这些元素组成，化学计量相近的高熵合金也具有 NaCl 型 FCC 结构，这些合金可以被认为是二元氮化物的固溶体。Huang 等人将（AlCrNbSiTiV）N 在 1000℃下退火 5h，并用 TEM 观察到了退火涂层[22]，并没有发现相分离的现象。当 R_n 约为 40% ~ 50% 时，一般可得到最高硬度。另一个重要的工艺参数是施加的基体偏压。基体偏压几乎不影响化学计量氮化物的组成，但显著改变了涂层的微观结构和性能。从表 14.1 中可以看出，没有基体偏压，沉积后的涂层具有分散的硬度值（介于 11GPa 和 40GPa 之间），具体值取决于结合强度、密度、晶粒尺寸和残余应力[21,23~26]。通常，高熵合金氮化物显示出固溶体强化效应，因为占据 Na 位点的原子由于尺寸不同会引起晶格畸变。非晶结构比晶体结构要软。氮含量不足将导致强 Me—N 键数量减少以及硬度降低。因此，加入较弱的氮化物形成元素如 Mn、Ni 和 Cu 会降低材料整体的硬度。此外，增加密度，减小晶粒尺寸（但不低于临界晶粒尺寸，也就是开始激活晶界滑动的尺寸，因此软化与反 Hall-Petch 关系相关）和增加压缩残余应力有利于提高硬度。

表 14.1　已报道的高熵合金氮化物薄膜在产生最高硬度的工艺条件下的各种性质

成　分	结构	硬度 /GPa	模量 /GPa	偏压 /V	氧化条件和 氧化层厚度	参考文献
$(Al_{0.5}CoCrCuFeNi)_{59}N_{41}$	非晶	10.4	146	-100	—	[30]
$(AlCoCrCuFeMnNi)_{65}N_{35}$	非晶	11.8	—	-150	—	[30]
$(AlCrNiSiTi)_{82.3}N_{17.7}$	非晶	15.1	157	N/A	—	[31]
$(AlCrMoTaTiZr)_{50}N_{50}$	FCC(NaCl)	40	400	N/A	—	[24]
$(AlCrTaTiZr)_{50}N_{50}$	FCC(NaCl)	36	360	-150	—	[27]
$(AlCrMoSiTi)_{67}N_{33}$	FCC（M_2N）	34.8	325	-100	—	[29]
$(AlCrSiTiV)_{41}N_{59}$	FCC(NaCl)	31.2	300	N/A	—	[21]
$(AlBCrSiTi)_{47}N_{53}$	非晶	25.1	260	N/A	—	[32]
$(AlCrNbSiTiV)_{50}N_{50}$	FCC(NaCl)	42	350	-100	—	[28]
$(AlCrMnMoNiZrB_{0.1})N_x$	FCC(NaCl)	10.3	180	N/A	—	[33]
$(AlCrTiVZr)N$	FCC(NaCl)	15.2	204	-100	—	[34]
$(AlCrTaTiZr)_{42.1}Si_{7.9}N_{50}$	纳米混合物	34	343	N/A	330nm, 1000℃, 2h	[25]
$(AlMoNbSiTaTiVZr)_{50}N_{50}$	FCC(NaCl)	37	250	N/A	—	[23, 35]
$(AlCrSiTiZr)_{77.8}N_{22.2}$	非晶	20	228	-100	—	[36]
$(Al_{29.1}Cr_{30.8}Nb_{11.2}Si_{7.7}Ti_{21.2})_{50}N_{50}$	FCC(NaCl)	36.7	390	-150	80nm, 900℃, 2h	[37]
$(Al_{0.34}Cr_{0.22}Nb_{0.11}Si_{0.11}Ti_{0.22})_{50}N_{50}$	FCC(NaCl)	36	350	-100	290nm, 1000℃, 2h	[26, 38]
$(HfNbTaTiZr)_{50}N_{50}$	FCC+混合物	32.9	—	-100	—	[39]

成　分	结构	硬度/GPa	模量/GPa	偏压/V	氧化条件和氧化层厚度	参考文献
$(AlCrTaTiZr)_{52}N_{48}$	FCC(NaCl)	30	277	-100	—	[40]
$(AlCrTaTiZr)_{48}C_9N_{43}$	非晶+FCC	35	279	-150	—	[41]
$(AlCrMoNiTi)_{44}N_{56}$	FCC(NaCl)	15.5	205	N/A	—	[42]
$(AlCrMoTiZr)_{34}N_{66}$	FCC(NaCl)	19.6	236	N/A	—	[42]
$(Hf_{33.7}Nb_{15}Ti_{18.5}V_{5.64}Zr_{13.5})_{86.3}N_{13.7}$	FCC(NaCl)	58	—	-200	—	[43]
$(HfCrTiVZr)_{55}N_{45}$	FCC(NaCl)	31.2	305	-100	280nm，600℃，2h	[44]

当以合适的偏压沉积时，基于强氮化物形成元素的晶态高熵合金氮化物通常具有 $30\sim40GPa$ 的硬度值，高于没有任何偏压的沉积层。合适的偏置电压下得到的高硬度是由于偏置电压下加速的离子轰击所引起的。由于这种离子轰击，涂层的结构从典型的粗柱状晶粒变成细纤维结构，并进一步形成致密结构，最终消除了柱状晶粒之间的空隙并使涂层致密化。进一步的解释表明离子轰击引起了再溅射效应，从而抑制了晶粒的生长速率并增加了成核速率。因此，导致晶粒变细并得到更高的硬度。此外，离子轰击效应可以将过量的间隙原子引入晶格中，这增加了涂层中的压缩残余应力并增加其硬度。一般来说，偏压为 $100\sim150V$ 可以最大限度地提高涂层的硬度[27-29]。

14.3.1.2 高熵合金氮化物薄膜的变形行为

在保护膜的工程应用中，力学性能是一个非常重要的参数。因此，研究其变形行为可以更好地理解它们的应用。常和林等人最近研究了高熵合金氮化物的变形行为，表明 $(AlCrTaTiZr)N_{0.7}$、$(AlCrTaTiZr)N_{0.9}C_{0.2}$ 和 $(AlCrTaTiZr)N_{1.07}Si_{0.15}$ 涂层具有良好的力学性能[40,41,45,46]。局部变形行为常常通过在涂层上施加大载荷压痕，这样压痕下的变形区可以利用聚焦离子束（超低电流）将其切掉，进一步将其在电子显微镜下观察。具有非晶态结构的 AlCrTaTiZr 高熵合金涂层的变形行为是通过剪切带的形成和扩展，晶态高熵合金氮化物纳米复合涂层则与之相反，可以观察到大量位错团簇[40]，所以它的变形主要由位错活动引起。然而，这并不是传统晶体材料中的高角度全位错，对于高熵合金氮化物涂层而言，变形过程中主要形成了堆垛层错和扩展不全位错，如图 14.4a 所示，这可能是由于它们的晶格畸变和应变能很大[41,45]。堆垛层错和不全位错通过沿着小角度晶界分布和滑移来主导高熵合金氮化物涂层的变形。在大的载荷应力下，与未变形区域的初始畸变晶格相比，变形区域内形成了更多数量的波状晶格，进一步揭示出晶格畸变。然而进一步的观察表明，裂纹附近应力释放的有近于完美的晶格结构，其中没有观察到畸变，堆垛层错和位错，堆垛层错或位错有了进一步的发展，如

图 14.4b[41,45] 所示。这表明随着涂层的断裂，高应变能储存在晶格畸变中，它会通过可逆小角度位错和低能量堆垛层错沿着平行边界恢复晶格的正常序列。

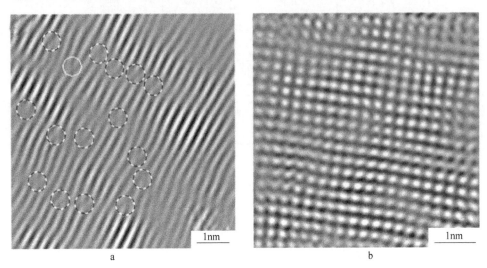

图 14.4　变形（AlCrTaTiZr）$N_{1.07}Si_{0.15}$ 涂层的 TEM 分析[45]

a—在凹痕下（实心圆：完全位错，虚线圈：部分位错）；b—裂缝周围

14.3.1.3　高熵合金氧化物薄膜的抗氧化性和机理

保护膜的良好的抗氧化性也是其性能的重要体现。目前的加工趋势是尽量减少切削液的使用，以节省成本和保护环境，并避免对工人造成健康危害。但是，没有切削液时，高速切削会导致刀具-切屑界面过热。因此，抗氧化性成为关键问题。通常主要通过合金化来改善抗氧化性，例如，Al 的合金化可以提高 TiN 或 TiSiN 涂层的抗氧化性[47~49]。高熵合金氮化物在这方面显示出巨大的应用潜力，例如，（AlCrTaTiZr）$Si_{7.9}N5_{0.9}$ 涂层在 1000℃ 空气中退火 2h 后仅形成 330nm 的氧化物层[25]。氧化层可大致分为两层，顶层为致密保护层，富含 Al 和 Cr，第二层也由不含氮的氧化物组成，但与顶层的成分不同。除了形成富含 Al 和 Cr 的保护层之外，高的抗氧化性还因为其在晶界处具有大量分离的非晶 SiN_x。这些非晶态结构可以有效地阻止氧的扩散，从而有利于抗氧化性能的提高。2013 年，Hsieh 等人报道了（$Al_{23.1}Cr_{30.8}Nb_{7.7}Si_{7.7}Ti_{30.7}$）$N_{50}$ 和（$Al_{29.1}Cr_{30.8}Nb_{11.2}Si_{7.7}Ti_{21.2}$）$N_{50}$ 涂层的抗氧化性能[37]。它们具有 36~37GPa 的高硬度和良好的抗氧化性。在 900℃ 下空气中退火 2h 后，（$Al_{23.1}Cr_{30.8}Nb_{7.7}Si_{7.7}Ti_{30.7}$）$N_{50}$ 上的表面氧化层仅为 100nm 厚，（$Al_{29.1}Cr_{30.8}Nb_{11.2}Si_{7.7}Ti_{21.2}$）$N_{50}$ 仅 80nm 厚。相较而言，它们的性能相当优异，例如，先进的抗氧化 $Al_{0.53}Si_{0.2}Ti_{0.27}N$ 涂层在 850℃ 退火 1h 后具有 100nm 厚的氧化层[48]，在 $Al_{0.52}Ti_{0.43}Cr_{0.03}Y_{0.02}N$ 涂层上的氧化皮在 950℃ 退火 1h 后，厚度为

$400\text{nm}^{[50]}$。

Shen 等人研究了 $(\text{Al}_{0.34}\text{Cr}_{0.22}\text{Nb}_{0.11}\text{Si}_{0.11}\text{Ti}_{0.22})_{50}\text{N}_{50}$ 涂层上氧化膜的结构和氧化行为[38]，发现该涂层具有优异的抗氧化性。在 900℃ 空气中退火 50h 后氧化皮的厚度仅为 290nm，连续加热升温至 1300℃ 时重量仅增加为 $0.015\text{mg}/\text{cm}^2$，这些数值是目前已报道的氮化物中最好的。进一步对该涂层的氧化皮进行 TEM 分析，如图 14.5 所示，可以看到有八个独立的分层（图 14.5a）。EDS 结果（图 14.5b）表明这八个分层都是氧化物。在这些氧化物下面，氮化物涂层保持未氧化状态，如图 14.5c 所示。第一层氧化物是富铝层，TEM 结果（图 14.5d）表明其结构与 α-Al_2O_3 相同。第二层是富含 Al 和 Cr 的氧化物层，其中含有直径约 5~8nm 的纳米晶粒（图 14.5e），这些晶粒被 2~5nm 厚的较薄的非晶层包围。第 3~8 层表现出交替的明暗对比度。进一步研究发现只有亮层（3，5 和 7）具有非晶结构，而暗层（4，6 和 8）是由 5~10nm 的纳米晶粒组成。图 14.5f 为 3~8 层中的典型微观结构。可以看到，在一些区域，亮层甚至可以穿透暗层，这表明非晶相在 3~8 层中形成了连续网络结构。EDS 结果表明，亮层区域富含 Al 和 Si，而暗层富含 Ti、Nb 和 Cr。$(\text{Al}_{0.34}\text{Cr}_{0.22}\text{Nb}_{0.11}\text{Si}_{0.11}\text{Ti}_{0.22})_{50}\text{N}_{50}$ 涂层优异的抗氧化性能归因于其致密的表面 α-Al_2O_3 层，并且这些结构富含非晶态网络，从而有效地阻挡了氧向内扩散，因此显著提高了其抗氧化性。

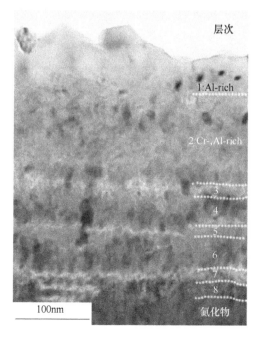

a

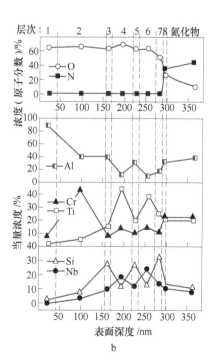

b

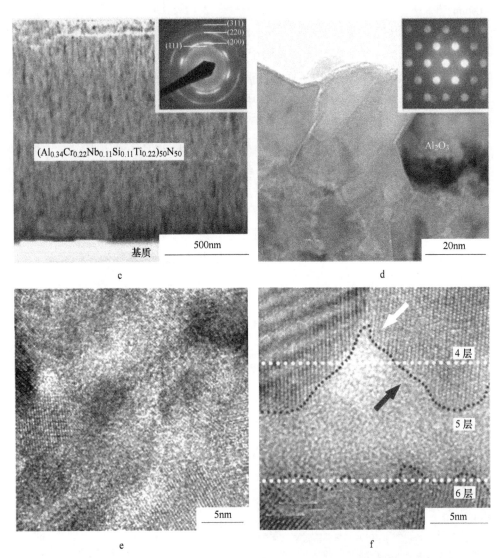

图 14.5　900℃下退火 50h（$Al_{0.34}Cr_{0.22}Nb_{0.11}Si_{0.11}Ti_{0.22}$）$_{50}N_{50}$ 涂层上氧化皮的横截面 TEM
显微照片（a），（a）中氧化物层的 EDS 结果（b），氧化物层下面的未氧化的氮化物膜的 TEM
图像和衍射图案（c），表面 α-Al_2O_3 氧化物颗粒的 TEM 显微照片和纳米束电子衍射图案（d），
第 2 层（富含 Cr）的高分辨透射电镜图像（e）和（a）[38] 中 4~6 层的高分辨透射电镜图像（f）

14.3.2　扩散阻挡层

高熵合金氮化物薄膜的另一个重要潜在应用是作为微电子元件中的扩散阻挡
层，即防止 Cu 和 Si 的快速相互扩散和反应。高熵合金薄膜的类似应用已经在

14.2.3 节中提及。虽然高熵合金氮化物薄膜具有高电阻率和低界面黏附性的缺点，但它们因其较强的金属氮键[35,51~55]而表现出优异的热稳定性，这对于扩散阻挡层是至关重要的。关于这方面的第一项研究是使用 70nm 厚的非晶态高熵合金氮化物（AlMoNbSiTaTiVZr）$_{50}$N$_{50}$ 涂层。这种氮化膜在 850℃ 下保温 30min 的状态下阻止了 Si 和 Cu 的相互扩散[35]。随后研究的厚度为 10nm 的（AlCrTaTiZr）N 薄膜，可以在 900℃ 下保温 30min 的状态下抑制 Cu/Si 相互扩散[52]。

为了进一步优化高熵合金氮化物阻挡层的性能，使其具有更低厚度，更大的扩散阻力，较低的电阻率并改善其与 Cu 的黏附性，这里添加了 Ru 元素并降低 N 含量而形成六元合金（AlCrRuTaTiZr）N$_{0.5}$。仅仅 5nm 厚的薄膜可以在 800℃ 退火 30min 后具有良好的抗氧化性[53]。此外，高熵合金氮化物和高熵合金薄膜的堆叠结构可以提高其性能。在 900℃ 退火 30min 后，可以得到双层（AlCrTaTiZr）N$_x$/AlCrTaTiZr（10/5nm 厚）氮化膜[54]。在 800~900℃ 退火 30min 后，可以获得四层（AlCrRuTaTiZr）N$_{0.5}$/AlCrRuTaTiZr/（AlCrRuTaTiZr）N$_{0.5}$/AlCrRuTaTiZr（每层 1nm 厚）薄膜，如图 14.6 所示[55]。后者的厚度只有 4nm，相比于单独的高熵合金氮化物膜，它具有更低的电阻率和更好的界面黏附性，并且在 800~900℃ 下依旧表现出优异的 Cu/Si 扩散阻力。这不仅与其严重的晶格畸变和较强的内聚力有关，而且还与较大的界面不匹配性有关[19,55]。所有这些结果表明，在 IC 生产（300~400℃）和工作（100~200℃）的热循环中，具有高稳定性的高熵合金氮化物阻挡层具有更长的持久性，这表明它们在微电子器件中具有很大的应用潜力。

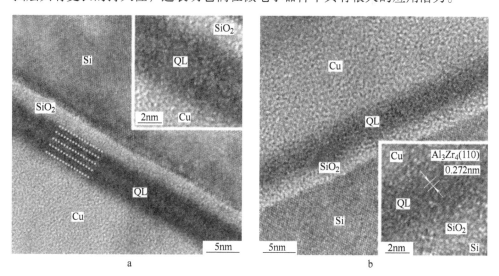

图 14.6 沉积的（a）和 800℃ 退火的 Si/QL/Cu 膜（b）的 TEM 图像[55]
（其中 QL 表示（AlCrRuTaTiZr）N$_{0.5}$/AlCrRuTaTiZr/（AlCrRuTaTiZr）N$_{0.5}$/AlCrRuTaTiZr
的四层扩散阻挡层的堆叠结构；插图：QL 阻挡层周围的放大图像）

14.4　其他高熵合金基涂层

14.4.1　低摩擦硬质涂层

　　与高熵合金氮化物涂层类似，高熵合金碳化物（高熵合金 C）可以使用含 CH_4 的 Ar 沉积或与石墨靶共沉积，高熵合金氧化物（高熵合金 O）可以使用含 O_2 的 Ar 沉积高熵合金碳氮化物（高熵合金 CN），可以使用含 CH_4+N_2 的 Ar 沉积。对于 HEAC 和 HEACN 薄膜，Lin 等人首先使用 AlCrTaTiZr 和石墨两个靶，在 350℃和小于 100V 的偏压下将膜共沉积在 Si 基体上[56~58]。在恒定溅射功率 100W 和 250W 下，控制氮气流量比 $N_2/(Ar+N_2)$，膜成分可以从 $(Ta,Ti,Zr)_{50}C_{50}$ 变化到 $(Al,Cr,Ta,Ti,Zr)_{30}C_{32}N_{38}$，如图 14.7 所示。由于在真空中碳化物薄膜中 Al 和 Cr 的结合力比较弱，所以它们的浓度可以忽略不计，但它们在碳氮化物薄膜中的浓度很大，原因是它们可以与氮强烈结合。这两种薄膜的纳米硬度值分别为 39GPa 和 24GPa，摩擦系数分别为 0.43 和 0.29，$(Al,Cr,Ta,Ti,Zr)_{50}N_{50}$ 的值分别为 31GPa 和 0.80。通过使用球盘法（AISI 52100 轴承钢球）测量其耐磨性，$(Al,Cr,Ta,Ti,Zr)_{30}C_{32}N_{38}$ 薄膜的磨损率低于 $(Ta,Ti,Zr)_{50}C_{50}$ 薄膜。两种薄膜的低磨损率是由于在磨损表面形成了类似于石墨的物质来充当润滑剂。

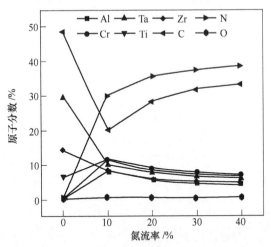

图 14.7　各氮气流量比 HEACN 薄膜的 EPMA 化学成分变化
（使用 AlCrTaTiZr 和石墨两个靶在 350℃和<100V 的偏压下于 Si 基体上共沉积薄膜）

　　CrNbSiTiZr 基的 HEAC 涂层由 Lin 等人使用等摩尔 CrNbSiTiZr 和石墨两个靶材开发而成[59]。在 400℃和约 100V 的偏压下，两个靶在 Si 基体上共沉积出薄膜。将合金靶的溅射功率设定为 40W，石墨靶的功率从 120W 变为 260W，则获得了一系列 HEAC 膜，其组成如图 14.8a 所示。虽然并不像石墨共溅射的高熵合金膜具有非晶态结构，但是 HEAC 膜具有简单的 NaCl 型 FCC 结构。使用 X 射线光电子能谱（XPS）分析，当碳含量从 43.0%（原子分数）增加到 53.3%（原子分数）（功率从 120~260W）时，基于与碳结合的总数，无定形碳的 C—C 键从 1.6% 增加到 7.7%。其硬度和杨氏模量如图 14.8b 所示。该碳含量下两种性质的小幅下降是由于无定形碳的比例较高。表 14.2 显示了在石墨靶上施加不同功率所得的 HEAC 膜的碳含量、摩擦系数、磨损率和硬度。目标功率为 260W，膜的碳含量为 53.3%（原子分数），最低摩擦系数为 0.11，最低磨损率为 $0.45 \times 10^{-6} \, \text{mm}^3/(\text{N} \cdot \text{m})$。各项参数表明这种薄膜性能明显优于碳含量和硬度相近的 TiC 薄膜。

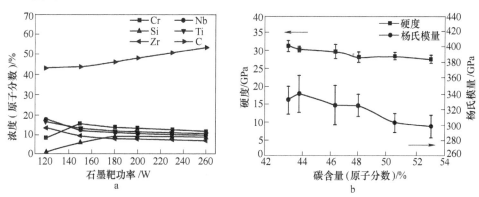

图 14.8　施加于石墨靶上不同功率的 HEAC 膜的 EPMA 化学组成
变化（a）（使用两种靶 CrNbSiTiZr 和石墨在 400℃、约 100V 的偏压下
在 Si 基体上共沉积膜）及硬度和杨氏模量随碳含量的变化（b）

表 14.2　在石墨靶上不同施加功率下获得的 HEAC 膜的
碳含量、摩擦系数、磨损率和硬度

石墨能/W	碳含量（原子分数）/%	摩擦系数	磨损率 /mm³·(N·m)⁻¹	硬度/GPa
120	43.0	0.24	$(0.89 \pm 0.06) \times 10^{-6}$	31.2
150	43.8	0.29	$(2.94 \pm 0.49) \times 10^{-6}$	30.3
180	46.4	0.17	$(1.60 \pm 0.21) \times 10^{-6}$	29.6
200	48.1	0.15	$(1.18 \pm 0.44) \times 10^{-6}$	28.1
230	50.7	0.15	$(0.72 \pm 0.04) \times 10^{-6}$	28.4
260	53.3	0.11	$(0.45 \pm 0.04) \times 10^{-6}$	27.5
TiC	57.9	0.20	$(1.47 \pm 0.11) \times 10^{-6}$	28.8

Lin 等人在不同的 $CH_4/(Ar+CH_4)$ 流量比（0、3%、7%、10%、15% 和 20%）下反应溅射，从等摩尔 CrNbTaTiZr 靶上产生 HEAC 薄膜[60]。该结构在纯 Ar 下是非晶态的，当流量比为 7% 时变成简单的 FCC 结构。图 14.9 显示出在没有任何

偏差的情况下，通过溅射在 Si 基体上，获得具有不同 CH₄ 流量比的 HEAC 薄膜的化学组成、硬度和杨氏模量。当流量比在 10% 和 15% 之间时，可以获得化学计量的碳含量，硬度约为 21.5GPa。当施加偏压 ≤100V 时，对于 10%、15% 和 20% 的流量比，膜的碳含量（原子分数）分别变为 59.3%、70.6% 和 83.4%，并且膜硬度分别为 33.26GPa、24.46GPa 和 14.7GPa。球盘磨损试验给出的摩擦系数分别为 0.2、0.14 和 0.09，磨损率为 $1.21×10^{-6}mm^3/(N·m)$、$0.89×10^{-6}mm^3/(N·m)$ 和 $0.4×10^{-6}mm^3/(N·m)$。所有上述结果表明，HEAC 和 HEACN 涂层可以提供优异的耐磨性并降低冲头、模具和磨损部件的摩擦力。

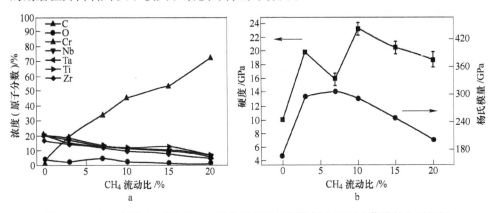

图 14.9　在 Si 衬底上不同 CH₄ 流量比且没有偏压溅射的 HEAC 薄膜的电子探针
微量分析（EPMA）化学成分变化（a）和硬度与杨氏模量变化（b）

Braic 等人研究了 HEAC 涂层及性能[39,61,62]。（AlCrNbTiY）C 通过在 Ar+CH₄ 反应性气氛中共溅射分离纯金属 Al、Cr、Nb、Ti 和 Y 靶来制备涂层[60]。当碳含量（原子分数）从 46% 变化到 82% 时，可以使得碳化物薄膜中的金属近乎于等原子比组合而成。这些薄膜由碳化物、金属间化合物和碳的混合物组成，其比例取决于 CH₄/（CH₄+Ar）流量比。对于接近化学计量的薄膜成分，薄膜结构为单一 FCC 固溶体相，而对具有更高碳浓度（原子分数：69%~82%）的薄膜具有非晶态结构。薄膜的硬度（13~23GPa）取决于碳含量。进一步采用直径 6mm 的蓝宝石球盘式摩擦磨损试验仪测试摩擦学性能，结果表明，干摩擦系数在 0.05~0.25 范围内，其耐磨性良好。由于细小的微观结构，良好的耐磨性和干摩擦特性，该涂层可被视为各种摩擦学和防腐应用的潜在候选者[61]。此外，（HfNbTaTiZr）C 涂层通过在 Ar+CH₄ 气氛中共溅射纯金属 Hf、Nb、Ta，Ti 和 Zr 靶而沉积在 C₄₅ 和 M₂ 钢基体上[39]，所得薄膜硬度比 TiC 高 6GPa。（HfNbTaTiZr）C 薄膜的摩擦系数和磨损率分别为 $0.15×10^{-6}mm^3/(N·m)$ 和 $0.8×10^{-6}mm^3/(N·m)$，优于 TiC 薄膜（$0.18×10^{-6}mm^3/(N·m)$ 和 $9.4×10^{-6}mm^3/(N·m)$）[39]。

14.4.2 生物医学涂层

对于生物医学应用，通过在 Ar+N$_2$ 和 Ar+CH$_4$ 反应气氛中，供助 Hf、Nb、Ta、Ti 和 Zr 金属靶的共溅射沉积，最终在 Ti-6Al-4V 合金上获得了（HfNbTaTiZr）N 和（HfNbTaTiZr）C 涂层[62]。所有薄膜均为简单的 FCC 固溶体相，具有（111）择优取向，晶粒尺寸在 7.2~13.5nm 范围内。此外，利用球盘式摩擦计在模拟体液（SBF）中进行测试，碳含量最高的碳化物涂层具有最高硬度值，同时还具有最佳的摩擦性能（$\mu = 0.12$）和最高的耐磨性（$K = 0.20 \times 10^{-6}$ mm^3/（N·m））。此外，电化学测量表明，所有涂层在 SBF 溶液中都表现出良好的保护性能。生物相容性测试表明，所研究的涂层不会由于成骨细胞而诱导任何细胞毒性反应，并且观察到附着细胞的良好形态。细胞活力分析显示，与所有研究组的死细胞相比，活细胞的比例非常高。因此，使用 HEAN 和 HEAC 涂层可以显著改善 Ti-6Al-4V 合金的生物相容性、力学性能、摩擦学性能和防腐蚀特性。它们具有高硬度、低摩擦系数和优异的耐磨损性，以及良好的生物相容性[62]。

14.5 总结与展望

本章回顾了典型的高熵合金和厚薄不同的高熵合金涂层。它们可以通过合适的涂层技术来制备，并可以为零件或部件提供额外的功能以提高其使用性能，如耐磨性、耐腐蚀性、扩散阻挡能力和耐热性。热喷涂技术可以在基体上沉积厚度为几十微米厚甚至毫米级的薄膜。电弧焊和激光焊接可以产生相似厚度的高熵合金涂层。溅射技术可在基体上沉积亚微米至微米厚的高熵合金薄膜或涂层，如果在沉积期间使用合适的反应气体，则 HEAN、HEAC、HEACN 或 HEAO 可沉积在高熵合金靶或分裂靶的基体上。因此，尽管在涂覆过程中涉及许多组分，但使用合适的常规涂覆技术，高熵合金和高熵合金基陶瓷涂层也是易于沉积而成的。最重要的是，高熵合金和高熵合金基陶瓷涂层可以显示出优异的性能，因此在各种应用中具有很大的潜力。本章介绍的晶体结构和微观结构的形成机制以及优异的性能表明，高熵合金和高熵合金基陶瓷涂层也具有高熵效应，晶格畸变和缓慢的扩散效应，并且为具有更高使用性能和使用寿命的涂层的开发提供了一个新领域和新机遇。此外，本章中并没有提到的，具有生物医学性、抗菌、EMI 屏蔽、抗指纹、亲水或疏水性能的表面涂层也是未来极具开发价值的研究课题。

参 考 文 献

[1] Hsu W L, et al. On the study of thermal-sprayed Ni$_{0.2}$Co$_{0.6}$Fe$_{0.2}$CrSi$_{0.2}$AlTi$_{0.2}$ 高熵合金 overlay

coating. Surface and Coatings Technology, 2017, 316: 71-74.

[2] Chen J H, Hua P H, Chen P N, Chang C M, Chen M C, Wu W (2008). Characteristics of multielement alloy cladding produced by TIG process. Mater Lett, 62: 2490-2492.

[3] Lin Y C, Cho Y H (2008). Elucidating the microstructure and wear behavior for multicomponent alloy clad layers by in situ synthesis. Surf Coat Technol, 202: 4666-4672.

[4] Zhang H, Pan Y, He Y Z (2011). Grain refinement and boundary misorientation transition by annealing in the laser rapid solidified 6FeNiCoCrAlTiSi multicomponent ferrous alloy coating. Surf Coat Technol, 205: 4068-4072.

[5] Huang C, Zhang Y Z, Shen J Y, Vilar R (2011). Thermal stability and oxidation resistance of laser clad TiVCrAlSi high entropy alloy coatings on Ti-6Al-4V alloy. Surf Coat Technol, 206: 1389-1395.

[6] Huang C, Zhang Y Z, Vilar R, Shen J Y (2012). Dry sliding wear behavior of laser clad TiV-CrAlSi high entropy alloy coatings on Ti-6Al-4V substrate. Mater Des, 41: 338-343.

[7] Zhang H, He Y Z, Pan Y, Guo S (2014). Thermally stable laser cladded CoCrCuFeNi highentropy alloy coating with low stacking fault energy. J Alloys Compd, 600: 210-214.

[8] Guo Y, Liu Q. MoFeCrTiWAlNb refractory high-entropy alloy coating fabricated by rectangular-spot laser cladding. Intermetallics, 2018, 102: 78-87.

[9] Alen P, Ritala M, Arstila K, Keinonen J, Leskela M (2005). Atomic layer deposition of molybdenum nitride thin films for Cu metallizations. J Electrochem So, 152: G361-G366.

[10] Kwon S H, Kwon O K, Min J S, Kang S W (2006). Plasma-enhanced atomic layer deposition of Ru-TiN thin films for copper diffusion barrier metals. J Electrochem Soc, 153: G578-G581.

[11] Chen C W, Chen J S, Jeng J S (2008). Effectiveness of Ta addition on the performance of Ru diffusion barrier in Cu metallization. J Electrochem Soc, 155: H1003-H1008.

[12] Fang J S, Lin J H, Chen B Y, Chin T S (2011). Ultrathin Ru-Ta-C barriers for Cu metallization. J Electrochem Soc, 158: H97-H102.

[13] Leu L C, Norton D P, McElwee-White L, Anderson T J (2008). Ir/TaN as a bilayer diffusion barrier for advanced Cu interconnects. Appl Phys Lett, 92: 111917-111917-3.

[14] Kim S H, Kim H T, Yim S S, Lee D J, Kim K S, Kim H M, Kim K B, Sohn H (2008). A bilayer diffusion barrier of ALD-Ru/ALD-TaCN for direct plating of Cu. J Electrochem Soc, 155: H589-H594.

[15] Xie Q, Jiang Y L, Musschoot J, Deduytsche D, Detavernier C, Van Meirhaeghe R L, Van den Berghe S, Ru G P, Li B Z, Qu X P (2009). Ru thin film grown on TaN by plasma enhanced atomic layer deposition. Thin Solid Films, 517: 4689-4693.

[16] Tsai M H, Yeh J W, Gan J Y (2008). Diffusion barrier properties of AlMoNbSiTaTiVZr high-entropy alloy layer between copper and silicon. Thin Solid Films, 516: 5527-5530.

[17] Tsai M H, Wang C W, Tsai C W, Shen W J, Yeh J W, Gan J Y, Wu W W (2011). Thermal stability and performance of NbSiTaTiZr high-entropy alloy barrier for copper metallization. J Electrochem Soc, 158: H1161-H1165.

[18] Chang S Y, Wang C Y, Chen M K, Li C E (2011). Ru incorporation on marked enhancement

of diffusion resistance of multi-component alloy barrier layers. J Alloys Compd, 509: L85-L89.

[19] Chang S Y, Li C E, Huang Y C, Hsu H F, Yeh J W, Lin S J (2014). Structural and thermodynamic factors of suppressed interdiffusion kinetics in multi-component high-entropy materials. SciRep, 4: 4162.

[20] Xia Z H, et al. Effects of Ni—P amorphous films on mechanical and corrosion properties of $Al_{0.3}CoCrFeNi$ high-entropy alloys. Intermetallics, 2018, 94: 65-72.

[21] Zhang Y, et al. Effects of Nitrogen Content on the Structure and Mechanical Properties of $(Al_{0.5}CrFeNiTi_{0.25})N_x$ High-Entropy Films by Reactive Sputtering. Entropy, 2018, 20 (9): 624.

[22] Huang P K, Yeh J W (2010). Inhibition of grain coarsening up to 1000℃ in (AlCrNbSiTiV)N superhard coatings. Scr Mater, 62: 105-108.

[23] Tsai M H, Lai C H, Yeh J W, Gan J Y (2008). Effects of nitrogen flow ratio on the structure and properties of reactively sputtered $(AlMoNbSiTaTiVZr)N_x$ coatings. J Phys D Appl Phys, 41: 235402.

[24] Cheng K H, Lai C H, Lin S J, Yeh J W (2011). Structural and mechanical properties of multielement $(AlCrMoTaTiZr)N_x$ coatings by reactive magnetron sputtering. Thin Solid Films, 519: 3185-3190.

[25] Cheng K H, Tsai C W, Lin S J, Yeh J W (2011). Effects of silicon content on the structure and mechanical properties of $(AlCrTaTiZr)-Si_x-N$ coatings by reactive RF magnetron sputtering. J Phys D Appl Phys, 44: 205405.

[26] Shen W J, Tsai M H, Chang Y S, Yeh J W (2012). Effects of substrate bias on the structure and mechanical properties of $(Al_{1.5}CrNb_{0.5}Si_{0.5}Ti)N_x$ coatings. Thin Solid Films, 520: 6183-6188.

[27] Lai C H, Lin S J, Yeh J W, Davison A (2006). Effect of substrate bias on the structure and properties of multi-element (AlCrTaTiZr)N coatings. J Phys D Appl Phys, 39: 4628.

[28] Huang P K, Yeh J W (2009). Effects of substrate bias on structure and mechanical properties of (AlCrNbSiTiV)N coatings. J Phys D Appl Phys, 42: 115401.

[29] Chang H W, Huang P K, Yeh J W, Davison A, Tsau C H, Yang C C (2008). Influence of substrate bias, deposition temperature and post-deposition annealing on the structure and properties of multi-principal-component (AlCrMoSiTi)N coatings. Surf Coat Technol, 202: 3360-3366.

[30] Chen T K, Shun T T, Yeh J W, Wong M S (2004). Nanostructured nitride films of multi-element high-entropy alloys by reactive DC sputtering. Surf Coat Technol, 188: 188-193.

[31] Chen T K, Wong M S, Shun T T, Yeh J W (2005). Nanostructured nitride films of multi-element high-entropy alloys by reactive DC sputtering. Surf Coat Technol, 200: 1361-1365.

[32] Tsai C W, Lai S W, Cheng K H, Tsai M H, Davison A, Tsau C H, Yeh J W (2012). Strong amorphization of high-entropy AlBCrSiTi nitride film. Thin Solid Films, 520: 2613-2618.

[33] Ren B, Liu Z X, Shi L, Cai B, Wang M X (2011). Structure and properties of (AlCrMn-

MoNiZrB$_{0.1}$)N$_x$ coatings prepared by reactive DC sputtering. Appl Surf Sci, 257: 7172-7178.

[34] Chang Z C, Liang S C, Han S (2011). Effect of microstructure on the nanomechanical properties of TiVCrZrAl nitride films deposited by magnetron sputtering. Nucl Instrum Methods Phys Res, Sect B, 269: 1973-1976.

[35] Tsai M H, Wang C W, Lai C H, Yeh J W, Gan J Y (2008). Thermally stable amorphous (AlMoNbSiTaTiVZr)$_{50}$N$_{50}$ nitride film as diffusion barrier in copper metallization. Appl Phys Lett, 92: 052109.

[36] Hsueh H T, Shen W J, Tsai M H, Yeh J W (2012). Effect of nitrogen content and substrate bias on mechanical and corrosion properties of high-entropy films (AlCrSiTiZr)$_{100-x}$N$_x$. Surf Coat Technol, 206: 4106-4112.

[37] Hsieh M H, Tsai M H, Shen W J, Yeh J W (2013). Structure and properties of two Al-Cr-Nb-Si-Ti high-entropy nitride coatings. Surf Coat Technol, 221: 118-123.

[38] Shen W J, Tsai M H, Tsai K Y, Juan C C, Tsai C W, Yeh J W, Chang Y S (2013). Superior oxidation resistance of (Al$_{0.34}$Cr$_{0.22}$Nb$_{0.11}$Si$_{0.11}$Ti$_{0.22}$)$_{50}$N$_{50}$ high-entropy nitride. J Electrochem Soc, 160: C531-C535.

[39] Braic V, Vladescu A, Balaceanu M, Luculescu C R, Braic M (2012). Nanostructured multielement (TiZrNbHfTa)N and (TiZrNbHfTa)C hard coatings. Surf Coat Technol, 211: 117-121.

[40] Chang S Y, Lin S Y, Huang Y C, Wu C L (2010). Mechanical properties, deformation behaviors and interface adhesion of (AlCrTaTiZr)N$_x$ multi-component coatings. Surf Coat Technol, 204: 3307-3314.

[41] Lin S Y, Chang S Y, Huang Y C, Shieu F S, Yeh J W (2012). Mechanical performance and nanoindenting deformation of (AlCrTaTiZr)NC$_y$ multi-component coatings co-sputtered with bias. Surf Coat Technol, 206: 5096-5102.

[42] Ren B, Yan S Q, Zhao R F, Liu Z X (2013). Structure and properties of (AlCrMoNiTi)N$_x$ and (AlCrMoZrTi)N$_x$ films by reactive RF sputtering. Surf Coat Technol, 235: 772-776.

[43] Pogrebnjak A D, Yakushchenko I V, Abadias G, Chartier P, Bondar O V, Beresnev V M, Takeda Y, Sobol O V, Oyoshi K, Andreyev A A, Mukushev B A (2013). The effect of the deposition parameters of nitrides of high-entropy alloys (TiZrHfVNb)N on their structure, composition, mechanical and tribological properties. J Superhard Mater, 35: 356-368.

[44] Tsai D C, Chang Z C, Kuo L Y, Lin T J, Lin T N, Shieu F S (2013). Solid solution coating of (TiVCrZrHf)N with unusual structural evolution. Surf Coat Technol, 217: 84-87.

[45] Lin S Y, Chang S Y, Chang C J, Huang Y C (2014). Nanomechanical properties and deformation behaviors of multi-component (AlCrTaTiZr)N$_x$Si$_y$ high-entropy, coatings. Entropy, 16: 405-417.

[46] Veprek S (2013). Recent search for new superhard materials: go nano! J Vac Sci Technol, A 31: 050822.

[47] Munz W D (1986). Titanium aluminum nitride films: a new alternative to TiN coatings. J Vac Sci Technol A, 4: 2717.

[48] Vaz F, Rebouta L, Andritschky M, Da Silva M F (1998). Oxidation resistance of (Ti,Al,Si)N coatings in air. Surf Coat Technol, 98: 912-917.

[49] PalDey S, Deevi S C (2003). Single layer and multilayer wear resistant coatings of (Ti,Al)N: a review. Mater Sci Eng A, 342: 58-79.

[50] Donohue L A, Smith I J, Munz W D, Petrov I, Greene J E (1997). Microstructure and oxidationresistance of $Ti_{1-x-y-z}$ $Al_x Cr_y Y_z N$ layers grown by combined steered-arc/unbalanced-magnetron-sputter deposition. Surf Coat Technol, 94-95: 226-231.

[51] Chang S Y, Chen M K, Chen D S (2009). Multiprincipal-element AlCrTaTiZr-nitride nanocomposite film of extremely high thermal stability as diffusion barrier for Cu metallization. J Electrochem Soc, 156: G37-G42.

[52] Chang S Y, Chen D S (2009). 10-nm-thick quinary (AlCrTaTiZr)N film as effective diffusion barrier for Cu interconnects at 900℃. Appl Phys Lett, 94: 231909.

[53] Chang S Y, Wang C Y, Li C E, Huang Y C (2011). 5nm thick (AlCrTaTiZrRu) $N_{0.5}$ multi-component barrier layer with high diffusion resistance for Cu interconnects. Nanosci Nanotechnol Lett, 3: 289-293.

[54] Chang S Y, Chen D S (2010). Ultra-thin (AlCrTaTiZr) N_x/AlCrTaTiZr bilayer structures of high diffusion resistance to Cu metallization. J Electrochem Soc, 157: G154-G159.

[55] Chang S Y, Li C E, Chiang S C, Huang Y C (2012). 4nm thick multilayer structure of multi-component (AlCrRuTaTiZr) N_x as robust diffusion barrier for Cu interconnects. J Alloy Compd, 515: 4-7.

[56] Gu W B, Lin S J (2008). Study on the structure and properties of (AlCrTaTiZr)(CN) thin films. Master's thesis, Department of Materials and Science Engineering, National Tsing Hua University, Taiwan.

[57] Liu T W, Lin S J (2009). Study on the microstructure and properties of multi-element carbide and carbonitride thin films. Master's thesis, Department of Materials and Science Engineering, National Tsing Hua University, Taiwan.

[58] Cheng K H, Liu T W, Lin S J, Yeh J W (2009). Effect of carbon contentson the structural and mechanical properties of sputtered (AlCrTaTiZr) C_x coatings. E-MRS 2009 Fall Meeting, Warsaw, September 14-18, Paper No. 18410.

[59] Lin J W, Lin S J (2010). Study on the microstructure and properties of multi-element (CrNbSiTiZr) C_x coatings. Master's thesis, Department of Materials and Science Engineering, National Tsing Hua University, Taiwan.

[60] Chen S H, Lin S J (2012). The mechanical properties and microstructures of the (CrNbTaTiZr) C_x coating. Master's thesis, Department of Materials and Science Engineering, National Tsing Hua University, Taiwan.

[61] Braic M, Braic V, Balaceanu M, Zoita C N, Vladescu A, Grigore E (2010). Characteristics of (TiAlCrNbY)C films deposited by reactive magnetron sputtering. Surf Coat Technol, 204: 2010-2014.

15 前景与应用

>>>

摘　要：高熵合金的四大效应可以改善材料的微观组织、提升材料的各种性能。在高熵合金的研究过程中，还开发出了其他的特殊衍生材料，比如高熵高温合金，难熔高熵合金，高熵块状金属玻璃，高熵碳化物，高熵氮化物和高熵氧化物等。这些材料在机器零部件、模具、耐腐蚀部件、刀具、功能涂层、薄膜电阻器、扩散阻挡层和高温结构部件中都具有很好的应用潜力。对基础科学更好地理解，知识经验的积累，以及有效的模拟和建模可以使得未来能够成功开发出具有更好性能的众多高熵材料。本章首先介绍了几种具有潜在应用前景的重要高熵材料，并预测了其研究和开发的趋势和前景。

关键词：高熵超合金　高熵高温合金　耐高温高熵合金　高熵陶瓷　中熵合金

15.1　前沿介绍

依据高混合熵这个合金设计概念，已经开发出了很多新的材料。其中，已经报道了许多特殊类型的高熵合金，例如高熵高温合金（HESAs），难熔高熵合金（HERAs）和高熵大块金属玻璃（HEBMGs）。此外，已经开发出高熵陶瓷（HECs），例如高熵碳化物（HEACs），高熵氮化物（HEANs）和高熵氧化物（HEAOs）。最近还报道了一些复合材料，例如具有高熵合金黏合剂的烧结碳化物和具有高熵合金黏合剂的金属陶瓷。非常幸运的是，只要进行合适的选择，所有用于制备传统材料的方法都可以应用于制备高熵材料（HEMs）。此外，用于表征传统材料的不同测量方法、设备和装置都可以类似地应用于高熵材料。正是由于这个原因，科研工作者们才能如此方便地研究和开发高熵材料。此外，高熵材料组元与工艺的组合是无穷的，并且不同的组合可能导致高熵材料不同的微结构和性质，因此高熵材料在不同的领域中都具有广泛的应用潜力。

对高熵材料的研究不仅是为了满足科学的好奇心，还是为了能够开发出具有优于传统材料性能的新材料。尽管对高熵材料的研究仍然非常有限，但现有的研究已经表明它们具有应用潜力。在本章中，选择前面章节中提到的重要示例来展示其有希望的潜在应用。基于这些例子，可以进一步地开发更好的高熵材料，以改善我们的生活和环境。然而，在研究过程中，与高熵材料基础科学相关的信息也非常重要。这些信息不仅使得相关材料科学的信息更加全面，而且也加速了高熵材料的发展。最后，本章末尾预测了前几章所述的高熵材料的未来研究趋势和应用前景。

15.2 应用潜力

15.2.1 高熵超合金

镍基高温合金的出现使许多高温工程技术问题得以解决，特别是在航空航天、能源、石油和天然气领域[1,2]。这类高温合金是利用 γ 基体中分散的 γ' 沉淀物而具有优异的高温力学性能；例如，蠕变变形通常局限于位于 γ' 沉淀物之间的 γ 通道。通过调整高温合金的成分，以满足苛刻的工况条件[3]。最近在高温合金中添加了铼（Re）和钌（Ru），提高了其蠕变强度[4~11]。然而，铼和钌的添加会导致合金的密度和成本增加，因此依赖于添加高熔点元素的传统合金设计方法似乎已穷途末路。本节介绍了一种新型高熵合金，它充分利用高熵合金的四大效应使其得以应用于高温工况。

$Al_x Co_{1.5} CrFeNi_{1.5} Ti_{0.5-x}$ 是基于非等摩尔比的新型合金体系（密度 < 8.0g/cm³），其含有的 $L1_2 \gamma'$ 颗粒均匀分散在 FCC 晶格的 γ 基体上[12]。由于该合金的组分是根据高熵合金概念设计的，并且它的微观结构也类似于传统的超合金，因此使用了术语"高熵超合金"（HESAs）。在 1423K 下固溶处理 6h，然后在 1023K 下沉淀时效 50h 后，$Co_{1.5} CrFeNi_{1.5} Ti_{0.5}$ 的微观结构由 FCC 基体和 γ' 沉淀颗粒（63%体积分数）组成，如图 15.1 所示[12]。在高温条件下，这种新型合金有望取代传统高温合金。如图 15.2 所示，从室温到 1273K，$Co_{1.5} CrFeNi_{1.5} Ti_{0.5}$ 的硬度都高于 IN718，并且作为高温磨损试验机的内部零件也具有良好的表现。此外，当温度超过 973K 时，IN718 由于 γ'' 转变为 δ 相使得硬度急剧下降[13]，而这类高熵超合金的硬度值仍然很高。在 1273K 时，$Co_{1.5} CrFeNi_{1.5} Ti_{0.5}$ 的硬度为 HV280，几乎是 IN718 的三倍。高熵超合金的高温强度是由于含有较高体积分数的 γ' 沉淀物。但是，在 1073K 以上长时间保温后，$Co_{1.5} CrFeNi_{1.5} Ti_{0.5}$ 合金中的 γ' 相可以缓慢地转变为 η 相（固溶温度约为 1423K），如图 15.3 所示。虽然在其他几种超合金中也可以观察到类似的转变行为，例如由 Ni_3Ti γ' 相强化的 X-750，740 和 706，在超过 923K 时 γ' 相会迅速转变为有害的 η 相（固溶温度约为 1227K）[14,15]。然而，在高熵系统中的 γ' 粒子和 η 相都具有更好的热稳定性，这一现象可能归因于 γ' 和 η 的高熵组成，即 $(Co,Fe,Ni)_3(Cr,Ti)$[12]。有趣的是，高熵超合金中 γ' 的混合熵为 $1.49R$（其中 R 为理想气体常数），而传统高温合金（如 CM247LC）中的 γ' 为 $1.06R$[16]；因此，晶格畸变和缓慢扩散效应可能会影响有序 γ' 相的性质，从而导致更高的强度和更缓慢的相变。实际上，在超热合金中的热机械加工过程

中 η 相已经被用于控制多晶超合金的晶粒尺寸。因此，$Co_{1.5}CrFeNi_{1.5}Ti_{0.5}$ 合金中 η 相的存在可能对加工不完全是有害的。已经观察到高熵超合金中的少量 η 相可以固定晶界迁移以控制晶粒尺寸[18]。因此，可以开发锻造高熵超合金来代替例如 IN718 的传统超合金。

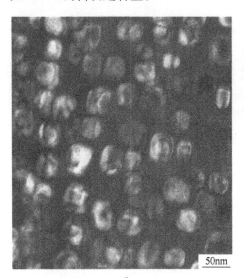

图 15.1　经过 1423K 固溶热处理 6h，然后在 1023K 下沉时效 50h
的 $Co_{1.5}CrFeNi_{1.5}Ti_{0.5}$ 合金 TEM 分析

a—暗场图像显示 γ 基质中的 γ′ 粒子；b—衍射图案显示 γ′ 的超晶格结构

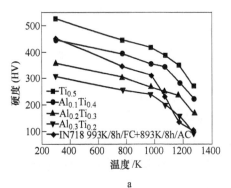

图 15.2　$Ti_{0.5}$（即 $Co_{1.5}CrFeNi_{1.5}Ti_{0.5}$）、$Al_{0.1}Ti_{0.4}$（即 $Al_{0.1}Co_{1.5}CrFeNi_{1.5}Ti_{0.4}$）、$Al_{0.2}Ti_{0.3}$（即 $Al_{0.2}Co_{1.5}CrFeNi_{1.5}Ti_{0.3}$）和 $Al_{0.3}Ti_{0.2}$（即 $Al_{0.3}Co_{1.5}CrFeNi_{1.5}Ti_{0.2}$）的高温硬度（a）和高温销盘式磨损试验机（b）（销材料：$Co_{1.5}CrFeNi_{1.5}Ti_{0.5}$；盘材料：$Al_2O_3$）

为了提高 $Co_{1.5}CrFeNi_{1.5}Ti_{0.5}$ 高熵超合金的高温显微组织稳定性，可以通过消

除 η 相的形成，将 Al 元素部分取代 Ti 元素可以进一步稳定 γ′ 相，如图 15.3 所示。然而，$Co_{1.5}CrFeNi_{1.5}Ti_{0.5}$ 和 $Al_{0.3}Co_{1.5}CrFeNi_{1.5}Ti_{0.2}$ 两种合金之间的比较表明，γ′ 相的有序温度随着混合熵（从 $1.49R$ 到 $1.54R$）和 γ′ 体积分数（从 63%减少到 41%）的降低而降低。因此，高熵超合金的硬度随着 Al 含量的增加而降低。当 Al 元素完全取代 Ti 元素时，合金中形成的 β 相会取代 γ′ 相，因此 $Al_{0.5}Co_{1.5}CrFeNi_{1.5}$ 合金不被认为是高熵超合金，尽管其结构主要是 FCC，如图 15.3 所示。

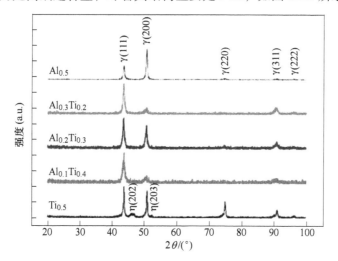

图 15.3 几种高熵合金的 XRD 图谱

（$Ti_{0.5}$：$Co_{1.5}CrFeNi_{1.5}Ti_{0.5}$；$Al_{0.1}Ti_{0.4}$：$Al_{0.1}Co_{1.5}CrFeNi_{1.5}Ti_{0.4}$；$Al_{0.2}Ti_{0.3}$：$Al_{0.2}Co_{1.5}CrFeNi_{1.5}Ti_{0.3}$；$Al_{0.3}Ti_{0.2}$：$Al_{0.3}Co_{1.5}CrFeNi_{1.5}Ti_{0.2}$）

传统的高温合金可以铸造成单晶零部件，以增加其高温蠕变抗性[1,2]。使用传统的 Bridgman 工艺成功地制造了高熵超合金单晶铸件[19]。之前关于铸造单晶 $Co_{1.5}CrFeNi_{1.5}Ti_{0.5}$ 的工作表明，该合金的元素分配行为与商业高温合金相似。γ′ 相形成元素（如 Ti 和 Ni 元素）倾向于分布在枝晶间区域，而 Co、Cr 和 Fe 元素则偏向于分布在树枝晶区域[6,9]。固液分配比可以衡量超合金单晶铸造过程中密度反转的可能性。高熵超合金中元素的分配系数与传统超合金（例如 CMSX-4 和 RR2000）的分配系数相当[17,18]，因此，高熵超合金的单晶可铸性应该与商业超级合金的单晶可铸性一样好，并且形成缩松缩孔缺陷的倾向最小[19]。这表明，高熵超合金具有被铸造成具有复杂形状的单晶零部件的潜力，如涡轮叶片。

为了提高 γ′ 相固溶温度，可以利用 CALPHAD 模拟方法进行合金设计。通过扩大高熵超合金中相对于 γ′ 相混合熵的混合焓，使得 γ′ 相固溶线提高，同时高熵超合金系统中保持着相对高的混合熵[19]。此外，根据高熵合金的"鸡尾酒效应"，通过在高熵超合金中添加 Cr 和 Ti 元素以提高 Al 元素的活性，可以在合金表面快速形成连续致密的 Al_2O_3 保护层，从而提高高熵超合金的耐高温氧化性[19]。

可以通过合金设计来控制 γ′ 相的粗化动力学，从而提高高熵超合金的高温蠕变强度。在传统的超合金中，γ′沉淀物的定向粗化是高温蠕变过程中重要的微观结构演变，这一行为也被称为"漂移"[20~23]。实验证明，超合金在高于 1173K 的温度下承受载荷时会发生漂移。此外，许多实验结果表明，漂移现象强烈依赖于施加载荷、晶格错配度和 γ 与 γ′ 相的弹性常数[24~28]。晶格错配度（δ）由下式定义，其中 $a_{\gamma'}$ 是 γ′ 相的晶格参数，a_γ 是 γ 相的晶格参数：

$$\delta = 2(a_{\gamma'} - a_\gamma)(a_{\gamma'} + a_\gamma)$$

当 δ 为负时，γ′ 可以沿垂直于应力的方向漂移，从而有效地阻碍了位错攀移并产生优异的抗蠕变性[29]。此外，高晶格错配合金中具有更密集的界面位错网，这些密集的位错网可以阻碍 γ 通道中的位错且穿过 γ/γ′ 界面，从而有助于降低蠕变应变率[30]。因此，可以通过在合金中添加各种促进 γ 和 γ′ 形成的元素来使高熵超合金具有负的晶格错配度，这些元素包含但不限于 Al、Co、Cr、Fe、Ni 和 Ti。随着实验的数据越来越多，在未来高熵超合金的合金设计可以更加有效。

15.2.2　难熔高熵合金

难熔高熵合金（HERAs）性能超越了传统的高温合金，其主要以高熔点元素（广义上熔点高于 1650℃，因此包括 Ti）作为主要构成组元。MoNbTaW 和 MoNbTaVW 是最早报道的两种难熔高熵合金[31,32]。这两种合金都具有简单的体心立方（BCC）结构和明显的固溶强化，并且在 1600℃ 下能分别保持 405MPa 和 477MPa 的屈服强度。据 Senkov 等人报道，BCC 结构的 HfNbTaTiZr 难熔高熵合金[33] 的屈服强度略低于前两种难熔材料，但具有更加优异的塑性（压缩塑性超过 50%）和高的应变硬化率。因为大多数无序 BCC 合金和有序 BCC（B2 型）金属间相是脆性相，所以这种合金体现出的优异室温塑性是非常难得的。此外，该合金在高温下也具有相当高的强度，因此具有高温应用的潜力。总而言之，该合金的发现为开发具有室温塑性的 BCC 高熵合金提供了良好的基础或参考。通过改变组成元素，各种摩尔比的其他难熔高熵合金相继被开发出来[34~43]。其中，Senkov 等人报道了 Cr-Nb-Ti-V-Zr 系统中的四种高硬度、低密度难熔高温合金[38,41] 和两种含 Al 的难熔高温合金：AlMo$_{0.5}$NbTa$_{0.5}$TiZr 和 Al$_{0.4}$Hf$_{0.6}$NbTaTiZr[40,41]。NbTiVZr、NbTiV$_2$Zr、CrNbTiZr 和 CrNbTiVZr 的密度分别为 6.52g/cm³、6.34g/cm³、6.67g/cm³ 和 6.57g/cm³。图 15.4 比较了这些合金从 298K 到 1273K 的压缩力学曲线，可以看到，有些合金的压缩塑性甚至达到了 50%[38]。值得注意的是，尽管含 Cr 高熵合金的室温塑性稍低，但它们的高温强度远高于 NbTiVZr 和

NbTiV₂Zr 合金，而且，CrNbTiZr 和 CrNbTiVZr 合金的比强度远高于大多数其他高温合金。在这两者中，CrNbTiVZr 合金体现出了更加优异的性能，例如显著提高的高温强度，降低的密度和更高的熔点。基于以上，如果适当调整组元和微观结构，则可以对强度、塑性和低密度做出更好的协调，以获得性能更加优异的合金。对两种含 Al 的难熔高熵合金[40,41]中，Al 的加入稳定了 BCC 晶体结构并降低了难熔高熵合金的密度。当用 Al 元素部分取代 HfNbTaTiZr 合金中的 Hf 元素，合金的密度降低 9%，室温硬度提高 29%，同时屈服强度提高 98%。在 CrMo₀.₅Nb-Ta₀.₅TiZr 合金中，当 Al 元素完全取代了 Cr 元素时，合金的密度降低了 10.1%，室温硬度和屈服强度提高了 12%，室温塑性得到了显著的提高，并且在 1073 ~ 1473K 的温度范围内高温强度提高了 50% 以上。因此，很明显，Al 的加入会对这类难熔高熵合金的微观结构和性能产生积极影响。

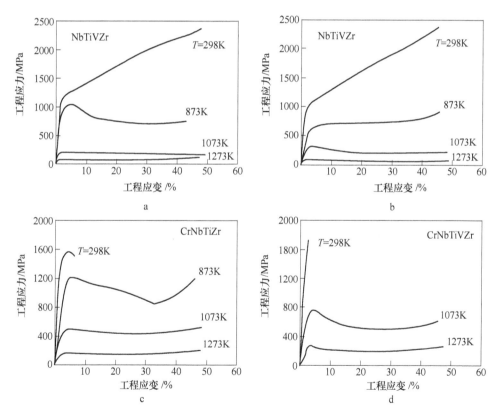

图 15.4 不同温度下几种高熵合金工程压缩应力应变曲线

a—NbTiVZr; b—NbTiV₂Zr; c—CrNbTiZr; d—CrNbTiVZr

由上述难熔高熵合金的研究可推断，高熵合金的组元可以进一步优化，这对于开发出能够应用于超高温度的难熔高熵合金是非常有前途的。

15.2.3　碳化物和陶瓷的高熵合金黏结剂

　　通过调整合金组元，可以使高熵合金具有许多优异的性能，例如高硬度，高温抗软化性，耐磨性和耐腐蚀性。为了提高性能和降低成本，一些高熵材料已经成为硬质合金和金属陶瓷中黏合剂的良好候选材料。在众多高熵合金体系中，最有前途的是具有 FCC 结构的 $Al_{0.5}CoCrCuFeNi$ 高熵合金，因为它能很好润湿 WC，同时还能抑制 WC 粗化[44]。如表 15.1 所示，烧结的 WC/高熵合金系硬质合金在室温下具有比 WC/Co 更高的硬度和断裂韧性。此外，它还具有更高的热硬度，这种优势归功于 WC/高熵合金硬质合金中的 WC 颗粒更细小。在此体系中，WC 的晶粒尺寸可分为两个范围：$0.66\mu m$ 左右的较大晶粒尺寸和 $0.15\mu m$ 左右较小的晶粒尺寸。相反，在 WC/Co 复合材料体系中，WC 具有约 $9.95\mu m$ 的较大晶粒尺寸和约 $4.5\mu m$ 的较小晶粒尺寸。由此可以证明，高熵合金黏合剂可显著抑制 WC 粗化。此外，WC/20%（质量分数）$Al_{0.5}CrCoCuFeNi$ 高熵合金的硬度在 700℃时比 WC/Co 复合材料高 HV300，表明高熵合金黏合剂具有良好的抗高温软化性能。

表 15.1　商用 WC/Co 和 WC/$Al_{0.5}$CrCoCuFeNi 的硬度与断裂韧性比较

硬质合金	等级	黏结剂/%	HV_{30}	$K_{IC}/MPa \cdot m^{-1/2}$
WC/$Al_{0.5}$CrCoCuFeNi	EA	20	1413	17.4
WC/Co	EF05	10	1900	9.1
	EF20	18	1450	13

　　类似地，根据在 15.2.1 节中提到的 FCC 结构的 $Co_{1.5}CrFeNi_{1.5}Ti_{0.5}$（即 T12）高熵合金，已经开发出了具有优异性能的新 $TiC/Co_{1.5}CrFeNi_{1.5}Ti_{0.5}$ 金属陶瓷复合材料[45]。这种高熵合金含有较高含量的 Ni、Cr 和 Ti 元素，这些元素对 TiC 润湿性较好，同时，这种合金还具有成为强黏合剂所需的高硬度和高韧性[46,47]。如表 15.2 所示，$TiC/Co_{1.5}CrFeNi_{1.5}Ti_{0.5}$（TiC + 20% T12）金属陶瓷具有比典型的 TiC/Ni、$TiC/Ni_{13}Mo_7$ 和商业 TiC 金属陶瓷更好的硬度和韧性。对 TiC 晶粒的粗化行为研究发现，在这三种黏合剂（高熵合金，Ni 和 $Ni_{13}Mo_7$）中 TiC 的粗化过程都是受扩散控制的。$TiC + 20\% Co_{1.5}CrFeNi_{1.5}Ti_{0.5}$、$TiC + 20\% Ni$ 和 $TiC/Ni_{13}Mo_7$ 的激活能分别为 788.8kJ/mol、265.3kJ/mol 和 422.4kJ/mol。以 $Co_{1.5}CrFeNi_{1.5}Ti_{0.5}$ 作为黏合剂的激活能最高，这是合金中含有较高含量的亲碳元素，各元素的协同扩散和不同尺寸原子的较高堆积密度共同影响的结果。而 TiC 晶粒的缓慢粗化是因为 TiC 晶粒低扩散系数和低表面能以及 Ti 在高熵合金液体中低的溶解度。简而言之，上述两个实例表明，具有合适组元成分的高熵合金可以作为 WC 碳化物或 TiC 金属陶瓷的优异黏合剂。

表 15.2 TiC+20%T12、TiC+20%Ni、TiC+20%Ni₁₃Mo₇
以及商业 TiC 金属陶瓷的硬度和断裂韧性

金属陶瓷	HV_{30}	$K_{IC}/MPa \cdot m^{-1/2}$
TiC+20%T12	1876	9.0
TiC+20%Ni	1372	11.8
TiC+20%Ni	1295	11.1
TiC+20%Ni₁₃Mo₇	1639	8.5
商业 TiC 金属陶瓷①	1685	9.1

① 重量百分比组成为（TiC, WC, TaC）+ 20%（Ni, Co, Mo），其中 TiC/WC/TaC = 16 : 2 : 2; Co/Ni/Mo = 5 : 3 : 2。

15.2.4 高熵合金硬质涂层

2004 年，在最初几篇关于高熵合金的论文中[48~53]，一篇是关于阐述高熵合金的概念，三篇是关于铸态块体高熵合金的研究，另外两篇是关于热喷涂高熵合金涂层和高熵合金氮化涂层的工作[48,53]。也就是说，高熵合金的概念不仅从铸态块体扩展到涂层，而且在提出高熵合金概念的第一年也从高熵合金扩展到氮化高熵合金。为了提高零部件在高温条件下的硬度、耐磨性和抗氧化性，通过电弧熔炼、粉碎和球磨等步骤制备了颗粒尺寸在 325 目以下（约 44μm）的 AlCoCrFeMo₀.₅NiSiTi 和 AlCrFeMo₀.₅NiSiTi 两种高熵合金粉末，然后利用等离子喷涂在氧化铝和 304 不锈钢基材上形成厚度约 160μm 的涂层[48]。两种合金在沉积过程中均由于快速凝固而过饱和固溶于基体中，硬度值分别为 HV486 和 HV 524，约为其相应硬度值（HV933 和 HV944）的一半。在 500℃、800℃和 1000℃下时效处理后，两种合金都体现出了显著的沉淀强化，硬度分别达到 HV962 和 HV990，耐磨性则与具有更高硬度的 SUJ2 和 SKD61 钢相似，而且经 800℃时效处理后耐磨性提高了约 60%。此外，由于氧化物的形成，两种涂层在 1000℃甚至高达 1100℃下都具有良好的抗氧化性，在氧化增重实验中约 50~100h 后它们的重量基本保持恒定。优异的抗氧化性主要归因于致密氧化铬层的形成。因此，高熵合金涂层对于提高材料的高温抗氧化性和耐磨性是有潜力的，并且可以设计出更多具有优异高温性能的高熵合金体系。

高熵合金氮化薄膜最初是以 FeCoNiCrCuAl₀.₅高熵合金为靶材，利用反应磁控溅射沉积得到的[53]。没有掺入氮元素的高熵合金膜具有 FCC 结构，硬度达到 4.4GPa，而具有掺入 41%（原子分数）氮元素的高熵合金氮化薄膜则是纳米晶高熵氮化物和非晶相组成，硬度达到 10.4GPa。随后，根据 Lai 等人报道，通过使用强氮化物形成元素[54,55]，即以等原子比的 AlCrTaTiZr 靶沉积氮化物薄膜，薄膜的硬度得到了显著的提高，达到 36GPa。如第 14 章所述，后来开发了更多的高熵合金氮化物体系。硬质涂层的主要目的是通过优异的耐磨性和抗氧化性来保护基材，以延长工具或模具的寿命。较低的摩擦系数也有利于降低工作能耗，改善表面质量和延长寿命。AlCrNbSiTiV 高熵合金氮化薄膜因为在纳米结构和超硬性方面表现出优异的热稳定性，所以作为切削或铣削刀具涂层具有很大的潜在应用前景[56]。这种薄膜是一种简单的 NaCl 型 FCC 结构，即使在 1000℃下退火 5h，晶粒尺寸也仅仅达到 12nm。如图 15.5 所示，它在 900℃还能保持 41GPa 左右的硬度。通过干切削试验测量高熵合金氮化薄膜刀具的刀面磨损，并与没有沉积薄膜的刀具和商业应用的 TiN 或 TiAlN 涂层刀具进行比较[61]。图 15.6a 展示的是所用的 304 不锈钢工件，三角形硬质合金刀片和铣床实物图，图 15.6b 显示的是不同涂层刀具的刀面截面磨损深度。通过截面磨损深度的比较可以证明，高熵合金氮化薄膜在提升刀具的耐磨性和寿命方面有着显著的作用。

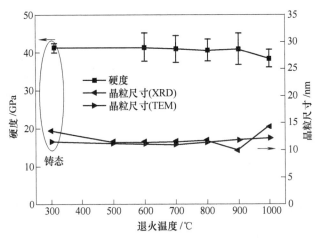

图 15.5　退火温度对 AlCrNbSiTiV 高熵合金氮化薄膜硬度和晶粒尺寸的影响
（试样在真空环境下退火 6h）

15.2.5　高熵合金扩散阻挡层

除了如上所述开发出具有良好机械和摩擦性能的保护性高熵合金硬质涂层之外，具有高热稳定性的高熵合金和高熵氮化物涂层也被考虑用作扩散阻挡层[57]。比如在集成电路的互连结构中，扩散阻挡层是在 Cu 线和电介质之间或在金属焊盘和焊料之间重要的中间层，它可以抑制相邻材料（例如 Cu 和 Si）的快速相互扩散或有害化合物的形成（Cu 的硅化物），从而有效避免微电子器件的早期失效[61]。近几十年来，在互连结构中实际应用的扩散阻挡层材料是高温过渡金属（如 Ti 和 Ta）[58]以及单一过渡金属的氮化物（如 TiN 和 TaN）[59,60]。然而，这些

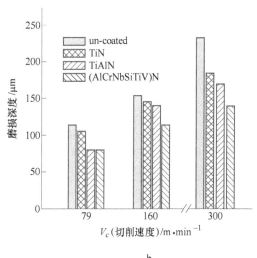

图 15.6 用于干切削试验的铣床和刀具（a）和不同涂层的切削刀具刀面磨损深度
与切削速度的关系（b）（刀具材料：WC/Co，硬度：HV1516；薄膜厚度：1μm；
工件：304 不锈钢；切削深度：0.1mm；进给速度：0.1mm；总切割长度：460m）

材料并不适合下一代的互连结构，因为它们对 Cu 的固溶度高，而且多晶/柱状结构的晶界可以作为原子快速扩散的路径。近年来，已经开发出更薄且更高效的阻挡层，一般分为以下两类方法：（1）具有三元组分构成的非晶结构以减少扩散路径，例如 Ru-Ti-N 和 Ru-Ta-N[61,62]；（2）具有界面错配的分层结构以延长扩散路径，例如 Ru/TaN 和 Ru/TaCN[63~65]。遗憾的是，在 20nm 以下的集成电路的制造中，需要具有更强扩散阻力的坚固且超薄（<3nm）阻挡层。

最近的研究表明，高熵合金和高熵氮化物涂层具有简单的固溶体、无定形或纳米复合结构，以及非常高的热稳定性，对 Cu 和 Si 的相互扩散也具有极强的阻力[57]。因此，开发了几种合适的高熵合金和高熵氮化物涂层作为有效的扩散阻挡层，包括五元的 NbSiTaTiZr（厚度：20nm；处理温度：800℃；处理时间：30min[66]）和六元的 AlCrRuTaTiZr（5nm，800℃，30min[67]）合金、（AlCrTaTiZr）N（10nm，900℃，30min[68]）和（AlCrRuTaTiZr）$N_{0.5}$（5nm，800℃，30min[69]）氮化物，以及高熵合金和高熵氮化物薄膜的交替堆叠结构，例如（AlCrTaTiZr）N_x/AlCrTaTiZr（10/5nm，900℃，30min[70]）和（AlCrRuTaTiZr）$N_{0.5}$/AlCrRuTaTiZr/（AlCrRuTaTiZr）$N_{0.5}$/AlCrRuTaTiZr（4nm，1nm/层，900℃，30min[71]）。尽管目前高熵合金和高熵氮化物涂层还不能完全满足作为微电子器件中的扩散阻挡层实际应用的所有要求，例如低电阻率，对金属线（Cu 或 Al）和电介质的良好黏附性，以及高电流泄漏抗性，但是它们表现出的在超薄厚度（低至 4~5nm）下对抵抗 Cu 和 Si 相互扩散具有的超高耐久温度，表明它们是有希望在实际中应用的材料。

　　Chang 等人通过研究含有不同数量金属元素合金薄膜的扩散阻力，从结构和热力学的角度提出了一种高熵合金和高熵氮化物涂层高相互扩散抵抗性的机制（即高度抑制相互扩散动力学）（同时参见第 14 章第 14.2.3 节）。所研究的合金包括纯金属（Ti），二元（TiTa），三元（TiTaCr），四元（TiTaCrZr），五元（TiTaCrZrAl）和六元（TiTaCrZrAlRu）[72]。研究发现，随着更多金属元素的加入，Cu 和 Si 相互扩散的阻挡层失效温度从 550℃ 升至 900℃。根据测量结果，Cu 元素在六元 TiTaCrZrAlRu 中的扩散激活能从 110kJ/mol（在纯金属 Ti 中扩散）增加到 163kJ/mol。分析表明，在结构上受不同原子尺寸引起的严重晶格畸变和高填充密度的影响，热力学上受增强的内聚力影响，从而阻碍空位的形成和原子的运动，所以在六元合金中 Cu 的扩散激活能增加了 53kJ/mol，这反过来通过多组分高熵合金和高熵氮化物阻挡层抑制了相互扩散动力学。

15.2.6　抗辐照高熵合金

　　为确保核反应堆的安全运行和维持可持续的能源供应，对新型先进核材料的需求量很大。为此，研究者们做出了很多的努力。对于核材料，研究者们要了解它们在辐照下的分解特性，确定它们的最佳工作条件，并评估它们的服役寿命[73]。然而，对于 20 世纪已经成熟的各种常规核材料的性能优化似乎已经出现了瓶颈。因此，高熵合金可能为新型先进核材料的开发提供新的可能性。Egami 等人[73,74]提出，高熵合金的特征不仅在于高的熵值，而且还在于源自不同尺寸原子混合引起的高原子级的应力。粒子辐照固体材料时，引起材料的原子位移和热跳跃。但是对于高熵合金，高的原子级应力会促进粒子辐照时材料发生非晶化，随后由于热跳跃而发生局部熔化和再结晶，这个过程使得高熵合金中的缺陷比传统合金要少得多。因此，高熵合金非常有潜力成为新型核材料。通过电子显微镜对 Hf-Pb-Zr 合金进行了研究来支持这种推测，并证明了这些合金对电子损伤具有极高的辐照抗性。此外，通过对 Hf-Nb-Zr 合金模拟计算得出结论：当原子级的体积应变接近 0.1 时，高熵合金具有很好的自愈能力和抗辐照性能。

　　此外，Egami 等人[75]通过高压电子显微镜研究了高速电子辐照下 CoCuCrFeNi 高熵合金的辐照诱导结构演变和相稳定性。研究发现 FCC 固溶体在辐照下具有很高的相稳定性，在 298K 和 773K 温度下辐照超过 40dpa 后，FCC 相仍然是主要组成相，这是第一个为五组分抗辐射高熵合金高的相稳定性提供实验证据的研究。另外，虽然辐照会使材料产生微小的结构变化，但却并不会使晶粒粗化。

　　上述结果表明具有合适组分的高熵合金可能具有优异的抗辐照性能。如果某种高熵合金可以兼具优异的高温强度、韧性、良好的抗氧化能力，以及较低的中子吸收能力，其在核材料方面将具有良好的应用前景。

15.3 高熵合金未来趋势和前景

虽然有超过 1500 篇关于高熵合金和高熵相关材料的期刊论文（截至 2018 年年底），同时有更多的团体陆续进入该领域，但我们对高熵材料的认知仍然只是冰山一角。尽管如此，根据前面章节中所述的已知文献对高熵材料的研究，仍然可以对高熵材料的未来趋势和前景做出以下预测：

（1）基础科学的研究。由于材料科学和固体物理学主要是对包含一种或两种主要组元的传统材料的研究，因此对高熵材料的相应研究将具有学术价值。高熵材料可以是单相或多相，理解基础科学的最佳方法是研究单相高熵材料，因为多相材料仅仅是不同相的集合。事实上，材料表现出的性能是其所有组成相以及不同相之间的相边界共同决定的。单相高熵合金是具有全溶质基质的固溶体，因此对于涉及传统物理冶金中的许多问题需要依据高熵合金的四大效应重新考虑，即高混合熵，严重晶格畸变，缓慢扩散，以及"鸡尾酒"效应。必须根据它们的机理和理论来理解它们，这可能不是传统合金性质的简单扩展。第 2 章（相形成规律）和第 3 章（物理冶金）提出了对这些机制的初步了解。它们包括相形成、混合熵、混合熔、原子尺寸差异、原子级应力、晶格畸变的应变和能量、扩散系数、位错结构和能量、堆垛层错结构和能量、晶界结构和能量、锯齿行为、滑移、孪生以及强化。第 6 章（高熵合金的力学性能），第 7 章（功能特性），第 13 章（高熵金属玻璃合金）以及第 14 章（高熵合金涂层）阐述的是有关超塑性、疲劳、蠕变、磨损、腐蚀、氧化、磁性、超导性、导电性和导热性等基础科学实验的结果和解释。此外，根据基础科学的实验结果来验证机制和理论是非常重要的。如第 4 章（先进表征技术）中所述，可以通过使用先进的技术来实现高熵合金的表征，比如高分辨率扫描透射电子显微镜或 TEM，三维原子探针和中子散射等。

（2）单相高熵材料发展迅猛，CoCrFeMnNi[76~78]、HfNbTaTiZr[33,37]和 DyGdHoTbY[79]是用于研究 FCC、BCC 和 HCP 晶格结构的等原子比单相高熵合金的典型代表。我们可以通过各种方式找到其他类似的等原子比单相合金体系，例如 CALPHAD、ab 初始密度泛函理论计算、混合蒙特卡罗/分子动力学模拟以及组合方法，详见第 11 章（高熵合金设计）和参考文献 [80，81]。此外，寻找具有五种以上主要组元的单相高熵合金对于其理论理解和技术应用都是非常重要的。

除了等原子比单相高熵合金外，关于非等原子比单相高熵合金的研究对其理论基础也很有价值，因为可以将非等原子比与等原子单相高熵合金进行比较，以完善我们对高熵材料的认知。通过 EDS（能量色散 X 射线光谱法）和 EPMA（电子探针微量分析）分析多相高熵合金中的各个相，可以方便地设计和制备非等原子单相高熵合金。应该注意的是，除了方便研究基础理论，等原子比和非等原子比单相高熵合金都具有实际应用的价值。比如可以通过改变组元比和添加更多组元来保持单相或形成用于析出强化或复合强化的第二相来进一步改善其性能。事实上，传统的单相材料和多相材料都有其自身的优点，它们在实际工程应用中都各有用处，高熵合金也是如此。

单相高熵合金氮化物和高熵合金碳化物比其他高熵陶瓷更容易获得，特别是利用反应溅射（如以 N_2 和 CH_4 为反应气体），这是因为许多二元氮化物和二元碳化物具有相似的 NaCl 型晶体结构，它们在相形成的过程中绕过液态，直接由气态形成，因此可以避免凝固时的相分离。

（3）更多关于理论计算的研究。由于高熵材料的研究涵盖了合金组元、制备工艺和合金性能，因此在新材料的开发中，有效的合金设计和可靠的计算预测对于节省开发时间和降低开发成本至关重要。第 8 章（结构和相变预测）、第 9 章（相干电位近似在高熵合金中的应用）、第 10 章（特殊准随机结构在高熵合金中的应用）、第 11 章（高熵合金设计）以及第 12 章（高熵合金的 CALPHAD 模型）提供了不同的建模思路和用于模拟的计算机软件。然而，由于高熵材料包含多种合金组分和显微结构，因此它的计算往往比传统材料更加困难。此外，传统材料的数据库对于高熵材料的计算来说还远远不够，依据这些数据库计算得到的预测结果可能与高熵材料实验的真实结果大相径庭。因此，如第 12 章所述，迫切需要开发专用于高熵材料计算的可靠且强大的数据库。除此之外，还需要构建能够将高熵材料中位错与性能联系起来的高级计算模型。

（4）更多突破传统材料性能的研究。高熵材料有突破很多传统材料性能瓶颈的潜力。比如有望开发出室温超导体、超过传统高温合金服役温度和性能的合金，以及具有极高热硬度和长寿命的合金。对于金属型、金属间型和氧化物型超导体的临界温度可分别达到约 10K、23K 和 160K，现有超导体临界温度的突破是基于其组合物的常规设计得到的。因此，将来很有可能使用高熵概念来进一步提高临界温度，进而实现具有室温或接近室温临界温度的超导体材料。

（5）中熵合金的进一步发展。尽管一些传统的超合金和金属玻璃也归属于中熵合金的类别，但对于中熵合金来讲仍然存在着大片的未知区域需要探索。高熵合金中的一些概念很可能会促使中熵合金领域产生新的想法。中熵合金可以是 Fe 基、Ni 基、Co 基、Cr 基和 Cu 基合金，以及双基、三基和四基合金。针对中熵合金的组分设计，可以在高熵合金微观结构与性能的研究中，分析富含某些特定元素的相从而获得合适的中熵合金组成成分。类比传统合金中存在优异合金组分的现象，有可能发现中熵合金的新的优异合金组分，例如，$Fe_{40}Mn_{20}Cr_{20}Ni_{20}$ 中熵合金。

（6）评估现有数据以查找可能的应用前景。到 2018 年底，关于高熵材料的论文数量累计超过 1500 篇，此外还有许多未发表的工作成果，这其中有很多高熵合金已经具有满足工程应用要求的性能了。如果将合金性能与工程应用要求建立相互联系，学术研究和商业化之间的差距往往很小。可以想象，通过这种联系，研究人员可能会考虑使用或适当改进现有的高熵合金和高熵陶瓷以满足工程应用要求。根据这种学术和工业相关联系，未来将会有更多高熵材料的应用领域。

参 考 文 献

[1] Sims C T, Stoloff N S, Hagel W C (1987). Superalloys Ⅱ. Wiley, New York.

[2] Reed R C (2006). The superalloys: fundamentals and applications. Cambridge University Press, Cambridge.

[3] Reed R C, Tao T, Warnken N (2009). Alloys-by-design: application to nickel-based single crystal superalloys. Acta Mater, 57: 5898-5913.

[4] Walston S, Cetel A, MacKay R, O'Hara K S, Duhl D, Dreshfield R (2004). Joint development of a fourth generation single crystal superalloy. In: Green K A (ed) Proceedings of Superalloys 2004, (The 10th international symposium on superalloys, champion, Pennsylvania, USA). TMS (The Minerals, Metals & Materials Society), pp 15-24.

[5] Zhang J X, Murakumo T, Koizumi Y, Kobayashi T, Harada H, Masaki S (2002). Interfacial dislocation networks strengthening a fourth-generation single-crystal TMS138 superalloy. Metall Mater Trans A, 33: 3741-3746.

[6] Reed R C, Yeh A C, Tin S, Babu S S, Miller M K (2004). Identification of the partitioning characteristics of ruthenium in single crystal superalloys using atom probe tomography. Scr Mater, 51: 327-331.

[7] Yeh A C, Tin S (2005). Effects of Ru and Re additions on the high temperature flow stresses of Ni-base single crystal superalloys. Scr Mater, 52: 519-524.

[8] Yeh A C, Sato A, Kobayashi T, Harada H (2008). On the creep and phase stability of advanced Ni-base single crystal superalloys. Mater Sci Eng A, 490: 445-451.

[9] Yeh A C, Tin S (2006). Effects of Ru on the high-temperature phase stability of Ni-base single-crystal superalloys. Metall Mater Trans A, 37: 2621-2631.

[10] Kawagishi K, Sato A, Harada H, Yeh A C, Koizumi Y, Kobayashi T (2009). Oxidation resistant Ru containing Ni base single crystal superalloys. Mater Sci Technol, 25: 271-275.

[11] Huron E S, Reed R C, Hardy M C, Mills M J, Montero R E, Portella P D, Telesman J. Devel opment of an Oxidation-Resistant High-Strength Sixth-Generation Single-Crystal Superalloy TMS-238, John Wiley & Sons, Inc., 2012.

[12] Yeh A C, Chang Y J, Tsai C W, Wang Y C, Yeh J W, Kuo C M (2014). On the solidification and phase stability of a Co-Cr-Fe-Ni-Ti high-entropy alloy. Metall Mater Trans A, 45:

184-190.

[13] Azadian S, Wei L Y, Warren R (2004). Delta phase precipitation in Inconel 718. Mater Charact, 53: 7-16.

[14] Smith G D, Patel S J (2005). The role of niobium in wrought precipitation-hardened nickel-base alloys. In: Loria E A (ed) Proceedings of The 6th international superalloys symposium: superalloys 718, 625, 706 and derivatives 2005, champion, Pennsylvania, USA. TMS, pp 135-154.

[15] Shibata T, Shudo Y, Yoshino Y (1996). Effects of aluminum, titanium and niobium on the time-temperature-precipitation behavior of alloy 706. In: Kissinger R D (ed) Proceedings of superalloys 1996 (The 8th international symposium on superalloys, champion, Pennsylvania, USA). TMS, pp 153-162.

[16] Yeh A C, Yang K C, Yeh J W, Kuo C M (2014). Developing an advanced Si-bearing DS Ni-base superalloy. J Alloys Compd, 585: 614-621.

[17] Hobbs R A, Tin S, Rae C M F (2005). A castability model based on elemental solid-liquid partitioning in advanced nickel-base single-crystal superalloys. Metall Mater Trans A, 36: 2761-2773.

[18] Wills V A, McCartney D G (1991). A comparative study of solidification features in nickel-base superalloys: microstructural evolution and microsegregation. Mater Sci Eng A, 145: 223-232.

[19] Tin S, Pollock T M (2004). Predicting freckle formation in single crystal Ni-base superalloys. J Mater Sci, 39: 7199-7205.

[20] Tien J K, Gamble R P (1972). Effects of stress coarsening on coherent particle strengthening. Metall Trans, 3: 2157-2162.

[21] Mackay R A, Ebert L J (1983). The development of directional coarsening of the γ' precipitate in superalloy single crystals. Scr Mater, 17: 1217-1222.

[22] Ichitsubo T, Koumoto D, Hirao M, Tanaka K, Osawa M, Yokohawa T, Harada H (2003). Rafting mechanism for Ni-base superalloy under external stress: elastic or elastic-plastic phenomena? Acta Mater, 51: 4033-4044.

[23] Serin K, Gobenli G, Eggeler G (2004). On the influence of stress state, stress level and temperature on γ-channel widening in the single crystal superalloy CMSX-4. Mater Sci Eng A, 387: 133-137.

[24] Nabarro F R N, Cress C M, Kotschy P (1996). The thermodynamic driving force for rafting in superalloys. Acta Mater, 44: 3189-3198.

[25] Nabarro F R N (1996). Rafting in superalloys. Metall Mater Trans A, 27: 513-530.

[26] Laberge C A, Fratzl P, Lebowitz J L (1997). Microscopic model for directional coarsening of precipitates in alloys under external load. Acta Mater, 45: 3949-3962.

[27] Svoboda J, Lukas P (1996). Modelling of kinetics of directional coarsening in Ni-superalloys. Acta Mater, 44: 2557-2565.

[28] Tien J K, Copley S M (1971). The effect of orientation and sense of applied uniaxial stress on

the morphology of coherent gamma prime precipitates in stress annealed nickel-base superalloy crystals. Metall Trans, 2: 543-553.

[29] Zhang J X, Wang J C, Harada H, Koizumi Y (2005). The effect of lattice misfit on the dislocation motion in superalloys during high-temperature Low-stress creep. Acta Mater, 53: 4623-4633.

[30] Zhang J X, Murakumo T, Harada H, Koizumi Y (2003). Dependence of creep strength on the interfacial dislocations in a fourth generation SC superalloy TMS-138. Scr Mater, 48: 287-293.

[31] Senkov O N, Wilks G B, Miracle D B, Chuang C P, Liaw P K (2010). Refractory high-entropy alloys. Intermetallics, 18: 1758-1765.

[32] Senkov O N, Wilks G B, Scott J M, Miracle D B (2011). Mechanical properties of $Nb_{25}Mo_{25}Ta_{25}W_{25}$ and $V_{20}Nb_{20}Mo_{20}Ta_{20}W_{20}$ refractory high entropy alloys. Intermetallics, 19: 698-706.

[33] Senkov O N, Scott J M, Senkova S V, Miracle D B, Woodward C F (2011). Microstructure and room temperature properties of a high-entropy TaNbHfZrTi alloy. J Alloys Compd, 509: 6043-6048.

[34] Zhu G, Liu Y, Ye J W (2014). Early high-temperature oxidation behavior of Ti(C,N)-based cermets with multi-component AlCoCrFeNi high-entropy alloy binder. Int J Refract Met Hard Mater, 44: 35-41.

[35] Zhang Y, Zuo T T, Tang Z, Gao M C, Dahmen K A, Liaw P K, Lu Z P (2014). Microstructures and properties of high-entropy alloys. Prog Mater Sci, 61: 1-93.

[36] Couzinié J P, Dirras G, Perrière L, Chauveau T, Leroy E, Champion Y, Guillot I (2014). Microstructure of a near-equimolar refractory high-entropy alloy. Mater Lett, 126: 285-287.

[37] Senkov O N, Scott J M, Senkova S V, Meisenkothen F, Miracle D B, Woodward C F (2012). Microstructure and elevated temperature properties of a refractory TaNbHfZrTi alloy. J Mater Sci, 47: 4062-4074.

[38] Senkov O N, Senkova S V, Woodward C, Miracle D B (2013). Low-density, refractory multi-principal element alloys of the Cr-Nb-Ti-V-Zr system: microstructure and phase analysis. Acta Mater, 61: 1545-1557.

[39] Yang X, Zhang Y, Liaw P K (2012). Microstructure and compressive properties of $NbTiVTaAl_x$ high entropy alloys. Procedia Eng, 36: 292-298.

[40] Senkov O N, Senkova S V, Woodward C (2014). Effect of aluminum on the microstructure and properties of two refractory high-entropy alloys. Acta Mater, 68: 214-228.

[41] Senkov O N, Woodward C, Miracle D B (2014). Microstructure and properties of aluminum-containing refractory high-entropy alloys. JOM, 66: 2030-2042.

[42] Zhang B, Gao M C, Zhang Y, Yang S, Guo S M (2015). Calphad-computer Coupling of Phase. Diagrams & Thermochemistry, 51: 193-201.

[43] Senkov O N, Senkova S V, Miracle D B, Woodward C (2013). Mechanical properties of Low-density, refractory multi-principal element alloys of the Cr-Nb-Ti-V-Zr system. Mater Sci Eng A, 565: 51-62.

[44] Chen C S, Yang C C, Chai H Y, Yeh J W, Chau J L H (2014). Novel cermet material of

WC/multielement alloy. Int J Refract Hard Met, 43: 200-204.

[45] Lin C M, Tsai C W, Huang S M, Yang C C, Yeh J W (2014). New TiC/Co$_{1.5}$CrFeNi$_{1.5}$Ti$_{0.5}$ cermet with slow TiC coarsening during sintering. JOM, 66: 2050-2056.

[46] Chou Y L, Yeh J W, Shih H C (2011). Effect of molybdenum on the pitting resistance of Co$_{1.5}$CrFeNi$_{1.5}$Ti$_{0.5}$Mo$_x$ alloys in chloride solutions. Corrosion, 67: 085002.

[47] Chuang M H, Tsai M H, Wang W R, Lin S J, Yeh J W (2011). Microstructure and wear behavior of Al$_x$Co$_{1.5}$CrFeNi$_{1.5}$Ti$_y$ high-entropy alloys. Acta Mater, 59: 6308-6317.

[48] Huang P K, Yeh J W, Shun T T, Chen S K (2004). Multi-principal-element alloys with improved oxidation and wear resistance for thermal spray coating. Adv Eng Mater, 6: 74-78.

[49] Yeh J W, Chen S K, Lin S J, Gan J Y, Chin T S, Shun T T, Tsau C H, Chang S Y (2004). Nanostructured high-entropy alloys with multiple principal elements: novel alloy design concepts and outcomes. Adv Eng Mater, 6: 299-303.

[50] Hsu C Y, Yeh J W, Chen S K, Shun T T (2004). Wear resistance and high-temperature compression strength of FCC CuCoNiCrA$_{10.5}$Fe alloy with boron addition. Metall Mater Trans A, 35: 1465-1469.

[51] Cantor B, Chang I T H, Knight P, Vincent A J B (2004). Microstructural development in equiatomic multicomponent alloys. Mater Sci Eng A, 375-377: 213-218.

[52] Yeh J W, Chen S K, Gan J Y, Lin S J, Chin T S, Shun T T, Tsau C H, Chang S Y (2004). Formation of simple crystal structures in Cu-Co-Ni-Cr-Al-Fe-Ti-V alloys with multiprincipal metallic elements. Metall Mater Trans A, 35: 2533-2536.

[53] Chen T K, Shun T T, Yeh J W, Wong M S (2004). Nanostructured nitride films of multi-element high-entropy alloys by reactive DC sputtering. Surf Coat Technol, 188-189: 193-200.

[54] Lai C H, Lin S J, Yeh J W, Chang S Y (2006). Preparation and characterization of AlCrTaTiZr multi-element nitride coatings. Surf Coat Technol, 201: 3275-3280.

[55] Lai C H, Lin S J, Yeh J W, Davison A (2006). Effect of substrate bias on the structure and properties of multi-element (AlCrTaTiZr)N coatings. J Phys D Appl Phys, 39: 4628-4633.

[56] Huang P K, Yeh J W (2010). Inhibition of grain coarsening up to 1000℃ in (AlCrNbSiTiV) Nsuperhard coatings. Scr Mater, 62: 105-118.

[57] Chang S Y, Chen M K, Chen D S (2009). Multiprincipal-element AlCrTaTiZr-nitride nanocomposite film of extremely high thermal stability as diffusion barrier for Cu metallization. J Electrochem Soc, 156: G37-G42.

[58] Kaloyeros A E, Eisenbraun E (2000). Ultrathin diffusion barriers/liners for gigascale copper metallization. Annu Rev Mater Sci, 30: 363-385.

[59] Kouno T, Niwa H, Yamada M (1998). Effect of TiN microstructure on diffusion barrier properties in Cu metallization. J Electrochem Soc, 145: 2164-2167.

[60] Alén P, Ritala M, Arstila K, Keinonen J, Leskelä M (2005). Atomic layer deposition of molybdenum nitride thin films for Cu metallizations. J Electrochem Soc, 152: G361-G366.

[61] Chen C W, Chen J S, Jeng J S (2008). Improvement on the diffusion barrier performance of reactively sputtered Ru-N film by incorporation of Ta. J Electrochem Soc, 155: H438-H442.

[62] Fang J S, Lin J H, Chen B Y, Chin T S (2011). Ultrathin Ru-Ta-C barriers for Cu metalliza-
tion. J Electrochem Soc, 158: H97-H102.

[63] Leu L C, Norton D P, McElwee L, Anderson T J (2008). Ir/TaN as a bilayer diffusion barrier
for advanced Cu interconnects. Appl Phys Lett, 92: 111917.

[64] Xie Q, Jiang Y L, Musschoot J, Deduytsche D, Detavernier C, Vanmeirhaeghe R, Van den
Berghe S, Ru G P, Li B Z, Qu X P (2009). Ru thin film grown on TaN by plasma enhanced
atomic layer deposition. Thin Solid Films, 517: 4689-4693.

[65] Kim S H, Kim H T, Yim S S, Lee D J, Kim K S, Kim H M, Kim K B, Sohn H C (2008).
A bilayer diffusion barrier of ALD-Ru/ALD-TaCN for direct plating of Cu. J Electrochem Soc,
155: H589-H594.

[66] Tsai M H, Wang C W, Tsai C W, Shen W J, Yeh J W, Gan J Y, Wu W W (2011). Ther-
mal stability and performance of NbSiTaTiZr high-entropy alloy barrier for copper metallization. J
Electrochem Soc, 158: H1161-H1165.

[67] Chang S Y, Wang C Y, Chen M K, Li C E (2011). Ru incorporation on marked enhancement
of diffusion resistance of multi-component alloy barrier layers. J Alloy Compd, 509: L85-L89.

[68] Chang S Y, Chen D S (2009). 10nm-thick quinary (AlCrTaTiZr)N film as effective diffusion
barrier for Cu interconnects at 900℃. Appl Phys Lett, 94: 231909.

[69] Chang S Y, Wang C Y, Li C E, Huang Y C (2011). 5nm thick (AlCrTaTiZrRu)N$_{0.5}$ multi-
component barrier layer with high diffusion resistance for Cu interconnects. Nanosci Nanotechnol
Lett, 3: 289-293.

[70] Chang S Y, Chen D S (2010). Ultrathin (AlCrTaTiZr)N$_x$/AlCrTaTiZr bilayer structures with
high diffusion resistance for Cu interconnects. J Electrochem Soc, 157: G154-G159.

[71] Chang S Y, Li C E, Chiang S C, Huang Y C (2012). 4nm thick multilayer structure of multi-
component (AlCrRuTaTiZr)N$_x$ as robust diffusion barrier for Cu interconnects. J Alloy Compd,
515: 4-7.

[72] Chang S Y, Li C E, Huang Y C, Hsu H F, Yeh J W, Lin S J (2014). Structural and ther-
modynamic factors of suppressed interdiffusion kinetics in multi-component high-entropy materi-
als. SciRep, 4: 4162.

[73] Egami T, Guo W, Rack P D, Nagase T (2014). Irradiation resistance of multicomponent al-
loys. Metall Mater Trans A, 45: 180-183.

[74] Nagase T, Anada S, Rack P D, Noh J H, Yasuda H, Mori H, Egami T (2013). MeV elec-
tronirradiation-induced structural change in the BCC phase of Zr-Hf-Nb alloy with an approxi-
mately equiatomic ratio. Intermetallics, 38: 70-79.

[75] Nagase T, Rack P D, Noh J H, Egami T (2015). In-situ TEM observation of structural chan-
ges in nano-crystalline CoCrCuFeNi multicomponent High-Entropy Alloy (HEA) under fast elec-
tron irradiation by high voltage electron microscopy (HVEM). Intermetallics, 59: 32-42.

[76] Otto F, Yang Y, Bei H, George E P (2013). Relative effects of enthalpy and entropy on the
phase stability of equiatomic high-entropy alloys. Acta Mater, 61: 2628-2638.

[77] Otto F, Dlouhy A, Somsen C, Ber H, Eggeler G, George E P (2013). The influences of

temperature and microstructure on the tensile properties of a CoCrFeMnNi high-entropy alloy. Acta Mater, 61: 5743-5755.

[78] Tsai K Y, Tsai M H, Yeh J W (2013). Sluggish diffusion in Co-Cr-Fe-Mn-Ni high-entropy alloys. Acta Mater, 61: 4887-4897.

[79] Feuerbacher M, Heidelmann M, Thomas C (2015). Hexagonal high-entropy alloys. Mater Res Lett, 3: 1-6.

[80] Gao M C, Alman D E (2013). Searching for next single-phase high-entropy alloy compositions. Entropy, 15: 4504-4519. doi: 10.3390/e15104504.

[81] Gao M C, Zhang B, Guo S M, Qiao J W, Hawk J A (2015). High-entropy alloys in hexagonal close-packed structure. Metall Mater Trans A, doi: 10.1007/s11661-015-3091-1.